普通高等学校机械类一流本科专业建设创新教材

计算机控制技术

王爽心　齐红元　编著

张化光　主审

科学出版社

北　京

内 容 简 介

本书以反馈控制理论为基础，从 s 域到 z 域的信号转换出发，详细阐述了计算机控制系统的模型分析、控制器设计及工程应用的理论和方法。本书理论联系实际，既注重计算机控制的基础理论和基本方法，也涵盖预测、模糊与神经网络等先进控制技术，并进行了“本研贯通”模块化设计。为便于读者对知识的理解、掌握和运用，特别设置了对重要知识点的视频讲解和程序设计，同时依托爱课程(中国大学 MOOC)平台共享国家精品在线开放课程资源。

本书可作为普通高等学校机械类、自动化类、仪器类等相关专业本科生或硕士研究生的教材或参考书，也可供有关教师、科研人员以及工程技术人员学习和参考。

图书在版编目(CIP)数据

计算机控制技术 / 王爽心，齐红元编著. — 北京：科学出版社，2024.3
普通高等学校机械类一流本科专业建设创新教材
ISBN 978-7-03-076622-9

Ⅰ. ①计… Ⅱ. ①王… ②齐… Ⅲ. ①计算机控制－高等学校－教材 Ⅳ. ①TP273

中国国家版本馆 CIP 数据核字(2023)第 194905 号

责任编辑：朱晓颖 / 责任校对：王 瑞
责任印制：师艳茹 / 封面设计：迷底书装

科学出版社 出版
北京东黄城根北街 16 号
邮政编码：100717
http://www.sciencep.com
北京九州迅驰传媒文化有限公司印刷
科学出版社发行 各地新华书店经销
*
2024 年 3 月第 一 版 开本：787×1092 1/16
2024 年 12 月第二次印刷 印张：25
字数：590 000

定价：98.00 元

(如有印装质量问题，我社负责调换)

课程简介

前　言

“计算机控制技术”是一门理论性和实践性都很强的自动控制类课程。由于计算机软硬件的迅猛发展，本课程具有强烈的时代性和应用性。近年来，随着机器人、虚拟现实、人工智能再次成为全球关注的热点，现代社会已经离不开计算机控制系统了，采用计算机控制已是现代工业的重要标志。随着我国一流本科专业建设和基于OBE(基于学习产出的教育模式)理念教学改革的不断深入，结合党的二十大报告关于推进高等教育协同创新、科教融汇以及建设中国特色、世界一流大学和优势学科的迫切需求，打造符合新时代教学需求的《计算机控制技术》新形态教材已成为亟待解决的问题。本书着力于提升使用者如下学习能力：

(1) 对计算机控制(离散域或 z 域)基本理论、基本方法的理解和分析能力；

(2) 基于经典控制理论的数字控制器设计能力(本科生层次)；

(3) 基于现代控制理论及先进控制理念的数字控制器设计能力(硕士研究生层次)；

(4) 重要知识点的实验设计及工程应用案例的实时仿真能力。

为了便于读者更好地理解书中内容，增加本书的可读性和趣味性，课程组结合新形态教材建设的目标，在书中关键知识点处增加了微课讲解视频和例题程序设计讲解视频，用手机微信“扫一扫”功能扫描书中相应的二维码即可在线观看学习。同时，“计算机控制技术”课程已于2020年2月在爱课程(中国大学MOOC)平台上线，并于2023年3月建设成国家级一流本科课程和国家精品在线开放课程。因此，本书可以更有效地分享课程的网上教学资源，给授课教师和学生带来更多便利。作为国家级一流本科课程的配套教材，本书具有如下特点：

(1) 基于OBE理念的“本研一体化”(“本研贯通”)教学模式及教学内容设计。

(2) 依托国家级一流本科专业建设平台。

(3) 依托爱课程(中国大学MOOC)平台，共享国家精品在线开放课程资源。

(4) 融合新媒体技术，在书中配套重要知识点和例题程序的讲解视频。

(5) 基于OBE理念的课程大纲、课件、实验、科研案例及研究性专题设计。

本书共8章。

第1章介绍计算机控制系统的基本概念、组成与结构。

第2章以香农采样定理为基础，介绍计算机控制系统的信号转换问题，并基于 z 变换和 z 反变换的数学方法来描述计算机控制系统的模型理论，包括时域的差分方程、复数域的 z 传递函数。

第3章对计算机控制系统进行性能分析，包括稳定性、暂态性能、稳态性能及根轨迹和频率特性的详细分析。

第4章介绍数字控制器的模拟化设计方法，包括模拟控制器的离散化方法、数字PID控制算法及其工程化改进、史密斯(Smith)预估补偿控制算法以及工程上应用较多的串级、前馈-反馈和解耦控制。

第5章介绍数字控制器的 z 域直接设计方法，包括最少拍控制器、大林算法这两种控制方法在工程应用过程中面临的问题和解决方法，以及数字控制器的根轨迹和频域设计法。

第 6 章介绍基于离散状态空间模型的控制系统设计方法，包括离散状态空间模型的建立与求解、输出反馈设计、状态反馈与观测器设计、Lyapunov 最优状态反馈设计、线性二次型最优控制器设计等。

第 7 章介绍 5 种先进的控制规律，即内模控制、自适应控制、广义预测控制、模糊控制和神经网络控制。首先从较简单的内模控制入手，然后介绍应用广泛的自适应控制、广义预测控制、以模糊控制与神经网络控制为代表的智能控制。在介绍各部分内容时，主要从基础算法的设计思想出发，以典型算法为例，进行控制原理分析和仿真系统设计。比如，在自适应控制中，重点讲解局部参数优化的模型参考自适应控制算法及最小方差自校正控制算法；预测控制中，主要介绍广义预测控制；神经网络控制中，以 BP 算法的实现为主要内容。

第 8 章介绍计算机控制系统的基本设计原则与步骤、软件设计，以及计算机网络控制技术和计算机实时仿真技术。

本书内容翔实，基于工程问题复杂度逐级展开不同控制器的设计，突出计算机作为控制器的挑战度，并按照“模型、设计、仿真”进行知识点划分。图 0-1 以计算机控制内涵的逻辑视角，给出了基础(A)和扩展(B)教学模块知识点之间的关联及递进关系。

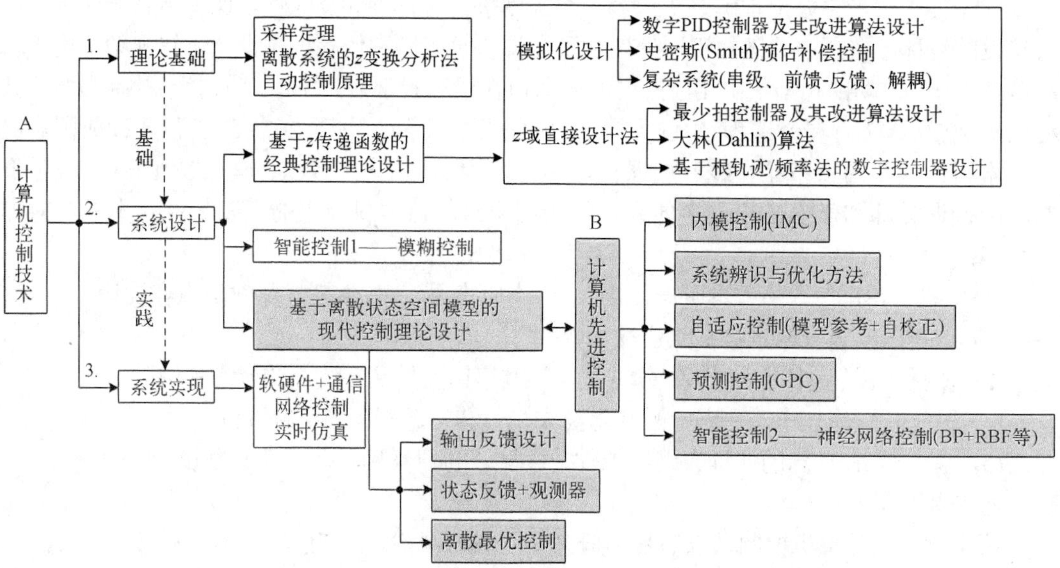

图 0-1　计算机控制基础与扩展教学模块知识点之间的关联及递进关系

A：基础教学模块(本科生层次)；B：扩展教学模块(硕士研究生层次)

本书作为本科生教材使用时，建议将教学内容定位于基础教学模块(第 1～5 章、7.5 节、第 8 章内容)，教学学时为 48(包括课程实验学时)；作为“计算机先进控制”硕士研究生教材使用时，建议将教学内容定位于扩展教学模块(第 1 章、第 2 章、第 6～8 章内容)，学时为 48(包括课程实验学时)。不同学校可以根据各自的教学目标和计划学时数对教学内容进行取舍。

编写分工如下：本书第 1、4、6、7 章和 2.2 节、5.5 节由王爽心编写；第 2、5 章其余部分和第 3 章由齐红元编写；第 8 章由陈广华和王爽心编写。本书配套的 PPT 及知识点讲解视频由王爽心制作，例题程序设计及讲解视频由齐红元制作。作者所在研究室的研究生们也参与了本书相关图表的绘制及第 7 章部分拓展实验视频的制作工作。本书由王爽心统稿，由东北大学张化光教授主审。

作者在本书编写过程中受到很多参考文献的启发，在此对文献作者表示诚挚的谢意。

由于作者知识水平有限，书中难免有疏漏之处，敬请读者批评指正。

作 者

2024 年 3 月于北京

目　录

第1章　绪　　论

本章概要　1.1 节介绍计算机控制技术的发展进程和本书所要解决的基本问题；1.2 节介绍计算机控制系统的基本概念，包括计算机控制系统的组成及主要特点；1.3 节介绍计算机控制系统的基本类型；1.4 节介绍计算机控制所涵盖的相关理论与设计问题，包括计算机控制的理论基础、离散系统模型描述及特性分析、数字控制器的设计与实现方法、控制系统仿真及应用技术等；1.5 节介绍计算机控制系统的发展趋势。

1.1　引　　言

计算机控制系统是指计算机参与控制的闭环控制系统，也称为数字控制系统或离散控制系统。近年来，随着自动控制理论和计算机技术的飞速发展，两者相结合而形成的计算机控制技术已广泛应用于工业、航空航天、交通、军事等领域。

自动控制技术是源于实践，服务于实践，并在实践中升华的技术。从远古的漏壶计时到公元前的水利枢纽工程；从中世纪的天文望远镜到工业革命中的蒸汽机；从 20 世纪 60 年代的登月飞船到现代的航天飞机，这些著名的科技发明直接催生和发展了自动控制理论。20 世纪 40 年代，建立了以传递函数模型为基础的经典控制理论；60 年代，提出了以状态空间模型为基础的现代控制理论；80 年代伊始，出现了以人工智能为基础的智能控制理论。与此同时，以最优控制、多变量控制、系统辨识及自适应控制、鲁棒控制、预测控制为代表的一系列先进控制理论和方法也得到了迅速发展。中外学者不畏艰难、勇于探索，自动控制技术已经成为人类科技文明的重要组成部分。

另外，世界上第一台数字计算机自 1946 年诞生起，逐渐引起了一场深刻的科学技术革命。20 世纪 50 年代初，产生了将数字计算机用于控制的思想；1955 年，美国天合(Thornpson Ramo Wooldridge，TRW)公司开始进行计算机控制的航空应用研究，这一开创性工作为计算机控制奠定了基础；1962 年，英国帝国化学工业有限公司应用计算机完成了对被控参数的直接控制；1972 年，微型计算机出现，推动计算机控制进入一个新的阶段，并逐步取代模拟控制器而成为主流控制系统；21 世纪以来，嵌入式微控制器的迅速发展对计算机控制产生了深远的影响，物联网、实时处理与低功耗需求的微计算机组合、支持实时多任务并行处理的系统应运而生，计算机控制得到更为普及的应用，并快速向分散及网络化的方向发展。计算机控制技术已然成为当前工程科技人员必须掌握的一门专业技术。

与常规模拟控制系统相比，计算机控制系统在控制性能得到大幅度提高的同时，也产生了一系列针对离散控制系统的基本理论和设计方法。因此，本书从 s 域到 z 域的信号转换出发，详细阐述计算机控制系统的模型分析、控制器设计，以及控制算法的工程化改进。对于每一个新型控制算法的提出，既要注重其不同应用需求背景的引出，也要注重其设计思想与基础理论的有效融合。同时，本书设计了大量基于重要知识点的程序设计示例和知识点讲解视频，这都有利于对知识的理解和分析应用。

1.2 计算机控制系统的基本概念

计算机控制系统是在自动控制技术和计算机技术飞速发展的基础上产生的。截至目前，连续控制理论已形成了一套完善的理论体系，以此为基础发展起来的模拟自动控制系统也达到了相当完善的程度，许多元件和系统都已经形成标准化和系列化产品。但应用于具有非线性动力学特征的复杂系统时，它的进一步发展面临严峻的挑战，在控制规律的实现、系统的优化、可靠性的提高等方面越来越不能满足要求。现代控制理论和计算机技术的发展为自动控制系统的设计及新型控制规律的实现提供了非常有效的手段，两者的结合极大地推动了自动控制技术的发展。

1.2.1 计算机控制系统的组成

微课视频

由计算机参与并作为核心环节的自动控制系统称为计算机控制系统。计算机在控制系统中的主要用途有两个方面：一是进行数字仿真并完成复杂的工程计算；二是作为控制系统中的一个重要组成部分，完成预先规定的各种控制任务。

图 1-1 所示为一个典型的单回路连续控制系统(模拟控制系统)。其工作原理是，通过检测装置(包括传感器和变送器)对被控对象的被控参数 $y(t)$(温度、压力、流量、位移、速度等)进行测量并将结果变换成电信号，以反馈的方式送给模拟控制器。模拟控制器将反馈信号与给定值 $r(t)$进行比较以求得偏差 $e(t)$，再按照某种控制算法对该偏差进行计算，得到控制量 $u(t)$，通过执行机构改变被控对象的被控参数，目的是减少或消除偏差 $e(t)$。

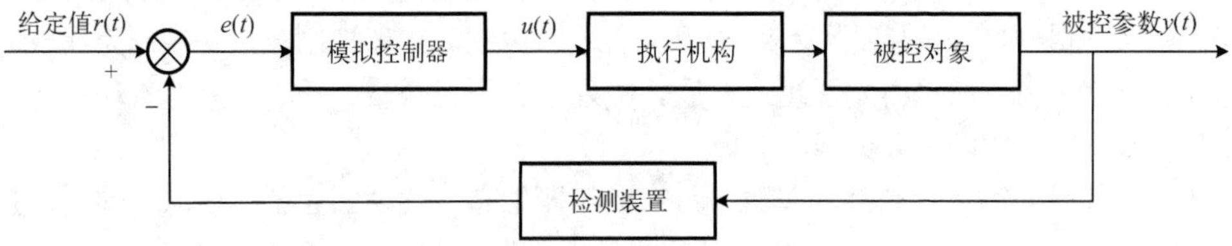

图 1-1 单回路连续控制系统

模拟控制器的控制规律由模拟电子元件产生，如果要改变控制规律，就要更改硬件电路。

当连续控制系统的模拟控制器用计算机或数字控制器来实现时，便构成了计算机控制系统，其典型结构如图 1-2 所示。从图 1-2 可知，数字控制器的输入 $e(kT)$和输出 $u(kT)$都是数字信号(时间上离散，幅值上量化)，而被控对象的被控参数 $y(t)$和执行机构的输入 $u(t)$都是模拟信号(时间上连续，幅值上连续)。因此，需要有将模拟信号转换为数字信号的模/数(Analog to Digital，A/D)转换器和将数字信号转换为模拟信号的数/模(Digital to Analog，D/A)转换器，使具有连续-离散混合信号特征的计算机控制系统可以协调工作。此时，经过采样开关(Sampler)的被控参数信号 $y^*(t)$和经 D/A 转换后的控制参数信号 $u^*(t)$为离散模拟信号(时间上离散，幅值上连续)，“*”表示离散化的意思。

因此，计算机控制系统一般由被控对象、执行机构、检测装置、给定值设定装置、计算机(数字控制器)以及 A/D 和 D/A 转换器组成。其中，计算机按给定的算法产生相应的控制指令，可为各种规模的数字计算机，如从微型到大型的通用计算机或专用计算机，其控制规律

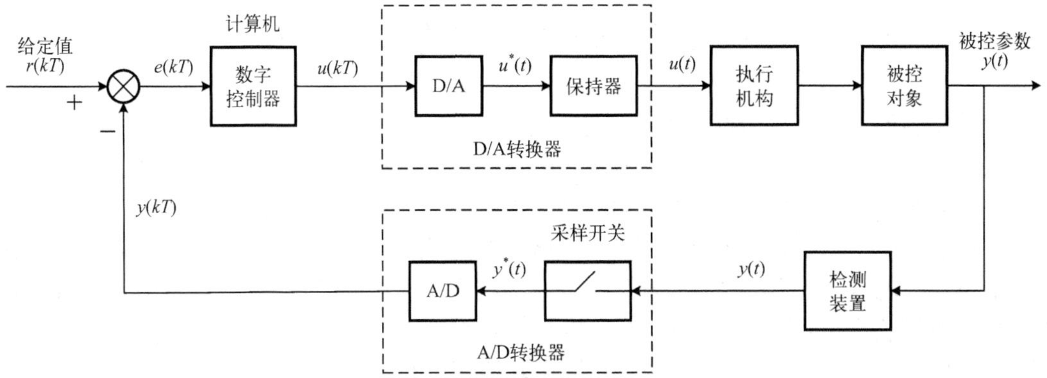

图 1-2 计算机控制系统的典型结构

由软件实现，只需改变控制程序即可完成控制策略的更新；被控对象包括生产过程、机械装置、机器人、实验装置、仪器仪表等。

从本质上来看，计算机控制系统的控制过程可归结为如下三个步骤。

(1) 实时数据采集：对被控参数进行实时检测，并将检测结果传送给计算机进行处理。

(2) 实时决策：对采集到的被控参数的状态量进行分析，并按照某种控制算法计算出控制量，决定下一步的控制过程。

(3) 实时控制：根据决策结果实时地向执行机构发出控制信号。

“实时”是指信号的输入、计算、输出都要在采样间隔内完成。计算机控制系统的这种控制不断地重复进行，使得整个控制系统能够按照一定的动态品质指标工作，并最终达到所需要的性能要求；同时对被控参数和设备本身所出现的异常状态能够及时地进行监测和处理。

1.2.2 计算机控制系统的主要特点

与常规的连续时间(模拟)控制系统相比，计算机控制系统通常具有如下特点。

(1) 易于控制算法的设计和更新。在计算机控制系统中，数字控制器的控制算法是通过计算机程序代码来实现的，所以易于实现各种复杂控制，组成方式灵活，并可随时修改其结构和参数。还可以通过软件的标准化和模块化，反复、多次调用这些控制算法，具有较高的性价比。

(2) 能实现集中监视和远程控制操作。一个计算机控制系统可以包括多个数字控制器，由于其具有高速运算的能力和分时操作功能，能够监视几十甚至上百个控制量，并能够通过分时和网络操作，同时控制生产过程中的多个被控回路，以实现分级、分散控制和远程监视及操作管理。

(3) 能实现最优方案控制。计算机控制系统不仅能实现常规的控制，而且由于其具有存储、逻辑和判断功能，在环境与参数变化时，能及时进行判断，选择最合适的方案进行控制，必要时可以通过人机对话等方式进行人工干预，这些都是传统模拟控制系统无法胜任的。

(4) 高可靠性和可维护性。在计算机控制系统中，可以利用程序算法实现故障的自诊断、自修复功能，因此其具有很强的可靠性和可维护性，并使自动化企业获取更大的社会和经济效益。

因此，以计算机作为数字控制器，实现控制算法，是计算机控制的关键。

微课视频

1.3　计算机控制系统的基本类型

计算机控制系统与其所控制的生产过程密切相关，不仅能实现反馈控制功能，而且可以实现其他多种自动控制系统的功能。计算机控制系统的分类方法很多，按照功能，计算机控制系统可以分为操作指导控制系统、直接数字控制系统和监督计算机控制系统；按照结构，计算机控制系统可以分为集中控制系统、分散控制系统、现场总线控制系统、网络控制系统和计算机集成制造/过程控制系统。计算机控制系统也可以按照计算机的硬件和控制规律不同来分类，如基于单片机的简单系统、基于IPC的系统、基于PLC的系统，以及程序和顺序控制系统、PID控制系统、最少拍控制系统、智能控制系统等。

以计算机控制系统的应用历程为时间轴线，一般可分为如下几种类型。

1.3.1　操作指导控制系统

操作指导控制系统(Operation Guide Control System，OGCS)产生于20世纪50年代前后，其结构如图1-3所示。这时的计算机只承担数据的采集和处理工作，而不直接参与控制。

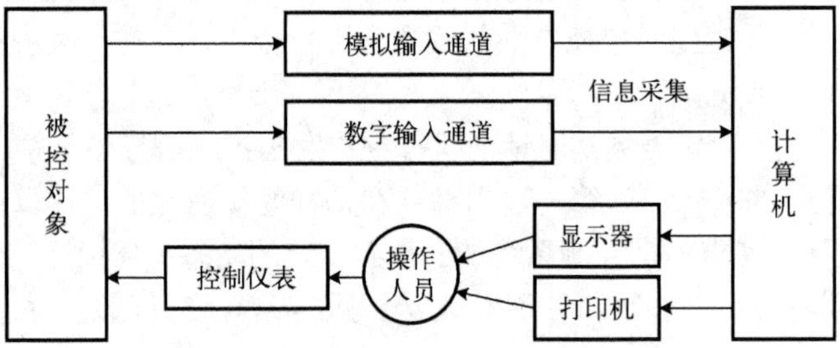

图1-3　操作指导控制系统结构图

操作指导控制系统对被控对象相关参数进行巡回检测、处理、分析、记录及超限报警，通过对生产过程进行信息采集积累和实时趋势分析，为操作人员提供参考。操作人员根据计算机给出的操作指导，结合实际经验进行分析判断，直接改变控制仪表的给定值或操作执行机构。因此，操作指导控制系统是一种开环控制结构，其优点是结构简单、系统控制灵活。当对生产过程数学模型的了解不够彻底时，采用这种控制能够得到较为满意的结果。其缺点是需要人工操作，控制速度和精度受到限制，故不适合用于快速过程的控制和多个回路的控制。

1.3.2　直接数字控制系统

直接数字控制(Direct Digital Control，DDC)系统产生于20世纪60年代初，是在操作指导控制系统的基础上发展起来的，其结构如图1-4所示。首先，由检测装置对生产过程中被控对象的一个或多个物理量进行巡回检测，经输入通道对其进行采样、A/D转换后，送给DDC计算机，使其按照预先设计好的控制规律进行运算。然后，经输出通道将计算机的计算结果进行D/A转换后直接通过执行机构作用于被控对象，使各个被控参数实现预定的目标。

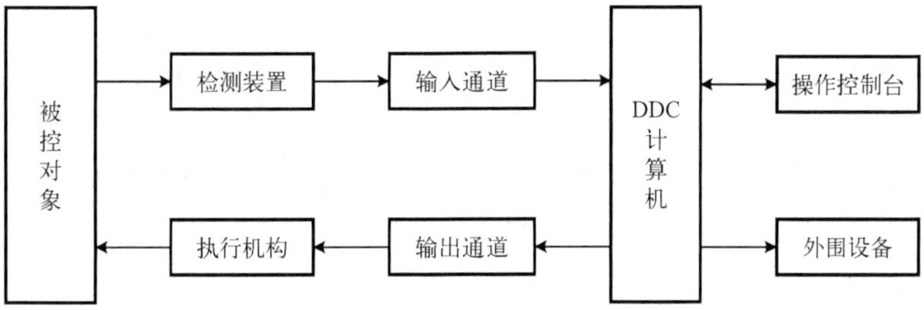

图 1-4　直接数字控制系统结构图

显然，DDC 系统中的计算机参与闭环控制过程。它不仅能完全取代模拟控制器，实现多回路控制，而且只通过改变程序就能有效地实现较复杂的控制，如前馈控制、非线性控制、自适应控制、最优控制等。操作人员可通过它在操作台上实现对显示、报警、打印报告和给定值设定等功能的集中监督和管理。因此，DDC 系统对计算机的可靠性要求较高，否则会影响生产品质和安全。

1.3.3　监督计算机控制系统

监督计算机控制(Supervisory Computer Control，SCC)系统产生于 20 世纪 60 年代，是一个二级计算机控制系统。一般有两种结构形式，分别为 SCC+模拟控制器系统和 SCC+DDC 系统，如图 1-5 所示。

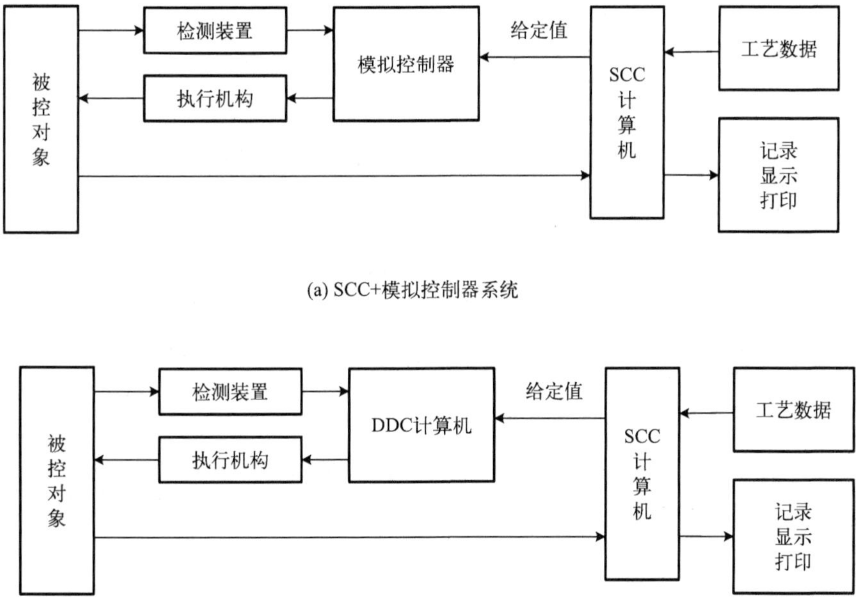

图 1-5　监督计算机控制系统结构图

SCC 计算机根据不断变化的生产和工艺条件及环境因素等信息，按照生产过程的数学模型，计算出各控制回路的最优给定值，并自动地改变模拟控制器或 DDC 计算机中的给定值，从而使生产过程能始终工作在最优状态，如最优质量、最低成本、最低消耗等。从这个角度来说，它的作用是改变给定值，所以又称为设定值计算机控制(Set Point Computer Control，SPCC)系统。

SCC 系统的控制效果主要取决于针对某目标函数而设计的数学模型。如果这一数学模型能使某一目标函数达到最优状态，那么这种控制方式就能实现最优控制或自适应控制。

1.3.4 集中控制系统

集中控制系统(Integrated Control System，ICS)产生于 20 世纪 60 年代，在该系统中，由一台计算机完成生产过程中多个设备的多个控制回路或控制点的控制任务，其结构如图 1-6 所示。ICS 数字计算机由于其体积大、价格高，一般放置在控制室中，通过电缆与生产过程中的多个设备连接。

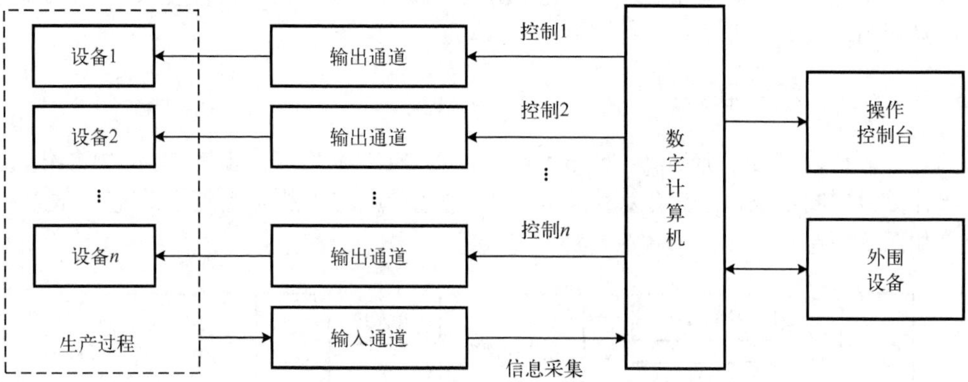

图 1-6　集中控制系统结构图

集中控制系统具有结构简单、易于构建、系统造价低等优点，在 DDC 系统应用初期得到了较为广泛的应用。但由于这种结构系统的控制功能过于高度集中，一旦计算机出现任何故障，就会产生非常严重的后果。因此，ICS 的安全可靠性不易保障，这使其应用受到限制。

1.3.5 分散控制系统

随着生产过程向大型化、复杂化与分散化发展，若仍采用一台计算机进行集中控制和管理，一旦计算机出现故障，将使整个系统受到影响，即“危险集中”。分散控制思想产生于 20 世纪 70 年代中期，其设计出发点是通过分散控制功能将“危险分散”，并使监控和操作功能高度集中。

因此，分散控制系统(Distributed Control System，DCS)是由多台计算机分别控制生产过程中的多个控制回路，同时又可集中获取数据和集中管理的自动控制系统。DCS 充分体现了“控制分散，管理集中”原则，是控制(Control)、计算机(Computer)、通信(Communication)和屏幕显示(CRT)技术的综合应用，通常称为“4C”技术。DCS 通常有多级的结构模式，图 1-7 给出了一个四级结构模式的 DCS 结构图。

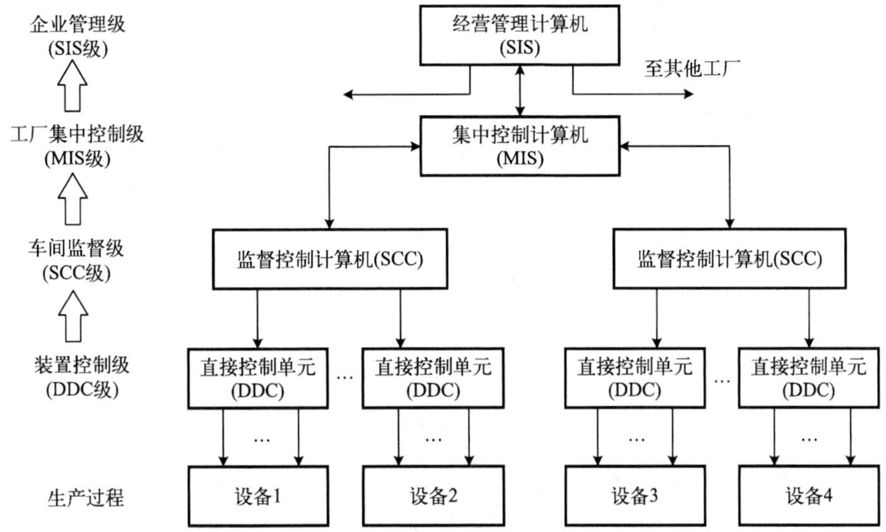

图 1-7 四级结构模式的分散控制系统结构图

第一层为装置控制级，也称为 DDC 前端下位机、直接控制单元、DDC 级。DDC 级计算机直接面向生产过程，完成各设备(被控对象)的实时控制和前端处理功能。第二层为车间监督级，又称为 SCC 级上位机，完成车间级监控管理功能，实现最优控制。SCC 级计算机不直接与现场设备打交道，一旦其失效，装置的控制功能依旧由 DDC 级得到保证。第三层为工厂集中控制级，也称为管理信息系统(Management Information System, MIS)，由集中控制计算机对各 SCC 级计算机进行管理。第四层为企业管理级，亦称监控仪表系统(Supervisory Instrument System, SIS)，是大型企业的经营管理中枢。图 1-8 是一个生产应用中的 DCS 三级结构模式图，采用操作员站、工程师站、现场仪表分布式处理单元(Distributed Processing Unit，DPU)和可编程逻辑控制器(PLC)的结构模式。由于一个控制单元一般只完成一个控制点的闭环控制，而上位机又不参与直接控制，所以计算机的故障不会导致整个系统的瘫痪，因此该结构模式大大提高了过程控制系统的可靠性。同时，其积木式的结构使控制系统组态灵活、易于扩展。

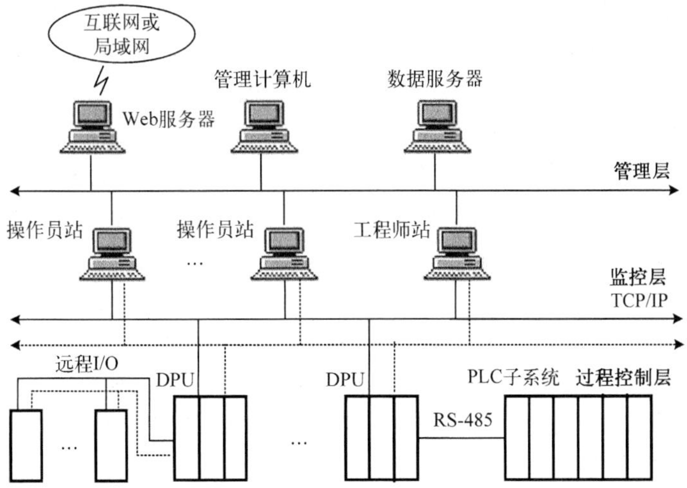

图 1-8 生产应用中的 DCS 三级结构模式图

1.3.6 现场总线控制系统

现场总线控制系统(Fieldbus Control System，FCS)产生于 20 世纪 80 年代中后期，通过现场总线将生产过程中的各种现场智能仪表(包含控制单元)与控制室内的中央处理机互连，从而组成全分散、全数字化、全开放和可互操作的生产过程计算机控制系统，其结构如图 1-9 所示。

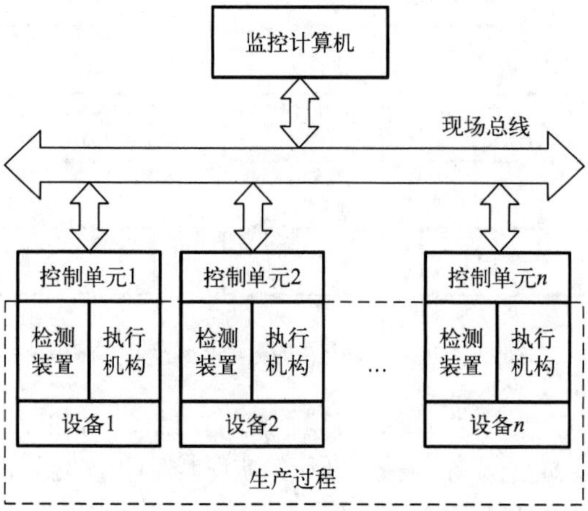

图 1-9 现场总线控制系统结构图

FCS 一方面把 DCS 中处于控制室的控制单元、I/O 模块置入现场设备，使现场设备具有通信能力，实现了彻底的分散控制；另一方面用数字信号代替了模拟信号，大大简化了系统结构，节约了硬件设备和连接电缆，使系统的开放性、互用性、可靠性等得到进一步提高。

1.3.7 网络控制系统

随着地域的分散以及系统结构越来越复杂，采用传统点对点专线敷设布线设计的控制系统的成本高、可靠性差、故障诊断和维护难等不足更加突出。因此，21 世纪初，通过网络形成的分布式闭环反馈控制系统，即网络控制系统(Network Control System，NCS)应运而生。

NCS 通过一个公共的网络平台将分布于不同地理位置的检测装置、执行机构和控制器连接起来，形成一种全分布式实时闭环反馈控制系统。控制器通过互联网与检测装置和执行机构交换信息，并实现对远程设备的控制。图 1-10 是其典型结构图。

根据网络传输媒介的不同，网络环境可以是有线、无线或混合网络。更广泛意义上的 NCS 还包括通过 Internet、企业信息网络所能实现的工厂车间、生产线以及工程现场设备的远程控制、数据传输以及优化等。

NCS 属于空间分布式控制结构，具有连线少、可靠性高、易于扩展以及能够实现信息资源共享等优点。同时，由于网络通信带宽、承载能力和服务能力的限制，数据的传输不可避免地存在时延、丢包、多包传输及抖动等诸多问题，这将导致控制系统性能下降，甚至丧失稳定性。因此，基于传统控制理论给出的设计思想和方法难以直接应用到 NCS 中，必须针对其特点开发出适合网络环境的先进控制策略。

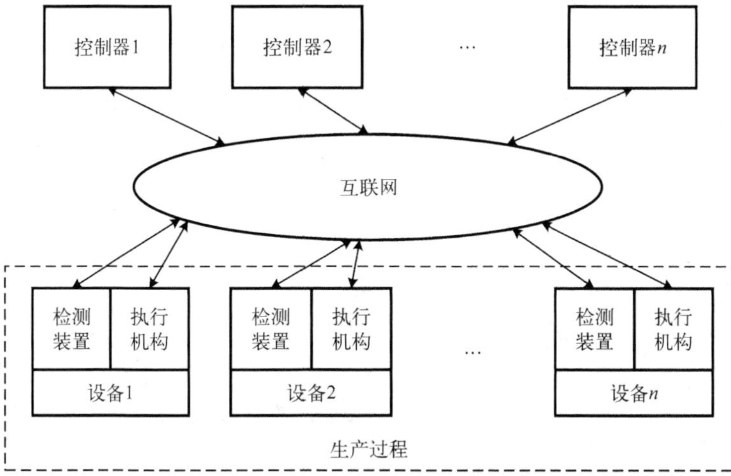

图 1-10　网络控制系统典型结构图

1.3.8　计算机集成制造/过程控制系统

21 世纪初，随着生产规模的日益复杂与大型化，现代化工业要求计算机系统不仅要完成直接面向生产过程的控制和优化任务，还要在获取生产过程所需信息的基础上，进行整个生产过程的综合管理、指挥调度和经营管理。将能实现这些功能的系统称为计算机集成制造系统(Computer Integrated Manufacture System，CIMS)或计算机集成过程系统(Computer Integrated Process System，CIPS)。在流程工业中，CIMS 按其功能可自下而上地分为若干层，如直接控制层、过程监控层、生产调度层、企业管理层和经营决策层等，其递阶控制结构如图 1-11 所示。相应地，CIPS 执行控制与管理的多层结构如图 1-12 所示。

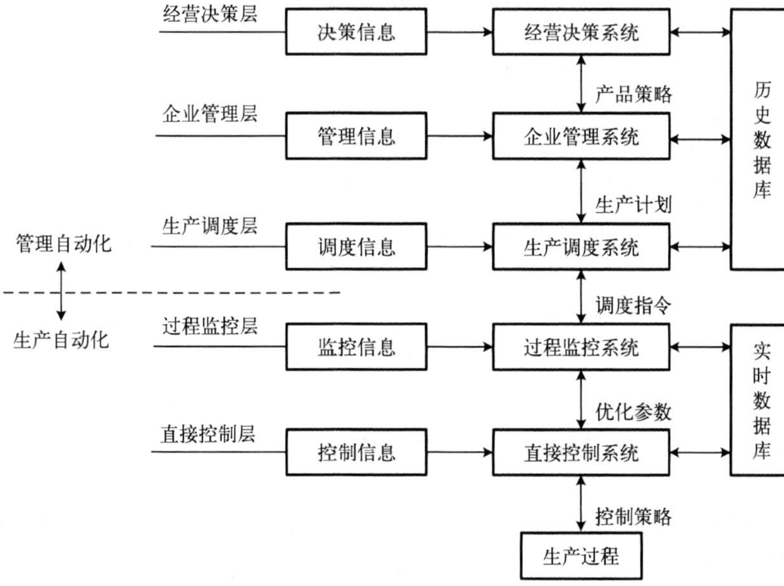

图 1-11　CIMS 的递阶控制结构图

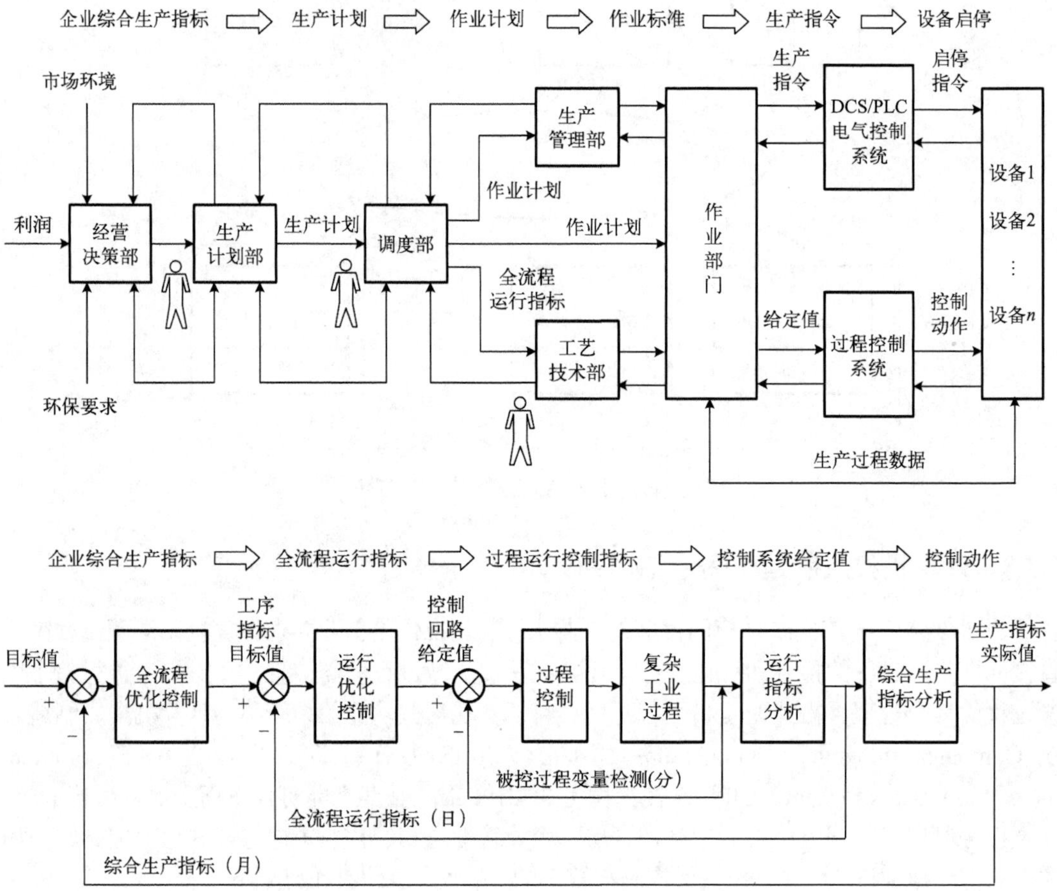

图 1-12　CIPS 执行控制与管理的多层结构图

在 CIPS 多层结构中需要解决以下问题：

(1) 能量流的建模；

(2) 物质流的建模；

(3) 物质流和能量流的交互作用；

(4) 信息化的作用(即自动化)对物质流、能量流时空配置的定量影响。

复杂流程工业控制系统过程调控的手段是控制各个控制回路的给定值，使得在信息流的控制下，能量流和物质流形成最优耦合，从而实现全厂运行指标的优化配置，以及提高产品质量和节能减排的目标。

1.4　计算机控制的理论与设计问题

计算机控制系统是在常规的连续控制系统基础上，通过计算机的参与而形成的。其不仅能实现基本的反馈控制功能，而且可以实现监督、优化、智能等控制功能。由于被控对象本身是一个连续过程，通过采样将其离散化，即构成采样控制系统。采样过程及离散信号处理的存在，使得计算机控制系统的设计并不能与原来的连续控制系统完全等价，必须依据离散系统的相关理论进行解决。因此，计算机控制的基本内容应以采样定理和离散系统模型及特性分析为基础，以数字控制器设计为核心，以系统仿真为手段，以功能实现为目的。一般来讲，可以从以下几个方面进行研究。

1.4.1　信号的采样与转换问题

由于大部分生产过程的被控对象和检测装置、执行机构都是连续时间信号(简称连续信号)的，所以计算机控制系统在结构上通常是由模拟与数字部件组成的混合系统。另外，计算机本质上是串行工作的，必须按照一定的采样间隔(称为采样周期)对连续信号进行 A/D 转换，使其变成时间上离散的数字信号后才能将其送给计算机；反之，计算机按一定的控制算法程序计算输出的数字信号也要进行 D/A 转换，变成模拟信号后才能将其作用在被控对象之上，达到控制效果。可见，计算机控制系统不但包含连续模拟信号，还包含离散模拟、离散数字等信号。这种系统结构和信号形式上的特点，使信号转换问题成为计算机控制系统所特有的、必须面对和解决的问题。

1. 信号采样理论

采样过程的存在是计算机控制系统的重要特征，它可能会带来一些特殊问题，如假频现象、差拍现象等，这些都必须依据信号采样理论才能得以解释。因此，以采样与 z 变换为基础的信号采样理论是理解离散系统特殊问题和设计计算机控制系统的理论基础。

比如，连续控制系统在正弦输入信号的激励下，稳态输出为同频率的正弦信号，但对计算机控制系统而言，其稳态输出则与输入信号的频率和采样周期有关，如图 1-13 所示。图 1-13(a)是频率为 4.9Hz 的正弦输入信号，图 1-13(c)为连续控制系统的输出信号。若采样间隔为 0.1s，则会发生振荡周期为 10s 的差拍现象，如图 1-13(b)所示。这种现象在连续控制系统里是不会发生的。产生这种现象的原因可以依据信号采样理论进行分析。

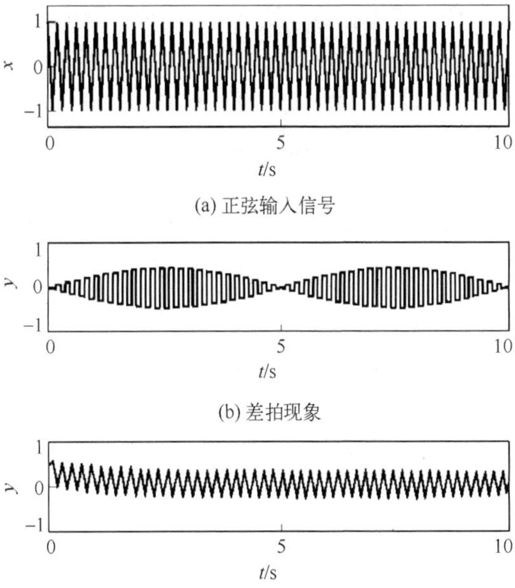

(a) 正弦输入信号

(b) 差拍现象

(c) 连续控制系统输出信号

图 1-13　计算机控制系统的稳态输出

2. 离散系统稳定性理论

采样时刻与采样周期对计算机控制系统的性能具有重要影响。

(1) 系统特性与采样时刻有关。当将连续控制系统改造成计算机控制系统后，它的时间响应与外作用以及采样时刻有关。如图 1-14 所示，其中 y_c 为连续控制系统响应，y_s 为 D/A 的输出。当阶跃变化的控制量信号 u 在不同时刻加入时，对于连续系统，其阶跃响应 y_c 的形状相同，但对于计算机控制系统，y_s 输出则不相同。严格地说，计算机控制系统不是时不变系统，系统对同样外作用的响应，在不同时刻进行研究和观察时可能是不同的。因此，它的时间响应特性与采样时刻有关。

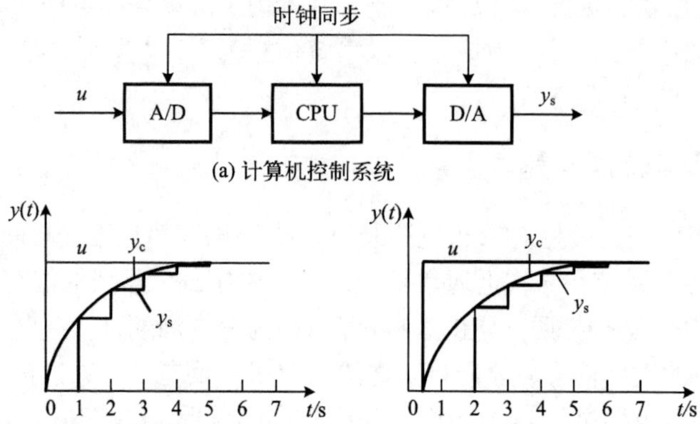

(a) 计算机控制系统

(b) u在0s时加入　　(c) u在0.5s时加入

图 1-14　计算机控制系统的时变特性

(2) 对于一个原本完全稳定的连续控制系统，采用计算机控制后，其稳定性可能下降，甚至变得不稳定。比如，对于闭环负反馈的一阶、二阶线性连续控制系统，无论系统开环放大系数为何值，系统均是稳定的。但对于计算机控制系统，当采样周期一定时，只有其开环放大系数处于一定范围内时系统才能稳定(具体分析见第 4 章)。另外，对于一个状态完全可控的连续控制系统，若采样周期取得不合适，则其可能会变得不可控(将在第 6 章介绍)。同时，一个稳定的连续控制系统进入无误差的稳态所需的时间理论上应趋于无穷，即需要有足够长的调节时间；而在计算机控制系统中则可以进行最少拍或有限拍控制，即在有限个采样周期内结束暂态过程，达到稳态，从而可以获得比连续控制系统更好的性能(将在第 5 章介绍)。图 1-15 所示最少拍控制系统(将在第 5 章介绍)仿真曲线可以说明这点，其中实线表示

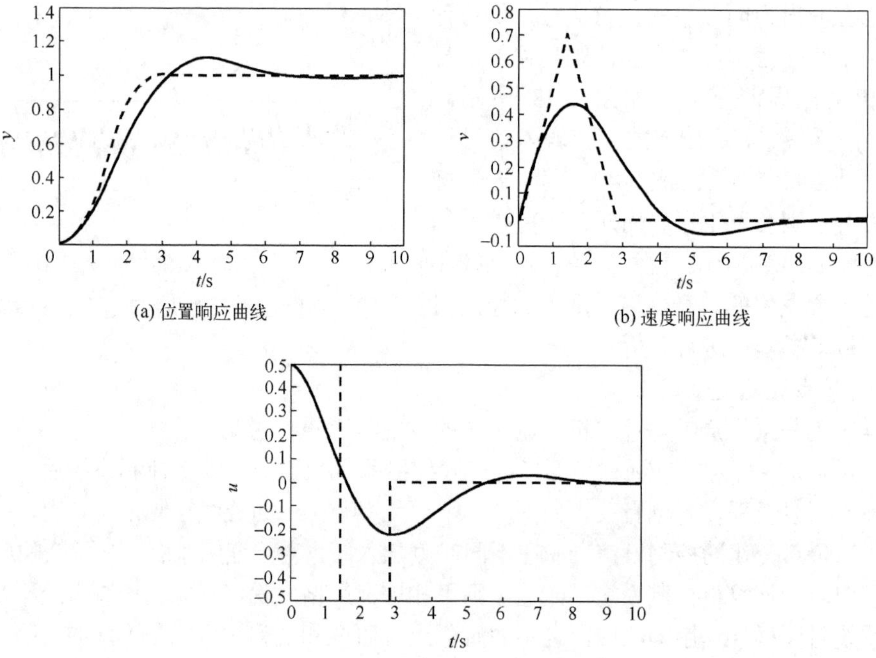

(a) 位置响应曲线　　(b) 速度响应曲线

(c) 控制作用曲线

图 1-15　最少拍控制系统的仿真曲线

连续控制系统的位置响应曲线(图(a))、速度响应曲线(图(b))和控制作用曲线(图(c))；虚线是同一被控参数的计算机控制系统仿真曲线。从图中可见，连续控制系统的调节时间大约为 6s，且有一定的超调，而计算机控制系统的调节时间大约为 2.8s，因此计算机控制系统具有较好的调节性能。这些也需要根据建立在信号采样理论基础上的 z 变换理论进行分析和解释。

3. 数字信号与系统的相关理论

在不含纯滞后环节的连续控制系统中，模拟信号的传递可以认为是瞬时完成的，即系统的输出反映同一时刻输入的响应。而计算机控制系统中，由于 A/D 转换、计算机运算、D/A 转换均需要花费一定的时间，因此系统某时刻的输出实际上不是当前时刻输入的响应，这就是计算机信号时延。计算机信号时延对系统性能会有一定影响。

此外，计算机控制系统的 A/D 或 D/A 转换器、计算机内存及运算器的字长是有限的，在某些情况下，这将会使计算机控制系统的响应产生量化效应、极限环振荡等，如图 1-16 所示。这些则需要依据数字信号与系统的相关理论才能进行有效的分析与处理。

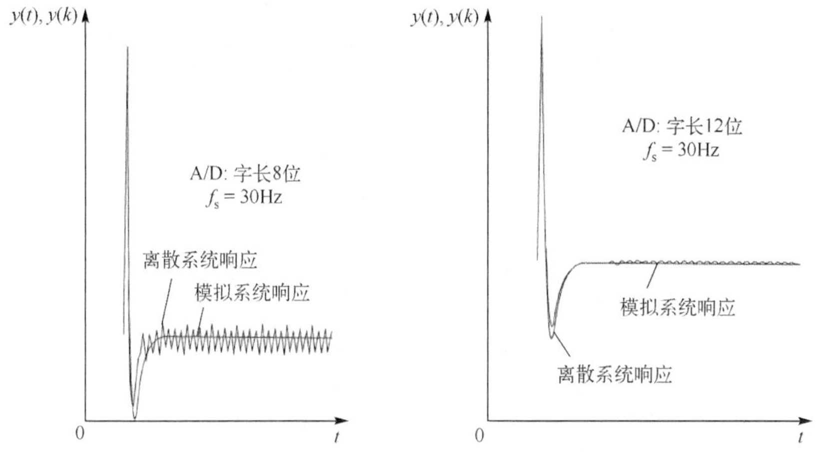

(a) 量化效应　　(b) 极限环振荡

图 1-16　字长有限引起的量化效应和极限环振荡

综上所述，尽管计算机控制系统的某些特性可以用连续控制系统理论进行分析，但还有很多现象是不能用连续控制系统理论加以分析和解释的，必须依据与采样有关的理论进行说明和解释。

1.4.2　离散系统模型描述及特性分析

计算机控制系统虽然是由数字控制器和连续被控对象构成的混合系统，但是为了分析和设计方便，通常将其等效地转化为离散系统来处理。时域的差分方程、复数域的 z 变换和 z 传递函数、频域的频率特性以及离散状态空间模型均是离散系统的常用数学描述工具。本书将在第 2 章和 6.2 节系统性地讲述上述数学模型的描述问题，并在第 3 章基于 z 传递函数进行系统稳定性、暂态过程、稳态过程、z 平面根轨迹以及基于 w 变换 Bode 图的频率特性等性能分析；在第 6 章基于离散状态空间模型进行计算机控制系统的稳定性、可控性和可测性分析。

1.4.3　数字控制器的设计与实现

计算机控制系统是由计算机及其相应的一些信号转换与接口装置取代了原来连续控制

系统中的模拟控制器而得到的，具有结构混合(控制器离散+被控对象连续)和信号混合(模拟信号+离散模拟信号+数字信号)的特点。如果从图 1-17(a)中 *AA′*两点来看，将计算机环节看作黑箱，则整个系统可以看成连续系统；但若从图 1-17(b)中 *BB′*两点来看，又可将其看成纯离散系统。因此，在实际工程设计时也有两种设计方法。

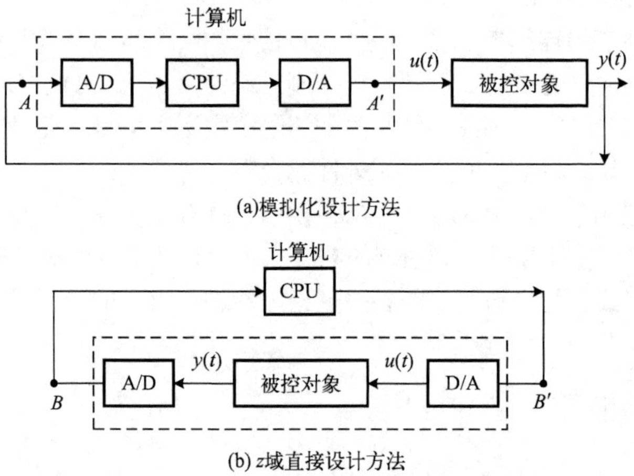

图 1-17　计算机控制系统等效结构图

1. 数字控制器的模拟化设计方法

数字控制器的模拟化设计方法是将计算机控制系统看成连续控制系统，在连续域上，基于比较成熟的连续控制系统控制理论设计方法得到与数字控制器(数字控制算法)等价的模拟控制器 $D(s)$，然后采用相应的一些离散化方法将该模拟控制器进行等价离散化(即数字化)，得到数字控制器 $D(z)$，以便于计算机实现。这种离散化会产生误差，并与采样周期 T 的大小有关，所以是一种近似实现方法。其设计方法如图 1-18(a)所示。

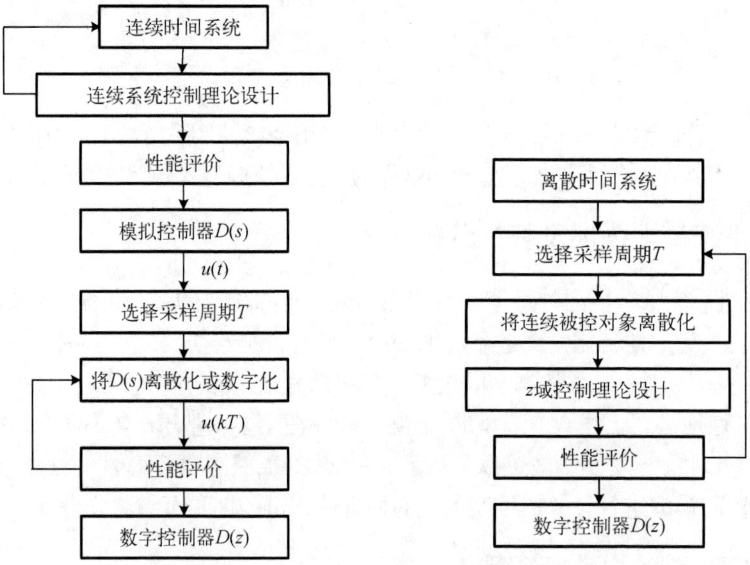

(a)模拟化设计方法　　(b) z域直接设计方法

图 1-18　数字控制器设计方法

2. 数字控制器的 z 域直接设计方法

数字控制器的 z 域直接设计方法也称为离散化设计方法，是指将计算机控制系统看成离散系统，先将系统中所有连续部分离散化，然后直接在 z 域进行设计，得到相应的数字控制器 $D(z)$，并在计算机中实现。这种方法是一种较为准确的设计方法，无须再对控制器进行近似离散化，因而日益受到人们的重视。其设计方法如图 1-18(b)所示。

众所周知，控制系统的设计(综合)问题是逆问题求解，有多种解法，也就是可根据不同的应用背景选择不同的控制结构，确定不同的准则函数。基于传递函数模型进行控制系统设计属于经典控制理论范畴，适用于单变量被控对象的控制算法设计，设计目标为时间最优(最少拍控制器)或动静态指标最优(PID、大林(Dahlin)算法、根轨迹及 w 域控制器设计等)，本书将在第 4 章和第 5 章介绍这方面的内容。

以状态空间模型为基础的数字控制器设计方法属于现代控制理论的范畴，不仅适用于线性/非线性、定常/时变的单变量对象，而且适用于多变量对象。本书将在第 6 章介绍这方面的内容。随着研究对象复杂程度的提高，常规控制理论常常难以解决其控制问题，因此本书将在第 7 章介绍多种先进控制规律的设计方法。这些先进控制规律涉及系统辨识、参数估计以及基于非参数模型的智能控制等，具有一定的复杂性，且更加关注最优控制问题。

因此，学习计算机控制的基础理论，不是局限于一两种控制算法或若干分析推导过程，而是需要建立起广阔的工程视野和学术知识，在此基础上才能领悟到控制理论的真谛。希望本书关于计算机控制基础理论的学习可以为读者提供一个平台，使读者认识这些算法的特点和设计思路，理解控制理论与工程实践的紧密联系，加深对算法设计思想的领悟并提升工程意识。

1.4.4　控制系统仿真及性能分析

在计算机控制系统设计完成后，常常需要使用计算机仿真的方式校核其静态及动态性能。如果不满足控制系统性能指标的要求，就需要重新修改设计方案或控制器参数。即使在控制系统设计的过程当中，为了研究信号的变化趋势，对被控对象进行模型辨识和动态性能测试，以及研究控制器的设计参数(包括采样周期)对系统性能指标的实时影响等，也需要通过计算机仿真手段实现。此外，计算机控制系统的控制器是以算法软件在计算机内实现的，软件编程方法及其可能给系统性能带来的影响等也是值得注意和讨论的问题。

计算机控制系统的性能与连续控制系统类似，可以用稳定性、稳态特性和暂态特性来表征，相应地，用稳态指标、动态指标和综合指标来衡量其优劣。其中，稳态指标用于衡量控制系统的精度，用稳态误差来表征；动态指标包括超调量 $\sigma\%$、调节时间 t_s、峰值时间 t_p、衰减率 η 等时域指标和相位裕度、幅值裕度等频域指标；综合指标一般采用线性二次型性能指标，目的是使系统的误差平方和最小(最小均方差)。这些基本性能指标与系统的固有参数和设计参数的关系为分析和设计计算机控制系统提供了依据。

校核或分析系统性能的直观方法就是对控制系统进行仿真研究。为了方便读者“消化”和“吸收”各章节重要知识点内容，在信号转换、模型描述、控制器设计以及性能分析等环节均挑选合适例题设计了基于 MATLAB 软件的仿真示例程序。通过视频讲解，启发思考，为读者进一步应用计算机控制算法奠定良好基础。

1.4.5 控制系统的工程设计与应用技术

在计算机控制系统中，由于采用了数字控制器，因而会产生数值误差，这些误差会极大地影响系统的控制精度及其动态性能，因此计算机控制系统的工程设计是一项复杂的系统工程，涉及的领域比较广泛。本书将在第 8 章描述计算机控制系统的基本设计原则与系统实现等相关问题，介绍计算机控制系统的数字滤波技术、组态软件技术以及计算机实时控制与硬件在环仿真技术。实时仿真技术可以使基于 Simulink 软件设计的控制器通过外部模式直接控制真实物理对象，特别适用于不可能准确获得数学模型的工业过程，有利于硬件在环的优化设计和控制器的应用实现。同时，本书在其他章节中也介绍了信号转换的工程化和控制算法的工程化等技术。

1.5 计算机控制系统的发展趋势

随着计算机技术、通信技术、电子技术和控制理论的发展，以及工业生产对控制系统不断提出新的要求，计算机控制系统也在不断发展，其发展的主要趋势是微型化、大型化、智能化。微型化有两个含义：一是微电子机械系统(Micro Electro Mechanical System，MEMS)，如毫米级微型机器人等；另一个是基于嵌入式微处理器的嵌入式控制系统(Embedded Control System，ECS)，如底层工业自动化装置、航空航天器、医疗仪器、科学仪器、智能玩具、家用电器等，它使得自动化无处不在。大型化是指开放化、网络化，实现计算机集成制造/过程系统(CIMS/CIPS)。

1. 发展基于嵌入式平台的 MEMS 器件和系统

MEMS 是指集微型传感器、微型执行器、信号处理和智能控制，以及接口电路、通信和电源于一体的微机电控制系统。MEMS 不仅可以降低机电系统的成本，而且可以完成许多大尺寸机电系统无法完成的任务。例如，微型镊子可以夹起一个红细胞，3mm 大小的自动驾驶仪能够开动汽车等。

2. 工业控制网络开放化、网络化

1) 发展新型 DCS 和 FCS 分散型控制系统

现场总线(Fieldbus)和以太网(Ethernet)技术将成为工厂底层控制网络的信息传输主干，通过监控和数据采集(Supervisory Control and Data Acquisition，SCADA)系统连接监控设备和现场智能设备，形成一种基于控制信息协议(Control Information Protocol，CIP)的工业 Ethernet。以上述先进网络通信技术为基础的新型 DCS 和 FCS 分散型控制系统采用先进的控制策略，使得基于 Ethernet+TCP/IP 的传感器、变送器通过 Internet 可以远程监控生产过程和进行远程系统调试，进而实现可预测的设备故障诊断与容错运行管理，使自动化系统向低成本、综合化、高可靠性的方向发展，为实现计算机集成制造/过程系统(CIMS/CIPS)创造条件。

2) 工业控制软件向组态软件方向发展

工业控制软件主要包括人机界面软件、基于 PC 和 AI 的先进控制软件、过程优化控制软件以及生产管理软件等。软件和计算机硬件相结合，为企业测、控、管一体化提供完整的解决方案。

3) 控制网络向有线和无线相结合方向发展

快速、准确、可靠地获得现场设备的信息是计算机控制系统的基本要求。计算机网络技术、无线技术以及智能传感器技术的结合，产生了“基于无线技术的网络智能传感器”，这使得工业现场的数据能够通过无线链路直接在网络上传输、发布和共享。无线局域网技术能够在工业环境下为各种智能现场设备、移动机器人以及自动化设备之间的通信提供高带宽的无线数据链路和灵活的网络拓扑结构，在一些特殊环境下有效地弥补了有线网络的不足，进一步完善了工业控制网络的通信性能，为计算机控制系统的结构沿着网络化、开放化、智能化和集成化方向发展创造了物质条件。

3. 普及应用可编程逻辑控制器

可编程逻辑控制器(Programmable Logic Controller，PLC)是一种专为工业环境应用而设计的微机系统。它用可编程逻辑存储器来存储用户指令，通过数字或模拟的输出完成确定的逻辑、顺序、定时、计数和运算等功能。具有智能I/O模块的PLC可以将顺序控制和过程控制结合起来，完成对温度、压力、流量、液位、成分等各参数的自动检测和过程控制，并向微型化、网络化、PC化和开放化方向发展，具有很高的可靠性，在冶金、机械、石化、过程控制等工业领域中得到了广泛的应用。

4. 应用和发展先进控制技术

最优控制、专家系统、自适应控制、预测控制、鲁棒控制、模糊控制、神经网络控制、混沌控制等都已成为先进控制技术的重要研究内容，不断推动着计算机控制水平的提高。同时，由于生产过程的复杂性以及人们对控制系统不断提出新的要求，新型控制理论和方法不断涌现，大数据、大算力、大网络和新型控制算法加持下的知识生成能力，更加促进了基于全域优化的先进控制技术的发展。

5. 5G实现“万物互联”与工业5.0

5G是第五代移动通信技术的简称，着眼于万物互联共享的通信模式。5G赋能物联网，将开启万物互联智能时代。

工业4.0即第四次工业革命，是指利用信息物理系统(Cyber Physical System，CPS)将生产中的供应、制造、销售信息数据化、智慧化，最后实现快速、有效的产品供应。工业4.0是技术驱动型的工业模式，注重生产流程的优化、效率和生产力的提高，而忽视了“人”这一最重要的主体。因此，作为一种价值驱动型的新工业模式——工业5.0，将工业重心由技术转向对人身心健康的关怀、自然的可持续发展及工业的弹性需求等方面。工业5.0的主要特征是个性化定制，在“人-社会-自然-技术”视角下实现基于现场实时数据的具有人机交互及人机共生关系的闭环设计，并可突破设计的物理界限。工业5.0的控制方式除了在技术上由集中式向分散式增强型控制转变外，随着智能与认知计算的提升，如边缘计算、数字孪生、VR/AR、元宇宙等，将聚焦于人与机器(人)的智能协作，并更关注建立一个高度灵活的以人为本的个性化和数字化产品与服务的生产模式，以向人本智造演化实现生产和制造过程的安全、平稳、高效和低碳的智能自主运行。

本章小结

计算机控制系统是以计算机及其相应的A/D及D/A转换器取代常规控制系统的控制器而构成的一类控制系统。其中控制过程包括实时数据采集、实时决策及实时控制三个基本步骤，且三个步骤按顺序循环执行。由于计算机工作的特点，计算机控制系统中存在着多种信号形式的转换，是一个混合信号系统，A/D与D/A转换构成了计算机控制系统的信号转换核心。计算机控制系统与连续控制系统相比具有许多优点，其控制算法由软件编程实现，因此可以实现复杂和智能化的算法。本章以计算机控制系统的应用历程为时间轴线，简要地介绍了一些具有代表性的计算机控制系统类型，并给出每种类型的特点与适用范围。

同时，计算机直接参与控制，使计算机控制系统的理论分析和系统设计具有许多不同的特点。信号采样理论是理解离散系统特殊问题和设计计算机控制系统的理论基础。因此，计算机控制系统不仅涉及连续系统理论，还涉及离散系统理论与数字信号系统理论，这些理论形成了计算机控制系统的基本理论框架。其设计方法也可分为基于连续控制系统理论的模拟化设计方法和基于离散控制系统理论的 z 域直接设计方法两大类。

最后，从应用出发，给出了计算机控制系统的发展趋势。

习题与思考题

1.1　什么是计算机控制系统？它与连续控制系统有何区别？

1.2　计算机控制系统由哪几部分组成？各部分有什么作用？简述其控制过程的基本步骤。

1.3　什么是计算机控制系统的实时性？为什么要强调实时性？

1.4　计算机控制系统一般有哪些典型应用形式？各有何特点？

1.5　计算机控制系统有什么特点？为什么说它是一种混合信号系统？

1.6　计算机控制的理论基础是什么？一般包含哪些基本理论问题？

1.7　在实际应用中，数字控制器有哪两种设计方法？试阐述其基本设计思想。

1.8　简述计算机控制系统的发展趋势。

第 2 章　计算机控制的信号转换及模型理论

本章概要　2.1 节介绍本章所要解决的基本问题；2.2 节介绍 A/D、D/A 转换原理，香农(Shannon)采样定理，重点分析信号的采样过程与恢复问题，并对采样周期 T 的选择进行讨论；2.3 节介绍 z 变换的定义、方法、基本性质和定理；2.4 节介绍 z 反变换的方法，包括长除法、部分分式法、留数法；2.5 节介绍广义 z 变换；2.6 节介绍线性定常离散系统的差分方程，以及如何利用 z 变换法求解差分方程；2.7 节介绍 z 传递函数，包括 z 传递函数的定义、基本求法、串联并联求法以及 z 传递函数的物理可实现性。

2.1　引　　言

由第 1 章可知，计算机控制系统中的被控对象本身是一个连续环节，而控制器是由计算机来实现的离散环节。如果控制器的输入与输出信号均是离散量，那么就会带来一些问题，比如，连续与离散信号之间有什么样的变换关系？采样周期的选择对采样过程有什么影响？离散信号可以直接作用到被控对象的执行机构上吗？离散信号在模型或函数关系上应该怎样表达？如何完成其输出离散量的时域分析、频域分析及模型求解？离散系统分析有专门的数学工具吗？等等。解决计算机控制系统的上述问题一定会用到相应的采样理论及数学模型理论。与连续系统的拉普拉斯变换(简称拉氏变换)分析法相似，计算机控制系统的模型基础为离散域的拉普拉斯变换法，即 z 变换理论。

2.2　信号转换原理

计算机控制系统是一个模拟信号与数字信号混合的系统，信号转换问题既出现在控制系统的调节通道，也出现在控制系统的反馈通道。

由于控制系统中的信号是随时间变化的，因此其形式可从时间及幅值来区分。从时间上考虑，将在时间轴上任何时刻都可取值的信号称为连续时间信号；而把在时间轴上断续离散时刻出现的信号称为离散时间信号(简称离散信号)。从幅值上考虑，将幅值在某一区间内连续变化并可取任意值的信号称为模拟信号；将幅值在某一区间内只取断续离散值的信号称为离散信号；将幅值用一定位数的二进制编码形式表示的离散信号称为数字信号。因此，通常意义上的模拟信号是指时间上连续存在、幅值上连续变化的信号，而数字信号则定义为时间上离散、幅值上以二进制编码形式表示的信号。根据上述描述，计算机控制系统的信号流程结构如图 2-1 所示。其中，$r(t)$为系统的给定输入模拟信号；$r^*(t)$为 $r(t)$的采样信号，或称为 $r(t)$的离散模拟信号；$\{r(kT)|k\in(-N,N)\}$ 为 $r^*(t)$的离散序列或数字信号表示方式，简写为 $r(kT)$，T 为采样周期，N 为正整数；$e(kT)$为采样后误差 $e(t)$的离散序列或数字信号；$u(t)$为控制量模拟信号；$u^*(t)$为 $u(t)$的采样信号；$u(kT)$为 $u(t)$的数字信号；$y(t)$为输出量模拟信号；$y^*(t)$、$y(kT)$分别为 $y(t)$的采样信号和离散序列。

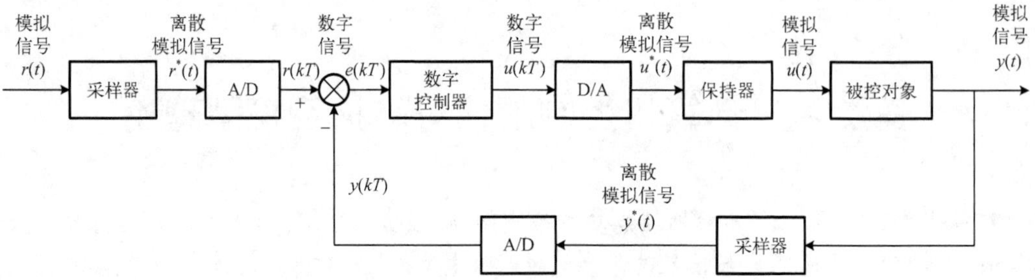

图 2-1　计算机控制系统的信号流程结构图

采样器、保持器和数字控制器的结构形式及控制规律决定系统的动态性能，是主要的研究对象。系统的稳态控制精度由 A/D、D/A 转换器的分辨率决定。这说明 A/D 和 D/A 转换器只影响系统的稳态控制精度，而不影响动态性能。从计算机控制角度出发，数字控制器接收被控对象在离散时间上的测量值，并在离散时间上发送新的控制信号，研究的目的就是描述信号在各个采样点上的变化。若不关心采样点之间的特性，系统的输入与输出信号均取为采样信号(也可以认为是虚假的采样)，此时，系统可以看作离散系统，或称为采样控制系统。为了便于对计算机控制系统进行分析和综合设计，可将图 2-1 变换成能够进行数学运算的简化结构图，如图 2-2 所示。这里假定 A/D、D/A 转换器有足够的精度，使得量化误差可以忽略，于是可把采样器和 A/D、D/A 转换器用周期为 T 的理想采样开关来代替，使其只存在物理而无数学上的意义，即数字信号 $e(kT)$与采样信号 $e^*(t)$是等价的。

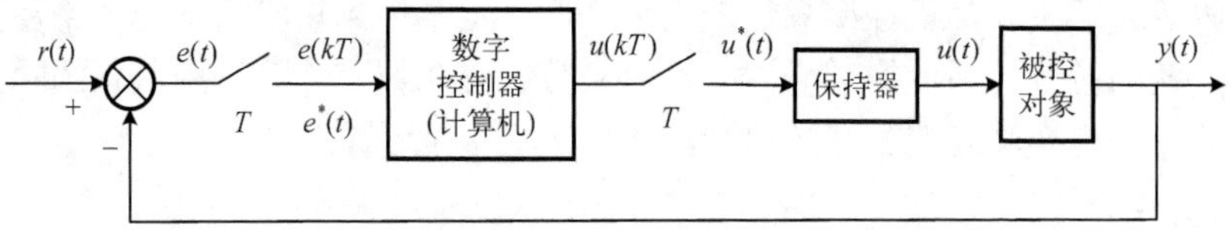

图 2-2　计算机控制系统简化结构图

微课视频

2.2.1　信号的采样过程

1. A/D 转换及理想采样开关特性

在计算机控制系统中，信号是以离散脉冲序列或数值序列的方式传递的，把连续模拟信号 $f(t)$转变为采样信号 $f^*(t)$的过程叫采样过程；实现采样的装置叫 A/D 转换器或采样开关。如图 2-3 所示，A/D 转换过程包括采样/保持、量化、编码。采样信号在经过时间和幅值两方

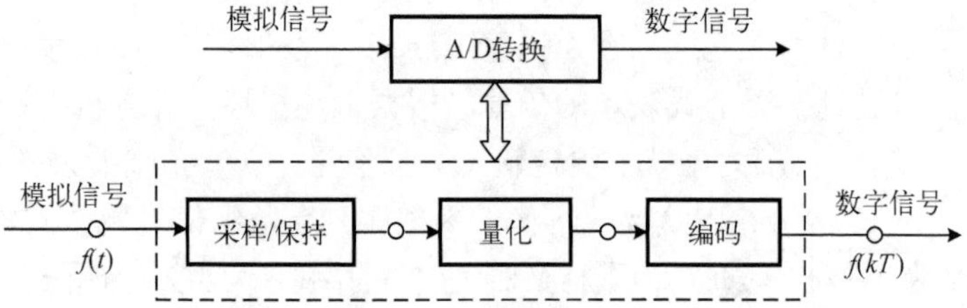

图 2-3　A/D 转换过程

面的量化过程后才变成数字信号，即用最小量化单位 q 的整数倍来表示 $f(kT)$ 的幅值 $f_q(kT)$。q 越小，$f(kT)$ 与 $f_q(kT)$ 的差异越小。然后，把整量化的分层信号编制成各种数字的代码，如二进制 $f_B(kT)$、十进制等，如图 2-4 所示，其中，τ 代表采样开关闭合的时间，称为采样宽度。

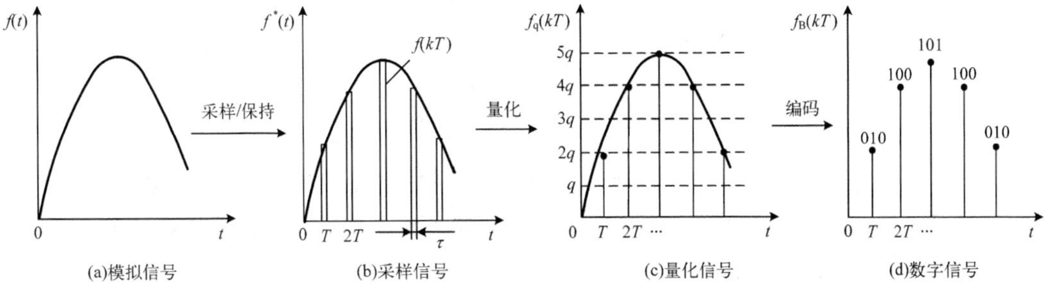

图 2-4　A/D 转换过程的信号变化

信号的采样过程如图 2-5 所示。

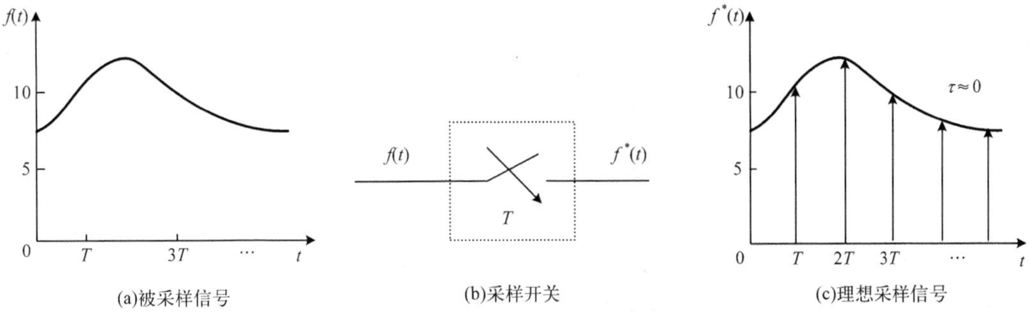

图 2-5　信号的采样过程

若采样开关为理想的恒速采样开关，则它从闭合到断开以及从断开到闭合近似认为是瞬时完成的，即采样宽度 $\tau\approx 0$，因此理想采样开关相当于在该时刻起一个单位脉冲函数的作用。采样开关平时处于断开状态，通常以采样周期 T 进行周期性接通，接通仅瞬间闭合，产生单位脉冲信号，也称为 $\delta(t)$ 函数。由此，经理想采样开关的多次瞬间闭合形成具有周期 T 的单位脉冲序列，其周期性 $\delta_T(t)$ 函数可表示为

$$\begin{aligned}\delta_{\mathrm{T}}(t)&=\sum_{k=-\infty}^{+\infty}\delta(t-kT)\\&=\cdots+\delta(t-kT)+\cdots+\delta(t-2T)+\delta(t-T)\\&\quad+\delta(t)+\delta(t+T)+\delta(t+2T)+\cdots+\delta(t+kT)+\cdots\end{aligned}\tag{2-1}$$

式中，$\delta(t-kT)$ 为 $t=kT$ 时刻的单位脉冲函数。周期性 $\delta_T(t)$ 函数如图 2-6 所示。

2. 理想采样信号的时域描述

建立了采样开关的数学描述后，采样信号 $f^*(t)$ 可视为被采样信号 $f(t)$ 经过采样开关而获得的输出信号，其时域描述可表示为

$$f^*(t)=f(t)\delta_{\mathrm{T}}(t)=f(t)\sum_{k=-\infty}^{+\infty}\delta(t-kT)\tag{2-2}$$

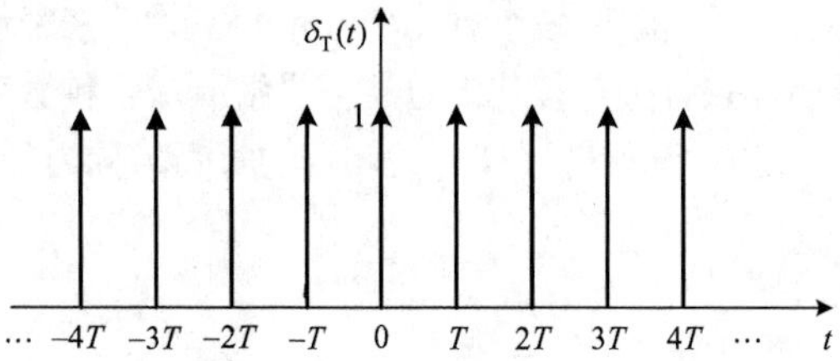

图 2-6　周期性$\delta_T(t)$函数

此时，采样开关相当于一个脉冲幅值调制器，采样过程为脉冲调制过程。其中，输入$f(t)$为调制信号，单位脉冲序列即为载波信号，如图 2-7 所示。由此可见，采样信号$f^*(t)$的幅值由$f(t)$在$t = kT$时刻的值确定。

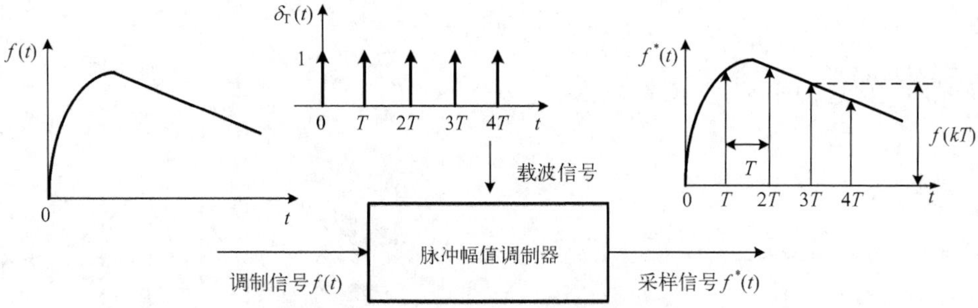

图 2-7　理想采样脉冲幅值调制器

由于$f(t)$只在脉冲幅值调制时刻(即kT时刻)才被采样，同时对于大多数实际系统，当$t < 0$时，$f(t) = 0$，因此，式(2-2)也可表达为

$$f^*(t) = \sum_{k=0}^{+\infty} f(kT)\delta(t - kT), \quad t = kT \tag{2-3}$$

程序分析

式(2-3)即为采样信号的时域表达式。

3. 理想采样信号的频域描述及特点

采样信号频域描述的思路是通过将采样信号$f^*(t)$由时域转换到频域，也就是求$f^*(t)$的傅里叶(Fourier)变换$F^*(\mathrm{j}\omega)$，来进一步研究$f^*(t)$的频率特性。

对于周期性信号$x(t)$，当满足狄利克雷(Dirichlet)条件时，可以用一个傅里叶级数来表示，其频谱$X(\mathrm{j}\omega)$是离散的。

因此，对于式(2-1)中的周期性$\delta_T(t)$函数，可以展开为复数形式的傅里叶级数，有

$$\delta_T(t) = \sum_{k=-\infty}^{+\infty} C_k \mathrm{e}^{\mathrm{j}k\omega_s t} \tag{2-4}$$

式中，$\omega_s = \dfrac{2\pi}{T}$为采样角频率；$C_k = \dfrac{1}{T}\int_{-T/2}^{T/2} \delta_T(t)\mathrm{e}^{-\mathrm{j}k\omega_s t}\mathrm{d}t$为傅里叶级数系数。

$\delta_T(t)$是周期性函数，在$[-T/2, T/2]$时间内仅有$t = 0$时的脉冲。考虑到脉冲函数$\delta(t)$的信号采样性质，即

$$\int_{-\infty}^{+\infty}\delta(t)f(t)\mathrm{d}t=f(t)\big|_{t=0}$$

于是得
$$C_k=\frac{1}{T}\int_{-T/2}^{T/2}\delta_{\mathrm{T}}(t)\mathrm{e}^{-\mathrm{j}k\omega_s t}\mathrm{d}t=\frac{1}{T}\mathrm{e}^{-\mathrm{j}k\omega_s t}\big|_{t=0}=\frac{1}{T}$$

所以
$$\delta_{\mathrm{T}}(t)=\frac{1}{T}\sum_{k=-\infty}^{+\infty}\mathrm{e}^{\mathrm{j}k\omega_s t} \tag{2-5}$$

$$f^*(t)=f(t)\delta_{\mathrm{T}}(t)=f(t)\frac{1}{T}\sum_{k=-\infty}^{+\infty}\mathrm{e}^{\mathrm{j}k\omega_s t} \tag{2-6}$$

设原连续信号 $f(t)$ 的拉普拉斯(Laplace)变换为 $F(s)$，则采样信号 $f^*(t)$ 的拉普拉斯变换为

$$F^*(s)=\mathcal{L}[f^*(t)]=\int_0^{+\infty}f^*(t)\mathrm{e}^{-st}\mathrm{d}t=\int_0^{+\infty}\frac{1}{T}\sum_{k=-\infty}^{+\infty}f(t)\mathrm{e}^{\mathrm{j}k\omega_s t}\mathrm{e}^{-st}\mathrm{d}t \tag{2-7}$$

根据拉普拉斯变换的位移定理得

$$F^*(s)=\frac{1}{T}\sum_{k=-\infty}^{+\infty}F(s-\mathrm{j}k\omega_{\mathrm{s}}) \tag{2-8}$$

将 $s=\mathrm{j}\omega$ 代入式(2-8)，可得到 $f^*(t)$ 的傅里叶变换式为

$$F^*(\mathrm{j}\omega)=\frac{1}{T}\sum_{k=-\infty}^{+\infty}F(\mathrm{j}\omega-\mathrm{j}k\omega_{\mathrm{s}}) \tag{2-9}$$

式(2-9)即为 $f^*(t)$ 信号的频谱表达式，建立了采样信号频谱 $F^*(\mathrm{j}\omega)$ 与原连续信号 $f(t)$ 频谱 $F(\mathrm{j}\omega)\left(F(\mathrm{j}\omega)=\int_0^{+\infty}f(t)\mathrm{e}^{-\mathrm{j}\omega t}\mathrm{d}t\right)$ 之间的关系。

设原连续信号频谱带宽是有限的，且 ω_{m} 为最高角频率。在不同采样角频率 ω_{s} 下，原连续信号频谱 $F(\mathrm{j}\omega)$ 与采样信号频谱 $F^*(\mathrm{j}\omega)$ 的关系如图 2-8 所示，图中只画了幅频谱。由图 2-8 可知：

(1) $F(\mathrm{j}\omega)$ 只在 $-\omega_{\mathrm{m}}\sim\omega_{\mathrm{m}}$ 有频谱，是孤立的非周期频谱，在其他频率处 $|F(\mathrm{j}\omega)|=0$。A 为 $F(\mathrm{j}\omega)$ 在 $\omega=0$ 时的幅值，如图 2-8(a)所示。

(2) 当 $k=0$ 时，$F^*(\mathrm{j}\omega)=\frac{1}{T}F(\mathrm{j}\omega)$。该频谱称为采样信号的主频谱，它正比于 $F(\mathrm{j}\omega)$，幅值为原频谱的 $1/T$。

(3) 当 $k\neq 0$ 时，$F^*(\mathrm{j}\omega)$ 派生出以 ω_{s} 为周期的无穷多个孤立高频谱分量，称为辅频谱或旁带。其形状与主频谱相同，只是在频率轴上以 ω_{s} 为周期，以主频谱为中心向频率轴两端做频移，如图 2-8(b)所示。

(4) 若 $F(\mathrm{j}\omega)$ 带宽有限，而采样角频率 $\omega_{\mathrm{s}}\geqslant 2\omega_{\mathrm{m}}$，则采样后的辅频谱与主频谱不会重叠，如图 2-8(b)和图 2-8(c)所示；反之，当 $\omega_{\mathrm{s}}<2\omega_{\mathrm{m}}$ 时，各频谱之间就会出现混叠现象，如图 2-8(d)所示。

由以上分析可知，采样信号的频谱除了与原连续信号成正比例的主频谱外，还有无限多个以 ω_{s} 为周期的高频辅频谱。如果这些周期性频谱分量是相互分离的，则可以通过一个理想的低通滤波器把所有的高频辅频谱去掉，只保留主频谱，再乘以 T，这样就从采样信号中获

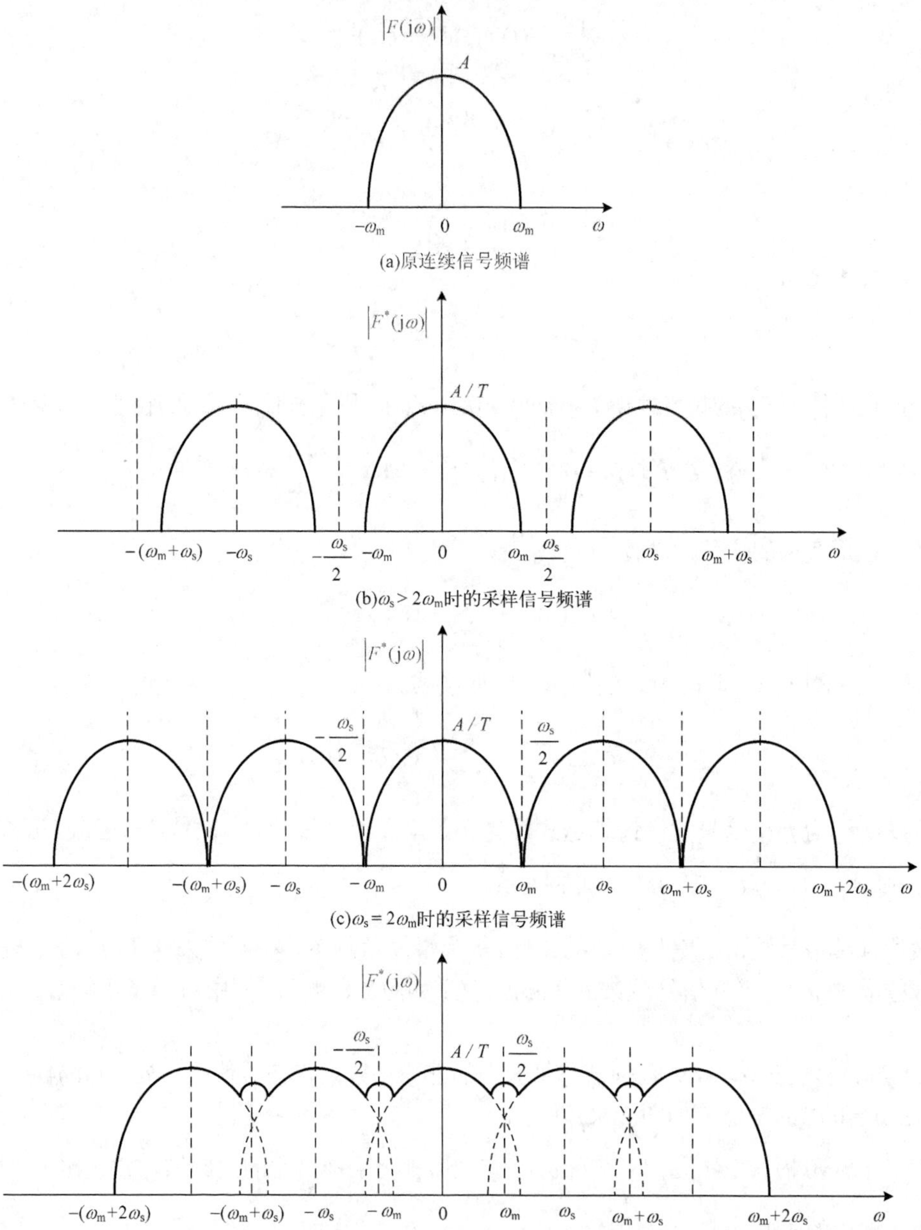

(a)原连续信号频谱

(b)$\omega_s > 2\omega_m$时的采样信号频谱

(c)$\omega_s = 2\omega_m$时的采样信号频谱

(d)$\omega_s < 2\omega_m$时的采样信号频谱

图 2-8　原连续信号频谱与采样信号频谱

程序分析

取了原连续信号的频谱。但是，如果这些周期性频谱分量是相互交叠的，则无法利用理想的低通滤波器得到原连续信号的频谱，这种现象称为频率混叠。采样频率的选择将直接关系到能否从采样信号中获得原连续信号的特征。

2.2.2　采样定理

微课视频

计算机控制系统是利用离散的信号进行控制运算的，这就带来一个问题：采用离散信号能否实施有效的控制，或者连续信号所含的信息能否由离散信号表示，或者离散信号能否一定代表原来的连续信号。例如，有两个不同的连续信号 $f_1(t)$ 和 $f_2(t)$，假设采样周期都为 T，如图 2-9 所示，从图中可以看出，$f_1(t)$ 和 $f_2(t)$ 具有相同的采样信号 $f^*(t)$，这说明 $f^*(t)$ 未必能完全反映或近似地反映连续信号。

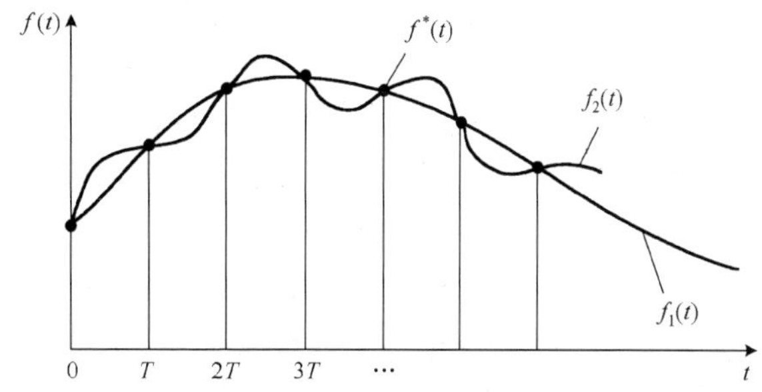

图 2-9　两个不同连续信号的采样过程

那么，$f^*(t)$ 如何能完全反映或近似地反映连续信号呢？奈奎斯特(Nyquist)最早探讨了其关键问题，他证明了要想把正弦信号从它的采样值复现出来，就必须在每周期内至少对正弦信号采样两次。1949 年香农(Shannon)在香农采样定理中对此问题给出了定量描述，为离散系统的分析和设计提供了理论基础。

1. 香农(Shannon)采样定理

如果连续信号 $f(t)$ 具有有限带宽，其最高频率分量为 f_m（或 ω_m），当采样频率 $f_s \geqslant 2f_m$（或 $\omega_s \geqslant 2\omega_m$）时，原连续信号 $f(t)$ 可以由其采样信号 $f^*(t)$ 唯一确定，即可以从采样信号 $f^*(t)$ 中无失真地复现 $f(t)$；否则不能从 $f^*(t)$ 中恢复 $f(t)$。

其中，采样角频率 ω_s 与采样频率 f_s、采样周期 T 的关系为

$$\omega_s = 2\pi f_s = \frac{2\pi}{T} \tag{2-10}$$

如果采样频率不满足采样定理，在频域将产生频率混叠现象（图 2-8(d)）；而在时域，则会出现假频现象，即由于采样频率过低，采样间隔内丢失的信息太多，使得对一个高频信号采样的结果看起来像一个低频信号。由式(2-9)可知，对于幅值相同、频率分别为 ω 与 $\omega \pm k\omega_s$ ($k=1,2,3,\cdots$)的正弦信号，以频率 ω_s 采样后，所得到采样信号的幅值将是一样的。例如，用 1Hz 的采样频率分别对两个幅值相同、频率分别为 0.1Hz 和 1.1Hz 的正弦信号采样，所得的采样信号是一样的，即出现了假频现象，如图 2-10 所示。

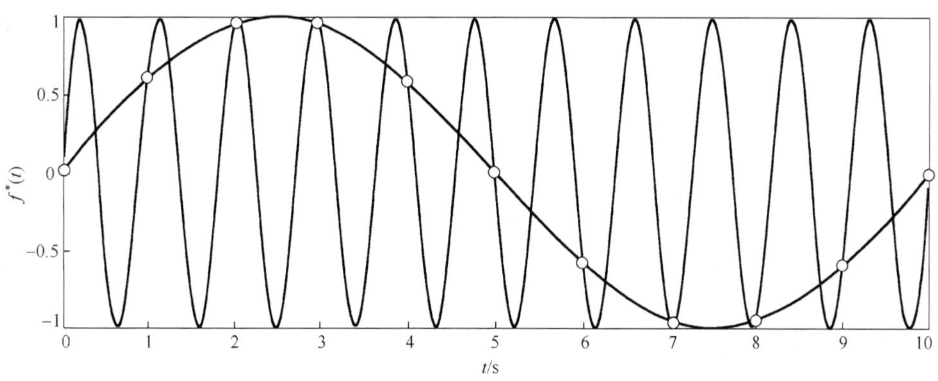

图 2-10　假频现象

上述频率混叠与假频现象表明，如果不满足采样定理，一个高频信号经采样后就变成了低频信号。在计算机控制系统中，若有用信号（通常都为低频信号）中混杂有高频干扰信号，而采样频率相对于高频干扰信号频率往往不满足采样定理。这样经采样后，高频干扰信号将变为低频信号混杂在有用信号中，即高频干扰信号的频谱被折叠到有用信号频谱中，而无法

再进行分离。为避免出现上述现象，需要在进行信号采样之前加入一个模拟低通滤波器，称为前置滤波器，以滤除连续信号中包括高频干扰信号在内的频率高于$\omega_s/2$的频谱分量。前置滤波器最常用的形式是$G_f(s)=1/(T_fs+1)$，时间常数T_f应根据噪声干扰特性来选取。值得提出的是，若连续信号的频谱是无限带宽，无论怎样提高采样频率，频率混叠或多或少都会发生。

2. 采样周期T的选择方法

香农采样定理只能作为控制系统确定采样周期的理论指导原则，实际应用中还存在一些问题，主要是系统数学模型不能精确地进行测量，连续信号$f(t)$的最高角频率ω_m也不易确定，况且采样周期T的选择与很多因素有关，包括控制系统的动态品质指标、被控对象的动态特性、干扰信号的频谱、控制算法与计算机性能等，所以，应用采样定理还不能从理论上得出适用于各种类型计算机控制系统的统一的采样周期计算公式。

显然，采样周期T取值越小，复现精度就越高。当$T\to 0$时，计算机控制系统就变成连续控制系统了。若采样周期T太长，计算机控制系统受到的干扰就得不到及时抑制，从而造成很大的误差，使系统的动态品质恶化，甚至导致系统不稳定。在工程应用的实践中，一般根据被控对象的惯性大小、加在该对象上的预期干扰程度和性质来选择采样周期。例如，对于惯性大、反应慢的生产过程，采样周期要长一些，不宜使调节过于频繁；对于一些快速系统，如交/直流可逆调速系统、随动系统等，要求系统的动态响应速度快，抗干扰能力强，采样周期可以短一些。

总之，在采样定理的理论指导下，根据设计者在实践中的运行经验，并结合实际被控对象的动态特性或控制系统的动态品质指标，就可以按经验确定采样周期取值范围。表 2-1 列出了常见被控参数采样周期T的参考数值。

表 2-1　常见被控参数采样周期 T 的参考数值

被控参数	采样周期 T	备注
位置	10～50ms	优先选用 30ms
流量	1～5s	优先选用 2s
压力	3～10s	优先选用 8s
液面	6～8s	优先选用 7s
温度	15～20s	优先选用纯滞后时间

2.2.3　信号的恢复过程与零阶保持器

微课视频

为了实现对被控对象的有效控制，必须把数字信号恢复为连续信号。采样定理从理论上给出了从采样信号$f^*(t)$恢复原连续信号$f(t)$的条件。可以注意到，信号的恢复需要通过一个理想的低通滤波器滤除$f^*(t)$的高频辅频谱。但理想低通滤波器由于不仅在物理上难以实现，还会在调节通道中引入时延，无法用于实际控制系统。物理上可实现的恢复只能以现在时刻及过去时刻的采样值为基础，通过外推插值来实现。因此，通常采用具有接近理想低通滤波器特性的零阶保持器进行信号的重构，以减少周期性辅频谱的影响。

1. D/A 转换器

D/A 转换器是将离散的编码数字信号转换为相应的连续时间信号的转换装置。从功能的角度看，D/A 转换过程由解码与保持两个过程组成，如图 2-11 所示，其信号变化如图 2-12 所示。

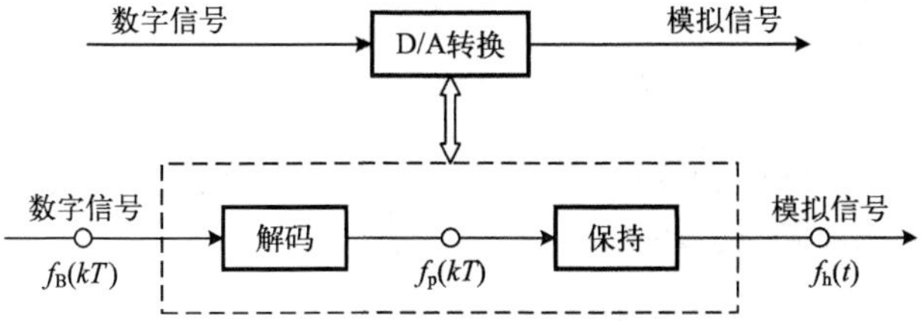

图 2-11　D/A 转换过程

解码是将二进制数字信号 $f_B(kT)$转换为幅值等于该数字量的模拟脉冲信号 $f_p(kT)$(电流或电压信号)。解码后的信号在时间上仍是离散的，幅值上为模拟量。保持是将解码后的模拟脉冲信号保持规定的时间，从而使时间上离散的信号变成时间上连续的信号。保持时间通常为 1 个采样周期，得到一个时间上连续、幅值上为阶梯状的信号 $f_h(t)$，见图 2-12(c)。这样的保持器称为零阶保持器(Zero-Order Holder, ZOH)。因此，只有当采样周期足够小，而 D/A 转换器的分辨率又足够高时，才可认为 D/A 转换器输出的是时间与幅值都连续的信号。

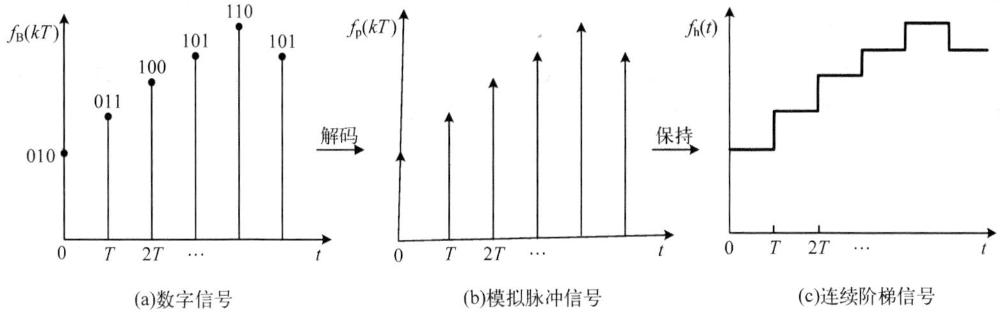

图 2-12　D/A 转换过程的信号变化

2. 信号的恢复与保持

信号恢复在时域上是由离散的采样值重构出所对应的连续时间信号；在频域上去除采样信号频谱的辅频谱(相当于干扰信号)，保留主频谱部分。

采样信号在采样点上才有值，在两个采样点之间无值。为了使得两个采样点之间为连续信号过渡，可用多项式外推来重构原连续时间信号。

若已知某一采样点的采样值为 $f(kT)$，将其连续信号 $f(t)$在该点邻域展开成泰勒(Taylor)级数为

$$f(t)=f(kT)+f'(kT)(t-kT)+\frac{1}{2!}f''(kT)(t-kT)^2+\cdots,\quad kT\leqslant t<(k+1)T \tag{2-11}$$

式中，$f'(kT)$，$f''(kT)$，…为 $f(t)$在 kT 处的各阶导数，它们可以由当前与过去时刻的采样值来估计。例如，$f(t)$在 $t=kT$ 时刻的一阶导数可用一阶差分来表示，即

$$f'(kT)\approx\{f(kT)-f[(k-1)T]\}/T \tag{2-12}$$

同理，$f(t)$在 $t=kT$ 时刻的二阶导数的近似值为

$$\begin{aligned}f''(kT)&\approx\{f'(kT)-f'[(k-1)T]\}/T\\&\approx\{f(kT)-2f[(k-1)T]+f[(k-2)T]\}/T^2\end{aligned} \tag{2-13}$$

如果取式(2-11)右端第一项来近似逼近，有

$$f(t) \approx f(kT), \quad kT \leqslant t < (k+1)T \tag{2-14}$$

由于式(2-14)只使用了级数的零阶项，所以称为零阶外推插值，又称为零阶保持器(ZOH)。

如果取式(2-11)右端前两项之和来近似逼近，有

$$\begin{aligned} f(t) &\approx f(kT) + f'(kT)(t-kT) \\ &\approx f(kT) + \frac{f(kT) - f[(k-1)T]}{T}(t-kT), \quad kT \leqslant t < (k+1)T \end{aligned} \tag{2-15}$$

称为一阶外推插值或一阶保持器(First-Order Holder)。

同样，可以取式(2-11)右端前 n+1 项之和来近似逼近，就构成了 n 阶保持器。

由此可知，其级数项取得越多，相应的估计精度就越高。但导数阶次越高，所需的时间延迟也越大。而时间延迟的增加对反馈系统的稳定性有严重影响，且除零阶保持器外，其他形式的保持器都难以实现。因此，计算机控制系统中的信号重构一般都是用零阶保持器来实现的。

3. 零阶保持器的数学模型

零阶保持器将 kT 采样时刻的采样值 $f(kT)$ 恒定不变地连续保持到下一个采样时刻 $(k+1)T$。也就是说，在区间 $[kT, (k+1)T)$ 内零阶保持器的输出为常数，从而将采样信号 $f^*(t)$ 恢复成阶梯状的连续时间信号 $f_h(t)$，如图 2-13 所示。

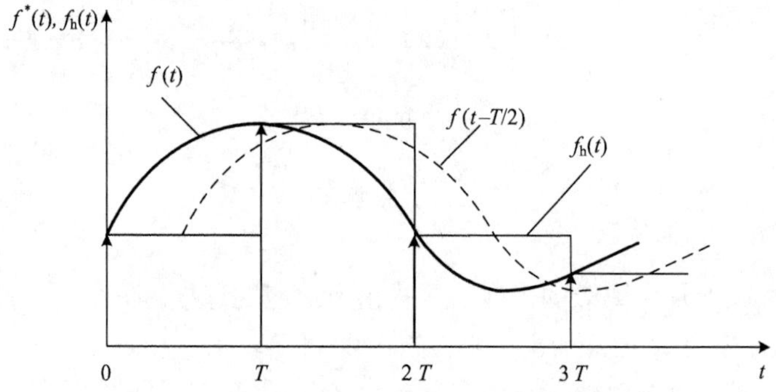

图 2-13 零阶保持器的输入/输出信号

如果取两个采样点的中点做平滑，平滑后的信号与原连续信号 $f(t)$ 相比有 1/2 个采样周期的滞后，为 $f(t-T/2)$，如图 2-13 中虚线所示。因此，无论采样周期 T 取值多么小，经零阶保持器恢复的连续信号都是带有时滞的。一般情况下，采样周期都很小，可以将这种时滞忽略。也可以通过在系统中串联接入一个超前环节或者在控制器设计阶段把这个相位滞后考虑进去。

式(2-14)就是零阶保持器的时域表达式。在分析和综合计算机控制系统时，需要用到其频域描述或传递函数。因此，先求出零阶保持器的脉冲响应函数，即在单位脉冲函数 $\delta(t)$（即输入函数，见图 2-14(a)）作用下，零阶保持器的输出函数 $f_h(t)$，如图 2-14(b)所示，它是宽度为 T 的矩形波。根据线性函数可加性，它可表示为

$$f_h(t) = 1(t) - 1(t-T) \tag{2-16}$$

式中，$1(t)$是单位阶跃函数：$1(t)=\begin{cases}1, & t\geqslant 0\\ 0, & t<0\end{cases}$，则输出函数$f_{\rm h}(t)$可表示为图 2-14(c)。

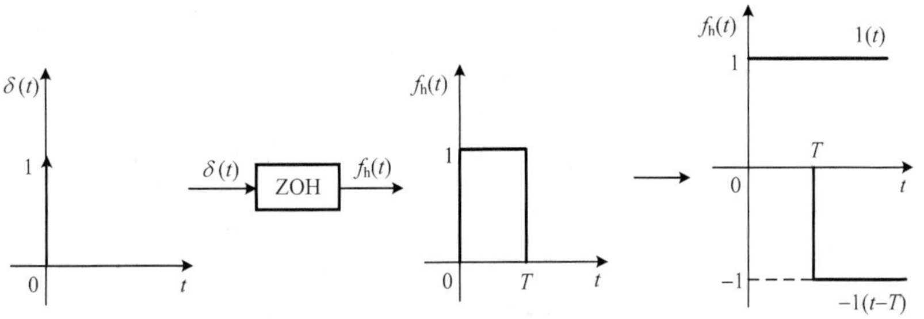

(a)输入函数　(b)输出函数　(c)输出函数的分解

图 2-14　零阶保持器的时域特性

程序分析

由式(2-16)求取拉普拉斯变换为

$$F_{\rm h}(s)=\mathcal{L}[1(t)-1(t-T)]=\frac{1}{s}-\frac{1}{s}{\rm e}^{-Ts}=\frac{1-{\rm e}^{-Ts}}{s} \tag{2-17}$$

单位脉冲输入函数的拉普拉斯变换为$\mathcal{L}[\delta(t)]=1$，故求得零阶保持器(ZOH)的传递函数为

$$G_{\rm h}(s)=\frac{F_{\rm h}(s)}{\mathcal{L}[\delta(t)]}=\frac{1-{\rm e}^{-Ts}}{s} \tag{2-18}$$

令 $s={\rm j}\omega$，代入式(2-18)，得零阶保持器的频率特性为

$$\begin{aligned}G_{\rm h}({\rm j}\omega)&=\frac{1-{\rm e}^{-{\rm j}\omega T}}{{\rm j}\omega}=T\cdot\frac{\sin(\omega T/2)}{\omega T/2}\cdot{\rm e}^{-{\rm j}\omega T/2}\\&=\frac{2\pi}{\omega_{\rm s}}\cdot\frac{\sin(\omega\,\pi/\omega_{\rm s})}{\omega\,\pi/\omega_{\rm s}}\cdot{\rm e}^{-{\rm j}\omega T/2}=\left|G_{\rm h}({\rm j}\omega)\right|{\rm e}^{{\rm j}\angle G_{\rm h}({\rm j}\omega)}\end{aligned} \tag{2-19}$$

幅频特性为

$$\left|G_{\rm h}({\rm j}\omega)\right|=T\cdot\left|\frac{\sin(\omega T/2)}{\omega T/2}\right|=\frac{2\pi}{\omega_{\rm s}}\cdot\left|\frac{\sin(\omega\,\pi/\omega_{\rm s})}{\omega\pi/\omega_{\rm s}}\right| \tag{2-20}$$

相频特性为

$$\angle G_{\rm h}({\rm j}\omega)=-\pi\omega/\omega_{\rm s}+\angle\frac{\sin(\omega\,\pi/\omega_{\rm s})}{\omega\,\pi/\omega_{\rm s}} \tag{2-21}$$

由式(2-21)可知，在 $\omega=k\omega_{\rm s}(k=1,2,\cdots)$ 前后，$\sin(\omega\pi/\omega_{\rm s})$ 值的符号将发生变化，相当于在这些频率处相频特性将产生$-\pi$（或$+\pi$）的相移，这里假设为$-\pi$($-180°$)的相移。零阶保持器的频率特性如图 2-15 所示。从图中可以看出，零阶保持器的幅值随 ω 增加而减少，具有低通滤波器特性，但不是一个理想低通滤波器，高频信号不能完全滤除，同时产生相位滞后。

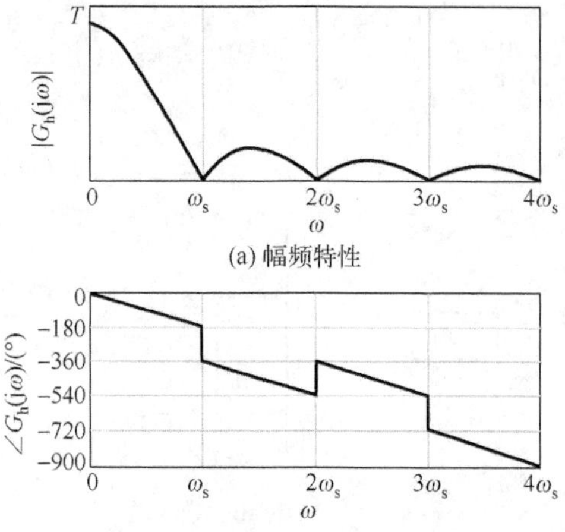

(a) 幅频特性

(b) 相频特性

图 2-15　零阶保持器的频率特性

程序分析

2.3　z 变 换

在对线性时不变连续系统(Linear Time-Invariant System, LTS)进行分析设计时，采用的是拉普拉斯变换法。本节将介绍线性时不变离散系统(Discrete-Time LTS)的数学工具：z 变换。它是拉普拉斯变换的特殊形式，在计算机控制系统的分析和设计中发挥重要作用。

微课视频

2.3.1　z 变换的定义

z 变换可以借助采样信号的拉普拉斯变换来引出。若连续信号 $f(t)$被采样后的采样信号 $f^*(t)$由式(2-2)给出，即

$$f^*(t) = f(t)\delta_T(t) = \sum_{k=0}^{+\infty} f(kT)\delta(t-kT) \tag{2-22}$$

对式(2-22)取拉普拉斯变换，可得

$$\begin{aligned} F^*(s) = \mathcal{L}[f^*(t)] &= \int_0^{+\infty} \left[\sum_{k=0}^{+\infty} f(kT)\delta(t-kT) \right] \mathrm{e}^{-st}\mathrm{d}t \\ &= \sum_{k=0}^{+\infty} f(kT) \left[\int_0^{+\infty} \delta(t-kT)\mathrm{e}^{-st}\mathrm{d}t \right] \end{aligned}$$

利用单位脉冲函数 $\delta(t)$ 的性质：

$$\int_{-\infty}^{+\infty} \delta(t-kT)\,\mathrm{e}^{-st}\mathrm{d}t = \mathcal{L}[\delta(t-kT)] = \mathrm{e}^{-kTs}$$

得

$$F^*(s) = \sum_{k=0}^{+\infty} f(kT)\mathrm{e}^{-kTs} \tag{2-23}$$

为便于计算，引入一个新变量 z，令

$$z = \mathrm{e}^{Ts} \tag{2-24}$$

式中，s 为复数自变量；z 为复变函数；T 为采样周期。

式(2-24)可写成
$$s = \frac{1}{T}\ln z$$

这样，式(2-23)可写成复变量 z 的函数式：

$$F(z) = \sum_{k=0}^{+\infty} f(kT)z^{-k} \tag{2-25}$$

式中，$F(z)$表示无穷幂级数之和；$f(kT)$表示 kT 时刻的离散序列数值；z^{-k} 表示离散序列出现的时刻，相对于时间的起点延迟了 k 个采样周期。

式(2-25)即为采样信号 $f^*(t)$的 z 变换定义，其实质是离散序列或脉冲序列的拉普拉斯变换。式(2-22)、式(2-23)和式(2-25)分别是采样信号 $f^*(t)$在时域、s 域和 z 域的表达式。可见，时域中的$\delta(t-kT)$、s 域中的e^{-kTs} 和 z 域中的 z^{-k} 均表示信号延迟了 k 个采样周期，体现了信号间的定时关系。因此，z^{-1} 为单位延迟因子，代表信号延迟了一个采样周期。

在 z 变换过程中，式(2-25)仅表征了连续时间函数在采样时刻上的特性，而不表征采样点之间的特性。有时习惯称 $F(z)$是$f(t)$的 z 变换，指的是其采样信号 $f^*(t)$的 z 变换，即

$$F(z) = \mathcal{Z}[f(t)] = \mathcal{Z}[f^*(t)] = \sum_{k=0}^{+\infty} f(kT)z^{-k} \tag{2-26}$$

式中，符号 $\mathcal{Z}$ 表示取 z 变换。

特别注意的是，由于采样周期 T 不同，$F(z)$与$f(t)$不具有一一对应关系，而 $F(z)$与 $f^*(t)$具有一一对应关系。从系统响应的角度，本书仅分析具有因果特性的系统，即式(2-25)中的 z 变换为单边和，$k \in [0, +\infty)$。

对于给定有界的离散序列$f(kT)$，满足 z 变换收敛条件下的取值 z 域称为 z 变换的收敛域。

根据级数理论，式(2-26)收敛的充分条件是其满足绝对可和条件，即

$$\sum_{k=0}^{+\infty} \left| f(kT)z^{-k} \right| < +\infty \tag{2-27}$$

例 2-1　设离散序列 $f(kT) = a^k$，分析其 z 变换式 $\sum_{k=0}^{+\infty}\left|a^k z^{-k}\right|$ 的收敛域。

解：由题意知，离散序列的 z 变换式是以 az^{-1} 为公比的等比级数。如果绝对可和级数 $\sum_{k=0}^{+\infty}\left|a^k z^{-k}\right|$ 收敛，则$\left|az^{-1}\right| < 1$，故其收敛域为

$$|z| > |a|$$

2.3.2　z 变换的方法

z 变换有多种方法，下面介绍三种常用的方法。

1. 级数求和法

级数求和法即为采用 z 变换定义式(2-25)求取一个离散序列的 z 变换。下面依据此方法，

给出一些典型离散序列的 z 变换。

1) 离散单位脉冲序列

当 $t \geqslant 0$， $f(t)=\delta(t)$ 时，其采样后的离散单位脉冲序列 $f(kT)=\delta(kT)$ 定义为

$$\delta(kT)=\begin{cases}1, & k=0\\ 0, & k=1,2,\cdots\end{cases}$$

如图 2-16 所示。其 z 变换为

$$\mathcal{Z}[\delta(kT)]=\sum_{k=0}^{+\infty}\delta(kT)z^{-k}=1$$

2) 离散单位阶跃序列

当 $t \geqslant 0$， $f(t)=1(t)$ 时，其采样后的离散单位阶跃序列 $f(kT)=1(kT)$ 定义为

$$1(kT)=\begin{cases}1, & k=0,1,2,\cdots\\ 0, & k=-1,-2,\cdots\end{cases}$$

如图 2-17 所示。

取其 z 变换，得

$$\mathcal{Z}[1(kT)]=\sum_{k=0}^{+\infty}z^{-k},\quad |z|>1$$

当 $|z|>1$ 时，级数收敛和为

$$\sum_{k=0}^{+\infty}z^{-k}=\frac{1}{1-z^{-1}}=\frac{z}{z-1} \tag{2-28}$$

3) 离散单位速度序列

当 $t \geqslant 0$， $f(t)=t$ 时，其采样后的离散单位速度序列为

$$f(kT)=kT$$

如图 2-18 所示。

其 z 变换为

$$\mathcal{Z}[f(kT)]=\sum_{k=0}^{+\infty}kTz^{-k}$$

将式(2-28)对 z^{-1} 求导，得

$$\sum_{k=0}^{+\infty}kz^{-k+1}=\frac{1}{(1-z^{-1})^2}$$

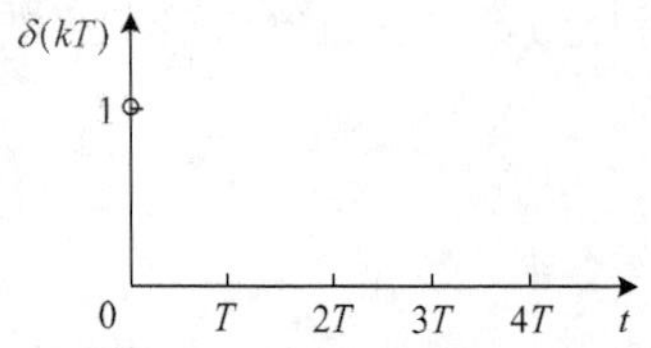

图 2-16　离散单位脉冲序列

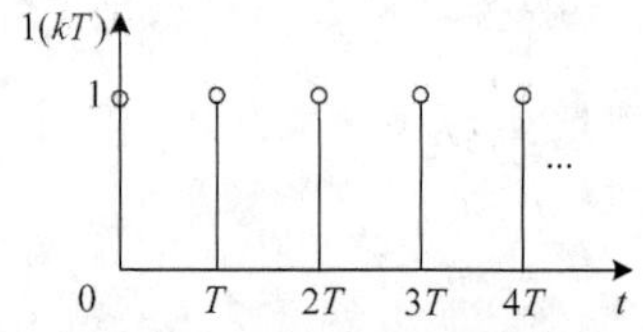

图 2-17　离散单位阶跃序列

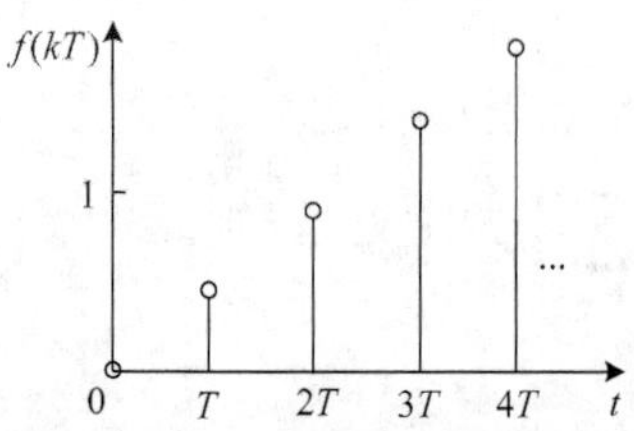

图 2-18　离散单位速度序列

上式两边同时乘以 Tz^{-1}，即可得到离散单位速度序列的 z 变换为

$$\mathcal{Z}[f(kT)]=\sum_{k=0}^{+\infty}kTz^{-k}=\frac{Tz^{-1}}{(1-z^{-1})^2},\quad |z|>1$$

采用同样的方法，可以得到 $\mathcal{Z}[k^m]$，其中 $m \in N$ 。

4) 离散指数序列

当 $t \geqslant 0$， $f(t)=a^t$ 时，其采样后的离散指数序列为

$$f(kT)=a^{kT}$$

如图 2-19 所示。其 z 变换为

$$\mathcal{Z}[f(kT)]=\mathcal{Z}[a^{kT}]=\sum_{k=0}^{+\infty}a^{kT}z^{-k}$$

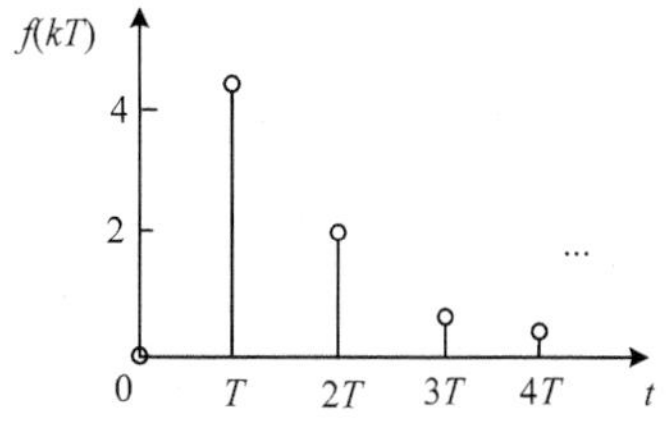

图 2-19　离散指数序列

由例 2-1 可知，其 z 变换的收敛域为 $|z|>|a^T|$，则

$$\mathcal{Z}[a^{kT}]=\sum_{k=0}^{+\infty}a^{kT}z^{-k}=\frac{1}{1-a^Tz^{-1}}=\frac{z}{z-a^T}, \quad |z|>|a^T|$$

当 $a=\mathrm{e}^b$ 时，对应的指数函数为 $f(t)=\mathrm{e}^{bt}$，则采样后的离散指数序列为 $f(kT)=(\mathrm{e}^b)^{kT}$，其 z 变换为

$$\mathcal{Z}[(\mathrm{e}^b)^{kT}]=\mathcal{Z}[(\mathrm{e}^{bT})^k]=\frac{1}{1-\mathrm{e}^{bT}z^{-1}}=\frac{z}{z-\mathrm{e}^{bT}}, \quad |z|>|\mathrm{e}^{bT}| \tag{2-29}$$

5) 余弦离散序列

设余弦函数 $f(t)=\cos\omega t$，当 $t=kT$ 时，得到采样后的余弦离散序列为

$$f(kT)=\cos\omega kT$$

根据欧拉公式，有

$$\cos\omega kT=\frac{1}{2}(\mathrm{e}^{\mathrm{j}\omega kT}+\mathrm{e}^{-\mathrm{j}\omega kT})$$

对上式进行 z 变换，有

$$\mathcal{Z}[\cos\omega kT]=\frac{1}{2}\{\mathcal{Z}[\mathrm{e}^{\mathrm{j}\omega kT}]+\mathcal{Z}[\mathrm{e}^{-\mathrm{j}\omega kT}]\}$$

由式(2-29)得

$$\mathcal{Z}\left[\cos\omega kT\right]=\frac{1}{2}\left(\frac{z}{z-\mathrm{e}^{\mathrm{j}\omega T}}+\frac{z}{z-\mathrm{e}^{-\mathrm{j}\omega T}}\right)=\frac{1-z^{-1}\cos\omega T}{1-2z^{-1}\cos\omega T+z^{-2}}, \quad |z|>1$$

同理，可得正弦离散序列的 z 变换为

$$\mathcal{Z}\left[\sin\omega kT\right]=\frac{1}{2}\{\mathcal{Z}[\mathrm{e}^{\mathrm{j}\omega kT}]-\mathcal{Z}[\mathrm{e}^{-\mathrm{j}\omega kT}]\}=\frac{z^{-1}\sin\omega T}{1-2z^{-1}\cos\omega T+z^{-2}}, \quad |z|>1$$

将上述结果列于表 2-2，可以通过查表法完成典型离散序列的 z 变换。其中，$F(z,\alpha)$ 为广义 z 变换，将在 2.5 节介绍。

2. 部分分式法

若 $F(s)$可展开成因式分解的形式，则采用部分分式法求取 $F(z)$比较方便。

设

$$F(s)=\sum_{i=1}^{n}\frac{c_i}{s-p_i}$$

式中，p_i 为 $F(s)$的第 i 个极点；系数 $c_i=(s-p_i)F(s)\big|_{s=p_i}$ 。

$F(s)$ 的反变换为

$$f(t)=\sum_{i=1}^{n}c_i\mathrm{e}^{p_it}$$

表 2-2　典型离散序列的 z 变换

$f(t)$	$F(s)$	$F(z)$	$F(z,\alpha)$
$\delta(t)$	1	1	0
$1(t)$	$\frac{1}{s}$	$\frac{1}{1-z^{-1}}$	$\frac{z^{-1}}{1-z^{-1}}$
t	$\frac{1}{s^2}$	$\frac{Tz^{-1}}{(1-z^{-1})^2}$	$\frac{\alpha Tz^{-1}}{1-z^{-1}}+\frac{Tz^{-2}}{(1-z^{-1})^2}$
$\frac{1}{2}t^2$	$\frac{1}{s^3}$	$\frac{T^2z^{-1}(1+z^{-1})}{2(1-z^{-1})^3}$	$\frac{T^2}{2}\left[\frac{\alpha^2z^{-1}}{1-z^{-1}}+\frac{(2\alpha+1)z^{-2}}{(1-z^{-1})^2}+\frac{2z^{-3}}{(1-z^{-1})^3}\right]$
$b^{t/T}$	$\frac{T}{Ts-\ln b}$	$\frac{1}{1-bz^{-1}}$	$\frac{b^{\alpha}z^{-1}}{1-bz^{-1}}$
e^{-bt}	$\frac{1}{s+b}$	$\frac{1}{1-\mathrm{e}^{-bT}z^{-1}}$	$\frac{\mathrm{e}^{-b\alpha T}z^{-1}}{1-\mathrm{e}^{-bT}z^{-1}}$
$\sin\omega t$	$\frac{\omega}{s^2+\omega^2}$	$\frac{z^{-1}\sin\omega T}{1-2z^{-1}\cos\omega T+z^{-2}}$	$\frac{z^{-1}\sin\alpha\omega T+z^{-2}\sin(1-\alpha)\omega T}{1-2z^{-1}\cos\omega T+z^{-2}}$
$\cos\omega t$	$\frac{s}{s^2+\omega^2}$	$\frac{1-z^{-1}\cos\omega T}{1-2z^{-1}\cos\omega T+z^{-2}}$	$\frac{z^{-1}\cos\alpha\omega T-z^{-2}\cos(1-\alpha)\omega T}{1-2z^{-1}\cos\omega T+z^{-2}}$

将 $f(t)$ 以采样周期 T 进行采样，得到离散序列：

$$f(kT)=\sum_{i=1}^{n}c_i\mathrm{e}^{p_ikT}$$

再将上式进行 z 变换，可得

$$F(z)=\sum_{i=1}^{n}\sum_{k=0}^{+\infty}c_i\mathrm{e}^{p_ikT}z^{-k}=\sum_{i=1}^{n}\frac{c_i}{1-\mathrm{e}^{p_iT}z^{-1}} \tag{2-30}$$

于是，通过 $F(s)$ 的极点 p_i 及式(2-30)，便可直接获得对应的 $F(z)$。

此外，当 $F(s)$ 含有 m 重极点值 b 时，c_i 可按如下方法计算获得：

$$c_i=\frac{1}{(m-i)!}\frac{\mathrm{d}^{m-i}}{\mathrm{d}s^{m-i}}\left[(s-b)^mF(s)\right]\Big|_{s=b} \tag{2-31}$$

例 2-2　已知 $F(s)=\dfrac{1}{s^2(s+1)}$，求 $F(z)$。

解：将 $F(s)$ 分解成部分分式：

$$F(s)=\frac{c_1}{s^2}+\frac{c_2}{s}+\frac{c_3}{s+1}$$

求得

$$c_1=s^2\cdot\frac{1}{s^2(s+1)}\Big|_{s=0}=1,\quad c_2=\frac{\mathrm{d}}{\mathrm{d}s}\left[s^2\cdot\frac{1}{s^2(s+1)}\right]\Big|_{s=0}=-\frac{1}{(s+1)^2}\Big|_{s=0}=-1$$

$$c_3=(s+1)\cdot\frac{1}{s^2(s+1)}\Big|_{s=-1}=1$$

所以
$$F(s)=\frac{1}{s^2}-\frac{1}{s}+\frac{1}{s+1}$$

查表 2-2 得到
$$F(z)=\frac{Tz^{-1}}{(1-z^{-1})^2}-\frac{1}{1-z^{-1}}+\frac{1}{1-\mathrm{e}^{-T}z^{-1}}=\frac{(T+\mathrm{e}^{-T}-1)z^{-1}+(1-\mathrm{e}^{-T}-T\mathrm{e}^{-T})z^{-2}}{(1-z^{-1})^2(1-\mathrm{e}^{-T}z^{-1})}$$

3. 留数法

留数法是根据 $F(s)$ 求其 $F(z)$ 的另一种方法。用留数法求取 z 变换，对有理函数和无理函数都是有效的。其计算公式如下：

$$F(z)=\sum_{i=1}^{n}\mathrm{Res}\left[F(s)\frac{1}{1-\mathrm{e}^{p_iT}z^{-1}}\right]\Bigg|_{s=p_i} \tag{2-32}$$

式中，$p_i(i=1,2,\cdots,n)$ 表示 $F(s)$ 的全部极点；$\mathrm{Res}[\cdot]$ 表示 $s=p_i$ 处的留数函数。

可按照极点情况进行求取。

(1) 单极点情况：

$$F(z)=\mathrm{Res}\left[F(s)\frac{1}{1-\mathrm{e}^{sT}z^{-1}}\right]\Bigg|_{s=p_i}=\left[(s-p_i)F(s)\frac{1}{1-\mathrm{e}^{sT}z^{-1}}\right]\Bigg|_{s=p_i} \tag{2-33}$$

(2) m 重极点情况：

$$F(z)=\mathrm{Res}\left[F(s)\frac{1}{1-\mathrm{e}^{sT}z^{-1}}\right]\Bigg|_{s=p_i}=\frac{1}{(m-1)!}\frac{\mathrm{d}^{m-1}}{\mathrm{d}s^{m-1}}\left[(s-p_i)^mF(s)\frac{1}{1-\mathrm{e}^{sT}z^{-1}}\right]\Bigg|_{s=p_i} \tag{2-34}$$

例 2-3　已知 $F(s)=\dfrac{1}{s^2(s+1)}$，求 $F(z)$。

解：这里需要注意，$F(s)$ 具有单极点 $p_1=-1$ 和双重极点 $p_{2,3}=0$。根据式(2-33)和式(2-34)，有

$$\begin{aligned}F(z)&=\left[(s+1)\frac{1}{s^2(s+1)}\frac{1}{1-\mathrm{e}^{sT}z^{-1}}\right]\Bigg|_{s=-1}+\frac{1}{(2-1)!}\frac{\mathrm{d}}{\mathrm{d}s}\left[s^2\frac{1}{s^2(s+1)}\frac{1}{1-\mathrm{e}^{sT}z^{-1}}\right]\Bigg|_{s=0}\\&=\frac{1}{1-\mathrm{e}^{-T}z^{-1}}+\frac{Tz^{-1}}{(1-z^{-1})^2}-\frac{1}{1-z^{-1}}=\frac{(T+\mathrm{e}^{-T}-1)z^{-1}+(1-\mathrm{e}^{-T}-T\mathrm{e}^{-T})z^{-2}}{(1-z^{-1})^2(1-\mathrm{e}^{-T}z^{-1})}\end{aligned}$$

2.3.3 z 变换的性质和定理

通过 z 变换定义可以直接获得简单离散序列的 z 变换。但是，实际中的序列往往较为复杂，直接采用定义方法求取 z 变换会非常烦琐。利用信号的分解与变换理论，将复杂信号进行简单信号的线性组合，并应用 z 变换的性质和定理，可较方便地完成复杂离散序列的 z 变换。

1. 线性定理

z 变换的线性定理包括均匀性和叠加性两方面。

1) 均匀性

如果 $F(z)=\mathcal{Z}[f(t)]=\mathcal{Z}[f^*(t)]$，则 $\mathcal{Z}[\alpha f(t)]=\mathcal{Z}[\alpha f^*(t)]=\alpha F(z)$。

2) 叠加性

如果 $F_1(z)=\mathcal{Z}[f_1(t)]=\mathcal{Z}[f_1^*(t)]$ ($|z|>R_1$)，$F_2(z)=\mathcal{Z}[f_2(t)]=\mathcal{Z}[f_2^*(t)]$ ($|z|>R_2$)，则

$$\mathcal{Z}[\alpha f_1(t)+\beta f_2(t)]=\mathcal{Z}[\alpha f_1^*(t)+\beta f_2^*(t)]=\alpha\mathcal{Z}[f_1^*(t)]+\beta\mathcal{Z}[f_2^*(t)],\quad |z|>\max(R_1,R_2)$$

证明：

$$\begin{aligned}&\mathcal{Z}[\alpha f_1(t)+\beta f_2(t)]\\&=\mathcal{Z}[\alpha f_1^*(t)+\beta f_2^*(t)]=\sum_{k=0}^{+\infty}[\alpha f_1(kT)+\beta f_2(kT)]z^{-k}\\&=\sum_{k=0}^{+\infty}\alpha f_1(kT)z^{-k}+\sum_{k=0}^{+\infty}\beta f_2(kT)z^{-k}=\alpha\mathcal{Z}[f_1^*(t)]+\beta\mathcal{Z}[f_2^*(t)]=\alpha F_1(z)+\beta F_2(z)\end{aligned}$$

证毕。

2. 时间平移定理

设离散序列为 $f(kT)$，在一些条件下需要得到该序列的超前(左移)或滞后(右移)信号的 z 变换。

1) 超前(左移)定理

如果 $F(z)=\mathcal{Z}[f(t)]=\mathcal{Z}[f^*(t)]$，则

$$\mathcal{Z}\left[f(k+m)T\right]=z^m\left[F(z)-\sum_{n=0}^{m-1}f(nT)z^{-n}\right]\tag{2-35}$$

证明：

$$\begin{aligned}\mathcal{Z}\left[f(k+m)T\right]&=\sum_{k=0}^{+\infty}\left[f(k+m)T\right]z^{-k}=z^m\sum_{k=0}^{+\infty}\left[f(k+m)T\right]z^{-(k+m)}\\&\overset{n=k+m}{=}z^m\sum_{n=m}^{+\infty}f(nT)z^{-n}=z^m\left[\sum_{n=0}^{+\infty}f(nT)z^{-n}-\sum_{n=0}^{m-1}f(nT)z^{-n}\right]\\&=z^m\left[\mathcal{Z}[f^*(t)]-\sum_{n=0}^{m-1}f(nT)z^{-n}\right]=z^m\left[F(z)-\sum_{n=0}^{m-1}f(nT)z^{-n}\right]\end{aligned}$$

证毕。

2) 滞后(右移)定理

如果 $F(z)=\mathcal{Z}[f(kT)]$，则

$$\mathcal{Z}\left[f(k-m)T\right]=z^{-m}\left[F(z)+\sum_{n=-m}^{-1}f(nT)z^{-n}\right]\tag{2-36}$$

推理： 因为 $t<0$ 时，$f(t)=0$，有 $\sum_{k=-m}^{-1}f(kT)z^{-k}=0$，则式(2-36)变为

$$\mathcal{Z}\left[f(k-m)T\right]=z^{-m}F(z)\tag{2-37}$$

例 2-4　求 a^t-a^{t-T} 的 z 变换。

解： 令 $f(t)=a^t$，$f(t-T)=a^{t-T}$，则

$$\mathcal{Z}[f(t)-f(t-T)]=\mathcal{Z}[f^*(t)]-\mathcal{Z}[f^*(t-T)]=\mathcal{Z}[a^{kT}]-z^{-1}\mathcal{Z}[f^*(t)]$$
$$=\frac{1}{1-z^{-1}a^T}-\frac{z^{-1}}{1-z^{-1}a^T}=\frac{1-z^{-1}}{1-z^{-1}a^T}$$

3. *微分定理*

如果 $F(z)=\mathcal{Z}[f(t)]=\mathcal{Z}[f^*(t)]$，那么

$$\mathcal{Z}[tf(t)]=-zT\frac{\mathrm{d}F(z)}{\mathrm{d}z}$$

证明：
$$F(z)=\mathcal{Z}[f(t)]=\mathcal{Z}[f^*(t)]=\sum_{k=0}^{+\infty}f(kT)z^{-k}$$

上式两边同时对 z 求导，有

$$\frac{\mathrm{d}F(z)}{\mathrm{d}z}=\sum_{k=0}^{+\infty}-kf(kT)z^{-k-1}=-\frac{z^{-1}}{T}\sum_{k=0}^{+\infty}kTf(kT)z^{-k}=-\frac{z^{-1}}{T}\mathcal{Z}[tf(t)]$$

$$\mathcal{Z}[tf(t)]=-zT\frac{\mathrm{d}F(z)}{\mathrm{d}z}$$

证毕。

4. *求和定理*

设两个离散序列 $f(kT)$ 和 $g(kT)$，若有

$$g(kT)=\sum_{k=0}^{n}f(kT)$$

则
$$G(z)=\mathcal{Z}[g(kT)]=\frac{F(z)}{1-z^{-1}} \tag{2-38}$$

证明：
$$g(kT)-g(kT-T)=\sum_{k=0}^{n}f(kT)-\sum_{k=0}^{n-1}f(kT)=f(nT) \tag{2-39}$$

对式(2-39)两边同时取 z 变换：

$$\mathcal{Z}[g(kT)-g(kT-T)]=\mathcal{Z}[f(nT)]$$
$$G(z)-z^{-1}G(z)=F(z)$$
$$G(z)=\frac{F(z)}{1-z^{-1}}$$

证毕。

5. *初值定理*

如果 $F(z)=\mathcal{Z}[f(t)]=\mathcal{Z}[f^*(t)]$，且极限 $\lim\limits_{z\to+\infty}F(z)$ 存在，则

$$f(0)=\lim_{k\to0}f(kT)=\lim_{z\to+\infty}F(z) \tag{2-40}$$

证明：
$$\lim_{z\to+\infty}F(z)=\lim_{z\to+\infty}\sum_{k=0}^{+\infty}f(kT)z^{-k}=f(0)+\lim_{z\to+\infty}\sum_{k=1}^{+\infty}f(kT)z^{-k}=f(0)$$

证毕。

6. 终值定理

如果$F(z)=\mathcal{Z}[f(t)]=\mathcal{Z}[f^*(t)]$，则

$$f(\infty)=\lim_{z\to 1}(z-1)F(z) \tag{2-41}$$

证明：

$$\mathcal{Z}[f(t+T)-f(t)]=\mathcal{Z}[f^*(t+T)-f^*(t)]=zF(z)-f(0)-F(z)$$

$$(z-1)F(z)=\mathcal{Z}[f^*(t+T)-f^*(t)]+f(0)$$

对上式两边同时取极限，可得

$$\lim_{z\to 1}(z-1)F(z)=f(0)+\lim_{z\to 1}\left\{\mathcal{Z}[f^*(t+T)-f^*(t)]\right\}$$

$$\begin{aligned}\lim_{z\to 1}(z-1)F(z)&=f(0)+\lim_{z\to 1}\left[\sum_{k=0}^{+\infty}f(kT+T)-\sum_{k=0}^{+\infty}f(kT)\right]z^{-k}\\&=f(0)+f(T)-f(0)+f(2T)-f(T)+\cdots+f(+\infty)=f(+\infty)\end{aligned}$$

证毕。

7. 位移定理

如果对于连续时间函数$f(t)$，其$F(z)=\mathcal{Z}[f^*(t)]$，则

$$\mathcal{Z}[f(t)\mathrm{e}^{-at}]=\mathcal{Z}[f(kT)\mathrm{e}^{-akT}]=F(z\mathrm{e}^{aT}) \tag{2-42}$$

证明：

$$\mathcal{Z}[f(kT)\mathrm{e}^{-akT}]=\sum_{k=0}^{+\infty}f(kT)\mathrm{e}^{-akT}z^{-k}=\sum_{k=0}^{+\infty}f(kT)(\mathrm{e}^{aT}z)^{-k}=F(z\mathrm{e}^{aT})$$

证毕。

8. 卷积定理

如果$F(z)=\mathcal{Z}[f^*(t)]=\mathcal{Z}[f(kT)]$，$G(z)=\mathcal{Z}[g^*(t)]=\mathcal{Z}[g(kT)]$，则$f(kT)*g(kT)$卷积序列的$z$变换为

$$\mathcal{Z}[f(kT)*g(kT)]=\mathcal{Z}[f(kT)]\cdot\mathcal{Z}[g(kT)]=F(z)G(z) \tag{2-43}$$

式中，$*$为卷积运算符号。

证明：

$$\mathcal{Z}[f(kT)*g(kT)]=\mathcal{Z}\left[\sum_{i=0}^{+\infty}f[(k-i)T]g(iT)\right]=\sum_{k=0}^{+\infty}\left[\sum_{i=0}^{+\infty}f[(k-i)T]g(iT)\right]z^{-k}$$

令$m=k-i$，则$k=m+i$，因而有

$$\mathcal{Z}\left[f(kT)*g(kT)\right]=\sum_{m=-i}^{+\infty}\left[\sum_{i=0}^{+\infty}f(mT)g(iT)\right]z^{-m}z^{-i}=\sum_{m=-i}^{+\infty}f(mT)z^{-m}\sum_{i=0}^{+\infty}g(iT)z^{-i}$$

对于实际的离散序列，当$m<0$时，$f(m)=0$，则有

$$\mathcal{Z}[f(k)*g(k)]=\sum_{m=0}^{+\infty}f(mT)z^{-m}\sum_{i=0}^{+\infty}g(iT)z^{-i}=\mathcal{Z}[f^*(kT)]\mathcal{Z}[g^*(kT)]=F(z)G(z)$$

证毕。

2.4　z 反变换

微课视频

若采样信号 $f^*(t)$ 的 z 变换为

$$F(z) = \mathcal{Z}[f^*(t)]$$

则 $F(z)$ 的反变换可记作 $\mathcal{Z}^{-1}[F(z)]$，其计算公式为

$$f^*(t) = \mathcal{Z}^{-1}[F(z)] = \sum_{k=0}^{+\infty} f(kT)\delta(t-kT) \tag{2-44}$$

式(2-44)表示通过 $F(z)$ 求 $F(z)$ 对应的采样信号 $f^*(t)$ 或离散序列 $f(kT)$ 的过程，称作 z 变换的反变换或逆变换，简称 z 反变换或 z 逆变换。应该指出，z 反变换可以得到连续信号 $f(t)$ 的各采样时刻数值序列 $f(kT)$，但得不到两个采样点之间的连续函数信息，即 $\mathcal{Z}^{-1}[F(z)] \neq f(t)$。下面介绍 3 种常用的 z 反变换计算方法。

2.4.1　长除法

长除法也称为幂级数展开法。

$F(z)$ 通常用有理分式形式来表示：

$$F(z) = \frac{b_0 z^m + b_1 z^{m-1} + \cdots + b_m}{a_0 z^n + a_1 z^{n-1} + \cdots + a_n} \tag{2-45}$$

式中，$a_i\ (i = 0,1,\cdots,m)$ 和 $b_j\ (j = 0,1,\cdots,n)$ 为常系数；$n \geqslant m$。

因为 $f(kT)$ 的 z 变换是洛朗(Laurent)级数或关于 z^{-1} 的幂级数，即

$$F(z) = \sum_{k=0}^{+\infty} f(kT) z^{-k} = f(0) + f(T)z^{-1} + f(2T)z^{-2} + f(3T)z^{-3} + \cdots \tag{2-46}$$

所以，只要满足收敛条件，就将式(2-45)中的 $F(z)$ 分式展开成降幂的幂级数式：

$$F(z) = c_0 + c_1 z^{-1} + c_2 z^{-2} + c_3 z^{-3} + \cdots$$

则上述级数的系数就是式(2-46)中 $F(z)$ 所对应的离散序列 $f(kT)$，即

$$f(0) = c_0,\quad f(T) = c_1,\quad f(2T) = c_2,\quad f(3T) = c_3,\quad \cdots$$

因此，采样信号 $f^*(t)$ 为

$$f^*(t) = c_0 + c_1\delta(t-T) + c_2\delta(t-2T) + \cdots + c_k\delta(t-kT) + \cdots$$

其结果一般为开放式无穷多项式。实际应用时，取其有限项就可以了，其缺点是难于获得采样信号的闭合形式。

例 2-5　求 $F(z) = \dfrac{z}{z^2 + 2z + 1}$ 的 z 反变换（收敛域为 $|z| > 1$）。

解：将 $F(z)$ 应用长除法，可得

$$
\begin{array}{rl}
 & z^{-1}-2z^{-2}+3z^{-3}-\cdots \\
z^2+2z+1 & \overline{)\, z \qquad\qquad\qquad\qquad} \\
 & \underline{z+2+z^{-1}} \\
 & \quad -2-\ z^{-1} \\
 & \quad \underline{-2-4z^{-1}-2z^{-2}} \\
 & \qquad 3z^{-1}+2z^{-2} \\
 & \qquad \underline{3z^{-1}+6z^{-2}+\ 3z^{-3}} \\
 & \qquad\quad -4z^{-2}-3z^{-3} \\
 & \qquad\quad \cdots
\end{array}
$$

则 $F(z)$ 可表示为　　$F(z)=0+z^{-1}-2z^{-2}+3z^{-3}-\cdots=\sum\limits_{k=0}^{+\infty}(-1)^{k+1}kz^{-k}$

于是，得到 $F(z)$ 对应的离散序列 $f(kT)$ 为

$$f(0)=0,\quad f(T)=1,\quad f(2T)=-2,\quad f(3T)=3,\quad \cdots,\quad f(kT)=(-1)^{k+1}k$$

因此，采样信号为

$$f^*(t)=\delta(t-T)-2\delta(t-2T)+3\delta(t-3T)-\cdots+(-1)^{k+1}k\delta(t-kT)-\cdots$$

2.4.2 部分分式法

若式(2-45)的有理分式可分解成表 2-2 中诸多典型信号的 z 变换的线性组合，则可通过查表法分别对它们进行 z 反变换，便可得到 $F(z)$对应的离散序列 $f(kT)$。该方法称为 z 反变换的部分分式法。

考虑到表 2-2 中典型信号的 z 变换大多带有因子 z，如指数离散序列 p^k 的 z 变换为 $z/(z-p)$，所以先将 $F(z)$除以 z，将 $F(z)/z$ 分解为部分分式，再乘以 z 后，就可通过查表 2-2 分别求取其各部分的 z 反变换。

1. 所有极点为互不相同的单极点

设 $F(z)/z$ 可分解为典型信号的 z 变换之和，即

$$\frac{F(z)}{z}=\sum_{i=1}^{n}\frac{c_i}{z-p_i} \tag{2-47}$$

式中，p_i 为 $F(z)/z$ 的第 i 个极点；系数 c_i 的求法可参考式(2-30)，即

$$c_i=\left[(z-p_i)\frac{F(z)}{z}\right]\Bigg|_{z=p_i} \tag{2-48}$$

将式(2-47)两边乘以 z，可得到

$$F(z)=\sum_{i=1}^{n}\frac{c_i z}{z-p_i} \tag{2-49}$$

由表 2-2，可知式(2-49)的 z 反变换为

$$f(kT)=\sum_{i=1}^{n}c_i p_i^{\ k} \tag{2-50}$$

2. 含有 n 个互不相同的单极点 p_i 和 m 重极点 $z=b$

此时，$F(z)/z$ 的部分分式可展开为

$$\frac{F(z)}{z}=\sum_{i=1}^{n}\frac{c_i}{z-p_i}+\sum_{j=1}^{m}\frac{d_j}{(z-b)^j} \tag{2-51}$$

式中，系数 c_i 仍按式(2-48)进行计算；系数 d_j 可按如下方法进行计算：

$$d_j=\frac{1}{(m-j)!}\frac{\mathrm{d}^{m-j}}{\mathrm{d}z^{m-j}}\left[(z-b)^m\frac{F(z)}{z}\right]\Bigg|_{z=b} \tag{2-52}$$

因而可得 $F(z)$ 对应的离散序列 $f(kT)=\mathcal{Z}^{-1}[F(z)]$。

例 2-6　求 $F(z)=\dfrac{z}{z^2+6z+8}$ 的 z 反变换。

程序分析

解：

$$\frac{F(z)}{z}=\frac{1}{z^2+6z+8}=\frac{1}{2}\left(\frac{1}{z+2}-\frac{1}{z+4}\right)$$

上式两边乘以 z，得

$$F(z)=\frac{1}{2}\left(\frac{z}{z+2}-\frac{z}{z+4}\right)$$

由表 2-2，可得

$$\mathcal{Z}^{-1}\left[\frac{z}{z+2}\right]=(-2)^k,\quad \mathcal{Z}^{-1}\left[\frac{z}{z+4}\right]=(-4)^k$$

则

$$f(kT)=0.5(-2)^k-0.5(-4)^k,\quad k=0,1,2,\cdots$$

或者

$$f^*(t)=\sum_{k=0}^{+\infty}f(kT)\delta(t-kT)=\sum_{k=0}^{+\infty}[0.5(-2)^k-0.5(-4)^k]\,\delta(t-kT)$$

例 2-7　求 $F(z)=\dfrac{z}{z^3-4z^2+5z-2}$ 的 z 反变换。

程序分析

解： 对 $F(z)$ 分母进行因式分解，有

$$F(z)=\frac{z}{(z-2)(z-1)^2}$$

可知 $p_1=2$ 为单极点，$p_2=p_3=1$ 为双重极点。

将 $F(z)/z$ 展开成部分分式：

$$\frac{F(z)}{z}=\frac{1}{(z-2)(z-1)^2}=\frac{c}{z-2}+\frac{d_1}{(z-1)^2}+\frac{d_2}{z-1}$$

由式(2-48)和式(2-52)，可得

$$c=\left[(z-2)\frac{F(z)}{z}\right]\bigg|_{z=2}=1$$

$$d_1=\left[(z-1)^2\frac{F(z)}{z}\right]\bigg|_{z=1}=-1,\quad d_2=\frac{\mathrm{d}}{\mathrm{d}z}\left[(z-1)^2\frac{F(z)}{z}\right]\bigg|_{z=1}=-1$$

则
$$F(z)=\frac{z}{z-2}-\frac{z}{(z-1)^2}-\frac{z}{z-1}$$

所以
$$f(kT)=\mathcal{Z}^{-1}[F(z)]=2^k-k-1,\quad k=0,1,2,\cdots$$

或者
$$f^*(t)=\sum_{k=0}^{+\infty}f(kT)\delta(t-kT)=\sum_{k=0}^{+\infty}[2^k-k-1]\,\delta(t-kT)$$

2.4.3 留数法

借助柯西积分理论的留数定理，亦可获得 $F(z)$ 的离散序列 $f(kT)$。

已知 $f(kT)$ 的 z 变换为

$$F(z)=\sum_{k=0}^{+\infty}f(kT)z^{-k}\tag{2-53}$$

则
$$f(kT)=\frac{1}{2\pi\mathrm{j}}\oint_{\Gamma}F(z)z^{k-1}\mathrm{d}z=\sum_{i=1}^{n}\mathrm{Res}[F(z)z^{k-1}]\big|_{z=p_i}\tag{2-54}$$

式中，积分曲线 Γ 表示包含所有 $F(z)z^{k-1}$ 极点的封闭曲线；Res 表示 $F(z)z^{k-1}$ 极点的留数；p_i 表示 $F(z)z^{k-1}$ 的第 i 个极点。

如果 $F(z)z^{k-1}$ 在 $z=p_i$ 处有 m 重极点，则式(2-54)的留数为

$$\mathrm{Res}[F(z)z^{k-1}]\big|_{z=p_i}=\frac{1}{(m-1)!}\left\{\frac{\mathrm{d}^{m-1}}{\mathrm{d}z^{m-1}}[(z-p_i)^m F(z)z^{k-1}]\right\}\bigg|_{z=p_i}\tag{2-55}$$

当只含有一阶单极点 $z=p_i$，即 $m=1$ 时，式(2-55)变为

$$\mathrm{Res}[F(z)z^{k-1}]\big|_{z=p_i}=[(z-p_i)F(z)z^{k-1}]\big|_{z=p_i}\tag{2-56}$$

例 2-8 求 $F(z)=\dfrac{z}{(z-0.5)(z-0.7)}(|z|>0.7)$ 的 z 反变换。

解：可知 $F(z)$ 仅在 $p_1=0.5$ 和 $p_2=0.7$ 处有两个单极点，由式(2-54)和式(2-56)可得 $F(z)$ 的 z 反变换为

$$\begin{aligned}f(kT)&=\sum_{i=1}^{2}\mathrm{Res}\left[\frac{z^k}{(z-0.5)(z-0.7)}\right]\bigg|_{z=p_i}\\&=\left[(z-0.5)\frac{z^k}{(z-0.5)(z-0.7)}\right]\bigg|_{z=0.5}+\left[(z-0.7)\frac{z^k}{(z-0.5)(z-0.7)}\right]\bigg|_{z=0.7}\\&=5(0.7)^k-5(0.5)^k\end{aligned}$$

于是
$$f^*(t)=\sum_{k=0}^{+\infty}[5(0.7)^k-5(0.5)^k]\,\delta(t-kT)$$

2.5　广义 z 变换

2.5.1　广义 z 变换的定义

根据式(2-25)进行的 z 变换是关于模拟信号 $f(t)$ 在采样周期 T 条件下获得的离散序列 $f(kT)$ 的 z 变换，即 $F(z)$ 仅能反映模拟信号 $f(t)$ 在各个采样点的变换情况，不能反映 $f(t)$ 各个采样点之间其他时刻的信息。

在计算机控制系统的时域分析与设计中，不仅需要关心系统在其输入与输出离散序列采样时刻的模型关系，还需要分析它们在采样点之间的信号关系，有时也需要处理被控对象带有非采样周期整数倍的时滞信号。因此，需要将 z 变换进行扩展或改进，称这种 z 变换为广义 z 变换。

如图 2-20(a)所示，使连续信号 $f(t)$ 右移时延 βT $(0<\beta<1)$ 的滞后型采样信号 $f^*(t-\beta T)$ 的广义 z 变换 $F(z,\alpha)$ 定义为

$$\begin{aligned}F(z,\alpha)&=\mathcal{Z}_\alpha[f(t)]=\mathcal{Z}[f(t-\beta T)]\\&=\sum_{k=0}^{+\infty}f(kT-\beta T)z^{-k}\end{aligned}\tag{2-57}$$

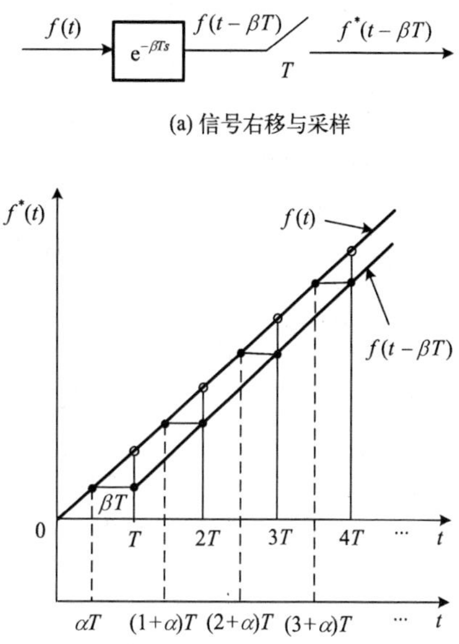

(a) 信号右移与采样

(b) 单位速度信号右移采样点($\alpha=0.5$)

图 2-20　信号右移 βT 的广义 z 变换

式中，$\alpha=1-\beta$，$0<\alpha<1$ 为广义 z 变换 $F(z,\alpha)$ 的参数。

由于 $t<0$ 时 $f(t)=0$，将式(2-57)展开为

$$\begin{aligned}F(z,\alpha)&=f(-\beta T)+f(T-\beta T)z^{-1}+f(2T-\beta T)z^{-2}+\cdots\\&=z^{-1}[f(T-\beta T)+f(2T-\beta T)z^{-1}+f(3T-\beta T)z^{-2}+\cdots]\\&=z^{-1}[f(\alpha T)+f(T+\alpha T)z^{-1}+f(2T+\alpha T)z^{-2}+\cdots]\quad=z^{-1}\sum_{k=0}^{+\infty}f(kT+\alpha T)z^{-k}\end{aligned}\tag{2-58}$$

式(2-58)即为右移时延采样信号 $f^*(t-\beta T)$ 的广义 z 变换的定义式。

除了右移时延广义 z 变换以外，还有左移时延广义 z 变换(超前型)，两者没有本质上的区别，应用时可以选择任何一种形式，在此不再赘述。

如果已知模拟信号 $f(t)$ 的 $F(s)$ 表达式，其广义 z 变换为

$$\begin{aligned}F(z,\alpha)&=\mathcal{Z}\{\mathcal{L}[f(t-\beta T)]\}=\mathcal{Z}[F(s)\mathrm{e}^{-\beta Ts}]=\mathcal{Z}[F(s)\mathrm{e}^{-Ts}\mathrm{e}^{Ts-\beta Ts}]\\&=z^{-1}\mathcal{Z}[F(s)\mathrm{e}^{\alpha Ts}]\end{aligned}\tag{2-59}$$

例 2-9　求单位速度信号 $f(t)=\begin{cases}t, & t\geqslant 0\\ 0, & t<0\end{cases}$ 的广义 z 变换。

解：当 $f(t)=t$ 时，其采样后的离散序列为 $f(kT)=kT$ $(t\geqslant 0)$。

根据式(2-58)，得 $f(t)=t(t\geqslant 0)$ 的广义 z 变换为

$$F(z,\alpha)=\mathcal{Z}_{\alpha}[f(t)]=z^{-1}\sum_{k=0}^{+\infty}f(kT+\alpha T)z^{-k}=z^{-1}\sum_{k=0}^{+\infty}(kT+\alpha T)z^{-k}$$
$$=z^{-1}(\alpha T+\alpha Tz^{-1}+\alpha Tz^{-2}+\cdots+Tz^{-1}+2Tz^{-2}+3Tz^{-3}+\cdots)$$
$$=z^{-1}\left[\frac{\alpha T}{1-z^{-1}}+\frac{Tz^{-1}}{(1-z^{-1})^2}\right]=\frac{\alpha Tz^{-1}}{1-z^{-1}}+\frac{Tz^{-2}}{(1-z^{-1})^2}$$

当 $\alpha=0.5$ 时，$f(kT-0.5T)=(k-0.5)T$，其新增采样信号为

$$f_{\mathrm{N}}^*(t)=\sum_{k=0}^{+\infty}f(kT-0.5T)\delta[t-(k-0.5)T],\quad t=(k-0.5)T$$

而采样周期 T 整数倍的原采样信号仍为

$$f_{\mathrm{T}}^*(t)=\sum_{k=0}^{+\infty}f(kT)\delta(t-kT),\quad t=kT$$

则所得采样信号包括两部分：

$$f^*(t)=f_{\mathrm{N}}^*(t)+f_{\mathrm{T}}^*(t)$$
$$=\sum_{k=0}^{+\infty}f(kT-0.5T)\delta[t-(k-0.5)T]+f(kT)\delta(t-kT))$$

经广义 z 变换后的原采样信号与新增采样信号的对应关系如图 2-20(b)所示。

例 2-10 求 $F(s)=\dfrac{1}{s+2}\mathrm{e}^{-0.67Ts}$ 的广义 z 变换。

解：由已知条件 $\beta=0.67$ 得 $\alpha=0.33$，根据式(2-59)，可得

$$F(z,\alpha)=\mathcal{Z}\left[\frac{1}{s+2}\mathrm{e}^{-0.67Ts}\right]=\mathcal{Z}\left[\frac{1}{s+2}\mathrm{e}^{(-Ts+Ts-0.67Ts)}\right]$$
$$=z^{-1}\mathcal{Z}\left[\frac{1}{s+2}\mathrm{e}^{0.33Ts}\right]=z^{-1}\mathcal{Z}[\mathrm{e}^{-2(t+0.33T)}\big|_{t=kT}]$$
$$=z^{-1}\mathcal{Z}[\mathrm{e}^{-2(kT+0.33T)}]=\mathrm{e}^{-0.66T}z^{-1}\mathcal{Z}[\mathrm{e}^{-2kT}]=\frac{\mathrm{e}^{-0.66T}z^{-1}}{1-\mathrm{e}^{-2T}z^{-1}}$$

2.5.2 广义 z 变换与 z 变换的关系

广义 z 变换与 z 变换的关系如下。

(1) 当参数 $\alpha=0$ 时，有

$$F(z,\alpha)=F(z,0)=z^{-1}\sum_{k=0}^{+\infty}f(kT+\alpha T)z^{-k}=z^{-1}\sum_{k=0}^{+\infty}f(kT)z^{-k}=z^{-1}F(z)\tag{2-60}$$

表明 $\alpha=0$ 时的广义 z 变换等于 $f(kT-T)$ 序列的 z 变换，相当于 $f(t)$ 延迟一个采样周期。

(2) 当参数 $\alpha=1$ 时，有

$$F(z,\alpha)=F(z,1)=z^{-1}\sum_{k=0}^{+\infty}f(kT+T)z^{-k}$$
$$=z^{-1}\mathcal{Z}[f(kT+T)]=z^{-1}[zF(z)-zf(0)]=F(z)-f(0)$$

如果 $f(0)=0$，则　　　　　$F(z,1)=F(z)$

这意味着此时的广义 z 变换即为 2.3 节的 z 变换。

2.6　线性定常离散系统的差分方程及求解

微课视频

2.6.1　离散系统差分方程的一般描述

在计算机控制系统中，控制器是由计算机来实现的。计算机从外部获取的输入 $e(kT)$为离散的数值序列或数字信号，再经数字控制器的运算模型 D 进行计算，得到确定的输出 $u(kT)$，如图 2-21 所示。

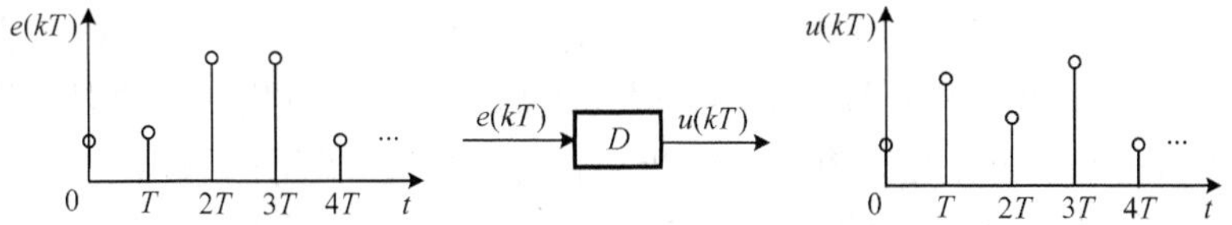

图 2-21　控制器离散系统

从数学方程角度看，输入 $e(kT)$与输出 $u(kT)$离散序列之间的关系应由运算模型 D 决定，通常称其为系统函数，则系统的输出为

$$u(kT)=D[e(kT)] \tag{2-61}$$

为了书写方便，下面用 $e(k)$ 表示 $e(kT)$，用 $u(k)$ 表示 $u(kT)$。

设有任意两个输入序列 $e_1(k)$ 和 $e_2(k)$，其输出分别为 $u_1(k)=D[e_1(k)]$ 和 $u_2(k)=D[e_2(k)]$。当输入 $e(k)$ 为 $e_1(k)$ 与 $e_2(k)$ 的线性组合时，有

$$e(k)=ae_1(k)+be_2(k) \tag{2-62}$$

式中，a、b 为常数，该系统的输出为

$$u(k)=D[ae_1(k)+be_2(k)] \tag{2-63}$$

若系统函数 D 满足叠加原理：

$$u(k)=aD[e_1(k)]+bD[e_2(k)]=au_1(k)+bu_2(k) \tag{2-64}$$

那么称该系统是线性的。如果系统参数不随时间变化或可忽略，则称该系统为线性定常时不变离散系统。

已知，绝大部分实际系统控制器在某一时刻的输出 $u(k)$ 不仅与本时刻的输入 $e(k)$ 有关，而且与它们的历史数据有关，即与过去时刻的输入序列 $e(k-1),e(k-2),\cdots,e(k-m)$ 和该时刻及以前的输出序列 $u(k-1),u(k-2),\cdots,u(k-n)$ 有关，那么，$u(k)$ 可以认为是上述输入/输出历史序列的线性组合，通常表述为

$$\begin{aligned}&u(k)+a_1u(k-1)+a_2u(k-2)+\cdots+a_nu(k-n)\\&=b_0e(k)+b_1e(k-1)+b_2e(k-2)+\cdots+b_me(k-m)\end{aligned} \tag{2-65}$$

或者

$$u(k)=\sum_{i=0}^{m}b_ie(k-i)-\sum_{j=1}^{n}a_ju(k-j) \tag{2-66}$$

式中，a_j 和 b_i 为常系数；n 为系统阶次，通常 $m\leqslant n$，以满足系统的物理可实现条件。

式(2-66)通常称为 n 阶非齐次线性定常后向差分方程($a_n \neq 0$)。与式(2-65)类似，也可以将其表示为非齐次线性定常前向差分方程：

$$\begin{aligned} & u(k+n)+a_1u(k+n-1)+a_2u(k+n-2)+\cdots+a_nu(k) \\ & =b_0e(k+m)+b_1e(k+m-1)+b_2e(k+m-2)+\cdots+b_me(k) \end{aligned} \tag{2-67}$$

式(2-65)和式(2-67)并无本质区别。后向差分方程多用于描述零初始条件的离散系统，而前向差分方程常用于描述非零初始条件的离散系统。与连续系统采用微分方程进行描述一样，离散系统是采用差分方程进行描述的。因此，差分方程是计算机控制系统的时域分析基础。

2.6.2 线性定常差分方程的求解

线性定常差分方程的解法有多种，常用的包括迭代法、z 变换法等。迭代法是指根据差分方程的初始条件或边界条件，逐步求出后面的未知输出项，由此得出的解为非闭合解。用 z 变换法求解差分方程，思路是利用 z 变换的线性、位移等性质及 z 反变换，将差分方程转化为代数方程，从而使离散系统的输出序列求解过程简化便捷。下面着重介绍利用 z 变换法求解差分方程。

设线性定常离散系统输入与输出的离散序列分别为 $e(k)$ 和 $u(k)$，则式(2-66)可以写成

$$\sum_{j=0}^{n} a_j u(k-j)=\sum_{i=0}^{m} b_i e(k-i) \tag{2-68}$$

根据物理可实现性，$k \geqslant 0$，且当 $k<0$ 时，$u(k)=e(k)=0$。将式(2-68)进行 z 变换，并利用 z 变换的滞后(右移)定理，得

$$\sum_{j=0}^{n} a_j z^{-j} U(z)=\sum_{i=0}^{m} b_i z^{-i} E(z) \tag{2-69}$$

$$U(z)=\frac{\sum_{i=0}^{m} b_i z^{-i}}{\sum_{j=0}^{n} a_j z^{-j}} E(z) \tag{2-70}$$

将式(2-70)进行 z 反变换，可得系统的零输入状态解为

$$u(k)=\mathcal{Z}^{-1}[U(z)] \tag{2-71}$$

利用 z 变换法求解线性定常离散系统差分方程的步骤与采用拉氏变换求解微分方程类似，即：

(1) 将差分方程进行 z 变换，如式(2-69)所示；

(2) 利用线性或时间平移等 z 变换的性质，得到 $U(z)$，如式(2-70)所示；

(3) 利用典型函数的 z 反变换，通过查表法，得到差分方程的解 $u(k)$，如式(2-71)所示。

例 2-11 线性时不变离散系统的差分方程为 $u(k)+au(k-1)=e(k)$。若方程输入 $e(k)=1(k)$，$u(k)=0\ (k \leqslant -1)$，求其输出 $u(k)$。

解：对差分方程进行 z 变换并运用 z 变换的滞后(右移)定理，有

$$U(z)+a[z^{-1}U(z)+u(-1)]=E(z)$$

已知 $u(-1)=0$，解出 $U(z)$ 为

$$U(z)=\frac{E(z)}{1+az^{-1}}=\frac{zE(z)}{z+a}$$

由于 $e(k)=1(k)$，将 $E(z)=z/(z-1)$ 代入上式，得到

$$U(z)=\frac{z^2}{(z+a)(z-1)}$$

通过部分分式法，有

$$\frac{U(z)}{z}=\frac{a}{a+1}\frac{1}{z+a}+\frac{1}{a+1}\frac{1}{z-1},\quad U(z)=\frac{a}{a+1}\frac{1}{1+az^{-1}}+\frac{1}{a+1}\frac{1}{1-z^{-1}}$$

通过查表 2-2，得到上式的 z 反变换为

$$u(k)=\frac{a}{a+1}(-a)^k+\frac{1}{a+1}1(k)$$

2.7　z 传递函数

微课视频

基于拉氏变换的传递函数是连续系统输入/输出描述的重要形式。同样，在研究线性定常时不变离散系统的性能时，基于 z 变换的 z 传递函数也是对计算机控制系统进行动态特性分析的有力工具。

2.7.1　z 传递函数的定义

z 传递函数定义为在零初始条件下，线性定常离散系统输出离散序列的 z 变换与输入离散序列的 z 变换之比：

$$G(z)=\frac{\mathcal{Z}[y(kT)]}{\mathcal{Z}[u(kT)]}=\frac{Y(z)}{U(z)} \tag{2-72}$$

程序分析

当输入为单位脉冲序列 $\delta(kT)$ 时，由于 $\mathcal{Z}[\delta(kT)]=1$，单位脉冲响应序列 $y(kT)$ 的 z 变换为

$$\mathcal{Z}[y(kT)]=G(z)\mathcal{Z}[\delta(kT)]=G(z) \tag{2-73}$$

由式(2-73)可知，离散系统的 z 传递函数 $G(z)$ 等于其单位脉冲响应序列的 z 变换，故离散系统的 z 传递函数亦可称为脉冲传递函数。

实际工业对象 $G(s)$ 通常都是连续系统，其输入 $u(t)$ 和输出 $y(t)$ 均是连续模拟量，而非离散量，如图 2-22(a)所示。此时便假想在输入/输出端虚设一个采样开关，仅关注输入/输出端的离散序列之间的函数关系，从而实际连续系统便变成离散系统。由此，根据式(2-72)可以给出单输入与单输出之间等价的离散系统，如图 2-22(b)所示。

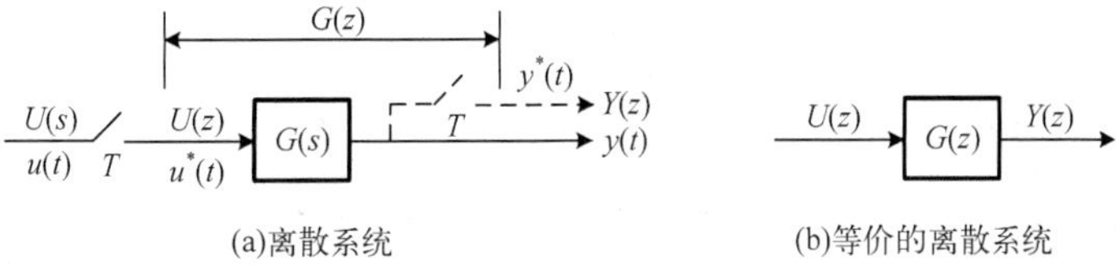

图 2-22　$G(s)$ 与 $G(z)$ 的关系

2.7.2　z 传递函数的求法

1. 由单位脉冲响应求 z 传递函数

若已知连续系统 $G(s)$ 的单位脉冲响应 $g(t)=\mathcal{L}^{-1}[G(s)]$，设其输入和输出分别为 $u(t)$ 和 $y(t)$，则

$$y(t)=g(t)*u(t)=\int_0^{\infty} g(\tau)u(t-\tau)\mathrm{d}\tau \tag{2-74}$$

若任意离散序列 $u(k)$ 都可以分解成单位脉冲序列的线性组合：

$$u(k)=\sum_{k=0}^{+\infty} u(t)\delta(t-kT) \tag{2-75}$$

则时域输出可表示为

$$y(t)=\int_0^{\infty} g(t-\tau)\sum_{i=0}^{+\infty} u(i)\delta(\tau-iT)\,\mathrm{d}\tau \tag{2-76}$$

将式(2-76)离散化，得

$$y(k)=\sum_{i=0}^{+\infty} g(k-i)\,u(i) \tag{2-77}$$

由于当 $k-i<0$ 时，$g(k-i)=0$，式(2-77)变为

$$y(k)=\sum_{i=0}^{k} g(k-i)\,u(i) \tag{2-78}$$

可知，离散系统响应的解等于单位脉冲响应与系统输入之间的卷积运算。根据 z 变换的卷积定理对式(2-78)进行 z 变换，可得

$$Y(z)=G(z)U(z) \tag{2-79}$$

于是

$$G(z)=\frac{Y(z)}{U(z)}=\mathcal{Z}[g(t)]=\sum_{k=0}^{+\infty} g(k)z^{-k} \tag{2-80}$$

可见，z 传递函数 $G(z)$等于单位脉冲响应 $g(t)$ 的 z 变换。

上述由 $G(s)$ 转变为 $G(z)$ 的过程，可表示为

$$G(z)=\mathcal{Z}[G(s)] \tag{2-81}$$

注意，式(2-81)中不能将 s 直接用 z 代替。至于 $G(z)$ 是否能够反映 $G(s)$ 的全部信息，取决于获得的 $g(k)$ 是否满足香农采样定理的要求。

2. 通过部分分式法求 z 传递函数

当已知连续系统传递函数 $G(s)$ 时，可通过前述部分分式法求取其对应的 $G(z)$。

3. 由差分方程求 z 传递函数

根据式(2-65)，线性定常离散系统输入 $u(k)$ 与输出 $y(k)$ 之间的差分方程通常为

$$y(k)+a_1y(k-1)+\cdots+a_ny(k-n)=b_0u(k)+b_1u(k-1)+\cdots+b_mu(k-m) \tag{2-82}$$

在零初始条件下，对式(2-82)进行 z 变换，得

$$(1+a_1z^{-1}+\cdots+a_nz^{-n})Y(z)=(b_0+b_1z^{-1}+\cdots+b_mz^{-m})U(z)$$

则该系统的 z 传递函数为

$$G(z)=\frac{Y(z)}{U(z)}=\frac{b_0+b_1z^{-1}+\cdots+b_mz^{-m}}{1+a_1z^{-1}+\cdots+a_nz^{-n}} \tag{2-83}$$

在实际工作中，如果给出了系统或环节的差分方程，即可用式(2-83)直接求出其对应的 z 传递函数。

2.7.3　开环 z 传递函数

z 传递函数和连续系统传递函数的定义具有相似性，因此在进行结构图简化时，也有很多相似之处。但在计算机控制系统中，由于采样保持器的存在，当采样开关处于系统环路中的不同位置时，得到的 z 传递函数会截然不同，即 $G(z)$除与其连续环节 $G(s)$本身有关外，还与采样开关的作用有关。下面的分析中，假设系统初始条件均为零，采样周期 T 亦相同。

1. 串联环节的 z 传递函数

串联环节的 z 传递函数结构有两种基本情况：一种是两个串联环节之间没有采样开关，即环节之间传递的信号为模拟量，如图 2-23(a)所示；另一种是两个串联环节之间含有采样开关，即环节之间传递的信号为离散量，如图 2-23(b)所示。

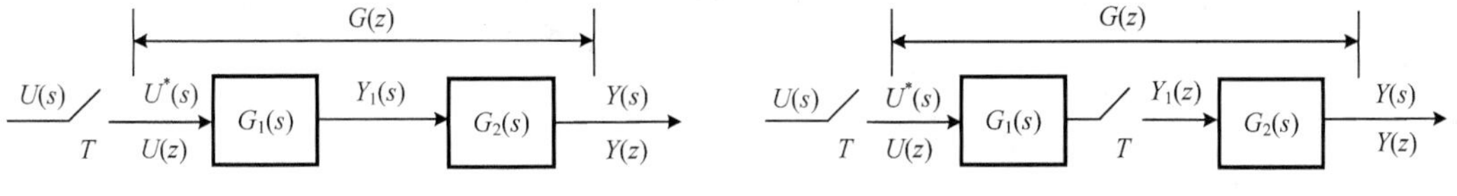

图 2-23　串联环节结构图

在图 2-23(a)中，系统输出 $Y(z)$与输入 $U(z)$之间总的 z 传递函数并不等于两个串联环节的 z 传递函数之积，因为两个环节之间的信号传递仍是一个连续时间函数，即

$$Y(s)=[G_1(s)G_2(s)]U^*(s)$$

在图 2-22 中，曾提到通常会在输出端假想存在一个采样开关，有

$$Y^*(s)=[G_1(s)G_2(s)]^*U^*(s)$$

则输出的 z 变换为

$$Y(z)=U(z)\mathcal{Z}[G_1(s)G_2(s)]$$

对应的 z 传递函数为

$$G(z)=\frac{Y(z)}{U(z)}=\mathcal{Z}\left[G_1(s)\cdot G_2(s)\right]=G_1G_2(z) \tag{2-84}$$

式中，$G_1G_2(z)$为 $\mathcal{Z}[G_1(s)G_2(s)]$ 的缩写，表示先将串联环节传递函数 $G_1(s)$与 $G_2(s)$相乘，再进行 z 变换的过程。

在图 2-23(b)中，两个环节之间有同步采样开关存在，这时，可直接通过 z 传递函数的定义求出

$$G_1(z)=\frac{Y_1(z)}{U(z)},\quad G_2(z)=\frac{Y(z)}{Y_1(z)}$$

于是，串联环节总的 z 传递函数为

$$G(z)=\frac{Y(z)}{U(z)}=\frac{Y_1(z)}{U(z)}\cdot\frac{Y(z)}{Y_1(z)}=G_1(z)G_2(z) \tag{2-85}$$

由式(2-85)可知，串联环节总的 z 传递函数等于每个环节的 z 传递函数之积。

一般来说，$G_1(z)G_2(z) \neq G_1G_2(z)$。由此可以看出，采样开关对 z 传递函数的影响是非常大的。

上述结论可推广到 n 个环节串联起来的情况。如果系统由 n 个环节串联而成，且串联环节之间无采样开关，应将这些串联环节视为一个整体，再求其 z 变换，即

$$G(z) = \mathcal{Z}[G_1(s)G_2(s)\cdots G_n(s)] = G_1G_2\cdots G_n(z) \tag{2-86}$$

如果串联环节之间有同步采样开关，总的 z 传递函数等于各个串联环节 z 传递函数之积，即

$$G(z) = G_1(z)G_2(z)\cdots G_n(z) \tag{2-87}$$

程序分析

例 2-12　已知 $G_1(s)=\dfrac{1}{s}$，$G_2(s)=\dfrac{1}{s+1}$，$G_3(s)=\dfrac{1}{s+2}$。当 $T=1\text{s}$ 时，分别求环节串联两种情况下的 z 传递函数。

解：(1) 当串联环节之间无采样开关时，由式(2-86)得总的 z 传递函数为

$$\begin{aligned}
G(z) &= G_1G_2G_3(z) = \mathcal{Z}[G_1(s)G_2(s)G_3(s)] = \mathcal{Z}\left[\frac{1}{s(s+1)(s+2)}\right] \\
&= \mathcal{Z}\left[\frac{0.5}{s} - \frac{1}{s+1} + \frac{0.5}{s+2}\right] = \frac{0.5z}{z-1} - \frac{z}{z-\mathrm{e}^{-T}} + \frac{0.5z}{z-\mathrm{e}^{-2T}} \\
&= \frac{0.19979z(z+0.3679)}{(z-1)(z-0.3679)(z-0.1353)} = \frac{0.1998z^2+0.0735z}{z^3-1.503z^2+0.553z-0.04979}
\end{aligned}$$

(2) 当串联环节之间有采样开关时，由式(2-87)得到总的 z 传递函数为

$$\begin{aligned}
G(z) &= \mathcal{Z}[G_1(s)]\mathcal{Z}[G_2(s)]\mathcal{Z}[G_3(s)] = \mathcal{Z}\left[\frac{1}{s}\right]\mathcal{Z}\left[\frac{1}{s+1}\right]\mathcal{Z}\left[\frac{1}{s+2}\right] \\
&= \frac{z}{z-1}\cdot\frac{z}{z-\mathrm{e}^{-T}}\cdot\frac{z}{z-\mathrm{e}^{-2T}} = \frac{z^3}{z^3-1.5032z^2+0.553z-0.0498}
\end{aligned}$$

2. 含有 ZOH 串联环节的 z 传递函数

在计算机控制系统中，经常遇到如图 2-24 所示的含有 ZOH 串联环节的开环离散系统。其中，$G_h(s)$为零阶保持器传递函数，$G_0(s)$为被控对象的传递函数，$G(z)$为广义被控对象 z 传递函数。下面基于 2.7.2 节的单位脉冲响应法求取图 2-24 所示系统的开环 z 传递函数，即广义被控对象的 z 传递函数。

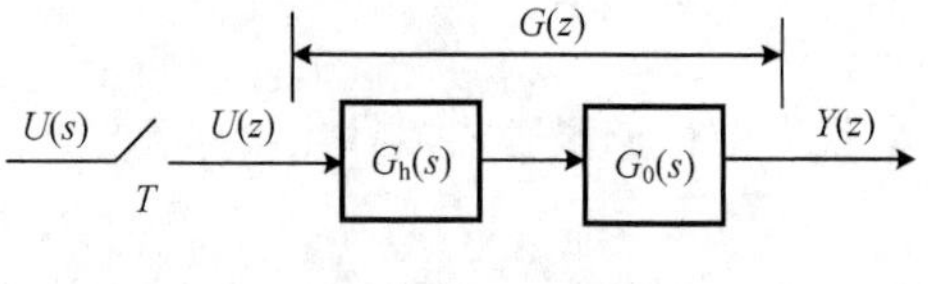

图 2-24　含有 ZOH 串联环节的开环离散系统

由图 2-24 可得

$$G(z) = \frac{Y(z)}{U(z)} = \mathcal{Z}\left[(1-\mathrm{e}^{-Ts})\cdot\frac{G_0(s)}{s}\right] = \mathcal{Z}\left[\frac{G_0(s)}{s} - \mathrm{e}^{-Ts}\frac{G_0(s)}{s}\right] \tag{2-88}$$

设 $G_1(s)=\dfrac{G_0(s)}{s}$，$G_2(s)=\mathrm{e}^{-Ts}G_1(s)$，则 $G_2(s)$ 对应的时域表达式为

$$g_2(t) = \int_0^{\infty} g(t-\tau)g_1(\tau)\mathrm{d}\tau \tag{2-89}$$

式中，$g(t)=\mathcal{L}^{-1}[\mathrm{e}^{-Ts}]=\delta(t-T)$；$g_1(t)=\mathcal{L}^{-1}[G_1(s)]$。

于是有

$$g_2(t)=\int_0^{\infty}\delta(t-T-\tau)g_1(\tau)\mathrm{d}\tau=g_1(t-T)$$

将上式离散化，有

$$g_2(k)=g_1(k-1)$$

则 z 变换为

$$G_2(z)=z^{-1}G_1(z) \tag{2-90}$$

综合式(2-88)及式(2-90)，可得

$$G(z)=\mathcal{Z}\left[\frac{1-\mathrm{e}^{-Ts}}{s}\cdot G_0(s)\right]=(1-z^{-1})\mathcal{Z}\left[\frac{G_0(s)}{s}\right] \tag{2-91}$$

由式(2-91)知，在求取广义被控对象的 z 传递函数时，ZOH 中的$1-\mathrm{e}^{-Ts}$环节可以直接变为$1-z^{-1}$。

例 2-13　已知$G_0(s)=\dfrac{2}{(s+1)(s+2)}$，采用零阶保持器，试求广义被控对象的 z 传递函数 $G(z)$。

程序分析

解：将广义被控对象 $G(s)=G_{\mathrm{h}}(s)G_0(s)$进行部分分式分解，得

$$G(s)=\frac{1-\mathrm{e}^{-Ts}}{s}G_0(s)=(1-\mathrm{e}^{-Ts})\frac{G_0(s)}{s}=(1-\mathrm{e}^{-Ts})\left(\frac{1}{s}-\frac{2}{s+1}+\frac{1}{s+2}\right)$$

则由式(2-91)，可得

$$G(z)=(1-z^{-1})\left(\frac{1}{1-z^{-1}}-\frac{2}{1-\mathrm{e}^{-T}z^{-1}}+\frac{1}{1-\mathrm{e}^{-2T}z^{-1}}\right)=1-\frac{2(z-1)}{z-\mathrm{e}^{-T}}+\frac{z-1}{z-\mathrm{e}^{-2T}}$$

$$=\frac{(\mathrm{e}^{-2T}-2\mathrm{e}^{-T}+1)z+(\mathrm{e}^{-3T}-2\mathrm{e}^{-2T}+\mathrm{e}^{-T})}{(z-\mathrm{e}^{-T})(z-\mathrm{e}^{-2T})}$$

当 $T=1$ 时，有

$$G(z)=\frac{0.3996\ (z+0.3679)}{(z-0.3679)(z-0.1353)}$$

3. 并联环节的 z 传递函数

对于两个环节并联的离散系统，当采样开关在总的输入端和采样开关在每一个环节的输入端时，其总的 z 传递函数是相同的，如图 2-25 所示。

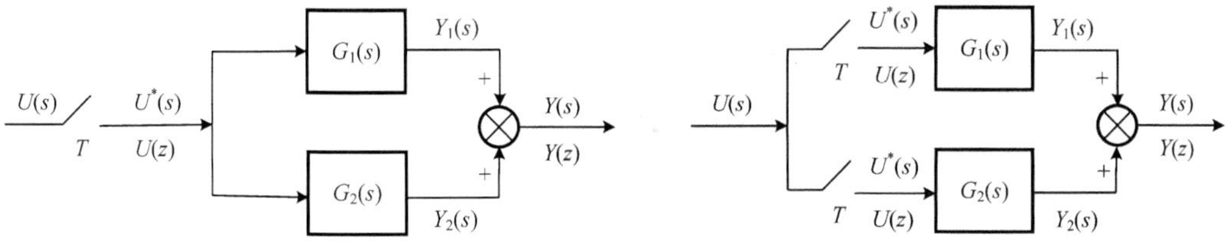

(a)采样开关在总输入端　　(b)采样开关在各个环节输入端

图 2-25　并联环节结构图

图 2-25(a)和图 2-25(b)所示系统输出的拉氏变换均为

$$Y(s)=Y_1(s)+Y_2(s)=U^*(s)[G_1(s)+G_2(s)] \tag{2-92}$$

对式(2-92)取 z 变换有 $Y(z)=\{\mathcal{Z}[G_1(s)]+\mathcal{Z}[G_2(s)]\}U(z)$

则离散系统的 z 传递函数为

$$G(z)=\frac{Y(z)}{U(z)}=\mathcal{Z}[G_1(s)]+\mathcal{Z}[G_2(s)]=G_1(z)+G_2(z) \tag{2-93}$$

式(2-93)表明，两个环节并联的离散系统总的 z 传递函数等于每个并联环节的 z 传递函数之和。上述关系也可以推广到 n 个环节并联时，其总的 z 传递函数等于各环节 z 传递函数之和，即

$$G(z)=\mathcal{Z}[G_1(s)+G_2(s)+\cdots+G_n(s)]=G_1(z)+G_2(z)+\cdots+G_n(z)$$

2.7.4 闭环 z 传递函数

闭环 z 传递函数与开环 z 传递函数一样，采样开关的数量和位置对它的影响很大。下面仅以与计算机控制系统紧密关联的两种闭环负反馈控制系统为例，介绍闭环 z 传递函数的列写，并假设相邻两个采样开关之间的环节为独立环节。

1. 闭环误差系统

图 2-26 所示的闭环误差系统中，$G(s)$和 $F(s)$分别表示前向通道和反馈通道的传递函数。

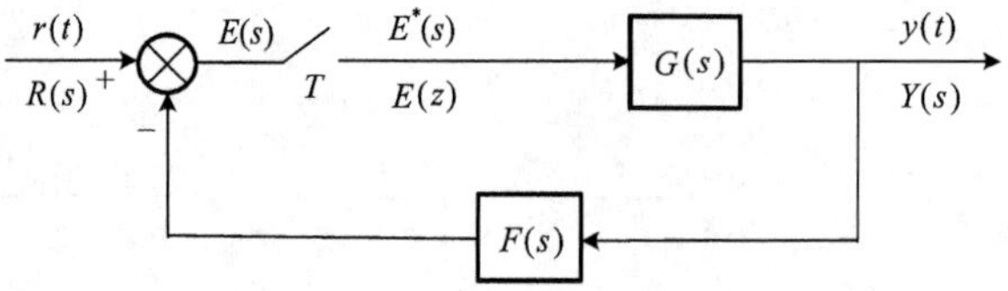

图 2-26 闭环误差系统

输出信号的拉氏变换为 $Y(s)=E^*(s)G(s)$ (2-94)

其 z 变换为 $Y(z)=\mathcal{Z}[Y(s)]=\mathcal{Z}[E^*(s)G(s)]=E(z)G(z)$ (2-95)

误差信号的拉氏变换为

$$E(s)=R(s)-Y(s)F(s)=R(s)-E^*(s)G(s)F(s) \tag{2-96}$$

将式(2-96)进行 z 变换： $E(z)=R(z)-E(z)GF(z)$ (2-97)

由此，可得闭环系统的误差 z 传递函数为

$$W_e(z)=\frac{E(z)}{R(z)}=\frac{1}{1+GF(z)} \tag{2-98}$$

于是可得闭环系统的 z 传递函数为

$$W(z)=\frac{Y(z)}{R(z)}=\frac{G(z)}{1+GF(z)} \tag{2-99}$$

2. 带有控制器校正的闭环系统

设图 2-27 所示为带有控制器校正的闭环系统。系统输出为

$$Y(s)=U^*(s)G(s)=E^*(s)D^*(s)G(s) \tag{2-100}$$

式中，$D^*(s)$为$D(z)$的 z 反变换式。则$Y(s)$的 z 变换式为

$$Y(z)=E(z)D(z)G(z) \tag{2-101}$$

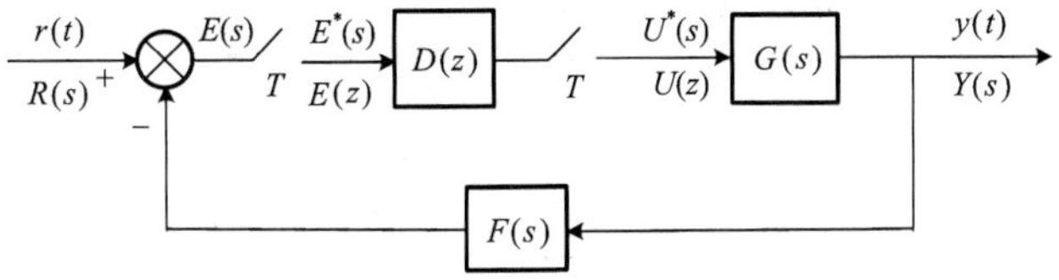

图 2-27　带有控制器校正的闭环系统

误差信号的拉氏变换为

$$E(s)=R(s)-Y(s)F(s)=R(s)-E^*(s)D^*(s)G(s)F(s) \tag{2-102}$$

取 z 变换，得

$$E(z)=R(z)-E(z)D(z)GF(z) \tag{2-103}$$

则闭环系统的误差 z 传递函数为

$$W_{\mathrm{e}}(z)=\frac{E(z)}{R(z)}=\frac{1}{1+D(z)GF(z)}=\frac{1}{1+W_{\mathrm{k}}(z)} \tag{2-104}$$

式中，$W_{\mathrm{k}}(z)$为系统的开环 z 传递函数。

根据式(2-101)和式(2-103)，得到闭环系统的 z 传递函数为

$$W(z)=\frac{Y(z)}{R(z)}=\frac{D(z)G(z)}{1+D(z)GF(z)}=\frac{D(z)G(z)}{1+W_{\mathrm{k}}(z)} \tag{2-105}$$

请注意：当$F(s)$和$G(s)$之间存在采样开关时，闭环系统的 z 传递函数为

$$W(z)=\frac{Y(z)}{R(z)}=\frac{D(z)G(z)}{1+D(z)G(z)F(z)} \tag{2-106}$$

2.7.5　z 传递函数的物理可实现性

在连续系统中，环节或系统的物理可实现条件是其传递函数的分母多项式最高次幂 n 应不小于分子多项式最高次幂 m，即$n \geqslant m$，或当$t<0$时其脉冲响应$g(t)=0$。这样方可确保系统的输出只能产生于其输入作用信号之后，说明其具有物理概念上的因果特性。

设离散系统的广义被控对象的 z 传递函数可以写成一般形式：

$$G(z)=\frac{Y(z)}{U(z)}=\frac{b_0+b_1z^{-1}+\cdots+b_mz^{-m}}{1+a_1z^{-1}+\cdots+a_nz^{-n}} \tag{2-107}$$

不失一般性，假定$n \geqslant 0$和$m \geqslant 0$，其余的多项式系数为任意实数。通过 z 反变换及时间平移定理，将式(2-107)转化为后向差分方程：

$$y(k)+a_1y(k-1)+\cdots+a_ny(k-n)=b_0u(k)+\cdots+b_my(k-m) \tag{2-108}$$

则

$$y(k)=b_0u(k)+\cdots+b_mu(k-m)-[a_1y(k-1)+\cdots+a_ny(k-n)] \tag{2-109}$$

由式(2-109)可知，当$n \geqslant m$时，k 时刻的输出$y(k)$不仅依赖其有限长的历史值，还依赖其输入量$u(k)$及其有限长的历史值，但其不依赖 k 时刻之后的将来值。

若将式(2-107)写成前向差分方程形式，即

$$y(k+n)+a_1y(k+n-1)+\cdots+a_ny(k)=b_0u(k+m)+b_1u(k+m-1)+\cdots+b_mu(k)$$

则
$$\begin{aligned}y(k)=&b_0u(k+m-n)+b_1u(k+m-n-1)+\cdots+b_mu(k-n)\\&-[a_1y(k-1)+\cdots+a_ny(k-n)]\end{aligned}\tag{2-110}$$

式(2-110)更加清楚地说明，如果$G(z)$是物理可实现的，必定有$n\geqslant m$；否则，k时刻的输出$y(k)$就要依赖于k时刻之后的输入，这显然是物理不可实现的。

本 章 小 结

首先，本章从系统性能出发，重点介绍了信号的采样与保持过程、A/D与D/A转换、采样定理以及信号的恢复与零阶保持器特性，指出如果采样频率不满足采样定理，则可能产生频率混叠及假频现象。要避免假频现象，采样频率就必须不低于2倍被采样信号带宽，这就是采样定理给出的结论。零阶保持器是实践中应用最广泛的信号重构装置，是一个近似的低通滤波器，可以滤掉离散信号的辅频谱。

其次，本章介绍了计算机控制系统的数学工具——z变换的相关知识，包括z变换的定义、性质及其反变换的方法，在此基础上，重点介绍了计算机控制系统常用的几种数学描述方法，包括差分方程、z传递函数及其求解方法。需要注意的是，尽管差分方程是描述离散系统的基本方法，但使用差分方程来分析离散系统并不方便；z传递函数是一种常用的描述计算机控制系统的方法，但要注意采样开关对z传递函数的影响。

最后，为了解决模型分析时的数学难题，在一些知识点和例题处，设计了编程实现的讲解视频，如对脉冲采样信号、零阶保持器的频率特性、z变换、z反变换等的仿真分析，以方便读者简单高效地理解本章的重要知识点。

习题与思考题

2.1　计算机控制系统中一般存在哪些不同的信号形式？

2.2　什么是香农采样定理？请简要论述其原理。

2.3　什么是采样信号中的频率混叠现象与假频现象?应如何避免?

2.4　已知连续信号$f_1(t)=\cos t$和$f_2(t)=\cos 4t$，若取采样角频率$\omega_s=2$rad/s，4rad/s，8rad/s，试分别求出在以上采样角频率下对应的采样信号$f_1(kT)$与$f_2(kT)$，并通过绘图对采样结果进行比较。

2.5　什么是零阶保持器?试推导其传递函数。为什么计算机控制系统中一般均采用零阶保持器，而不采用高阶保持器?

2.6　已知连续信号$f(t)=a\sin\omega t$，分别以采样角频率$\omega_s=4\omega$和$\omega_s=10\omega$进行采样后，再通过零阶保持器恢复成连续信号，试分别绘制对应的恢复信号，并对结果进行比较。

2.7　试描述z变换及z反变换的定义及其求取方法。

2.8　分别绘出以下离散序列的图形。

(1) $f(k)=\left(\dfrac{1}{2}\right)^k$；　(2) $f(k)=2^{k-1}$；　(3) $f(k)=\sin\dfrac{k\pi}{6}$；　(4) $f(k)=k$。

2.9　求下列函数的z变换，并求其零极点值。

(1) $f(t)=t$；　(2) $f(k)=-3^{-k}$；　(3) $F(s)=\dfrac{2}{s(s+1)}$；　(4) $F(s)=\dfrac{s+3}{(s+2)(s+4)}$；

(5) $f(k)=\left(\frac{1}{2}\right)^k+\left(\frac{1}{3}\right)^k$；　(6) $f(k)=\left(\frac{1}{2}\right)^k$；　(7) $f(k)=\delta(k+1)$；　(8) $f(t)=\sin 2t$ 。

2.10　求下列 z 变换所对应的离散序列。

(1) $F(z)=1\quad(|z|\leqslant+\infty)$；　(2) $F(z)=z^{-2}\quad(0<|z|\leqslant+\infty)$；

(3) $F(z)=\frac{1}{1-az^{-1}}\quad(|z|>|a|)$；　(4) $F(z)=0.5z^{-2}+5z^{-1}+7\ (|z|\leqslant+\infty)$ 。

2.11　求下列函数的 z 反变换。

(1) $F(z)=\frac{1}{1+0.5z^{-1}}\quad(|z|>0.5)$；　(2) $F(z)=\frac{z^{-1}}{1+0.2z^{-1}-0.3z^{-2}}\quad(|z|>0.3)$；

(3) $F(z)=\frac{1-0.5z^{-1}}{1-0.25z^{-2}}\quad(|z|>0.5)$；　(4) $F(z)=\frac{1-az^{-1}}{z^{-1}-a}\quad\left(|z|>\left|\frac{1}{a}\right|\right)$；

(5) $F(z)=\frac{z^{-2}}{1-z^{-2}}\quad(|z|>1)$；　(6) $F(z)=\frac{1-0.5z^{-1}}{1+0.75z^{-1}+0.125z^{-2}}\quad(|z|>0.5)$ 。

2.12　求下列函数的初值和终值。

(1) $F(z)=\frac{z^{-1}}{2-z^{-1}}$；　(2) $F(z)=\frac{1+z^{-2}}{1+2z^{-1}-z^{-3}}$；　(3) $F(z)=\frac{z+1}{z^2+4z+3}$；

(4) $F(z)=\frac{(z^2+1)(z^2+3z+0.7)}{(z^2-0.2z+1)(z^2+z+1)}$ 。

2.13　求 $G(s)=\frac{1}{s+3}\mathrm{e}^{-0.6Ts}$ 的广义 z 变换。

2.14　求解下列差分方程。

(1) $y(k)-0.7y(k-1)=r(k)$

设输入 $r(t)=1(t)$，且 $k<0$ 时，$y(k)=0$。

(2) $y(k)-0.7y(k-1)+0.1y(k-2)=r(k)+2r(k-1)$

设输入 $r(k)=\delta(k-1)$，且 $k<0$ 时，$y(k)=0$。

2.15　求下列差分方程的 z 传递函数。

(1) $y(k)-y(k-1)-3y(k-2)=r(k)+r(k-1)$；

(2) $y(k)+y(k-3)=r(k)-4r(k-2)$ 。

2.16　求下列传递函数 $G(s)$ 的 z 传递函数。

(1) $G(s)=\frac{1}{s^2+3s+2}$；　(2) $G(s)=\frac{\mathrm{e}^{Ts}-1}{s^2+2s}$ 。

2.17　如题 2.17 图所示，求串联系统的 z 传递函数。其中，$G_1(s)=\frac{1}{s+1}$，$G_2(s)=\frac{1}{s+3}$ 。

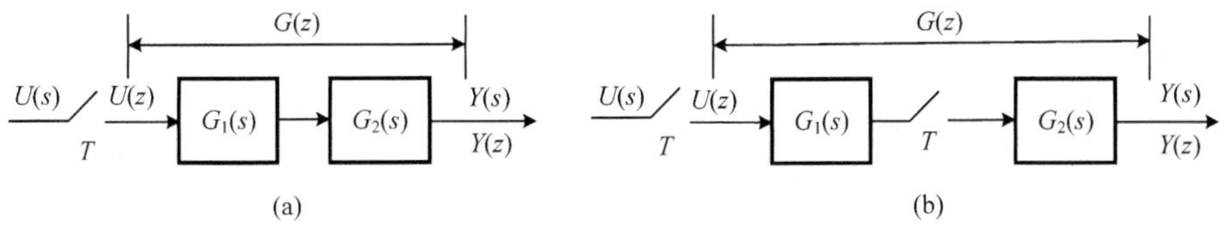

题 2.17 图　串联离散系统

2.18　如题 2.18 图所示，求闭环离散系统的 z 传递函数 $W(z)$。

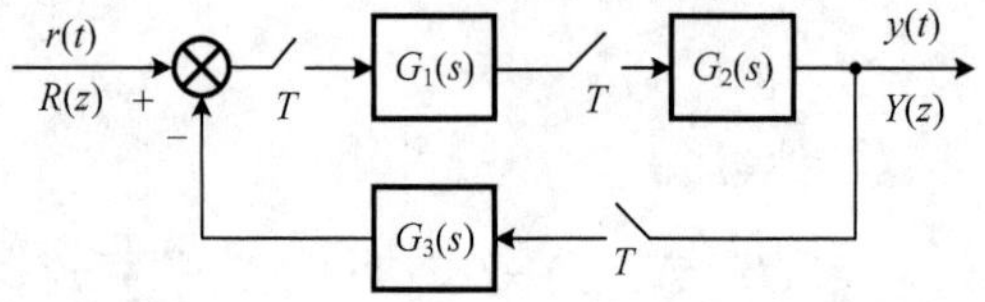

(a)

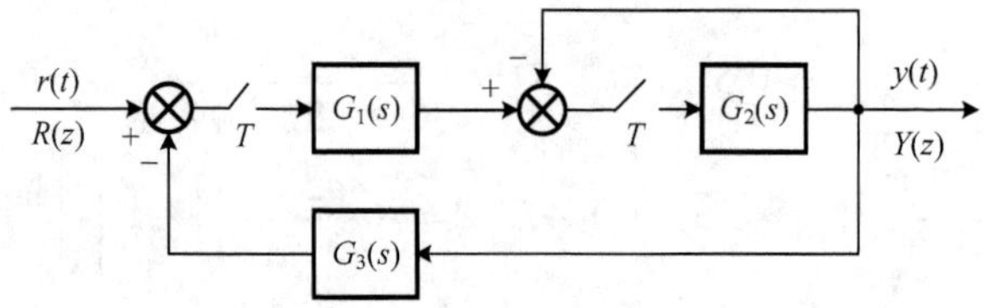

(b)

题 2.18 图　闭环离散系统

第 3 章　计算机控制系统的分析

本章概要　3.1 节介绍本章所要解决的基本问题及在全书中的作用；3.2 节从系统闭环极点在 s 平面与 z 平面之间的映射关系出发，介绍离散系统的稳定性分析，包括稳定的充分必要条件以及两个实用的代数判据——修正的劳斯(Routh)稳定性准则和朱利(Jury)稳定性准则；3.3 节介绍离散系统的暂态过程分析，包括阶跃响应分析、基于 z 平面极点分布的脉冲响应分析，以及采样周期对暂态误差的影响；3.4 节介绍离散系统的稳态过程分析；3.5 节介绍 z 平面根轨迹绘制方法，并基于 z 平面根轨迹进行稳定性分析；3.6 节介绍离散系统的频域描述方法，并讲述基于极坐标图的奈奎斯特稳定性准则和基于 w 变换的伯德(Bode)图稳定性分析判据。

3.1　引　　言

本章讲述计算机控制系统分析中所要解决的基本问题，主要介绍基于 z 传递函数的计算机控制系统时域及频域分析方法。通过对计算机控制系统稳定性、稳态性能和暂态性能的定量评价，建立计算机控制系统性能指标与模型结构及其参数之间的定性和定量关系，用以指导计算机控制系统的设计。

首先，围绕 z 平面与 s 平面极点之间的映射关系，介绍离散系统稳定的充分必要条件(简称充要条件)及其稳定性准则、输出暂态响应、稳态误差分析以及在时域中系统零极点和采样周期 T 对其的影响；然后，从频域角度，引出离散系统的 z 平面根轨迹、Nyquist(简称奈氏)稳定性准则及 Bode 图等稳定性分析方法，为后续的控制系统设计奠定理论基础。

3.2　稳定性分析

稳定性是控制系统分析与设计的首要研究问题。在线性时不变连续系统中，稳定性是指在有界输入条件下系统输出也是有界的，目前已经有非常成熟的用于判别系统稳定性的准则及分析方法。由于离散系统 z 变换与连续系统 s 变换在数学上存在着非线性的指数映射关系，因此在分析线性时不变离散系统的稳定性时，有必要首先探讨 s 平面与 z 平面的极点映射关系，同时结合离散系统单位脉冲序列响应绝对可和的稳定性概念，给出基于 z 变换的稳定性条件、准则及其与稳定性问题相关的分析方法。此外，采样周期 T 对系统稳定性也有重要影响。

3.2.1　s 平面与 z 平面的关系

微课视频

1. s 平面与 z 平面的映射关系

连续系统的微分方程可用拉普拉斯传递函数(简称 s 传递函数)表述。稳定的充要条件是闭环传递函数的极点全部分布在 s 平面的左半平面，即所有极点的实数部分均为负值。当 s 传递函数转化为 z 传递函数时，利用 s 平面与 z 平面极点的映射分布规律找出其稳定域的对应关系，是分析离散系统稳定性的前提条件。

设 s 平面的极点为 $s=\sigma+\mathrm{j}\omega$，由式(2-24)可知，$z=\mathrm{e}^{Ts}$，则其对应于 z 平面的映射点为

$$z=r_{\mathrm{z}}\mathrm{e}^{\mathrm{j}\theta}=\mathrm{e}^{Ts}=\mathrm{e}^{\sigma T}\mathrm{e}^{\mathrm{j}\omega T} \tag{3-1}$$

式中，

$$\begin{cases} r_{\mathrm{z}}=\mathrm{e}^{\sigma T} \\ \theta=\omega T \end{cases} \tag{3-2}$$

根据式(3-1)和式(3-2)可进行如下分析：

当 $\sigma=0$ 时，$|z|=r_{\mathrm{z}}=1$，即 s 平面的虚轴映射到 z 平面上是以原点为圆心的单位圆；

当 $\sigma<0$ 时，$|z|<1$，即 s 平面的左半平面映射到 z 平面上是以原点为圆心的单位圆内部；

当 $\sigma>0$ 时，$|z|>1$，即 s 平面的右半平面映射到 z 平面上是以原点为圆心的单位圆外部。

由此，可绘制出 s 平面与 z 平面之间的映射关系，如图 3-1 所示。

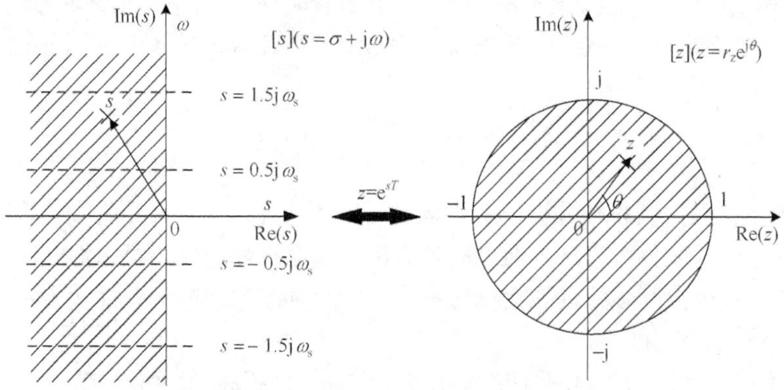

图 3-1　s 平面与 z 平面的映射关系

由 s 平面与 z 平面映射关系 $z=\mathrm{e}^{Ts}$ 可知，s 平面的虚轴在 z 平面的映射描述为

$$z(s)=z(0+\mathrm{j}\omega)=z(\omega)=\mathrm{e}^{\mathrm{j}\omega T}=\mathrm{e}^{\mathrm{j}(\omega T+2\pi)}=\mathrm{e}^{\mathrm{j}T\left(\omega+\frac{2\pi}{T}\right)}=\mathrm{e}^{\mathrm{j}T(\omega+\omega_{\mathrm{s}})}=z(\omega+\omega_{\mathrm{s}}) \tag{3-3}$$

s 平面映射函数 $z(\omega)$ 的含义为：在 s 平面的虚轴 $\mathrm{j}\omega$ 上每变化一个 $\mathrm{j}\omega_{\mathrm{s}}$ 频率段，在 z 平面上幅角 θ 就变化 2π，即 $|z|=1$ 矢径绕原点沿单位圆旋转一圈。例如，当极点沿虚轴从 $-0.5\omega_{\mathrm{s}}$ 移到 $0.5\omega_{\mathrm{s}}$ 时，z 平面上的对应点沿单位圆从 $-\pi$ 逆时针变化到 π，正好转了一圈；而极点沿虚轴从 $0.5\omega_{\mathrm{s}}$ 移到 $1.5\omega_{\mathrm{s}}$ 时，z 平面上的相应点又将逆时针沿单位圆转过一圈，以此类推。由此可见，可以把 s 平面划分为无穷多条平行于实轴的周期带，如图 3-1 所示，其中，$\mathrm{j}\omega\in(-\mathrm{j}\omega_{\mathrm{s}}/2,\mathrm{j}\omega_{\mathrm{s}}/2]$ 频率区域称为主频带，其余的周期性频段有无限多个，称为辅频带。s 平面的主频带和辅频带将重复映射在整个 z 平面上。

需要指出，s 平面主频带和辅频带映射至 z 平面单位圆的迹线是相互重叠的同一个单位圆，这种映射现象称为频率混叠现象。由于采样定理要求实际系统工作频率均低于 $\omega_{\mathrm{s}}/2$，因此，实际频率 ω 大多分布在主频带 $(0,\mathrm{j}\omega_{\mathrm{s}}/2]$ 内，其对应的幅角 θ 应在 $(0,\pi]$ 内。

2. s 平面一些特殊位置或区域与 z 平面的映射关系

已知连续系统闭环 s 传递函数的极点分布决定着系统的稳定性；同时，阻尼系数 ζ 和无阻尼自然振荡频率 ω_{n} 等表征参数也影响着系统的暂态响应过程。若研究离散系统的稳态和暂态特性，必然要揭示 s 平面的闭环极点分布与 z 平面稳定域的关系，即：s 平面的典型特性曲线，如等 ζ 线和等 ω_{n} 线在 z 平面区域的映射表现；z 平面极点的 ζ 和 ω_{n} 计算方法。下面就 s

平面中一些特殊位置或区域，讨论其在 z 平面的映射表现。

1) s 平面等 ζ 线和等 ω_n 线在 z 平面的映射关系

(1) 等 ζ 线映射。

s 平面的等 ζ 线可用式 $s=\sigma+\mathrm{j}\omega=-\zeta\omega_n+\mathrm{j}\omega_n\sqrt{1-\zeta^2}=-\zeta\omega_n+\mathrm{j}\omega_d$ 描述，如图 3-2(a)所示。其中，$\beta=\arccos\zeta$ 称为阻尼角，对应的斜线称为等 ζ 线。

其映射到 z 平面为

$$z=\mathrm{e}^{Ts}=\exp(-\zeta\omega_n T+\mathrm{j}\omega_d T)=\exp\left(-\frac{2\pi\zeta}{\sqrt{1-\zeta^2}}\frac{\omega_d}{\omega_s}+\mathrm{j}2\pi\frac{\omega_d}{\omega_s}\right)$$

于是
$$r_z=\exp\left(-\frac{2\pi\zeta}{\sqrt{1-\zeta^2}}\frac{\omega_d}{\omega_s}\right),\quad \theta_z=2\pi\frac{\omega_d}{\omega_s} \tag{3-4}$$

亦可知
$$\omega_n=\sqrt{\sigma^2+\omega^2},\quad \zeta=\left|\cos\left(\arctan\frac{\omega}{\sigma}\right)\right| \tag{3-5}$$

因此，随着 ω_d 增加，z 的幅值 r_z 减小，而幅角 θ_z 线性增大。当式(3-4)中 $\zeta=0.2$ 时，等 ζ 线在 z 平面的映射曲线为如图 3-2(b)所示的螺旋线。

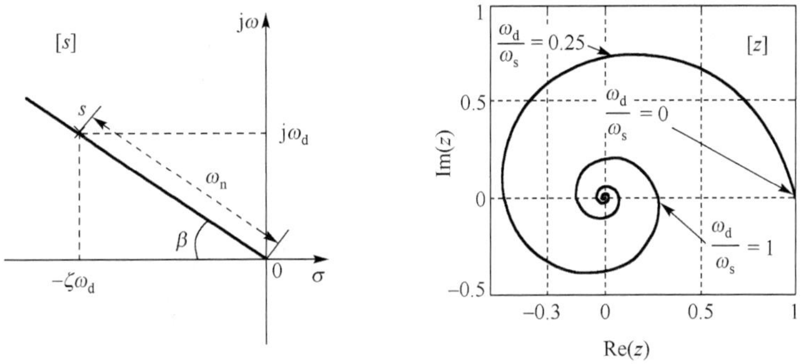

(a) s平面的等ζ线　　　(b) $\zeta=0.2$时等ζ线在z平面的映射曲线

图 3-2　等 ζ 线及其在 z 平面的映射曲线

程序分析

设 s 平面等 ζ 线方程为
$$\omega=k_\zeta\sigma \tag{3-6}$$

式中，k_ζ 为任意正数。

由式(3-5)可知，当 k_ζ 为某一常数时，$\zeta=\left|\cos(\arctan k_\zeta)\right|$ 的取值范围为 0～1。

下面给出一簇等 ζ 线方程，考察其在 z 平面中的映射曲线关系。当 $k_\zeta=0, 0.41, 1, 2.41, +\infty$，且 $T=1\mathrm{s}$ 时，s 平面中的五条等 ζ 线由垂直到水平依次如图 3-3(a)所示。根据式(3-2)和式(3-6)，可分别得到在 z 平面对应于由正实轴到上半圆过渡的对数螺旋线映射曲线，如图 3-3(b)所示。由此可以看出，随着图 3-3(a)中的阻尼角逐渐增加，图 3-3(b)中的对数螺旋线趋近于不稳定区域(单位圆)。当 $k_\zeta=1$ 时，$\zeta=0.707$，对应于 z 平面的正实轴。这正是二阶系统动态响应性能指标最优的区域。

程序分析

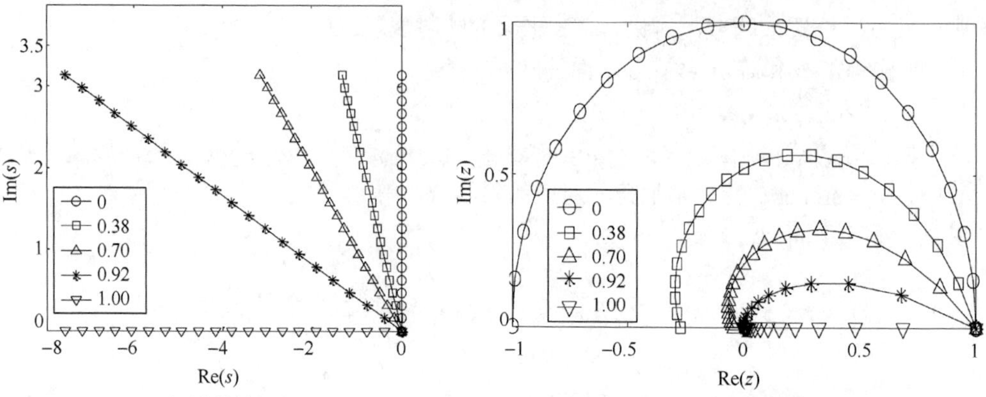

(a) s 平面中的等 ζ 线　　(b) 在 z 平面的对应映射曲线

图 3-3　s 平面等 ζ 线及其在 z 平面中的映射曲线关系

例 3-1　如图 3-4 所示，在 s 平面有三个极点，分别为 $1(\infty,\theta_s)$、$2(1,\theta_s)$、$3(0,\theta_s)$，设采样周期 $T=1\text{s}$，$\theta_s=2\pi/3$，试求它们在 z 平面的映射点。

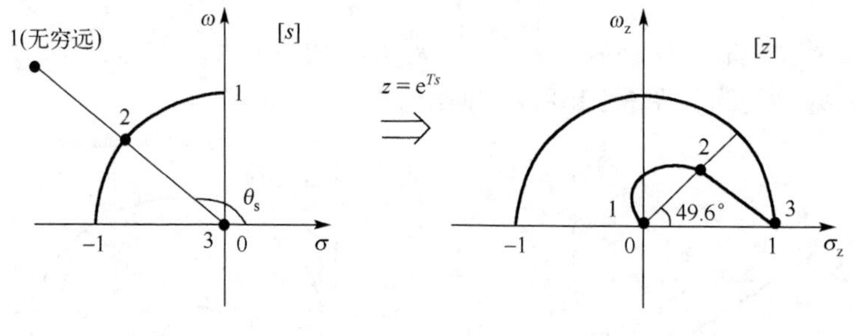

(a) s 平面中的极点　　(b) 在 z 平面的映射点

图 3-4　例 3-1 中的极点在 s 平面与 z 平面的映射关系

解：设 s 平面的极点为 $s=\sigma+\mathrm{j}\omega=r_s\cdot\mathrm{e}^{\mathrm{i}\theta_s}$，在 z 平面的映射点为 $z=\sigma_z+\mathrm{j}\omega_z=r_z\cdot\mathrm{e}^{\mathrm{j}\theta_z}$。当 s 平面为等 ζ 线时，θ_s 为常数，根据 $z=\mathrm{e}^{Ts}$，映射关系为

$$z=r_z\mathrm{e}^{\mathrm{j}\theta_z}=\mathrm{e}^{Tr_s\mathrm{e}^{\mathrm{j}\theta_s}}=\mathrm{e}^{Tr_s(\cos\theta_s+\mathrm{j}\sin\theta_s)}=\mathrm{e}^{Tr_s\cos\theta_s}\cdot\mathrm{e}^{\mathrm{j}Tr_s\sin\theta_s}$$

s 平面 1、2 和 3 点对应于 z 平面的 1 点 $\begin{cases}r_z=0\\ \theta_z=Tr_s\sin\theta_s\end{cases}$；2 点 $\begin{cases}r_z=\mathrm{e}^{\cos\theta_s}=\mathrm{e}^{-\frac{1}{2}}=0.6\\ \theta_z=\sin\theta_s=\dfrac{\sqrt{3}}{2}=0.866=49.6^\circ\end{cases}$；

3 点 $\begin{cases}r_z=1\\ \theta_z=0\end{cases}$。

上述 3 个极点在 z 平面的映射点如图 3-4(b)所示。

(2) 等 ω_n 线映射。

式(3-5)中，当 ω_n 为某一任意常数 k_ω 时，其取值范围为 $0\sim\omega_s/2$，等 ω_n 线为 s 平面中以原点为圆心，以 k_ω 为半径的圆弧。当 $k_\omega=3.14, 2.36, 1.57, 0.79, 0$ 时，得到五个由外到圆点的圆弧，如图 3-5(a)所示。则根据式(3-2)和式(3-5)，可绘制对应的五条在 z 平面上半平面从左往右依次分布的映射曲线，如图 3-5(b)所示。可以看出，随着 k_ω 增加，圆弧的半径越来越大，其在 z 平面的映射曲线由(1, 0)点逐渐分布于单位圆负实轴附近。

2) z 平面极点的 ζ 和 ω_n 计算方法

由式(3-2)可知，z 平面的极点 $z=r_z e^{j\theta}$ 与对应于 s 平面的映射点 $s=\sigma+j\omega$ 的关系为

$$\begin{cases}\sigma=\dfrac{1}{T}\ln r_z \\ \omega=\dfrac{\theta}{T}\end{cases} \tag{3-7}$$

将式(3-7)代入式(3-5)中，则 z 平面的极点对应于 s 平面的阻尼系数 ζ 与无阻尼自然振荡频率 ω_n 为

$$\begin{cases}\zeta=\left|\cos\left(\arctan\dfrac{\theta}{\ln r_z}\right)\right| \\ \omega_n=\dfrac{1}{T}\sqrt{(\ln r_z)^2+\theta^2}\end{cases} \tag{3-8}$$

如果 z 平面的极点为复数表达形式 $z=\sigma_z+j\omega_z$，则

$$\zeta=\left|\cos\left(\arctan\frac{\arctan\dfrac{\omega_z}{\sigma_z}}{\ln\sqrt{\sigma_z^2+\omega_z^2}}\right)\right| \tag{3-9}$$

$$\omega_n=\frac{1}{T}\sqrt{\left(\ln\sqrt{\sigma_z^2+\omega_z^2}\right)^2+\left(\arctan\frac{\omega_z}{\sigma_z}\right)^2} \tag{3-10}$$

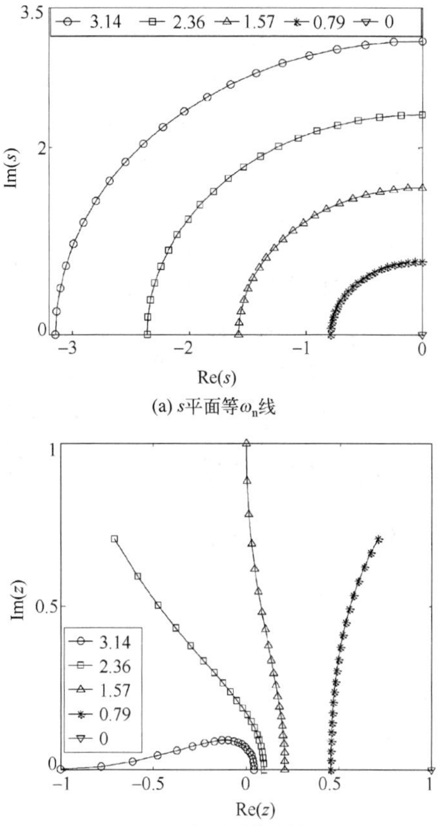

(a) s平面等ω_n线

(b) 在z平面的映射曲线

图 3-5　s 平面等 ω_n 线在 z 平面的映射曲线

程序分析

例 3-2　设 z 平面的极点为 $p_z=\dfrac{\sqrt{2}}{4}+j\dfrac{\sqrt{2}}{4}$，当采样周期 $T=1$s 和 0.1s 时，试给出其在 s 平面对应的极点 p_s 及其 ζ 和 ω_n 值。

解:

$$p_z=\frac{\sqrt{2}}{4}+j\frac{\sqrt{2}}{4}=0.5e^{j\frac{\pi}{4}}$$

由式(3-7)得

$$\begin{cases}\sigma=\dfrac{1}{T}\ln r_z=\dfrac{1}{T}\ln 0.5=-\dfrac{0.693}{T} \\ \omega=\dfrac{\theta}{T}=\dfrac{\pi}{4T}\end{cases}$$

于是，当 $T=1$s 时，可得 $p_s=-0.693+j0.785$。由式(3-5)可得

$$\zeta=\left|\cos\left(\arctan\frac{0.785}{-0.693}\right)\right|=0.66,\quad \omega_n=\sqrt{(-0.693)^2+(0.785)^2}=1.05(\text{rad/s})$$

同理，当 $T=0.1$s 时，$p_s=-6.93+j7.85$，$\zeta=0.66$，$\omega_n=10.5$rad/s。

3. *s* 平面极点与其在 *z* 平面映射点的对应关系

(1) 当极点在 s 平面虚轴上时，对应的阻尼系数为零，其映射点位于 z 平面的单位圆上。

(2) 当极点在 s 平面的左半平面时，对应的阻尼系数为 0～1，且频率 $\omega \in (0, \mathrm{j}\omega_{\mathrm{s}}/2]$，其映射点分布在 z 平面的单位圆内部。

(3) 当极点位于 s 平面的负实轴时，对应的阻尼系数等于 1，其映射点分布在 z 平面的单位圆内部的正实轴上。如果极点在 s 平面负实轴的无穷远处，则映射于 z 平面单位圆的圆心。

(4) 当极点位于 s 平面的右半平面时，其在 z 平面的映射点对应于单位圆的外部。

(5) 当极点位于 s 平面的原点时，其映射点对应于 z 平面正实轴上 $z=1$ 的点。

在连续控制系统中，如果传递函数的极点都位于 s 平面的左半平面，或者其特征方程根的实部均小于零，则称系统是稳定的。与此对应可知，离散控制系统的稳定条件是 z 传递函数的极点(或特征方程的根)均分布在 z 平面的单位圆内部。

3.2.2 离散系统稳定的充分必要条件

微课视频

对应于连续系统的稳定性分析，线性定常离散系统稳定时，其单位脉冲响应序列 $y(k)$是稳定且有界的，即

$$\sum_{k=0}^{+\infty}|y(k)| \leqslant M \tag{3-11}$$

式中，M 为有限正数。

设离散系统的闭环 z 传递函数为

$$W(z)=\frac{Y(z)}{R(z)}=\frac{b_0 z^m + b_1 z^{m-1} + \cdots + b_m}{z^n + a_1 z^{n-1} + \cdots + a_n}$$

根据部分分式法展开，得

$$W(z)=\frac{c_1 z}{z-p_1}+\frac{c_2 z}{z-p_2}+\cdots+\frac{c_n z}{z-p_n}=\sum_{i=1}^{n}\frac{c_i z}{z-p_i}$$

式中，$p_i\,(i=1,2,\cdots,n)$为离散系统的相异实数极点；c_i 为常系数。

当输入为单位脉冲函数 $\delta(z)$ 时，其单位脉冲响应为

$$y(k)=\mathcal{Z}^{-1}[W(z)\delta(z)]=\sum_{i=1}^{n}c_i(p_i)^k \tag{3-12}$$

将式(3-12)代入式(3-11)，可得

$$\sum_{k=0}^{+\infty}|y(k)|=\sum_{k=0}^{+\infty}\left|\sum_{i=1}^{n}c_i p_i^k\right| \leqslant \sum_{k=0}^{+\infty}\sum_{i=1}^{n}|c_i|\left|p_i^k\right| \tag{3-13}$$

式中，$|c_i|$ 为有界值。

由级数收敛准则可知，如果

$$|p_i|<1 \tag{3-14}$$

则式(3-13)为有界值，能够满足式(3-11)中 $y(k)$的有界条件，则离散系统稳定。

因此，式(3-14)即为离散系统稳定的充分必要条件，即系统的闭环 z 传递函数的所有极点(闭环特征方程根)均位于 z 平面的单位圆内部。同理可分析，当$|p_i|=1$，即 p_i 在 z 平面的单

位圆上时，对应的响应模态是临界稳定的；当$|p_i|>1$，即 p_i 在 z 平面的单位圆外时，对应的响应模态是不稳定的。上述稳定条件与 s 平面极点与 z 平面映射点的关系分析相一致。

例 3-3　离散系统的差分方程为

$$y(k)+0.6y(k-1)-0.27y(k-2)=r(k)+r(k-1)$$

(1) 求系统的零点和极点，并分析系统稳定性；

(2) 求系统的单位脉冲响应；

(3) 当 $r(k)=1(k)$时，求系统在零初始条件下的阶跃响应 $y(k)$。

解：(1) 对差分方程取 z 变换，得

$$Y(z)+0.6z^{-1}Y(z)-0.27z^{-2}Y(z)=R(z)+z^{-1}R(z)$$

则离散系统的闭环 z 传递函数为

$$W(z)=\frac{Y(z)}{R(z)}=\frac{1+z^{-1}}{1+0.6z^{-1}-0.27z^{-2}}=\frac{z^2+z}{(z+0.9)(z-0.3)}$$

当 $z^2+z=0$ 时，系统的零点为 $z_{1,2}=0,-1$；当 $(z+0.9)(z-0.3)=0$ 时，系统的极点为 $p_{1,2}=-0.9,0.3$。

由于所有极点全部分布在单位圆以内，因此该系统稳定。

(2) 运用部分分式法展开$W(z)$，得

$$W(z)=-\frac{1}{12}\frac{z}{z+0.9}+\frac{13}{12}\frac{z}{z-0.3}$$

系统的单位脉冲响应为

$$y(k)=\mathcal{Z}^{-1}[W(z)\delta(z)]=-\frac{1}{12}(-0.9)^k+\frac{13}{12}(0.3)^k$$

(3) 当 $r(k)=1(k)$时，系统的阶跃响应为

$$Y(z)=W(z)\mathcal{Z}[1(k)]=\frac{z^2+z}{(z+0.9)(z-0.3)}\cdot\frac{z}{(z-1)}$$

$$=\frac{1.5038z}{z-1}-\frac{0.0395z}{z+0.9}-\frac{0.4643z}{z-0.3}$$

取 z 反变换，可得　$y(k)=1.5038-0.0395(-0.9)^k-0.4643(0.3)^k$

3.2.3　修正的劳斯稳定性准则

微课视频

连续系统中的劳斯(Routh)稳定性准则实际上是用其特征方程的系数来判断系统的特征根是否都位于左半 s 平面的方法。系统在 s 域与 z 域的极点之间存在着超越函数关系，使得劳斯稳定性准则不能直接应用到 z 域离散系统中。因此，引入一种新的 w 变换，将 z 平面变换到 w 平面，使得 z 平面的单位圆内部映射至 w 平面的左半平面，同时 z 传递函数在 w 平面内仍能保持分式形式。

w 变换的定义为

$$z=\frac{w+1}{w-1} \tag{3-15}$$

或
$$w=\frac{z+1}{z-1} \tag{3-16}$$

式中，z、w 均为复变量，互为线性变换，故称这种 w 变换为双线性变换。

w 变换也可定义为
$$z=\frac{1+(T/2)w}{1-(T/2)w} \quad 或 \quad w=\frac{2}{T}\frac{z-1}{z+1} \tag{3-17}$$

式(3-17)的 w 变换的目的是保证 w 平面与 s 平面在低频段的频率特性相同。上述两种 w 变换定义具有相同的性质，下面以式(3-16)为例讨论 z 平面与 w 平面的映射情况。

设 $z=\mathrm{Re}(z)+\mathrm{Im}(z)=x+\mathrm{j}y$，$w=\mathrm{Re}(w)+\mathrm{Im}(w)=u+\mathrm{j}\upsilon$，将 $z=x+\mathrm{j}y$ 代入式(3-16)，得
$$w=u+\mathrm{j}\upsilon=\frac{x^2+y^2-1}{(x-1)^2+y^2}-\mathrm{j}\frac{2y}{(x-1)^2+y^2}$$

由于上式的分母始终为正，因此可得：

若 $x^2+y^2=r_{\mathrm{z}}^2>1$，则 $u>0$，即 z 平面上的单位圆外部映射到 w 平面的右半平面；

若 $x^2+y^2=r_{\mathrm{z}}^2=1$，则 $u=0$，即 z 平面上的单位圆的圆周映射到 w 平面的虚轴；

若 $x^2+y^2=r_{\mathrm{z}}^2<1$，则 $u<0$，即 z 平面上的单位圆内部映射到 w 平面的左半平面。

z 平面与 w 平面的映射关系如图 3-6 所示。

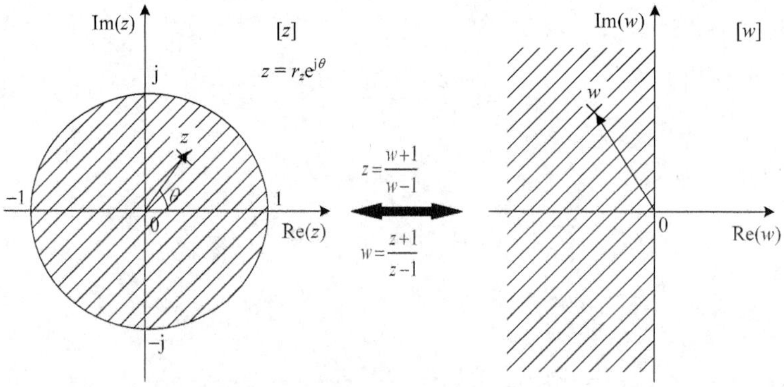

图 3-6　z 平面与 w 平面的映射关系

经过 w 变换后，将原 z 域特征方程 $\alpha(z)=0$ 变换为 w 域特征方程 $\alpha(w)=0$，判别系统所有闭环特征根是否位于 z 平面的单位圆内就转换为判别方程 $\alpha(w)=0$ 的所有根是否位于左半 w 平面。这种情况正好与在 s 平面应用劳斯稳定性准则一样，故称之为修正的劳斯稳定性准则。

下面通过例题说明如何利用修正的劳斯稳定性准则来判定离散系统的稳定性。

例 3-4　对于如图 3-7 所示离散系统，试用劳斯稳定性准则确定使该系统稳定的开环增益 k 的取值范围，设采样周期 $T=0.5\mathrm{s}$。

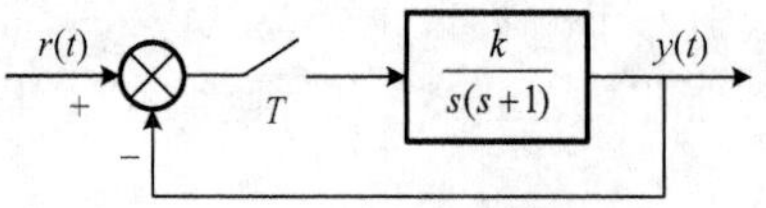

图 3-7　例 3-4 离散系统

解：当 $T=0.5\mathrm{s}$ 时，该系统的开环 z 传递函数为
$$W_{\mathrm{k}}(z)=\mathcal{Z}\left[\frac{k}{s(s+1)}\right]=k\mathcal{Z}\left[\frac{1}{s}-\frac{1}{s+1}\right]$$
$$=kz\left(\frac{1}{z-1}-\frac{1}{z-\mathrm{e}^{-T}}\right)=\frac{0.394kz}{z^2-1.607z+0.607}$$

则系统的闭环 z 传递函数为

$$W(z)=\frac{W_{\mathrm{k}}(z)}{1+W_{\mathrm{k}}(z)}=\frac{0.394kz}{z^2+(0.394k-1.607)z+0.607}$$

可知该系统的 z 特征方程为

$$\alpha(z)=z^2+(0.394k-1.607)z+0.607=0$$

采用式(3-15)进行 w 变换后的 w 特征方程为

$$\alpha(w)=0.394kw^2+0.786w+(3.214-0.394k)=0$$

列出劳斯阵列：

w^2	$0.394k$	$3.214-0.394k$
w^1	0.786	0
w^0	$3.214-0.394k$	0

显然，当 $k>8.16$ 时，该系统是不稳定的。而对于二阶连续系统，k 取任何值时，它都是稳定的。这就说明 k 对离散系统的稳定性是有影响的。此外，采样周期 T 对系统的稳定性也有影响。缩短采样周期，会改善系统的稳定性。

3.2.4　朱利稳定性准则

与修正的劳斯稳定性准则不同，朱利(Jury)稳定性准则是直接在 z 域根据线性离散系统闭环特征方程的系数，判别其特征根是否具备位于 z 平面单位圆内的稳定性条件，而不必进行 w 变换。这是一个在数学上直接进行 $|p_i|<1$ 判别的方法。

设 n 阶线性定常离散系统的特征方程为

$$\alpha(z)=a_0z^n+a_1z^{n-1}+\cdots+a_{n-1}z+a_n=0 \tag{3-18}$$

要求式中 $a_0>0$，则式(3-18)的根位于 z 平面单位圆内的必要条件是

$$\begin{cases}\alpha(z)\big|_{z=1}>0\\(-1)^n\alpha(z)\big|_{z=-1}>0\end{cases} \tag{3-19}$$

若式(3-19)不满足，则离散系统不稳定。

朱利阵列如表 3-1 所示。

表 3-1　朱利阵列

z^n	z^{n-1}	z^{n-2}	…	z^2	z^1	z^0
a_0	a_1	a_2	…	a_{n-2}	a_{n-1}	a_n
a_n	a_{n-1}	a_{n-2}	…	a_2	a_1	a_0
b_0	b_1	b_2	…	b_{n-2}	b_{n-1}	
b_{n-1}	b_{n-2}	b_{n-3}	…	b_1	b_0	
c_0	c_1	c_2	…	c_{n-2}		
c_{n-2}	c_{n-3}	c_{n-4}	…	c_0		
⋮	⋮	⋮				
l_0	l_1					
l_1	l_0					
m_0						

表 3-1 中，第 1 和 2 行系数由式(3-18)的原系数先按 z 的降幂顺序排列，再倒序排列。其余系数的计算公式为

$$\begin{cases} b_k = a_k - a_{n-k} \cdot \dfrac{a_n}{a_0} \\ c_k = b_k - b_{n-k-1} \cdot \dfrac{b_{n-1}}{b_0} \\ \vdots \\ m_0 = l_0 - l_1 \cdot \dfrac{l_1}{l_0} \end{cases} \tag{3-20}$$

则离散系统稳定的充分必要条件为$a_0>0$，$b_0>0$，$c_0>0$，…，$l_0>0$，$m_0>0$，即朱利阵列中所有奇数行第一列元素均大于零时，特征方程的全部特征根位于z平面单位圆内，对应的离散系统是稳定的；若有小于零的元素，则离散系统是不稳定的，其中小于零的元素的个数就是位于z平面单位圆外的特征根个数。

例 3-5　设某闭环离散系统的特征方程为

$$\alpha(z) = z^3 + 3.5z^2 + 4z + 0.8 = 0$$

试用朱利稳定性准则，判断其稳定性。

解：首先判断必要条件是否成立：

$$\begin{cases} \alpha(z)\big|_{z=1} = \alpha(1) = 1 + 3.5 + 4 + 0.8 = 9.3 > 0 \\ (-1)^n \alpha(z)\big|_{z=-1} = (-1)^3(-1 + 3.5 - 4 + 0.8) = 0.7 > 0 \end{cases}$$

可见，系统满足稳定的必要条件。

构造朱利阵列：

z^3	z^2	z^1	z^0
1	3.5	4	0.8
0.8	4	3.5	1
0.36	0.3	1.2	
1.2	0.3	0.36	
–3.64	–0.7		
–0.7	–3.64		
–3.5			

其中，

$$\begin{cases} b_0 = a_0 - a_3 \cdot \dfrac{a_3}{a_0} = 1 - 0.8 \times \dfrac{0.8}{1} = 0.36 \\ b_1 = a_1 - a_2 \cdot \dfrac{a_3}{a_0} = 3.5 - 4 \times \dfrac{0.8}{1} = 0.3 \\ b_2 = a_2 - a_1 \cdot \dfrac{a_3}{a_0} = 4 - 3.5 \times \dfrac{0.8}{1} = 1.2 \end{cases}, \quad \begin{cases} c_0 = b_0 - b_2 \cdot \dfrac{b_2}{b_0} = 0.36 - 1.2 \times \dfrac{1.2}{0.36} = -3.64 \\ c_1 = b_1 - b_1 \cdot \dfrac{b_2}{b_0} = 0.3 - 0.3 \times \dfrac{1.2}{0.36} = -0.7 \\ m_0 = c_0 - c_1 \cdot \dfrac{c_1}{c_0} = (-3.64) - (-0.7) \times \dfrac{-0.7}{-3.64} = -3.5 \end{cases}$$

由朱利阵列可知，其奇数行首列元素有两个小于零，故系统不稳定，且有两个根位于z平面单位圆外。直接求解特征方程可得$z_1 = -0.2513$，$z_{2,3} = -1.6244 \pm \mathrm{j}0.7383$，$\left|z_{2,3}\right| = 1.7843 > 1$，

可见有一对共轭根位于 z 平面单位圆外。

例 3-6　试用朱利稳定性准则确定使例 3-4 中系统稳定的 k 值范围。

解：已求得该系统的特征方程为

$$\alpha(z) = z^2 + (0.394k - 1.607)z + 0.607 = 0$$

根据系统稳定的必要条件，要求

$$\begin{cases} \alpha(z)\big|_{z=1} = \alpha(1) = 0.394k > 0 \\ (-1)^n \alpha(z)\big|_{z=-1} = 3.214 - 0.394k > 0 \end{cases} \rightarrow \quad 0 < k < 8.16$$

构造朱利阵列

z^2	z^1	z^0
1	$0.394k-1.607$	0.607
0.607	$0.394k-1.607$	1
0.632	$0.154k-0.632$	
$0.154k-0.632$	0.632	
$-0.038k^2+0.31k$		

如果系统稳定，则要求朱利阵列中所有奇数行第一列元素均大于零，即要求

$$-0.038k^2 + 0.31k > 0$$

则得

$$k < 8.16$$

对得到的结果进行综合，可求出使系统稳定的 k 值范围为 $0 < k < 8.16$。

3.3　暂态过程分析

微课视频

与连续系统一样，计算机控制系统的响应特性也包括暂态过程和稳态过程。暂态过程反映了系统从初始状态到接近稳态的动态响应特性，也称为过渡过程，其性能指标主要包括最大超调量 $\sigma\%$、上升时间 t_r、峰值时间 t_p、调节时间 t_s 和稳态误差 e 等，与连续系统的暂态过程指标相一致。

计算机控制系统在外信号(通常采用单位阶跃信号)输入作用下，从原有稳定状态(简称稳态)变化到新的稳定状态的整个时域过程称为离散系统的暂态响应。此外，当响应的相对误差在 ±5% 或 ±3% 范围内时，表明该暂态过程已经结束，这时一般称系统已进入新的稳态。

3.3.1　离散系统的阶跃响应分析

通常，线性离散系统的动态响应特性是在单位阶跃信号输入下的过渡过程特性，或者说暂态响应的性能表现，原因是单位阶跃输入信号容易产生且可清晰地体现暂态过程和稳态过程，如图 3-8 所示。

由前述可知，在单位阶跃信号输入下，离散系统的单位阶跃响应为

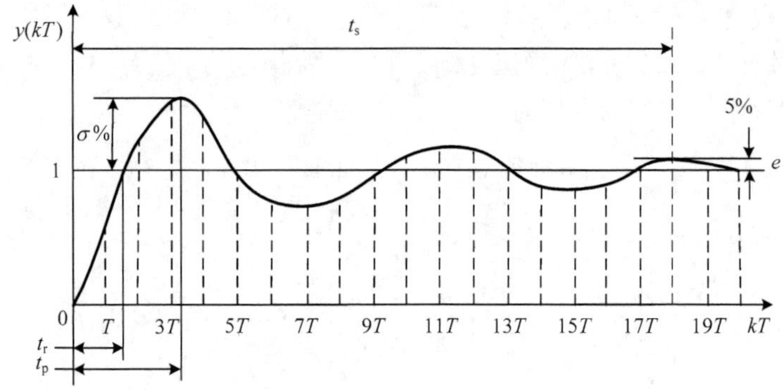

图 3-8 线性离散系统的单位阶跃响应

$$Y(z)=W(z)R(z)=W(z)\frac{z}{z-1}$$

将上式采用部分分式法展开，可得

$$Y(z)=\frac{c_0 z}{z-1}+\sum_{i=1}^{n}\frac{c_i z}{z-p_i} \tag{3-21}$$

通过 z 反变换，就可获得系统的单位阶跃响应为

$$y(k)=c_0 1(k)+\sum_{i=1}^{n}c_i p_i^k \tag{3-22}$$

可以看出，式(3-22)由两项组成。第一项与输入有关，是系统输出的稳态量；第二项与系统本身的极点有关，是决定系统输出的暂态量。当系统稳定时，极点 p_i 应满足式(3-14)的条件，并随着时间增加，第二项会趋近于零，系统进入新的稳态。

需要注意的是，离散系统的性能指标只针对采样时刻的数值，而不能表示出采样间隔内的系统状态，因此不能精确地描述和表达系统的真实特性。当 T 足够小时，采用适当的拟合算法，可将 $y(k)$ 插值拟合成光滑曲线，便可得到如图 3-8 所示系统的暂态性能指标。另外可用第 2 章介绍的广义 z 变换进行理论计算，得到采样点之间的信息值。

3.3.2 z 平面极点分布与暂态响应的关系

由式(3-22)可知，暂态过程的性能指标是由离散系统本身决定的，与系统的输入量无关。于是可将暂态过程的研究转化成在简单的单位脉冲序列作用下的输出响应研究。

设离散系统的闭环 z 传递函数可写成零极点增益的形式：

$$W(z)=\frac{Y(z)}{R(z)}=\frac{k\prod_{j=1}^{m}(z-z_j)}{\prod_{i=1}^{n}(z-p_i)} \tag{3-23}$$

式中，$n \geqslant m$；z_j 与 p_i 分别表示离散系统的零点和极点；k 为闭环系统增益。

利用部分分式法可将 $W(z)$ 展开，得到其单位脉冲响应序列为

$$Y(z)=W(z)\mathcal{Z}[\delta(k)]=W(z)=\sum_{i=1}^{n}\frac{c_i z}{z-p_i} \tag{3-24}$$

式(3-24)说明，单位脉冲响应序列 $Y(z)$ 是由离散系统各项极点对应的分式线性叠加而成的。将其进行 z 反变换，通过每一个极点所对应的单位脉冲响应解的线性叠加，便可获得离散系统的暂态响应为

$$y(k)=\mathcal{Z}^{-1}[W(z)\delta(z)]=\sum_{i=1}^{n}(c_i p_i^k)=\sum_{i=1}^{n}y_i(k) \tag{3-25}$$

在 z 平面中，式(3-23)离散系统的零点和极点分布对其暂态响应起着决定性的作用。特别是系统的极点，不但决定了系统的暂态过程，还决定了系统的稳定性；而系统的零点仅与式(3-24)中 c_i 的取值有关，只对系统各极点对应的暂态过程的幅值有影响。

对式(3-25)，考虑只有一个实极点 p_i，当其位于不同位置时，单位脉冲响应序列为

$$y_i(k)=c_i p_i^k \tag{3-26}$$

由式(3-26)可知，当 p_i 位于 z 平面不同位置时，其表现出来的暂态过程也有所差异。p_i 位于 z 平面实轴不同位置时所对应的单位脉冲响应序列如图 3-9 所示。

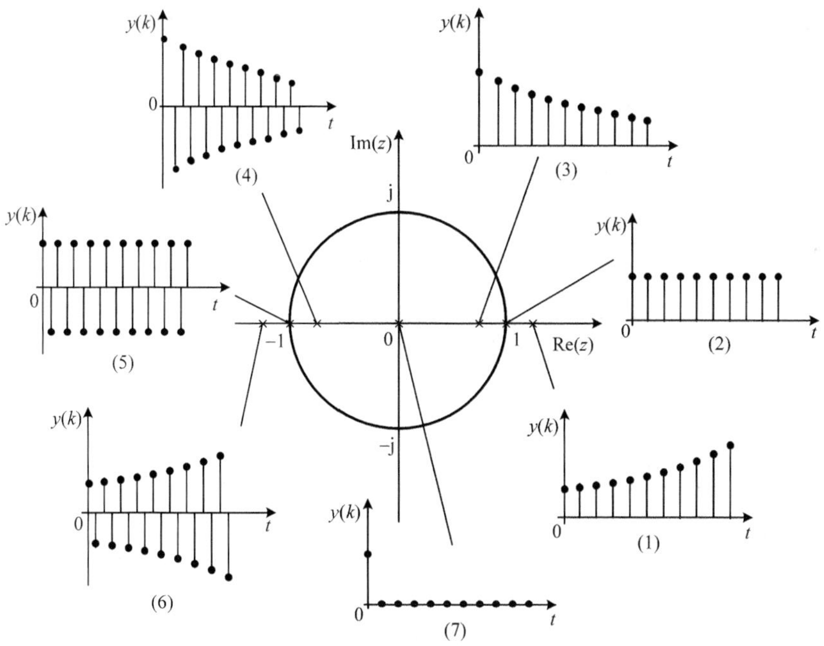

图 3-9　不同位置的实极点与脉冲暂态响应 $y(k)$ 的关系

图 3-9 中：

(1) 极点在单位圆外的正实轴上($p_i>1$)，对应的 $y(k)$ 是单调发散脉冲序列；

(2) 极点在单位圆周与正实轴的交点上($p_i=1$)，对应的 $y(k)$ 是等值脉冲序列；

(3) 极点在单位圆内的正实轴上($0<p_i<1$)，对应的 $y(k)$ 是单调衰减脉冲序列；

(4) 极点在单位圆内的负实轴上($-1<p_i<0$)，对应的 $y(k)$ 是正负交替的收敛脉冲序列；

(5) 极点在单位圆与负实轴的交点上($p_i=-1$)，对应的 $y(k)$ 是正负交替的等值脉冲序列；

(6) 极点在单位圆外的负实轴上($p_i<-1$)，对应的 $y(k)$ 是正负交替的发散脉冲序列；

(7) 极点在单位圆圆心上($p_i=0$)，对应的 $y(k)$ 是单个脉冲。

此外，对于一对共轭极点 $p_{1,2}=|r_z|\mathrm{e}^{\pm\mathrm{j}\theta}$，由式(3-26)，得

$$y(k)=y_1(k)+y_2(k)=c_1(|r_z|\mathrm{e}^{\mathrm{j}\theta})^k+c_2(|r_z|\mathrm{e}^{-\mathrm{j}\theta})^k \tag{3-27}$$

由于 c_1 与 c_2 是由 z 反变换的部分分式法求得的系数，应是一对共轭复数。设 $c_{1,2}=|c_1|\mathrm{e}^{\pm\mathrm{j}\varphi}$，代入式(3-27)，得

$$\begin{aligned}y(k)&=|c_1|\mathrm{e}^{\mathrm{j}\varphi}(|r_z|\mathrm{e}^{\mathrm{j}\theta})^k+|c_1|\mathrm{e}^{-\mathrm{j}\varphi}(|r_z|\mathrm{e}^{-\mathrm{j}\theta})^k=|c_1||r_z|^k\mathrm{e}^{\mathrm{j}(\varphi+\theta k)}+|c_1||r_z|^k\mathrm{e}^{-\mathrm{j}(\varphi+\theta k)}\\&=|c_1||r_z|^k[\mathrm{e}^{\mathrm{j}(\varphi+\theta k)}+\mathrm{e}^{-\mathrm{j}(\varphi+\theta k)}]\end{aligned}$$

由欧拉公式可得

$$y(k)=2|c_1||r_z|^k\cos(\theta k+\varphi) \tag{3-28}$$

可见，系统共轭极点所对应的单位脉冲响应是以余弦为规律的振荡过程。共轭极点的幅角 θ 决定了暂态响应分量在每个振荡周期的振荡次数 $N=2\pi/\theta$、振荡周期 $P=NT=2\pi T/\theta$ (s) 和振荡频率 $\omega=\theta/T$ (rad/s)，而其幅值与极点的 $|r_z|^k$ 成正比。当 $|p_i|=1$ 时，为等幅振荡；当 $|p_i|<1$ 时，为衰减振荡；当 $|p_i|>1$ 时，为发散振荡。系统闭环极点为不同位置的共轭复数时，其脉冲暂态响应示意图如图 3-10 所示。

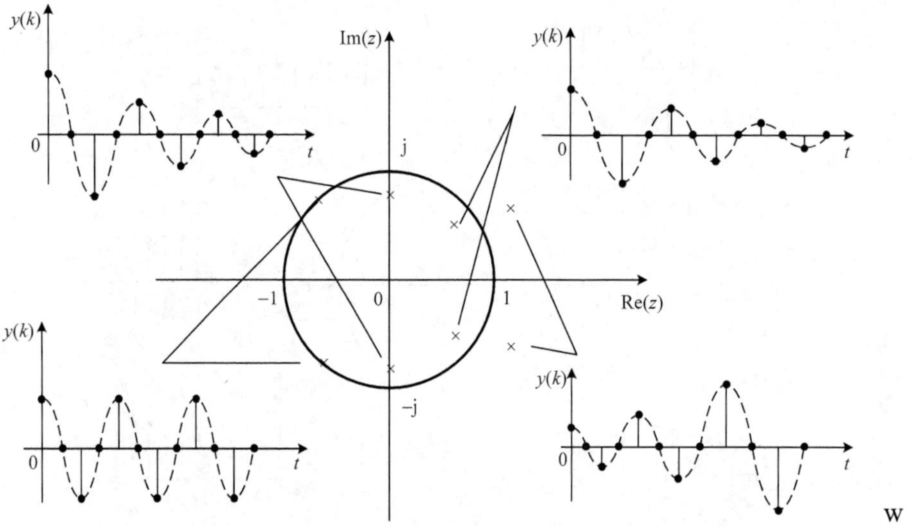

图 3-10　不同位置的共轭极点与脉冲暂态响应 $y(k)$ 的关系

综上所述，线性定常离散系统的闭环极点分布与系统的暂态响应特性之间存在着重要的联系。从图 3-9 和图 3-10 可以看出，在计算机控制系统设计时，应该尽量选择闭环极点位于 z 平面单位圆的右半圆内，且尽量靠近原点，并与正实轴的夹角要尽量小。

3.3.3　采样周期对暂态误差的影响

从 3.3.2 节已知，离散系统的暂态响应过程主要是由其闭环 z 传递函数的极点位置所决定的。暂态响应特性不仅与系统的稳定性密不可分，还反映了系统的相对稳定程度。同时，闭环系统的 z 传递函数除了受采样开关位置的影响，还受离散化时采样周期 T 的影响。即使系统结构相同，

由于采用了不同的采样周期 T，其离散化后 z 传递函数的极点分布也会发生变化。

因此，如果采样周期选择不当，离散系统的暂态过程与连续响应之间会偏离较大，产生较大的暂态误差，影响系统的动态品质，甚至有可能会导致系统趋于不稳定。

一般来讲，若系统的暂态响应是衰减振荡形式的，依据工程经验，应按照每个振荡周期采样 6～10 次的准则来选取采样周期。下面通过一个例题来具体考察采样周期 T 对计算机控制系统暂态过程的影响。

程序分析

例 3-7　如图 3-11 所示的计算机控制系统，当采样周期 T 分别为 0.1s、0.5s、1.5s 和 2s 时，分析其主要暂态响应性能指标，其中，$D(z)=\dfrac{3z}{z-1}$，$G_{\mathrm{h}}(s)$ 为零阶保持器传递函数，$G_0(s)=\dfrac{1}{s+1}$。

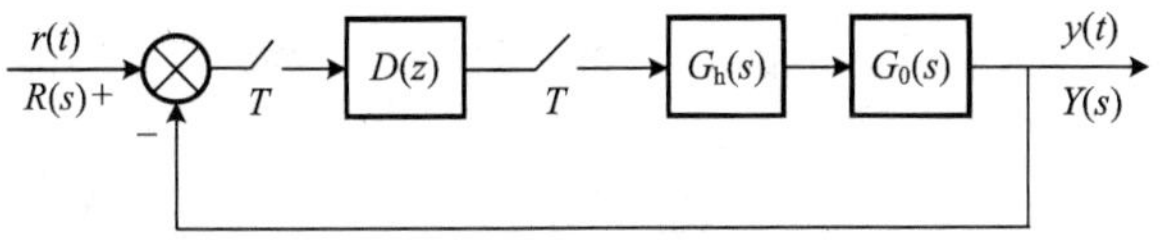

图 3-11　计算机控制系统

解：系统的开环 z 传递函数为

$$W_{\mathrm{k}}(z)=\frac{3z}{z-1}\mathcal{Z}\left[\frac{1-\mathrm{e}^{-Ts}}{s}\frac{1}{s+1}\right]=\frac{3z}{z-1}(1-z^{-1})\left(\frac{1}{s}-\frac{1}{s+1}\right)$$

$$=\frac{3z}{z-1}\left(\frac{z-1}{z}\right)\left(\frac{z}{z-1}-\frac{z}{z-\mathrm{e}^{-T}}\right)=\frac{3(1-\mathrm{e}^{-T})z}{(z-1)(z-\mathrm{e}^{-T})}$$

系统的闭环 z 传递函数为

$$W(z)=\frac{W_{\mathrm{k}}(z)}{1+W_{\mathrm{k}}(z)}=\frac{3(1-\mathrm{e}^{-T})z}{(z-1)(z-\mathrm{e}^{-T})+3(1-\mathrm{e}^{-T})z}=\frac{3(1-\mathrm{e}^{-T})z}{z^2+2(1-2\mathrm{e}^{-T})z+\mathrm{e}^{-T}}$$

(1) $T=0.1$s 时。

此时，系统的闭环 z 传递函数为

$$W(z)=\frac{0.2855\,z}{z^2-1.619z+0.9048}=\frac{0.2855\,z}{(z-p_1)(z-p_2)}$$

系统的极点为一对共轭根 $p_{1,2}=0.9512\mathrm{e}^{\pm\mathrm{j}\,0.5526}=0.8097\pm\,\mathrm{j}0.4993$，因此系统稳定。

在单位阶跃序列作用下，系统的阶跃响应为

$$Y(z)=W(z)R(z)=W(z)\frac{z}{z-1}=\frac{0.2855z^2}{(z-p_1)(z-p_2)(z-1)}$$

$$=\frac{z}{z-1}+\frac{0.509\mathrm{e}^{\mathrm{j}2.9533}z}{z-0.9512\mathrm{e}^{\mathrm{j}\,0.5526}}+\frac{0.509\mathrm{e}^{-\mathrm{j}2.9533}z}{z-0.9512\mathrm{e}^{-\mathrm{j}\,0.5526}}$$

根据式(3-28)，将上式进行 z 反变换，得到系统的单位阶跃响应为

$$y(k)=1-2\times0.509\times(0.9512)^k\cos(0.5526k+0.1884)$$

可以看出，$T=0.1$s 时的单位阶跃响应为衰减的正弦振荡序列，如图 3-12 所示。在 $62T$ 时刻以后，系统误差值在±5% 范围内，此时 $t_{\mathrm{s}}=6.2$s；其振荡次数、振荡频率和超调量分别为

$$N=2\pi/\theta=2\pi/0.5526=11.4\ (次),\qquad \omega=\theta/T=0.5526/0.1=5.526\ (\mathrm{rad/s})$$

$$\sigma\%=\frac{y_{\max}(k)-1}{1}=\frac{1.7785-1}{1}\times100\%=77.85\%$$

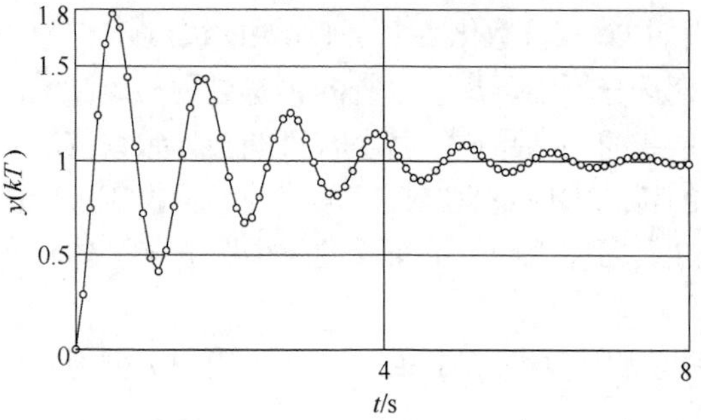

图 3-12 $T=0.1$s 的系统响应

此时的采样周期 $T=0.1$s 基本符合采样周期的工程经验规则，暂态响应的各项指标也较为理想。

(2) $T=0.5$s 时。

系统的闭环 z 传递函数为

$$W(z)=\frac{1.1804\,z}{z^2-0.8196z+0.6065}=\frac{1.1804\,z}{(z-p_1)(z-p_2)}$$

系统的极点为一对共轭根 $p_{1,2}=0.7788\mathrm{e}^{\pm \mathrm{j}1.2973}=0.2131\pm \mathrm{j}0.7491$，因此系统稳定。

在单位阶跃序列作用下，系统的阶跃响应为

$$Y(z)=W(z)R(z)=\frac{1.1804\,z^2}{(z-p_1)(z-p_2)(z-1)}=\frac{z}{z-1}+\frac{0.5648\mathrm{e}^{\mathrm{j}2.6579}z}{z-0.7788\mathrm{e}^{\mathrm{j}1.2973}}+\frac{0.5648\mathrm{e}^{-\mathrm{j}2.6579}z}{z-0.7788\mathrm{e}^{-\mathrm{j}1.2973}}$$

将上式进行 z 反变换，得到系统的单位阶跃响应为

$$y(kT)=1-2\times 0.5648\times(0.7788)^k\sin(1.2973k+1.0872)$$

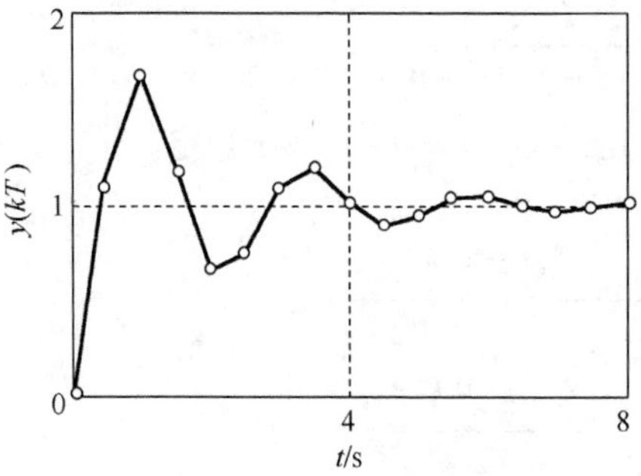

图 3-13 T=0.5s 的系统响应

可以看出，$T=0.5$s 时的单位阶跃响应仍为衰减的正弦振荡序列，如图 3-13 所示。在 $14T$ 时刻以后，系统误差值在 ±5% 范围内，此时 $t_s=7$s；其振荡次数、振荡频率和超调量分别为

$$N=2\pi/\theta=2\pi/1.2973=4.84\text{（次）}$$

$$\omega=\theta/T=1.3/0.5=2.6\,(\mathrm{rad/s})$$

$$\sigma\%=\frac{y_{\max}(k)-1}{1}=\frac{1.6834-1}{1}\times 100\%=68.34\%$$

可以看出，随着采样周期增加，系统共轭极点的幅角也增加，相应的暂态响应的振荡频率、超调量和调节时间都明显增加。这是由于此时的采样周期 $T=0.5$s，不满足采样定理要求。

(3) $T=1.5$s 时。

系统的闭环 z 传递函数为
$$W(z)=\frac{2.3306z}{z^2+1.1075z+0.2231}$$

系统极点为 $p_{1,2}=-0.8427,\ -0.2648$，系统稳定。

系统的阶跃响应为

$$Y(z)=W(z)\frac{z}{z-1}=\frac{1.8964\,z^2}{(z+0.8427)(z+0.2648)(z-1)}=\frac{z}{z-1}+\frac{0.8443z}{z+0.2648}-\frac{1.8443z}{z+0.8427}$$

将上式进行 z 反变换，得

$$y(kT)=1+0.8443(-0.2648)^k-1.8443(-0.8427)^k$$

由于此时的特征根为单位圆内的两个实极点，$y(k)$ 为正负交替的大幅度衰减振荡序列，如图 3-14 所示。其振荡次数和超调量分别为

$$N=\frac{t_s}{2T}=\frac{22T}{2T}=11\text{次}$$

$$\sigma\%=\frac{y_{\max}(k)-1}{1}=\frac{2.3306-1}{1}\times 100\%=133.06\%$$

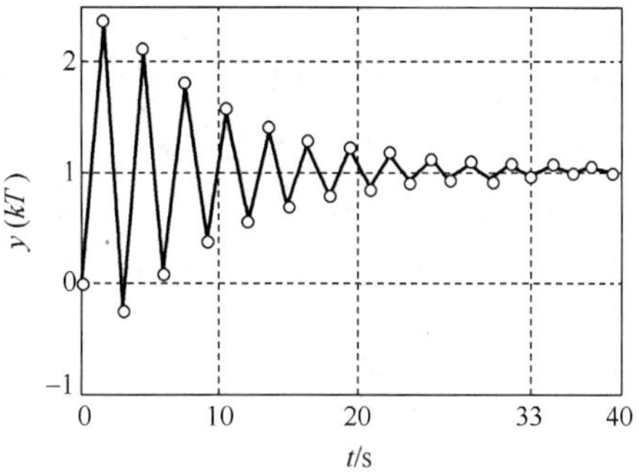

图 3-14　T=1.5s 的系统响应

由图 3-14 可见，系统的阶跃响应在 $22T$ 时刻以后，即 $t_s=33\text{s}$ 时，可以使稳态误差值控制在 ±5% 范围内，但振荡次数、超调量都明显增加，这样的采样周期是不可接受的。

(4) $T=2\text{s}$ 时。

系统的闭环 z 传递函数为

$$W(z)=\frac{2.5940z}{z^2+1.4587z+0.1353}$$

系统极点为 $p_{1,2}=-1.3591,\ -0.0996$，系统不稳定。

系统的阶跃响应为

$$Y(z)=W(z)\frac{z}{z-1}=\frac{2.594z^2}{(z+1.3591)(z+0.0996)(z-1)}=\frac{z}{z-1}-\frac{1.1865z}{z+1.3591}+\frac{0.1865z}{z+0.0996}$$

将上式进行 z 反变换，得

$$y(kT)=1-1.1865(-1.3591)^k+0.1865(-0.0996)^k$$

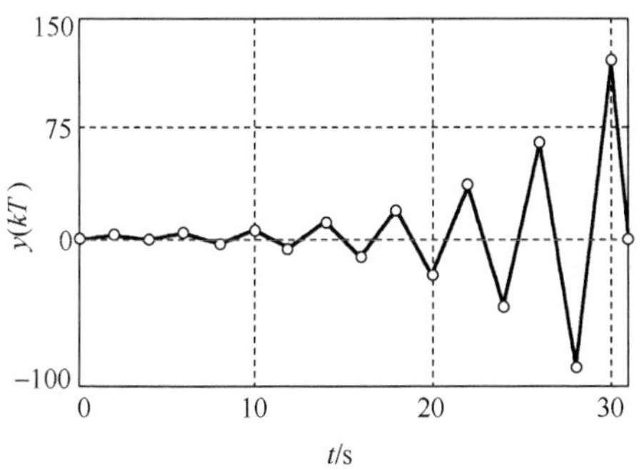

图 3-15　T=2s 的系统响应

此时的阶跃响应为正负交替的发散振荡序列，如图 3-15 所示。系统无稳态响应，因此无暂态性能指标。

总之，随着采样周期 T 增大，离散系统闭环 z 传递函数的极点位置会发生变化，造成系统的暂态响应有所差别；当采样周期 T 进一步增大时，系统的极点位置会在单位圆以外，使系统变为不稳定。

3.4 稳态过程分析

稳态过程分析也称为稳态准确度分析。稳态误差是控制系统的稳态过程指标，表征了控制系统的准确性。在计算机单位负反馈系统中，稳态误差指经过暂态阶段以后，新稳态过程的输出序列与输入序列之间的偏差。在实际系统中，稳态误差越小，系统控制精度越高。稳态误差一般是依据误差 z 传递函数，利用 z 变换的终值定理，通过求取误差终值来计算的。

由于受被控对象传递函数 $G_0(s)$、采样开关数量及位置、输入序列、采样周期 T 与零阶保持器传递函数 $G_h(s)$等因素的影响，系统输出 $y(k)$没有唯一的典型结构形式，所以对于误差 z 传递函数也给不出一般的计算公式。稳态误差需要根据具体的离散系统来求取。

对于如图 3-16 所示的单位负反馈计算机控制系统，其系统误差为

$$E(z)=R(z)-Y(z)=R(z)-E(z)D(z)G_hG_0(z)=R(z)-E(z)D(z)G(z)$$

式中，$G(z)=G_hG_0(z)$。

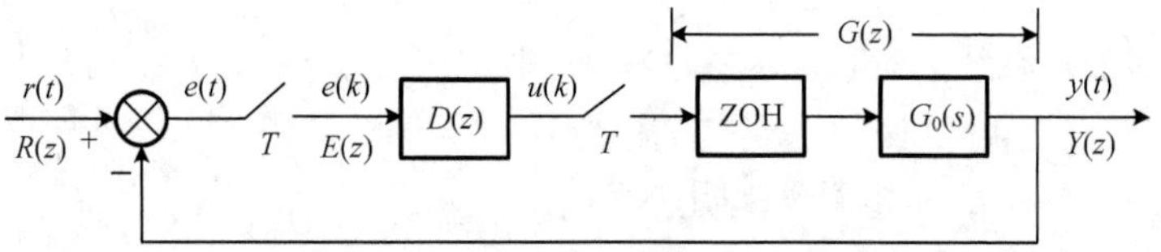

图 3-16　单位负反馈计算机控制系统

系统的误差 z 传递函数为

$$W_e(z)=\frac{E(z)}{R(z)}=\frac{1}{1+D(z)G(z)}=\frac{1}{1+W_k(z)} \tag{3-29}$$

于是有

$$E(z)=\frac{R(z)}{1+W_k(z)} \tag{3-30}$$

式中，$W_k(z)=D(z)G(z)$为系统的开环 z 传递函数。

将式(3-30)进行 z 反变换，可得到误差的离散序列为

$$e(k)=\mathcal{Z}^{-1}[E(z)]=\mathcal{Z}^{-1}\left[\frac{R(z)}{1+W_k(z)}\right]$$

根据终值定理，系统的稳态误差为

$$e(\infty)=\lim_{z\to1}(z-1)E(z)=\lim_{z\to1}(z-1)\frac{R(z)}{1+D(z)G(z)}=\lim_{z\to1}(z-1)\frac{R(z)}{1+W_k(z)} \tag{3-31}$$

可见，系统的稳态误差不仅与系统的结构有关(如 $W_k(z)$)，也与系统输入序列 $R(z)$ 的类型有关。

3.4.1 基于误差系数的稳态误差

下面以 3 种常用的典型输入序列为例，即单位阶跃、单位速度和单位加速度输入序列，对系统的稳态误差进行研究。

1. 位置误差系数

当输入 $r(t)=1(t)$时，其 z 变换为 $R(z)=\dfrac{z}{z-1}$，由式(3-31)可得系统的稳态误差为

$$e(\infty)=\lim_{z\to 1}(z-1)\frac{1}{1+D(z)G(z)}\cdot\frac{z}{z-1}=\lim_{z\to 1}\frac{z}{1+W_{\mathrm{k}}(z)}=\frac{1}{1+W_{\mathrm{k}}(1)}=\frac{1}{1+K_{\mathrm{p}}} \tag{3-32}$$

式中，

$$K_{\mathrm{p}}=\lim_{z\to 1}W_{\mathrm{k}}(z)=W_{\mathrm{k}}(1) \tag{3-33}$$

称为系统的位置误差系数。如果 $K_{\mathrm{p}}\to\infty$，则系统稳态误差为零，此时系统的 $W_{\mathrm{k}}(z)$ 一定至少含有 $z=1$ 的极点。

2. 速度误差系数

当输入 $r(t)=t$ 时，其 z 变换为 $R(z)=\dfrac{Tz}{(z-1)^2}$，由式(3-31)可得稳态误差为

$$e(\infty)=\lim_{z\to 1}(z-1)\frac{1}{1+W_{\mathrm{k}}(z)}\cdot\frac{Tz}{(z-1)^2}=\lim_{z\to 1}\frac{T}{(z-1)W_{\mathrm{k}}(z)}=\frac{1}{K_{\mathrm{v}}} \tag{3-34}$$

式中，

$$K_{\mathrm{v}}=\lim_{z\to 1}\frac{(z-1)W_{\mathrm{k}}(z)}{T} \tag{3-35}$$

称为速度误差系数。如果 $K_{\mathrm{v}}\to\infty$，则系统的稳态误差为零，此时系统的 $W_{\mathrm{k}}(z)$ 一定至少含有 $z=1$ 的双重极点。

3. 加速度误差系数

当输入 $r(t)=0.5t^2$ 时，其 z 变换为 $R(z)=\dfrac{T^2z(z+1)}{2(z-1)^3}$，由式(3-31)可得稳态误差为

$$e(\infty)=\lim_{z\to 1}(z-1)\frac{1}{[1+W_{\mathrm{k}}(z)]}\cdot\frac{T^2z(z+1)}{2(z-1)^3}=\lim_{z\to 1}\frac{T^2}{(z-1)^2W_{\mathrm{k}}(z)}=\frac{1}{K_{\mathrm{a}}} \tag{3-36}$$

式中，

$$K_{\mathrm{a}}=\lim_{z\to 1}\frac{(z-1)^2W_{\mathrm{k}}(z)}{T^2} \tag{3-37}$$

称为加速度误差系数。如果 $K_{\mathrm{a}}\to\infty$，则系统的稳态误差为零，此时系统的 $W_{\mathrm{k}}(z)$ 一定含有 $z=1$ 的三重极点。

3.4.2　针对系统类型的稳态误差

如图 3-16 所示，将系统的开环 z 传递函数写成如下形式：

$$W_{\mathrm{k}}(z)=D(z)G_{\mathrm{h}}G_0(z)=D(z)G(z)=\frac{W_0(z)}{(z-1)^m} \tag{3-38}$$

式中，$W_0(z)$ 的分母中不含 $z-1$ 因子，即无积分环节；m 为 $W_{\mathrm{k}}(z)$ 含积分环节的阶次，称为系统的类型数。当 $m=0$ 时，$W_{\mathrm{k}}(z)$ 为无积分环节，称为 0 型系统；当 $m=1$ 时，$W_{\mathrm{k}}(z)$ 含有Ⅰ型积分环节，称为Ⅰ型系统；当 $m=2$ 时，$W_{\mathrm{k}}(z)$ 含有二阶积分环节，称为Ⅱ型系统。

下面以单位阶跃、单位速度和单位加速度输入序列为例，研究 0 型、Ⅰ型和Ⅱ型系统的稳态误差。

1. 0型系统

由式(3-33)、式(3-35)和式(3-37)定义的误差系数，可得0型系统的误差系数分别为

$$K_{\mathrm{p}}=\lim_{z\to 1}W_{\mathrm{k}}(z)=W_{\mathrm{k}}(1)\,,\quad K_{\mathrm{v}}=\lim_{z\to 1}\frac{(z-1)W_{\mathrm{k}}(z)}{T}=0\,,\quad K_{\mathrm{a}}=\lim_{z\to 1}\frac{(z-1)^2W_{\mathrm{k}}(z)}{T^2}=0$$

于是，对应于三种典型输入序列的稳态误差为

$$e_{\mathrm{p}}(\infty)=\frac{1}{1+K_{\mathrm{p}}}\,,\quad e_{\mathrm{v}}(\infty)=\frac{1}{K_{\mathrm{v}}}=\infty\,,\quad e_{\mathrm{a}}(\infty)=\frac{1}{K_{\mathrm{a}}}=\infty$$

可知，当输入序列为单位阶跃序列时，0型系统不能完全消除稳态误差，存在恒定的有限误差；当输入序列为单位速度序列和单位加速度序列时，0型系统的稳态误差为无穷大，无法实现对两种输入序列的随动控制。

2. Ⅰ型系统

同理，Ⅰ型系统的误差系数为

$$K_{\mathrm{p}}=\lim_{z\to 1}W_{\mathrm{k}}(z)=\lim_{z\to 1}\frac{W_0(z)}{z-1}=\infty\,,\quad K_{\mathrm{v}}=\lim_{z\to 1}\frac{W_0(z)}{T}=\frac{W_0(1)}{T}\,,\quad K_{\mathrm{a}}=\lim_{z\to 1}\frac{(z-1)W_0(z)}{T^2}=0$$

对应于三种典型输入序列的稳态误差分别为

$$e_{\mathrm{p}}(\infty)=\frac{1}{1+K_{\mathrm{p}}}=0\,,\quad e_{\mathrm{v}}(\infty)=\frac{1}{K_{\mathrm{v}}}=\frac{T}{W_0(1)}\,,\quad e_{\mathrm{a}}(\infty)=\frac{1}{K_{\mathrm{a}}}=\infty$$

可以看出，当输入序列为单位阶跃序列时，Ⅰ型系统能够完全消除稳态误差；当输入序列为单位速度序列时，系统不能完全消除稳态误差，误差为有限值；对于单位加速度序列，稳态误差为无穷大，所以Ⅰ型系统无法实现对加速度输入序列的随动控制。

3. Ⅱ型系统

Ⅱ型系统的误差系数为

$$K_{\mathrm{p}}=\lim_{z\to 1}W_{\mathrm{k}}(z)=\lim_{z\to 1}\frac{W_0(z)}{(z-1)^2}=\infty\,,\quad K_{\mathrm{v}}=\lim_{z\to 1}\frac{W_0(z)}{T(z-1)}=\infty\,,\quad K_{\mathrm{a}}=\lim_{z\to 1}\frac{W_0(z)}{T^2}=\frac{W_0(1)}{T^2}$$

对应于三种典型输入序列的稳态误差分别为

$$e_{\mathrm{p}}(\infty)=0\,,\quad e_{\mathrm{v}}(\infty)=0\,,\quad e_{\mathrm{a}}(\infty)=\frac{1}{K_{\mathrm{a}}}=\frac{T^2}{W_0(1)}$$

由此可见，当输入序列为单位阶跃序列和单位速度序列时，Ⅱ型系统能完全消除稳态误差；对于单位加速度序列，尽管Ⅱ型系统不能完全消除稳态误差，但是误差会随采样周期 T 的缩短而减少。因此，Ⅱ型系统比0型系统和Ⅰ型系统的随动控制能力强。

上述三种系统类型的误差系数以及对三种典型输入序列所产生的稳态误差如表3-2所示。

表3-2 三种系统类型的误差系数与稳态误差

系统类型	K_{p}	K_{v}	K_{a}	$e_{\mathrm{p}}(\infty)$	$e_{\mathrm{v}}(\infty)$	$e_{\mathrm{a}}(\infty)$
0	$W_{\mathrm{k}}(1)$	0	0	$\frac{1}{1+K_{\mathrm{p}}}$	∞	∞
Ⅰ	∞	$\frac{W_0(1)}{T}$	0	0	$\frac{T}{W_0(1)}$	∞
Ⅱ	∞	∞	$\frac{W_0(1)}{T^2}$	0	0	$\frac{T^2}{W_0(1)}$

需要说明的是，系统的稳态误差只能在系统稳定的前提下求得。稳态误差为无穷大，并不等于系统不稳定，只表明该系统不能跟踪已知的输入信号，即存在较大的跟踪误差。上述稳态误差的结论和公式是针对图 3-16 单位负反馈系统得到的，对于非单位负反馈系统，其稳态误差的定义与连续系统类似。

3.4.3 采样周期对稳态误差的影响

如表 3-2 所示，速度误差系数 K_v、加速度误差系数 K_a 及其稳态误差 $e_v(\infty)$、$e_a(\infty)$ 都与采样周期 T 有关。似乎只要减小 T，就会减小稳态误差，从而提高系统的控制精度。

然而，计算机控制系统中的 $W_k(z)$ 是由控制器 $D(z)$ 和 $G(z)$ 组成的，其中，$D(z)$ 为满足系统性能指标条件的设计环节；$G(z)$ 为包含实际被控对象 $G_0(s)$ 和零阶保持器 $G_h(s)$ 的环节。而在稳态误差分析中，$G_h(s)$ 与 T 无关。于是，系统的稳态误差就与被控对象 $G_0(s)$ 的组成环节密切相关。具体来说，当被控对象 $G_0(s)$ 包含足够多的积分环节时(例如，对 I 型系统，$G_0(s)$ 至少含有一个积分环节；对 II 型系统，$G_0(s)$ 至少含有两个积分环节，等等)，系统的稳态误差就只与系统类型、系统结构和输入信号等因素有关，而与采样周期 T 无关；否则，就与采样周期 T 有关，T 越小，稳态误差越小。

理论上说，如果被控对象含有较多的积分环节，会相对延长系统的暂态响应时间，降低系统的响应速度。因此，如果选择含有较少积分环节的被控对象，就能通过合理调整采样周期 T，使系统既能满足快速性要求，又能确保控制精度。下面通过例题进行分析说明。

例 3-8 设控制系统如图 3-16 所示，系统输入为单位速度信号 $r(t)=t$。试分析采样周期与系统稳态误差之间的关系。图中控制器 $D(z)$ 和被控对象 $G_0(s)$ 有以下两组形式：

(1) $D(z)=k$ 为比例环节，$G_0(s)=\dfrac{1}{s(s+2)}$；

(2) $D(z)=\dfrac{k}{1-z^{-1}}$ 为积分环节，$G_0(s)=\dfrac{1}{s+2}$。

解：对于第(1)组形式，系统的开环 z 传递函数为

$$\begin{aligned}W_k(z)&=D(z)\mathcal{Z}\left[\frac{1-\mathrm{e}^{-Ts}}{s}\frac{1}{s(s+2)}\right]=0.25k(1-z^{-1})\mathcal{Z}\left[\frac{2}{s^2}-\frac{1}{s}+\frac{1}{s+2}\right]\\&=0.25k(1-z^{-1})\left[\frac{2Tz}{(z-1)^2}-\frac{z}{z-1}+\frac{z}{z-\mathrm{e}^{-2T}}\right]=0.25k(z-1)\left[\frac{2T}{(z-1)^2}-\frac{1}{z-1}+\frac{1}{z-\mathrm{e}^{-2T}}\right]\\&=0.25k\left[\frac{(\mathrm{e}^{-2T}+2T-1)z+(1-\mathrm{e}^{-2T}-2T\mathrm{e}^{-2T})}{(z-1)(z-\mathrm{e}^{-2T})}\right]\end{aligned}$$

可知，$W_k(z)$ 含有一个积分环节 $z-1$ 因子，$m=1$，为 I 型系统。

在输入单位速度序列的情况下，系统的速度误差系数为

$$K_v=\lim_{z\to 1}\frac{W_0(z)}{T}=\lim_{z\to 1}\frac{0.25k}{T}\left[\frac{(\mathrm{e}^{-2T}+2T-1)z+(1-\mathrm{e}^{-2T}-2T\mathrm{e}^{-2T})}{(z-\mathrm{e}^{-2T})}\right]=0.5k$$

系统的稳定误差为

$$e_v(\infty)=\frac{2}{k}$$

由此可见，对Ⅰ型系统，$G_0(s)$含有一个积分环节，系统的稳态误差$e_v(\infty)$与采样周期 T 无关。

对于第(2)组形式，系统的开环 z 传递函数为

$$W_k(z)=D(z)\mathcal{Z}\left[\frac{1-e^{-Ts}}{s}\frac{1}{s+2}\right]=\frac{0.5k}{1-z^{-1}}(1-z^{-1})\mathcal{Z}\left[\frac{1}{s}-\frac{1}{s+2}\right]$$

$$=\frac{0.5k}{1-z^{-1}}(1-z^{-1})\left[\frac{z}{z-1}-\frac{z}{z-e^{-2T}}\right]=\frac{0.5k(1-e^{-2T})z}{(z-1)(z-e^{-2T})}$$

可以看到$W_k(z)$包含一个积分环节，为Ⅰ型系统。

系统的速度误差系数为

$$K_v=\lim_{z\to 1}\frac{W_0(z)}{T}=\lim_{z\to 1}\frac{0.5k}{T}\frac{(1-e^{-2T})z}{(z-e^{-2T})}=\frac{k}{2T}$$

系统的稳定误差为

$$e_v(\infty)=\frac{2T}{k}$$

由此可见，稳态误差$e_v(\infty)$与采样周期T有关；当控制器增益k一定时，采样周期越小，系统的稳态误差越小。这是由于此Ⅰ型系统的被控对象 $G_0(s)$中没有足够的积分环节。

3.5　z 平面根轨迹分析

3.5.1　z 平面根轨迹绘制

离散系统的根轨迹分析与连续系统基本一致，只是所在的复平面不同，并且离散系统的根轨迹分析会受到采样周期T的影响。离散系统的根轨迹分析是在已知开环z传递函数零极点分布的情况下，研究系统的某个或某些参数(通常是开环增益)从零变化到正无穷大时，系统闭环z传递函数的极点轨迹在z平面中的变化。因此，根轨迹法是一种图解法，主要用于对z平面中希望位置的主导极点进行试探性定性设计，继而通过计算机仿真来改善闭环系统的性能。

如图 3-16 所示，单位负反馈计算机控制系统的闭环特征方程为

$$1+W_k(z)=1+D(z)G(z)=0 \tag{3-39}$$

式中，$W_k(z)=D(z)G(z)$为开环 z 传递函数。

设$W_k(z)$可写成零极点表达式：

$$W_k(z)=D(z)G(z)=\frac{k\prod_{j=1}^{m}(z-z_j)}{\prod_{i=1}^{n}(z-p_i)},\quad n\geqslant m \tag{3-40}$$

式中，p_i和 z_j 分别为系统的开环极点和零点；k 为开环增益。

依据式(3-39)及式(3-40)，可将$W_k(z)$写成幅相特性方程：

$$\begin{cases}\angle W_k(z)=\sum_{j=1}^{m}\theta_{z_j}-\sum_{i=1}^{n}\theta_{p_i}=(2l+1)\pi,\quad l=0,\ \pm1,\ \pm2,\ \cdots\\ |W_k(z)|=1\end{cases} \tag{3-41}$$

式(3-41)说明，对于给定的开环 z 传递函数 $W_{\mathrm{k}}(z)$，凡是 z 平面中符合幅角条件(即根轨迹方程)的点，都是根轨迹上的点，而该点的 k 值由其幅角条件来确定。

根轨迹的绘制规则如下。

(1) 根轨迹有 n 条分支，起始于开环极点，终止于开环的零点或无穷远点，即当有 n 条分支起始于开环极点时，若有 m 条分支终止于开环的零点，则有 $n-m$ 条分支趋于无穷远处。

(2) 趋于无穷远处的 $n-m$ 条根轨迹渐近线与实轴之间的角度为

$$\theta=\frac{(2l+1)\pi}{n-m},\quad l=0,\ \pm 1,\ \pm 2,\ \cdots$$

(3) 渐近线与实轴交点的横坐标值为

$$\sigma=\frac{\sum_{i=1}^{n}p_i-\sum_{j=1}^{m}z_j}{n-m}$$

(4) 根轨迹具有实轴对称性。

(5) 根轨迹在实轴上的分布。位于实轴上的开环零极点将实轴分成了几段，如果某段右侧极点和零点个数之和为奇数，则该实轴段为根轨迹；否则，就不是根轨迹。

(6) 实轴上的分离点或汇合点 z_0 (若有)的计算公式为

$$\sum_{j=1}^{m}\frac{1}{z_0-z_j}=\sum_{i=1}^{n}\frac{1}{z_0-p_i} \tag{3-42}$$

(7) 出发角和终值角。

令极点为 p_k，重极点数为 r_k，对应的出发角 θ_{p_k} 方程为

$$\sum_{j=1}^{m}\theta_{z_j}-\sum_{\substack{i=1\\ i\neq k}}^{n}\theta_{p_i}-r_k\theta_{p_k}=(2l+1)\pi,\quad l=0,\ \pm 1,\ \pm 2,\ \cdots \tag{3-43}$$

令零点为 z_k，重零点数为 r_k，对应的终止角 θ_{z_k} 方程为

$$r_k\theta_{z_k}+\sum_{\substack{j=1\\ j\neq k}}^{m}\theta_{z_i}-\sum_{i=1}^{n}\theta_{p_i}=(2l+1)\pi,\quad l=0,\ \pm 1,\ \pm 2,\ \cdots \tag{3-44}$$

(8) 当 $n-m\geqslant 2$ 时，所有闭环极点之和为常数，即当根轨迹中某些向左时，必有另一些向右。

程序分析

例 3-9　已知某离散系统的开环 z 传递函数为

$$W_{\mathrm{k}}(z)=\frac{k(z-0.7)}{(z-0.2)(z+0.6)(z^2-z+0.6)}$$

试绘制其闭环系统的根轨迹图。

解：开环 z 传递函数有一个零点 $z_1=0.7$ 和四个极点 $p=0.2,-0.6$，$0.5\pm \mathrm{j}0.592$。因此，根轨迹有四条，其中一条终止于 $z_1=0.7$，另外三条趋于无穷远处。

趋于无穷远处的三条根轨迹渐近线与实轴之间的角度为

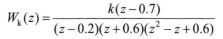

$$\theta=\frac{(2l+1)\pi}{n-m}=\frac{(2l+1)\pi}{4-1}=\pm\frac{\pi}{3},\ \pi$$

渐近线与实轴交点的横坐标值为

$$\sigma=\frac{0.2-0.6+0.5\times2-0.7}{4-1}=-\frac{1}{30}$$

绘制的根轨迹如图 3-17 所示。

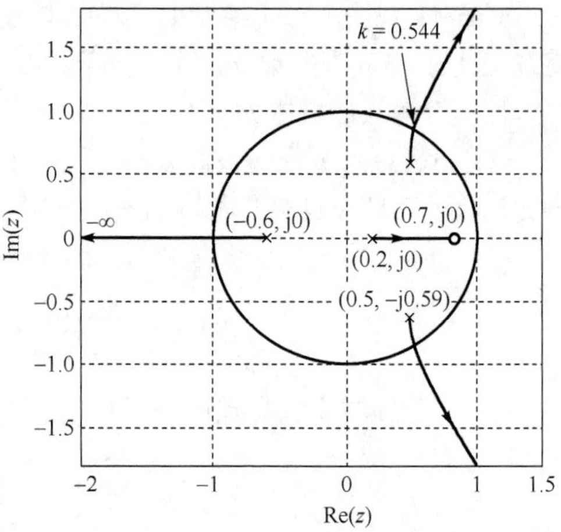

图 3-17　例 3-9 的根轨迹图

3.5.2　基于 z 平面根轨迹的稳定性分析

当式(3-40)中 $k=0\sim+\infty$ 时，可绘制闭环离散系统的极点轨迹变化。用根轨迹法分析闭环系统的稳定性，不但可以确定某个参数(如开环增益)下系统的稳定性，而且可知道闭环极点的具体位置，同时还可以给出参数变化时闭环极点的变化趋势，以确定系统的暂态与稳态性能指标。因此，用根轨迹来分析参数对系统稳定性的影响是很直观的。

设式(3-39)闭环特征方程的极点为 $p=r_z e^{j\theta}$，即 $1+W_k(r_z e^{j\theta})=0$。当 $r_z=1$ 时，根轨迹与单位圆相交的极点应满足下列特征方程

$$1+W_k(e^{j\theta})=0 \tag{3-45}$$

由式(3-45)即可求得对应的开环增益放大系数 $k_{r_z=1}$ 和 θ 值。通过判断 k 是否在 $(0,k_{r_z=1})$ 内，可判断闭环系统的稳定性。此外，可由式(3-8)求得该极点所对应的阻尼系数和无阻尼自然振荡频率。

例 3-10　计算机控制系统如图 3-16 所示，设采样周期 $T=1$s，广义被控对象传递函数为

$$G(z)=\frac{z(z+0.7)}{(z-1)(z+1.1)}$$

数字控制器为

$$D(z)=k\frac{z-0.8}{z-0.9}$$

试绘制闭环系统的根轨迹图，并确定系统临界稳定时的 k 值。

解：系统的开环 z 传递函数为

$$W_k(z)=D(z)G(z)=\frac{kz(z-0.8)(z+0.7)}{(z-1)(z-0.9)(z+1.1)}$$

可见，系统的开环 z 传递函数有三个零点，即 $z_1=0$，$z_2=0.8$，$z_3=-0.7$，以及三个极点，即 $p_1=1$，$p_2=0.9$，$p_3=-1.1$，则根据根轨迹绘制规则可绘制闭环系统的根轨迹，如图 3-18 所示。闭环系统临界稳定时其相应的增益放大系数可由根轨迹与 z 平面单位圆的交点求得，即 $k\approx0.681$。此外，也可以尝试采用前述劳斯和朱利稳定性准则进行分析，其分析结果是一致的。

例 3-11　计算机控制系统如图 3-16 所示，设 $D(z)=k$，$G(z)=\dfrac{1}{z-0.5}$。试求满足闭环系统稳定的开环增益 k 的取值范围。

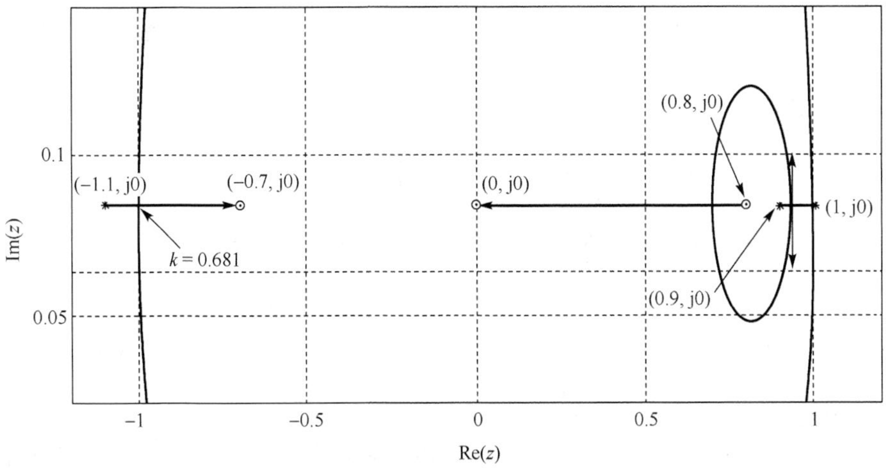

图 3-18　例 3-10 的根轨迹图

解：由式(3-45)可得闭环系统的特征方程为

$$1+k_{r_z=1}G(e^{j\theta})=1+k_{r_z=1}\cdot\frac{1}{e^{j\theta}-0.5}=0\rightarrow e^{j\theta}-0.5+k_{r_z=1}=0$$

$$\begin{cases}\cos\theta-0.5+k_{r_z=1}=0\\ \sin\theta=0\end{cases}\Rightarrow\begin{cases}\theta=\pi\\ k_{r_z=1}=1.5\end{cases}$$

因此，满足闭环系统稳定的开环增益 k 的取值范围为 (0, 1.5) 。

3.6　频率特性分析

前述系统分析都是在时域内进行的，也可以基于开环 z 传递函数研究离散系统开环频率特性，并通过其与稳定性之间的关系，应用奈奎斯特稳定性准则及伯德图进行闭环系统的稳定性分析。

3.6.1　离散系统的频域描述

在连续系统中，频率特性是指在正弦信号作用下，某一环节传递函数随 s 平面虚轴频率的复变函数变化的关系，即

$$W(j\omega)=W(s)\big|_{s=j\omega} \tag{3-46}$$

令 $s=j\omega$，由 z 平面与 s 平面之间的超越函数关系 $z=e^{Ts}$，即可得到离散系统的频率特性为

$$W(e^{j\omega T})=W(z)\big|_{z=e^{j\omega T}}=W(z)\big|_{z=e^{(0+j\omega)T}} \tag{3-47}$$

式(3-47)的实质是系统单位脉冲响应在 z 平面单位圆上的 z 变换，或离散系统闭环 z 传递函数在单位圆上的 z 变换。

频率特性亦可表示为幅相频形式：

$$W(z)\big|_{z=e^{j\omega T}}=W(e^{j\omega T})=\left|W(e^{j\omega T})\right|e^{j\angle W(e^{j\omega T})} \tag{3-48}$$

式中，$\left|W(\mathrm{e}^{\mathrm{j}\omega T})\right|$ 是关于 $\omega T \in [-\pi, \pi]$（即单位圆一周）的函数，称为离散系统的幅频特性；$\angle W(\mathrm{e}^{\mathrm{j}\omega T})$ 称为离散系统的相频特性。

由式(3-48)得

$$W(\mathrm{e}^{\mathrm{j}\omega T}) = W(\mathrm{e}^{\mathrm{j}(\omega+\frac{2\pi}{T})T}) = W(\mathrm{e}^{\mathrm{j}(\omega T+2\pi)}) = W(\mathrm{e}^{\mathrm{j}\omega T})$$

可见，离散系统频率特性具有周期性，其周期为系统的采样角频率 $\omega_{\mathrm{s}} = \dfrac{2\pi}{T}$。

程序分析

例 3-12　对于如图 3-19 所示的离散控制系统，试求其频率特性。

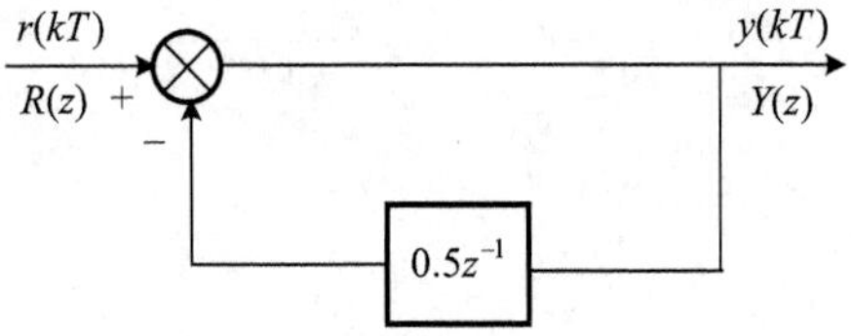

图 3-19　离散控制系统

解：该一阶系统的差分方程为

$$y(k) - 0.5y(k-1) = r(k)$$

对上式进行 z 变换，可得其 z 传递函数为

$$W(z) = \frac{Y(z)}{R(z)} = \frac{1}{1-0.5z^{-1}}$$

因此，该系统的频率特性为

$$W(z = \mathrm{e}^{\mathrm{j}\omega T}) = \frac{1}{1-0.5\mathrm{e}^{-\mathrm{j}\omega T}}$$

系统的幅频和相频特性分别为

$$\left|W(\mathrm{e}^{\mathrm{j}\omega T})\right| = \left|\frac{1}{1-0.5\mathrm{e}^{-\mathrm{j}\omega T}}\right| = \frac{1}{\sqrt{1.25-\cos\omega T}}, \quad \angle W(\mathrm{e}^{\mathrm{j}\omega T}) = -\arctan\frac{0.5\sin\omega T}{1-0.5\cos\omega T}$$

绘制幅频和相频特性分别如图 3-20 和图 3-21 所示。

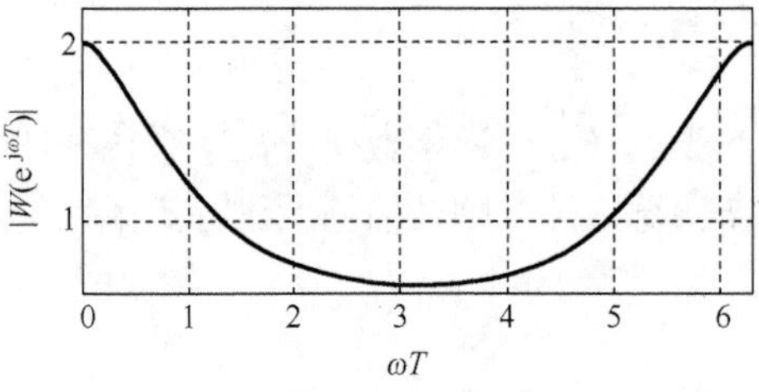

图 3-20　例 3-12 的幅频特性

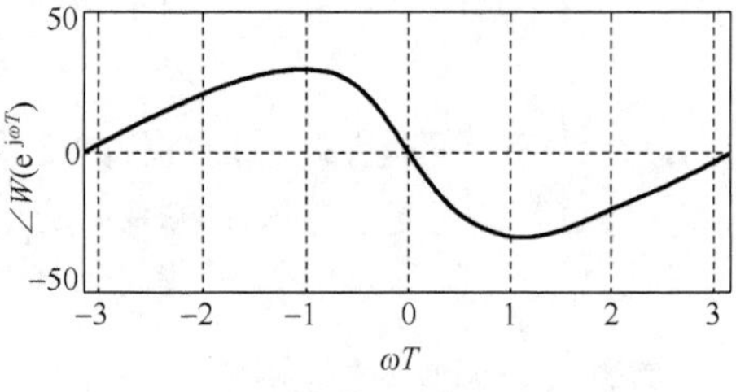

图 3-21　例 3-12 的相频特性

3.6.2　稳定性分析

1. 极坐标图法

如果将离散系统的频率特性写成实部加虚部的形式 $W(\mathrm{e}^{\mathrm{j}\omega T}) = U(\omega) + \mathrm{j}V(\omega)$，在复平面上绘制幅相频率特性曲线，就可以应用连续系统中的奈奎斯特稳定性准则（又称奈氏判据）来分析计算机控制系统的稳定性。这种方法就是极坐标图法。

设 $W_{\mathrm{k}}(z) = \dfrac{Q(z)}{P(z)}$ 物理可实现，则单位负反馈计算机控制系统的闭环 z 传递函数为

$$W(z) = \frac{W_{\mathrm{k}}(z)}{1+W_{\mathrm{k}}(z)} = \frac{Q(z)}{Q(z)+P(z)} \tag{3-49}$$

闭环系统的特征方程为

$$\alpha(z)=1+W_{\mathrm{k}}(z)=Q(z)+P(z)=0 \tag{3-50}$$

式中，$P(z)=0$ 为系统开环特征方程，其特征根为开环极点。

在 z 平面中，当 $|z|\in[1,\infty]$ 时，单位圆和半径无穷大的圆连成的封闭边界称为奈氏围线，如图 3-22(a)所示。奈氏围线包围单位圆外全部区域，其在 s 平面中的映射是虚轴右侧阴影部分，如图 3-22(b)所示，即由主频带的虚轴与两条相距实轴 $\omega_{\mathrm{s}}/2$ 的平行线以及距虚轴无穷远处平行于虚轴的线段连成的封闭线。当 z 顺时针沿奈氏围线变化一周时，$W_{\mathrm{k}}(z)$ 将在 z 平面上形成一条对应的封闭线，称为奈氏图。如果 $W_{\mathrm{k}}(z)$ 在单位圆上有临界稳定极点($z=1$)，如图 3-22 中的标记*，就将奈氏围线以无穷小半径的圆弧从极点右边绕过，并将该极点($z=1$)视为在单位圆内。

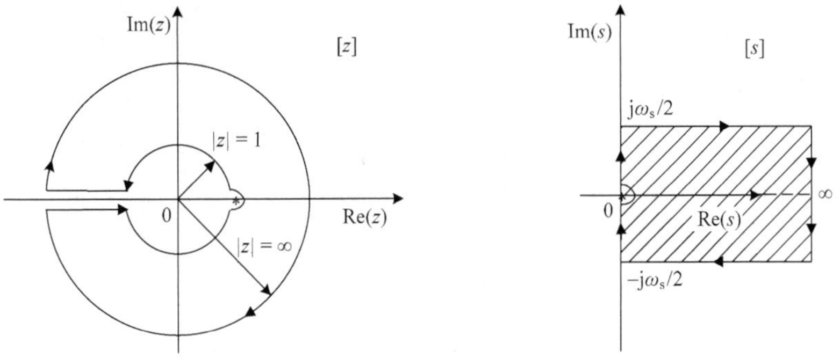

(a) z平面奈氏围线　　(b) s平面奈氏围线

图 3-22　z 平面与 s 平面之间的奈氏围线映射

设式(3-50)闭环特征方程在奈氏围线内(单位圆外)有 M 个闭环极点(不稳定)和 N 个开环极点(不稳定)，则根据幅角定理，$W_{\mathrm{k}}(z)$ 的奈氏图顺时针绕(−1, j0)点的次数为

$$P=M-N \tag{3-51}$$

若闭环系统稳定，必定有 $M=0$，所以闭环系统稳定的充要条件是：$W_{\mathrm{k}}(z)$ 的奈氏图顺时针绕(−1, j0)点的次数为 $-N$，即逆时针绕(−1, j0)点 N 次。若开环系统稳定，即 $N=0$，则闭环系统稳定的充要条件是：$W_{\mathrm{k}}(z)$ 的奈氏图不包围(−1, j0)点。由于 $W_{\mathrm{k}}(z)=Q(z)/P(z)$ 物理可实现，即当 $z\to\infty$ 时，$W_{\mathrm{k}}(z)\to 0$，于是可用系统的开环频率特性 $W_{\mathrm{k}}(\mathrm{e}^{\mathrm{j}\omega T})$(即单位圆所对应的奈氏图($-\pi\leqslant\omega T\leqslant\pi$))作为 $W_{\mathrm{k}}(z)$ 的奈氏图来检验闭环系统的稳定性。

综上，奈氏判据为：若开环 $W_{\mathrm{k}}(z)$ 有 N 个不稳定极点，则闭环系统稳定的充要条件是开环频率特性 $W_{\mathrm{k}}(\mathrm{e}^{\mathrm{j}\omega T})$ 逆时针包围(−1, j0)点 N 次；若开环 $W_{\mathrm{k}}(z)$ 无不稳定极点，则闭环系统稳定的充要条件为 $W_{\mathrm{k}}(\mathrm{e}^{\mathrm{j}\omega T})$ 不包围(−1, j0)点。

例 3-13　单位负反馈计算机控制系统的开环 z 传递函数为

程序分析

$$W_{\mathrm{k}}(z)=\frac{z+1.5}{(z-1.5)(z-0.5)}$$

试采用奈氏判据分析系统的稳定性。

解：开环 z 传递函数含有一个 $z=1.5$ 的不稳定极点，则 $N=1$。

开环频率特性为

$$W_{\mathrm{k}}(\mathrm{e}^{\mathrm{j}\omega T})=\frac{\mathrm{e}^{\mathrm{j}\omega T}+1.5}{(\mathrm{e}^{\mathrm{j}\omega T}-1.5)(\mathrm{e}^{\mathrm{j}\omega T}-0.5)}$$

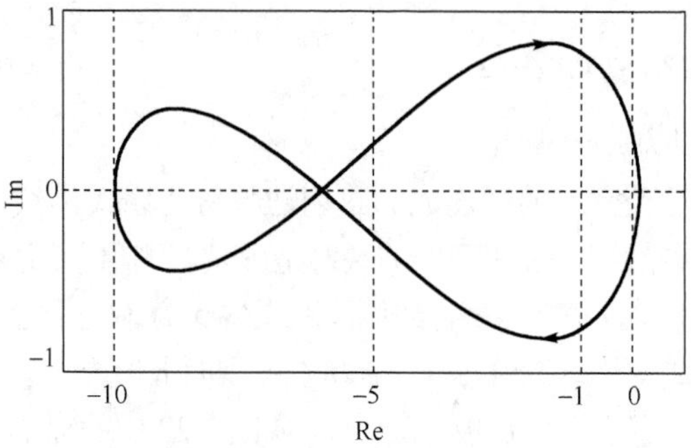

图 3-23　例 3-13 的 z 平面奈氏图

如图 3-23 所示，奈氏图顺时针绕(−1, j0)点的次数 $P=1$，而不是逆时针。由式(3-51)得闭环 z 传递函数在奈氏围线内的极点数 M，即单位圆以外的极点数为

$$M=P+N=1+1=2$$

表明闭环 z 传递函数在单位圆外有两个极点，则系统不稳定。

由闭环系统的特征方程：

$$z^2-z+2.25=0$$

可知特征根为 $z_{1,2}=0.5\pm \mathrm{j}\sqrt{2}$，说明闭环系统有两个单位圆以外的极点。

2. 对数频率特性法

由于离散系统的频率特性 $W(\mathrm{e}^{\mathrm{j}\omega T})$ 是 ω 的周期性函数，不便于直接进行对数频率特性分析。由 3.2.3 节已知，w 变换可将 z 平面的单位圆映射为 w 平面的虚轴，而且 w 平面与 s 平面有类似的对应关系，因此，可通过 w 变换运用对数坐标描述的连续系统伯德图法来进行计算机控制系统的稳定性、稳态性能和暂态性能分析。

设 w 变换为如式(3-17)所示的双线性变换，即

$$z=\frac{1+0.5Tw}{1-0.5Tw} \quad 或 \quad w=\frac{2}{T}\frac{z-1}{z+1} \tag{3-52}$$

当研究 $W_{\mathrm{k}}(z)$的频率特性时，可将 $z=\mathrm{e}^{\mathrm{j}\omega T}$ 代入式(3-52)，得

$$w=\frac{2}{T}\frac{z-1}{z+1}\bigg|_{z=\mathrm{e}^{\mathrm{j}\omega T}}=\frac{2}{T}\frac{\mathrm{e}^{\mathrm{j}\omega T}-1}{\mathrm{e}^{\mathrm{e}^{\mathrm{j}\omega T}}+1}=\frac{2}{T}\frac{\mathrm{e}^{\mathrm{j}\omega T/2}-\mathrm{e}^{-\mathrm{j}\omega T/2}}{\mathrm{e}^{\mathrm{j}\omega T/2}+\mathrm{e}^{-\mathrm{j}\omega T/2}}=\mathrm{j}\frac{2}{T}\tan\frac{\omega T}{2} \tag{3-53}$$

令 $\mathrm{j}\omega_{\mathrm{w}}$ 表示 w 平面的虚轴(使 ω_{w} 从 $-\infty$ 到 $+\infty$ 变化)，这里的 ω_{w} 称为虚拟频率或伪频率，则由式(3-53)可建立 ω_{w} 与 ω 的映射关系:

$$\omega_{\mathrm{w}}=\frac{2}{T}\tan\frac{\omega T}{2} \tag{3-54}$$

由于离散控制系统的零阶保持器具有低通特性，ω 频带的变化基本在主频谱范围内，同时采样周期通常足够小，于是 $\omega T/2$ 可认为是一个较大的无穷小量，则式(3-54)变为

$$\omega_{\mathrm{w}}\approx\frac{2}{T}\frac{\omega T}{2}=\omega \tag{3-55}$$

式(3-55)表明，在低频条件下，w 平面的频率 ω_{w} 等于 s 平面的频率 ω。因此，可将 $W_{\mathrm{k}}(z)$ 转化为 w 平面的开环 w 传递函数，即

$$W_{\mathrm{k}}(w)=W_{\mathrm{k}}(z)\bigg|_{z=\frac{1+\mathrm{j}0.5T\omega_{\mathrm{w}}}{1-\mathrm{j}0.5T\omega_{\mathrm{w}}}}\approx W_{\mathrm{k}}(z)\bigg|_{z=\frac{1+\mathrm{j}0.5T\omega}{1-\mathrm{j}0.5T\omega}} \tag{3-56}$$

则 w 平面的开环频率特性为
$$W_{\mathrm{k}}(\mathrm{j}\omega_{\mathrm{w}})=W_{\mathrm{k}}(w)\big|_{w=\mathrm{j}\omega_{\mathrm{w}}} \tag{3-57}$$

根据计算机控制系统的伯德图判断系统稳定性的判据是：若计算机控制系统无单位圆外的开环极点，则闭环系统稳定的充要条件是开环对数频率特性在大于 0dB 的频域内，开环相频特性穿越–180°线的正负穿越次数相等；若开环系统存在 N 个单位圆外的极点，则闭环系统稳定的充要条件是开环对数频率特性在大于 0dB 的频域内，开环相频特性穿越–180°线的正穿越次数减去负穿越次数等于 $N/2$。

例 3-14　图 3-24 所示的计算机控制系统中，$T=1\mathrm{s}$。试采用 w 变换，通过 $W_{\mathrm{k}}(z)$的伯德图分析系统的稳定性。

程序分析

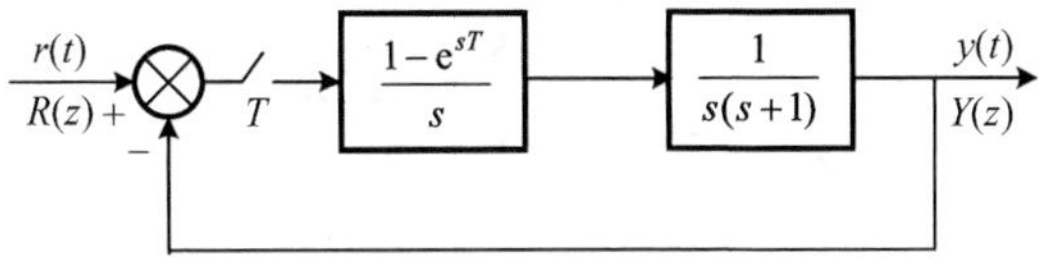

图 3-24　计算机控制系统

解：系统的开环 z 传递函数为

$$W_{\mathrm{k}}(z)=\mathcal{Z}\left[\frac{1-\mathrm{e}^{-sT}}{s}\frac{1}{s(s+1)}\right]$$
$$=(1-z^{-1})\mathcal{Z}\left[\frac{1}{s^2}-\frac{1}{s}+\frac{1}{s+1}\right]=(1-z^{-1})\left[\frac{Tz^{-1}}{(1-z^{-1})^2}-\frac{1}{1-z^{-1}}+\frac{1}{1-\mathrm{e}^{-T}z^{-1}}\right]$$
$$=\left[\frac{(T-1+\mathrm{e}^{-T})z+(1-T\mathrm{e}^{-T}-\mathrm{e}^{-T})}{(z-1)(z-\mathrm{e}^{-T})}\right]\Bigg|_{T=1}=\frac{0.3679z+0.2642}{z^2-1.368z+0.3679}$$

将 $z=\dfrac{1+0.5Tw}{1-0.5Tw}$ 代入上式，得

$$W_{\mathrm{k}}(w)=\frac{0.3679\left(\dfrac{1+0.5Tw}{1-0.5Tw}\right)+0.2642}{\left(\dfrac{1+0.5Tw}{1-0.5Tw}\right)^2-1.368\left(\dfrac{1+0.5Tw}{1-0.5Tw}\right)+0.3679}=-\frac{0.038(w+12.154)(w-2)}{w(w+0.9240)}$$

开环频率特性为

$$W_{\mathrm{k}}(\mathrm{j}\omega_{\mathrm{w}})=W_{\mathrm{k}}(w)\big|_{w=\mathrm{j}\omega_{\mathrm{w}}}=-\frac{0.038(\mathrm{j}\omega_{\mathrm{w}}+12.154)(\mathrm{j}\omega_{\mathrm{w}}-2)}{\mathrm{j}\omega_{\mathrm{w}}(\mathrm{j}\omega_{\mathrm{w}}+0.9240)}$$

由上式可绘制出伯德图，如图 3-25 所示。从图中可以看出，在幅频图中频率 1.56rad/s 位置上，幅值裕度为 7.6dB；相频图中频率 0.655rad/s 位置上，相位裕度为 30.4°。可知 $W_{\mathrm{k}}(z)$ 的极点为 $z_1=1$，$z_2=0.368$，$W_{\mathrm{k}}(z)$ 无单位圆外的极点，$W_{\mathrm{k}}(\mathrm{j}\omega_{\mathrm{w}})$ 在大于 0dB 的频域内，开环相频特性没有穿越–180°线，因此系统稳定。此外，通过改变开环 z 传递函数的参数，可使系统能满足幅值与相位裕度的设计要求。

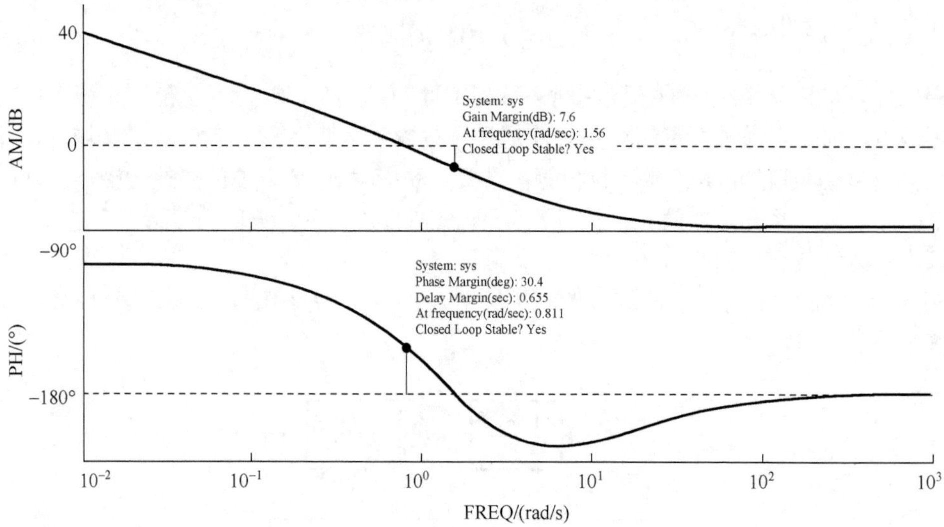

图 3-25　例 3-14 系统的伯德图

本 章 小 结

本章介绍了计算机控制系统的分析方法，包括稳定性、暂态特性和稳态准确度等方面的分析。

首先解释了系统的稳定性概念，通过 s 平面极点在 z 平面上的映射关系，给出了离散系统稳定性的充要条件和判别稳定性的方法，如修正的劳斯稳定性准则和朱利稳定性准则。其次分析了闭环系统零极点分布与系统稳定性及动态性能的关系，讨论了采样周期 T 对系统暂态和稳态误差的影响。由此可知，闭环极点与采样周期决定着系统在输入作用下能否从一个稳态过渡到另一个新的稳态。另外，系统的稳态误差受被控对象所含积分环节的数量、采样周期 T 及输入信号类型的直接影响。因此，由连续系统变换得到的计算机控制系统，其稳定性要比原连续系统差一些，如果采样周期过大，甚至会变得不稳定。最后介绍了离散系统开环/闭环 z 传递函数与系统频率特性以及稳定性之间的关系，从而引出奈奎斯特稳定性准则及基于 w 变换的伯德图稳定性分析方法。

上述内容的重要知识点均可通过例题进行“消化”，本章提供了相应的 MATLAB 程序注释与解释，以便于读者解决较为烦琐的数学问题，使理论内容更易理解。

习题与思考题

3.1　请用修正的劳斯稳定性准则判定下列离散控制系统特征方程的稳定性，若不稳定，指出不稳定极点的个数。

(1) $z^3+0.5z^2+z+0.5=0$；　　(2) $2z^3-z^2+z-1=0$；

(3) $z^2-0.3z-0.1=0$；　　(4) $z^3-0.9z^2+0.16z-0.144=0$。

3.2　已知计算机控制系统的闭环特征方程如下，试用朱利稳定性准则判别闭环系统的稳定性。

(1) $z^3+3.5z^2+3.5z+0.5=0$；　　(2) $2z^3-z^2+z-1=0$；

(3) $z^2-z+0.632=0$；　　(4) $3z^4+z^3-z^2+0.16z+1=0$。

3.3　已知下列单位负反馈计算机控制系统的开环 z 传递函数，试判别闭环系统的稳定性。

(1) $W_{\mathrm{k}}(z)=\dfrac{1}{z-0.2}$；　　(2) $W_{\mathrm{k}}(z)=\dfrac{z+6}{z^2-2z-12}$；

(3) $W_{\mathrm{k}}(z)=\dfrac{z+1}{z^2-3.4z-0.2}$；　　(4) $W_{\mathrm{k}}(z)=\dfrac{z}{z^2-1.3z+0.02}$。

3.4　某计算机控制系统如题 3.4 图所示，设采样周期 $T=1\mathrm{s}$，$G_0(s)=\dfrac{k}{s+2}$，$G_{\mathrm{h}}(s)=\dfrac{1-\mathrm{e}^{-Ts}}{s}$。试采用修正的劳斯稳定性准则分析该系统的稳定性，并确定系统稳定时 k 的取值范围。

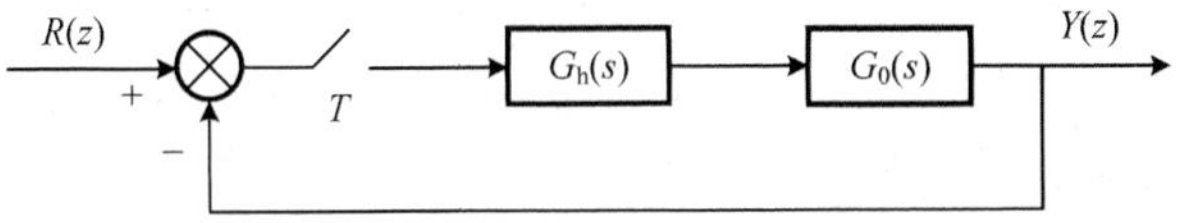

题 3.4 图　计算机控制系统

3.5　如题 3.4 图所示，试求系统在 $1(t)$、t 和 $0.5t^2$ 输入信号作用下的误差系数及稳态误差。

3.6　已知单位负反馈计算机控制系统的开环 z 传递函数为 $W_{\mathrm{k}}(z)=\dfrac{k(z+0.1)}{z(z-0.5)(z^2-5z+1)}$，试绘制系统的根轨迹，并分析其稳定性。

3.7　已知计算机控制系统的差分方程如下，设采样周期 $T=1\mathrm{s}$。试绘制系统的幅频和相频特性曲线。

(1) $y(k)-0.2y(k-1)=r(k)$；　　(2) $y(k)+0.7y(k-1)+0.1y(k-2)=r(k-1)$。

式中，$r(k)$ 和 $y(k)$ 分别是系统的输入和输出。

3.8　已知单位负反馈计算机控制系统的闭环 z 传递函数为 $W(z)=\dfrac{4z}{10z^2-5z+1}$，$T=1\mathrm{s}$。试求系统的开环 z 传递函数 $W_{\mathrm{k}}(z)$，绘制伯德图，并求出其相位裕度和幅值裕度。

3.9　离散系统的开环 z 传递函数为

$$W_{\mathrm{k}}(z)=\frac{(1-\mathrm{e}^{-2T})z}{2(z-1)(z-\mathrm{e}^{-2T})}$$

采样周期 $T=0.1\mathrm{s}$。绘制带有和不带有零阶保持器的离散系统奈氏图，并采用奈奎斯特稳定性准则，说明系统是否稳定；如果不稳定，给出极点的位置。

3.10　计算机控制系统的差分方程为

$$y(k)-0.3y(k-1)-0.1y(k-2)=r(k)-r(k-1)$$

(1) 求该系统的闭环 z 传递函数 $W(z)$，绘出其零极点分布图；

(2) 确定 $W(z)$ 的收敛域，并判别系统的稳定性；

(3) 求系统的单位脉冲响应和单位阶跃响应序列；

(4) 设采样周期 $T=0.2\mathrm{s}$，试绘出系统的幅频和相频特性曲线；

(5) 设输入为 $r(k)=\sin\dfrac{\pi}{4}k$，试求系统的稳态响应序列。

第 4 章　数字控制器的模拟化设计方法

本章概要　4.1 节介绍本章所要解决的核心问题；4.2 节介绍数字控制器的等效离散原理、模拟化设计方法的一般步骤；4.3 节介绍模拟控制器的离散化方法，包括脉冲响应不变法(z 变换法)、阶跃响应不变法(加零阶保持器的 z 变换法)、差分变换法、双线性变换法(含畸变预修正双线性变换法)、零极点匹配法，重点解释各种变换法对稳定性、频率特性等性能的保真度以及频率混叠、频率畸变等现象的产生原因；4.4 节介绍数字 PID 控制器的设计，包括基本的数字 PID 控制算法、改进的 PID 控制算法以及常用的参数整定方法等；4.5 节介绍可有效解决纯滞后控制问题的史密斯(Smith)预估补偿控制，讨论其基本设计思想、存在的问题及解决思路；4.6 节介绍串级控制的基本概念和设计方法；4.7 节介绍前馈-反馈控制的结构特点及应用场合；4.8 节介绍解耦控制的设计思想和基本方法。

4.1　引　　言

计算机控制系统的设计是指在给定系统性能指标的条件下，设计出控制器，使系统达到期望的性能指标。1.4.3 节已描述了工程上常用设计方法的基本思想。

由于绝大部分被控对象本身都是连续的被控过程，以根轨迹设计法和频域设计法为主的连续控制系统设计法已经比较成熟，各种经典控制策略已在实践中得到了非常广泛的应用。因此，借助这些成熟的方法来直接设计连续系统的模拟控制器 $D(s)$，并在一定条件下，通过某种数字化规则将 $D(s)$离散化而得到等价的数字控制器 $D(z)$，从而间接地设计出计算机控制系统中的数字控制器 $D(z)$，这就是本章要解决的核心问题。

4.2　模拟化设计方法基本原理

微课视频

4.2.1　模拟化设计方法的等效离散原理

由图 1-17(a)可知，当将计算机系统看作黑箱时，系统可以看成连续系统。因此，可将计算机控制系统简化为图 4-1，也可以等价为图 4-2 所示的模拟控制系统。其中，$G_0(s)$为包含传

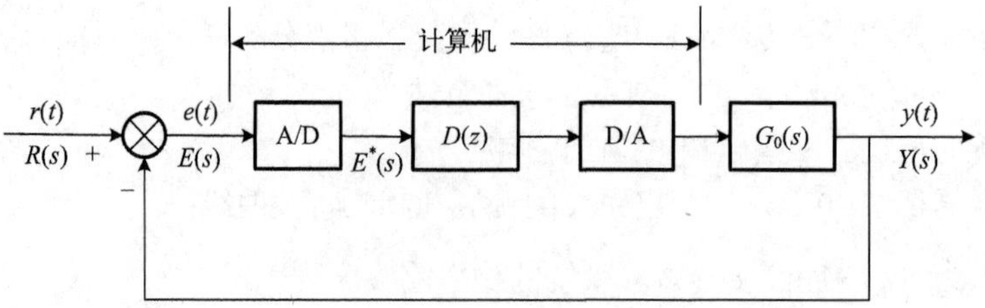

图 4-1　计算机控制系统的简化结构图

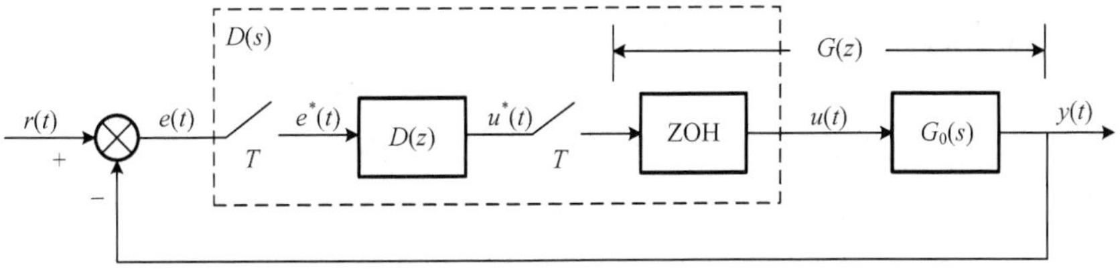

图 4-2　等价的模拟控制系统

感器等的连续被控对象，$G(z)$为包含零阶保持器(ZOH)和$G_0(s)$的广义被控对象，$D(s)$是按照等价模拟控制系统设计的模拟控制器。现在要讨论的是，把图 4-1 的混合信号系统当作模拟控制系统来设计时，需要什么约束条件以及模拟控制器$D(s)$的离散化会给系统的性能带来什么影响。

由图 4-1 和图 4-2 可知，等价的模拟控制器$D(s)$包括 A/D、数字控制器$D(z)$和 D/A 三个部分，如图 4-2 中虚线框内所示。下面分别给出其数学描述。

1. A/D 的传递函数

若不计量化效应，A/D 本质上可视为一个理想开关，其输入信号$E(s)$与离散输出信号$E^*(s)$的频谱函数关系可表示为

$$E^*(\mathrm{j}\omega)=\frac{1}{T}\sum_{k=-\infty}^{+\infty}E(\mathrm{j}\omega-\mathrm{j}k\omega_{\mathrm{s}}) \tag{4-1}$$

式中，$\omega_{\mathrm{s}}=2\pi/T$ 为系统的采样角频率。

当系统具有低通特性且满足$\omega_{\mathrm{s}}\geqslant(4\sim10)\omega_{\mathrm{b}}$（其中$\omega_{\mathrm{b}}$为闭环带宽）时，可将式(4-1)取主频谱来近似表示为

$$E^*(\mathrm{j}\omega)\approx\frac{1}{T}E(\mathrm{j}\omega) \tag{4-2}$$

即 A/D 的传递函数可表达为

$$\frac{E^*(\mathrm{j}\omega)}{E(\mathrm{j}\omega)}\approx\frac{1}{T} \tag{4-3}$$

2. D/A 的频率特性

如第 2 章所述，D/A 可抽象为一个采样开关和 ZOH 的串联，如图 4-2 所示。由于采样角频率远大于系统闭环带宽，即$\omega_{\mathrm{b}}\ll\omega_{\mathrm{s}}$，零阶保持器也只工作在主频谱段，其频率特性可近似表示为

$$\begin{aligned}G_{\mathrm{h}}(\mathrm{j}\omega)&=\frac{1-\mathrm{e}^{-\mathrm{j}\omega T}}{\mathrm{j}\omega}=\frac{\mathrm{e}^{\frac{\mathrm{j}\omega T}{2}}-\mathrm{e}^{-\frac{\mathrm{j}\omega T}{2}}}{\mathrm{j}\omega}\cdot\mathrm{e}^{-\frac{\mathrm{j}\omega T}{2}}=T\cdot\frac{\mathrm{e}^{\frac{\mathrm{j}\omega T}{2}}-\mathrm{e}^{-\frac{\mathrm{j}\omega T}{2}}}{2\mathrm{j}}\cdot\frac{1}{\omega T/2}\cdot\mathrm{e}^{-\frac{\mathrm{j}\omega T}{2}}\\&=T\cdot\frac{\sin(\omega T/2)}{\omega T/2}\cdot\mathrm{e}^{-\frac{\mathrm{j}\omega T}{2}}\approx T\mathrm{e}^{-\mathrm{j}\omega T/2}\end{aligned} \tag{4-4}$$

可见，零阶保持器的幅值随着频率的增大而逐渐减小，具有低通滤波器特性；同时，其相频会产生$-\omega T/2=-\omega\pi/\omega_{\mathrm{s}}$的相位滞后，可近似为一个纯滞后环节。

例如，当$\omega_{\mathrm{b}}/\omega_{\mathrm{s}}\ll1/10$时，相位滞后为$\omega\pi/\omega_{\mathrm{s}}<\pi/10=18^\circ$。这说明当系统的带宽$\omega_{\mathrm{b}}$比采样角频率$\omega_{\mathrm{s}}$低很多时，可以忽略 ZOH 的影响。

3. 数字控制器 $D(z)$

设待设计的数字控制器为 $D(z)$，其相应频率特性可用 $D(e^{j\omega T})$ 来表示。

综合以上三个组成部分，即可得到等价的模拟控制器 $D(s)$的频率特性为

$$D(j\omega) \approx \frac{1}{T} \cdot D(e^{j\omega T}) \cdot T e^{-j\omega T/2} = D(e^{j\omega T}) e^{-j\omega T/2} \tag{4-5}$$

设 $D_d(s)$为待设计 $D(z)$的等效连续传递函数，则 $D(s)$与 $D_d(s)$的关系可表示为

$$D(s) = \frac{1}{T} \cdot D_d(s) \cdot T e^{-Ts/2} = D_d(s) e^{-Ts/2} \tag{4-6}$$

式中，$e^{-Ts/2}$ 为 A/D 和 D/A 的近似，反映了 ZOH 的相位滞后特性。

可见，等价的模拟控制器 $D(s)$ 比 $D_d(s)$多了一个纯相位滞后环节 $e^{-Ts/2}$，其频率特性会下降，使控制系统性能变差。

因此，在合理选择 A/D 和 D/A 等环节的基础上，只要选择足够小的采样周期 T，计算机控制系统就可以近似为连续系统，使 $D(s)$与 $D_d(s)$实现近似等效。这就是模拟化设计方法的等效离散原理。

应该说明的是，计算机控制系统的模拟化设计方法是有一定局限的。如果采样周期 T 不能取得太小，则由 ZOH 特性产生的幅值误差和相位滞后对系统性能的影响难以忽略，这时就需要采取一定措施补偿这一影响，如设置前置滤波或超前校正等环节，否则只能采取其他设计方法。

4.2.2 模拟化设计方法的步骤

(1) 根据系统性能指标要求和被控对象 $G_0(s)$ 的动态特性，用连续控制系统理论的设计方法设计模拟控制器 $D(s)$。

(2) 确定计算机控制系统的采样周期 T，并视情况设计抗混叠的前置滤波器。

(3) 在设计好的模拟控制系统中加入零阶保持器，检查其滞后作用影响程度以决定是否需要修改 $D(s)$。

实际设计时，e^{-Ts} 可取如下一阶近似，即

$$e^{-Ts} \approx \frac{1}{1+sT}$$

则 ZOH 的传递函数可近似为
$$G_h(s) = \frac{1-e^{-Ts}}{s} \approx \frac{1}{s+\dfrac{1}{T}}$$

(4) 用适当的方法将 $D(s)$离散化为数字控制器 $D(z)$，并尽量保留 $D(s)$ 的特性指标。

(5) 将 $D(z)$转化成差分方程，得到由计算机实现的离散控制算法。

设数字控制器 $D(z)$的一般形式为

$$D(z) = \frac{U(z)}{E(z)} = \frac{b_0 + b_1 z^{-1} + \cdots + b_m z^{-m}}{1 + a_1 z^{-1} + \cdots + a_n z^{-n}}$$

式中，$n \geqslant m$，$D(z)$ 中各系数均为实数，且有 n 个极点和 m 个零点。

可得控制器输出为

$$U(z)=(-a_1z^{-1}-a_2z^{-2}-\cdots-a_nz^{-n})U(z)+(b_0+b_1z^{-1}+\cdots+b_mz^{-m})E(z)$$

对上式求 z 反变换，得到 $U(z)$的时域表示为

$$u(k)=-a_1u(k-1)-a_2u(k-2)-\cdots-a_nu(k-n)+b_0e(k)+b_1e(k-1)+\cdots+b_me(k-m) \quad (4\text{-}7)$$

式(4-7)即为数字控制器 $D(z)$的差分控制算法，利用其可实现计算机编程。

(6) 校验。

按图 4-2 所示的计算机控制系统检验其闭环特性是否符合设计要求。如果符合，设计结束，否则应修改设计。

4.3　模拟控制器的离散化方法

最常用的表征控制器特性的主要指标有零极点个数、阶跃响应或脉冲响应特性、稳定性与稳态增益、相位及增益裕度、带宽及频率响应特性等。在离散化控制器的大多数情况下，一个或多个特性是期望保留的，也就是各种离散化原则是建立在保留模拟控制器 $D(s)$ 不同的特性指标基础上的。下面介绍几种将 $D(s)$ 离散化为 $D(z)$的方法。

4.3.1　脉冲响应不变法

脉冲响应不变法的基本思想是：根据数字控制器 $D(z)$ 产生的脉冲响应序列与模拟控制器 $D(s)$ 产生的脉冲响应序列在采样瞬间相等的原则，建立 $D(z)$ 和 $D(s)$ 的等效关系。

设模拟控制器为

$$D(s)=\frac{U(s)}{E(s)}=\sum_{i=1}^{n}\frac{c_i}{s+p_i} \quad (4\text{-}8)$$

式中，$p_i\,(i=1,2,\cdots,n)$为模拟控制器的相异实数极点；c_i 为常系数。

在单位脉冲作用下的输出响应为

$$u(t)=\mathcal{L}^{-1}[D(s)\delta(s)]=\mathcal{L}^{-1}[D(s)]=\sum_{i=1}^{n}c_i\mathrm{e}^{-p_it} \quad (4\text{-}9)$$

其采样值为

$$u(kT)=\sum_{i=1}^{n}c_i\mathrm{e}^{-p_ikT} \quad (4\text{-}10)$$

式(4-10)即为数字控制器的脉冲响应序列。对式(4-10)进行 z 变换，得到

$$D(z)=\mathcal{Z}[D(s)]=\mathcal{Z}[u(kT)]=\sum_{i=1}^{n}\frac{c_i}{1-\mathrm{e}^{-p_iT}z^{-1}} \quad (4\text{-}11)$$

可以看出，只要对设计好的 $D(s)$进行 z 变换，就可以得到数字控制器 $D(z)$，因此该方法也称为 z 变换法。

例 4-1　已知模拟控制器 $D(s)=\dfrac{3}{s+2}$，设采样周期 $T=0.1\text{s}$，试用脉冲响应不变法求数字控制器 $D(z)$及控制器的差分方程。

解：

$$D(z)=\mathcal{Z}\left[\frac{3}{s+2}\right]=\frac{3}{1-\mathrm{e}^{-0.2}z^{-1}}$$

可得控制器差分方程为 $u(k)=3e(k)+\mathrm{e}^{-0.2}u(k-1)$

第 2 章已讨论了 s 平面与 z 平面之间的关系 $z=\mathrm{e}^{Ts}$，因此脉冲响应不变法具有如下特点。

(1) $D(z)$与 $D(s)$的脉冲响应序列相同，见式(4-10)和式(4-9)。

(2) 如果 $D(s)$是稳定的（s 平面的左半平面），则 $D(z)$也稳定（z 平面的单位圆内）。

(3) $D(z)$将 s 平面的采样角频率 ω_s 的整数倍频率变换到 z 平面上同一点的频率，出现了混叠现象，因而 $D(z)$不能保持 $D(s)$的频率响应。

由于 $z=\mathrm{e}^{Ts}$，所以 s 平面采样角频率 ω_s 与 z 平面角频率 ω_z 之间的关系为

$$z=\mathrm{e}^{\mathrm{j}\omega_z T}=\mathrm{e}^{\mathrm{j}(\omega_z T+2k\pi)}=\mathrm{e}^{\mathrm{j}\left(\omega_z+k\frac{2\pi}{T}\right)T}=\mathrm{e}^{\mathrm{j}(\omega_z+k\omega_s)T}$$

可见，ω_s 整数倍的所有点都映射到 z 平面上的同一频率点 ω_z。

(4) 该方法不具有串联性质，即

$$\mathcal{Z}[D_1(s)\cdot D_1(s)\cdot\ \cdots\ \cdot D_n(s)]\neq\mathcal{Z}[D_1(s)]\cdot\mathcal{Z}[D_1(s)]\cdot\ \cdots\ \cdot\mathcal{Z}[D_n(s)]$$

其应用范围是：$D(s)$应具有部分分式结构或较容易地分解为并联结构，且 $D(s)$具有陡衰减特性。因此该方法并不实用。

4.3.2 阶跃响应不变法

阶跃响应不变法要求设计的数字控制器 $D(z)$ 产生的单位阶跃响应与模拟控制器 $D(s)$产生的单位阶跃响应在采样时刻相等。也就是用零阶保持器与模拟控制器串联，然后进行 z 变换得到数字控制器 $D(z)$，因此该方法也称为加零阶保持器的 z 变换法，即

$$D(z)=\mathcal{Z}\left[\frac{1-\mathrm{e}^{-Ts}}{s}\cdot D(s)\right]\tag{4-12}$$

加入零阶保持器虽然能保持阶跃响应和稳态增益不变的特性，但并未改变 z 变换的性质，本质上也是 z 变换法。必须指出，这里的零阶保持器是一个虚拟的数学模型，对变换所得的数字控制器会造成相移，当采样频率较低时，应进行补偿。

例 4-2 已知模拟控制器 $D(s)=\dfrac{a}{s+a}$，试用阶跃响应不变法求数字控制器 $D(z)$及控制器的差分方程。

解：

$$D(z)=\mathcal{Z}\left[\frac{1-\mathrm{e}^{-Ts}}{s}\cdot\frac{a}{s+a}\right]=\frac{z^{-1}(1-\mathrm{e}^{-aT})}{1-\mathrm{e}^{-aT}z^{-1}}$$

所以，其差分方程为

$$u(k)=\mathrm{e}^{-aT}u(k-1)+(1-\mathrm{e}^{-aT})e(k-1)$$

阶跃响应不变法具有如下特点：

(1) $D(z)$与 $D(s)$的阶跃响应序列相同；

(2) 如果 $D(s)$是稳定的，则 $D(z)$也稳定；

(3) $D(z)$不能保持 $D(s)$的脉冲响应和频率响应，但由于零阶保持器具有低通滤波器特性，频率混叠现象显著减轻，频率特性畸变较小；

(4) 稳态增益不变，即 $\lim\limits_{s\to 0} D(s)=\lim\limits_{z\to 1} D(z)$；

(5) 该方法不具有串联性质。

4.3.3　差分变换法

微课视频

差分变换法就是把模拟控制器微分方程中的导数项用有限差分来近似等效，得到一个与原微分方程逼近的差分方程。

1. 前向差分变换法

对于给定的模拟控制器 $D(s)=\dfrac{U(s)}{E(s)}=\dfrac{1}{s}$，其对应的微分方程为 $\dfrac{\mathrm{d}u(t)}{\mathrm{d}t}=e(t)$。如果将微分用前向差分代替，则得到

$$e(kT)=\left.\frac{\mathrm{d}u(t)}{\mathrm{d}t}\right|_{t=kT}\approx\frac{u[(k+1)T]-u(kT)}{T}$$

简记 $u(k+1)=u(k)+Te(k)$，两边取 z 变换，得

$$(z-1)U(z)=TE(z)$$

即

$$D(z)=\frac{U(z)}{E(z)}=\frac{1}{\dfrac{z-1}{T}}$$

比较 $D(s)$和 $D(z)$，可知在对 $D(s)$进行前向差分变换时，将其中的 s 直接用式(4-13)代入即可

$$s=\frac{z-1}{T} \tag{4-13}$$

由此可得前向差分变换法的离散化公式为

$$D(z)=D(s)\Big|_{s=\frac{z-1}{T}} \tag{4-14}$$

这种等效变换法也可以将 z 进行泰勒级数展开，得到

$$z=\mathrm{e}^{Ts}=1+Ts+\frac{T^2s^2}{2!}+\cdots$$

取其一阶近似 $z\approx 1+Ts$，也可以得到 $s=\dfrac{z-1}{T}$。因此该方法也称为欧拉法。

从几何上，也可以推导前向差分变换法的变换公式。由 $\dfrac{\mathrm{d}u(t)}{\mathrm{d}t}=e(t)$ 可知，$u(t)=\int_0^t e(\tau)\mathrm{d}\tau$，对应的传递函数为 $D(s)=\dfrac{U(s)}{E(s)}=\dfrac{1}{s}$。用如图 4-3 所示的矩形面积可将前向差分变换法的数值积分逼近表示为

$$u(k)=T\sum_{i=0}^{k-1}e(i),\quad u(k-1)=T\sum_{i=0}^{k-2}e(i)$$

两式相减，得

$$u(k)-u(k-1)=Te(k-1)$$

两端取 z 变换，经整理得

$$D(z)=\frac{U(z)}{E(z)}=\frac{Tz^{-1}}{1-z^{-1}}=\frac{1}{\frac{z-1}{T}}$$

同样可以得到 $s=(z-1)/T$ 。

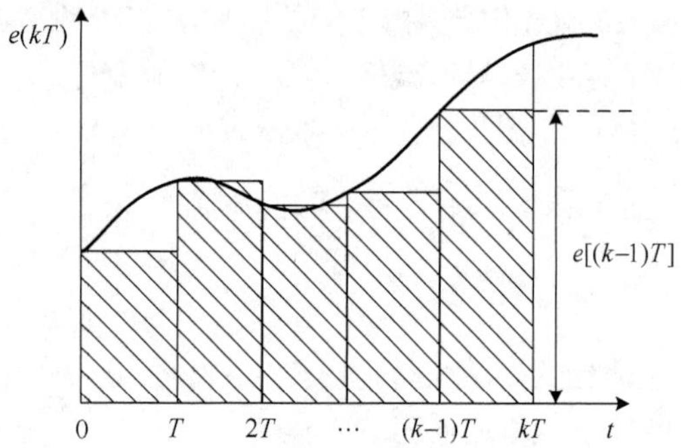

图 4-3　前向差分变换法的近似面积

例 4-3　已知模拟控制器 $D(s)=\dfrac{a}{s+a}$ ，试用前向差分变换法求数字控制器 $D(z)$及控制器的差分方程。

解:

$$D(z)=D(s)\Big|_{s=\frac{z-1}{T}}=\frac{aT}{z+(aT-1)}=\frac{aTz^{-1}}{1+(aT-1)z^{-1}}$$

控制器的差分方程为　$u(k)=(1-aT)u(k-1)+aTe(k-1)$

显然，当 $a>0$ 时，$D(s)$是稳定的；而 $aT-1$ 可能大于 1，即 $D(z)$可能是不稳定的。

前向差分变换法具有如下特点：

(1) $D(z)$不能保持 $D(s)$的脉冲响应和频率响应；

(2) 稳态增益不变，即 $\lim\limits_{s\to 0}D(s)=\lim\limits_{z\to 1}D(z)$ ；

(3) $D(s)$稳定时，$D(z)$不一定稳定。

由 $s=(z-1)/T$ 可知，s 与 z 为平移放大关系，s 平面与 z 平面的映射为一一对应的，无混叠。但左半 s 平面的稳定极点有可能映射到 z 平面单位圆以外，只有以$(-1/T, 0)$点为圆心，以 $1/T$ 为半径的圆内的极点，才能映射到 z 平面的单位圆以内，如图 4-4 所示。可见，用前向差分变换法获得的数字控制器 $D(z)$可能不稳定，因此该方法在实际中一般不采用。

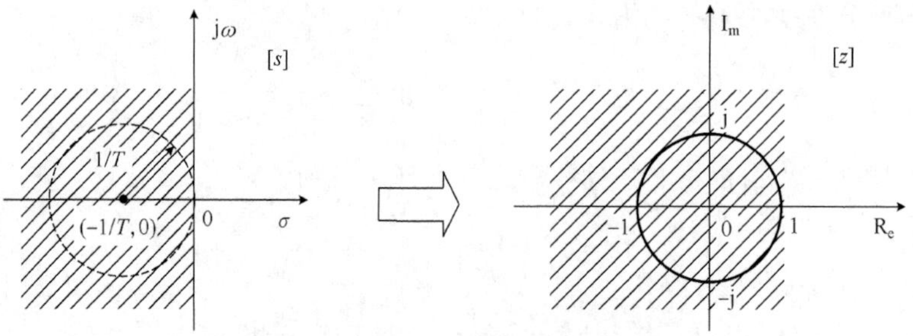

图 4-4　前向差分变换法的映射关系

2. *后向差分变换法*

设模拟控制器为

$$D(s)=\frac{U(s)}{E(s)}=\frac{1}{s}$$

其微分方程为 $\dfrac{\mathrm{d}u(t)}{\mathrm{d}t}=e(t)$ 。如果将微分用后向差分代替，则得到

$$\frac{\mathrm{d}u(t)}{\mathrm{d}t}\approx\frac{u(k)-u(k-1)}{T}=e(k)$$

两边取 z 变换，得 $$D(z)=\frac{U(z)}{E(z)}=\frac{T}{1-z^{-1}}=\frac{Tz}{z-1}$$

比较 $D(s)$和 $D(z)$，可得后向差分变换法的离散化公式为

$$D(z)=D(s)\Big|_{s=\frac{z-1}{Tz}} \tag{4-15}$$

这种等效变换法亦可以将 z^{-1} 进行泰勒级数展开得到，即

$$z^{-1}=\mathrm{e}^{-Ts}=1-Ts+\frac{T^2s^2}{2!}-\cdots$$

取其一阶近似 $z^{-1}\approx 1-Ts$ ，可得 $$s=\frac{1-z^{-1}}{T} \tag{4-16}$$

与前向差分变换法类似，从几何上仍可推导后向差分变换法的变换公式。对于积分方程 $u(t)=\int_0^t e(\tau)\mathrm{d}\tau$ ，用如图 4-5 所示的矩形面积表示后向差分变换法的数值积分逼近：

$$u(k)=T\sum_{i=0}^{k}e(i)\,,\quad u(k-1)=T\sum_{i=0}^{k-1}e(i)$$

两式相减，得

$$u(k)-u(k-1)=Te(k)$$

两端取 z 变换，经整理得

$$D(z)=\frac{U(z)}{E(z)}=\frac{Tz}{z-1}$$

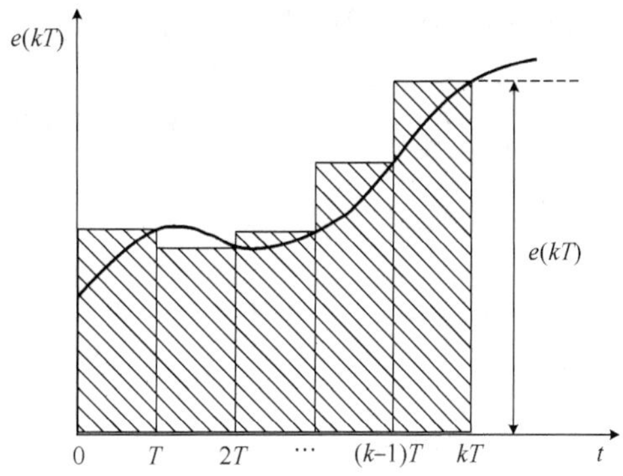

图 4-5 后向差分变换法的近似面积

同样可以得到 $s=(1-z^{-1})/T$ 。

例 4-4 已知模拟控制器 $D(s)=\dfrac{a}{s+a}$ ，试用后向差分变换法求数字控制器 $D(z)$及控制器的差分方程。

解： $$D(z)=D(s)\Big|_{s=\frac{z-1}{Tz}}=\frac{aT}{1+aT-z^{-1}}$$

其差分方程为 $$u(k)=\frac{1}{1+aT}u(k-1)+\frac{aT}{1+aT}e(k)$$

下面分析 s 平面与 z 平面的映射关系。

由后向差分变换法的离散化公式可得

$$z=\frac{1}{1-Ts}=\frac{1}{2}+\frac{1}{2}\cdot\frac{1+Ts}{1-Ts}$$

令 $s=\sigma+\mathrm{j}\omega$，进一步可得到 $$\left|z-\frac{1}{2}\right|^2=\frac{1}{4}\cdot\frac{(1+\sigma T)^2+(\omega T)^2}{(1-\sigma T)^2+(\omega T)^2}$$

由上式可见，当 $\sigma=0$ (s 平面虚轴)时，映射为 $\left|z-\frac{1}{2}\right|=\frac{1}{2}$ (对应于圆周)；当 $\sigma<0$ (s 左半

平面)时，映射为$\left|z-\frac{1}{2}\right|<\frac{1}{2}$(对应于圆内)；当$\sigma>0$($s$右半平面)时，映射为$\left|z-\frac{1}{2}\right|>\frac{1}{2}$(对应于圆外)。也就是说，后向差分变换法将$s$左半平面映射为$z$平面单位圆内以(1/2，0)为圆心，以1/2为半径的一个小圆以内，如图4-6中阴影部分所示。

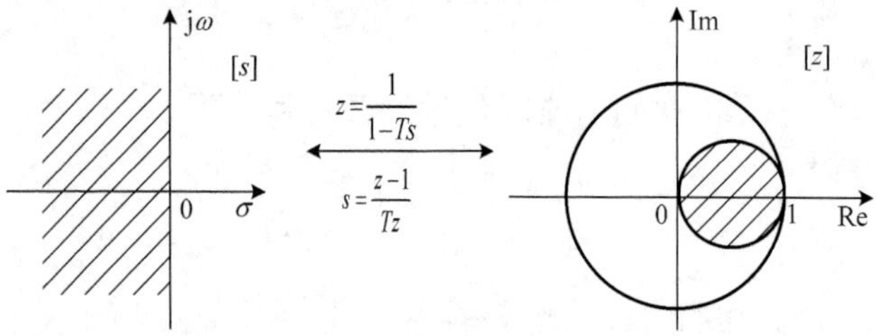

图4-6　后向差分变换法的映射关系

后向差分变换法的特点如下：

(1) s平面与z平面的映射为一一对应的，无混叠；

(2) $D(z)$不能保持$D(s)$的脉冲响应和频率响应；

(3) 具有串联特性，即若有数个连续环节相串联，可分别对每个环节做后向差分变换后再相乘；

(4) 变换前后稳态增益不变，即$\lim\limits_{s\to 0}D(s)=\lim\limits_{z\to 1}D(z)$；

(5) 若$D(s)$稳定，则$D(z)$一定稳定。

但由于这种变换的映射关系有畸变，变换精度较低，所以，其工程应用受到限制。

4.3.4　双线性及预修正双线性变换法

微课视频

双线性变换法的基本思想是用梯形面积近似表示数值积分值，因此比矩形面积近似有更高的精度。

1. 双线性变换法

根据z变换的定义，有
$$z=\mathrm{e}^{Ts}=\frac{\mathrm{e}^{\frac{Ts}{2}}}{\mathrm{e}^{-\frac{Ts}{2}}}$$

将分子分母分别进行泰勒级数展开，并取前两项进行近似，得到
$$z=\frac{1+\frac{Ts}{2}+\cdots}{1-\frac{Ts}{2}+\cdots}\approx\frac{1+\frac{Ts}{2}}{1-\frac{Ts}{2}}=\frac{\frac{2}{T}+s}{\frac{2}{T}-s} \tag{4-17}$$

由式(4-17)可解出
$$s=\frac{2}{T}\cdot\frac{z-1}{z+1} \tag{4-18}$$

式(4-18)即为双线性变换的算法，又称为塔斯汀(Tustin)变换法，则
$$D(z)=D(s)\Big|_{s=\frac{2}{T}\frac{z-1}{z+1}} \tag{4-19}$$

双线性变换法也可以通过梯形积分法求得。设模拟控制器为

$$D(s)=\frac{U(s)}{E(s)}=\frac{1}{s}$$

其离散化公式中的积分项使用梯形面积近似，如图 4-7 所示，则

$$u(k)=u(k-1)+\frac{T}{2}\left[e(k)+e(k-1)\right]$$

两边取 z 变换，得

$$D(z)=\frac{U(z)}{E(z)}=\frac{T}{2}\cdot\frac{1+z^{-1}}{1-z^{-1}}=\frac{1}{\dfrac{2}{T}\cdot\dfrac{z-1}{z+1}}$$

比较 $D(s)$和 $D(z)$，可得双线性变换法的离散化公式如式(4-19)所示。

下面分析 s 平面与 z 平面的映射关系。

将 $s=\sigma+\mathrm{j}\omega$ 代入式(4-17)，得

$$z=\frac{1+\dfrac{Ts}{2}}{1-\dfrac{Ts}{2}}=\frac{\left(1+\dfrac{T}{2}\sigma\right)+\mathrm{j}\dfrac{\omega T}{2}}{\left(1-\dfrac{T}{2}\sigma\right)-\mathrm{j}\dfrac{\omega T}{2}}$$

两边取模的平方：

$$|z|^2=\frac{\left(1+\dfrac{T}{2}\sigma\right)^2+\left(\dfrac{\omega T}{2}\right)^2}{\left(1-\dfrac{T}{2}\sigma\right)^2+\left(\dfrac{\omega T}{2}\right)^2}$$

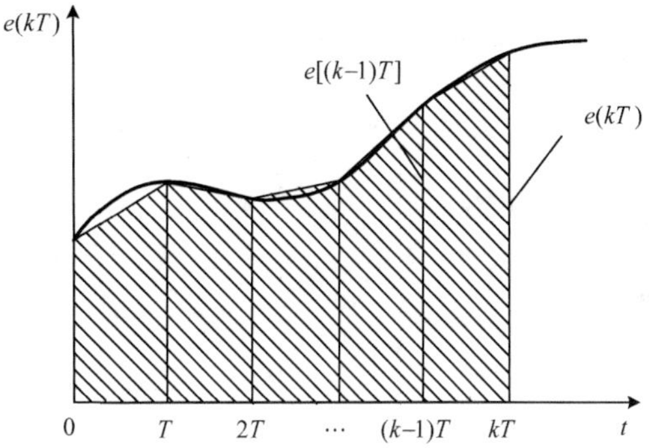

图 4-7　双线性变换的近似面积

可知，当 $\sigma=0$ (s 平面虚轴)时，$|z|=1$，映射到 z 平面为单位圆周；当 $\sigma<0$ (s 左半平面)时，$|z|<1$，映射到 z 平面为单位圆内；当 $\sigma>0$ (s 右半平面)时，$|z|>1$，映射到 z 平面为单位圆外，如图 4-8 所示。

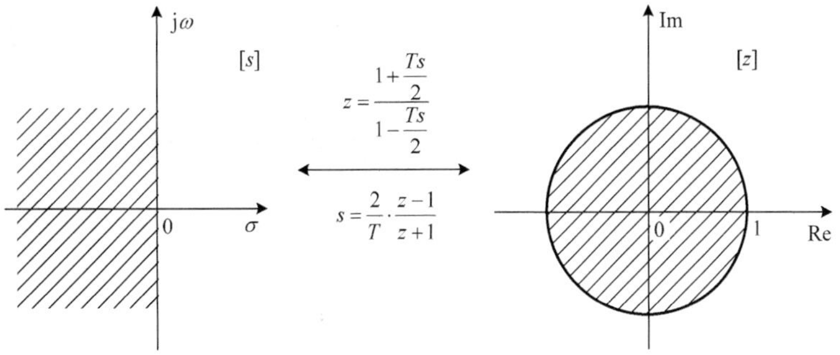

图 4-8　双线性变换法的映射关系

从图 4-8 的映射结果来看，双线性变换法与 $z=\mathrm{e}^{Ts}$ 的映射关系一样，但两者在暂态响应和频率响应特性的影响方面有很大差异。例如，令 $s=\mathrm{j}\omega$，将 $z=\mathrm{e}^{\mathrm{j}\omega_z T}$ 代入式(4-18)可得

$$\mathrm{j}\omega=\frac{2}{T}\cdot\frac{\mathrm{e}^{\mathrm{j}\omega_z T}-1}{\mathrm{e}^{\mathrm{j}\omega_z T}+1}=\frac{2}{T}\cdot\frac{\mathrm{e}^{\mathrm{j}\frac{\omega_z T}{2}}-\mathrm{e}^{-\mathrm{j}\frac{\omega_z T}{2}}}{\mathrm{e}^{\mathrm{j}\frac{\omega_z T}{2}}+\mathrm{e}^{-\mathrm{j}\frac{\omega_z T}{2}}}=\frac{2}{T}\cdot\frac{2\mathrm{j}\sin\dfrac{\omega_z T}{2}}{2\cos\dfrac{\omega_z T}{2}}=\mathrm{j}\cdot\frac{2}{T}\cdot\tan\frac{\omega_z T}{2} \tag{4-20}$$

于是
$$\omega = \frac{2}{T} \cdot \tan \frac{\omega_z T}{2} \tag{4-21}$$

$$\omega_z = \frac{\theta_z}{T} = \frac{2}{T} \cdot \arctan \frac{\omega T}{2} \tag{4-22}$$

式中，θ_z为z平面的幅角。

可知，模拟角频率ω和离散角频率ω_z之间存在着非线性关系，当$\omega_z T$取值为0～π时，ω的值为0～+∞。尽管s平面的频率ω沿虚轴从−∞到+∞变化时，将一对一地映射为z平面的整个单位圆周，从而不会产生频率混叠现象，但是式(4-22)中ω_z与ω的非线性关系将s平面$\omega=0$～+∞频段压缩到z平面的有限频段$\omega_z=0$～π/T(0～$\omega_s/2$)，如图4-9所示。因此，当采样角频率ω_s较高时，ω_z与ω在低频段可近似为线性关系，具有较好的保真度，而在高频段则发生了较大的频率畸变。

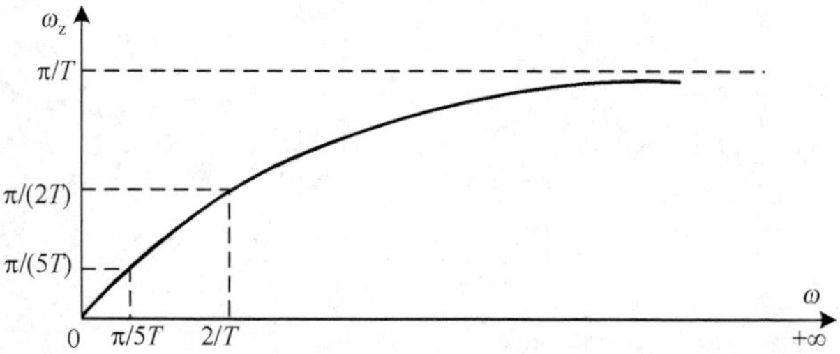

图4-9　s平面角频率和z平面角频率的非线性关系

综合以上分析，双线性变换法的特点为：

(1) 若$D(s)$稳定，则$D(z)$一定稳定；

(2) 变换前后稳态增益维持；

(3) 具有串联性；

(4) $D(z)$不能保持$D(s)$的脉冲响应和频率响应；

(5) 双线性变换法的一对一映射保证了离散频率特性不产生频率混叠现象，但是频率轴产生了畸变。

例4-5　已知模拟控制器$D(s)=\dfrac{a}{s+a}$，试用双线性变换法求数字控制器$D(z)$及控制器的差分方程。

解：
$$D(z) = D(s)\Big|_{s=\frac{2}{T}\frac{z-1}{z+1}} = \frac{aT(z+1)}{(2+aT)z+aT-2}$$

控制器的差分方程为
$$u(k) = \frac{2-aT}{2+aT}u(k-1) + \frac{aT}{2+aT}[e(k)+e(k-1)]$$

当$a=1$，$T=1$s时，有
$$D(z) = \frac{1}{s+1}\Big|_{s=\frac{2}{T}\frac{z-1}{z+1}} = \frac{0.333z+0.333}{z-0.333}$$

2. 预修正双线性变换法

双线性变换法由于频率轴的畸变导致了频率响应特性畸变，如果要保证变换前后某个特征频率不变，则需要采用预修正的办法来对频率特性的畸变进行补偿。其基本思想是在 $D(s)$ 未变成 $D(z)$之前，将 $D(s)$的特征频率预先加以修正(预畸变)，使得预修正后的 $D(s)$变换成 $D(z)$时正好达到所要求的特征频率。

预修正双线性变换法的步骤如下。

(1) 计算预修正频率大小。选取特征频率为ω_1，如果要求变换后的特征频率仍为ω_1，则 s 域频率ω应预修正到

$$\omega_1^* = \frac{2}{T}\cdot\tan\frac{\omega_1 T}{2}$$

(2) 将原模拟控制器 $D(s)$修正为 $D(s/\omega_1^*)$；

(3) 对修正后的模拟控制器做双线性变换，即 $D(z) = k_z \cdot D(s/\omega_1^*)\Big|_{s=\frac{2}{T}\cdot\frac{z-1}{z+1}}$；

(4) 按稳态增益相等的原则确定 $D(z)$的增益 k_z，即 $\lim\limits_{z\to 1} D(z) = D(s)\big|_{s=0}$ 。

例 4-6　已知模拟控制器为

$$D(s) = \frac{1}{(s/\omega_n)^2 + 2\xi(s/\omega_n)+1} = \frac{1}{s^2+0.2s+1}$$

设采样周期为 $T=1$s。试采用双线性变换法求数字控制器 $D(z)$，使其离散化前后在频率 $\omega_n = 1$rad/s 处具有相同的频率响应。

解：依题意，选$\omega_n = 1$ rad/s 为特征频率ω_1。

(1) 计算预修正频率：　$\omega_1^* = \dfrac{2}{T}\tan\dfrac{\omega_1 T}{2} = 1.092$ rad/s

(2) 对模拟控制器 $D(s)$进行修正：

$$D(s/\omega_1^*) = \frac{1}{(s/\omega_1^*)^2 + 2\xi(s/\omega_1^*)+1} = \frac{1}{(s/1.092)^2+0.2(s/1.092)+1} = \frac{1.1924}{s^2+0.218s+1.1924}$$

(3) 对修正后的模拟控制器做双线性变换：

$$D(z) = k_z \cdot D(s/\omega_1^*)\Big|_{s=\frac{2}{T}\cdot\frac{z-1}{z+1}} = k_z\cdot\frac{0.2119(z+1)^2}{z^2-0.997z+0.845}$$

(4) 进行增益匹配：$D(z)\big|_{z=1} = k_z\cdot\dfrac{0.2119\times 2^2}{1-0.997+0.845} = D(s)\big|_{s=0} = 1$

即

$$k_z \approx 1$$

因此，所求数字控制器为

$$D(z) = \frac{0.2119(z+1)^2}{z^2-0.997z+0.845} = \frac{0.2119(1+z^{-1})^2}{1-0.997z^{-1}+0.845z^{-2}}$$

预修正的双线性变换法本质上仍为双线性变换法，因此具有双线性变换的各种性质，但由于采用了预修正的方法来补偿频率特性的畸变，可以保证离散化前后的频率特性在特征频率处相等。

4.3.5　零极点匹配法

系统的零极点位置决定了系统的性能。零极点匹配法就是将 $D(s)$在 s 平面的零极点均按照 s 域与 z 域的转换关系 $z = \mathrm{e}^{Ts}$ 一一对应地映射到 z 平面上，因此亦称为根匹配 z 变换法。

变换后 $D(z)$的分母和分子的阶次总是相等的。当 $D(s)$的极点数比零点数多时，缺少的零点可视作在 $s \to \infty$处存在零点，可用 z 平面上对应于最高频率$\omega_s/2$ 处 $z=-1$ 的零点进行匹配。

1. 零极点匹配法的步骤

(1) 将模拟控制器 $D(s)$写成零极点的形式：

$$D(s) = \frac{k_s \prod_{i=1}^{m}(s+z_i)}{\prod_{i=1}^{n}(s+p_i)}$$

式中，$n \geqslant m$；p_i 和 z_i 分别为 n 个极点和 m 个零点；k_s 为 $D(s)$的增益。

(2) 将 $D(s)$的零点或极点按 $z = \mathrm{e}^{Ts}$ 关系映射到 z 平面。

实数的零点或极点：$s + a \to z - \mathrm{e}^{-aT}$。

共轭复数的零点或极点：$(s+a+\mathrm{j}b)(s+a-\mathrm{j}b) \to z^2 - 2\mathrm{e}^{-aT} z\cos bT + \mathrm{e}^{-2aT}$。

同时，当 $D(s)$的极点数 n 多于零点数 m 时，在 $z=-1$ 处加上足够的零点，即添加$(z+1)^{n-m}$项，使 $D(s)$与 $D(z)$的零极点个数相同，从而得到变换后的数字控制器 $D(z)$为

$$D(z) = k_z \cdot \frac{\prod_{i=1}^{m}(z - \mathrm{e}^{-z_i T})}{\prod_{i=1}^{n}(z - \mathrm{e}^{-p_i T})}(z+1)^{n-m} \tag{4-23}$$

式中，k_z 为 $D(z)$的增益。

(3) 按照稳态增益相等的原则匹配 $D(z)$的增益 k_z，即 $\lim\limits_{z\to 1} D(z) = D(s)\big|_{s=0}$。

(4) 若 $D(s)$的分子有 s 因子，则可选某特征频率处ω_1 的幅频特性相等(即$\left|D(\mathrm{j}\omega_1)\right| = \left|D(\mathrm{e}^{\mathrm{j}\omega_1 T})\right|$)来确定 $D(z)$的增益 k_z。

2. 零极点匹配法的特点

(1) 由于零极点匹配变换是基于 z 变换进行的，可以保证变换前后的稳定性。同时，频率特性的保真度也较好。

(2) 当 $D(s)$的极点数 n 多于零点数 m 时，通过在 $D(z)$上匹配$(z+1)^{n-m}$项，可获得式(4-18)双线性变换的结果，因此不会产生频率混叠。

例 4-7　已知模拟控制器 $D(s) = \dfrac{a}{s+a}$，试用零极点匹配法求 $D(z)$及控制器的差分方程。

解：由于 $D(s)$有 1 个极点，无零点，所以$n - m = 1$。由式(4-23)得

$$D(z) = k_z \cdot \frac{1}{z - \mathrm{e}^{-Ta}} \cdot (z+1)$$

由于 $D(s)\big|_{s=0}=1$，则
$$\lim_{z\to 1}D(z)=D(z)\big|_{z=1}=\frac{2k}{1-\mathrm{e}^{-Ta}}=1$$

求得
$$k_{\mathrm{z}}=\frac{1-\mathrm{e}^{-Ta}}{2}$$

所以
$$D(z)=\frac{(z+1)(1-\mathrm{e}^{-Ta})}{2(z-\mathrm{e}^{-Ta})}=\frac{0.5(1+z^{-1})(1-\mathrm{e}^{-Ta})}{1-\mathrm{e}^{-Ta}z^{-1}}$$

控制器的差分方程为
$$u(k)=\mathrm{e}^{-Ta}u(k-1)+0.5(1-\mathrm{e}^{-Ta})e(k)+0.5(1-\mathrm{e}^{-Ta})e(k-1)$$

4.3.6　各种离散化方法的对比评价

以上分别讨论了各种离散化方法及其相应的特点。作为连续域等效数字控制器设计的关键环节，重点关注的是各种离散化方法对控制器离散化前后性能的保真度，如稳定性、稳态增益、频率特性、动态特性等。

A.Ben-Zwi 和 M.Frenzler 在 4 种采样频率(1kHz、100kHz、50Hz、33Hz)下对 8 种离散化方法进行了对比研究：①脉冲响应不变法(z 变换法)；②阶跃响应不变法(带零阶保持器的 z 变换法)；③加一阶保持器的 z 变换法；④多余零点在 $z=1$ 处的零极点匹配法(根匹配 z 变换法)；⑤多余零点在 $z=0$ 处的零极点匹配法(根匹配 z 变换法)；⑥双线性变换法；⑦预修正双线性变换法；⑧差分变换法。得出的结论是：最好的离散化方法是双线性变换法，即使对于低采样频率也有很好的效果，如果增益是唯一性能准则，零极点匹配法(根匹配 z 变换法)比双线性变换法的效果更好一些；其次是零极点匹配法和后向差分变换法；再次是阶跃响应不变法和脉冲响应不变法。

同时，从工程应用的适用性与方便性角度考虑，以下给出对各种离散化方法的评价和建议。

(1) 脉冲响应不变法(z 变换法)的频率特性保真度较差，且容易出现频率混叠现象，只适用于离散化低通或窄带滤波器。同时，由于该方法不具备串联特性，也不方便工程上的实际应用。

(2) 阶跃响应不变法(带零阶保持器的 z 变换法)能自动保持稳态增益不变，且频率混叠现象较 z 变换法有所减轻，但是零阶保持器的引入产生了新的相位滞后，一般该方法也只能适用于低通滤波网络。

(3) 后向差分变换法能保持离散化前后的稳定性，变换公式也较为简单。尽管等效精度不是很高，但对于具有一定惯性或滞后特性的工业过程控制而言，其等效精度是可以接受的，因此该方法在工程上应用较多。

(4) 双线性变换法的等效精度较高，能自动维持离散化前后的稳定性与稳态增益不变，并在 $\omega_{\mathrm{s}}/2$ 以内的频率保真度较好，但在高频段会产生一定的频率畸变，比较适用于离散化有限带宽的低通滤波网络。预修正双线性变换法除具备双线性变换的一般特性之外，还对指定频率点的频率特性具备很高的保真度，因此适用于某些对指定频率点频率特性要求较高的场合，如要求陷波器的频率维持不变等。双线性变换法具有串联特性，是工程上应用最为普遍的一种离散化方法。

(5) 零极点匹配法具有与双线性变换法相近的效果，对稳定性和频率特性的保真度都比较高，但是零极点匹配法要求将 $D(s)$分解为零极点形式，并进行增益匹配，因此在工程上应

用不够方便。该方法为恒稳定算法，仅适用于线性系统。

综上所述，应根据具体应用系统的性能要求进行离散化方法的选择。必须指出，以上所有离散化方法的等效性能均与采样周期 T 密切相关。一般而言，采样周期 T 越小，等效性能越好，这在差分变换法中尤为明显。在 4.2.1 节介绍等效离散原理时已经强调，在使用连续控制系统理论等效设计数字控制器时，为保证设计的等效精度，通常要求足够高的采样频率，这就意味着对计算机系统的运算速度与处理能力要求较高。这是这类设计方法的主要不足之处。

4.4　数字 PID 控制器的设计

PID 控制器是包含比例(Proportional, P)、积分(Integral, I)、微分(Differential, D)控制规律的控制器，简称 PID 控制，又称为 PID 调节。自 20 世纪 30 年代末问世以来，PID 控制器经过广泛的理论研究和应用实践，成为迄今为止一直在工业控制领域占据主导地位的控制器。一般来讲，当被控对象因结构或参数未知而得不到精确的数学模型，或控制器的结构和参数必须依靠经验和现场调试来确定时，应用 PID 控制器较为方便。PID 控制器成功应用的本质原因是其所蕴含的富有哲理的深刻思想：积分反映了输入信号的“历史”信息；比例反映了“当前”状态；微分则表征其“未来”的变化趋势。随着计算机的发展，数字 PID 控制器很容易通过编程来实现，各种改进型算法也可以通过软件得到修正和完善，因此数字 PID 控制器是本章学习的重点内容。

4.4.1　PID 控制器的基本形式及数字化标准算法

微课视频

1. 模拟 PID 控制器的基本形式

在实际工业控制中，通常大多数被控对象都有储能元件，这就造成系统对输入作用的响应有一定的惯性。而且，在能量和信息的传输过程中，时间上的滞后往往会导致系统的响应变差，甚至不稳定。因此，为了改善系统的调节品质，通常在闭环系统中引入偏差的比例(P)调节，以保证快速性；引入偏差的积分(I)调节，以提高控制精度；引入偏差的微分(D)调节，以消除惯性的影响，这就形成了模拟 PID 控制系统的基本结构，如图 4-10 所示。

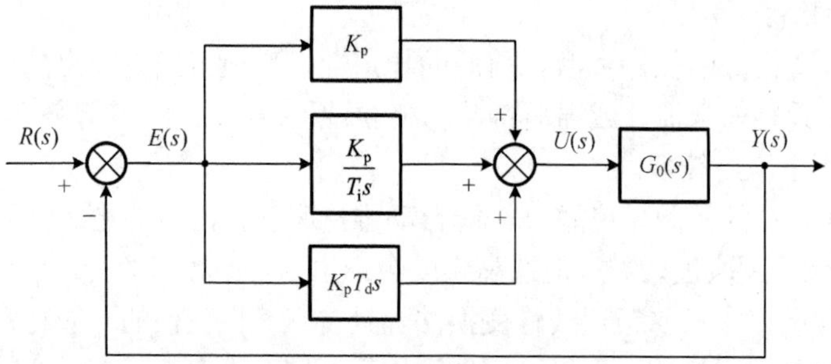

图 4-10　模拟 PID 控制系统

模拟 PID 控制器的微分方程为

$$u(t)=K_p\left[e(t)+\frac{1}{T_i}\int_0^t e(\tau)\mathrm{d}\tau+T_d\frac{\mathrm{d}e(t)}{\mathrm{d}t}\right] \tag{4-24}$$

式中，K_p为比例系数；T_i为积分时间常数；T_d为微分时间常数。

对式(4-24)进行拉普拉斯变换，得

$$U(s)=K_p\left[E(s)+\frac{E(s)}{T_i s}+T_d sE(s)\right] \tag{4-25}$$

进而可得模拟 PID 控制器的传递函数为

$$D(s)=\frac{U(s)}{E(s)}=K_p\left(1+\frac{1}{T_i s}+T_d s\right) \tag{4-26}$$

2. PID 控制的数字化标准算法

1) 位置式数字 PID 控制算法

当采样周期 T 足够小时，有

$$\begin{cases} u(t)\approx u(k) \\ e(t)\approx e(k) \\ \displaystyle\int_0^t e(\tau)\mathrm{d}\tau \approx \sum_{j=0}^{k} e(j)\cdot T = T\sum_{j=0}^{k} e(j) \\ \dfrac{\mathrm{d}e(t)}{\mathrm{d}t}\approx \dfrac{e(k)-e(k-1)}{T} \end{cases} \tag{4-27}$$

将式(4-24)和式(4-27)进行整理后得到

$$\begin{aligned} u(k) &= K_p\left[e(k)+\frac{T}{T_i}\sum_{j=0}^{k}e(j)+T_d\frac{e(k)-e(k-1)}{T}\right] \\ &= K_p e(k)+K_i\sum_{j=0}^{k}e(j)+K_d\left[e(k)-e(k-1)\right] \end{aligned} \tag{4-28}$$

式中，$K_i=\dfrac{K_p T}{T_i}$为积分系数；$K_d=K_p\dfrac{T_d}{T}$为微分系数。

式(4-28)表明，计算机控制过程是根据不同采样时刻的偏差 $e(k)$计算输出控制量 $u(k)$。$u(k)$的控制量直接决定了执行机构的位置，故称为位置式数字 PID 控制算法(简称位置式 PID 算法)。

对式(4-28)取 z 变换，得到

$$U(z)=K_p E(z)+K_i\frac{1}{1-z^{-1}}E(z)+K_d(1-z^{-1})E(z) \tag{4-29}$$

因此，PID 控制器的 z 传递函数为

$$D(z)=\frac{U(z)}{E(z)}=K_p+\frac{K_i}{1-z^{-1}}+K_d(1-z^{-1})=\frac{K_p(1-z^{-1})+K_i+K_d(1-z^{-1})^2}{1-z^{-1}} \tag{4-30}$$

也可直接应用后向差分变换，将 $s=(1-z^{-1})/T$ 代入式(4-26)，推导出位置式数字 PID 控制器，如式(4-30)所示。将 $D(z)$进行 z 反变换，即可得到其差分方程形式的控制算法(式(4-28))。请读者自行推导。

2) 增量式数字 PID 控制算法

当执行机构不需要控制量全值，而是其增量时，由位置式数字 PID 控制算法可以导出增量式数字 PID 控制算法。

由式(4-28)，得

$$u(k-1)=K_{\mathrm{p}}e(k-1)+K_{\mathrm{i}}\sum_{j=0}^{k-1}e(j)+K_{\mathrm{d}}\left[e(k-1)-e(k-2)\right] \tag{4-31}$$

将式(4-28)与式(4-31)相减得

$$\begin{aligned}\Delta u(k)&=u(k)-u(k-1)\\&=K_{\mathrm{p}}[e(k)-e(k-1)]+K_{\mathrm{i}}e(k)+K_{\mathrm{d}}[e(k)-2e(k-1)+e(k-2)]\\&=(K_{\mathrm{p}}+K_{\mathrm{i}}+K_{\mathrm{d}})e(k)-(K_{\mathrm{p}}+2K_{\mathrm{d}})e(k-1)+K_{\mathrm{d}}e(k-2)\end{aligned} \tag{4-32}$$

式(4-32)即为增量式数字 PID 控制算法，简称增量式 PID 算法。

增量式控制算法具有以下优点：

(1) 控制器只输出控制增量，即执行机构只接收其增量即变化的部分，因而执行机构误动作的概率较小；

(2) 在 k 时刻的增量输出为$\Delta u(k)$，只须用到此时刻的偏差 $e(k)$以及前一时刻的偏差$e(k-1)$、前两时刻的偏差$e(k-2)$，这大大节约了内存和计算时间；

(3) 在进行手动/自动切换时，控制量冲击小，能够较平滑地过渡。

位置式 PID 算法和增量式 PID 算法是 PID 控制算法的两种表现形式，从本质上讲是一致的。由增量式 PID 算法(式(4-32))得到的位置式 PID 算法的另一种表达形式为

$$\begin{aligned}u(k)&=u(k-1)+\Delta u(k)\\&=u(k-1)+K_{\mathrm{p}}[e(k)-e(k-1)]+K_{\mathrm{i}}e(k)+K_{\mathrm{d}}[e(k)-2e(k-1)+e(k-2)]\end{aligned} \tag{4-33}$$

实际上，式(4-33)才是位置式 PID 算法的常用形式。可见，即使是位置式 PID 算法，也要计算控制增量，因为这样更简单实用。实际应用中究竟使用位置式还是增量式 PID 算法，关键看执行机构的特性，这点应引起足够的重视。如果执行机构具有积分特性部件(如步进电动机、具有齿轮传递特性的位置执行机构等)，则应该采用增量式 PID 算法；如果执行机构没有积分特性部件，则应该采用位置式 PID 算法。

3. 数字 PID 控制器的控制效果

数字 PID 控制系统如图 4-11 所示，其中控制器 $D(z)$采用数字 PID 控制算法。

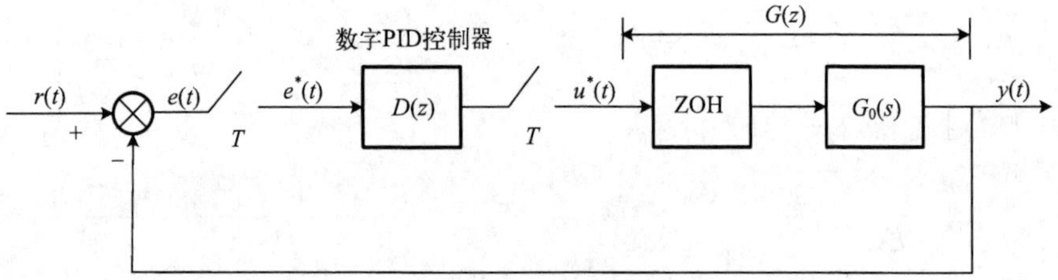

图 4-11　数字 PID 控制系统

根据比例(P)、积分(I)、微分(D)三种控制规律，常用的数字 PID 控制器有以下几种类型。

(1) 比例(P)控制器。比例控制器对偏差是即时反应的，偏差一出现，控制器立即产生控制作用，使输出量朝着减小偏差的方向变化，控制作用的强弱取决于比例系数 K_p。比例控制器虽然简单快速，但对于系统响应为有限值的控制对象存在稳态误差。加大比例系数 K_p 可以减小稳态误差，但是，K_p 过大时，会使系统的动态质量降低，引起输出量振荡，甚至导致闭环系统不稳定。

(2) 比例积分(PI)控制器。为了消除在比例控制中的残余稳态误差，可在比例控制的基础上加入积分控制。积分控制具有累积成分，只要偏差 $e(k)$ 不为零，它将通过累积作用影响控制量 $u(k)$，从而减小偏差，直到偏差为零。如果积分时间常数 T_i 大，则积分作用弱，反之则强。

增大 T_i 将减慢消除稳态误差的过程，但可减小超调量，提高稳定性。引入积分控制的代价是降低系统的快速性。

(3) 比例积分微分(PID)控制器。为了加快控制过程，有必要在偏差出现或变化的瞬间，按偏差变化的趋向进行控制，使偏差消灭在萌芽状态，这就是微分控制的原理。微分作用的加入将有助于减小超调量，克服振荡，使系统趋于稳定。

下面通过实例说明数字 PID 控制算法的控制效果。

例 4-8　设数字 PID 控制系统如图 4-11 所示，其中，$G_0(s)=\dfrac{10}{(s+2)(s+3)}$。已知系统输入为单位阶跃信号，$T=0.1\text{s}$，试分析数字 PID 控制器的控制效果。

程序分析

解：

$$G(z)=\mathcal{Z}\left[\frac{1-\mathrm{e}^{-Ts}}{s}G_0(s)\right]=\frac{0.042407z^{-1}(1+0.8465z^{-1})}{(1-0.8187z^{-1})(1-0.7408z^{-1})}$$

(1) 当 $D(z)=K_p$，即 P 控制时，开环系统的 z 传递函数为

$$W_k(z)=K_pG(z)=\frac{0.042407K_pz^{-1}(1+0.8465z^{-1})}{(1-0.8187z^{-1})(1-0.7408z^{-1})}$$

闭环系统的 z 传递函数为

$$W(z)=\frac{W_k(z)}{1+W_k(z)}=\frac{0.042407K_pz^{-1}(1+0.8465z^{-1})}{1+(0.042407K_p-1.5595)z^{-1}+(0.6065+0.0359K_p)z^{-2}}$$

系统的单位阶跃响应为

$$Y(z)=W(z)\cdot R(z)=\frac{0.042407K_pz^{-1}(1+0.8465z^{-1})}{1+(0.042407K_p-1.5595)z^{-1}+(0.6065+0.0359K_p)z^{-2}}\cdot\frac{1}{1-z^{-1}}$$

系统稳定时的输出稳态值为　$y(\infty)=\lim\limits_{z\to1}(1-z^{-1})Y(z)=\dfrac{7.8305K_p}{7.8307K_p+4.7}$

当 $K_p=0.5$ 时，$y(\infty)=0.4545$，$e(\infty)=0.5455$；当 $K_p=1$ 时，$y(\infty)=0.6249$，$e(\infty)=0.3751$；当 $K_p=2$ 时，$y(\infty)=0.7692$，$e(\infty)=0.2308$；当 $K_p=4$ 时，$y(\infty)=0.8695$，$e(\infty)=0.1305$；当 $K_p=9$ 时，$y(\infty)=0.9375$，$e(\infty)=0.0625$；当 $K_p=13$ 时，系统不稳定。图 4-12 为 K_p 取不同值时的输出响应波形。从图 4-12 可以看出，当 K_p 较小时，系统的响应速度比较缓慢，完全不能跟踪阶跃输入，且存在较大的静态误差；当 K_p 加大时，可使系统动作灵敏，响应速度加快，在系

统稳定的情况下稳态误差将减小，但不能完全消除稳态误差；当 K_p 偏大时，系统振荡次数增多，调节时间加长；而 K_p 过大时，系统趋于不稳定。

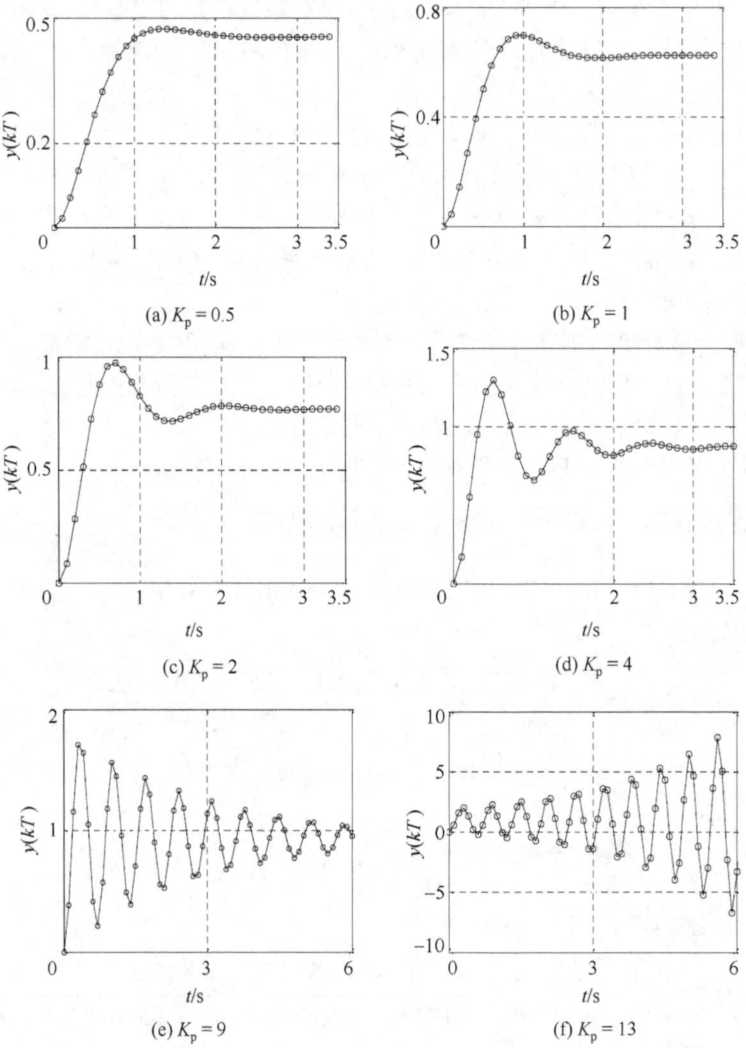

图 4-12　K_p 取不同值时的输出响应波形

(2) 当 $D(z) = K_p + K_i \dfrac{1}{1-z^{-1}}$，即 PI 控制时，设 $K_p = 4$，开环系统的 z 传递函数为

$$W_k(z) = D(z)G(z) = \frac{0.042407z^{-1}(1+0.8465z^{-1})[(4+K_i)-4z^{-1}]}{(1-0.8187z^{-1})(1-0.7408z^{-1})(1-z^{-1})}$$

闭环系统的 z 传递函数为

$$\begin{aligned} W(z) &= \frac{W_k(z)}{1+W_k(z)} \\ &= \frac{0.042407z^{-1}(1+0.8465z^{-1})[(4+K_i)-4z^{-1}]}{(1-0.8187z^{-1})(1-0.7408z^{-1})(1-z^{-1})+0.042407z^{-1}(1+0.8465z^{-1})[(4+K_i)-4z^{-1}]} \end{aligned}$$

系统的单位阶跃响应为

$$Y(z)=W(z)\cdot R(z)$$

$$=\frac{0.042407z^{-1}(1+0.8465z^{-1})[(4+K_{\mathrm{i}})-4z^{-1}]}{(1-0.8187z^{-1})(1-0.7408z^{-1})(1-z^{-1})+0.042407z^{-1}(1+0.8465z^{-1})[(4+K_{\mathrm{i}})-4z^{-1}]}\cdot\frac{1}{1-z^{-1}}$$

图 4-13 所示为 K_{i} 取不同值时的输出响应波形。

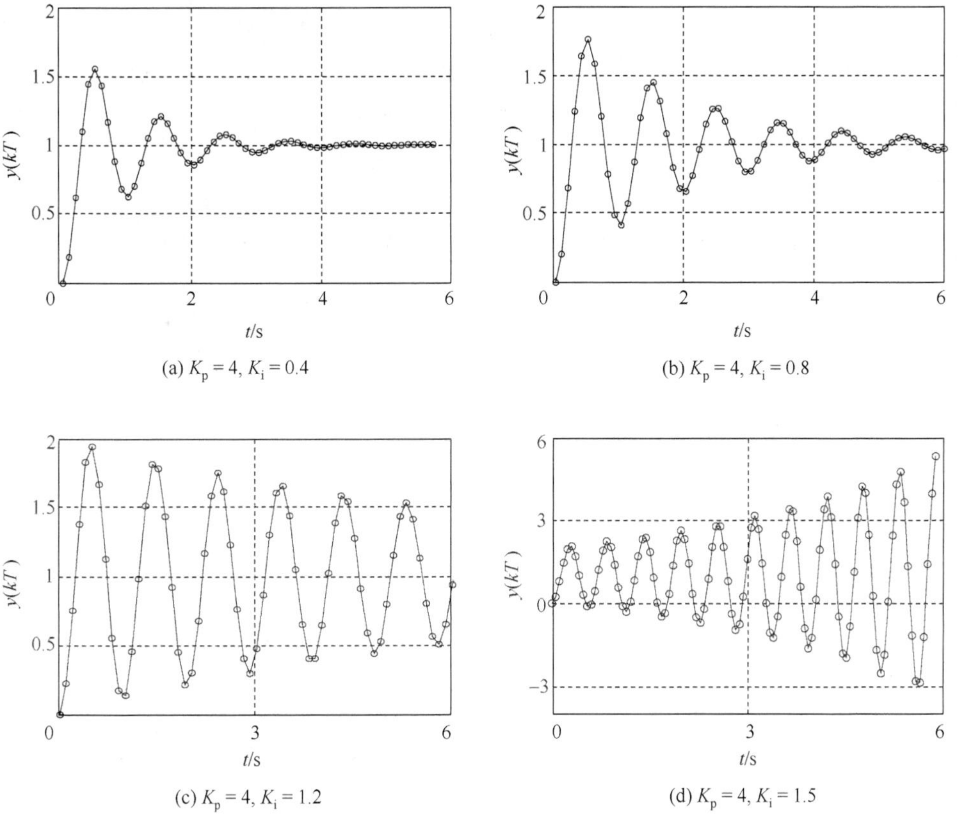

图 4-13　K_{i} 取不同值时的输出响应波形

系统稳定时的输出稳态值为

$$y(\infty)=\lim_{z\to 1}(1-z^{-1})Y(z)=1$$

由此可知，系统的稳态误差为 0。从图 4-13 可以看出，当 K_{i} 大小比较合适时系统的过渡过程比较理想，但 K_{i} 偏小时积分作用对系统的影响较小；K_{i} 偏大时系统的振荡次数较多；K_{i} 太大时系统将不稳定。因此，积分作用能消除稳态误差，提高控制精度，但通常会使系统的稳定性下降。

(3) 当 $D(z)=K_{\mathrm{p}}+\dfrac{K_{\mathrm{i}}}{1-z^{-1}}+K_{\mathrm{d}}(1-z^{-1})$，即 PID 控制时，设 $K_{\mathrm{p}}=4$，$K_{\mathrm{i}}=0.4$，开环系统 z 传递函数为

$$W_{\mathrm{k}}(z)=D(z)G(z)=\frac{0.042407z^{-1}(1+0.8465z^{-1})[(K_{\mathrm{p}}+K_{\mathrm{i}}+K_{\mathrm{d}})-(K_{\mathrm{p}}+2K_{\mathrm{d}})z^{-1}+K_{\mathrm{d}}z^{-2}]}{(1-0.8187z^{-1})(1-0.7408z^{-1})(1-z^{-1})}$$

$$=\frac{0.042407z^{-1}(1+0.8465z^{-1})[(4.4+K_{\mathrm{d}})-(4+2K_{\mathrm{d}})z^{-1}+K_{\mathrm{d}}z^{-2}]}{(1-0.8187z^{-1})(1-0.7408z^{-1})(1-z^{-1})}$$

系统的单位阶跃响应为

$$Y(z)=W(z)\cdot R(z)=\frac{W_{\mathrm{k}}(z)}{1+W_{\mathrm{k}}(z)}\cdot R(z)$$

$$=\frac{0.042407z^{-1}(1+0.8465z^{-1})[(4.4+K_{\mathrm{d}})-(4+2K_{\mathrm{d}})z^{-1}+K_{\mathrm{d}}z^{-2}]}{(1-0.8187z^{-1})(1-0.7408z^{-1})(1-z^{-1})+0.042407z^{-1}(1+0.8465z^{-1})[(4.4+K_{\mathrm{d}})-(4+2K_{\mathrm{d}})z^{-1}+K_{\mathrm{d}}z^{-2}]}\cdot\frac{1}{1-z^{-1}}$$

图 4-14 所示为 K_{d} 取不同值时的输出响应波形。当 K_{d} 偏小时，超调量较大，调节时间也较长；当 K_{d} 偏大时，超调量也较大；当 K_{d} 过大时，系统会丧失稳定。因此，只有选择合适的 K_{d} 时，才能得到比较满意的过渡过程。微分控制经常与比例或积分控制联合工作，构成 PD 或 PID 控制。引入微分控制可以改善系统的动态特性。

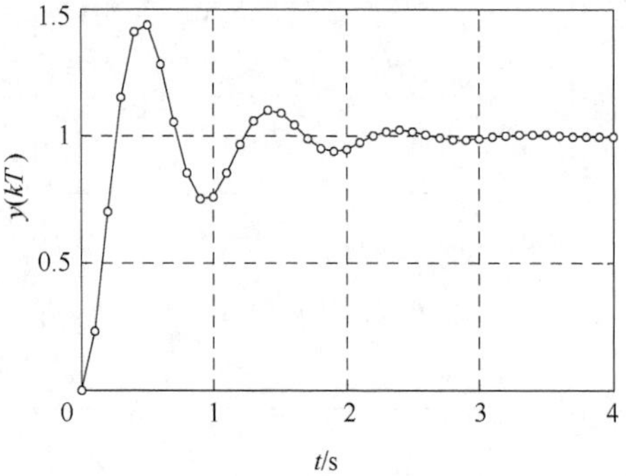

(a) $K_{\mathrm{p}}=4$，$K_{\mathrm{i}}=0.4$，$K_{\mathrm{d}}=1$

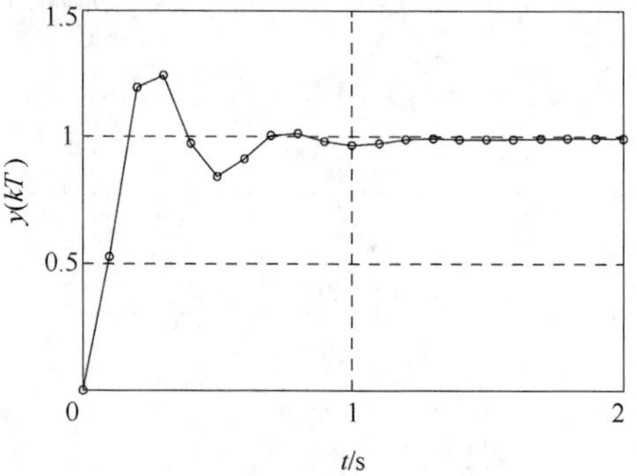

(b) $K_{\mathrm{p}}=4$，$K_{\mathrm{i}}=0.4$，$K_{\mathrm{d}}=0.8$

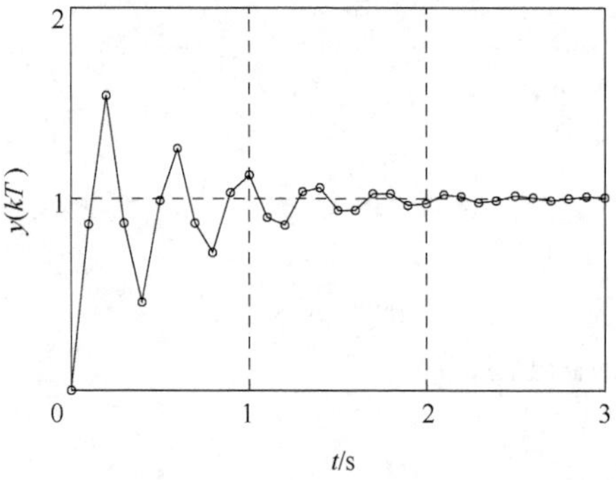

(c) $K_{\mathrm{p}}=4$，$K_{\mathrm{i}}=0.4$，$K_{\mathrm{d}}=16$

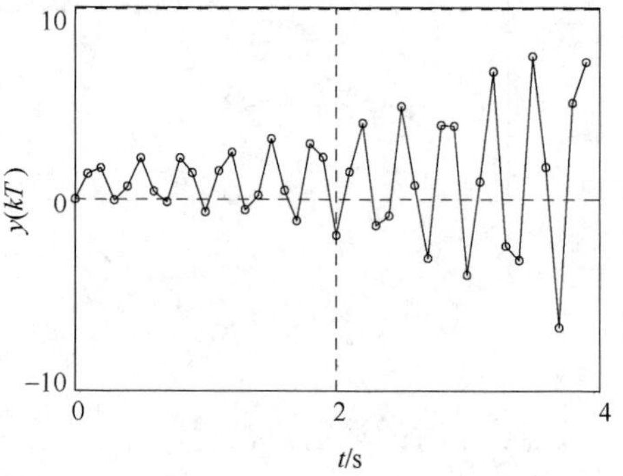

(d) $K_{\mathrm{p}}=4$，$K_{\mathrm{i}}=0.4$，$K_{\mathrm{d}}=27$

图 4-14　K_{d} 取不同值时的输出响应波形

4.4.2　数字 PID 控制算法的改进

微课视频

实际控制系统都会受到执行机构机械性能与物理性能的约束。如果控制器输出的信号过大，就会使执行机构进入饱和区或截止区，其输出特性将变成非线性。同时，执行机构还存在一定的阻尼和惯性，控制信号的响应速度或变化率过大也会使执行机构进入非线性区。例如，在标准位置式 PID 算法中，积分项作用过大时将出现积分饱和，微分项和比例控制作用过大时会出现微分饱和，它们都将使执行机构进入非线性区，从而使系统出现过大的超调量，产生振荡现象，动态品质下降。借助计算机的编程优势，对数字 PID 控制算法中的积分项和微分项进行改进，从而避免以上两种饱和现象，可使系统具有较好的动态品质指标。

1. 抗积分饱和 PID 控制算法

对于许多控制系统，在开始启动、停止系统或较大幅度改变系统的输入信号时，控制器的输入端都会产生较大的偏差。当执行机构已达到极限位置时仍然不能消除偏差，PID 中的积分作用还会因偏差的存在继续增大或减小其输出，但是其结果对执行机构已不能进行相应的操作，这就是积分饱和现象。此时，执行机构因已达到机械极限，实际接收的控制量将取边界值，并非计算值。这时的控制系统处于一种非线性状态，不能根据控制器输入偏差的变化按预期控制规律来正确地改变控制量。由于积分项很大，一般要经过很长时间误差才减小，因此系统会产生严重的超调。这种现象是实际控制系统所不能容忍的。

为了弥补上述缺点，可以采用根据偏差进行修正的积分分离算法和根据前一时刻 $u(k-1)$ 的大小进行修正的遇限削弱算法。

1) 积分分离算法

积分分离算法即在系统误差较大时，取消积分作用；在误差减小到某一定值之后，再重新接通积分作用，这样就可以既减小超调量，改善系统的动态品质，又保持积分作用。

设 e_0 为积分分离阈值，则当 $|e(k)|\leqslant e_0$ 时，采用 PID 控制，可保证稳态误差为 0；当 $|e(k)|>e_0$ 时，采用 PD 控制，可使超调量大幅度减小。

积分分离算法可表示为

$$\begin{aligned}u(k)&=K_{\mathrm{p}}\left[e(k)+K_{\mathrm{L}}\frac{T}{T_{\mathrm{i}}}\sum_{j=0}^{k}e(j)+T_{\mathrm{d}}\frac{e(k)-e(k-1)}{T}\right]\\&=K_{\mathrm{p}}e(k)+K_{\mathrm{L}}K_{\mathrm{i}}\sum_{j=0}^{k}e(j)+K_{\mathrm{d}}[e(k)-e(k-1)]\end{aligned}\tag{4-34}$$

式中，$K_{\mathrm{L}}=\begin{cases}1, & |e(k)|\leqslant e_0\\0, & |e(k)|>e_0\end{cases}$，称为控制系数。

以单位阶跃响应为例，积分分离 PID 与普通 PID 的控制效果对比如图 4-15 所示。由此可见，积分分离 PID 的控制性能比无积分分离的普通 PID 有了较大的改善。

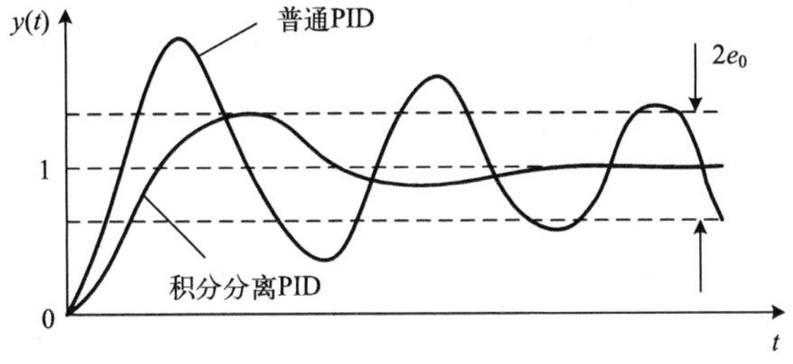

图 4-15　积分分离 PID 与普通 PID 的控制效果对比

2) 遇限削弱算法

设执行机构所能提供的最大控制变量限制值为 u_0，遇限削弱算法通过判断前一时刻的 $|u(k-1)|\leqslant u_0$ 和 $e(k-1)$ 偏差，以决定是否计入积分项和修正当前时刻的控制量。该算法相当于在 PID 控制系统中串联了一个饱和非线性环节，如图 4-16 所示。

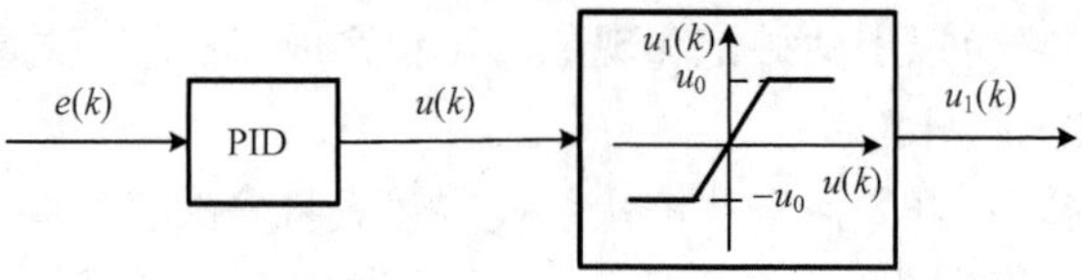

图 4-16　遇限削弱算法

经饱和非线性环节后控制器的输出为

$$u_1(k)=\begin{cases}u(k), & |u(k-1)|\leqslant u_0\\ u_0, & |u(k-1)|>u_0\end{cases} \tag{4-35}$$

一旦 PID 计算出的控制量$u(k-1)$进入饱和区，一方面对控制量输出值进行限幅，使其等于u_0；另一方面增加判别程序，算法中只执行削弱积分饱和项的积分运算，而停止增大积分饱和项的运算。当误差$e(k-1)$改变符号后，需要很长时间才能退出饱和区，实现反向控制作用。为此，有必要对数字 PID 控制器的输出进行限制，例如，设

$$u(k)=K_{\mathrm{p}}e(k)+K_{\mathrm{L}}K_{\mathrm{i}}\sum_{j=0}^{k}e(j)+K_{\mathrm{d}}[e(k)-e(k-1)] \tag{4-36}$$

式中，$K_{\mathrm{L}}=\begin{cases}0, & u(k-1)\cdot\mathrm{sign}[e(k-1)]>u_0\\ 1, & 其他\end{cases}$。

式(4-36)的工作过程为：当$u(k-1)$工作在线性区(非饱和区)，即$|u(k-1)|\leqslant u_0$时，取$K_{\mathrm{L}}=1$，积分器工作。当$u(k-1)$工作在饱和区，即$|u(k-1)|>u_0$时，分两种情况：①当$u(k-1)>0$时，如果$e(k-1)>0$，表明输出没有达到规定值，取$K_{\mathrm{L}}=0$，停止积分；如果$e(k-1)<0$，则输出超过了规定值，取$K_{\mathrm{L}}=1$，进行积分，使$u_1(t)$退出饱和区。②当$u(k-1)<0$时，如果$e(k-1)<0$，则输出没有达到规定值，取$K_{\mathrm{L}}=0$，停止积分；如果$e(k-1)>0$，则输出超过了规定值，取$K_{\mathrm{L}}=1$，进行积分。

上述遇限削弱算法抵抗积分饱和的原理示意图如图 4-17 所示。

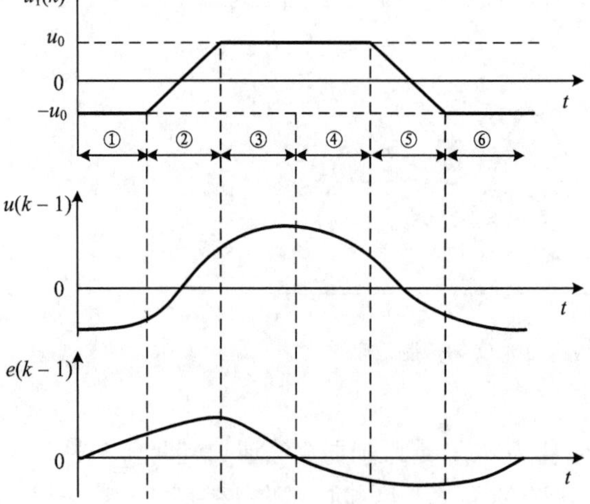

图 4-17　遇限削弱算法原理示意图

图 4-17 中，①为饱和区，此时$u(k-1)<0$，$e(k-1)>0$，须进行积分；②为线性区，须进行积分；③为饱和区，此时$u(k-1)>0$，$e(k-1)>0$，须停止积分；④为饱和区，此时$u(k-1)>0$，$e(k-1)<0$，须进行积分；⑤为线性区，须进行积分；⑥为饱和区，此时$u(k-1)<0$，$e(k-1)<0$，须停止积分。

2. 不完全微分 PID 控制算法

对于式(4-28)，如果只考虑微分控制作用，有

$$u_{\mathrm{d}}(k)=\frac{K_{\mathrm{p}}T_{\mathrm{d}}}{T}[e(k)-e(k-1)] \tag{4-37}$$

设偏差$e(k)$为单位阶跃信号，即$e(k)=$

1(*k*)，则可得到控制器的输出序列 $u_d(k)(k=0,1,2,\cdots)$为

$$u_{\rm d}(0)=\frac{K_{\rm p}T_{\rm d}}{T},\quad u_{\rm d}(1)=u_{\rm d}(2)=\cdots=0 \tag{4-38}$$

可见，标准 PID 控制器中的微分项只在第一个采样周期里起作用。通常 $T \ll T_{\rm d}$，因此会使 $u_d(0)$很大，容易导致微分输出饱和，如图 4-18 所示。

由于纯微分环节对噪声信号也具有放大作用，对噪声很敏感，容易引进高频干扰，因此，可以串接一个惯性环节(低通滤波器)来抑制高频影响。设低通滤波器的传递函数为

$$G_{\rm f}(s)=\frac{1}{T_{\rm f}s+1} \tag{4-39}$$

式中，T_f为时间常数。

不完全微分 PID 控制的结构如图 4-19 所示。可以看出，低通滤波器不仅对微分项起作用，也对比例项和积分项起作用。实际上也可以把滤波器单独加在微分项上，只对微分项进行平滑。但高频干扰信号在比例项和积分项中也有体现，因此图 4-19 所示结构是合理而实用的。

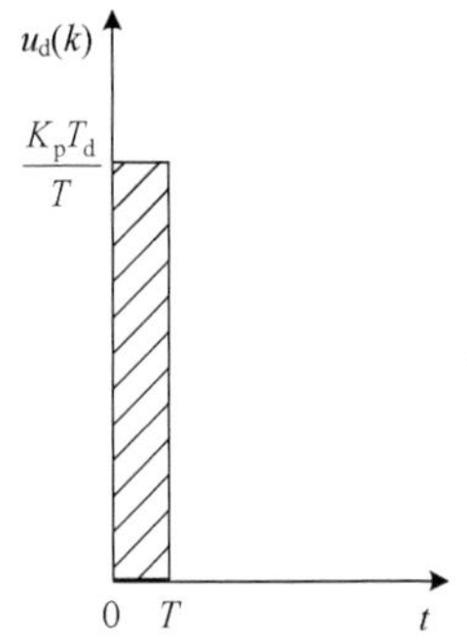

图 4-18　e(*k*)为单位阶跃信号时微分控制的输出曲线

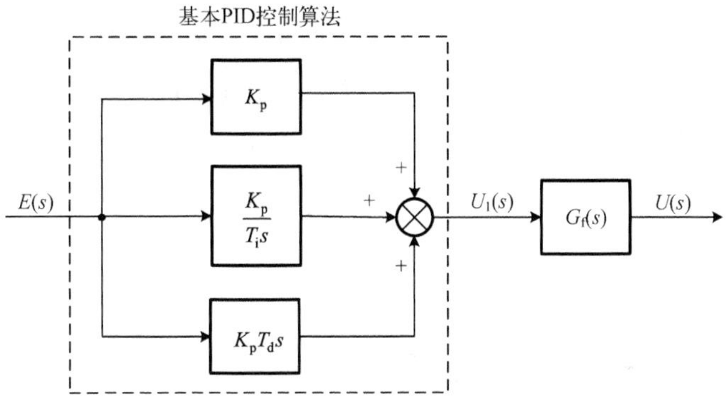

图 4-19　不完全微分 PID 控制结构

由图 4-19 可知

$$u_1(t)=K_{\rm p}\left[e(t)+\frac{1}{T_{\rm i}}\int_0^t e(\tau){\rm d}\tau+T_{\rm d}\frac{{\rm d}e(t)}{{\rm d}t}\right] \tag{4-40}$$

$$\frac{U(s)}{U_1(s)}=\frac{1}{T_{\rm f}s+1} \tag{4-41}$$

可得

$$T_{\rm f}\frac{{\rm d}u(t)}{{\rm d}t}+u(t)=u_1(t) \tag{4-42}$$

用后向差分代替微分，用矩形面积和代替积分，得

$$u(k)=au(k-1)+(1-a)u_1(k) \tag{4-43}$$

式中，$a=\dfrac{T_{\rm f}}{T_{\rm f}+T}<1$。

式(4-43)表明，*u*(*k*)也由 P、I、D 作用经滤波器叠加而成，即

$$u(k)=u_{\rm fp}(k)+u_{\rm fi}(k)+u_{\rm fd}(k) \tag{4-44}$$

由式(4-40)和式(4-43)，可得

$$u_{\mathrm{fp}}(k)=au_{\mathrm{fp}}(k-1)+(1-a)K_{\mathrm{p}}e(k) \tag{4-45}$$

$$u_{\mathrm{fi}}(k)=au_{\mathrm{fi}}(k-1)+(1-a)K_{\mathrm{i}}\sum_{j=0}^{k}e(j) \tag{4-46}$$

$$u_{\mathrm{fd}}(k)=au_{\mathrm{fd}}(k-1)+(1-a)K_{\mathrm{d}}[e(k)-e(k-1)] \tag{4-47}$$

假设 PID 控制器的输入偏差 $e(k)$为单位阶跃信号，$e(k)=1(k=0,1,2,\cdots)$，则由式(4-47)得到不完全微分项的输出序列为

$$\begin{aligned}
u_{\mathrm{fd}}(0)&=K_{\mathrm{d}}(1-a)=(1-a)K_{\mathrm{p}}T_{\mathrm{d}}/T\\
u_{\mathrm{fd}}(1)&=au_{\mathrm{fd}}(0)=K_{\mathrm{d}}(1-a)a\\
u_{\mathrm{fd}}(2)&=au_{\mathrm{fd}}(1)=K_{\mathrm{d}}(1-a)a^2\\
&\vdots\\
u_{\mathrm{fd}}(k)&=au_{\mathrm{fd}}(k-1)=K_{\mathrm{d}}(1-a)a^k
\end{aligned} \tag{4-48}$$

由式(4-45)得到经滤波器的比例项输出序列为

$$\begin{aligned}
u_{\mathrm{fp}}(0)&=(1-a)K_{\mathrm{p}}\\
u_{\mathrm{fp}}(1)&=(1-a^2)K_{\mathrm{p}}\\
u_{\mathrm{fp}}(2)&=(1-a^3)K_{\mathrm{p}}\\
&\vdots\\
u_{\mathrm{fp}}(k)&=(1-a^{k+1})K_{\mathrm{p}}
\end{aligned} \tag{4-49}$$

由式(4-46)得到经滤波器的积分项输出序列为

$$\begin{aligned}
u_{\mathrm{fi}}(0)&=0\\
u_{\mathrm{fi}}(1)&=(1-a)K_{\mathrm{i}}\\
u_{\mathrm{fi}}(2)&=(2-a-a^2)K_{\mathrm{i}}\\
u_{\mathrm{fi}}(3)&=(3-\alpha-a^2-a^3)K_{\mathrm{i}}\\
&\vdots\\
u_{\mathrm{fi}}(k)&=\left(k-\sum_{i=1}^{k}a^i\right)K_{\mathrm{i}},\ k\geqslant 1
\end{aligned} \tag{4-50}$$

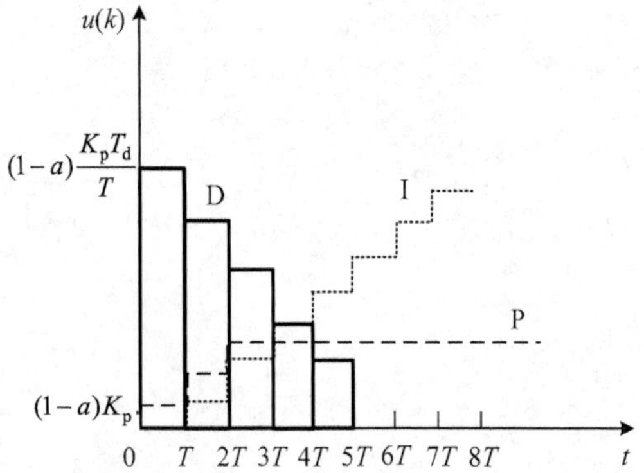

图 4-20 不完全微分数字 PID 控制器作用

综上分析，不完全微分数字 PID 控制器的各部分作用如图 4-20 所示。

对比图 4-18 中标准 PID 控制器中的微分项作用输出幅度可知，不完全微分数字 PID 中的微分(D)作用在第一个采样周期里的输出幅度衰减系数为$1-a$，并且其在持续的各个采样周期里按照误差变化的趋势均匀地输出，从而抑制了干扰影响，改善了系统的性能。

3. 微分先行 PID 控制算法

微分算法的另一种改进形式是微分先行 PID 控制算法，它是由不完全微分数字 PID 形式变换而来的，同样能起到平滑微分的作用。微分先行 PID 控制有两种结构形式，如图 4-21 所示。

一种形式为只对输出量 $Y(s)$进行微分，不对给定值 $R(s)$进行微分，如图 4-21(a)所示。这种形式适用于给定值频繁变动的场合，避免因给定值频繁变动而引起的超调和系统振荡等，从而改善系统的动态特性。

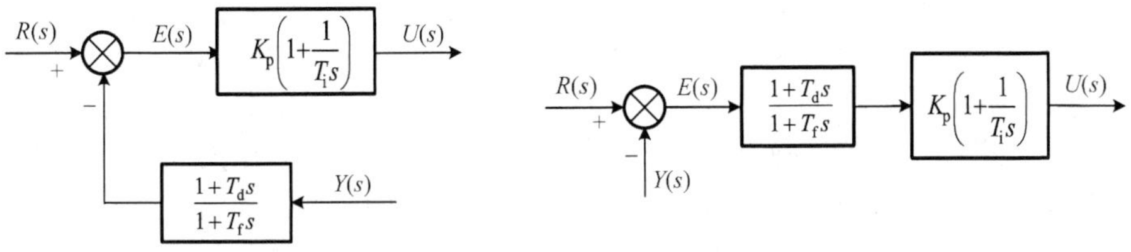

(a)输出微分先行　　(b)偏差微分先行

图 4-21　微分先行 PID 控制结构

另一种形式对给定值 $R(s)$和输出量 $Y(s)$均有微分作用，称为偏差微分先行，如图 4-21(b)所示。这种形式是对偏差 $E(s)$进行微分，适用于串级控制的副控制回路。

可用后向差分将模拟微分先行 PID 控制算法离散化为数字微分先行 PID 控制算法，这里不做赘述。

4. 带死区 PID 控制算法

在计算机控制系统中，某些生产过程的控制精度要求不太高，不希望控制系统频繁动作，如中间容器的液面控制等，这时可采用带死区的 PID 控制算法。带死区的 PID 控制就是在计算机中人为地设置一个不灵敏区(死区)，当偏差进入不灵敏区时，其控制输出维持上次采样的输出；当偏差不在不灵敏区时，则进行正常的 PID 运算后输出。带死区 PID 控制结构如图 4-22 所示。

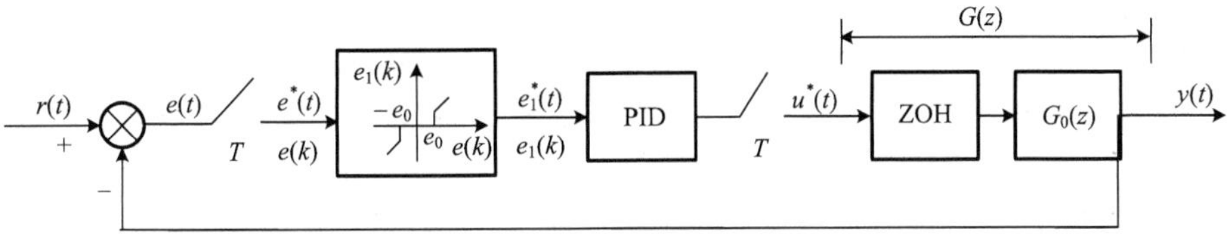

图 4-22　带死区 PID 控制结构

设不灵敏区为 e_0，则其输出 $e_1(k)$与输入 $e(k)$之间的非线性关系为

$$e_1(k)=\begin{cases} e(k), & |e(k)|>e_0 \\ 0, & |e(k)|\leqslant e_0 \end{cases} \tag{4-51}$$

不灵敏区 e_0 是一个可调的参数，其具体数值可根据实际被控对象由实验确定。若 e_0 值太小，则控制动作过于频繁，达不到稳定被控对象的目的；若 e_0 值太大，则系统将产生较大的滞后；当 $e_0=0$ 时，则为普通 PID 控制。

请注意 PID 控制器中积分的保持作用，即当式(4-51)中 $e_1(k)=0$ 时，PID 控制器的输出保持 $k-1$ 时刻的输出，而不是零。

4.4.3　数字 PID 控制器的参数整定

数字 PID 控制器的主要参数是比例系数 K_p、积分时间常数 T_i、微分时间常数 T_d 和采样

周期 T。系统的设计任务是选取合适的控制器参数，以使整个系统具有满意的动态特性，并满足稳态误差要求。采样周期的选取不是越小越好，一方面采样周期过小会增加计算机负担，另一方面若两次采样间隔误差 $e(k)$变化太小，则数字 PID 控制器输出值变化不大，因而执行机构不能有效地实施对被控对象的控制。

确定 K_p、T_i 和 T_d 值是一项重要的工作，控制效果的好坏在很大程度上取决于其值是否合适。确定这些控制参数值可以通过理论分析方法，也可以通过实验方法，特别是当被控对象参数不准时，通过实验方法确定控制器参数值较为有效。下面介绍的一些整定方法都是基于对工业对象的动态特性做了某种简单的假设而提出的。因此，由这些整定方法得到的参数值在使用时不一定是最好的，在投入运行时，可以在这些值附近做一些调整，以达到更好的控制效果。

1. 试凑法

试凑法是根据模拟或实际的闭环控制系统运行情况，通过观察 3 个 PID 调节参数对控制系统响应曲线的大致影响，进行反复试凑，直至达到满意的效果为止。一般来讲，PID 参数变化的一般规律可总结如下。

(1) 增大 K_p 将加快系统的响应，在有稳态误差的情况下有利于减小稳态误差，但过大的比例系数会使系统有较大的超调量，并产生振荡，使系统的稳定性降低。

(2) 增大 T_i 有利于减小超调量，减小振荡，使系统更加稳定，但系统稳态误差的消除将随之减慢。

(3) 增大 T_d 也有利于加快系统的响应，减小振荡，使系统稳定性增加，但系统对干扰的抑制能力减弱，对干扰有较敏感的响应。另外，过大的 T_d 也将使系统的稳定性降低。

在使用试凑法时，除了参考以上规律，对参数的调整应采取先比例，后积分，再微分的整定步骤，具体如下。

(1) 整定比例(P)部分。将 K_p 由小调大，并观察相应的系统响应趋势，直至得到反应快、超调量小的响应曲线。如果系统没有稳态误差或稳态误差已小到允许范围之内，同时响应曲线也较为满意，那么只需用比例控制器即可，最优比例系数也由此确定。

(2) 如果在比例整定的基础上系统的稳态误差还不能满足设计要求，则需加入积分(I)环节。整定时一般先置一个较大的 T_i，同时将第一步整定得到的 K_p 缩小些(如取原来的 80%)，然后减小积分时间常数，使在保持系统较好的动态性能指标的基础上，系统的稳态误差得到消除。在此过程中，可以根据响应曲线的变化趋势反复地改变 K_p 和 T_i，从而获得满意的控制过程和整定参数。

(3) 如果使用比例积分控制器消除了偏差，但动态过程仍不能令人满意，则可以加入微分(D)环节，构成 PID 控制器。整定时，可先置 T_d 为零，在第(2)步整定的基础上，增大 T_d，同时相应地改变 K_p 和 T_i，逐步试凑，以获得满意的调节效果和控制参数。

值得一提的是，K_p、T_i、T_d 这 3 个参数可以互相补偿，即某一个参数的减小可由其他参数增大或减小来补偿。因此，用不同的整定参数完全可以得到相同的控制效果，这也决定了 PID 控制器参数选取的非唯一性。另外，对于无自平衡能力的对象，则不应包含积分环节，即只可用比例或比例微分控制器。在实时控制过程中，只要被控对象的主要性能指标达到了设计要求，就可以选定相应的控制器参数为最终参数。表 4-1 给出了常见的 PID 控制器参数的选择范围。

表 4-1　常见的 PID 控制器参数选择范围

被控参数	特点	K_p	T_i/min	T_d/min
流量	对象时间常数小，并有噪声，故 K_p 较小，T_i 较小，不用微分	1～2.5	0.1～1	0.5～3
温度	对象为多容量系统，有较大的滞后，常用微分	1.6～5	3～10	
压力	对象为容量系统，滞后一般不大，不用微分	1.4～3.5	0.4～3	
液位	在允许有稳态误差时，不必用积分和微分	1.25～5		

2. 扩充临界比例度法

扩充临界比例度法是对连续控制系统使用的临界比例度法的扩充，适用于具有自平衡能力的被控对象，不需要准确知道对象的特性。用该方法整定数字 PID 控制器参数的步骤如下。

(1) 选择一个足够小的采样周期，通常可选择为被控对象纯滞后时间的 1/10 以下，此采样周期用 T_{min} 表示。

(2) 采用上述 T_{min}，让系统在纯比例控制下工作，逐渐增大比例系数 K_p，直至使系统出现等幅振荡，记下此时的临界比例系数 K_r 和振荡周期 T_r，如图 4-23 所示。

(3) 选择控制度。控制度以模拟控制器为基础，以误差平方的积分为控制效果评价指标，定义为数字控制系统(D)与对应的模拟控制系统(A)的误差平方积分之比，即

$$\text{控制度}=\frac{\left[\int_0^{+\infty} e^2(t)\mathrm{d}t\right]_{\mathrm{D}}}{\left[\int_0^{+\infty} e^2(t)\mathrm{d}t\right]_{\mathrm{A}}} \tag{4-52}$$

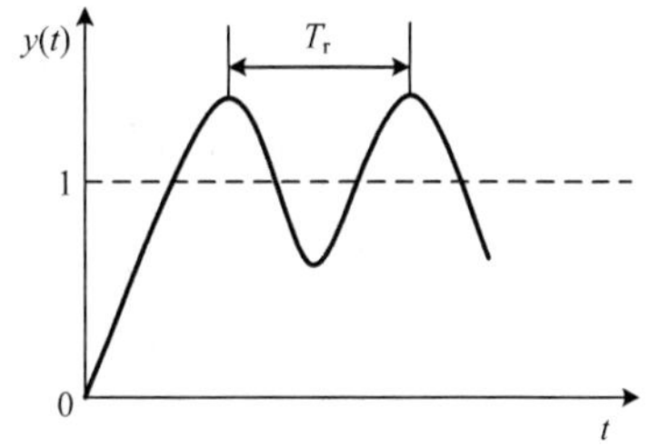

图 4-23　等幅振荡曲线

对于模拟控制系统，其误差平方积分可由记录仪上的图形直接计算；对于数字控制系统，则可用计算机计算。通常认为当控制度为 1.05 时，两者控制效果相同；当控制度为 2 时，数字控制比模拟控制的效果低一个等级。

(4) 选择控制度后，根据测得的 K_r 和 T_r，按表 4-2 求得采样周期 T 和 PID 的参数 K_p、T_i 和 T_d。

表 4-2　扩充临界比例度法整定计算公式

控制度	控制规律	T/T_r	K_p/K_r	T_i/T_r	T_d/T_r
1.05	PI	0.03	0.53	0.88	—
	PID	0.014	0.63	0.49	0.14
1.2	PI	0.05	0.49	0.91	—
	PID	0.043	0.47	0.47	0.16
1.5	PI	0.14	0.42	0.99	—
	PID	0.09	0.34	0.43	0.2
2	PI	0.22	0.36	1.05	—
	PID	0.16	0.27	0.4	0.22

(5)按照求得的参数投入在线运行，观察控制效果，用试凑法进一步寻求满意的数值。

3. 扩充响应曲线法

扩充响应曲线法是将模拟控制器的响应曲线法推广应用于数字PID控制器的参数整定方法，具体步骤如下。

(1) 在系统开环情况下，即断开数字控制器，在手动状态下人为地给被控对象施加一个幅值为 R 的阶跃输入信号。

(2) 用仪表记录下被控参数的阶跃响应曲线，如图4-24所示。

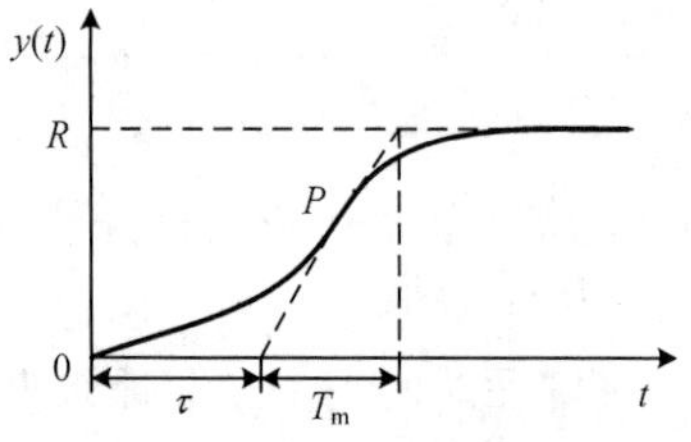

图4-24　被控参数的阶跃响应曲线

(3) 在被控参数的阶跃响应曲线上过拐点 P(最大斜率处)作一切线，求出等效纯滞后时间 τ 和等效惯性时间常数 T_m，并计算它们的比值 T_m/τ。

(4) 选择适当的控制度。

(5) 根据所求得的 τ、T_m 及 T_m/τ 的值，查表4-3，即可求得控制器的参数 T、K_p、T_i 和 T_d。

(6) 投入实际运行，观察控制效果，适当修正参数，直到满意为止。

表4-3　扩充响应曲线法整定计算公式

控制度	控制规律	T/τ	$K_p/(T_m/\tau)$	T_i/τ	T_d/τ
1.05	PI	0.1	0.84	3.4	—
	PID	0.05	1.15	2	0.45
1.2	PI	0.2	0.78	3.6	—
	PID	0.16	1	1.9	0.55
1.5	PI	0.5	0.68	3.9	—
	PID	0.34	0.85	1.62	0.65
2	PI	0.8	0.57	4.2	—
	PID	0.6	0.6	1.5	0.82

微课视频

4.5　史密斯预估补偿控制

4.5.1　纯滞后控制问题的提出

在许多工业过程控制系统中，由于物料及能量的传输或转换需要经过一定的过程与时间，大多数被控对象含有较大的纯滞后特性。被控对象的纯滞后特性常使系统中控制决策的适应性降低甚至失效，造成控制系统的稳定性下降，动态性能变差，如容易引起超调和持续的振荡等，给控制器的设计带来了困难。一般地，当对象的纯滞后时间 τ 与其惯性时间常数 T_m 之比超过0.5时，采用常规的PID控制很难获得良好的控制性能。具有纯滞后特性的被控对象属于比较难以控制的一类对象，因此，其控制策略在自动控制领域中一直是值得研究的。

一般来说，这类被控对象对快速性的要求是次要的，而对稳定性、不产生超调的要求是主要的。基于此，人们提出了多种设计方法，比较有代表性的有史密斯预估补偿控制算法和大林算法。大林算法将在5.5节介绍。

史密斯预估补偿控制是由美国学者O.J.M.Smith于1957年提出的。它对于解决具有较大纯滞后时间的控制对象的控制问题是比较有效的，是建立在模型基础上的一种控制策略。下面主要介绍其基本设计思想和计算机实现方法。

4.5.2　史密斯预估补偿原理

被控对象含纯滞后环节的闭环控制系统如图 4-25 所示，其中，$D(s)$为模拟控制器，被控对象的传递函数为

$$G(s)=G_0(s)\mathrm{e}^{-\tau s} \tag{4-53}$$

式中，τ 为纯滞后时间；$G_0(s)$为被控对象中不包含纯滞后环节的部分。

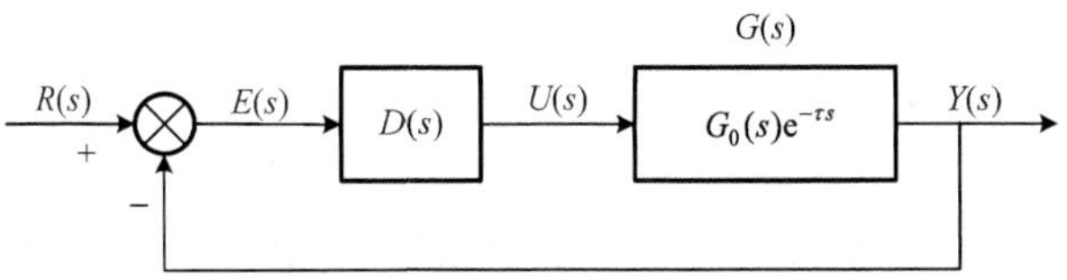

图 4-25　被控对象含纯滞后环节的闭环控制系统

系统的闭环传递函数为

$$W(s)=\frac{Y(s)}{R(s)}=\frac{D(s)G_0(s)\mathrm{e}^{-\tau s}}{1+D(s)G_0(s)\mathrm{e}^{-\tau s}} \tag{4-54}$$

系统的闭环特性方程为

$$1+D(s)G_0(s)\mathrm{e}^{-\tau s}=0 \tag{4-55}$$

从系统闭环特征方程可以看出，造成系统难以控制的本质是其特征方程中含有纯滞后环节 $\mathrm{e}^{-\tau s}$ 。如果纯滞后时间 τ 足够大，系统将是不稳定的。

可以设想，如果能把纯滞后环节 $\mathrm{e}^{-\tau s}$ 置于反馈通道之外，则系统的稳定性将会得到根本性的改善，这正是史密斯预估补偿控制的设计初衷。因此，引入一个与含纯滞后环节的被控对象并联的补偿器，称为史密斯预估补偿器 $D_B(s)$，构成带有史密斯预估补偿器的控制系统，如图 4-26 所示。

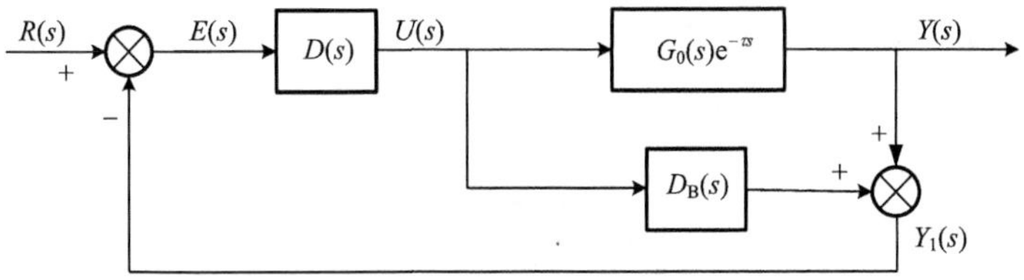

图 4-26　带有史密斯预估补偿器的控制系统

由图 4-26 可知，经预估补偿后的控制量 $U(s)$与反馈量 $Y_1(s)$之间的传递函数为

$$\frac{Y_1(s)}{U(s)}=G_0(s)\mathrm{e}^{-\tau s}+D_{\mathrm{B}}(s) \tag{4-56}$$

如果要用 $D_B(s)$完全补偿被控对象纯滞后时间的影响，则应满足：

$$\frac{Y_1(s)}{U(s)}=G_0(s)\mathrm{e}^{-\tau s}+D_{\mathrm{B}}(s)=G_0(s) \tag{4-57}$$

于是得到史密斯预估补偿器 $D_B(s)$为

$$D_{\mathrm{B}}(s)=G_0(s)(1-\mathrm{e}^{-\tau s}) \tag{4-58}$$

这样，引入史密斯预估补偿器后，系统中等效对象的传递函数就不含纯滞后环节，相应的闭环控制系统如图 4-27 所示。图中，虚线框内即为 $D_B(s)$。

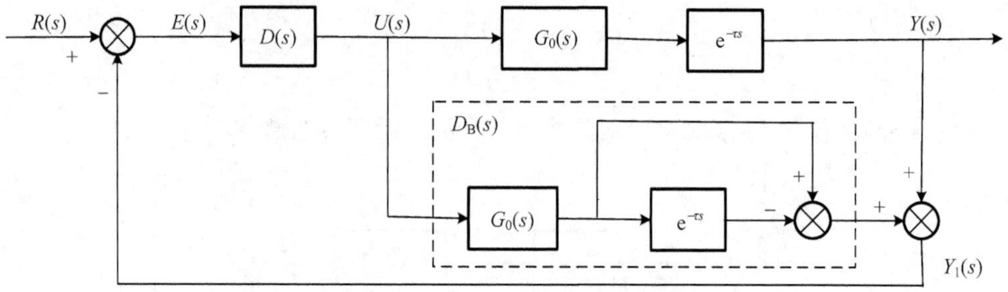

图 4-27　史密斯预估补偿闭环控制系统

考虑到实际应用的可行性和设计的方便性，史密斯预估补偿器 $D_B(s)$并不是并联在被控对象上的，而是反向并联在控制器 $D(s)$上，因而实际的史密斯预估补偿闭环控制系统如图 4-28 所示。

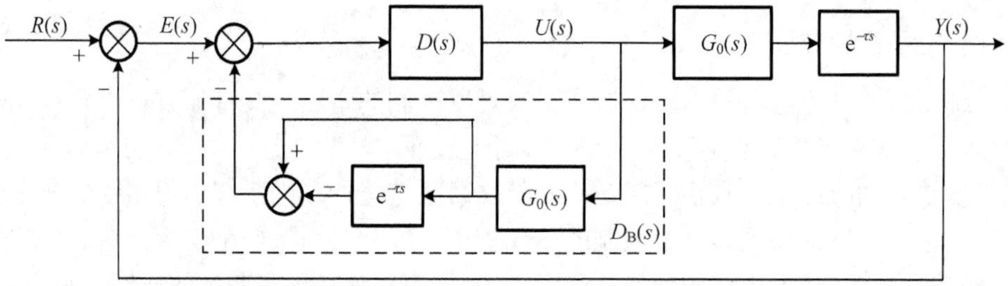

图 4-28　实际的史密斯预估补偿闭环控制系统

由图 4-28 可以看出，$D_B(s)$与 $D(s)$共同构成含纯滞后补偿器的等效控制器，对应的传递函数 $D_C(s)$为

$$D_C(s)=\frac{U(s)}{E(s)}=\frac{D(s)}{1+D(s)G_0(s)(1-e^{-\tau s})} \tag{4-59}$$

于是，图 4-28 系统的闭环传递函数为

$$W(s)=\frac{Y(s)}{R(s)}=\frac{D(s)G_0(s)}{1+D(s)G_0(s)}e^{-\tau s} \tag{4-60}$$

与式(4-54)相比，经史密斯预估补偿后系统特征方程中的纯滞后项消失，因而纯滞后特性对闭环控制系统稳定性的影响问题已经解决。其相应的等效图如图 4-29 所示。

由图 4-29 可见，补偿后系统的纯滞后环节 $e^{-\tau s}$ 已经移到闭环控制回路之外，因而不会对闭环控制系统产生不利影响。由拉氏变换的位移定理可知，纯滞后环节 $e^{-\tau s}$ 只是将 $G_0(s)$的时域输出 $y_0(t)$在时间坐标上推移了一个时间 τ，得到的闭环控制系统输出 $y(t)$在形状上与 $y_0(t)$是完全相同的，如图 4-30 所示。

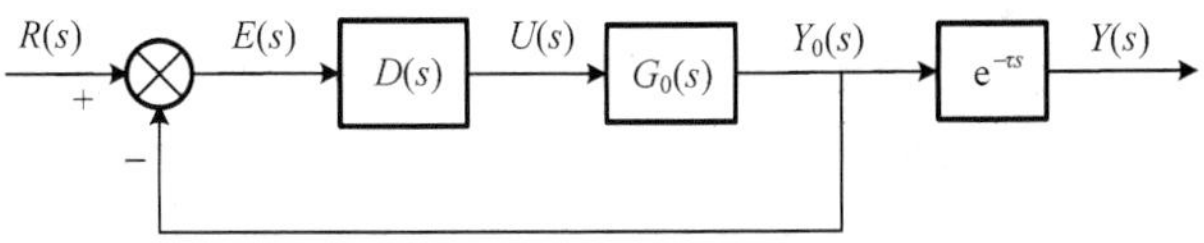

图 4-29　史密斯预估补偿闭环控制系统等效图

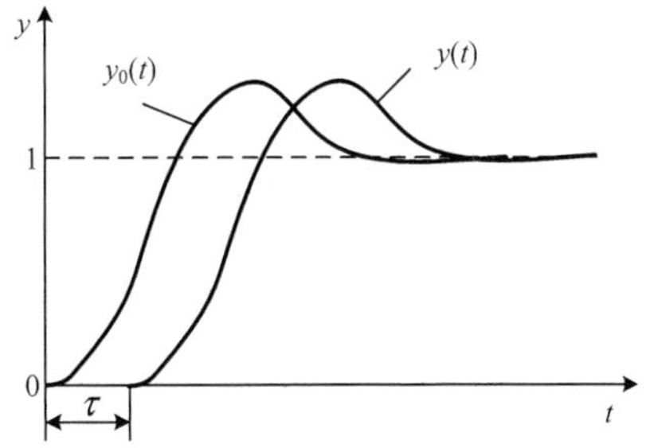

图 4-30　史密斯预估补偿闭环控制系统的输出特性

4.5.3　史密斯预估补偿器的数字算法

尽管史密斯预估补偿控制的设计思想非常清晰，但是，用模拟器件来实现几乎不可能。自从计算机技术得到发展后，史密斯预估补偿控制器才得以实现，体现出其实用价值。含史密斯预估补偿的计算机控制系统如图 4-31 所示，其中，$q(t)$为史密斯预估补偿器 $D_B(s)$的输出，$D(z)$为设计的控制器，假设为数字 PID 控制器。

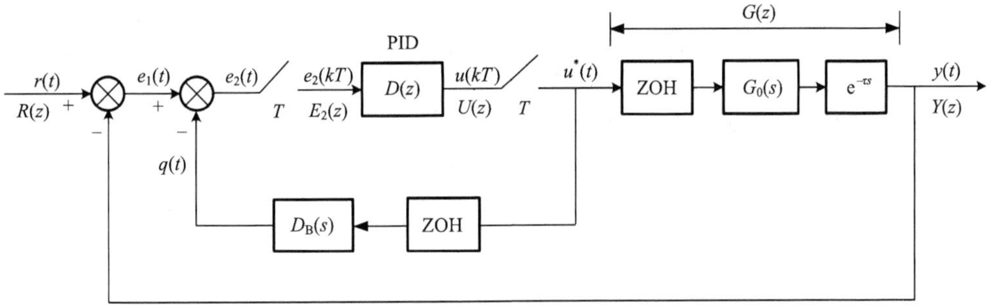

图 4-31　含史密斯预估补偿的计算机控制系统

史密斯预估补偿器 $D_B(s)$的结构如图 4-32 所示。由图 4-32 可知，史密斯预估补偿算法与被控对象传递函数 $G_0(s)$有关。下面给出几种常见纯滞后被控对象特性情况下史密斯预估补偿器 $D_B(s)$的差分方程。

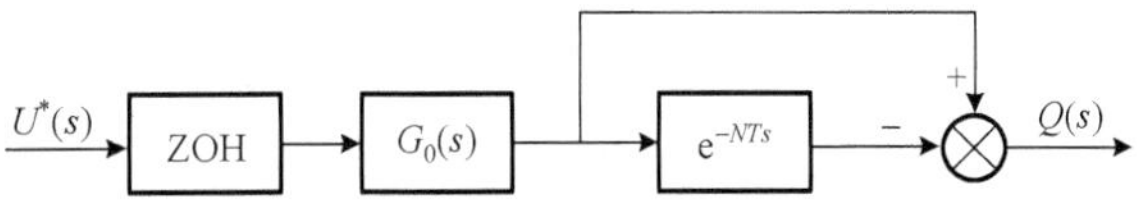

图 4-32　史密斯预估补偿器结构

1. 被控对象为含纯滞后的一阶惯性环节

设被控对象的传递函数为
$$G_0(s)=\frac{k\mathrm{e}^{-\tau s}}{T_1 s+1}=\frac{k\mathrm{e}^{-NTs}}{T_1 s+1} \tag{4-61}$$

式中，$\tau=NT$ 为纯滞后时间，N 为正整数，T 为采样周期；T_1 为被控对象的惯性时间常数；k 为放大倍数。

其对应的史密斯预估补偿器 $D_B(z)$为

$$D_B(z)=\mathcal{Z}\left[\frac{1-\mathrm{e}^{-Ts}}{s}\cdot D_B(s)\right]=\mathcal{Z}\left[\frac{1-\mathrm{e}^{-Ts}}{s}\cdot\frac{k}{T_1 s+1}\cdot(1-\mathrm{e}^{-NTs})\right]=(1-z^{-N})\frac{b_1 z^{-1}}{1-a_1 z^{-1}} \tag{4-62}$$

式中，
$$\begin{cases} a_1 = \mathrm{e}^{-T/T_1} \\ b_1 = k(1-\mathrm{e}^{-T/T_1}) \end{cases} \tag{4-63}$$

设式(4-62)可表示成
$$D_{\mathrm{B}}(z) = \frac{Q(z)}{U(z)} = \frac{Q(z)}{P(z)} \cdot \frac{P(z)}{U(z)} = (1-z^{-N})\frac{b_1 z^{-1}}{1-a_1 z^{-1}} \tag{4-64}$$

式中，令
$$\begin{cases} \dfrac{Q(z)}{P(z)} = 1-z^{-N} \\ \dfrac{P(z)}{U(z)} = \dfrac{b_1 z^{-1}}{1-a_1 z^{-1}} \end{cases} \tag{4-65}$$

则可得史密斯预估补偿器的差分方程为
$$\begin{cases} p(k) = a_1 p(k-1) + b_1 u(k-1) \\ q(k) = p(k) - p(k-N) \end{cases} \tag{4-66}$$

2. 被控对象为含纯滞后的二阶惯性环节

设被控对象的传递函数为
$$G_0(s) = \frac{k\mathrm{e}^{-\tau s}}{(T_1 s+1)(T_2 s+1)} = \frac{k\mathrm{e}^{-NTs}}{(T_1 s+1)(T_2 s+1)} \tag{4-67}$$
式中，T_1、T_2为被控对象的惯性时间常数。

对应的史密斯预估补偿器$D_{\mathrm{B}}(z)$为
$$D_{\mathrm{B}}(z) = \mathcal{Z}\left[\frac{1-\mathrm{e}^{-Ts}}{s} \cdot \frac{k}{(T_1 s+1)(T_2 s+1)} \cdot (1-\mathrm{e}^{-NTs})\right] = (1-z^{-N})\frac{b_1 z^{-1} + b_2 z^{-2}}{1-a_1 z^{-1} - a_2 z^{-2}} \tag{4-68}$$

式中，
$$\begin{cases} a_1 = \mathrm{e}^{-T/T_1} + \mathrm{e}^{-T/T_2} \\ a_2 = -\mathrm{e}^{-T(1/T_1+1/T_2)} \\ b_1 = k\left(1+\dfrac{T_1\mathrm{e}^{-T/T_1} - T_2\mathrm{e}^{-T/T_2}}{T_2 - T_1}\right) \\ b_2 = k\left(\mathrm{e}^{-T(1/T_1+1/T_2)} + \dfrac{T_1\mathrm{e}^{-T/T_1} - T_2\mathrm{e}^{-T/T_2}}{T_2 - T_1}\right) \end{cases} \tag{4-69}$$

设式(4-68)可表示成
$$D_{\mathrm{B}}(z) = \frac{Q(z)}{U(z)} = \frac{Q(z)}{P(z)} \cdot \frac{P(z)}{U(z)} = (1-z^{-N})\frac{b_1 z^{-1} + b_2 z^{-2}}{1-a_1 z^{-1} - a_2 z^{-2}} \tag{4-70}$$

令
$$\begin{cases} \dfrac{Q(z)}{P(z)} = 1-z^{-N} \\ \dfrac{P(z)}{U(z)} = \dfrac{b_1 z^{-1} + b_2 z^{-2}}{1-a_1 z^{-1} - a_2 z^{-2}} \end{cases} \tag{4-71}$$

可得到史密斯预估补偿器的差分方程为
$$\begin{cases} p(k) = a_1 p(k-1) + a_2 p(k-2) + b_1 u(k-1) + b_2 u(k-2) \\ q(k) = p(k) - p(k-N) \end{cases} \tag{4-72}$$

3. 被控对象为含纯滞后的一阶惯性环节与积分环节

设被控对象的传递函数为
$$G_0(s)=\frac{k\mathrm{e}^{-\tau s}}{s(T_1 s+1)}=\frac{k\mathrm{e}^{-NTs}}{s(T_1 s+1)} \tag{4-73}$$

对应的史密斯预估补偿器 $D_{\mathrm{B}}(z)$为

$$D_{\mathrm{B}}(z)=\mathcal{Z}\left[\frac{1-\mathrm{e}^{-Ts}}{s}\cdot\frac{k}{s(T_1 s+1)}\cdot(1-\mathrm{e}^{-NTs})\right]=(1-z^{-N})\frac{b_1 z^{-1}+b_2 z^{-2}}{1-a_1 z^{-1}-a_2 z^{-2}} \tag{4-74}$$

式中，
$$\begin{cases}a_1=1+\mathrm{e}^{-T/T_1}\\ a_2=-\mathrm{e}^{-T/T_1}\\ b_1=k(T-T_1+T_1\mathrm{e}^{-T/T_1})\\ b_2=k(T_1-T\mathrm{e}^{-T/T_1}-T_1\mathrm{e}^{-T/T_1})\end{cases} \tag{4-75}$$

设式(4-74)可表示成

$$D_{\mathrm{B}}(z)=\frac{Q(z)}{U(z)}=\frac{Q(z)}{P(z)}\cdot\frac{P(z)}{U(z)}=(1-z^{-N})\frac{b_1 z^{-1}+b_2 z^{-2}}{1-a_1 z^{-1}-a_2 z^{-2}} \tag{4-76}$$

令
$$\begin{cases}\dfrac{Q(z)}{P(z)}=1-z^{-N}\\[2ex] \dfrac{P(z)}{U(z)}=\dfrac{b_1 z^{-1}+b_2 z^{-2}}{1-a_1 z^{-1}-a_2 z^{-2}}\end{cases} \tag{4-77}$$

则可得到史密斯预估补偿器的差分方程为

$$\begin{cases}p(k)=a_1 p(k-1)+a_2 p(k-2)+b_1 u(k-1)+b_2 u(k-2)\\ q(k)=p(k)-p(k-N)\end{cases} \tag{4-78}$$

通过上述分析，史密斯预估补偿器的计算顺序是，先根据数字 PID 控制器的输出 $u(k)$计算 $p(k)$，再计算史密斯预估补偿器的输出 $q(k)$。其中，$p(k-N)$ 为纯滞后信号，一般可由存储单元产生，也可采用二项式近似法产生。

二项式近似法就是将纯滞后环节用 n 阶二项式来近似表示为

$$\mathrm{e}^{-\tau s}=\lim_{n\to\infty}\left[\frac{1}{1+\tau s/n}\right]^n \tag{4-79}$$

当取 $n=2$ 时，有
$$\mathrm{e}^{-\tau s}\approx\frac{1}{1+0.5\tau s}\cdot\frac{1}{1+0.5\tau s} \tag{4-80}$$

因此，史密斯预估补偿器 $D_{\mathrm{B}}(z)$可表示为

$$D_{\mathrm{B}}(z)=\mathcal{Z}\left[\frac{1-\mathrm{e}^{-Ts}}{s}G_0(s)\left(1-\frac{1}{1+0.5\tau s}\cdot\frac{1}{1+0.5\tau s}\right)\right] \tag{4-81}$$

4.5.4 含史密斯预估补偿的数字控制算法及其存在的问题和解决思路

1. 含史密斯预估补偿的数字控制算法

设图 4-31 所示史密斯预估补偿计算机控制系统中的控制器 $D(z)$采用增量式数字 PID 控

制算法，下面给出其等效数字控制算法的计算步骤。

(1) 计算反馈回路的偏差 $e_1(k)=r(k)-y(k)$。

(2) 计算史密斯预估补偿器的输出 $q(k)$。

由式(4-66)、式(4-72)或式(4-78)，先根据历史数据 $u(k-1)$和 $p(k-1)$计算 $p(k)$和 $p(k-N)$，再计算 $q(k)$。

(3) 计算史密斯预估补偿回路的偏差 $e_2(k)=e_1(k)-q(k)$。

(4) 计算增量式数字 PID 控制器的输出 $u(k)$。

由式(4-33)，有

$$
\begin{aligned}
u(k)&=u(k-1)+\Delta u(k)\\
&=u(k-1)+K_{\mathrm{p}}[e_2(k)-e_2(k-1)]+K_{\mathrm{i}}e_2(k)+K_{\mathrm{d}}[e_2(k)-2e_2(k-1)+e_2(k-2)]
\end{aligned}
$$

2. *存在的问题和解决思路*

值得注意的是，式(4-58)中的史密斯预估补偿器 $D_{\mathrm{B}}(s)$中包含了被控对象 $G_0(s)$的精确辨识模型和纯滞后时间 τ。因此，图 4-27 的史密斯预估补偿系统方案对 $G_0(s)$辨识模型的误差十分敏感。如果在 $D_{\mathrm{B}}(s)$中构建的预估模型存在误差，则系统的特征方程中将存在滞后环节，因此纯滞后对系统动态性能的影响依然存在。同时，上述讨论中没有考虑可能出现的各种干扰对系统性能的影响。因此，在实际工业应用中，史密斯预估补偿控制算法需要进行适当的改进，比如，采用增益自适应(第 7 章介绍模型参考自适应控制原理)的控制方案以补偿史密斯预估模型与对象模型失配的情况，或者在史密斯预估补偿回路中增加一个反馈环节以抵消干扰的影响，请读者参考相关的资料。

程序分析

例 4-9　控制系统如图 4-31 所示，其中，控制器为 PI 控制器，参数为 $K_{\mathrm{p}}=4$，$K_{\mathrm{i}}=0.052$；$G(s)=G_0(s)\mathrm{e}^{-\tau s}=\dfrac{\mathrm{e}^{-80s}}{60s+1}$。设系统输入为单位阶跃信号，$T=10\mathrm{s}$，试分析史密斯预估补偿器对控制系统性能的影响。

解：首先，根据已知条件，得到模拟 PI 控制器为

$$D(s)=K_{\mathrm{p}}+\frac{K_{\mathrm{i}}}{s}=\frac{4s+0.052}{s}$$

对其采用式(4-12)阶跃响应不变法进行离散化处理，得到数字 PI 控制器为

$$D(z)=\mathcal{Z}\left[\frac{1-\mathrm{e}^{-Ts}}{s}\cdot\frac{4s+0.052}{s}\right]=\frac{4z-3.48}{z-1}$$

再求出 $G_0(s)$和 $G(s)$的广义对象传递函数分别为

$$G_0(z)=\mathcal{Z}\left[\frac{1-\mathrm{e}^{-Ts}}{s}\cdot\frac{1}{60s+1}\right]=\frac{0.1535}{z-0.8465}$$

$$G(z)=\mathcal{Z}\left[\frac{1-\mathrm{e}^{-Ts}}{s}\cdot\frac{\mathrm{e}^{-80s}}{60s+1}\right]=\frac{0.1535}{z^9-0.8465z^8}$$

(1) 不含史密斯预估补偿器时闭环系统的阶跃响应。

$$W_{\mathrm{k}}(z)=D(z)G(z)=\frac{0.6141z-0.5342}{z^{10}-1.846z^{9}+0.8465z^{8}}$$

$$W(z)=\frac{W_{\mathrm{k}}(z)}{1+W_{\mathrm{k}}(z)}$$

$$=\frac{0.61407(z-0.87)}{(z+0.8715)(z-0.8718)(z^2-2.144z+1.216)(z^2+1.296z+0.7721)(z^2-1.158z+0.9183)(z^2+0.1595z+0.8157)}$$

闭环系统的阶跃响应为

$$y(kT)=\mathcal{Z}^{-1}\left[W(z)\frac{1}{1-z^{-1}}\right]$$

(2) 引入史密斯预估补偿器时闭环系统的阶跃响应。

假设 $D_{\mathrm{B}}(s)$中对象模型精确，能够完全补偿被控对象纯滞后时间的影响，由式(4-62)可知

$$D_{\mathrm{B}}(z)=\mathcal{Z}\left[\frac{1-\mathrm{e}^{-Ts}}{s}\cdot D_{\mathrm{B}}(s)\right]=\mathcal{Z}\left[\frac{1-\mathrm{e}^{-Ts}}{s}\cdot\frac{1}{60s+1}\cdot(1-\mathrm{e}^{-80s})\right]=(1-z^{-8})\frac{b_1z^{-1}}{1-a_1z^{-1}}$$

式中，

$$\begin{cases}a_1=\mathrm{e}^{-T/T_1}=\mathrm{e}^{-10/60}=0.8465\\ b_1=k(1-\mathrm{e}^{-T/T_1})=1-\mathrm{e}^{-10/60}=0.1535\end{cases}$$

由图 4-31 可得

$$W_{\mathrm{k}}'(z)=D(z)G_0(z)=\frac{0.6141z-0.5803}{z^2-1.846z+0.8465}$$

$$W(z)=\frac{W_{\mathrm{k}}'(z)}{1+W_{\mathrm{k}}'(z)}\cdot z^{-N}=\frac{0.61407z^{-8}(z-0.945)}{(z-0.9531)(z-0.2793)}$$

闭环系统的阶跃响应为

$$y(kT)=\mathcal{Z}^{-1}\left[W(z)\frac{1}{1-z^{-1}}\right]$$

(3)史密斯(Smith)预估补偿器模型失配时闭环系统的阶跃响应

系统实际工作时，由于被控对象参数经常随工况发生变化，使 Smith 预估补偿器 $D_{\mathrm{B}}(s)=G_0(s)(1-\mathrm{e}^{-\tau s})$中的模型参数 $G_0(s)$或纯滞后环节 $\mathrm{e}^{-\tau s}$ 与之产生偏离，即出现了模型失配现象。假设 $G_0(s)$的惯性时间常数变化为 T_1=40，纯滞后时间变化为 $\tau=70$，则被控对象的 z 变换式变为

$$G'(z)=\mathcal{Z}\left[\frac{1-\mathrm{e}^{-Ts}}{s}\cdot\frac{\mathrm{e}^{-70s}}{40s+1}\right]=\frac{0.2212}{z^8-0.7788z^7}$$

由于设计的 $D_{\mathrm{B}}(s)$或 $D_{\mathrm{B}}(z)$ 仍不能随之改变，此时的闭环系统 z 传递函数为

$$W(z)=\frac{\dfrac{D(z)}{1+D_{\mathrm{B}}(z)D(z)}\cdot G'(z)}{1+\dfrac{D(z)}{1+D_{\mathrm{B}}(z)D(z)}\cdot G'(z)}=\frac{G'(z)D(z)}{1+D_{\mathrm{B}}(z)D(z)+D(z)G'(z)}$$

$$=\frac{0.8848z(z-0.87)(z-0.8465)}{(z-0.9104)(z-0.8665)(z-0.5397)(z^2+1.88z+1.029)(z^2-1.711z+0.9298)(z^2+0.8169z+1.022)(z^2-0.6806z+0.9997)}$$

闭环系统的阶跃响应为

$$y(kT) = \mathcal{Z}^{-1}\left[W(z)\frac{1}{1-z^{-1}}\right]$$

图 4-33(a)为系统不含史密斯预估补偿器时的阶跃响应仿真结果，可以看出，该系统振荡发散，说明仅用 PI 控制器无法解决含有大纯滞后被控对象的控制问题；而图 4-33(b)表明，系统引入史密斯预估补偿器后，纯滞后特性不对闭环系统稳定性产生影响，系统输出除了在时间上推移了 80s 以外，对输入特性表现了较好的跟踪性能，因此有效地解决了含纯滞后被控对象的控制问题。图 4-33(c)为史密斯预估模型与对象模型失配的情况(模型不精确造成)，可以看出，该系统发生振荡，控制效果变差，甚至有可能丧失稳定性。

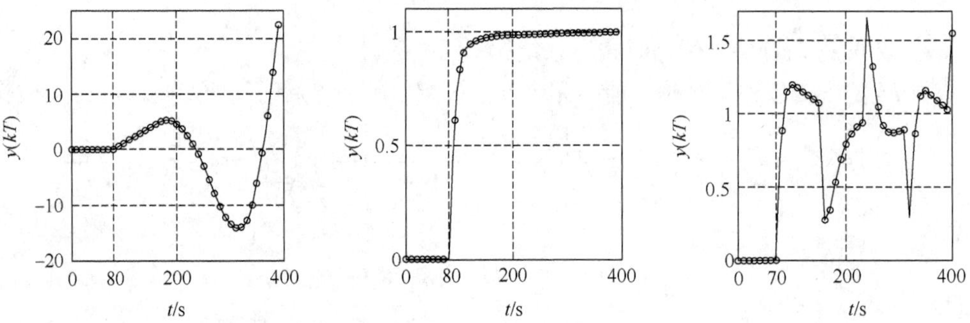

(a) 不采用Smith预估补偿　　(b) 含$D_B(s)$且模型准确　　(c) 含$D_B(s)$且模型失配

图 4-33　控制系统的阶跃响应

4.6　串 级 控 制

4.6.1　串级控制的组成和工作原理

对于某些具有较大惯性和滞后的复杂控制对象，或者有多个干扰因素影响到同一个被控参数时，如果只用一个控制回路，难以使系统的性能得到满足，常采用多个控制回路，这就是串级控制。

为了便于建立串级控制的概念，首先观察一个通过燃气加热炉对液料进行加热的温度自动控制系统，如图 4-34 所示。

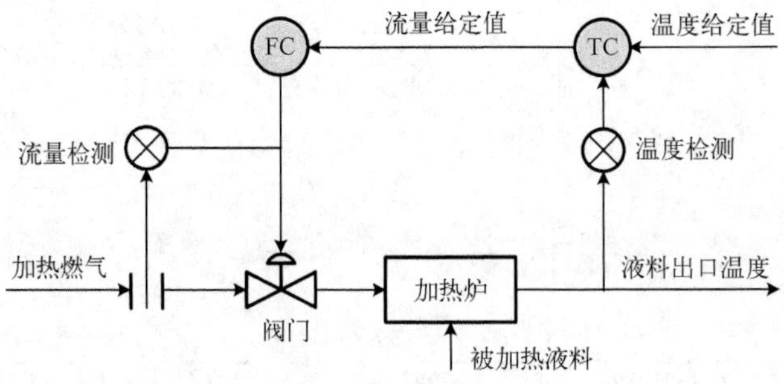

图 4-34　燃气加热炉温度自动控制系统

图 4-34 系统的控制目的是使加热炉的炉温恒定，以使其出口的液料温度维持稳定。如果燃气管道中的压力是恒定的，只需利用单回路负反馈控制方式，将液料出口实际温度与温度给定值的偏差送给温度控制器(TC)，产生一定的控制作用后，通过控制燃气管道上的阀门开度来改变燃气的流量，即可达到这一目的。但实际上燃气管道中的燃气压力是随负荷变化而变化的，燃气的流量随着压力的波动而变化，从而造成对液料出口温度的干扰。为了稳定燃气的压力，可设立一个专门控制燃气流量的流量控制器(FC)。由于压力波动经流量检测、流量控制来改变阀位，而燃气压力控制通道的纯滞后很小，惯性不大，如果该控制作用很及时，就可以有效地控制燃气压力的波动。因此，为了使阀门同样受到温度的控制，可以将以上两个控制系统结合起来。其中，流量控制器用来抑制燃气压力对液料出口温度的干扰，温度控制器用来减少燃气热量等的影响，其输出成为流量控制器的给定值。两者共同工作，不论流量的变化还是其他原因引起的温度的变化，都通过流量控制器对阀门进行控制，从而使控制质量得到提高。因为温度控制器和流量控制器从结构上为串联工作的关系，所以得名为串级控制系统。

典型的串级控制系统结构如图 4-35 所示。

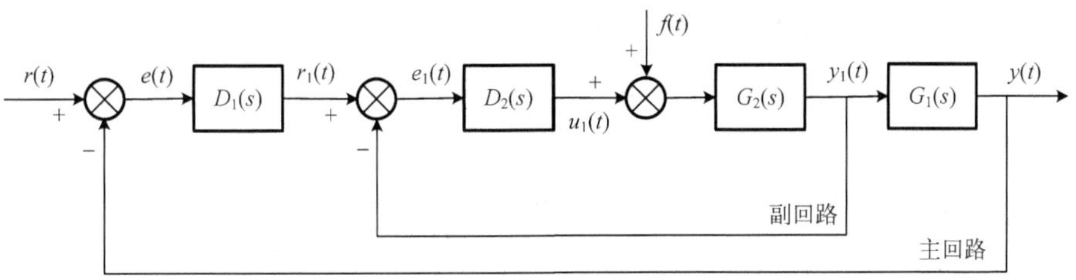

图 4-35　典型的串级控制系统结构

图 4-35 中，主被控对象 $G_1(s)$相当于加热液料的温度；副被控对象 $G_2(s)$相当于流过阀门的燃气流量；$D_1(s)$对应温度控制器；$D_2(s)$对应流量控制器；$G_1(s)$与 $D_1(s)$组成系统的主回路；$G_2(s)$与 $D_2(s)$组成副回路；$f(t)$为系统的干扰。

一般来讲，主回路仅有一个，其控制目的主要是消除被控参数的稳态偏差，因此，主(回路)控制器 $D_1(s)$通常采用 PID 控制。副回路可以有一个或多个，其目的是尽快地减少干扰的影响，具有较强的随动控制能力，所以，副(回路)控制器 $D_2(s)$一般采用 P 或 PI 控制，较少采用 PD 控制。主回路的 $D_1(s)$的输出作为副回路给定值修正的依据，副回路的 $G_2(s)$的输出作为真正的控制量作用于被控对象。

对于主、副被控对象惯性较大的系统，还可以在副回路中采用微分先行 PID 控制，如图 4-36 所示。在副被控参数采样输入后，先进行不完全微分运算，然后将运算结果引至副回路的输入端。

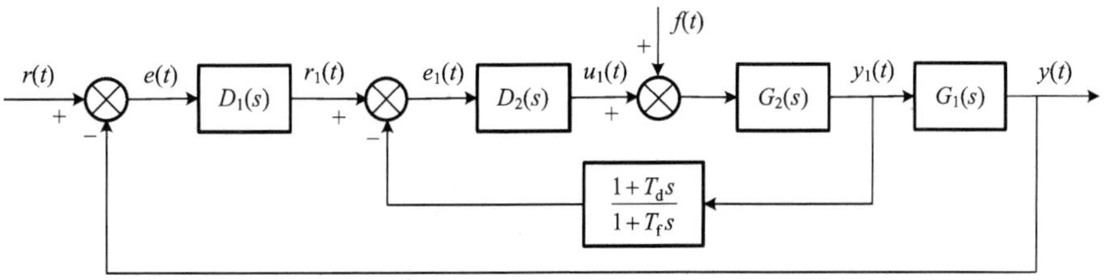

图 4-36　副回路微分先行的串级控制系统

4.6.2　数字串级控制系统设计

1. 数字串级控制算法步骤

在用计算机实现串级控制系统的算法时，可以采用 4.3 节介绍的模拟控制器的离散化方法将模拟主控制器 $D_1(s)$和副控制器 $D_2(s)$等进行离散化。

由图 4-35 可知，主控制器 $D_1(s)$的输出是副回路的给定值，在一般情况下，串级控制算法是从外面的回路向内依次进行计算的，其计算步骤如下。

(1) 计算主回路的偏差 $e(k)$;

$$e(k)=r(k)-y(k) \tag{4-82}$$

式中，$r(k)$为主回路的给定值(上例中为液料出口温度的给定值)；$y(k)$为主回路的被控参数(该例中为温度)。

(2) 计算主回路 PID 控制算法的增量输出$\Delta r_1(k)$:

$$\Delta r_1(k)=K_{\mathrm{p}}[\Delta e(k)]+K_{\mathrm{i}}e(k)+K_{\mathrm{d}}[\Delta e(k)-\Delta e(k-1)] \tag{4-83}$$

式中，K_{p}、K_{i}、K_{d}分别为主控制器的比例系数、积分系数和微分系数。

(3) 计算(4-33)主回路控制算法的位置输出 $r_1(k)$:

$$r_1(k)=r_1(k-1)+\Delta r_1(k) \tag{4-84}$$

(4) 计算副回路的偏差 $e_1(k)$:

$$e_1(k)=r_1(k)-y_1(k) \tag{4-85}$$

(5) 由式(4-33)计算副回路 PID 控制算法的增量输出$\Delta u_1(k)$:

$$\Delta u_1(k)=K'_{\mathrm{p}}[\Delta e_1(k)]+K'_{\mathrm{i}}e_1(k)+K'_{\mathrm{d}}[\Delta e_1(k)-\Delta e_1(k-1)] \tag{4-86}$$

式中，$\Delta u_1(k)$为作用于阀门的控制增量；K'_{p}、K'_{i}、K'_{d}分别为副控制器的比例系数、积分系数和微分系数。

(6) 计算副回路控制算法的位置输出 $u_1(k)$:

$$u_1(k)=u_1(k-1)+\Delta u_1(k) \tag{4-87}$$

最后，将副回路的输出 $u_1(k)$输送到被控对象 $G_2(s)$，发挥控制作用。

2. 副回路快速性随动控制系统设计

副回路数字控制器也可按照希望的闭环 z 传递函数来设计。设副回路如图 4-37 所示。

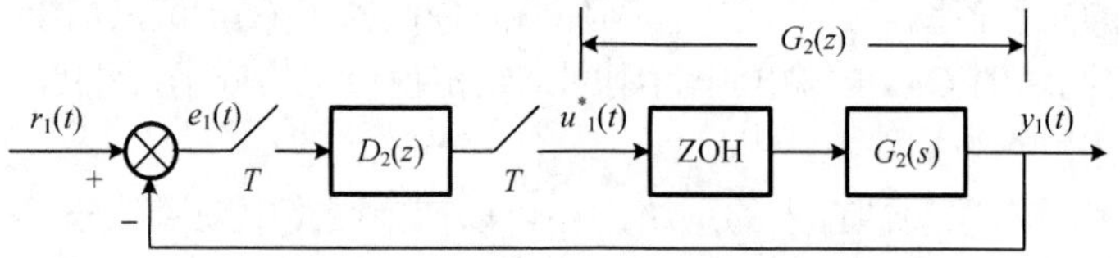

图 4-37　副回路

副回路中广义被控对象的 z 传递函数为

$$G_2(z)=\mathcal{Z}\left[\frac{1-\mathrm{e}^{-Ts}}{s}\cdot G_2(s)\right]$$

则对应的闭环 z 传递函数为

$$W_1(z)=\frac{Y_1(z)}{R_1(z)}=\frac{D_2(z)G_2(z)}{1+D_2(z)G_2(z)} \tag{4-88}$$

可得到副回路数字控制器为

$$D_2(z)=\frac{W_1(z)}{G_2(z)[1-W_1(z)]} \tag{4-89}$$

若副回路系统的闭环 z 传递函数 $W_1(z)$的性能指标要求是快速性，那么，就可以按照快速性随动控制的要求来设计 $D_2(z)$。根据实践经验可选择

$$W_1(z)=\frac{Y_1(z)}{R_1(z)}=z^{-n} \tag{4-90}$$

式中，n 为 $G_2(z)$分母的最高阶数。

因此，副回路是一个时间最优控制系统，则

$$D_2(z)=\frac{z^{-n}}{G_2(z)(1-z^{-n})} \tag{4-91}$$

例 4-10 对于图 4-37 所示的副回路，设 $G_2(s)=\dfrac{\mathrm{e}^{-NTs}}{T_2 s+1}$，试按快速性随动要求确定副回路数字控制器 $D_2(z)$。

解：副回路中广义被控对象的 z 传递函数为

$$G_2(z)=\mathcal{Z}\left[\frac{1-\mathrm{e}^{-Ts}}{s}\cdot G_2(s)\right]=\frac{1-\mathrm{e}^{-T/T_2}}{z^N(z-\mathrm{e}^{-T/T_2})}$$

参照式(4-90)，可选闭环 z 传递函数为

$$W_1(z)=\frac{Y_1(z)}{R_1(z)}=z^{-(N+1)}$$

则可得副回路数字控制器 $D_2(z)$为

$$D_2(z)=\frac{W_1(z)}{G_2(z)[1-W_1(z)]}=\frac{1-\mathrm{e}^{-T/T_2}z^{-1}}{(1-\mathrm{e}^{-T/T_2})[1-z^{-(N+1)}]}$$

例 4-11 对于如图 4-35 所示串级控制系统，设主控制器 $D_1(s)$为 PI 控制器，参数为 $K_\mathrm{p}=1.2$，$K_\mathrm{i}=0.2$；副控制器 $D_2(s)$为 P 控制器，参数为 $K_\mathrm{p}=8$；$G_1(s)=\dfrac{1}{10s+1}$，$G_2(s)=\dfrac{1}{s^2+1.414s+1}$。在系统输入为单位阶跃信号，且 $T=0.25\mathrm{s}$ 时，试对比分析按快速性随动要求设计副回路数字控制器 $D_2(z)$时的控制效果。

解：已知 $D_1(s)$和 $D_2(s)$分别为 $D_1(s)=K_\mathrm{p}+\dfrac{K_\mathrm{i}}{s}=\dfrac{1.2s+0.2}{s}$ 和 $D_2(s)=8$。采用式(4-12)阶跃响应不变法进行离散化，得

$$D_1(z)=\mathcal{Z}\left[\frac{1-\mathrm{e}^{-Ts}}{s}\cdot\frac{2s+0.2}{s}\right]=\frac{1.2z-1.15}{z-1},\quad D_2(z)=8$$

$G_1(s)$ 和 $G_2(s)$ 的广义对象传递函数为

$$G_1(z)=\mathcal{Z}\left[\frac{1-\mathrm{e}^{-Ts}}{s}\cdot\frac{1}{10s+1}\right]=\frac{0.02469}{z-0.9753}$$

$$G_2(z)=\mathcal{Z}\left[\frac{1-\mathrm{e}^{-Ts}}{s}\cdot\frac{1}{s^2+1.414s+1}\right]=\frac{0.02773z+0.02464}{z^2-1.65z+0.7022}$$

则副控回路的开环及闭环 z 传递函数分别为

$$W_{2\mathrm{k}}(z)=D_2(z)G_2(z)=\frac{0.2218z+0.1972}{z^2-1.65z+0.7022}$$

$$W_2(z)=\frac{W_{2k}(z)}{1+W_{2k}(z)}=\frac{0.22184\ (z+0.8887)}{z^2-1.428z+0.8994}$$

(1) 给定串级 PI/P 控制系统的闭环 z 传递函数 $W(z)$ 及系统输出响应 $y(kT)$。

$$W_k(z)=D_1(z)W_2(z)G_1(z)=\frac{0.0065727(z+0.8887)(z-0.9583)}{(z-0.9753)(z-1)(z^2-1.428z+0.8994)}$$

$$W(z)=\frac{W_k(z)}{1+W_k(z)}=\frac{0.0065727\ (z+0.8887)\ (z-0.9583)\ (z^2-1.428z+0.8994)}{(z^2-1.949z+0.9499)(z^2-1.65z+0.7022)(z^2-1.455z+0.9176)}$$

$$y(kT)=\mathcal{Z}^{-1}\left[W(z)\frac{1}{1-z^{-1}}\right]$$

作为对比分析，已知系统的闭环 s 传递函数 $W(s)$ 及其输出响应 $y(t)$ 为

$$W(s)=\frac{0.96(s+0.1667)}{(s^2+0.2074s+0.01807)(s^2+1.307s+8.852)}$$

$$y(t)=\mathcal{L}^{-1}\left[W(s)\frac{1}{s}\right]$$

(2) 按快速性随动要求确定副回路数字控制器 $D_2(z)$。

由于 $G_2(z)$ 的最高阶次为 $n=2$，由式(4-90)可得 $W_2(z)=z^{-2}$，则串级 PI/快速性随动控制系统的闭环 z 传递函数 $W(z)$ 及系统输出响应 $y(kT)$ 分别为

$$W(z)=\frac{W_k(z)}{1+W_k(z)}=\frac{0.029628(z-0.9583)}{(z-0.1891)(z+0.1587)(z^2-1.945z+0.9463)}$$

$$y(kT)=\mathcal{Z}^{-1}\left[W(z)\frac{1}{1-z^{-1}}\right]$$

图 4-38(a)给出了主、副控制器均采用模拟控制器时串级控制系统输出响应，可以看出，该串级控制系统具有较好的动态跟踪特性；当 $T=0.25\text{s}$ 时，主、副控制器均采用等效的数字控制器，则输出响应性能稍差，且会出现一定的暂态上升过程波动现象，如图 4-38(b)所示；而当按照快速性随动要求设计副回路数字控制器 $D_2(z)$时，其输出响应的暂态上升过程则较为平稳，如图 4-38(c)所示。产生上述现象的原因为，模拟控制器的控制效果与采样周期无关，但模拟控制器的离散化为一近似过程，当采用周期选择不恰当时，会使闭环系统的稳定性和输出动态性能变差。比如，当 $T=0.5\text{s}$ 时，系统输出响应产生了振荡发散现象，如图 4-39(a)所示；但此时副回路若按照快速性随动要求进行设计时，则系统可获得较好的输出响应，如图 4-39(b)所示。

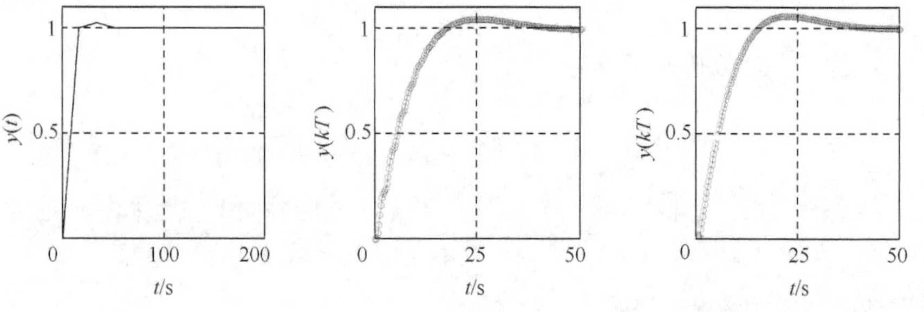

(a) 模拟控制　　(b) 数字控制　　(c) 副回路快速性随动控制

图 4-38　$T=0.25\text{s}$ 时模拟、数字 PI/P 与 PI/快速性随动串级控制系统的输出响应对比

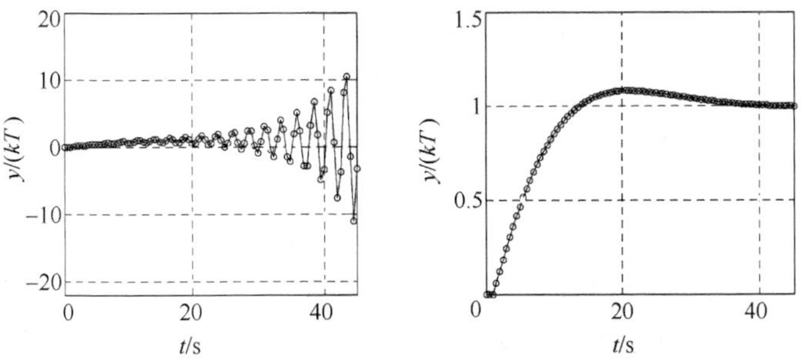

(a) 数字控制　　(b) 副回路快速性随动控制

图 4-39　$T=0.5$s 时数字 PI/P 与 PI/快速性随动串级控制系统的输出响应对比

3. 串级控制的设计原则及优点

1) 设计原则

(1) 系统中的主要干扰应该尽量包含在副回路之中。

把主要干扰包含在副回路中，这样，由于副回路的控制，就可以在干扰影响到主被控参数之前，使其影响大大削弱。

(2) 副回路中应该尽量包含积分环节。

积分环节的幅角滞后$-90°$，当副回路包含积分环节时，总幅角滞后将减少，有利于改善调节系统的品质。

(3) 必须用一个可以测量的中间变量作为副被控参数，或者通过观测分析，由下游状态推断上游状态的中间变量。

(4) 通常主回路与副回路的采样周期是不同的，副回路要比主回路快 3 倍以上，以免主、副回路之间相互干扰和共振。因此，通常在主回路断开的情况下，先按照单回路控制系统整定方法整定副控制器，然后，在投入副控制器 $D_2(s)$的情况下，再按照 4.4.3 节方法整定主控制器 $D_1(s)$。

2) 串级控制的优点

串级控制只是在结构上增加了一个副回路，由于副回路的作用，串级控制具有如下优点：

(1) 可削弱干扰 $f(t)$对被控参数 $y(t)$的影响；

(2) 可削弱 $G_2(s)$中大的惯性时间常数或大的纯滞后特性对被控参数 $y(t)$的影响；

(3) 可削弱 $G_2(s)$中的非线性对被控参数 $y(t)$的影响。

这些优点就是控制理论中的反馈校正的优点，因为副回路就是反馈校正回路。因此，串级控制一般应用于需要抑制控制系统干扰或克服被控对象纯滞后的场合。可通过主、副回路的协调工作，改善系统的控制性能。

4.7　前馈-反馈控制

反馈控制是按偏差进行的。也就是说，在干扰的作用下，被控参数先偏离给定值，然后按偏差产生控制作用以抵消干扰的影响。显然，控制作用往往落后于干扰作用。如果干扰不断出现，则系统总是跟在干扰作用后面波动。特别是被控对象存在较大的容量滞后或纯滞后时，这种波动会更加严重，偏差持续的时间也越长。因此，干扰产生以后，要使被控参数恢复到给定值需要相当长的时间。对于有大幅度干扰出现的系统，仅仅使用反馈控制往往满足不了实际生产的要求。

4.7.1 前馈-反馈控制系统组成

1. 前馈控制的基本原理

以图 4-40 所示热交换器为例分析前馈控制的工作原理。通常的反馈控制方式是：若温度控制器检测到液料出口温度 θ_2 与温度给定值因干扰作用产生的偏差，则通过安装在蒸汽管道上的阀门来控制进入热交换器的加热蒸汽量，使其在排管内与被加热液料进行热交换，以使液料由温度 θ_1 加热到温度 θ_2 并维持在某一设定值。

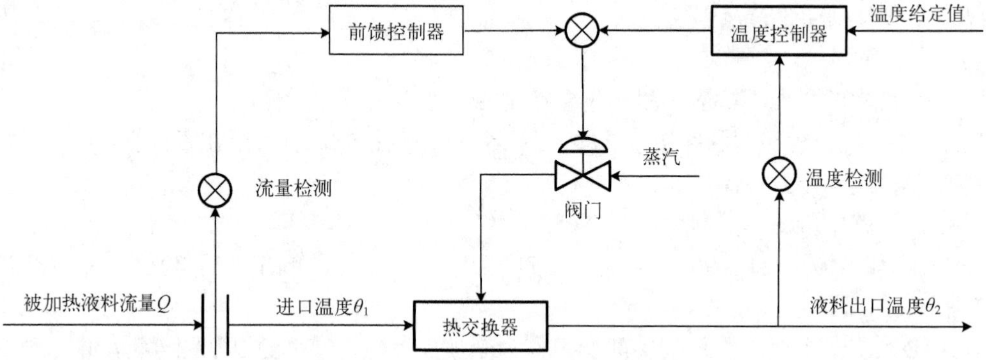

图 4-40　热交换器前馈控制示意图

被加热液料流量 Q 的干扰也会引起温度的变化。在加热蒸汽量不改变的条件下，当被加热液料流量 Q 以阶跃信号突然增加ΔQ 时，如图 4-41(a)所示，温度 θ_2 受其干扰影响将缓慢下降，如图 4-41(b)下半部曲线所示。如果热交换器内的排管很长，容量较大，滞后现象严重，那么仅采用上述反馈控制将导致控制很不及时，效果就不太理想。因此，如果对主要干扰流量 Q 采用前馈控制，即当流量 Q 以阶跃信号增加时，将控制温度 θ_2 上升(图 4-41(b)上半部曲线)，就能及时补偿因流量 Q 的干扰造成温度 θ_2 下降的影响，从而可改善系统的动态特性。

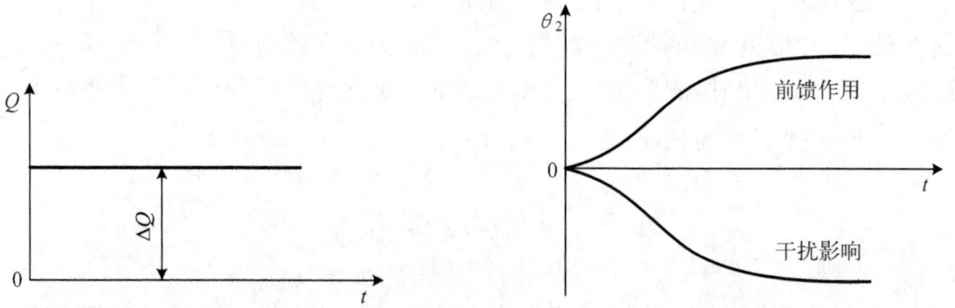

(a)流量干扰的阶跃作用　　(b)流量干扰和前馈作用对θ_2的影响

图 4-41　前馈作用对干扰影响的完全补偿

前馈控制实质上是一种直接按照干扰量而不是按偏差量进行校正的控制方式，即影响被控参数的干扰一出现，控制器就直接根据所测得干扰的大小和方向按一定规律进行控制，以抵消该干扰量对被控参数的影响。在控制算法及参数选择恰当时，可以使被控参数不会因干扰作用而产生偏差，所以它比反馈控制要及时得多。

2. 前馈控制算法的推导

在前馈控制系统中，干扰 $F(s)$的作用通道有两条。一条是干扰通道，$F(s)$通过对象的干扰通道传递函数 $G_{\mathrm{f}}(s)$引起出料温度的变化 $Y_1(s)$；另一条是控制通道，$F(s)$通过前馈控制器 $D_{\mathrm{f}}(s)$和对象控制通道传递函数 $G(s)$引起出料温度的变化 $Y_2(s)$。前馈控制的典型结构如图 4-42 所示。

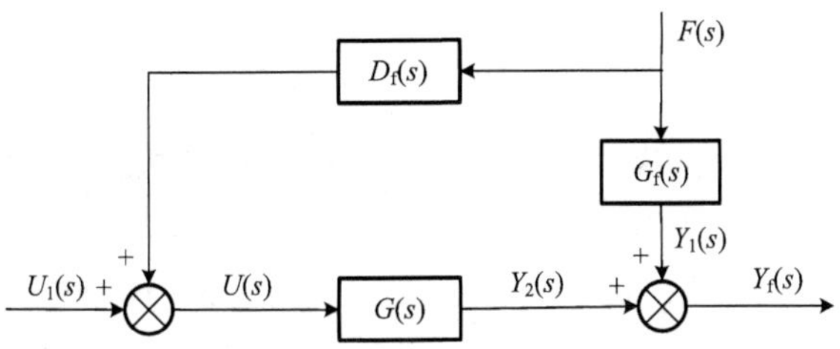

图 4-42　前馈控制的典型结构

图 4-42 中，被控参数 $Y_{\mathrm{f}}(s)$对应于图 4-40 中的液料出口温度 θ_2，干扰量 $F(s)$对应于被加热液料流量 Q。当反馈控制作用 $U_1(s)=0$ 时，$U(s)$即为前馈控制补偿器的输出。

根据线性叠加原理(一般工业对象可以认为符合这一假设)，有

$$Y_{\mathrm{f}}(s)=Y_1(s)+Y_2(s)=\left[G_{\mathrm{f}}(s)+D_{\mathrm{f}}(s)G(s)\right]F(s) \tag{4-92}$$

显然，前馈完全补偿的条件是：当 $F(s)\neq 0$ 时，$Y_{\mathrm{f}}(s)=0$，即

$$G_{\mathrm{f}}(s)+D_{\mathrm{f}}(s)G(s)=0 \tag{4-93}$$

因此，可得前馈控制器的传递函数为

$$D_{\mathrm{f}}(s)=-\frac{G_{\mathrm{f}}(s)}{G(s)} \tag{4-94}$$

式(4-94)就是可实现完全补偿的理想前馈控制算法。也就是说，若按式(4-94)设计前馈控制器 $D_{\mathrm{f}}(s)$，则无论干扰 $f(t)$为何形式，$Y_{\mathrm{f}}(s)$都不受其影响。$D_{\mathrm{f}}(s)$是干扰通道和控制通道的传递函数之比，负号表示控制作用方向与干扰作用方向相反。

3. 前馈-反馈控制系统结构

必须指出，式(4-93)的完全补偿在很多情况下只有理论意义，实际上是做不到的。一方面，完全补偿必须要求已知被控对象的精确数学模型，实际上只能得到近似模型；另一方面，如果控制通道传递函数中包含的滞后时间比干扰通道的滞后时间长，则不可能实现完全补偿。

因此，前馈控制作为一个开环系统，很少单独工作，常常将其与反馈控制结合使用，构成前馈-反馈控制系统。这样，既发挥了前馈控制对干扰的强烈抑制作用，减小了被控参数的动态偏差，又保留了反馈控制能克服多种干扰，进而消除或减小被控参数静态偏差的优点，相应的结构如图 4-43 所示。

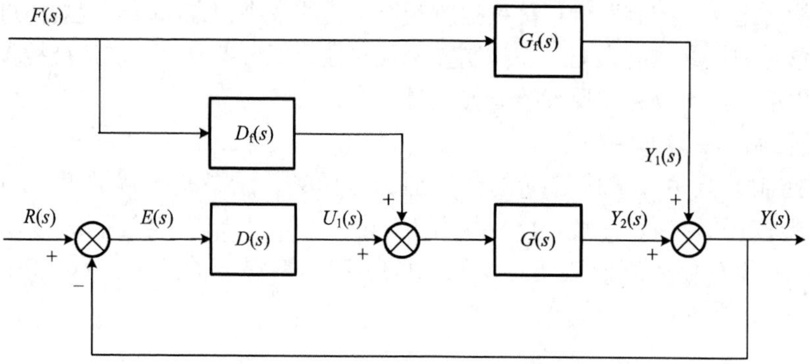

图 4-43　前馈-反馈控制系统结构

根据图 4-43，可以写出被控参数 $Y(s)$对干扰 $F(s)$的闭环响应为(假设 $R(s)=0$)：

$$\begin{aligned} Y(s) &= F(s)G_{\mathrm{f}}(s)+\left[F(s)D_{\mathrm{f}}(s)-Y(s)D(s)\right]G(s) \\ &= F(s)G_{\mathrm{f}}(s)+F(s)D_{\mathrm{f}}(s)G(s)-Y(s)D(s)G(s) \end{aligned} \tag{4-95}$$

式中，$F(s)G_{\mathrm{f}}(s)$为干扰对被控参数的影响；$F(s)D_{\mathrm{f}}(s)G(s)$为前馈通道的控制作用；$Y(s)D(s)G(s)$为反馈通道的控制作用。

干扰作用下的闭环传递函数为

$$W_{\mathrm{f}}(s)=\frac{Y(s)}{F(s)}=\frac{G_{\mathrm{f}}(s)+D_{\mathrm{f}}(s)G(s)}{1+D(s)G(s)} \tag{4-96}$$

前馈部分可按完全补偿干扰影响的原则进行整定，即在完全补偿情况下，应满足 $F(s)\neq 0$时，$Y_{\mathrm{f}}(s)=0$，也就是说 $D_{\mathrm{f}}(s)$满足式(4-94)。反馈部分可依单回路控制系统的稳定性指标确定 $D(s)$参数。

一般来讲，只需对最显著影响被控参数的干扰进行前馈控制补偿，而对于其他诸多次要干扰，可依靠反馈予以抑制。尤其在反馈控制精度与系统稳定性之间较难取舍时，前馈-反馈控制的共同作用可取长补短，以实现较高品质的控制效果。

当被控对象的干扰频繁又剧烈，且生产过程对被控参数的控制精度要求又很高时，前馈-串级控制系统结构应用极为广泛，如图 4-44 所示。串级控制系统副回路和前馈控制回路能同时减少干扰对被控参数的影响，且前馈控制算法的输出不是直接作用于执行机构上，而是补充到副回路的给定值中，这样就降低了对执行机构(如阀门特性)动态响应性能的要求。实践证明，这种前馈-串级控制系统可以获得较高的控制精度，在实际工程中获得了非常广泛的应用。

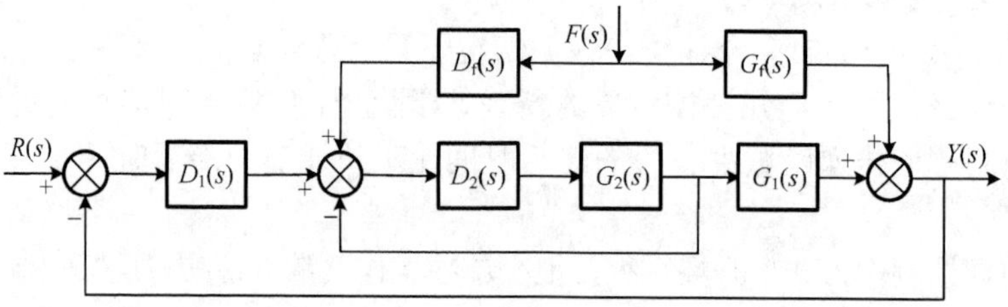

图 4-44　前馈-串级控制系统结构框图

4. 前馈-反馈控制的应用场合

在反馈控制的基础上，再引入前馈控制，可以兼顾对参考输入的跟踪与对干扰作用的抑制。前馈-反馈控制的应用场合一般如下。

(1) 当系统中存在幅度大、频率高且可测而不可控的干扰时，由于干扰对被控参数的影响显著，反馈控制难以应对，而工艺上对被控参数又要求十分严格，可引入前馈控制来改善系统的质量。

(2) 当无法用串级控制使主要干扰纳入副回路时，采用前馈控制亦可获得较好的效果。

(3) 当被控对象干扰通道和控制通道的时间常数相差不大时，引入前馈控制可以很好地改善系统的控制质量。但是，当干扰通道的时间常数比控制通道的时间常数大得多，且反馈控制已可获得较好的控制效果时，除非对控制质量要求很高，否则没有必要引入前馈控制；或者当干扰通道的时间常数比控制通道的时间常数小得多，以至于即使前馈控制器的输出可迅速达到最小或最大(这时调节阀全开或全关)也无法完全补偿干扰的影响时，也没有必要引入前馈控制。

4.7.2 数字前馈-反馈控制算法

1. 前馈控制器差分方程的推导

图 4-45 为计算机前馈-反馈控制系统框图。其中，$G_h(s)$为零阶保持器传递函数；前馈控制器 $D_f(s)$和反馈控制器 $D(s)$是由计算机实现的。

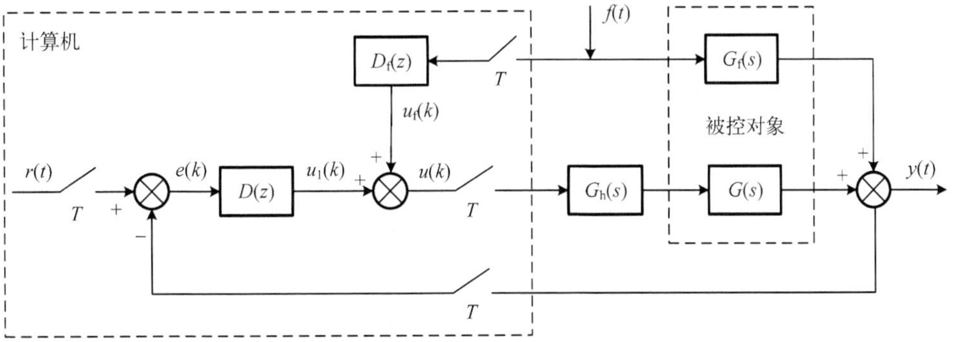

图 4-45　计算机前馈-反馈控制系统框图

设被控对象干扰通道和控制通道的传递函数分别为

$$G_f(s)=\frac{k_1}{T_1s+1}e^{-\tau_1 s},\quad G(s)=\frac{k_2}{T_2s+1}e^{-\tau_2 s} \tag{4-97}$$

式中，τ_1、τ_2为相应通道的滞后时间，则对应的前馈控制器为

$$D_f(s)=-\frac{U_f(s)}{F(s)}=-\frac{k_1(T_2s+1)}{k_2(T_1s+1)}e^{-(\tau_1-\tau_2)s}=-k_f\frac{T_2s+1}{T_1s+1}e^{-\tau s} \tag{4-98}$$

式中，$k_f=k_1/k_2$；$\tau=\tau_1-\tau_2$。

式(4-98)对应的微分方程为

$$T_1\frac{\mathrm{d}u_{\mathrm{f}}(t)}{\mathrm{d}t}+u_{\mathrm{f}}(t)=-k_{\mathrm{f}}\left[T_2\frac{\mathrm{d}f(t-\tau)}{\mathrm{d}t}+f(t-\tau)\right] \tag{4-99}$$

如果采样周期 T 足够小，且纯滞后时间 τ 为 T 的整数倍，则可将式(4-99)进行离散化，得到的差分方程为

$$T_1\frac{u_{\mathrm{f}}(k)-u_{\mathrm{f}}(k-1)}{T}+u_{\mathrm{f}}(k)=-k_{\mathrm{f}}\left[T_2\frac{f(k-N)-f(k-N-1)}{T}+f(k-N)\right]$$

整理得

$$u_{\mathrm{f}}(k)=\frac{T_1}{T+T_1}u_{\mathrm{f}}(k-1)-k_{\mathrm{f}}\frac{T+T_2}{T+T_1}f(k-N)-k_{\mathrm{f}}\frac{T_2}{T+T_1}f(k-N-1) \tag{4-100}$$

根据式(4-100)，便可编制出相应的程序，实现前馈控制器 $D_{\mathrm{f}}(z)$算法。

2. 前馈-反馈控制算法步骤

(1) 输入、采样。

(2) 计算反馈控制的偏差 $e(k)$，$e(k)=r(k)-y(k)$。

(3) 根据式(4-33)(位置式 PID 算法)计算反馈控制器 $D(z)$的输出 $u_1(k)$：

$$\begin{gathered}\Delta u_1(k)=K_{\mathrm{p}}\Delta e(k)+K_{\mathrm{i}}e(k)+K_{\mathrm{d}}[\Delta e(k)-\Delta e(k-1)]\\ u_1(k)=u_1(k-1)+\Delta u_1(k)\end{gathered} \tag{4-101}$$

(4) 计算前馈控制器 $D_{\mathrm{f}}(z)$的输出 $u_{\mathrm{f}}(k)$：

$$\begin{gathered}\Delta u_{\mathrm{f}}(k)=\frac{T_1}{T+T_1}\Delta u_{\mathrm{f}}(k-1)-k_{\mathrm{f}}\frac{T+T_2}{T+T_1}\Delta f(k-N)-k_{\mathrm{f}}\frac{T_2}{T+T_1}\Delta f(k-N-1)\\ u_{\mathrm{f}}(k)=u_{\mathrm{f}}(k-1)+\Delta u_{\mathrm{f}}(k)\end{gathered} \tag{4-102}$$

(5) 计算前馈-反馈控制器的输出 $u(k)$：

$$u(k)=u_{\mathrm{f}}(k)+u_1(k) \tag{4-103}$$

4.8 解耦控制

实际生产过程中，往往需要在一个生产设备中设置若干个控制回路来稳定多个被控参数，即构成多输入多输出控制系统。控制回路之间可能相互关联、相互耦合，使得系统的控制性能变差，控制过程久久不能稳定。例如，火力发电机组协调控制系统(Coordinated Control System, CCS)中的机组实发功率和汽轮机主蒸汽压力控制回路之间就存在着耦合关系。图 4-46 所示单元机组负荷控制系统中，实发功率 P_{E} 是被控参数，反映了机组与外部电网之间的能量平衡关系，汽轮机调节阀门开度 μ_{T} 是其控制变量；汽轮机主蒸汽压力控制系统中，主蒸汽压力 p_{T} 是被控参数，反映了机组内部锅炉和汽轮机之间的能量供求平衡关系，锅炉燃烧率(代表锅炉燃料量及相应的给水量)调节机构开度 μ_{B} 是其控制变量。当外界电网负荷要求增加时，μ_{T} 开度阶跃增加(假设 μ_{B} 保持不变)会使 P_{E} 先增加(利用锅炉蓄热)后下降，同时 p_{T} 也下降；而当 μ_{B} 单独增加时(假设 μ_{T} 保持不变)又会同时使 P_{E} 增加和 p_{T} 升高。这对于保证机组对外的较快负荷适应能力与对内运行参数(主蒸汽压力)的稳定控制是非常不利的。

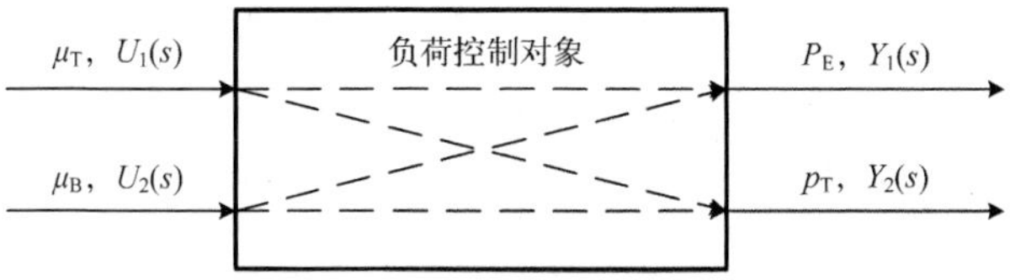

图 4-46　单元机组负荷控制系统示意图

图 4-47 为上述两输入两输出的耦合控制系统。从图中可以看出，$U_1(s)$不仅对 $Y_1(s)$有影响，而且对 $Y_2(s)$也有影响；同样，$U_2(s)$不仅对 $Y_2(s)$有影响，而且对 $Y_1(s)$也有影响。因此，必须消除这种耦合给系统带来的影响。

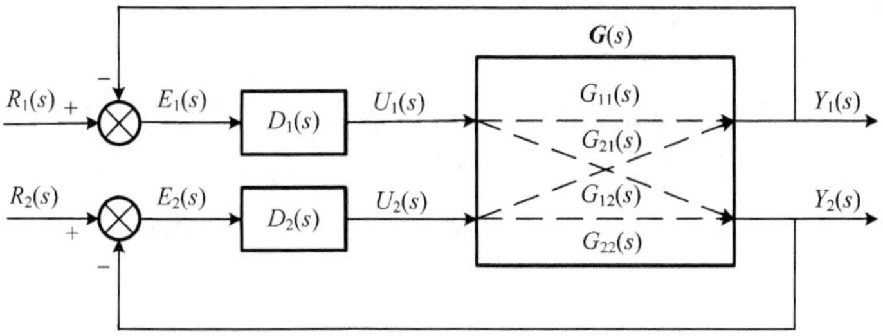

图 4-47　两输入两输出的耦合控制系统

4.8.1　解耦控制系统设计

1. 解耦控制原理

由图 4-47 可知，耦合系统之间的相互影响，是由于被控对象 $G(s)$中的 $G_{12}(s)$和 $G_{21}(s)$不为零而产生的。解耦的本质是设置一个计算网络，减少或解除耦合，以保证各个单回路控制系统可以独立地工作。因此，解耦控制的目标是通过设计串联解耦补偿器 $\boldsymbol{F}(s)$，使控制器 $D_1(s)$或 $D_2(s)$只对各自相应的被控参数施加控制作用，从而消除回路间的相互影响，如图 4-48 所示。

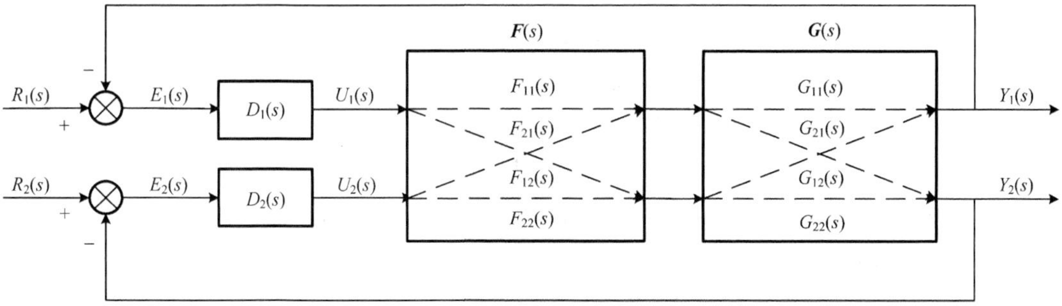

图 4-48　串联解耦控制系统

解耦补偿器 $\boldsymbol{F}(s)$由 $F_{11}(s)$、$F_{12}(s)$、$F_{21}(s)$和 $F_{22}(s)$组成，其作用就是通过对 $F_{21}(s)$的解耦补偿使得控制器 $D_1(s)$的输出 $U_1(s)$只控制 $Y_1(s)$，而不影响 $Y_2(s)$；同样，通过对 $F_{12}(s)$的解耦补偿使得控制器 $D_2(s)$的输出 $U_2(s)$只控制 $Y_2(s)$，而不影响 $Y_1(s)$。经过这样的解耦处理以后，得到两个相互独立的无耦合影响的单回路控制系统，其等效图如图 4-49 所示。

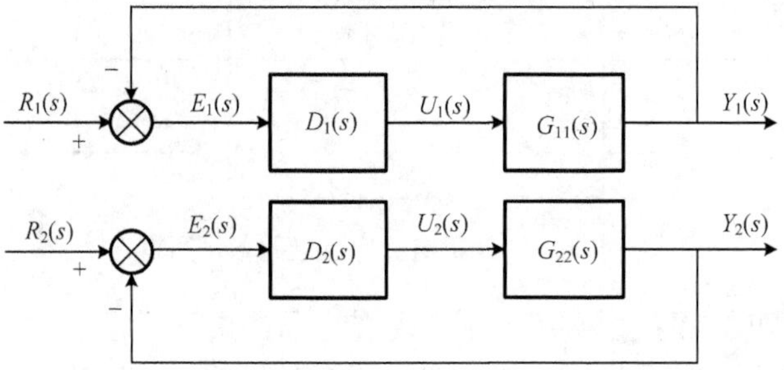

图 4-49 解耦后的单回路控制系统

2. 多变量解耦补偿器设计

1) 对角阵法

一般情况下，对于多变量的解耦控制系统，可以表示为如图 4-50 所示的系统。图中，$\boldsymbol{R}(s)$为 n 维输入向量；$\boldsymbol{Y}(s)$为 n 维输出向量；$\boldsymbol{E}(s)=\boldsymbol{R}(s)-\boldsymbol{Y}(s)$为 n 维偏差向量；$\boldsymbol{D}(s)$为 $n\times n$ 维控制器传递函数矩阵；被控对象 $\boldsymbol{G}(s)$为 $n\times n$ 维传递函数矩阵；$\boldsymbol{F}(s)$为解耦补偿器的 $n\times n$ 维传递函数矩阵。

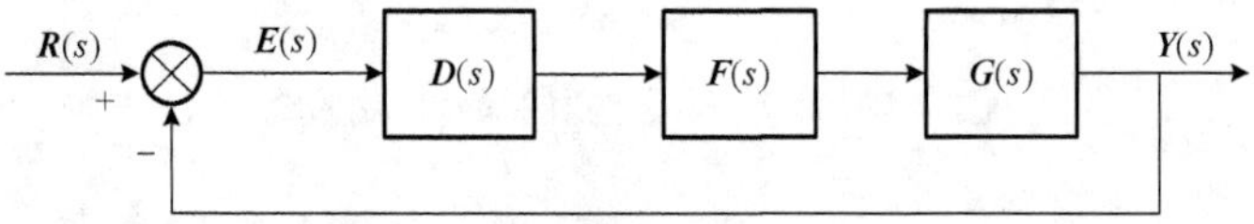

图 4-50 多变量解耦控制系统

设多输入多输出控制系统的 $n\times n$ 维开环和闭环传递函数矩阵分别为 $\boldsymbol{W}_{\mathrm{k}}(s)$和 $\boldsymbol{W}(s)$，则有

$$\begin{aligned}\boldsymbol{W}_{\mathrm{k}}(s)&=\boldsymbol{D}(s)\boldsymbol{F}(s)\boldsymbol{G}(s)\\ \boldsymbol{W}(s)&=\left[\boldsymbol{I}+\boldsymbol{W}_{\mathrm{k}}(s)\right]^{-1}\boldsymbol{W}_{\mathrm{k}}(s)\end{aligned}\tag{4-104}$$

若希望上述系统控制回路相互独立无耦合作用，则要求系统的闭环传递函数为对角阵，即

$$\boldsymbol{W}(s)=\begin{bmatrix}W_{11}(s) & 0 & \cdots & 0\\ 0 & W_{22}(s) & \cdots & 0\\ \vdots & \vdots & & \vdots\\ 0 & 0 & \cdots & W_{nn}(s)\end{bmatrix}\tag{4-105}$$

由于 $\boldsymbol{W}(s)$为对角阵，$\boldsymbol{W}_{\mathrm{k}}(s)$亦为对角阵。又因为控制器 $\boldsymbol{D}(s)$也为对角阵，所以，需要求 $\boldsymbol{F}(s)\boldsymbol{G}(s)$为对角阵。

因此，解耦控制的设计目标就变成根据被控对象的传递函数矩阵 $\boldsymbol{G}(s)$设计一个解耦补偿器 $\boldsymbol{F}(s)$，使得 $\boldsymbol{F}(s)\boldsymbol{G}(s)$为对角阵。

下面以 2×2 维耦合系统为例，给出具体的设计方法。

根据解耦控制的设计目标，即 $\boldsymbol{F}(s)\boldsymbol{G}(s)$为对角阵，有

$$\begin{bmatrix}F_{11}(s) & F_{12}(s)\\ F_{21}(s) & F_{22}(s)\end{bmatrix}\begin{bmatrix}G_{11}(s) & G_{12}(s)\\ G_{21}(s) & G_{22}(s)\end{bmatrix}=\begin{bmatrix}G_{11}(s) & 0\\ 0 & G_{22}(s)\end{bmatrix}\tag{4-106}$$

于是解耦补偿器 **F**(s)为

$$\boldsymbol{F}(s)=\begin{bmatrix}F_{11}(s) & F_{12}(s)\\ F_{21}(s) & F_{22}(s)\end{bmatrix}=\begin{bmatrix}G_{11}(s) & G_{12}(s)\\ G_{21}(s) & G_{22}(s)\end{bmatrix}^{-1}\begin{bmatrix}G_{11}(s) & 0\\ 0 & G_{22}(s)\end{bmatrix}$$
$$=\begin{bmatrix}\dfrac{G_{11}(s)G_{22}(s)}{G_{11}(s)G_{22}(s)-G_{21}(s)G_{12}(s)} & \dfrac{-G_{22}(s)G_{12}(s)}{G_{11}(s)G_{22}(s)-G_{21}(s)G_{12}(s)}\\ \dfrac{-G_{11}(s)G_{21}(s)}{G_{11}(s)G_{22}(s)-G_{21}(s)G_{12}(s)} & \dfrac{G_{11}(s)G_{22}(s)}{G_{11}(s)G_{22}(s)-G_{21}(s)G_{12}(s)}\end{bmatrix} \tag{4-107}$$

当 **F**(s)**G**(s)为单位阵 **I** 时，**F**(s)可简化为

$$\boldsymbol{F}(s)=\boldsymbol{G}^{-1}(s)=\begin{bmatrix}\dfrac{G_{22}(s)}{G_{11}(s)G_{22}(s)-G_{21}(s)G_{12}(s)} & \dfrac{-G_{12}(s)}{G_{11}(s)G_{22}(s)-G_{21}(s)G_{12}(s)}\\ \dfrac{-G_{21}(s)}{G_{11}(s)G_{22}(s)-G_{21}(s)G_{12}(s)} & \dfrac{G_{11}(s)}{G_{11}(s)G_{22}(s)-G_{21}(s)G_{12}(s)}\end{bmatrix} \tag{4-108}$$

对角阵法的解耦效果具有动态偏差小、响应速度快、过渡过程时间短等优点。

2) 前馈控制补偿法

前馈补偿法是把某通道的控制器输出对其他通道的影响看作干扰作用，然后应用前馈控制的原理，解除控制回路之间的耦合。例如，对于 2×2 维耦合系统，可通过引入解耦补偿器 $F_1(s)$、$F_2(s)$，消除 $U_1(s)$对 $Y_2(s)$以及 $U_2(s)$对 $Y_1(s)$的影响，如图 4-51 所示。

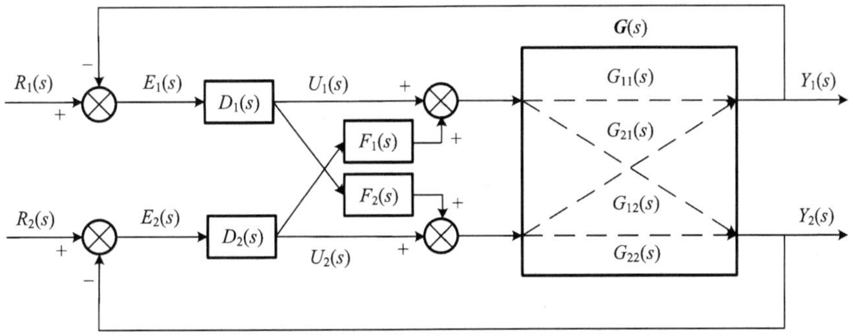

图 4-51　前馈补偿解耦控制系统

$$\begin{aligned}Y_1(s)&=G_{11}(s)U_1(s)+G_{11}(s)F_1(s)U_2(s)+G_{12}(s)F_2(s)U_1(s)+G_{12}(s)U_2(s)\\&=\left[G_{11}(s)+G_{12}(s)F_2(s)\right]U_1(s)+\left[G_{12}(s)+G_{11}(s)F_1(s)\right]U_2(s)\end{aligned} \tag{4-109}$$

$$\begin{aligned}Y_2(s)&=G_{22}(s)U_2(s)+G_{22}(s)F_2(s)U_1(s)+G_{21}(s)F_1(s)U_2(s)+G_{21}(s)U_1(s)\\&=\left[G_{21}(s)+G_{22}(s)F_2(s)\right]U_1(s)+\left[G_{22}(s)+G_{21}(s)F_1(s)\right]U_2(s)\end{aligned} \tag{4-110}$$

若要消除 $U_1(s)$对 $Y_2(s)$以及 $U_2(s)$对 $Y_1(s)$的影响，则要求

$$G_{12}(s)+G_{11}(s)F_1(s)=0,\quad G_{21}(s)+G_{22}(s)F_2(s)=0 \tag{4-111}$$

于是得到解耦补偿器为

$$F_1(s)=-\frac{G_{12}(s)}{G_{11}(s)},\quad F_2(s)=-\frac{G_{21}(s)}{G_{22}(s)} \tag{4-112}$$

4.8.2 数字解耦控制算法

当采用计算机实现解耦控制时，需将上述得到的模拟控制器和解耦补偿器进行离散化，则图 4-48 所对应的解耦计算机控制系统如图 4-52 所示。

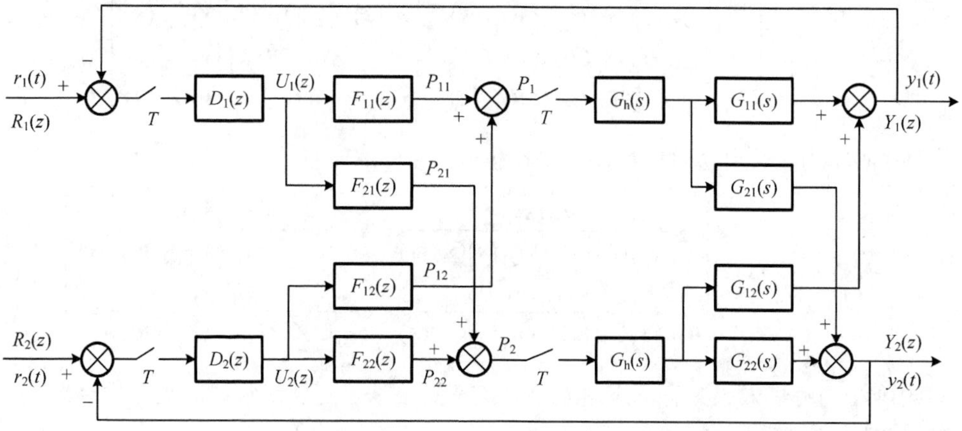

图 4-52　解耦计算机控制系统

其中，广义被控对象的 z 传递函数为

$$\begin{cases} G_{11}(z)=\mathcal{Z}[G_{\text{h}}(s)G_{11}(s)] \\ G_{12}(z)=\mathcal{Z}[G_{\text{h}}(s)G_{12}(s)] \\ G_{21}(z)=\mathcal{Z}[G_{\text{h}}(s)G_{21}(s)] \\ G_{22}(z)=\mathcal{Z}[G_{\text{h}}(s)G_{22}(s)] \end{cases}$$

由图 4-52 可得

$$\begin{aligned} \begin{bmatrix} Y_1(z) \\ Y_2(z) \end{bmatrix} &= \begin{bmatrix} G_{11}(z) & G_{12}(z) \\ G_{21}(z) & G_{22}(z) \end{bmatrix} \begin{bmatrix} P_1(z) \\ P_2(z) \end{bmatrix} \\ \begin{bmatrix} P_1(z) \\ P_2(z) \end{bmatrix} &= \begin{bmatrix} F_{11}(z) & F_{12}(z) \\ F_{21}(z) & F_{22}(z) \end{bmatrix} \begin{bmatrix} U_1(z) \\ U_2(z) \end{bmatrix} \end{aligned} \tag{4-113}$$

所以

$$\begin{bmatrix} Y_1(z) \\ Y_2(z) \end{bmatrix} = \begin{bmatrix} G_{11}(z) & G_{12}(z) \\ G_{21}(z) & G_{22}(z) \end{bmatrix} \begin{bmatrix} F_{11}(z) & F_{12}(z) \\ F_{21}(z) & F_{22}(z) \end{bmatrix} \begin{bmatrix} U_1(z) \\ U_2(z) \end{bmatrix} \tag{4-114}$$

根据对角阵法解耦控制的设计目标，知

$$\begin{bmatrix} G_{11}(z) & G_{12}(z) \\ G_{21}(z) & G_{22}(z) \end{bmatrix} \begin{bmatrix} F_{11}(z) & F_{12}(z) \\ F_{21}(z) & F_{22}(z) \end{bmatrix} = \begin{bmatrix} G_{11}(z) & 0 \\ 0 & G_{22}(z) \end{bmatrix} \tag{4-115}$$

可得解耦补偿矩阵为

$$\boldsymbol{F}(z) = \begin{bmatrix} F_{11}(z) & F_{12}(z) \\ F_{21}(z) & F_{22}(z) \end{bmatrix} = \begin{bmatrix} G_{11}(z) & G_{12}(z) \\ G_{21}(z) & G_{22}(z) \end{bmatrix}^{-1} \begin{bmatrix} G_{11}(z) & 0 \\ 0 & G_{22}(z) \end{bmatrix} \tag{4-116}$$

将式(4-116)求得的解耦补偿矩阵 $\boldsymbol{F}(z)$化为差分方程形式，即可通过计算机编程实现算法。

本章小结

本章介绍了数字控制器的模拟化设计方法，即连续域离散化设计。这种方法把整个控制系统看作连续系统，利用连续系统的理论和方法进行分析和设计，得到模拟控制器后再通过某种离散化方法将其离散化为数字控制器，并由计算机来实现。因此，本章的设计方法是一种间接的近似设计方法，可近似设计的条件是采样频率足够高，即采样周期足够小。学习本章应注意以下几点。

(1) 在对模拟控制器进行离散化时，应注意变换对系统性能的影响，尤其是对系统稳定性、稳态增益和频率响应特性的影响。各种变换法各有优缺点，但变换后均有畸变，畸变程度与采样周期和变换法本身的特性有关。相对来说，双线性变换法的效果最好，其次为后向差分变换法，它们在工程中均有比较多的应用。

(2) PID 控制器是工业领域应用最为广泛的一种控制器，由于可以兼顾系统的动态和静态特性而受到广大控制工程师的青睐。本章介绍了位置式和增量式数字 PID 控制算法，同时介绍了几种数字 PID 控制器的工程化改进算法。对于带死区 PID 算法的理解，要格外注意积分的保持特性。PID 控制器的参数整定方法主要来自工程实践，依经验进行现场调试所得，并不是通过理论计算所得的。掌握这些方法应该首先掌握 K_{p}、T_{i}和 T_{d}参数对 PID 控制系统性能的影响。

(3) 史密斯预估补偿控制是针对纯滞后对象并基于模型的一种控制策略，应深刻理解 Smith 预估补偿设计的基本思想和出发点，掌握 Smith 预估补偿器的数字实现方法，尤其要注意应用中的 Smith 预估补偿控制系统对辨识模型的误差十分敏感，需要做一些特殊处理。

(4) 串级、前馈-反馈和解耦控制都是在实际工程中应用较多的控制方式，主要解决具有大时延、大惯性、多变量耦合以及受干扰影响较大的被控对象的控制问题。

串级控制的主回路用于保证控制精度，主控制器一般采用 PID 控制器，在系统中起“细调”作用；副回路用于抑制主要干扰，副控制器一般采用 P 或 PI 控制器，在系统中起“粗调”作用。当外部干扰信号可测时，可直接根据干扰信号进行前馈控制器设计，比如，可按完全补偿干扰影响或第 5 章即将介绍的最少拍干扰抑制进行设计；然后根据系统对参考输入的跟踪性能进行期望的反馈控制规律设计，比如，可按 PID 或者最少拍控制及大林算法进行设计（第 5 章介绍），两者可分开进行设计并有效结合，组成抗外部干扰能力较强的控制系统。针对多变量系统变量之间的耦合问题，解耦控制提供了有效的解决方案。尤其是前馈补偿法，它是指把某通道的控制器输出对其他通道的影响看作干扰作用，然后应用前馈控制的原理解除控制回路之间的耦合，其在实际工程中有较广泛的应用。

习题与思考题

4.1　在什么情况下，计算机控制系统可以近似为连续控制系统？为什么？

4.2　数字控制器的离散化方法有哪些?各种离散化方法必须遵循的基本原则是什么？

4.3　已知连续控制系统的模拟控制器为 $D(s)=\dfrac{1}{s^2+4.5s+2}$，采样周期 $T=1\mathrm{s}$，试分别采用前向差分变换法和后向差分变换法求出数字控制器 $D(z)$及其差分控制算法，并比较两者对离散化前后稳定性性能指标的保真度。

4.4　已知连续控制系统的模拟控制器为 $D(s)=\frac{1}{s^2+4.5s+2}$，设采样周期 $T=1\text{s}$，试用双线性变换法求数字控制器 $D(z)$及控制器的差分方程。

4.5　已知连续控制系统的模拟控制器为 $D(s)=\frac{20(s+4)}{s+10}$，设采样周期 $T=0.015\text{s}$，试用零极点匹配法求数字控制器 $D(z)$及控制器的差分方程。

4.6　增量式与位置式数字 PID 控制算法相比，具有什么优点？它们有什么根本的区别？

4.7　积分分离算法和微分先行 PID 算法有什么特点？能解决什么问题？

4.8　位置式数字 PID 控制算法中的积分饱和现象是怎么引起的？可采取什么方法消除？

4.9　设临界振荡周期为 2.5s，临界比例系数为 6，控制度为 1.5，试用扩充临界比例度法确定 PID 控制算法的参数。

4.10　简述史密斯预估补偿控制的基本原理。

4.11　已知被控对象为 $G_0(s)=\frac{10}{2s+1}\mathrm{e}^{-10s}$，设采样周期 $T=1\text{s}$，试写出史密斯预估补偿器 $D_B(z)$及其差分方程，并绘制闭环控制系统结构框图。

4.12　试述串级控制系统的工作原理及优缺点。

4.13　已知串级控制系统副回路广义被控对象的 z 传递函数为

$$G_2(z)=\frac{0.368z^{-1}(1+0.718z^{-1})}{(1-z^{-1})(1-0.368z^{-1})}$$

试按照预期的闭环随动特性设计副回路数字控制器 $D_2(z)$。

4.14　试述前馈控制的工作原理。为什么前馈控制经常与其他控制方式相结合使用？

4.15　试述多变量解耦控制原理。

第 5 章　数字控制器的 z 域直接设计方法

本章概要　5.1 节介绍本章所要解决的基本问题、研究内容以及内容之间的相互关系；5.2 节给出利用 z 域直接设计方法设计数字控制器的一般形式；5.3 节介绍最少拍控制器的设计，首先以最简单的被控对象模型为例介绍其基本设计原则，然后推广到针对任意广义被控对象模型的最少拍控制器设计；5.4 节在剖析最少拍控制器存在的问题的基础上，引出几种工程化改进方法，包括阻尼因子法、误差平方和最小系统、最少拍无纹波控制器、干扰作用下最少拍控制器以及有限拍控制器的设计；5.5 节介绍大林算法，讨论振铃现象的本质、消除方法以及大林算法与 PID 控制算法之间的关系和其应用中的问题；5.6 节和 5.7 节分别介绍数字控制器的根轨迹设计法和频域设计法；5.8 节介绍 3 种数字控制器的计算机程序实现方法，包括直接法、串行法和并行法。

5.1　引　　言

第 4 章介绍了将模拟控制器 $D(s)$经某种数字化规则进行离散化而得到等价的数字控制器 $D(z)$的方法，该方法称为数字控制器的模拟化设计法，其系统性能不但与变换法相关，还与采样周期的选择密切相关。

在计算机控制系统中，以差分方程、z 传递函数或离散状态空间模型(将在第 6 章介绍)来表达控制器，通常利用计算机软件编程来实现其控制算法，以满足系统暂态及稳态误差等指标要求。因此，若能在 z 域中直接设计相应的控制算法，只要通过修改软件就可使计算机控制系统完成不同的控制功能，显然这种设计方法的灵活性会优于第 4 章的模拟化设计方法。

所谓 z 域直接设计方法，即首先将系统中被控对象及其零阶保持器一起构成的广义被控对象进行离散化，使系统完全变成离散控制系统；然后利用离散系统的设计方法，在 z 域直接完成控制器 $D(z)$的设计。由于该方法直接在采样序列的范畴内进行设计，避免了由模拟控制系统经超越函数向数字控制器转化的过程，其采样周期仅取决于被控对象的特性和采样定理的限制，不受分析和设计方法的限制，是应用较为广泛的计算机控制系统设计法。

5.2　数字控制器 $D(z)$的一般形式

微课视频

基于 z 传递函数进行数字控制器设计是一种直接在 z 域中设计计算机控制系统的方法。其基本思想是依据给定的闭环系统结构和系统的性能指标要求，由设计的约束条件确定期望的闭环系统 z 传递函数，然后通过解析方法求解出所设计的数字控制器 $D(z)$ 。

图 5-1 为计算机控制系统的基本结构。其中，$G_0(s)$ 为被控对象的传递函数；$G_h(s)$ 为零阶保持器的传递函数；$G(z)=\mathcal{Z}[G_h(s)G_0(s)]$ 为广义被控对象的 z 传递函数；$D(z)$ 为欲设计数字控制器的 z 传递函数。

系统设计的目的是寻求数字控制器 $D(z)$，使其闭环系统具有期望闭环 z 传递函数所描述的特性。由图 5-1 可知，闭环系统的 z 传递函数为

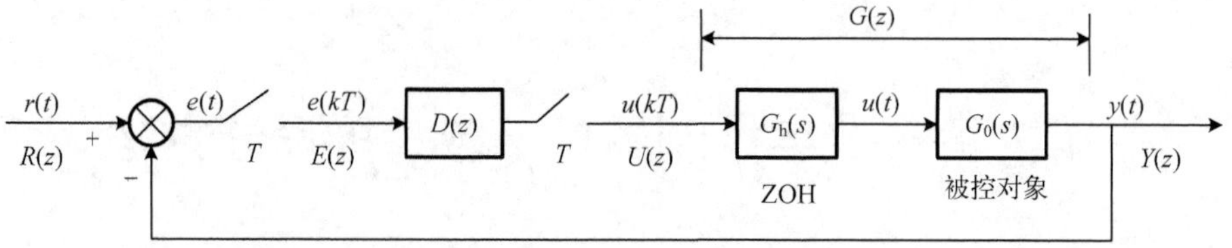

图 5-1　计算机控制系统的基本结构

$$W(z)=\frac{Y(z)}{R(z)}=\frac{D(z)G(z)}{1+D(z)G(z)} \tag{5-1}$$

闭环系统的误差 z 传递函数为

$$W_e(z)=\frac{E(z)}{R(z)}=\frac{1}{1+D(z)G(z)} \tag{5-2}$$

显然，

$$W_e(z)=1-W(z) \tag{5-3}$$

因此，由式(5-1)即可通过解析方法求出数字控制器 $D(z)$ 为

$$D(z)=\frac{W(z)}{G(z)[1-W(z)]} \tag{5-4}$$

或

$$D(z)=\frac{W(z)}{G(z)W_e(z)} \tag{5-5}$$

式(5-4)或式(5-5)即为 z 域直接设计方法数字控制器的一般形式。如果已知被控对象的广义传递函数 $G(z)$，并且可以根据控制系统的性能指标确定期望的闭环系统 z 传递函数 $W(z)$，就可以得到数字控制器 $D(z)$。

z 域直接设计方法的一般步骤如下：

(1) 求出广义被控对象的 z 传递函数 $G(z)=\mathcal{Z}[G_h(s)G_0(s)]$；

(2) 根据系统性能指标要求和其他约束条件，确定闭环系统的 z 传递函数 $W(z)$ 或误差 z 传递函数 $W_e(z)$；

(3) 根据式(5-4)或式(5-5)求出数字控制器 $D(z)$；

(4) 将 $D(z)$ 转换成差分方程形式，即可编写控制算法程序。

上述步骤中最为关键的是如何根据系统期望的性能指标确定 $W(z)$ 或 $W_e(z)$。系统性能指标主要包括如下内容。

(1) 稳定性。指由计算机作为数字控制器的闭环控制系统必须是稳定的，即满足离散控制系统稳定的充要条件。

(2) 准确性。指系统的稳态性能指标，即要求在特定输入信号作用下，计算机控制系统的输出序列与输入序列在采样时刻的稳态误差为零，简称“无差”。对于实际的计算机控制系统，可能还会进一步要求系统在采样点之间也没有稳态误差。

(3) 快速性。指系统的暂态性能指标，包括超调量、调节时间等。最少拍控制主要关注系统的调节时间，即要求系统的输出响应能够在尽量短的时间内达到稳定状态，并能够尽快地跟踪输入信号的变化。

(4) $D(z)$ 的物理可实现性。由于 $D(z)$ 为因果环节，控制器输出不能超前于输入，因此要求 $D(z)$ 分母多项式的最高次幂不小于分子多项式的最高次幂。

微课视频

5.3 最少拍控制器的设计

最少拍控制(Deadbeat Response)系统也称为最少调节时间或暂态过程时间最少系统，是指在典型输入信号作用下，系统可经过最少拍使其输出响应的稳态误差为零，从而达到输出响应完全跟踪输入信号的目的。在最少拍控制系统的定义中，最少拍是指满足控制系统的快速性要求；跟踪是指满足控制系统的准确性要求。此外，最少拍控制系统的稳定性与被控对象的零极点位置以及输入信号类型均存在着密切的关系。通常把系统达到稳态所需的采样周期数称为拍数，用 N 表示，如果输出响应在两个采样周期后达到稳态，则拍数 $N=2$。

5.3.1 最少拍控制器设计的基本原则

利用 z 域直接设计方法设计最少拍控制器需要考虑以下基本原则。

(1) 针对给定的输入信号，当系统到达稳态后，输出响应能够实现对输入信号的精确跟踪，即系统具有准确性，稳态误差为 0。

(2) 系统的输出响应经较短调节时间可达到稳定状态，以实现系统的快速性，即当 $k \geqslant N$ (N 为拍数)后，恒有 $e(kT)=0$，并且 N 越小越好。这就要求误差 $E(z)$ 关于 z^{-1} 多项式的项数越少越好。

(3) $D(z)$ 应是物理可实现的。

(4) 设计的闭环系统应是稳定系统。

下面以图 5-1 系统为例，介绍最少拍控制器的设计方法。

1. 假设条件

为了使设计过程简洁明了，首先对被控对象提出以下假设条件：

(1) $G(z)$ 是稳定的，即在 z 平面单位圆上及圆外无零点和极点((1, j0)点除外)；

(2) $G_0(s)$ 中不含纯滞后环节 $e^{-\tau s}$ 或 $G(z)$ 分子中不含 z^{-N} 因子。其中，τ 为纯滞后时间，$\tau=NT$ (T 为采样周期，N 为正整数)。

2. 期望的闭环系统 z 传递函数

由式(5-4)或式(5-5)可知，为了选择适当的数字控制器 $D(z)$，可以预先设计满足最少拍性能指标的闭环系统 z 传递函数 $W(z)$ 或者误差 z 传递函数 $W_e(z)$；然后，根据已知的对象特性 $G(z)$，可由式(5-4)或式(5-5)求出数字控制器 $D(z)$。同时，需要考察设计好的 $D(z)$ 是否满足物理可实现的条件。

由式(5-2)得闭环系统的误差为

$$E(z)=W_e(z)R(z) \tag{5-6}$$

根据终值定理有

$$e(\infty)=\lim_{z\to 1}(1-z^{-1})E(z)=\lim_{z\to 1}(1-z^{-1})W_e(z)R(z) \tag{5-7}$$

设式(5-7)中的输入信号 $R(z)$ 可统一表达为

$$R(z)=\frac{A(z)}{(1-z^{-1})^m} \tag{5-8}$$

式中，$A(z)$ 为不含 $1-z^{-1}$ 因子的关于 z^{-1} 的多项式；m 为分母中 $1-z^{-1}$ 因子的指数。

当 $m=1, A(z)=1$ 时，即为单位阶跃输入信号 $R(z)=\dfrac{1}{1-z^{-1}}$。

当 $m=2, A(z)=Tz^{-1}$ 时，即为单位速度输入信号 $R(z)=\dfrac{Tz^{-1}}{(1-z^{-1})^2}$。

当 $m=3, A(z)=\dfrac{T^2(1+z^{-1})z^{-1}}{2}$ 时，即为单位加速度输入信号 $R(z)=\dfrac{T^2(1+z^{-1})z^{-1}}{2(1-z^{-1})^3}$。

将式(5-8)代入式(5-7)，可得稳态误差为

$$e(\infty)=\lim_{z\to 1}(1-z^{-1})W_e(z)\frac{A(z)}{(1-z^{-1})^m} \tag{5-9}$$

由式(5-9)可知，若要求满足最少拍控制稳态误差为零的条件，则 $W_e(z)$ 应具有如下形式：

$$W_e(z)=(1-z^{-1})^m F(z) \tag{5-10}$$

式中，$F(z)$ 是待定的不含 $1-z^{-1}$ 因子的关于 z^{-1} 的有理分式或关于 z^{-1} 的有限多项式，则式(5-9)变为

$$e(\infty)=\lim_{z\to 1}(1-z^{-1})A(z)F(z)$$

为使稳态误差以最短的时间衰减到零，满足最少拍控制系统的快速性条件，就应该使 $W_e(z)$ 具有最简单的形式。可以看出，当 $F(z)$ 展成的幂级数含 z^{-1} 多项式的项数最少和阶次最低时，可使系统响应的调节时间 t_s 最短；同时，为了保证 $D(z)$ 的物理可实现性，$F(z)$ 的阶次也不能为正，这样只能选择 $F(z)=1$。

于是，满足最少拍控制要求的误差 z 传递函数为

$$W_e(z)=(1-z^{-1})^m \tag{5-11}$$

将式(5-11)代入式(5-3)，得到期望的闭环系统 z 传递函数为

$$W(z)=1-W_e(z)=1-(1-z^{-1})^m \tag{5-12}$$

因此，针对不同的输入信号，$W_e(z)$ 和 $W(z)$ 的具体形式如下。

(1) 单位阶跃信号：$m=1$，$W_e(z)=1-z^{-1}$，$W(z)=z^{-1}$。

(2) 单位速度信号：$m=2$，$W_e(z)=(1-z^{-1})^2$，$W(z)=2z^{-1}-z^{-2}$。

(3) 单位加速度信号：$m=3$，$W_e(z)=(1-z^{-1})^3$，$W(z)=3z^{-1}-3z^{-2}+z^{-3}$。

从上述 $W(z)$ 和 $W_e(z)$ 的表达式可以看出，3 种典型输入信号作用下使误差衰减到零或输出完全跟踪输入所需的调节时间，即最少拍数，分别为一拍、两拍和三拍。

3. 最少拍数字控制器 $D(z)$

根据式(5-5)、式(5-11)和式(5-12)，在给定的简单被控对象 $G(z)$ 假设条件下，得到典型输入信号所对应的数字控制器为

$$D(z)=\frac{1-(1-z^{-1})^m}{G(z)(1-z^{-1})^m} \tag{5-13}$$

式中，当单位阶跃信号输入 $(m=1)$ 时，$D(z)=\dfrac{z^{-1}}{(1-z^{-1})G(z)}$；当单位速度信号输入 $(m=2)$ 时，

$D(z)=\dfrac{2z^{-1}(1-0.5z^{-1})}{(1-z^{-1})^2G(z)}$；当单位加速度信号输入 $(m=3)$ 时，$D(z)=\dfrac{z^{-1}(3-3z^{-1}+z^{-2})}{(1-z^{-1})^3G(z)}$。

可见，当系统输入信号不同时，会得到不同的最少拍数字控制器 $D(z)$。

4. 最少拍控制系统的输出响应分析

由式(5-12)可知，输入信号不同时所得到的最少拍控制系统的闭环 z 传递函数各不相同。下面通过系统的输出序列和误差序列，分别讨论 3 种典型输入信号作用下，所设计的最少拍控制器是否满足闭环系统性能指标的要求。

(1) 单位阶跃信号。

当系统输入 $r(t)=1(t)$时，其输出 $Y(z)$为

$$Y(z)=W(z)R(z)=z^{-1}\frac{z}{z-1}=\frac{1}{z-1}=0\cdot z^0+1\cdot z^{-1}+1\cdot z^{-2}+1\cdot z^{-3}+\cdots$$

根据 z 变换定义可知

$$y(0)=0,\quad y(T)=y(2T)=y(3T)=\cdots=y(kT)=1$$

或者通过 z 反变换得到　$y(kT)=\mathcal{Z}^{-1}[Y(z)]=1[(k-1)T]$

同理，系统误差 $E(z)$为

$$E(z)=W_{\mathrm{e}}(z)R(z)=(1-z^{-1})\frac{1}{1-z^{-1}}=1=1\cdot z^0+0\cdot z^{-1}+0\cdot z^{-2}+\cdots$$

其 z 反变换为　$e(kT)=\mathcal{Z}^{-1}[E(z)]=\delta(kT)$

$$e(0)=1,\quad e(T)=e(2T)=e(3T)=\cdots=0$$

由以上结果可以看出，当输入为单位阶跃信号时，经过一拍，系统的输出序列就无偏差地跟踪上输入序列，即系统的调节时间 $t_{\mathrm{s}}=T$，最少拍数 $N=1$。系统的误差序列及输出序列如图 5-2 所示。

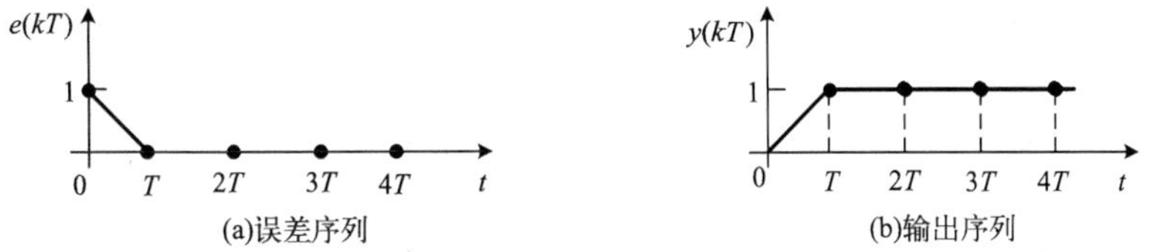

图 5-2　单位阶跃信号输入时最少拍控制的误差序列和输出序列

(2) 单位速度信号。

当系统输入 $r(t)=t$ 时，其输出 $Y(z)$为

$$Y(z)=W(z)R(z)=(2z^{-1}-z^{-2})\frac{Tz^{-1}}{(1-z^{-1})^2}$$

对上式进行 z 反变换，可得

$$y(kT)=\mathcal{Z}^{-1}[Y(z)]=\mathcal{Z}^{-1}[(2z^{-1}-z^{-2})R(z)]=2(k-1)T\cdot 1[(k-1)T]-(k-2)T\cdot 1[(k-2)T]$$

$$y(0)=y(T)=0,\quad y(2T)=2T,\quad y(3T)=3T,\quad y(4T)=4T,\ \cdots$$

同理，系统误差 $E(z)$为

$$E(z)=W_e(z)R(z)=(1-z^{-1})^2\frac{Tz^{-1}}{(1-z^{-1})^2}=Tz^{-1}$$

对上式进行 z 反变换，可得

$$e(kT)=\mathcal{Z}^{-1}[E(z)]=T\delta[(k-1)T]$$

$$e(0)=0,\quad e(T)=T,\quad e(2T)=e(3T)=\cdots=0$$

可以看出，当输入为单位速度信号时，经过两拍，系统的输出序列就可以在采样点上无偏差地跟踪上输入序列，即 $t_s=2T$，最少拍数 $N=2$。系统的误差序列及输出序列如图 5-3 所示。

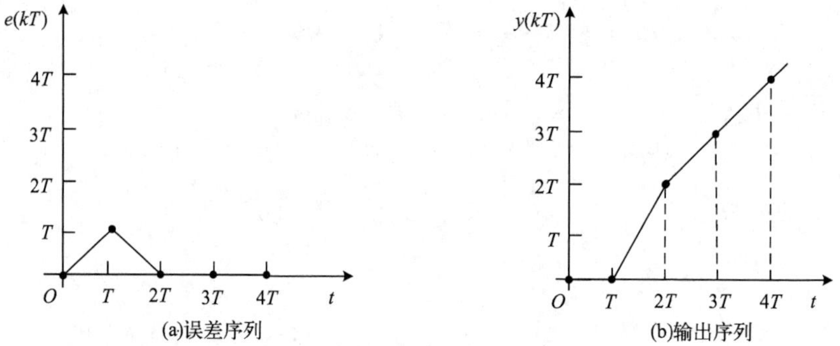

图 5-3　单位速度信号输入时最少拍控制的误差序列和输出序列

(3) 单位加速度信号。

当系统输入 $r(t)=0.5t^2$ 时，其离散序列为 $r(k)=0.5(kT)^2=0.5k^2T^2$。

系统输出 $Y(z)$为

$$Y(z)=W(z)R(z)=(3z^{-1}-3z^{-2}+z^{-3})\frac{T^2(1+z^{-1})z^{-1}}{2(1-z^{-1})^3}$$

对上式进行 z 反变换，可得

$$y(kT)=1.5[(k-1)T]^2\cdot 1[(k-1)T]-1.5[(k-2)T]^2\cdot 1[(k-2)T]+0.5[(k-3)T]^2\cdot 1[(k-3)T]$$

$$y(0)=y(T)=0,\quad y(2T)=1.5T^2,\quad y(3T)=4.5T^2,\quad y(4T)=8T^2,\ \cdots$$

同理，系统误差 $E(z)$为

$$E(z)=W_e(z)R(z)=(1-z^{-1})^3\frac{T^2(1+z^{-1})z^{-1}}{2(1-z^{-1})^3}$$

求得 $E(z)$ 的 z 反变换为

$$e(kT)=\mathcal{Z}^{-1}[E(z)]=0.5T^2\mathcal{Z}^{-1}[z^{-2}+z^{-1}]=0.5T^2\delta[(k-1)T]+0.5T^2\delta[(k-2)T]$$

$$e(0)=0,\quad e(T)=e(2T)=0.5T^2,\quad e(3T)=e(4T)=\cdots=0$$

当输入为单位加速度信号时，如图 5-4 的虚线所示最少拍控制系统能在 3 个采样周期内达到采样点上无偏差，即 $t_s=3T$，最少拍数 $N=3$。系统的误差序列及输出序列如图 5-4 所示。

综上可以看出，设计最少拍控制器时，$W(z)$ 或 $W_e(z)$ 的选取与输入信号的形式存在着密切关系。在实际应用时，如果输入信号与设计时的输入信号不一致，那么将得不到满足最少拍性能指标的控制器。

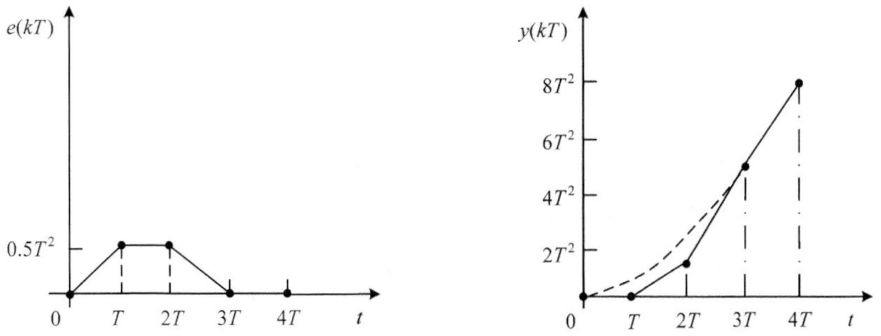

(a)误差序列　　(b)输出序列

图 5-4　单位加速度信号输入时最少拍控制的误差序列和输出序列

程序分析

例 5-1　如图 5-1 所示，设被控对象的传递函数为

$$G_0(s)=\frac{1}{s(s+1)}$$

采用零阶保持器，采样周期 $T=0.5\text{s}$。试设计输入为单位速度信号 $r(t)=t$ 时的最少拍数字控制器。

解：(1) 求出广义被控对象的 z 传递函数。

$$G(z)=\mathcal{Z}\left[\frac{1-\mathrm{e}^{Ts}}{s}\frac{1}{s(s+1)}\right]=(1-z^{-1})\mathcal{Z}\left[\frac{1}{s+1}-\frac{1}{s}+\frac{1}{s^2}\right]$$

$$=(1-z^{-1})\left[\frac{1}{1-\mathrm{e}^{-T}z^{-1}}-\frac{1}{1-z^{-1}}+\frac{Tz^{-1}}{(1-z^{-1})^2}\right]$$

$$=\frac{1-2z^{-1}+z^{-2}-1+(1+\mathrm{e}^{-T})z^{-1}-\mathrm{e}^{-T}z^{-2}+Tz^{-1}-T\mathrm{e}^{-T}z^{-2}}{(1-\mathrm{e}^{-T}z^{-1})(1-z^{-1})}$$

$$=\frac{0.1065z^{-1}(1+0.8467z^{-1})}{(1-0.6065z^{-1})(1-z^{-1})}$$

(2) 由已知条件可知 $m=2$，于是误差 z 传递函数为

$$W_{\mathrm{e}}(z)=(1-z^{-1})^2$$

(3) 由式(5-12)确定闭环系统的期望 z 传递函数为

$$W(z)=1-(1-z^{-1})^2=2z^{-1}-z^{-2}$$

(4) 由式(5-13)确定数字控制器为

$$D(z)=\frac{W(z)}{G(z)[1-W(z)]}=\frac{18.779(1-0.5z^{-1})(1-0.6065z^{-1})}{(1-z^{-1})(1+0.847z^{-1})}$$

(5) 分析控制器 $D(z)$ 的控制效果。

当输入为单位速度信号时，系统输出为

$$Y(z)=W(z)R(z)=(2z^{-1}-z^{-2})\frac{Tz^{-1}}{(1-z^{-1})^2}$$

对上式进行 z 反变换，可得

$$y(kT)=\mathcal{Z}^{-1}[Y(z)]=\mathcal{Z}^{-1}[(2z^{-1}-z^{-2})R(z)]=2(k-1)T\cdot 1[(k-1)T]-(k-2)T\cdot 1[(k-2)T]$$

$$y(0)=y(T)=0,\quad y(2T)=1,\quad y(3T)=1.5,\quad y(4T)=2,\ \cdots$$

控制器输出为

$$U(z)=\frac{Y(z)}{G(z)}=\frac{W(z)R(z)}{G(z)}=\frac{2(1-0.6065z^{-1})(1-z^{-1})z^{-1}(1-0.5z^{-1})}{0.1065z^{-1}(1+0.847z^{-1})}\frac{Tz^{-1}}{(1-z^{-1})^2}$$

$$=\frac{9.39z^{-1}(1-0.6065z^{-1})(1-0.5z^{-1})}{(1-z^{-1})(1+0.847z^{-1})}=9.39\frac{z^{-1}-1.1065z^{-2}+0.3033z^{-3}}{1-0.153z^{-1}-0.847z^{-2}}$$

$$=0+9.39z^{-1}-8.95z^{-2}+9.43z^{-3}-6.14z^{-4}+7.09z^{-5}-4.12z^{-6}+5.34z^{-7}-2.67z^{-8}+\cdots$$

于是得到所设计系统的输出序列 $y(kT)$ 和控制器的输出序列 $u(kT)$，如图 5-5 所示。

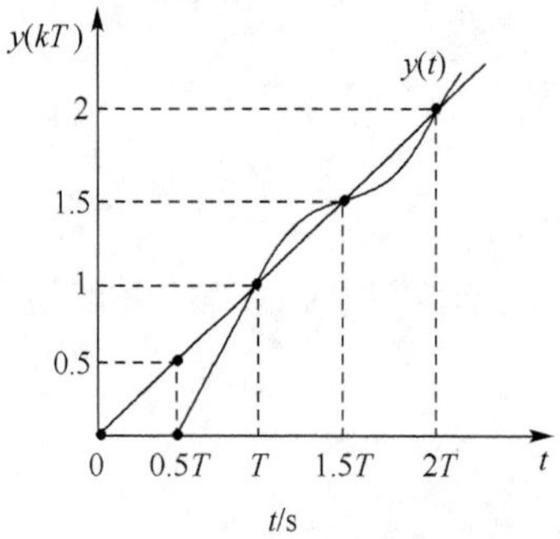

(a) 系统的输出序列

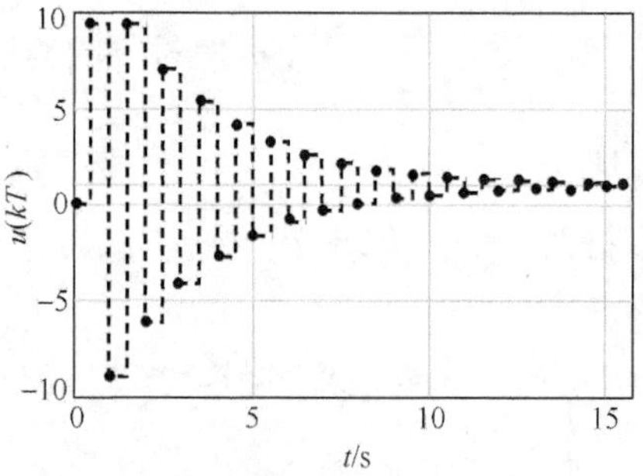

(b) 控制器的输出序列

图 5-5　例 5-1 单位速度信号输入时最少拍系统和控制器的输出序列

从图 5-5(a)可以看出，当系统输入为单位速度信号时，经过两拍以后，系统的输出响应在采样点上完全无静差地跟踪输入信号，但是在采样点之间存在着一定的偏差，即呈现纹波特性，使系统的动态性能指标变差。因此，这样的最少拍控制器也称为最少拍有纹波(Ripple)数字控制器。

同时可以从图 5-5(b)看出，当系统的输出响应跟踪上输入信号后，控制器的输出序列 $u(kT)$ 仍然呈现振荡收敛过程。尽管控制器的暂态响应是趋于稳定的，但其振荡收敛特性引起了系统输出的纹波现象。

上述纹波特性在实际生产中会增加执行机构的功率损耗和机械元件的磨损程度，因此纹波对系统的工作是有害的，是希望通过设计来消除的。

5. $D(z)$ 对其他输入信号的响应分析

例 5-1 中是针对单位速度信号设计的最少拍数字控制器 $D(z)$，当将其应用于单位阶跃或单位加速度信号时，系统的输出响应是否仍然是最少拍呢？

当输入为单位阶跃信号时，系统的输出序列和误差序列分别为

$$Y(z)=W(z)R(z)=(2z^{-1}-z^{-2})\frac{1}{1-z^{-1}}=2z^{-1}+z^{-2}+z^{-3}+z^{-4}+\cdots$$

$$E(z)=W_{\mathrm{e}}(z)R(z)=(1-z^{-1})^2\frac{1}{1-z^{-1}}=1-z^{-1}$$

由图 5-6 可知，对于根据单位速度信号设计的 $D(z)$，当将其应用于单位阶跃信号时，输出在经过两拍后可在采样点上实现对输入的跟踪，但在第一拍(0.5s)时，有 100%的超调量。

当将其应用于图 5-7 中虚线所示的单位加速度信号时，系统的输出序列和误差序列分别为

$$Y(z)=W(z)R(z)=(2z^{-1}-z^{-2})\frac{T^2(1+z^{-1})z^{-1}}{2(1-z^{-1})^3}$$

$$y(kT)=[(k-1)T]^2\cdot 1[(k-1)T]-0.5[(k-2)T]^2\cdot 1[(k-2)T]$$

$$E(z)=W_e(z)R(z)=(1-z^{-1})^2\frac{T^2(1+z^{-1})z^{-1}}{2(1-z^{-1})^3}$$

$$\begin{aligned}e(kT)&=\mathcal{Z}^{-1}[E(z)]=\mathcal{Z}^{-1}[(1-2z^{-1}+z^{-2})R(z)]\\&=0.5(kT)^2\cdot 1(kT)-[(k-1)T]^2\cdot 1[(k-1)T]+0.5[(k-2)T]^2\cdot 1[(k-2)T]\end{aligned}$$

可知，输出经过两拍后仍然能够实现跟踪，但存在着恒定的稳态误差 $e(\infty)=T^2=0.25$。其输出序列如图 5-7 所示。

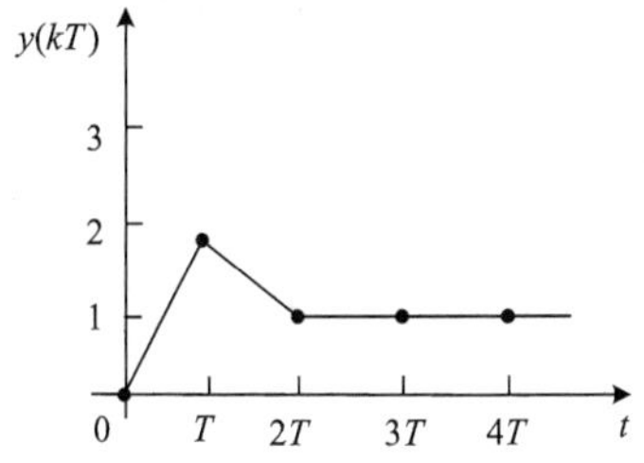

图 5-6　单位阶跃信号输入时的输出序列

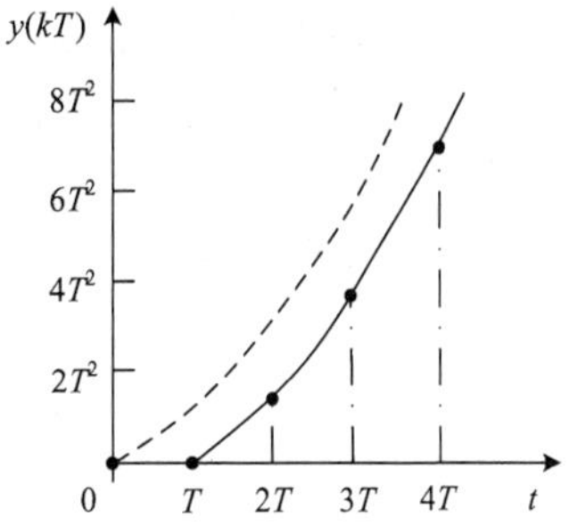

图 5-7　单位加速度信号输入时的输出序列

通过上述分析可以看出，对于按某一种输入信号设计的最少拍控制器，当将其直接用于其他类型的输入信号时，系统的输出特性会变差。这也说明了最少拍控制器对输入信号的适应能力较弱。

5.3.2　任意广义被控对象的最少拍控制器设计

5.3.1 节讨论的最少拍数字控制器是基于特殊对象特性(即 $G(z)$ 稳定且不含纯滞后环节 z^{-N}（N 为整数)的假设条件)而设计的。当被控对象不满足上述假设条件时，就要在满足系统稳定性、准确性和快速性性能指标要求的条件下进行相应的修改。这是本节要着重讨论的问题。

设广义被控对象的 z 传递函数为

$$G(z)=\frac{z^{-N}(p_0+p_1z^{-1}+\cdots+p_mz^{-m})}{q_0+q_1z^{-1}+\cdots+q_nz^{-n}}=z^{-N}\frac{\prod_{i=1}^{u}(1-b_iz^{-1})}{\prod_{j=1}^{v}(1-a_jz^{-1})}G'(z) \tag{5-14}$$

式中，$b_i\,(i=1,2,\cdots,u)$是 $G(z)$ 的 u 个不稳定零点；$a_j\,(j=1,2,\cdots,v)$是 $G(z)$ 的 v 个不稳定极点；$G'(z)$ 是 $G(z)$ 中不包含 z 平面单位圆上或圆外极点和零点的部分；z^{-N} 为 $G(z)$ 中含有的纯滞后环节，其中，N 为纯滞后的拍数，以采样周期的整数倍计算，$N=\tau/T$。

1) 稳定性约束

根据图 5-1 和式(5-2)，可得系统的闭环 z 传递函数为

$$W(z)=D(z)G(z)W_{e}(z) \tag{5-15}$$

由式(5-15)可知，当 $G(z)$ 中含有 z 平面单位圆上或圆外的极点(不稳定的极点)，且该极点没有与 $D(z)$ 或 $W_{e}(z)$ 的零点完全抵消时，其将成为 $W(z)$ 的极点，从而造成整个闭环系统不稳定。

由于系统的输出为

$$Y(z)=W(z)R(z)=G(z)U(z) \tag{5-16}$$

所以

$$U(z)=\frac{W(z)}{G(z)}R(z) \tag{5-17}$$

由式(5-17)可知，当 $G(z)$ 中含有 z 平面单位圆上或圆外的零点，且该零点没有与 $R(z)$ 或 $W(z)$ 的零点完全抵消时，它将成为 $U(z)$ 的不稳定极点，从而使数字控制器输出趋向于无穷大，也会使闭环系统变为不稳定。因此，在控制器的设计中，为了确保闭环系统稳定，$W(z)$ 中不应含有 $G(z)$ 的不稳定极点因子；$U(z)$ 的极点不能含有 $G(z)$ 的单位圆外零点因子。

假设式(5-15)中的 $G(z)$ 含有 z 平面单位圆上或圆外的极点，为了保证系统的稳定性，需要 $D(z)$ 或 $W_{e}(z)$ 也含有对应的零点因子，这样即可抵消掉 $G(z)$ 的不稳定极点。简单地利用 $D(z)$ 的零点去抵消 $G(z)$ 中的不稳定极点，从理论上可以得到一个稳定的闭环系统，但这种稳定是建立在零极点完全抵消基础上的。当系统参数产生漂移，或者对象参数辨识有误差时，这种零极点抵消就不可能准确实现，从而引起闭环系统不稳定。因此，这种建立在零极点抵消基础上的控制器设计是没有价值的，通过对系统闭环特性($W_{e}(z)$ 或 $W(z)$)进行约束，提出限制条件，即可完成最少拍数字控制器的设计。

综上分析，为避免 $D(z)$ 与 $G(z)$ 的不稳定零极点抵消，保证闭环系统的稳定性以及 $D(z)$ 的物理可实现性，需要对系统闭环特性 $W_{e}(z)$ 或 $W(z)$ 提出如下约束条件。

(1) $W_{e}(z)$ 的零点应包含 $G(z)$ 中全部不稳定的极点。

$$W_{e}(z)=\prod_{j=1}^{v}(1-a_{j}z^{-1})F_{1}(z) \tag{5-18}$$

式中，$F_{1}(z)$ 为关于 z^{-1} 的多项式且不包含 $G(z)$ 的不稳定极点 a_{j} ($z=1$ 点除外)。

(2) $W(z)$ 的零点应包含 $G(z)$ 中的纯滞后环节 z^{-N} 和全部不稳定的零点。

$$W(z)=z^{-N}\prod_{i=1}^{u}(1-b_{i}z^{-1})F_{2}(z) \tag{5-19}$$

式中，$F_{2}(z)$ 为关于 z^{-1} 的多项式且不包含 $G(z)$ 的纯滞后环节和不稳定零点 b_{i}。

因此，满足上述稳定性约束条件的最少拍数字控制器为

$$D(z)=\frac{W(z)}{W_{e}(z)G(z)}=\frac{F_{2}(z)}{F_{1}(z)G'(z)} \tag{5-20}$$

2) 快速性约束

尽管为满足式(5-19)而设计的 $W(z)$ 在响应时间上会比特殊对象最少拍控制系统增加若干拍，但仍可满足输出响应的调节时间尽可能短的设计要求。

3) 准确性约束

$W_e(z)$ 除了应遵循最少拍准确性的设计原则外，即在典型输入信号条件下的稳态误差为零，还需满足式(5-18)的条件，而不是将 $F_1(z)$ 简单地设为 1，即 $F_1(z)$ 的最高阶次要尽可能小。同时，为了使误差能以最快的速度衰减至零，应使 $W_e(z)$ 为最简单的形式，并使 $E(z)$ 含 z^{-1} 因子多项式的项数最少。

因此，得到满足上述约束条件的 $W_e(z)$ 和 $W(z)$ 的一般形式为

$$W_e(z) = (1 - z^{-1})^m \prod_{j=1}^{v} (1 - a_j z^{-1}) F_1(z) \tag{5-21}$$

式中，$F_1(z) = 1 + d_1 z^{-1} + \cdots + d_{N+u-1} z^{-(N+u-1)}$，$d_i(i = 1, 2, \cdots, N+u-1)$为待定常系数；对于单位阶跃、单位速度、单位加速度信号，m 分别取值为 1、2、3。

$$W(z) = z^{-N} \prod_{i=1}^{u} (1 - b_i z^{-1}) F_2(z) \tag{5-22}$$

式中，$F_2(z) = k(1 + f_1 z^{-1} + \cdots + f_{m+v-1} z^{-(m+v-1)})$，$f_i(i = 1, 2, \cdots, m+v-1)$和 k 为待定常系数。

综上，可得到任意广义被控对象的最少拍数字控制器为

$$D(z) = \frac{W(z)}{W_e(z) G(z)} \tag{5-23}$$

程序分析

例 5-2　设图 5-1 所示计算机控制系统的被控对象为

$$G_0(s) = \frac{10}{s(s+1)(s+2)}, \quad T = 0.5\text{s}$$

试分别针对单位阶跃和单位速度信号设计最少拍数字控制器 $D(z)$。

解：根据 $G_0(s)$ 求得广义被控对象为

$$\begin{aligned} G(z) &= \mathcal{Z}\left[\frac{1-\mathrm{e}^{-Ts}}{s} \frac{10}{s(s+1)(s+2)}\right] = (1 - z^{-1}) \mathcal{Z}\left[\frac{10}{s+1} - \frac{2.5}{s+2} - \frac{7.5}{s} + \frac{5}{s^2}\right] \\ &= (1 - z^{-1})\left[\frac{10}{1 - \mathrm{e}^{-T} z^{-1}} - \frac{2.5}{1 - \mathrm{e}^{-2T} z^{-1}} - \frac{7.5}{1 - z^{-1}} + \frac{2.5 z^{-1}}{(1 - z^{-1})^2}\right] \\ &= \frac{0.14561 z^{-1}(1 + 2.617 z^{-1})(1 + 0.1806 z^{-1})}{(1 - z^{-1})(1 - 0.6065 z^{-1})(1 - 0.3679 z^{-1})} \end{aligned}$$

$G(z)$ 中含有 1 个单位圆外的零点−2.617 和 1 个 z^{-1} 因子，没有不稳定的极点。

(1) 单位阶跃信号。

已知 $m = 1$，$u = 1$，$v = 0$，$N = 1$。由式(5-21)和式(5-22)得

$$W_e(z) = (1 - z^{-1})(1 + d z^{-1}), \quad W(z) = k z^{-1}(1 + 2.617 z^{-1})$$

又由于

$$W(z) = 1 - W_e(z)$$

所以

$$k z^{-1} + 2.617 k z^{-2} = (1 - d) z^{-1} + d z^{-2}$$

根据等式两侧 z 同次幂系数相等的原则，可得

$$\begin{cases} k = 1 - d \\ 2.617 k = d \end{cases}$$

求解上述方程得　$k = 0.27647,\quad d = 0.72353$

因此　$W_e(z) = (1 - z^{-1})(1 + 0.7235z^{-1})$，　$W(z) = 0.2765z^{-1}(1 + 2.617z^{-1})$

进一步由式(5-23)得　$D(z) = \dfrac{1.928(1 - 0.6065z^{-1})(1 - 0.3679z^{-1})}{(1 + 0.7235z^{-1})(1 + 0.1806z^{-1})}$

故可得系统和控制器的输出为

$$Y(z) = W(z)R(z) = \frac{0.2765z^{-1}(1 + 2.617z^{-1})}{1 - z^{-1}} = 0.2765z^{-1} + z^{-2} + z^{-3} + z^{-4} + \cdots$$

$$U(z) = \frac{W(z)}{G(z)}R(z) = \frac{1.9128(1 - 0.6065z^{-1})(1 - 0.3679z^{-1})}{(1 + 0.1806z^{-1})}$$
$$= 1.913z^{0} - 2.089z^{-1} + 0.673z^{-2} - 0.079z^{-3} + 0.009z^{-4} - 0.001z^{-5} + \cdots$$

图 5-8 为系统的输出序列和控制序列。可以看出，调节时间为两拍。

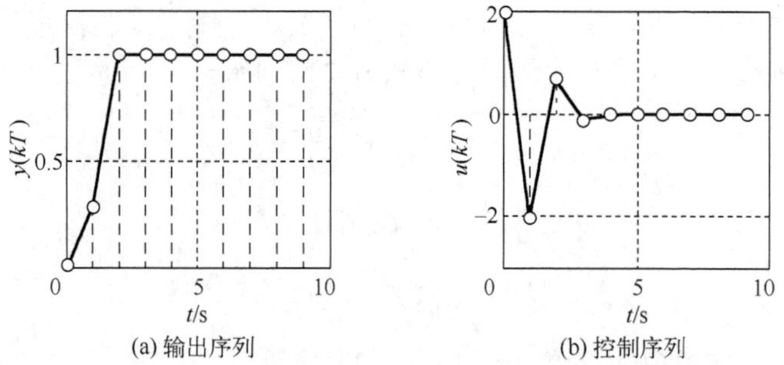

图 5-8　单位阶跃信号输入时最少拍控制系统的输出序列和控制序列

(2) 单位速度信号。

已知 $m = 2$，$u = 1$，$v = 0$，$N = 1$，可得

$$W_e(z) = (1 - z^{-1})^2(1 + dz^{-1}),\quad W(z) = kz^{-1}(1 + 2.617z^{-1})(1 + fz^{-1})$$

又因为　$W(z) = 1 - W_e(z)$

有　$kz^{-1} + k(2.617 + f)z^{-2} + 2.617kfz^{-3} = (2 - d)z^{-1} + (2d - 1)z^{-2} - dz^{-3}$

解得　$\begin{cases} k = 0.753 \\ d = 1.247 \\ f = -0.6304 \end{cases}$

所以　$W_e(z) = (1 - z^{-1})^2(1 + 1.247z^{-1})$，　$W(z) = 0.753z^{-1}(1 + 2.617z^{-1})(1 - 0.6304z^{-1})$

因此可得系统和控制器的输出为

$$Y(z) = W(z)R(z) = \frac{0.3765z^{-2}(1 + 2.617z^{-1})(1 - 0.6304z^{-1})}{(1 - z^{-1})^2}$$
$$= 0.3765z^{-2} + 1.5009z^{-3} + 2.004z^{-4} + 2.507z^{-5} + 3.010z^{-6} + \cdots$$

$$U(z)=\frac{2.586z^{-1}(1-0.6304z^{-1})(1-0.6065z^{-1})(1-0.3679z^{-1})}{(1+0.1806z^{-1})(1-z^{-1})}$$
$$=2.586z^{-1}-2.03z^{-2}+0.968z^{-3}+0.062z^{-4}+0.226z^{-5}$$
$$+0.196z^{-6}+0.202z^{-7}+0.201z^{-8}+0.201z^{-9}+\cdots$$

图 5-9 为系统的输出序列和控制序列。与图 5-8 相比，调节时间增加 1 拍，即为三拍。

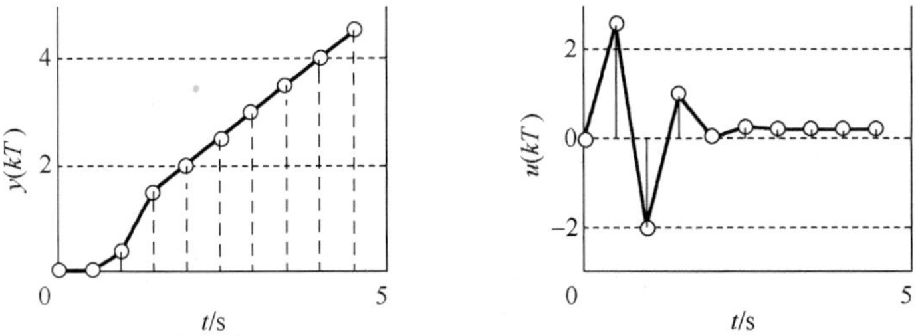

(a) 输出序列　　(b) 控制序列

图 5-9　单位速度信号输入时最少拍控制系统的输出序列和控制序列

5.4　最少拍控制器的工程化改进

5.4.1　最少拍控制器存在的问题

根据最少拍要求设计的控制器可使闭环系统在最少拍后即进入稳态，实现系统输出响应对输入信号在采样点上的精确跟踪。然而，通过研究发现，最少拍控制器尚存在以下问题 。

(1) 对不同输入信号的适应性较差，具有应用上的局限性(例 5-2)。

最少拍控制器是针对特定的输入信号而设计的，如果实际应用中的输入信号与设计时假定的输入信号不一致，将会使其达不到预期的最少拍控制系统性能指标要求，而且还可能引起较大的超调和静差。

(2) 系统输出在采样点之间可能存在纹波现象(图 5-5(b))。

纹波对系统本身也是一种误差，不仅消耗功率，浪费能量，而且造成机械磨损，应尽可能避免或消除纹波。

(3) 对被控对象的参数变化过于敏感。

广义被控对象特性易受外界随机干扰影响，有时不能精确识别出其零极点及滞后的阶次，使得期望的闭环特性具有不确定性。另外，按最少拍控制设计的闭环系统 z 传递函数具有多重极点 $z=0$，理论上这种多重极点对系统参数变化的灵敏度可达无穷大。如果被控对象的参数经常发生变化，将使实际系统达不到最少拍的控制效果，严重偏离期望的状态。

因此，需要针对以上问题进行必要的改进设计。以下介绍较为常用的几种方法。

5.4.2　阻尼因子法设计

微课视频

前述最少拍数字控制器 $D(z)$ 是针对某种典型输入信号而设计的，对于不同类型的输入信号，要求 $W(z)$ 应具有不同的形式，即 $W(z)$ 必须随 $R(z)$ 的变化而变化。而在实际应用中，输入信号往往不只是一种典型信号，而是多种典型信号的线性组合，有时甚至含有随机信号。因此，只针对某种典型输入信号设计的最少拍控制器就具有一定的局限性。此时，希望设计的 $W(z)$ 能适应多种类型的复合形式输入信号，以获得较为满意的折中性的输出响应。

阻尼因子法即为在系统对某种典型输入信号作用实现最少拍设计的条件下，通过在 $W(z)$ 分母中引入一个阻尼因子(相当于连续系统增加一个负实数极点，$\sigma<0$)，使系统的输出响应偏差不会立即为零，而是呈现一定的阻尼衰减特性，逐渐归零。这样，可使系统对其他输入信号的响应适应性有所改善。其实质是以延长系统的快速性为代价，来提高系统对输入信号类型的适应性；目的是使超调量、采样点之间的纹波和过渡过程时间等性能指标达到综合最优。

设连续系统中增加一个 $G_a(s)=\dfrac{1}{s-\sigma}$ 项，其离散化的 z 传递函数为

$$\mathcal{Z}[G_a(s)]=\mathcal{Z}\left[\frac{1}{s-\sigma}\right]=\frac{1}{1-\mathrm{e}^{\sigma T}z^{-1}}=\frac{1}{1-cz^{-1}} \tag{5-24}$$

式中，阻尼因子 $c=\mathrm{e}^{\sigma T}>0$ 为设计参数。

为了确保式(5-24)的稳定性，可使 $0<c<1$，则 $\sigma<0$。那么，阻尼因子法即可通过在离散系统中增加一个具有阻尼衰减性质的一阶惯性环节实现其设计思想。阻尼因子法设计步骤如下。

(1) 对于满足某典型输入信号作用的 $W_{\mathrm{e}}(z)$，使其成为增加阻尼因子 $1-cz^{-1}$ 的误差 z 传递函数：

$$W_{\mathrm{e0}}(z)=\frac{W_{\mathrm{e}}(z)}{1-cz^{-1}} \tag{5-25}$$

(2) 获取闭环系统的 z 传递函数 $W(z)$。利用 $W_{\mathrm{e0}}(z)=1-W(z)$ 关系，有

$$W(z)=1-W_{\mathrm{e0}}(z)=1-\frac{W_{\mathrm{e}}(z)}{1-cz^{-1}}=\frac{1-cz^{-1}-W_{\mathrm{e}}(z)}{1-cz^{-1}} \tag{5-26}$$

$W(z)$ 分母引入阻尼因子 $1-cz^{-1}$，相当于在单位圆内增加了实极点。根据极点位置与系统响应的关系可知，其不会影响系统的稳定性。借助终值定理，系统误差要依据式(5-25)重新计算。因此，在复合输入信号条件下进行参数 c 优选时，稳定误差应满足最小值的要求。

(3) 阻尼因子法的控制器。

由式(5-5)、式(5-25)、式(5-26)，得控制器 $D(z)$

$$D(z)=\frac{1-W_{\mathrm{e0}}(z)}{G(z)W_{\mathrm{e0}}(z)}$$

程序分析

例 5-3　设图 5-1 所示计算机控制系统的被控对象为

$$G_0(s)=\frac{1}{s(s+2)},\quad T=0.2\mathrm{s}$$

试针对单位速度信号设计数字控制器 $D(z)$，使系统输出响应在采样点上无稳态误差，同时对单位阶跃信号输入时的超调量和调节时间指标也能有所折中。

解：由前述最少拍设计法，在单位速度信号输入条件下的误差 z 传递函数和系统闭环 z 传递函数分别为

$$W_{\mathrm{e}}(z)=(1-z^{-1})^2,\quad W(z)=2z^{-1}-z^{-2}$$

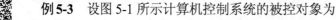

为使控制器 $D(z)$ 能适应单位阶跃信号输入时的响应，可采用阻尼因子法进行设计。由式(5-25)得

$$W_{e0}(z)=\frac{(1-z^{-1})^2}{1-cz^{-1}}$$

由式(5-26)，可获取闭环系统的 z 传递函数为

$$W(z)=\frac{1-cz^{-1}-(1-z^{-1})^2}{1-cz^{-1}}=\frac{-cz^{-1}+2z^{-1}-z^{-2}}{1-cz^{-1}}=\frac{(2-c)z^{-1}-z^{-2}}{1-cz^{-1}}$$

下面检验阻尼因子法的改进效果。

(1) 阶跃信号输入时，输出响应为

$$Y(z)=W(z)\frac{1}{1-z^{-1}}=\frac{(2-c)z^{-1}-z^{-2}}{(1-cz^{-1})(1-z^{-1})} \tag{5-27}$$

系统误差为

$$E(z)=W_{e0}(z)\frac{1}{1-z^{-1}}=\frac{(1-z^{-1})^2}{(1-cz^{-1})(1-z^{-1})}=\frac{1-z^{-1}}{1-cz^{-1}}$$

(2) 单位速度输入时，输出响应为

$$Y(z)=W(z)\frac{Tz^{-1}}{(1-z^{-1})^2}=\frac{(2-c)z^{-1}-z^{-2}}{1-cz^{-1}}\frac{Tz^{-1}}{(1-z^{-1})^2}=T\frac{(2-c)z^{-2}-z^{-3}}{(1-z^{-1})^2} \tag{5-28}$$

系统误差为

$$E(z)=W_{e0}(z)\frac{Tz^{-1}}{(1-z^{-1})^2}=\frac{Tz^{-1}}{1-cz^{-1}}$$

(3) c 的位置与输出响应的关系分析。

由上可知，系统输出响应与误差序列和参数 c 的选取有直接关系。c 值可以通过仿真计算来确定，下面分别在 $c=0, 0.2, 0.4, 0.6, 0.8$ 的情况下进行分析。

当 $c=0$ 时，由式(5-27)和式(5-28)，可分别得到单位阶跃信号和单位速度信号输入时的输出响应为

$$Y(z)=2z^{-1}+z^{-2}++z^{-3}+z^{-4}+z^{-5}+z^{-6}+z^{-7}+z^{-8}+\cdots$$

和

$$Y(z)=0.4z^{-2}+0.6z^{-3}+0.8z^{-4}+1.0z^{-5}+1.2z^{-6}+1.4z^{-7}+1.6z^{-8}+\cdots$$

输出序列如图 5-10 所示。由图可知，当 $c=0$ 时，虽然依据单位速度信号设计的控制器能较好地完成对速度信号在采样点上的跟踪，但系统对单位阶跃输入信号的输出响应超调量为 100%(图 5-10(a))。因此，经 $c=0$ 时的无阻尼因子修正的控制器不适应单位阶跃信号。

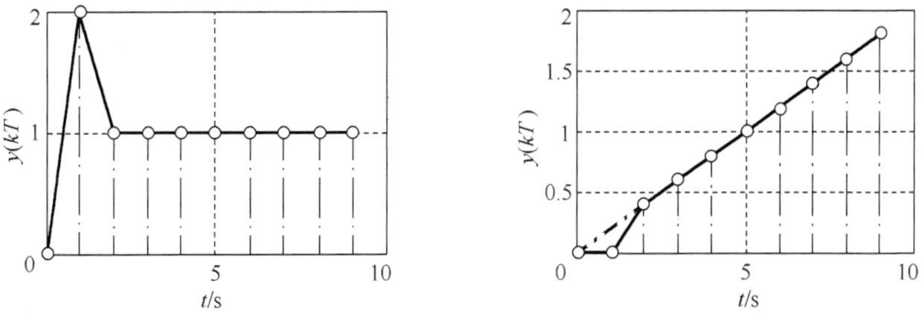

(a) 单位阶跃信号输入　　(b) 单位速度信号输入

图 5-10　$c=0$ 时的输出序列

同理，当 $c=0.2$ 时，单位阶跃信号输入和单位速度信号输入时的输出响应分别为 $Y(z)=1.8z^{-1}+1.16z^{-2}+1.032z^{-3}+1.0064z^{-4}+1.001z^{-5}+1.001z^{-6}+1.001z^{-7}+1z^{-8}+\cdots$ 和 $Y(z)=0.36z^{-2}+0.592z^{-3}+0.799z^{-4}+0.999z^{-5}+1.199z^{-6}+1.3999z^{-7}+1.600z^{-8}+\cdots$。

由图 5-11 可知，当 $c=0.2$ 时，虽然依据单位速度信号设计的控制器在第 5 拍后能较好地完成在采样点的跟踪，但在单位阶跃信号输入时，输出仍有 80%的超调量。阻尼因子对超调的抑制较弱，不适应系统对阶跃信号的响应。

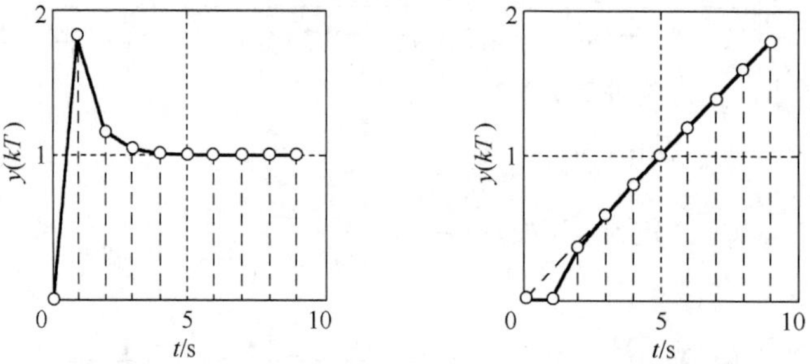

(a) 单位阶跃信号输入　(b) 单位速度信号输入

图 5-11　$c=0.2$ 时的输出序列

当 $c=0.4$ 时，对于单位阶跃信号，有

$$Y(z)=1.6z^{-1}+1.24z^{-2}+1.096z^{-3}+1.038z^{-4}+1.015z^{-5}+1.006z^{-6}+1.002z^{-7}+1z^{-8}+\cdots$$

对于单位速度信号，有

$$Y(z)=0.32z^{-2}+0.568z^{-3}+0.787z^{-4}+0.994z^{-5}+1.198z^{-6}+1.399z^{-7}+1.600z^{-8}+\cdots$$

由图 5-12 可知，当 $c=0.4$ 时，对单位阶跃信号的输出响应仍有 60%的超调量，不适应系统对单位阶跃信号的响应。

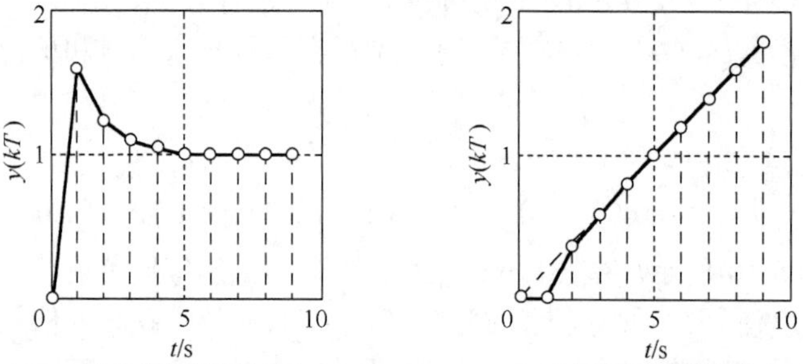

(a) 单位阶跃信号输入　(b) 单位速度信号输入

图 5-12　$c=0.4$ 时的输出序列

当 $c=0.6$ 时，对于单位阶跃信号输入，有

$$Y(z)=1.4z^{-1}+1.24z^{-2}+1.144z^{-3}+1.086z^{-4}+1.052z^{-5}+1.031z^{-6}+1.018z^{-7}+1.011z^{-8}+\cdots$$

对于单位速度信号，有

$$Y(z)=0.28z^{-2}+0.528z^{-3}+0.757z^{-4}+0.974z^{-5}+1.184z^{-6}+1.391z^{-7}+1.594z^{-8}+\cdots$$

图 5-13 反映了尽管当 $c=0.6$ 时系统对单位速度信号的响应时间增加到五拍，但阻尼因子对单位阶跃信号输入时的超调有较好的抑制作用(40%)，比较适应系统对单位阶跃信号的响应。

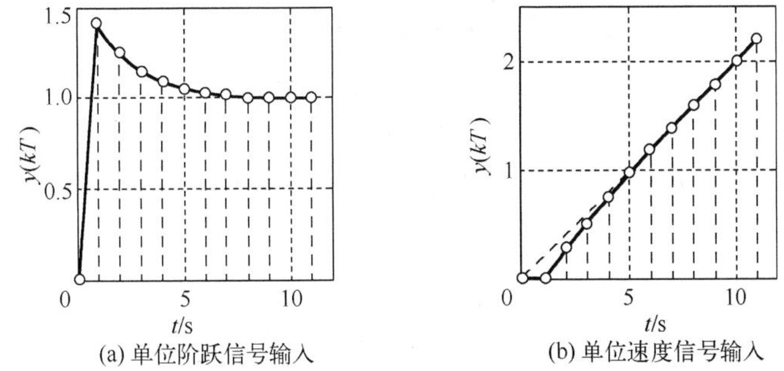

图 5-13　$c=0.6$ 时的输出序列

当 $c=0.8$ 时，对于单位阶跃信号输入，有

$$Y(z)=1.2z^{-1}+1.16z^{-2}+1.13z^{-3}+1.10z^{-4}+1.08z^{-5}+1.06z^{-6}+1.05z^{-7}+1.04z^{-8}+\cdots$$

对于单位速度信号输入，有

$$Y(z)=0.24z^{-2}+0.47z^{-3}+0.70z^{-4}+0.92z^{-5}+1.13z^{-6}+1.35z^{-7}+1.77z^{-8}+\cdots$$

由图 5-14 可以看出，当 $c=0.8$ 时，针对单位速度信号设计的控制器，在第 8 拍以后，能较好地完成对速度信号在采样点上的跟随，但调节时间的增加已不满足系统的时间响应要求。然而，此时的参数对单位阶跃信号只有 20%的输出超调量，表明阻尼因子对超调起到优秀的抑制作用，非常适应对阶跃信号的响应。

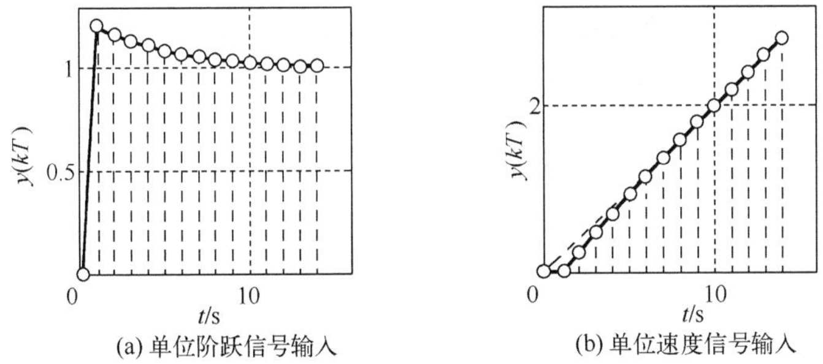

图 5-14　$c=0.8$ 时的输出序列

由此可见，c 的位置与系统的输出响应有非常密切的关系。引入阻尼因子可使暂态过程较为平稳，适应性有所改善，但增加了输出响应的调节时间。因此，阻尼因子法是以牺牲最少拍调节时间来换取对输入适应性的提高，不利于系统响应的快速性设计。

5.4.3　误差平方和最小系统设计

阻尼因子法可有效弥补最少拍控制系统对不同类型输入信号适应性差的缺陷，但对阻尼因子 c 的选择缺乏理论依据。误差平方和最小是一种通用的系统性综合性能指标，以此作为评判标准可有效解决对于典型线性组合信号系统的超调量、纹波、稳态误差和调节时间的综合寻优问题。误差平方和最小系统设计是最少拍控制系统设计的一种改进方法，对其性能指标的要求主要是使系统在暂态过程中有误差迅速减小的趋势。

设误差平方和最小的性能指标函数为

$$\min=\sum_{k=0}^{+\infty}[e(kT)]^2 \tag{5-29}$$

根据第 2 章 z 反变换的留数计算公式(2-54)，有

$$e(kT)=\frac{1}{2\pi \mathrm{j}}\oint_{\Gamma} E(z)z^{k-1}\mathrm{d}z$$

式中，$E(z)$ 为误差，设其极点在单位圆内；Γ 为包含所有 $E(z)z^{k-1}$ 极点的封闭曲线。

由上式可得

$$\sum_{k=0}^{+\infty}[e(kT)]^2=\sum_{k=0}^{+\infty}e(kT)\frac{1}{2\pi \mathrm{j}}\oint_{\Gamma} E(z)z^{k-1}\mathrm{d}z=\frac{1}{2\pi \mathrm{j}}\oint_{\Gamma} E(z)z^{-1}\mathrm{d}z\sum_{k=0}^{+\infty}e(kT)z^{k}$$

根据误差 $e(kT)$ 的 z 变换定义，有

$$E(z)=\sum_{k=0}^{+\infty}e(kT)z^{-k}$$

所以

$$E(z^{-1})=\sum_{k=0}^{+\infty}e(kT)z^{k}$$

则误差平方和的性能指标为

$$\min=\sum_{k=0}^{+\infty}[e(k)]^2=\frac{1}{2\pi \mathrm{j}}\oint_{\Gamma} E(z)E(z^{-1})z^{-1}\mathrm{d}z \tag{5-30}$$

误差平方和最小系统的设计目标是：确定数字控制器 $D(z)$，使系统在单位阶跃和单位速度信号作用下均具有较小的调节时间和满意的超调量，并且稳态误差最小。

首先设计单位速度信号输入时的最少拍控制系统。选择期望的闭环误差 z 传递函数为

$$W_{\mathrm{e}}(z)=(1-z^{-1})^2F(z)$$

式中，$F(z)$ 为待定的且不含 $1-z^{-1}$ 因子的关于 z^{-1} 的有限多项式。

为了使系统对单位阶跃输入有较好的适应性，引入一个阻尼因子，再按误差平方和最小系统进行设计，则

$$W_{\mathrm{e}}(z)=\frac{(1-z^{-1})^2F(z)}{1-cz^{-1}} \tag{5-31}$$

式中，c 为阻尼因子，$0<c<1$。当 c 变化时，系统的输出响应，包括调节时间、超调量和稳态误差等性能指标都会发生变化。

为了确定 c 和 $F(z)$，下面给出误差平方和最小系统设计的约束条件：

(1) $W_{\mathrm{e}}(z)$ 的零点中应包含 $G(z)$ 的全部不稳定极点；

(2) $W(z)$ 的零点中应包含 $G(z)$ 的全部单位圆上和圆外的零点；

(3) $W(z)$ 与 $G(z)$ 所含 z^{-1} 因子的阶数相同；

(4) 误差平方和最小。

例 5-4　在图 5-1 的计算机控制系统中，$G_0(s)=\dfrac{1}{s(s+2)(s+3)}$，$T=0.5\mathrm{s}$。试确定最少拍数字控制器 $D(z)$，使系统在单位阶跃信号和单位速度信号作用下有较小的调节时间和超调量，并且稳态误差最小。

解：由题意，广义被控对象的 z 传递函数为

$$G(z)=\mathcal{Z}\left[\frac{1-\mathrm{e}^{-Ts}}{s}\frac{1}{s(s+2)(s+3)}\right]=(1-z^{-1})\left[\frac{1}{s^2(s+2)(s+3)}\right]$$

$$=\frac{0.011622z^{-1}(1+2.097z^{-1})(1+0.1368z^{-1})}{(1-z^{-1})(1-0.3679z^{-1})(1-0.2231z^{-1})}$$

可知 $G(z)$ 无不稳定极点，有一个 z^{-1} 因子和一个单位圆外零点−2.097。

根据设计要求，对于单位速度信号实现无稳态误差的最少拍控制，并考虑对于单位阶跃信号的适应性，则由式(5-31)并根据约束条件，可得

$$W_e(z)=\frac{(1-z^{-1})^2(1+dz^{-1})}{1-cz^{-1}},\quad W(z)=\frac{kz^{-1}(1+2.097z^{-1})(1+fz^{-1})}{1-cz^{-1}}$$

根据 $W(z)=1-W_e(z)$，以及等式两侧 z 同次幂系数相等的原则，可得

$$\begin{cases}k+d=2-c\\ k(2.09+f)=2d-1\\ 2.09kb=-d\end{cases}\Rightarrow\begin{cases}k=0.864-0.542c\\ d=1.136-0.459c\\ f=\dfrac{0.459c-1.136}{1.806-1.133c}\end{cases}$$

当输入为单位速度信号时，误差为

$$E(z)=W_e(z)R(z)=\frac{(1-z^{-1})^2(1+dz^{-1})}{1-cz^{-1}}\frac{Tz^{-1}}{(1-z^{-1})^2}=\frac{Tz^{-1}(1+dz^{-1})}{1-cz^{-1}}$$

$$\begin{aligned}\sum_{k=0}^{+\infty}[e(kT)]^2&=\mathrm{Res}\left[\oint_\Gamma\frac{z^{-1}(1+dz^{-1})}{1-cz^{-1}}\frac{z(1+dz)}{1-cz}z^{-1}\mathrm{d}z\right]T^2\\&=\mathrm{Res}\left[\oint_\Gamma\frac{(z+d)(1+dz)}{z(z-c)(1-cz)}\mathrm{d}z\right]T^2\\&=\lim_{z\to0}z\frac{(z+d)(1+dz)}{z(z-c)(1-cz)}T^2+\lim_{z\to c}(z-c)\frac{(z+d)(1+dz)}{z(z-c)(1-cz)}T^2\\&=-\frac{d}{c}T^2+\frac{(c+d)(1+dc)}{c(1-c^2)}T^2\end{aligned}\tag{5-32}$$

当输入为单位阶跃信号时，误差为

$$E(z)=W(z)R(z)=\frac{(1-z^{-1})^2(1+dz^{-1})}{1-cz^{-1}}\frac{1}{1-z^{-1}}=\frac{(1-z^{-1})(1+dz^{-1})}{1-cz^{-1}}$$

$$\begin{aligned}\sum_{k=0}^{+\infty}[e(kT)]^2&=\mathrm{Res}\left[\oint_\Gamma\frac{(z-1)(z+d)(1-z)(1+dz)}{z^2(z-c)(1-cz)}\mathrm{d}z\right]\\&=\lim_{z\to0}\frac{\mathrm{d}}{\mathrm{d}z}\left[\frac{(z-1)(z+d)(1-z)(1+dz)}{(z-c)(1-cz)}\right]+\lim_{z\to c}\left[\frac{(z-1)(z+d)(1-z)(1+dz)}{z^2(1-cz)}\right]\\&=\frac{c(d-1)^2+d(c^2+1)}{c^2}+\frac{(c-1)(c+d)(1-c)(1+dc)}{c^2(1-c^2)}\end{aligned}\tag{5-33}$$

误差平方和与 c 的关系曲线如图 5-15 所示。其中，曲线①对应单位速度信号输入的误差平方和与 c 的关系；曲线②对应单位阶跃信号输入的误差平方和与 c 的关系。

要想使系统在两种不同输入信号作用下的误差平方和都比较小，可取两曲线的交点处的值 $c=0.75$。将其代入上述设计参数公式，有

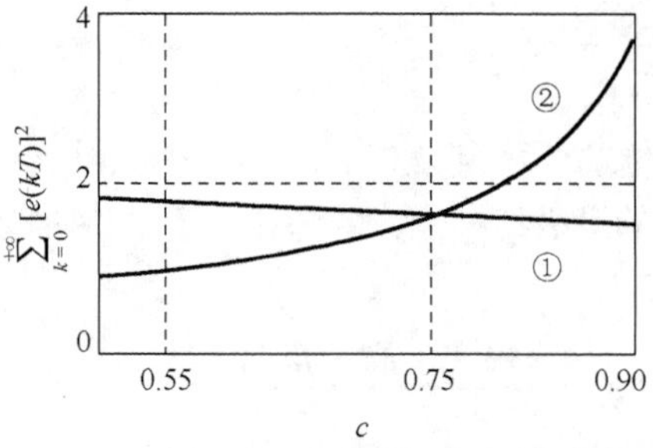

图 5-15　误差平方和与 c 的关系曲线

$$\begin{cases} k = 0.458 \\ d = 0.792 \\ f = -0.828 \end{cases}$$

对于单位阶跃信号，系统的输出响应为

$$\begin{aligned} Y(z) &= W(z)R(z) \\ &= \frac{0.458z^{-1}(1+2.09z^{-1})(1-0.828z^{-1})}{1-0.75z^{-1}}\frac{1}{1-z^{-1}} \\ &= 0.458z^{-1}+1.380z^{-2}+1.28z^{-3}+1.20z^{-4} \\ &\quad +1.15z^{-5}+1.10z^{-6}+\cdots \end{aligned}$$

对于单位速度信号，系统的输出响应为

$$\begin{aligned} Y(z) &= W(z)R(z) \\ &= \frac{0.458z^{-1}(1+2.09z^{-1})(1-0.828z^{-1})}{1-0.75z^{-1}}\frac{Tz^{-1}}{(1-z^{-1})^2} \\ &= 0.229z^{-2}+1.298z^{-3}+1.635z^{-4}+2.332z^{-5}+3.026z^{-6}+\cdots \end{aligned}$$

当 $c = 0.75$ 时，对应的数字控制器为

$$D(z) = \frac{28.6(1-0.828z^{-1})(1-0.3679z^{-1})(1-0.2231z^{-1})}{(1-z^{-1})(1+0.792z^{-1})(1+0.1368z^{-1})}$$

若对输出结果不满意，仍可采用试凑方法确定 c 的数值。总之，最小均方差系统与阻尼因子法相比，有明确的设计目标，并使误差达到最小。

微课视频

5.4.4　最少拍无纹波控制器设计

从图 5-5 所示的输出序列可以看出，虽然在稳态时系统的输出响应能够以最少的采样周期在采样点处准确地跟踪输入信号，但由于最少拍控制器的输出还处于波动振荡状态，其在采样点之间仍有一定波动存在，即系统的输出围绕其理想稳态值上下轻微波动，称为纹波现象。这种纹波现象是由控制量的波动引起的，即 $U(z)$ 中含有非零极点，使控制序列不能经有限拍完成过渡过程并进入稳态。如果能够通过设计控制器，使其稳态输出为零或常数，则系统输出就会保证在采样点之间不会产生波动振荡，这样的输出状态称为无纹波(Ripple Free)状态。下面具体介绍无纹波控制器的设计方法。

设控制器输出 $U(z)$ 的 z 变换展开式为

$$U(z) = \sum_{k=0}^{+\infty} u(k)z^{-k} = u(0)+u(1)z^{-1}+u(2)z^{-2}+\cdots+u(N)z^{-N}+u(N+1)z^{-(N+1)}+\cdots \tag{5-34}$$

如果 $u(k)$ 经过 N 个采样周期达到稳态，则系统输出为无纹波状态。按无纹波控制的设计要求，此时控制器的输出为零或常数，即

$$u(N) = u(N+1) = u(N+2) = \cdots = 0 \text{ 或者常数}$$

则式(5-34)可表述为

$$\begin{aligned} U(z) &= u(0)+u(1)z^{-1}+u(2)z^{-2}+\cdots+u(N-1)z^{-N+1}+u(N)(z^{-N}+z^{-(N+1)}+\cdots) \\ &= u(0)+u(1)z^{-1}+u(2)z^{-2}+\cdots+u(N)z^{-N}(1+z^{-1}+z^{-2}+z^{-3}+\cdots) \\ &= u(0)+u(1)z^{-1}+u(2)z^{-2}+\cdots+u(N-1)z^{-(N-1)}+u(N)z^{-N}\frac{1}{1-z^{-1}} \end{aligned} \tag{5-35}$$

令
$$v(0)=u(0)-u(-1)=u(0),\quad v(1)=u(1)-u(0),\quad \cdots,$$
$$v(N-1)=u(N-1)-u(N-2),\quad v(N)=u(N)$$

则
$$u(0)+u(1)z^{-1}+\cdots+u(N-1)z^{-(N-1)}=\frac{v(0)+v(1)z^{-1}+v(2)z^{-2}+\cdots+v(N-1)z^{-(N-1)}}{1-z^{-1}}$$

由式(5-35)可得
$$U(z)=\frac{v(0)+v(1)z^{-1}+v(2)z^{-2}+\cdots+v(N-1)z^{-(N-1)}+v(N)z^{-N}}{1-z^{-1}}=\frac{V(z)}{1-z^{-1}} \tag{5-36}$$

式中，$V(z)$ 为关于复变量 z^{-1} 的有限多项式。

由图 5-1 可知
$$U(z)=\frac{Y(z)}{G(z)}=\frac{W(z)R(z)}{G(z)} \tag{5-37}$$

设输入为 $R(z)=\dfrac{A(z)}{(1-z^{-1})^m}$，控制对象为
$$G(z)=\frac{M(z)}{N(z)} \tag{5-38}$$

式中，$M(z)$、$N(z)$ 分别为关于复变量 z^{-1} 的有限多项式，且为互质关系。

将式(5-38)代入式(5-37)，得
$$U(z)=\frac{N(z)W(z)}{M(z)}\cdot R(z)=\frac{N(z)W(z)}{M(z)(1-z^{-1})^{m-1}}\cdot\frac{A(z)}{1-z^{-1}} \tag{5-39}$$

设计最少拍无纹波控制器时，式(5-39)必须与式(5-36)具有相同的表达形式，即分母为 $1-z^{-1}$，分子为关于 z^{-1} 的有限多项式。于是，$W(z)$ 必须包含 $G(z)$ 的分子多项式 $M(z)$，即包含 $G(z)$ 的全部零点因子：
$$W(z)=M(z)F(z) \tag{5-40}$$

式中，$F(z)$为关于 z^{-1} 的有限多项式。

同时，要求 $G(z)$ 的分母多项式 $N(z)$中含有 $(1-z^{-1})^{m-1}$ 因子，即
$$N(z)=(1-z^{-1})^{m-1}B(z) \tag{5-41}$$

式中，$B(z)$为关于 z^{-1} 的有限多项式。

式(5-41)说明：$G(z)$ 中只有含有足够(至少含有 $m-1$ 个)的积分环节，才会使稳态阶段的控制器输出为 0 或常数。由式(5-39)可以看出，当 $N(z)$ 的 $1-z^{-1}$ 环节数多于 $m-1$ 时，控制量将经过有限拍后收敛到稳态值 $u(\infty)=\lim\limits_{z\to 1}(1-z^{-1})U(z)=0$；当积分环节数等于 $m-1$ 时，控制序列将经过有限拍后收敛到一个常数。因此，经过有限拍后，控制序列不会再振荡，从而避免了输出 $y(t)$在采样时刻之间的纹波。

由于 $W(z)$ 增加了单位圆内零点的表达式，系统的调节时间增加若干拍，其增加的拍数应等于 $G(z)$ 所含有的单位圆内零点的数量。

设广义被控对象的 z 传递函数为
$$G(z)=z^{-N}\frac{k_1\prod_{i=1}^{u}(1-b_i z^{-1})}{\prod_{j=1}^{v}(1-a_j z^{-1})\prod_{p=1}^{w}(1-c_p z^{-1})}$$

式中，b_i 是 $G(z)$ 的全部 u 个零点；a_j 是 $G(z)$ 的 v 个不稳定极点；c_p 是 $G(z)$ 的 w 个稳定极点；k_1 是常系数；z^{-N} 是 $G(z)$ 中含有的纯滞后环节，其中，N 是纯滞后的拍数，以采样周期的整数倍计算，$N=\tau/T$ 。

最少拍无纹波控制的稳定性约束条件如下。

(1) $W_e(z)$ 的零点应包含 $G(z)$ 中全部不稳定的极点。

误差传递函数为

$$W_e(z)=(1-z^{-1})^m\prod_{j=1}^{v}(1-a_jz^{-1})F_1(z) \tag{5-42}$$

式中，$F_1(z)=1+d_1z^{-1}+\cdots+d_{N+u-1}z^{-(N+u-1)}$ 。对于单位阶跃、单位速度、单位加速度的输入信号，m 分别取值为 1、2、3。

(2) $W(z)$ 的零点应包含 $G(z)$ 中纯滞后环节 z^{-N} 和全部的零点，即

$$W(z)=z^{-N}\prod_{i=1}^{u}(1-b_iz^{-1})F_2(z) \tag{5-43}$$

式中，$F_2(z)=k(1+f_1z^{-1}+\cdots+f_{m+v-1}z^{-(m+v-1)})$，$k$ 为常系数。

同时，还要注意 $G(z)$ 中是否存在足够数量的积分环节。

控制器的形式为

$$D(z)=\frac{W(z)}{W_e(z)G(z)}$$

程序分析

例 5-5　参照例 5-1 所示系统，当输入为单位阶跃信号和单位速度信号时，试设计最少拍无纹波控制器，$T=0.5$s。

解：(1)输入为单位阶跃信号。

由例 5-1 得到广义被控对象为

$$G(z)=\frac{0.1065z^{-1}(1+0.8467z^{-1})}{(1-0.6065z^{-1})(1-z^{-1})}$$

由已知条件可知，单位阶跃信号输入，$m=1$；$G(z)$ 含有一个零点，$u=1$；$G(z)$ 不含有不稳定的极点，$v=0$；有 1 个滞后环节，$N=1$ 。

由式(5-42)和式(5-43)，可得

$$W_e(z)=(1-z^{-1})(1+dz^{-1})\quad W(z)=kz^{-1}(1+0.8467z^{-1})$$

由于

$$W(z)=1-W_e(z)$$

所以

$$kz^{-1}+0.8467kz^{-2}=(1-d)z^{-1}+dz^{-2}$$

$$\begin{cases}k+d=1\\0.847k=d\end{cases}\Rightarrow\begin{cases}k=0.5414\\d=0.4586\end{cases}$$

代入 $W(z)$ 和 $W_e(z)$，有

$$W_e(z)=(1-z^{-1})(1+0.4586z^{-1}),\quad W(z)=0.5414z^{-1}(1+0.8467z^{-1})$$

求出数字控制器为

$$D(z)=\frac{W(z)}{W_e(z)G(z)}=\frac{5.083(1-0.6065z^{-1})}{1+0.4586z^{-1}}$$

可知这个 $D(z)$ 是物理可实现性。

控制器和系统的输出响应分别为

$$U(z)=\frac{Y(z)}{G(z)}=\frac{0.5414z^{-1}(1+0.847z^{-1})(1-0.6065z^{-1})(1-z^{-1})}{0.1065z^{-1}(1+0.847z^{-1})}\frac{1}{1-z^{-1}}$$

$$=\frac{0.5414(1-0.6065z^{-1})}{0.1065}=5.0836-3.0832z^{-1}$$

$$Y(z)=W(z)R(z)=\frac{0.5414z^{-1}(1+0.847z^{-1})}{1-z^{-1}}=0.5414z^{-1}+z^{-2}+z^{-3}+\cdots$$

最少拍无纹波系统输出序列和控制器输出序列结果如图 5-16 所示，系统输出没有纹波。

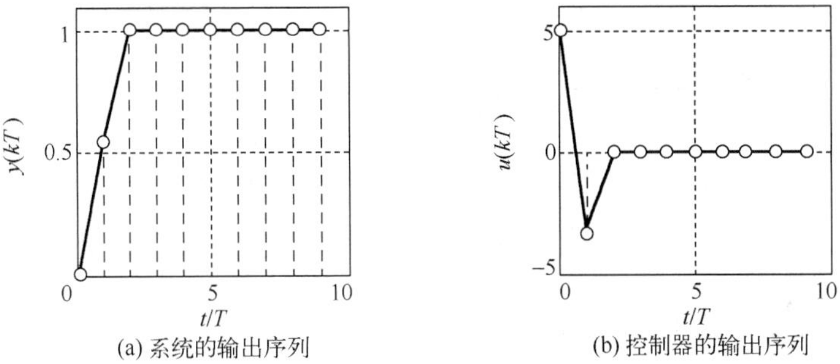

图 5-16　单位阶跃信号输入时最少拍无纹波控制的输出序列

(2) 输入为单位速度信号。

此时 $m=2$，$u=1$，$v=0$，$N=1$。

由式(5-42)和式(5-43)可得

$$W_e(z)=(1-z^{-1})^2(1+dz^{-1}),\quad W(z)=kz^{-1}(1+0.847z^{-1})(1+fz^{-1})$$

$$W(z)=1-W_e(z)$$

故

$$kz^{-1}+k(0.847+f)z^{-2}+0.847kfz^{-3}=(2-d)z^{-1}+(2d-1)z^{-2}-dz^{-3}$$

$$\begin{cases}k=2-d\\k(0.847+f)=2d-1\\0.847fk+d=0\end{cases}\Rightarrow\begin{cases}k=1.331\\f=-0.593\\d=-0.669\end{cases}$$

于是

$$W(z)=1.331z^{-1}(1+0.847z^{-1})(1-0.593z^{-1})$$

$$W_e(z)=(1-z^{-1})^2(1+0.669z^{-1})$$

所以数字控制器为

$$D(z)=\frac{W(z)}{W_e(z)G(z)}=\frac{12.50(1-0.593z^{-1})(1-0.6065z^{-1})}{(1-z^{-1})(1+0.669z^{-1})}$$

控制器和系统的输出响应分别为

$$U(z)=\frac{W(z)R(z)}{G(z)}=\frac{1.331z^{-1}(1+0.847z^{-1})(1-0.593z^{-1})(1-0.6065z^{-1})}{0.1065z^{-1}(1+0.847z^{-1})}\cdot\frac{Tz^{-1}}{1-z^{-1}}$$

$$=\frac{12.50z^{-1}(1-0.593z^{-1})(1-0.6065z^{-1})}{1-z^{-1}}$$

$$=12.50z^{-1}-2.49z^{-2}+2.00z^{-3}+2.00z^{-4}+\cdots$$

$$Y(z)=W(z)R(z)=1.331z^{-1}(1+0.847z^{-1})(1-0.593z^{-1})\cdot\frac{0.5z^{-1}}{(1-z^{-1})^2}$$
$$=0.6655z^{-2}+1.5z^{-3}+2.0z^{-4}+2.5z^{-5}+\cdots$$

对比图 5-5 与图 5-17 可知，尽管单位速度信号输入时最少拍无纹波控制系统的输出响应比例 5-1 的最少拍有纹波控制系统增加了 1 拍，由两拍变为三拍，这是由于 $G(z)$中有一个单位圆内的零点，但是其输出响应消除了纹波现象，达到了设计目的。

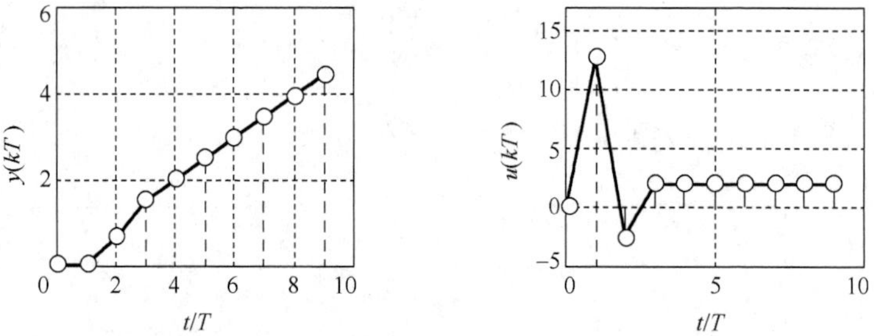

(a) 系统的输出序列　(b) 控制器的输出序列

图 5-17　单位速度信号输入时最少拍无纹波控制的输出序列

5.4.5　干扰作用下最少拍控制器设计

本章前几节讨论的控制器设计，仅仅针对的是计算机控制系统的典型输入。实际的控制系统中，除了有参考输入之外，常常还有干扰的作用。干扰几乎在任何位置均可以进入系统。为了便于讨论，可将干扰归并在零阶保持器和被控对象之间进入，如图 5-18 所示。现在的问题是，针对参考输入而设计的系统，是否能有效地避免干扰量 $f(t)$ 所产生的影响。

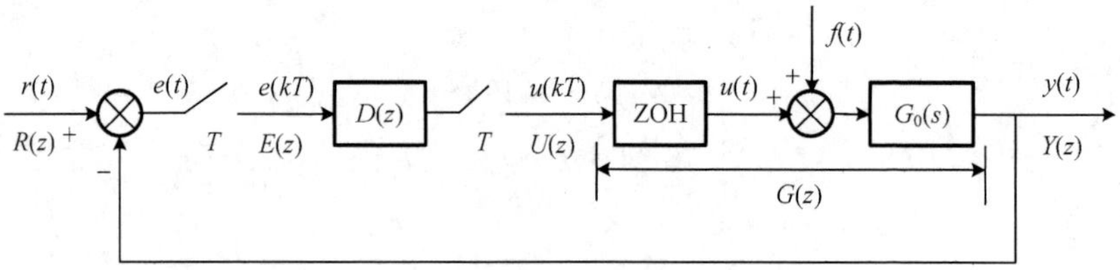

图 5-18　干扰作用下的计算机控制系统

在很多情况下，针对参考输入而设计的数字控制器 $D(z)$ 对抑制较弱的干扰作用所产生的影响也有一定的效果，这正是负反馈控制系统的优点之一。然而，如果干扰作用较大，则需要修改原设计方法。

1. 针对干扰作用的设计

假设存在干扰的计算机控制系统如图 5-18 所示，当仅存在干扰作用时(此时 $r(t)=0$)，干扰系统的等效图如图 5-19 所示。

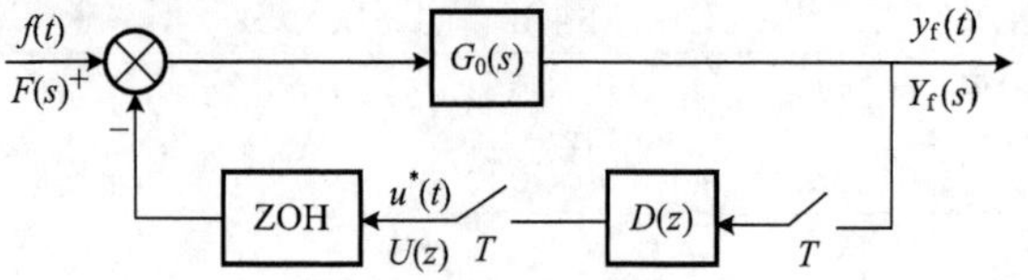

图 5-19　干扰系统的等效结构图

系统只存在干扰作用 $f(t)$ 时的输出响应为

$$Y_{\mathrm{f}}(s)=G_0(s)\left[F(s)-\frac{1-\mathrm{e}^{-Ts}}{s}U^*(s)\right]=F(s)G_0(s)-\frac{1-\mathrm{e}^{-Ts}}{s}G_0(s)U^*(s) \tag{5-44}$$

将式(5-44)两边进行 z 变换得

$$Y_{\mathrm{f}}(z)=G_0F(z)-G(z)U(z) \tag{5-45}$$

式中，

$$G(z)=\mathcal{Z}\left[\frac{1-\mathrm{e}^{-Ts}}{s}G_0(s)\right]$$

又因为

$$U(z)=Y_{\mathrm{f}}(z)D(z),\quad Y_{\mathrm{f}}(z)=G_0F(z)-G(z)D(z)Y_{\mathrm{f}}(z)$$

所以

$$Y_{\mathrm{f}}(z)=\frac{G_0F(z)}{1+D(z)G(z)} \tag{5-46}$$

干扰作用下闭环系统的 z 传递函数为

$$W_{\mathrm{f}}(z)=\frac{Y_{\mathrm{f}}(z)}{F(z)}=\frac{G_0F(z)/F(z)}{1+D(z)G(z)} \tag{5-47}$$

则数字控制器为

$$D(z)=\frac{[G_0F(z)/F(z)]-W_{\mathrm{f}}(z)}{G(z)W_{\mathrm{f}}(z)} \tag{5-48}$$

归纳起来，针对干扰作用的控制器设计方法主要包括以下步骤。

(1) 确定系统中所针对的干扰作用 $F(z)$。

(2) 根据消除干扰所引起的输出响应的要求(如无稳态误差、最快速的瞬变响应、稳定性、$D(z)$ 物理可实现等)，确定干扰作用下的系统闭环 z 传递函数 $W_{\mathrm{f}}(z)$；所采用的方法与前几节介绍的最少拍控制系统方法基本相同。

(3) 确定数字控制器 $D(z)$，并写出控制算法的差分方程。

2. 抑制干扰作用的设计

下面研究既有参考输入 $R(s)$ 又有干扰作用 $F(s)$ 的控制器设计方法。对于图 5-18 所示的系统，设计分两步进行。

(1) 针对系统的参考输入，确定闭环 z 传递函数 $W(z)$ 和最少拍数字控制器 $D(z)$。

(2) 考虑系统对干扰作用 $F(s)$ 的抑制，其目标是：系统对干扰的作用不产生稳态误差，即 $y_{\mathrm{f}}(+\infty)=0$。若不能完成此目标，则修改 $D(z)$ 的设计结果(有时不需要修改)。

由图 5-18，根据线性系统的叠加原理，系统在两种输入信号作用下的输出响应为

$$\begin{aligned}Y(z)&=W(z)R(z)+W_{\mathrm{f}}(z)F(z)\\&=\frac{D(z)G(z)}{1+D(z)G(z)}R(z)+\frac{G_0F(z)/F(z)}{1+D(z)G(z)}F(z)\end{aligned} \tag{5-49}$$

所以

$$W_{\mathrm{f}}(z)=\frac{1}{1+D(z)G(z)}G_0F(z)/F(z)=[1-W(z)]G_0F(z)/F(z) \tag{5-50}$$

根据系统对抑制干扰的设计目标，对 $W_{\mathrm{f}}(z)$ 的设计要求是干扰作用不会产生稳态响应。不失一般性，设干扰信号具有以下形式：

$$F(z)=\frac{A(z)}{(1-z^{-1})^m}$$

由终值定理可求得干扰作用下的稳态响应为

$$y_{\mathrm{f}}(\infty)=\lim_{z\to 1}(1-z^{-1})Y_{\mathrm{f}}(z)=\lim_{z\to 1}(1-z^{-1})W_{\mathrm{f}}(z)F(z) \tag{5-51}$$

若要求 $y_{\mathrm{f}}(\infty)=0$，则干扰作用下的闭环 z 传递函数 $W_{\mathrm{f}}(z)$ 必须具有以下形式

$$W_{\mathrm{f}}(z)=(1-z^{-1})^{m}F_{\mathrm{f}}(z) \tag{5-52}$$

式中，$F_{\mathrm{f}}(z)$ 为不含 $1-z^{-1}$ 因子的关于 z^{-1} 的有限多项式。

综上可得出结论：若系统在干扰作用下的闭环 z 传递函数 $W_{\mathrm{f}}(z)$ 可以表示为式(5-52)的形式，则不必修改针对参考输入所设计的数字控制器 $D(z)$，否则就需要修改 $D(z)$。

例 5-6　对于图 5-18 所示的系统，设 $G_0(s)=\dfrac{20}{s(s+5)}$，$T=0.5\text{s}$，$r(t)=1(t)$，$f(t)=1(t)$，试设计最少拍有纹波系统的数字控制器 $D(z)$。

解：

$$G(z)=\mathcal{Z}\left[\frac{1-\mathrm{e}^{-Ts}}{s}\frac{20}{s(s+5)}\right]=\frac{1.266z^{-1}(1+0.451z^{-1})}{(1-z^{-1})(1-0.0821z^{-1})}$$

根据最少拍有纹波系统的设计原则，有

$$W_{\mathrm{e}}(z)=1-z^{-1},\quad W(z)=z^{-1},\quad D(z)=\frac{W(z)}{G(z)W_{\mathrm{e}}(z)}=\frac{0.790(1-0.0821z^{-1})}{1+0.451z^{-1}}$$

$$G_0F(z)=\mathcal{Z}\left[\frac{20}{s(s+5)}\frac{1}{s}\right]=\frac{1.266z^{-1}(1+0.451z^{-1})}{(1-z^{-1})^2(1-0.0821z^{-1})}$$

由式(5-47)和 $F(z)=(1-z^{-1})^{-1}$，得

$$W_{\mathrm{f}}(z)=\frac{[1-W(z)]G_0F(z)}{F(z)}=\frac{W_{\mathrm{e}}(z)G_0F(z)}{F(z)}=\frac{1.266z^{-1}(1+0.451z^{-1})}{1-0.0821z^{-1}}$$

可见，$W_{\mathrm{f}}(z)$ 不满足式(5-52)的期望形式，需要修改原设计 $D(z)$。

进一步分析可知，$y_{\mathrm{f}}(\infty)=\lim\limits_{z\to 1}(1-z^{-1})W_{\mathrm{f}}(z)F(z)=\lim\limits_{z\to 1}W_{\mathrm{f}}(z)=2.01\neq 0$。这显然不符合设计目标要求，必须修改原先设计的 $D(z)$，即可通过辅助函数 $B(z)$ 修订 $W_{\mathrm{f}}(z)$。令

$$W_{\mathrm{f}}(z)B(z)=(1-z^{-1})^{m}F_{\mathrm{f}}(z)$$

即

$$\frac{1.266z^{-1}(1+0.451z^{-1})}{1-0.0821z^{-1}}B(z)=(1-z^{-1})F_{\mathrm{f}}(z)$$

式中，$B(z)=(1-z^{-1})(1-0.0821z^{-1})$；$F_{\mathrm{f}}(z)=k(1+0.451z^{-1})z^{-1}$；$k=1.266$。

因此，修订后的 $W_{\mathrm{f}}(z)$ 为

$$W_{\mathrm{f}}(z)=1.266z^{-1}(1-z^{-1})(1+0.451z^{-1})$$

数字控制器为

$$D(z)=\frac{[G_0F(z)/F(z)]-W_{\mathrm{f}}(z)}{G(z)W_{\mathrm{f}}(z)}=\frac{1-(1-z^{-1})^2(1-0.0821z^{-1})}{1.266z^{-1}(1-z^{-1})(1+0.451z^{-1})}$$

显然，$D(z)$ 为物理可实现的。

5.4.6　有限拍控制器设计

对于系统对被控对象参数变化过于敏感的问题，一般可采用非最少的有限拍控制器设计

来解决，即在某种典型输入条件下最少拍控制器设计的基础上，把系统的闭环误差 z 传递函数 $W_e(z)$ 中关于 z^{-1} 的幂次适当地提高 1～2 阶，使 $W_e(z)$ 不是最简单的形式。这可通过参考式(5-10)用有限多项式 $F(z)=1+d_1z^{-1}+\cdots+d_nz^{-n}$ 相乘来实现。通过适当地选择定常系数 d_i $(i=1, 2, \cdots, n)$来改变 $W_e(z)$ 或 $W(z)$ 的结构参数，从而降低系统对被控对象参数变化的敏感度。这时的系统已不再是最少拍无静差的系统了，但仍然是有限拍的。

分析

例 5-7　设图 5-1 所示计算机控制系统的广义被控对象为

$$G(z)=\frac{0.5z^{-1}}{1-0.5z^{-1}},\quad T=1\text{s}$$

试针对单位速度信号设计有限拍数字控制器 $D(z)$，并验证当广义被控对象变为 $G'(z)=\dfrac{0.6z^{-1}}{1-0.55z^{-1}}$ 时系统的输出响应。

解： 已知在单位速度信号条件下的系统误差 z 传递函数和闭环 z 传递函数分别为

$$W_e(z)=(1-z^{-1})^2,\quad W(z)=2z^{-1}-z^{-2}$$

为使最少拍控制器 $D(z)$ 能抵偿被控对象参数变化的影响，可构造非最少的有限拍控制系统的误差 z 传递函数为

$$W_e'(z)=W_e(z)F(z)=(1-z^{-1})^2F(z)$$

式中，选取 $F(z)=1+0.5z^{-1}$。

于是可得到　$W_e'(z)=(1-z^{-1})^2(1+0.5z^{-1})$，　$W'(z)=1-W_e'(z)=1.5z^{-1}-0.5z^{-3}$

由此可得有限拍控制器为

$$D'(z)=\frac{W'(z)}{W_e'(z)G(z)}=\frac{(1-0.5z^{-1})(3-z^{-2})}{1-1.5z^{-1}+0.5z^{-3}}$$

有限拍控制系统对单位速度信号的输出响应为

$$Y(z)=W'(z)R(z)=\frac{(1.5z^{-1}-0.5z^{-3})Tz^{-1}}{(1-z^{-1})^2}=1.5z^{-2}+3z^{-3}+4z^{-4}+5z^{-5}+\cdots$$

可见，系统在第三拍实现了对输入的跟踪，比最少拍多了一拍，如图 5-20(a)所示。

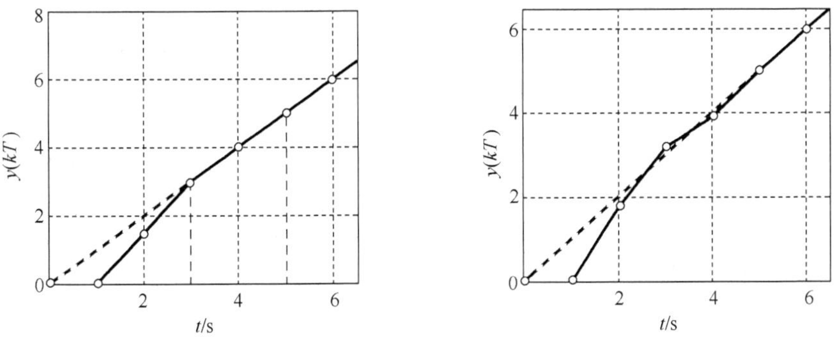

(a) 对象参数无变化时的输出响应　　(b) 对象参数变化时的输出响应

图 5-20　有限拍控制系统对单位速度信号的响应

下面检验当被控对象参数变化时的效果。

通过有限拍控制改进后的系统闭环 z 传递函数为

$$W'(z)=\frac{G'(z)D'(z)}{1+G'(z)D'(z)}=\frac{1.8z^{-1}(1+0.577z^{-1})(1+0.5z^{-1})(1-0.577z^{-1})}{(1-0.56z^{-1})(1-0.213z^{-1})(1+0.523z^{-1}+0.21z^{-2})}$$

其对单位速度信号的输出响应为

$$Y(z)=W'(z)R(z)=\frac{1.8z^{-2}(1+0.577z^{-1})(1+0.5z^{-1})(1-0.577z^{-1})}{(1-0.56z^{-1})(1-0.213z^{-1})(1+0.523z^{-1}+0.21z^{-2})(1-z^{-1})^2}$$

$$\begin{aligned}y^*(t)&=\mathcal{Z}^{-1}[Y(z)]\\&=1.8\delta[(k-2)T]+3.15\delta[(k-3)T]+3.92\delta[(k-4)T]+4.99\delta[(k-5)T]+6.01\delta[(k-6)T]+\cdots\end{aligned}$$

从图 5-20(b)可以看出，采用有限拍控制后，尽管被控对象参数发生了变化，但是系统的输出响应依然很好。也就是说，有限拍控制器以牺牲系统的响应时间为代价换来了抵抗对象参数变化能力的提升。

下面再检验针对参数发生同样变化的对象模型，若采用最少拍控制器设计，其闭环响应的效果。

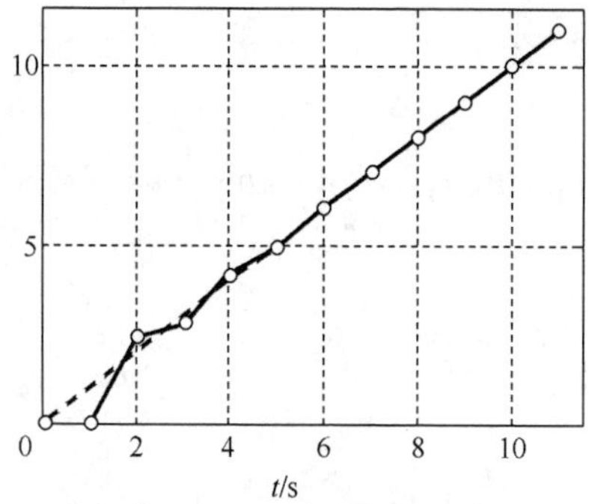

图 5-21 基于参数变化对象模型的最少拍控制系统对单位速度信号的响应

单位速度信号输入时的最少拍控制器为

$$D(z)=\frac{W(z)}{W_{\mathrm{e}}(z)G(z)}=\frac{4(1-0.5z^{-1})^2}{(1-z^{-1})^2}$$

最少拍控制系统的闭环 z 传递函数为

$$\begin{aligned}W(z)&=\frac{G'(z)D(z)}{1+G'(z)D(z)}\\&=\frac{2.4z^{-1}(1-0.5z^{-1})^2}{(1+0.5542z^{-1})(1-0.5358z^{-1})(1-0.1684z^{-1})}\end{aligned}$$

在图 5-21 中虚线所示单位速度信号输入下的输出响应为

$$Y(z)=W(z)R(z)=\frac{2.4z^{-2}(1-0.5z^{-1})^2}{(1+0.5542z^{-1})(1-0.5358z^{-1})(1-0.1684z^{-1})(1-z^{-1})^2}$$

$$\begin{aligned}y^*(t)=&\,2.4\delta[(k-2)T]+2.76\delta[(k-3)T]+4.13\delta[(k-4)T]\\&+4.93\delta[(k-5)T]+6.04\delta[(k-6)T]+\cdots\end{aligned}$$

图 5-21 为基于参数变化对象模型的最少拍控制系统的单位速度信号的响应。可以看出，当对象参数发生同样的变化时，按最少拍设计的控制器比按有限拍设计的控制器的系统输出跟踪能力弱，并且其暂态过程波动较明显。

5.5 大 林 算 法

针对被控对象具有纯滞后的过程控制，1968 年美国 IBM 公司的大林(E.B. Dahlin)从期望闭环传递函数的角度提出了一种控制算法，这就是众所周知的大林算法。

5.5.1　大林算法基本原理

微课视频

1. 大林算法的设计目标

由 4.5 节介绍史密斯预估补偿控制得知，如果被控对象有纯滞后，则闭环传递函数中也应包含同样的纯滞后环节。在最少拍控制系统设计中，通常要求系统保证快速响应特性，但对于纯滞后系统，其响应可能出现超调或振荡。对于这类具有纯滞后特性的被控过程，往往快速性要求是次要的，而对系统的稳定性或响应的平滑性(没有超调量或很少超调量)要求更高。因此，大林算法把超调作为主要的设计指标，并针对含有纯滞后环节的连续被控对象，提出了一种直接综合设计方法。

设在图 5-22 所示的计算机控制系统中，连续时间的被控对象 $G_0(s)$是含有纯滞后的一阶或二阶惯性环节，许多实际工程系统都可以用这两类传递函数近似表示，即

$$G_0(s)=\frac{k\mathrm{e}^{-\tau s}}{T_1 s+1} \tag{5-53}$$

或

$$G_0(s)=\frac{k\mathrm{e}^{-\tau s}}{(T_1 s+1)(T_2 s+1)} \tag{5-54}$$

式中，τ 为纯滞后时间，为简单起见，假定 τ 为采样周期的整数倍，即 $\tau=NT$ (N 为正整数)；T_1、T_2 为被控对象的惯性时间常数；k 为放大倍数。

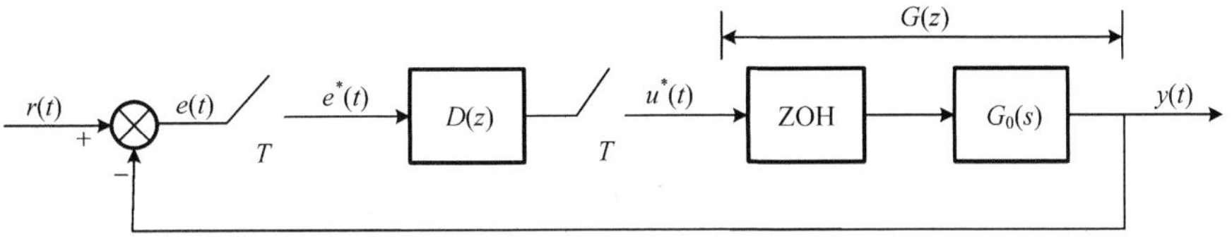

图 5-22　含纯滞后控制对象的计算机控制系统

大林算法的设计目标是：设计合适的数字控制器，使整个闭环系统的传递函数为含有纯滞后环节的一阶惯性环节，且要求闭环系统的纯滞后时间与被控对象的纯滞后时间完全相同，即

$$W(s)=\frac{\mathrm{e}^{-NTs}}{T_0 s+1} \tag{5-55}$$

式中，T_0 为整个闭环系统的惯性时间常数。

这样就可保证闭环系统不产生超调，同时具有一定的稳定性。

2. 大林算法数字控制器的基本形式

采用 4.3.2 节介绍的阶跃响应不变法(加零阶保持器的 z 变换法)对式(5-55)进行离散化，得到与 $W(s)$相对应的闭环 z 传递函数为

$$W(z)=\mathcal{Z}\left[\frac{1-\mathrm{e}^{-Ts}}{s}\cdot\frac{\mathrm{e}^{-NTs}}{T_0 s+1}\right]=\frac{(1-\mathrm{e}^{-T/T_0})z^{-(N+1)}}{1-\mathrm{e}^{-T/T_0}z^{-1}} \tag{5-56}$$

由此，根据解析设计法可以得出大林算法所设计的数字控制器 $D(z)$为

$$D(z)=\frac{1}{G(z)}\cdot\frac{W(z)}{[1-W(z)]}=\frac{1}{G(z)}\cdot\frac{(1-\mathrm{e}^{-T/T_0})z^{-(N+1)}}{[1-\mathrm{e}^{-T/T_0}z^{-1}-(1-\mathrm{e}^{-T/T_0})z^{-(N+1)}]} \tag{5-57}$$

式中，$G(z)=\mathcal{Z}\left[\dfrac{1-\mathrm{e}^{-Ts}}{s}\cdot G_0(s)\right]$。

由式(5-57)可知，针对被控对象的不同形式，要想得到由式(5-56)所描述的同样的系统控制性能，就应采用不同的数字控制器 $D(z)$。

(1) 含有纯滞后的一阶惯性被控对象的控制器形式。

对于式(5-53)所描述的含有纯滞后的一阶惯性被控对象，其广义被控对象为

$$G(z)=\mathcal{Z}\left[\frac{1-\mathrm{e}^{-Ts}}{s}\cdot G_0(s)\right]=\mathcal{Z}\left[\frac{k(1-\mathrm{e}^{-Ts})\mathrm{e}^{-NTs}}{s(T_1s+1)}\right]=\frac{k(1-\mathrm{e}^{-T/T_1})z^{-(N+1)}}{1-\mathrm{e}^{-T/T_1}z^{-1}} \tag{5-58}$$

将其代入式(5-57)，得到数字控制器为

$$\begin{aligned}D(z)&=\frac{W(z)}{[1-W(z)]G(z)}=\frac{(1-\mathrm{e}^{-T/T_0})z^{-(N+1)}}{[1-\mathrm{e}^{-T/T_0}z^{-1}-(1-\mathrm{e}^{-T/T_0})z^{-(N+1)}]G(z)}\\&=\frac{(1-\mathrm{e}^{-T/T_0})(1-\mathrm{e}^{-T/T_1}z^{-1})}{k(1-\mathrm{e}^{-T/T_1})[1-\mathrm{e}^{-T/T_0}z^{-1}-(1-\mathrm{e}^{-T/T_0})z^{-(N+1)}]}\end{aligned} \tag{5-59}$$

(2) 含有纯滞后的二阶惯性被控对象的控制器形式。

对于式(5-54)所描述的含有纯滞后的二阶惯性被控对象，其广义被控对象为

$$G(z)=\mathcal{Z}\left[\frac{1-\mathrm{e}^{-Ts}}{s}\cdot G_0(s)\right]=\mathcal{Z}\left[\frac{k(1-\mathrm{e}^{-Ts})\mathrm{e}^{-NTs}}{s(T_1s+1)(T_2s+1)}\right]=\frac{k(c_1+c_2z^{-1})z^{-(N+1)}}{(1-\mathrm{e}^{-T/T_1}z^{-1})(1-\mathrm{e}^{-T/T_2}z^{-1})} \tag{5-60}$$

式中，

$$\begin{cases}c_1=1+\dfrac{T_1\mathrm{e}^{-T/T_1}-T_2\mathrm{e}^{-T/T_2}}{T_2-T_1}\\[2ex] c_2=\mathrm{e}^{-T(1/T_1+1/T_2)}+\dfrac{T_1\mathrm{e}^{-T/T_2}-T_2\mathrm{e}^{-T/T_1}}{T_2-T_1}\end{cases} \tag{5-61}$$

将式(5-60)代入式(5-57)，得到数字控制器为

$$\begin{aligned}D(z)&=\frac{W(z)}{[1-W(z)]G(z)}=\frac{(1-\mathrm{e}^{-T/T_0})z^{-(N+1)}}{[1-\mathrm{e}^{-T/T_0}z^{-1}-(1-\mathrm{e}^{-T/T_0})z^{-(N+1)}]G(z)}\\&=\frac{(1-\mathrm{e}^{-T/T_0})(1-\mathrm{e}^{-T/T_1}z^{-1})(1-\mathrm{e}^{-T/T_2}z^{-1})}{k(c_1+c_2z^{-1})[1-\mathrm{e}^{-T/T_0}z^{-1}-(1-\mathrm{e}^{-T/T_0})z^{-(N+1)}]}\end{aligned} \tag{5-62}$$

程序分析

例 5-8 对于图 5-22 所示的计算机控制系统，已知 $G_0(s)=\dfrac{\mathrm{e}^{-s}}{s+1}$，$T=0.5\mathrm{s}$。设期望闭环系统的惯性时间常数 $T_0=0.1$，试用大林算法设计数字控制器 $D(z)$。

解：根据题意可知：$k=1$，$\tau=1$，$N=\tau/T=2$，$T_1=1$。

由式(5-58)得

$$G(z)=\mathcal{Z}\left[\frac{1-\mathrm{e}^{-Ts}}{s}\frac{\mathrm{e}^{-s}}{s+1}\right]=\frac{k(1-\mathrm{e}^{-T/T_1})z^{-(N+1)}}{1-\mathrm{e}^{-T/T_1}z^{-1}}=z^{-3}\frac{1-\mathrm{e}^{-0.5}}{1-\mathrm{e}^{-0.5}z^{-1}}=\frac{0.3935z^{-3}}{1-0.6065z^{-1}}$$

系统的闭环 z 传递函数为

$$W(z)=\mathcal{Z}\left[\frac{1-\mathrm{e}^{-Ts}}{s}\cdot\frac{\mathrm{e}^{-2Ts}}{T_0s+1}\right]=\frac{0.99326z^{-3}}{1-0.006738z^{-1}}$$

根据式(5-59)，当 $T_0=0.1$ 时，有

$$D(z)=\frac{(1-\mathrm{e}^{-T/T_0})z^{-(N+1)}}{[1-\mathrm{e}^{-T/T_0}z^{-1}-(1-\mathrm{e}^{-T/T_0})z^{-(N+1)}]G(z)}=\frac{2.524(1-0.6065z^{-1})}{(1-z^{-1})(1+0.9933z^{-1}+0.9933z^{-2})}$$

在单位阶跃信号作用下，控制器的输出为

$$U(z)=D(z)E(z)=D(z)W_{\mathrm{e}}(z)R(z)=D(z)[1-W(z)]R(z)=D(z)R(z)-D(z)W(z)R(z)$$

$$u(kT)=\mathcal{Z}^{-1}[U(z)]=2.5\delta(kT)+1[(k-1)T]$$

在单位阶跃信号作用下的系统输出响应为

$$Y(z)=W(z)R(z)=\frac{0.99326z^{-3}}{1-0.006738z^{-1}}\cdot\frac{1}{1-z^{-1}}$$

$$y(kT)=1[(k-3)T]$$

系统的控制序列 $u(kT)$和输出序列 $y(kT)$如图 5-23 所示。由图可见，$u(kT)$经过 1 个采样周期基本达到稳态值，$y(kT)$经过 3 个采样周期无超调地达到稳态值。

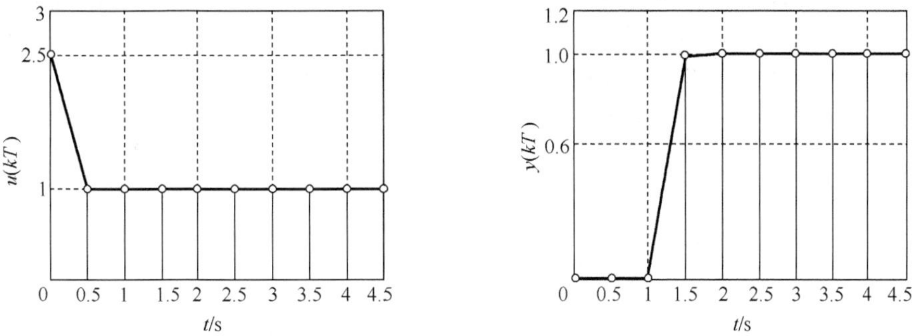

(a) 控制序列　　(b) 输出序列

图 5-23　例 5-8 的控制序列和输出序列

例 5-9　对于图 5-22 所示的计算机控制系统，已知 $G_0(s)=\dfrac{8\mathrm{e}^{-16s}}{(30s+1)(40s+1)}$，$T=2\mathrm{s}$。设期望闭环时间常数为 $T_0=10$，试用大林算法设计数字控制器 $D(z)$。

程序分析

解：根据题意可知：$k=8,\ T_1=30,\ T_2=40,\ \tau=16,\ N=\tau/T=8$。

由式(5-61)有

$$c_1=1+\frac{T_1\mathrm{e}^{-T/T_1}-T_2\mathrm{e}^{-T/T_2}}{T_2-T_1}=0.001603,\quad c_2=\mathrm{e}^{-T(1/T_1+1/T_2)}+\frac{T_1\mathrm{e}^{-T/T_2}-T_2\mathrm{e}^{-T/T_1}}{T_2-T_1}=0.001542$$

据式(5-56)和式(5-62)，当 $T_0=10$ 时，系统的闭环 z 传递函数、控制器和 $G(z)$分别为

$$W(z)=\mathcal{Z}\left[\frac{1-\mathrm{e}^{-Ts}}{s}\cdot\frac{\mathrm{e}^{-16s}}{T_0s+1}\right]=\frac{0.1813z^{-9}}{1-0.8187z^{-1}}$$

$$D(z)=\frac{(1-\mathrm{e}^{-T/T_0})(1-\mathrm{e}^{-T/T_1}z^{-1})(1-\mathrm{e}^{-T/T_2}z^{-1})}{k(c_1+c_2z^{-1})\left[1-\mathrm{e}^{-T/T_0}z^{-1}-(1-\mathrm{e}^{-T/T_0})z^{-(N+1)}\right]}=\frac{14.1329(1-0.9512z^{-1})(1-0.9355z^{-1})}{(1+0.9619z^{-1})(1-0.8189z^{-1}-0.1813z^{-9})}$$

$$G(z)=\mathcal{Z}\left[\frac{1-e^{-Ts}}{s}\cdot\frac{8e^{-16Ts}}{(30s+1)(40s+1)}\right]=\frac{0.012826(1+0.9619z^{-1})z^{-9}}{(1-0.9512z^{-1})(1-0.9355z^{-1})}$$

系统在单位阶跃信号作用下的控制输出为

$$U(z)=D(z)E(z)=D(z)[1-W(z)]R(z)=D(z)R(z)-D(z)W(z)R(z)$$

$$u^*(t)=\mathcal{Z}^{-1}[U(z)]=14.133\delta(kT)-14.555\delta[(k-1)T]+13.275\delta[(k-2)T]-\cdots$$

$$u(\infty)=\lim_{z\to 1}(1-z^{-1})U(z)=0.0537$$

系统在单位阶跃信号作用下的输出响应为

$$Y(z)=W(z)R(z)=\frac{0.1813z^{-9}}{1-0.8187z^{-1}}\cdot\frac{1}{1-z^{-1}}$$

$$y^*(t)=\mathcal{Z}^{-1}[Y(z)]=0.1813\delta[(k-9)T]+0.3297\delta[(k-10)T]+0.4512\delta[(k-11)T]+\cdots$$

$$y(\infty)=\lim_{z\to 1}(1-z^{-1})Y(z)=1$$

单位阶跃信号作用下的控制器输出序列 $u(kT)$和系统输出序列 $y(kT)$如图 5-24 所示。由图 5-24(a)可见，$u(kT)$振荡收敛，振荡周期为 4s，其原因在于控制器 $D(z)$ 含有接近 $z=-1$ 的极点 $z=-0.9619$；图 5-24(b)表明，$y(kT)$无超调地达到稳态值，过渡过程时间约为 60s，控制系统的振荡对系统输出没有明显影响。

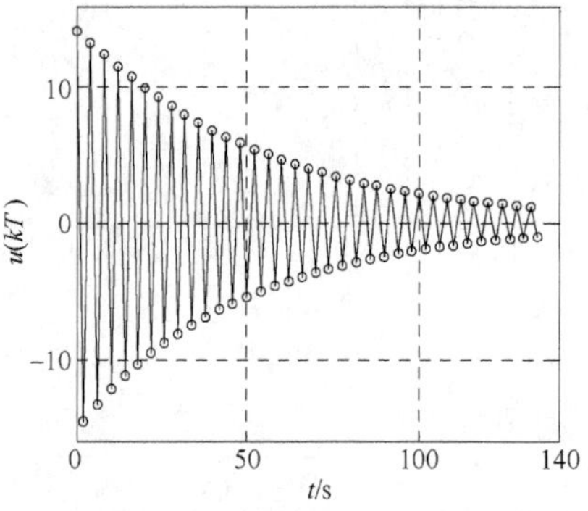

(a)控制输出序列

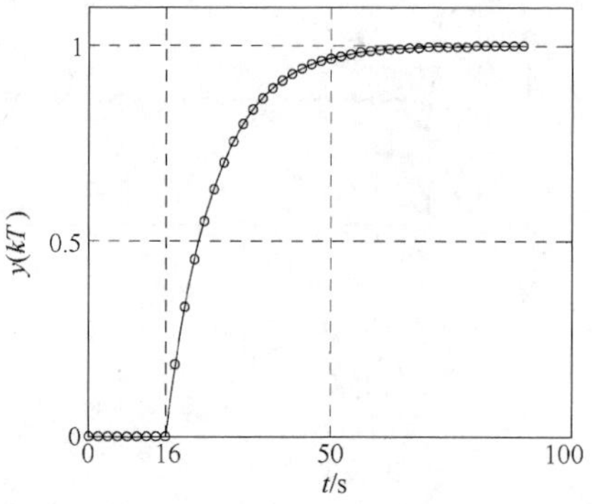

(b)系统输出序列

图 5-24　例 5-9 的控制和阶跃响应

微课视频

3. 振铃现象及消除方法

直接用上述控制算法构成闭环控制系统时，人们发现数字控制器输出 $u(kT)$会以 1/2 采样频率大幅度上下摆动。这种现象称为振铃(Ringing)现象。

振铃现象与被控对象的特性、闭环时间常数、采样周期、纯滞后时间的大小等有关。振铃现象中的振荡是衰减的，并且由于被控对象中惯性环节的低通特性，这种振荡对系统的输出几乎无任何影响，这一点可以通过图 5-24 得到证实，但是振铃现象会增加执行机构的磨损。

振铃现象与前面所介绍的最少拍控制系统中的纹波是不一样的。最少拍控制中的纹波是由于控制器输出一直是振荡的，因此影响到系统的输出在采样时刻之间一直存在纹波。而振铃现象是由设计系统传递函数的纯滞后环节所致，此外在有交互作用的多参数控制系统中，振铃现象还有可能影响到系统的稳定性，所以，在系统设计中，应设法消除振铃现象。

1) 振铃现象的分析

如图 5-22 所示，控制器输出 $U(z)$与参考输入 $R(z)$之间的关系为

$$U(z)=\frac{Y(z)}{G(z)}=\frac{W(z)}{G(z)}\cdot R(z)=W_{\mathrm{u}}(z)\cdot R(z) \tag{5-63}$$

式中，

$$W_{\mathrm{u}}(z)=\frac{W(z)}{G(z)}=\frac{D(z)}{1+D(z)G(z)} \tag{5-64}$$

$W_{\mathrm{u}}(z)$表达了数字控制器的输出量 $U(z)$与系统输入 $R(z)$在闭环时的关系，是分析振铃现象的基础。

对于单位阶跃输入 $R(z)=1/(1-z^{-1})$，含有 $z=1$ 的极点。如果 $W_{\mathrm{u}}(z)$ 的极点在 z 平面的实轴上，并且与 $z=-1$ 点相近，则由 3.3.2 节的暂态过程分析可知，数字控制器的输出序列 $u(kT)$ 中将含有这两种幅值相近的瞬态项，而且瞬态项的符号在不同时刻是不相同的。当两种瞬态项的符号相同时，$u(kT)$的控制作用加强；当两种瞬态项的符号相反时，$u(kT)$的控制作用减弱，从而造成数字控制器的输出序列 $u(kT)$大幅度波动。这就是造成振铃现象的主要原因。

对于含有纯滞后的一阶惯性环节，根据式(5-58)和式(5-59)有

$$W_{\mathrm{u}}(z)=\frac{W(z)}{G(z)}=\frac{D(z)}{1+D(z)G(z)}=\frac{(1-\mathrm{e}^{-T/T_0})(1-\mathrm{e}^{-T/T_1}z^{-1})}{k(1-\mathrm{e}^{-T/T_1})(1-\mathrm{e}^{-T/T_0}z^{-1})} \tag{5-65}$$

它的极点 $z=\mathrm{e}^{-T/T_0}$ 永远大于零。由此可知：在含有纯滞后的一阶惯性环节组成的控制系统中，数字控制器输出 $U(z)$对输入 $R(z)$的脉冲传递函数 $W_{\mathrm{u}}(z)$ 不存在负实轴上的极点，这种关系不存在振铃现象。

对于含有纯滞后的二阶惯性环节，根据式(5-60)和式(5-62)有

$$W_{\mathrm{u}}(z)=\frac{W(z)}{G(z)}=\frac{D(z)}{1+D(z)G(z)}=\frac{(1-\mathrm{e}^{-T/T_0})(1-\mathrm{e}^{-T/T_1}z^{-1})(1-\mathrm{e}^{-T/T_2}z^{-1})}{k_1(1-\mathrm{e}^{-T/T_0}z^{-1})(c_1+c_2z^{-1})} \tag{5-66}$$

式(5-66)中有两个极点，第一个极点在 $z=\mathrm{e}^{-T/T_0}$，不会引起振铃现象；第二个极点在 $z=-c_2/c_1$。由式(5-61)知，在 $T\to 0$ 时，有

$$\lim_{T\to 0}\left(-\frac{c_2}{c_1}\right)=-1 \tag{5-67}$$

这说明可能出现负实轴上与 $z=-1$ 相近的极点，这一极点将引起振铃现象。

2) 振铃幅度

可引入振铃幅度(Ringing Amplitude，RA)来衡量振荡的强烈程度。振铃幅度的定义为：在系统单位阶跃信号 $R(z)$的作用下，数字控制器 $D(z)$的第 0 拍输出与第 1 拍输出的差值。

由式(5-64)知，$W_{\mathrm{u}}(z)$ 是 z 的有理分式，写成一般形式为

$$W_{\mathrm{u}}(z)=k_{\mathrm{u}}z^{-N}\frac{1+b_1z^{-1}+b_2z^{-2}+\cdots}{1+a_1z^{-1}+a_2z^{-2}+\cdots}=k_{\mathrm{u}}z^{-N}Q(z) \tag{5-68}$$

式中，

$$Q(z)=\frac{1+b_1z^{-1}+b_2z^{-2}+\cdots}{1+a_1z^{-1}+a_2z^{-2}+\cdots}$$

忽略 $W_{\mathrm{u}}(z)$ 中比例系数 $k_{\mathrm{u}}z^{-N}$ 的影响(相当于进行了归一化处理)，那么，数字控制器 $D(z)$

输出幅度的变化将完全取决于 $Q(z)$，则在单位阶跃信号作用下的控制器输出量为

$$\begin{aligned}U(z)=W_{\mathrm{u}}(z)\cdot R(z)&=\frac{1+b_1z^{-1}+b_2z^{-2}+\cdots}{1+a_1z^{-1}+a_2z^{-2}+\cdots}\cdot\frac{1}{1-z^{-1}}\\&=\frac{1+b_1z^{-1}+b_2z^{-2}+\cdots}{1+(a_1-1)z^{-1}+(a_2-a_1)z^{-2}+\cdots}=1+(b_1-a_1+1)z^{-1}+(b_2-a_2+a_1)z^{-2}+\cdots\end{aligned} \tag{5-69}$$

根据振铃幅度的定义，可得

$$\mathrm{RA}=1-(b_1-a_1+1)=a_1-b_1 \tag{5-70}$$

对于含有纯滞后的二阶惯性对象组成的闭环控制系统，其振铃幅度由式(5-66)计算可得，即

$$\mathrm{RA}=\frac{c_2}{c_1}-\mathrm{e}^{-T/T_0}+\mathrm{e}^{-T/T_1}+\mathrm{e}^{-T/T_2} \tag{5-71}$$

根据式(5-67)，当 $T\to 0$ 时，有

$$\lim_{T\to 0}\mathrm{RA}=2 \tag{5-72}$$

例 5-10 对于下面的 $W_{\mathrm{u}}(z)$，分别求 RA。

(1) $W_{\mathrm{u}}(z)=\dfrac{1}{1+z^{-1}}$； (2) $W_{\mathrm{u}}(z)=\dfrac{1}{1+0.5z^{-1}}$；

(3) $W_{\mathrm{u}}(z)=\dfrac{1}{(1+0.5z^{-1})(1-0.2z^{-1})}$； (4) $W_{\mathrm{u}}(z)=\dfrac{1-0.5z^{-1}}{(1+0.5z^{-1})(1-0.2z^{-1})}$。

解：根据式(5-66)，可得 RA 如下。

(1) $a_1=1$，$b_1=0$，$\mathrm{RA}=a_1-b_1=1$； (2) $a_1=0.5$，$b_1=0$，$\mathrm{RA}=a_1-b_1=0.5$；

(3) $a_1=0.3$，$b_1=0$，$\mathrm{RA}=a_1-b_1=0.3$； (4) $a_1=0.3$，$b_1=-0.5$，$\mathrm{RA}=a_1-b_1=0.8$。

通过计算可以看出，振铃现象产生的原因是 $W_{\mathrm{u}}(z)$中在 z 平面上有位于 $z=-1$ 附近的极点：①当 $z=-1$ 时，振铃现象最严重；②在单位圆内离 $z=-1$ 越远，振铃现象越弱；③在单位圆内右半平面的极点会减弱振铃现象；④在单位圆内右半平面的零点会加剧振铃现象。

3) 振铃现象的消除

根据上面分析可知，对于含有纯滞后的二阶惯性环节组成的系统，$W_{\mathrm{u}}(z)$在 $T\to 0$ 时必存在振铃幅度如式(5-71)的极点。由式(5-62)和式(5-66)可以看出，数字控制器 $D(z)$的极点 $c_1+c_2z^{-1}$ 就是 $W_{\mathrm{u}}(z)$的极点。也就是说，$W_{\mathrm{u}}(z)$的振铃极点因子项 $c_1+c_2z^{-1}$ 实际上包含在数字控制器 $D(z)$的分母中。因此，大林认为可用 $D(z)$的极点来分析振铃现象，并设法取消其在左半平面上的极点。

据此，消除振铃现象的修正设计方法是：先在数字控制器 $D(z)$中找出引起振铃现象的因子($z=-1$ 附近的极点)，然后令该因子中的 $z=1$。根据终值定理，这样处理不会影响输出的稳态值。

例如，式(5-62)所示数字控制器 $D(z)$中的极点 $z=-c_2/c_1$ 将引起振铃现象。令极点因子 $c_1+c_2z^{-1}$ 中的 $z=1$，就可消除这个振铃极点。由式(5-61)得到

$$c_1+c_2=(1-\mathrm{e}^{-T/T_1})(1-\mathrm{e}^{-T/T_2}) \tag{5-73}$$

因此，消除振铃极点后的 $D(z)$形式为

$$D(z)=\frac{(1-\mathrm{e}^{-T/T_0})(1-\mathrm{e}^{-T/T_1}z^{-1})(1-\mathrm{e}^{-T/T_2}z^{-1})}{k(1-\mathrm{e}^{-T/T_1})(1-\mathrm{e}^{-T/T_2})[1-\mathrm{e}^{-T/T_0}z^{-1}-(1-\mathrm{e}^{-T/T_0})z^{-(N+1)}]} \tag{5-74}$$

必须指出，并非 $D(z)$中含有单位圆内并接近于 $z=-1$ 的极点就一定是振铃极点，因为振

铃现象是指控制量大幅度波动，而其波动的幅度通常还与 $D(z)$ 的零点有关。也就是说，当对应极点引起的控制量波动幅度较小时，该极点就并非振铃极点。

程序分析

例 5-11　试对例 5-9 中设计的大林算法控制器进行修正设计，以消除振铃现象。

解：由例 5-9 可知

$$D(z)=\frac{14.1329(1-0.9512z^{-1})(1-0.9355z^{-1})}{(1+0.9619z^{-1})(1-0.8189z^{-1}-0.1813z^{-9})}$$

可见，极点 $z=-0.9619$ 将引起振铃现象。因此，令 $1+0.9619z^{-1}$ 因子中的 $z=1$，即该因子变为常数 1.9619，则有修正控制器为

$$D(z)=\frac{14.1329(1-0.9512z^{-1})(1-0.9355z^{-1})}{1.9619(1-0.8189z^{-1}-0.1813z^{-9})}=\frac{7.2037(1-0.9512z^{-1})(1-0.9355z^{-1})}{(1-0.8189z^{-1}-0.1813z^{-9})}$$

修正系统的开环 z 传递函数为

$$W_{\mathrm{k}}(z)=D(z)G(z)=\frac{0.012826(1+0.9619z^{-1})z^{-9}}{(1-0.9512z^{-1})(1-0.9355z^{-1})}\cdot\frac{7.2037(1-0.9512z^{-1})(1-0.9355z^{-1})}{(1-0.8189z^{-1}-0.1813z^{-9})}$$

消除振铃现象的修正系统闭环 z 传递函数为

$$W(z)=\frac{W_{\mathrm{k}}(z)}{1+W_{\mathrm{k}}(z)}$$

$$=\frac{0.11549(1+0.9619z^{-1})z^{-9}}{(1+0.6937z^{-1})(1+0.5454z^{-1})(1-1.8z^{-1}+0.8357z^{-2})(1+1.038z^{-1}+0.6402z^{-2})(1-1.22z^{-1}+0.764z^{-2})(1-0.07671z^{-1}+0.7183z^{-2})}$$

在单位阶跃信号作用下修正系统的控制输出为

$$U(z)=D(z)E(z)=D(z)[1-W(z)]R(z)=D(z)R(z)-D(z)W(z)R(z)$$

$$u^{*}(t)=\mathcal{Z}^{-1}[U(z)]=7.2037\delta(kT)-0.4885\delta[(k-1)T]-0.3773\delta[(k-2)T]-\cdots$$

$$u(\infty)=\lim_{z\to 1}(1-z^{-1})U(z)=0.0816$$

在单位阶跃信号作用下修正系统的输出响应为

$$y^{*}(t)=\mathcal{Z}^{-1}[W(z)R(z)]=0.0924\delta[(k-9)T]+0.2569\delta[(k-10)T]+0.3917\delta[(k-11)T]+\cdots$$

$$y(\infty)=\lim_{z\to 1}(1-z^{-1})Y(z)=1$$

单位阶跃响应的超调量与调节时间分别为

$$\sigma\%=\frac{1.073-1}{1}\times 100\%=7.3\%,\quad t_{\mathrm{s}}=90\mathrm{s}\ (\text{稳态误差为 }2\%\text{时})$$

将修正后的数字控制器 $D(z)$ 代入图 5-22 所示的计算机控制系统中，可得单位阶跃信号作用下修正系统的控制序列 $u(kT)$ 和输出序列 $y(kT)$ 如图 5-25 中图(a)和图(b)所示。与图 5-24 相比，$u(kT)$ 得到了很好的抑制，消除了振铃现象。但是由于修改了控制器的结构，闭环传递函数发生了变化，因此输出响应出现了超调，且过渡过程时间变长。

若仍以例 5-9 的闭环系统期望传递函数 $W(z)$ 为设计目标，则采用上述消除振铃现象的修正控制器 $D(z)$，可得到设计系统的控制器输出为

$$U(z)=D(z)E(z)=D(z)[1-W(z)]R(z)$$

经 z 反变换，得

$$u^{*}(t)=\mathcal{Z}^{-1}[U(z)]=7.2037\delta(kT)-0.4885\delta[(k-1)T]-0.3773\delta[(k-2)T]-\cdots$$

$$u(\infty)=\lim_{z\to 1}(1-z^{-1})U(z)=0.1022$$

可见，在保持原设计系统期望闭环传递函数特性时，控制器输出序列如图 5-25(c)所示，与图 5-25(a)仅考虑消除振铃现象的控制器输出序列之间差别很小，说明本例修正控制器虽然改变了控制器模型的结构，但未造成控制系统动态性能变差，因此该修正设计是可行的。

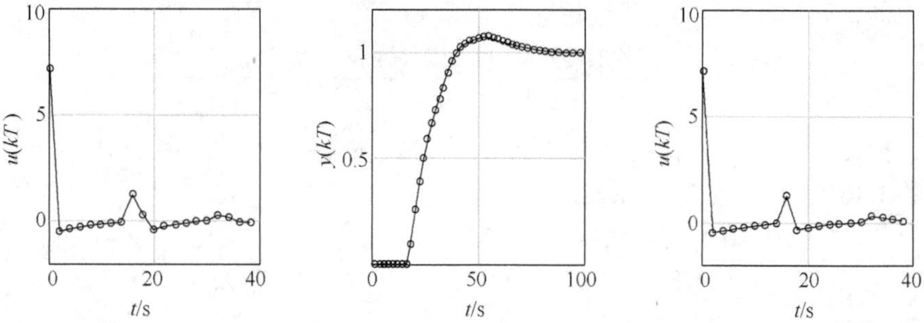

(a) 修正控制器输出　(b) 修正系统的阶跃响应　(c) 基于期望特性的控制器输出

图 5-25　例 5-11 消除振铃现象后的控制器输出序列和系统的阶跃响应

5.5.2　大林算法与 PID 控制算法之间的关系

在 4.4.1 节介绍的位置式数字 PID 控制算法为

$$D(z)=\frac{U(z)}{E(z)}=K_{\mathrm{p}}\left[1+\frac{T}{T_i}\frac{1}{1-z^{-1}}+\frac{T_{\mathrm{d}}}{T}(1-z^{-1})\right] \tag{5-75}$$

若被控对象为含纯滞后的二阶惯性环节，则在大林算法中消除振铃现象后的数字控制器 $D(z)$形式如式(5-74)所示，即

$$D(z)=\frac{(1-\mathrm{e}^{-T/T_0})(1-\mathrm{e}^{-T/T_1}z^{-1})(1-\mathrm{e}^{-T/T_2}z^{-1})}{k(1-\mathrm{e}^{-T/T_1})(1-\mathrm{e}^{-T/T_2})[1-\mathrm{e}^{-T/T_0}z^{-1}-(1-\mathrm{e}^{-T/T_0})z^{-(N+1)}]} \tag{5-76}$$

将式(5-76)等价变换得

$$D(z)=\frac{(1-\mathrm{e}^{-T/T_0})(1-\mathrm{e}^{-T/T_1}z^{-1})(1-\mathrm{e}^{-T/T_2}z^{-1})}{k(1-\mathrm{e}^{-T/T_1})(1-\mathrm{e}^{-T/T_2})[1+(1-\mathrm{e}^{-T/T_0})(z^{-1}+z^{-2}+\cdots+z^{-N})](1-z^{-1})} \tag{5-77}$$

式中，$N=\tau/T$ 为正整数。

在某种条件下，式(5-77)中因子 $1+(1-\mathrm{e}^{-T/T_0})(z^{-1}+z^{-2}+\cdots+z^{-N})$ 仍然还可能存在振铃现象。当取 $N=1,2,\cdots$时分别分析该因子中可能存在的振铃极点，并令振铃因子中的 $z=1$，则可得到一系列消除振铃现象后的数字控制器 $D(z)$，具体方法如下。

当取 $N=1$ 时，有极点 $z=-(1-\mathrm{e}^{-T/T_0})$。如果 $T_0 \ll T$，则 $z\to -1$，将有严重的振铃现象。令该因子中 $z=1$，则此时消除振铃现象后的控制器为

$$D(z)=\frac{(1-\mathrm{e}^{-T/T_0})(1-\mathrm{e}^{-T/T_1}z^{-1})(1-\mathrm{e}^{-T/T_2}z^{-1})}{k(1-\mathrm{e}^{-T/T_1})(1-\mathrm{e}^{-T/T_2})(2-\mathrm{e}^{-T/T_0})(1-z^{-1})} \tag{5-78}$$

当 $N=2$ 时，则有极点 $z=-\frac{1}{2}(1-\mathrm{e}^{-T/T_0})\pm \mathrm{j}\frac{1}{2}\sqrt{4(1-\mathrm{e}^{-T/T_0})-(1-\mathrm{e}^{-T/T_0})^2}$。如果 $T_0 \ll T$，则 $z\to -\frac{1}{2}\pm \mathrm{j}\frac{\sqrt{3}}{2}$，$|z|=\sqrt{1-\mathrm{e}^{-T/T_0}}\to 1$，将有严重的振铃现象。令该因子中 $z=1$，此时消除振铃现象后的控制器为

$$D(z)=\frac{(1-e^{-T/T_0})(1-e^{-T/T_1}z^{-1})(1-e^{-T/T_2}z^{-1})}{k(1-e^{-T/T_1})(1-e^{-T/T_2})(3-2e^{-T/T_0})(1-z^{-1})} \tag{5-79}$$

如果要消除全部可能引起振铃现象的因子，则消除振铃现象后的数字控制器为

$$D(z)=\frac{(1-e^{-T/T_0})(1-e^{-T/T_1}z^{-1})(1-e^{-T/T_2}z^{-1})}{k(1-e^{-T/T_1})(1-e^{-T/T_2})(N+1-Ne^{-T/T_0})(1-z^{-1})} \tag{5-80}$$

显然，这是一种更安全的算法，这样构成的数字控制器 $D(z)$会使整个系统的过渡过程变慢，调节时间将会有所增加。

式(5-80)进一步经等价变换得

$$D(z)=\frac{(1-e^{-T/T_0})(e^{T/T_1}+e^{T/T_2}-2)}{k(e^{T/T_1}-1)(e^{T/T_2}-1)(N+1-Ne^{-T/T_0})}\left[1+\frac{(e^{T/T_1}-1)(e^{T/T_2}-1)}{(e^{T/T_1}+e^{T/T_2}-2)(1-z^{-1})}+\frac{1-z^{-1}}{e^{T/T_1}+e^{T/T_2}-2}\right] \tag{5-81}$$

通过对比式(5-75)与式(5-81)，可得

$$\begin{cases}K_p=\dfrac{(1-e^{-T/T_0})(e^{T/T_1}+e^{T/T_2}-2)}{k(e^{T/T_1}-1)(e^{T/T_2}-1)(N+1-Ne^{-T/T_0})}\\ T_i=\dfrac{T(e^{T/T_1}+e^{T/T_2}-2)}{(e^{T/T_1}-1)(e^{T/T_2}-1)}\\ T_d=\dfrac{T}{e^{T/T_1}+e^{T/T_2}-2}\end{cases} \tag{5-82}$$

由此可见，如果大林算法数字控制器 $D(z)$中只保留一个 $z=1$ 极点，而其余的极点都作为可能引起振铃现象的极点被取消，就可得到典型的 PID 控制算法。如果按照不同对象的具体情况，有分析地取消振铃极点，那么大林算法就能够得到比 PID 控制算法更好的控制效果。因此，对于含有较大纯滞后时间的被控对象，通常不使用 PID 控制算法，而采用大林算法进行控制。

在 4.4.3 节介绍了数字 PID 控制器的参数整定方法，如扩充临界比例度法和扩充响应曲线法，也可以通过大林算法进行 PID 控制器参数的整定。利用当 $x\to 0$ 时有 $e^x\to 1+x$ 的关系，在采样周期 T 足够小时，由式(5-82)可得

$$\begin{cases}K_p=\dfrac{(T/T_0)(T/T_1+T/T_2)}{k(T/T_1)(T/T_2)(1+NT/T_0)}=\dfrac{T_1+T_2}{k(T_0+\tau)}\\ T_i=\dfrac{T(T/T_1+T/T_2)}{(T/T_1)(T/T_2)}=T_1+T_2\\ T_d=\dfrac{T}{T/T_1+T/T_2}=\dfrac{T_1T_2}{T_1+T_2}\end{cases} \tag{5-83}$$

式中，$\tau=NT$ 为被控对象的纯滞后时间。

用大林算法来整定 PID 控制器的参数时，如果含纯滞后环节的被控对象传递函数 $G_0(s)$已知，即已知 k、T_1、T_2、τ 参数，就可以直接根据式(5-83)计算出 T_i、T_d；然后，根据闭环特性参数 T_0 对 τ 和 K_p 进行调试和选择即可。

5.5.3 大林算法应用中的问题及讨论

大林算法在实际应用过程中常面临两个主要的问题：一个是振铃现象；另一个是分数时滞。已经知道大林算法是在 $\tau = NT$ (N 为正整数)情况下推得的，当被控对象模型不精确或时滞 τ 的时变性使得 τ 不可能始终保持为采样周期的整数倍，即存在分数时滞现象时，若不对大林算法进行修正或处理，将使系统的控制性能变差，甚至会影响到系统的稳定性。

下面分别讨论对大林算法在实际应用中有重要影响的关键参数选择及处理方法。

1. 振铃现象中关键参数选择及处理方法

通过例 5-11 可知，尽管通过令 $D(z)$的振铃因子中 $z=1$ 的方法消除了振铃现象，但改变了控制器模型的结构，因此常常造成控制系统动态性能变差，如出现了超调、过渡过程时间变长等。

在某些应用场合，通常不希望系统在减小振铃幅度时其动态性能有太大的改变，这可以通过选择合适的采样周期 T 及闭环系统时间常数 T_0 来实现。由式(5-57)可以看出，$G(z)$的零点将全部变成 $D(z)$的极点，因此，$G(z)$中 $z=-1$ 附近的零点也会引起振铃现象。同时，由式(5-71)可以看出，含有纯滞后的二阶惯性对象组成的闭环控制系统中，振铃幅度不仅与被控对象的参数 T_1、T_2 有关，而且与闭环系统期望时间常数 T_0 以及采样周期 T 有关。前者是被控对象固有的参数，无法改变，因此，在控制器设计阶段，通过合理选择 T 和 T_0，避免在 $G(z)$中出现可能引起振铃现象的极点，从而把振铃幅度抑制在最低限度以内。有时，在 T_0 作为控制系统性能指标被首先确定的情况下，还可以通过式(5-71)选择采样周期 T 来抑制振铃现象。这种方法的一般步骤如下。

(1) 根据系统的性能要求确定闭环系统时间常数 T_0，给出振铃幅度的指标。

(2) 由式(5-71)所确定的振铃幅度与采样周期 T 的关系，求出基于给定振铃幅度的采样周期 T。如果 T 有多解，则选择较小的采样周期。

(3) 确定纯滞后时间 τ 与采样周期 T 之比的最大整数倍 N，即 $N=\tau / T$。

(4) 计算对象的广义 z 传递函数 $G(z)$及闭环系统的 z 传递函数 $W(z)$。

(5) 确定大林数字控制器 $D(z)$。

例 5-12　对例 5-9 中的被控对象，若考虑振铃现象的影响，试用大林算法设计数字控制 $D(z)$。

解：(1) 根据题意可知：$k=8$，$T_1=30$，$T_2=40$，$\tau=16$ 。取 $T_0=10$ 。

(2) 根据式(5-71)中 RA 与 T 之间的关系，确定采样周期 T：

$$\mathrm{RA} = \frac{c_2}{c_1} - \mathrm{e}^{-T/T_0} + \mathrm{e}^{-T/T_1} + \mathrm{e}^{-T/T_2}$$

由式(5-61)知，在 $T \to 0$ 时，有 $\lim\limits_{T\to 0}\left(\dfrac{c_2}{c_1}\right)=1$ 。

因此，设 RA=2.035，有 T=4s；RA=1.991，有 T=8s；RA=1.788，有 T=16s；……

可以看出，随着采样周期 T 增大，振铃幅度并没有明显地减小。因此，选取采样周期 T= 4s。

(3) 由选取的 T= 4s，确定纯滞后时间 τ 与采样周期 T 之比，即 $N=\tau/T=16/4=4$。

(4) 确定对象的广义 z 传递函数 $G(z)$。根据式(5-60)和式(5-61)，有

$$c_1 = 1 + \frac{T_1 e^{-T/T_1} - T_2 e^{-T/T_2}}{T_2 - T_1} = 0.00617, \quad c_2 = e^{-T(1/T_1 + 1/T_2)} + \frac{T_1 e^{-T/T_2} - T_2 e^{-T/T_1}}{T_2 - T_1} = 0.00571$$

$$G(z) = \frac{k(c_1 + c_2 z^{-1}) z^{-(N+1)}}{(1 - e^{-T/T_1} z^{-1})(1 - e^{-T/T_2} z^{-1})} = \frac{0.049362 z^{-5}(1 + 0.9252 z^{-1})}{(1 - 0.9048 z^{-1})(1 - 0.8752 z^{-1})}$$

(5) 根据式(5-62)得数字控制器为

$$D(z) = \frac{6.6788(1 - 0.9048 z^{-1})(1 - 0.8752 z^{-1})}{(1 + 0.9252 z^{-1})(1 - 0.6702 z^{-1} - 0.3297 z^{-5})}$$

闭环 z 传递函数为

$$W(z) = \mathcal{Z}\left[\frac{1 - e^{-Ts}}{s} \cdot \frac{e^{-16s}}{T_0 s + 1}\right] = \frac{0.3297 z^{-5}}{1 - 0.6703 z^{-1}}$$

在单位阶跃信号作用下的控制输出为

$$U(z) = D(z)E(z) = D(z)[1 - W(z)]R(z) = D(z)R(z) - D(z)W(z)R(z)$$

$$u^*(t) = \mathcal{Z}^{-1}[U(z)] = 6.6788\delta(k) - 6.9116\delta(k-1) + 5.9826\delta(k-2) - \cdots$$

$$u(\infty) = \lim_{z \to 1}(1 - z^{-1})U(z) = 0.1096$$

系统的单位阶跃响应为

$$Y(z) = W(z)R(z) = \frac{0.3297 z^{-5}}{1 - 0.6703 z^{-1}} \cdot \frac{1}{1 - z^{-1}}$$

$$y^*(t) = \mathcal{Z}^{-1}[Y(z)] = 0.3296\delta(k-5) + 0.5506\delta(k-6) + 0.6988\delta(k-7) + \cdots$$

$$y(\infty) = \lim_{z \to 1}(1 - z^{-1})Y(z) = 1$$

以所设计控制器 $D(z)$ 组成计算机控制系统，考虑振铃现象影响的控制器输出序列和系统输出响应序列如图 5-26 所示。从图中可以看出，控制序列 $u(kT)$的振荡幅度同图 5-24 相比明显减弱，但是输出序列 $y(kT)$的动态过程变化不大。可见，通过选择适当的采样周期 T，有效抑制了振铃现象。

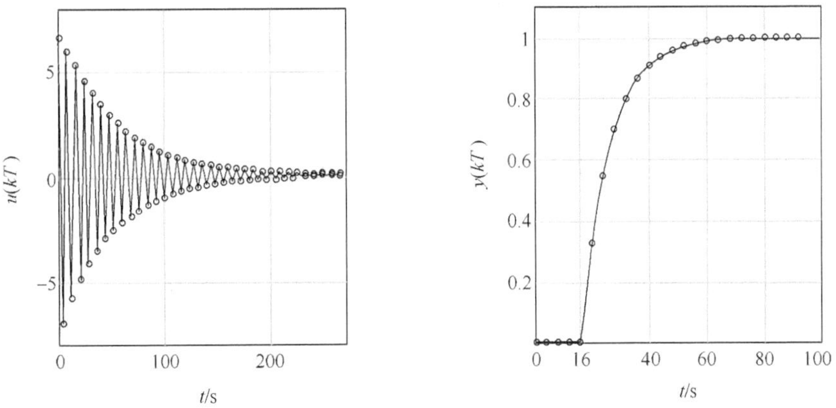

(a) 控制输出序列　　(b) 系统输出序列

图 5-26　例 5-12 调整采样周期后的控制和系统输出响应序列

2. 分数时滞问题中关键参数选择及处理方法

由式(5-59)可知，以含有纯滞后的一阶惯性对象式(5-53)建立的大林控制器为

$$D(z)=\frac{(1-e^{-T/T_0})(1-e^{-T/T_1}z^{-1})}{k(1-e^{-T/T_1})[1-e^{-T/T_0}z^{-1}-(1-e^{-T/T_0})z^{-(N+1)}]}=\frac{(1-a)(1-bz^{-1})}{k(1-b)[1-az^{-1}-(1-a)z^{-(N+1)}]} \tag{5-84}$$

式中，$a=e^{-T/T_0}$；$b=e^{-T/T_1}$。

设实际被控对象为

$$G_0(s)=\frac{k}{T_1s+1}e^{-(N+\beta)Ts} \tag{5-85}$$

式中，N 为正整数；β 为分数时滞 $\tau=N+\beta$ 中的小数部分，且 $0\leqslant\beta\leqslant1$。

下面通过2.5节关于信号右移时延 βT 的广义 z 变换来求取被控对象的广义 z 传递函数 $G(z)$：

$$\begin{aligned}G(z)&=\mathcal{Z}\left[\frac{1-e^{-Ts}}{s}\cdot G_0(s)\right]=(1-z^{-1})\mathcal{Z}\left[\frac{k}{s(T_1s+1)}e^{-(N+\beta)Ts}\right]\\&=(1-z^{-1})z^{-N}\mathcal{Z}\left[\frac{k}{s(T_1s+1)}e^{-\beta Ts}\right]=k(1-z^{-1})z^{-N}\mathcal{Z}\left[\frac{1/T_1}{s(s+1/T_1)}e^{-\beta Ts}\right]\\&=k(1-z^{-1})z^{-N}\left[\frac{z^{-1}}{1-z^{-1}}-\frac{e^{-(1-\beta)T/T_1}}{1-e^{-T/T_1}z^{-1}}\right]=\frac{b_1+b_2z^{-1}}{1-bz^{-1}}z^{-N-1}\end{aligned} \tag{5-86}$$

式中，b 的含义同前；$b_1=k(1-b^{1-\beta})$；$b_2=k(b^{1-\beta}-b)$。

在图 5-22 所示的计算机控制系统中，根据式(5-57)和式(5-84)可求得对应的闭环系统特征方程为

$$\begin{aligned}\alpha(z)&=1+D(z)G(z)\\&=(1-b)z^{N+2}-a(1-b)z^{N+1}+(1-a)(b-b^{1-\beta})z+(1-a)(b^{1-\beta}-b)=0\end{aligned} \tag{5-87}$$

由式(5-87)可知，特征根是 β 的函数。β 的变化将直接影响闭环系统的渐近稳定性。因此，可通过选择合适的采样周期 T 和闭环系统时间常数 T_0，以保证当 β 在[0,1]内任意变化时，式(5-87)的特征根总在 z 平面的单位圆以内。

这就是大林算法针对分数时滞问题时所要确定的关键参数。当基于一定的稳定性理论(如朱利稳定性准则)选择好 T 和 T_0 时，可使闭环系统的稳定性不受分数时滞 β 的影响。具体方法请读者参阅相关资料。

5.6 数字控制器的根轨迹设计法

设计算机控制系统采用如图 5-1 所示的结构。与连续系统一样，在 z 平面可采用根轨迹法来设计数字控制器 $D(z)$。

不失一般性，假设广义被控对象为

$$G(z)=\mathcal{Z}[G_h(s)G_0(s)]=\frac{k\prod_{j=1}^{m}(z-z_j)}{\prod_{i=1}^{n}(z-p_i)} \tag{5-88}$$

式中，k 为广义被控对象的增益；零点 z_j 和极点 p_i 位于 z 平面的任意位置。

设待设计的可改变闭环系统相位和幅值的控制器形式为

$$D(z)=\frac{k_0(z-z_0)}{z-p_0} \tag{5-89}$$

式中，$k_0>0$ 为控制器增益；零点 z_0 和极点 p_0 为待设计的参数，通常为实零点和实极点，并在单位圆的内部。

设 $z=a+\mathrm{j}b$，则式(5-89)表达为

$$D(z)=\frac{k_0(a+\mathrm{j}b-z_0)}{a+\mathrm{j}b-p_0}=\left|\frac{k_0(a+\mathrm{j}b-z_0)}{a+\mathrm{j}b-p_0}\right|\mathrm{e}^{\mathrm{j}\left(\arctan\frac{b}{a-z_0}-\arctan\frac{b}{a-p_0}\right)}$$

由于反映系统稳态性能的 k 已在式(5-88)中确定，$D(z)$ 的幅值不应影响系统的稳态性能，即 $D(z)$ 应满足终值定理：

$$\lim_{z\to 1}D(z)=1 \tag{5-90}$$

由式(5-89)和式(5-90)，得

$$k_0=\frac{1-p_0}{1-z_0} \tag{5-91}$$

因此，当 $z_0>p_0$ 时，$k_0>1$，$D(z)$ 起着超前校正作用；当 $z_0<p_0$ 时，$k_0<1$，$D(z)$ 起着滞后校正作用。

下面以滞后校正方法进行分析。设校正前 $G(z)$ 中至少含有一个积分环节，并且均为稳定极点，令

$$p_i(i=1)=1,\quad |p_i(i\neq 1)|<1 \tag{5-92}$$

假如图 5-1 中闭环传递函数含有一对共轭主导极点 p_a 和 p_b，可满足系统动态性能要求，但主导极点处对应的增益 k 不能满足稳态精度要求，这样就需要设计校正控制器 $D(z)$，使之在满足主导极点位置不变的条件下，将对应主导极点处的增益 k 增大至满足稳态精度要求。

由式(3-39)和式(3-40)知，闭环系统的特征方程 $1+W_{\mathrm{k}}(z)=0$ 使主导极点 p_a 满足：

$$|W_{\mathrm{k}}(p_a)|=\left|\frac{k\prod\limits_{j=1}^{m}(p_a-z_j)}{\prod\limits_{i=1}^{n}(p_a-p_i)}\right|=1$$

则

$$\left|\frac{\prod\limits_{j=1}^{m}(p_a-z_j)}{\prod\limits_{i=1}^{n}(p_a-p_i)}\right|=\frac{1}{k} \tag{5-93}$$

由于未加 $D(z)$时，$W_{\mathrm{k}}(z)=G(z)$，随着控制器 $D(z)$环节的加入，式(3-40)闭环系统特征方程可使式(5-93)变为

$$|D(p_a)G(p_a)|=\left|\frac{k_0k_{\mathrm{D}}(p_a-z_0)}{p_a-p_0}\frac{\prod\limits_{j=1}^{m}(p_a-z_j)}{\prod\limits_{i=1}^{n}(p_a-p_i)}\right|=1$$

即
$$\left| k_0 \frac{p_a - z_0}{p_a - p_0} \frac{\prod_{j=1}^{m}(p_a - z_j)}{\prod_{i=1}^{n}(p_a - p_i)} \right| = \frac{1}{k_{\mathrm{D}}} \tag{5-94}$$

式(5-94)中的 k_{D} 即为校正后 $G(z)$ 的增益。

选择 $D(z)$ 的实极点 p_0 接近于 z 平面中 $z=1$ 点，同时选择 z_0 接近并略小于 $D(z)$ 中的 p_0（滞后校正作用）。已知 p_0 与 z_0 之间为一对偶极子，p_0 与主导极点 p_a 之间的距离近似等于零点 z_0 与 p_a 之间的距离，即 $|p_a - p_0| \approx |p_a - z_0|$，于是式(5-94)变为

$$\left| k_0 \frac{p_a - z_0}{p_a - p_0} \frac{\prod_{j=1}^{m}(p_a - z_j)}{\prod_{i=1}^{n}(p_a - p_i)} \right| = \left| k_0 \frac{\prod_{j=1}^{m}(p_a - z_j)}{\prod_{i=1}^{n}(p_a - p_i)} \right| = \frac{k_0}{k} = \frac{1}{k_{\mathrm{D}}}$$

则
$$k_0 = \frac{k}{k_{\mathrm{D}}} \tag{5-95}$$

因此，式(5-93)中校正前的增益 k 就转变为式(5-95)中校正后的增益 k_{D}。

综上，滞后校正控制器 $D(z)$ 的设计步骤如下：

(1) 绘制校正前开环 z 传递函数所对应的根轨迹图；

(2) 计算满足动态特性的主导极点，通过根轨迹图确定校正前的增益 k；

(3) 按满足稳态精度的要求，计算校正后 $G(z)$ 的增益 k_{D}；

(4) 确定 $k_0 = k / k_{\mathrm{D}}$；

(5) 由终值定理和 k_0，确定偶极子 p_0 与 z_0 的具体值，并根据式(5-89)确定滞后校正控制器 $D(z)$；

(6) 写出校正后的闭环系统 z 传递函数，验证其阶跃响应特性及稳态精度是否满足设计要求。

程序分析

例 5-13　设如图 5-1 所示计算机控制系统的广义被控对象为

$$G(z) = \mathcal{Z}\left[G_{\mathrm{h}}(s)G_0(s)\right] = \frac{0.0485k(z+2.072)(z+0.1284)}{(z-1)(z-0.5134)(z-0.1353)}$$

采样周期 $T=0.4\mathrm{s}$。在单位速度信号作用下，试设计满足稳态性能要求 $K_{\mathrm{v}} \geqslant 2.8$，相对阻尼系数为 0.707 的数字控制器。

解：由题知 $G(z)$ 的零点为 -2.072 和 -0.1284，极点为 1、0.5134 和 0.1353。根据式(3-2)和式(3-6)，在 z 平面中可绘制出 $\zeta=0.707$ 时的等 ζ 线，当其与校正前根轨迹的相交点为主导极点时，对应的 $k=0.504$。此外，未校正前的根轨迹与单位圆相交的极点对应的 $k=3.12$，即为系统的临界稳定参数，如图 5-26(a)所示。

当要求满足稳态性能 $K_{\mathrm{v}} \geqslant 2.8$ 时，k 可根据式(3-35)和校正前的 $W_{\mathrm{k}}(z)$ 计算：

$$K_{\mathrm{v}} = \lim_{z\to1}\frac{(z-1)W_{\mathrm{k}}(z)}{T} = \lim_{z\to1}\frac{(z-1)G(z)}{T} = \lim_{z\to1}\frac{0.0485k(z+2.072)(z+0.1284)}{0.4\,(z-0.5134)(z-0.1353)} = 0.998k \geqslant 2.8$$

解之可得 $k \geqslant 2.81$，取 $k=3$。可见，校正前的 k 已经接近临界稳定时的数值(3.12)，且阻

尼系数为 0.0168。这不但不能满足系统的动态性能要求，还使系统趋于不稳定的状态，将影响系统的正常工作。因此，为了满足系统的性能要求并保持阻尼系数 0.707 的主导极点不发生变化，必须引入控制器 $D(z)$ 进行系统校正。

设待设计的校正控制器为

$$D(z)=\frac{k_0(z-z_0)}{z-p_0}$$

则含校正控制器的系统开环 z 传递函数为

$$W_{\mathrm{k}}(z)=D(z)G(z)=\frac{0.0485k_{\mathrm{D}}(z+2.072)(z+0.1284)}{(z-1)(z-0.5134)(z-0.1353)}\cdot\frac{k_0(z-z_0)}{z-p_0}$$

选择 p_0 和 z_0 为单位圆内 $z=1$ 附近的一对实数偶极子。于是校正前的增益 k（阻尼系数为 0.707）、校正后的增益 k_{D} 与控制器增益 k_0 之间的关系为

$$k_0=\frac{k}{k_{\mathrm{D}}}=\frac{0.504}{3}=0.168=\lim_{z\to 1}\frac{z-p_0}{z-z_0}=\frac{1-p_0}{1-z_0}$$

令 $p_0=0.99$，则 $z_0=0.941$，可得到数字控制器为

$$D(z)=\frac{0.168(z-0.941)}{z-0.99}$$

含校正控制器 $D(z)$ 的根轨迹如图 5-27(b)所示，图 5-27(b)中的局部 A 放大图如图 5-27(c)

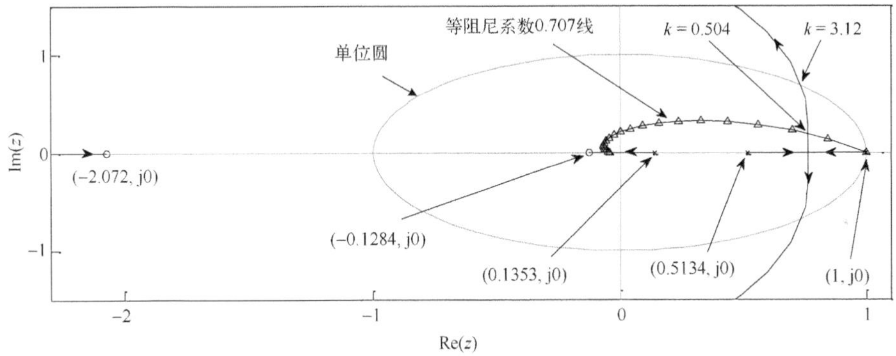

(a) 无控制器的根轨迹

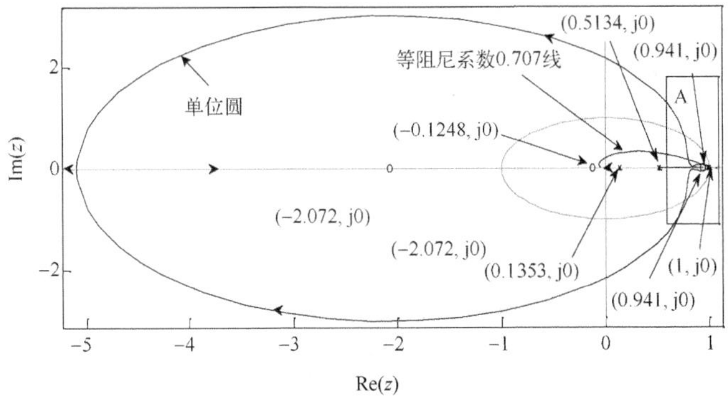

(b) 含控制器的根轨迹

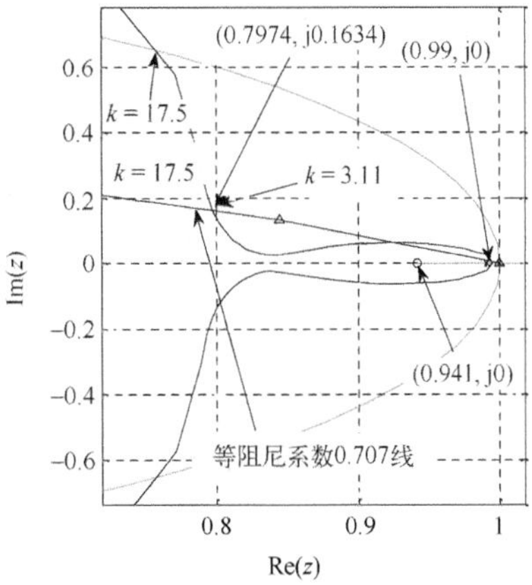

(c) 图(b)局部A部放大图

图 5-27　例 5-13 根轨迹图

所示。可以看出，临界稳定增益已变为 $k_D = 17.5 > 3.12$，而在阻尼系数为 0.707 的闭环极点 $p = 0.7974 \pm j0.1634$ 处，其开环增益也变为 $k_D = 3.11 > 0.504$，因此满足设计要求。

5.7　数字控制器的频域设计法

在连续控制系统中，基于 s 平面的频域设计法是一类行之有效的设计方法。但将其推广于计算机控制系统时，由于 s 平面与 z 平面的映射关系为 $z = e^{Ts}$，由 $z = e^{j\omega T}$ 得到的 z 域频率特性关系式(3-48)不是 ω 的有理分式函数，所以无法方便地沿用连续系统的频率特性分析方法(如 Bode 图法)进行数字控制器的设计。这给计算机控制系统的分析和设计带来不便，可通过下面介绍的 w 变换法解决。

5.7.1　基于 w 变换的频域设计法

与 3.6.2 节一样，此处采用式(3-17)的 w 变换进行频域控制器设计，即

$$z = \frac{1 + (T/2)w}{1 - (T/2)w} \quad 或 \quad w = \frac{2}{T} \cdot \frac{z-1}{z+1}$$

上述 w 变换的数学定义和映射函数也与 4.3.4 节的式(4-17)完全相同，均反映了 z 与 s、w 域之间的关系。因此，通过 w 变换将 z 域变换到 w 域，完成控制器 $D(w)$ 的设计，然后经 w 反变换即可得到 z 域的数字控制器为

$$D(z) = D(w)\Big|_{w = \frac{2}{T}\frac{z-1}{z+1}} \tag{5-96}$$

基于 w 变换的频域设计法的步骤如下。

(1) 选择采样周期 T，求广义被控对象的 z 传递函数 $G(z)$，并通过 w 变换将 $G(z)$ 变换到 w 平面上，即

$$G(w) = G(z)\Big|_{z = \frac{1 + \frac{T}{2}w}{1 - \frac{T}{2}w}}$$

(2) 作 $G(w)$ 的 Bode 图。根据连续域控制器设计的基本原则，设计 w 域中的控制器 $D(w)$。

(3) 利用式(5-96)，将 $D(w)$ 变换为 $D(z)$。

(4) 检验 z 域闭环系统的品质。

(5) 由 $D(z)$ 求出其差分方程，编写控制算法程序。

例 5-14　设被控对象为

$$G_0(s) = \frac{4}{(2s+1)(0.5s+1)}$$

当采样周期 T=0.1s 时，分别确定当 z 域频率 $\omega_z = 5\pi$ rad/s 时的 $G(z)$ 和 $G(w)$。

解：广义被控对象为

$$G(z) = \mathcal{Z}\left[\frac{1 - e^{-Ts}}{s} \frac{4}{(2s+1)(0.5s+1)}\right] = \frac{0.018\,(z + 0.92)}{(z - 0.951)(z - 0.819)}$$

将 $G(z)$ 进行 w 变换，有

$$G(w)=G(z)\Big|_{z=\frac{2+Tw}{2-Tw}}=\frac{-0.0004149w^2-0.191w+3.986}{w^2+2.493w+0.9965}$$

当 z 域频率 $\omega_z=5\pi\,\text{rad/s}$ 时，对应于 w 域的频率 ω_w 为

$$\omega_w=\frac{2}{T}\frac{e^{j\omega_z T}-1}{e^{j\omega_z T}+1}=\frac{2}{T}\tan\frac{\omega_z T}{2}=\frac{2}{0.1}\tan\frac{\pi}{4}=20(\text{rad/s})$$

于是，对应于 $\omega_z=5\pi\,\text{rad/s}$ 的 $G(z)$ 和 $G(w)$ 为

$$G(z)\Big|_{z=e^{j5\pi T}}=G(w)\Big|_{w=j20}=0.014\,e^{j2.522}$$

5.7.2　*w* 域控制器设计

超前和滞后控制器 $D(w)$可以作为 PID 控制器设计的基础。超前控制器可近似为一个 PD 控制器，对于改进响应速度和持续时间是非常有效的。滞后控制器可近似为一个 PI 控制器，对于减少阶跃响应稳态误差和超调量是非常有用的。超前与滞后控制器与广义被控对象之间是串联关系，类似 PID 控制器。

在 w 域考虑一阶连续时间传递函数：

$$D(w)=k_w\cdot\frac{w-w_z}{w-w_p} \tag{5-97}$$

式中，$k_w>0$，极点和零点分别为 w_p 和 w_z，且在 w 域均为接近原点的负实数。

由式(5-97)得 $D(w)$的频率特性为

$$D(w)\Big|_{w=j\omega_w}=\left|D(j\omega_w)\right|e^{j\angle D(j\omega_w)} \tag{5-98}$$

计算出式(5-98)的相位校正函数为

$$\varphi=\angle D(j\omega_w)=\arctan\left(\frac{\omega_w}{w_p}\right)-\arctan\left(\frac{\omega_w}{w_z}\right) \tag{5-99}$$

(1) 当 $w_p<w_z<0$ 时，$D(w)$为超前控制器，会造成一个带有正相位的频率响应；

(2) 当 $w_z<w_p<0$ 时，$D(w)$为滞后控制器，会造成一个带有负相位的频率响应。

将式(5-99)对 ω_w 求导，其最大值对应的驻点 ω_{wmax} 为

$$\omega_{wmax}=\sqrt{w_z w_p}$$

最大相位值为

$$\varphi_{max}=\arctan\frac{1}{2}\left[\sqrt{\frac{w_p}{w_z}}-\sqrt{\frac{w_z}{w_p}}\right]$$

1. $D(w)$与 $D(z)$变换关系

依据系统设计要求，确定式(5-97)中的 w_p、w_z 和 k_w 值，完成 w 域 $D(w)$设计。通过双线性变换式，可得控制器 $D(z)$对应的零点和极点值：

$$z_0=\frac{2+w_z T}{2-w_z T},\quad z_p=\frac{2+w_p T}{2-w_p T} \tag{5-100}$$

其零极点对应的增益为
$$k_{\mathrm{z}} = k_{\mathrm{w}} \cdot \frac{2 - w_{\mathrm{z}} T}{2 - w_{\mathrm{p}} T} \tag{5-101}$$

因此，可将式(5-97)转换为
$$D(z) = k_{\mathrm{z}} \cdot \frac{z - z_0}{z - z_{\mathrm{p}}} \tag{5-102}$$

2. 滞后控制器设计

下面以滞后控制器为例，根据开环系统的相位裕度和稳态误差的具体设计要求，详细阐述式(5-97)控制器的设计方法。

式(5-97)控制器可写成
$$D(w) = k_{\mathrm{w}} \cdot \frac{w - w_{\mathrm{z}}}{w - w_{\mathrm{z}} / \alpha}$$

式中，$\alpha = w_{\mathrm{z}} / w_{\mathrm{p}}$ 为零极点比($w_{\mathrm{z}} < w_{\mathrm{p}} < 0$)。

控制器设计需要确定 k_{w} 、α 和 w_{z} ，通常 w_{z} 称为零点角频率。具体步骤如下。

(1) 根据稳态误差设计要求，由表 3-2 确定满足设计要求的期望低频增益 K_{p} 。

(2) 确定 k_{w} 值。首先由 $G(z) = \mathcal{Z}[G_{\mathrm{h}}(s) G_0(s)]$ 获得开环频率特性 $G(w)$ 及其 Bode 图；然后根据相位裕度的设计要求(一般为比相位裕度略高 5°～10°以上)，索引出相位值及频率 ω_{w} (亦称截止频率)；再通过幅频图，得到相应的幅值 B：
$$20\lg\left|G(w)\right|_{w=\mathrm{j}\omega_{\mathrm{w}}} = B, \quad \left|G(w)\right|_{w=\mathrm{j}\omega_{\mathrm{w}}} = 10^{\frac{B}{20}}$$

为满足相位裕度的设计要求，含控制器的 Bode 图幅值应为
$$20\lg\left|D(w) \cdot G(w)\right|_{w=\mathrm{j}\omega_{\mathrm{w}}} = 0, \quad \left|D(w)\right|_{w=\mathrm{j}\omega_{\mathrm{w}}} \cdot \left|G(w)\right|_{w=\mathrm{j}\omega_{\mathrm{w}}} = 1$$

令 $\left|D(w)\right|_{w=\mathrm{j}\omega_{\mathrm{w}}} = k_{\mathrm{w}}$ ，则
$$k_{\mathrm{w}} = \frac{1}{\left|G(w)\right|_{w=\mathrm{j}\omega_{\mathrm{w}}}} = 10^{-\frac{B}{20}}$$

(3) 计算 $\alpha = w_{\mathrm{z}} / w_{\mathrm{p}}$ 值。

含控制器的低频增益为
$$A = D(w)\big|_{w=0} \cdot G_0(s)\big|_{s=0} = \alpha \cdot k_{\mathrm{w}} \cdot G_0(s)\big|_{s=0}$$

根据稳态增益相等的原则确定参数 α ，即对于单位阶跃输入，要求 $A = K_{\mathrm{p}}$ ，可得
$$\alpha = \frac{K_{\mathrm{p}}}{k_{\mathrm{w}} \cdot G_0(s)\big|_{s=0}}$$

(4) 确定控制器的零极点幅值：$\omega_{\mathrm{w}} / 15 \leqslant w_{\mathrm{z}} \leqslant \omega_{\mathrm{w}} / 5$ ，$w_{\mathrm{p}} = w_{\mathrm{z}} / \alpha$ 。

程序分析

例 5-15　如图 5-1 所示计算机控制系统的被控对象传递函数为
$$G_0(s) = \frac{4}{(2s+1)(0.5s+1)(0.05s+1)}$$

设系统输入为单位阶跃信号，采样周期 T=0.1s。试求出具有大约 50°相位裕度和稳态误差为 2%的系统滞后控制器 $D(z)$ 。

解：(1) 确定期望的低频增益 K_{p} 。

该系统属于 0 型系统，系统的稳态误差为

$$e(\infty)=\frac{1}{1+K_{\mathrm{p}}}=2\%$$

因此

$$K_{\mathrm{p}}=49$$

由开环响应的 Bode 图，可以得到相位裕度为 62.6°。因此应该减少裕度以提高系统的响应速度。题中要求减少至 50°，因此属于滞后控制器设计。

(2) 确定 k_{w}。

$$G(z)=\mathcal{Z}[G_{\mathrm{h}}(s)G_0(s)]=\frac{0.0080859(z+2.31)(z+0.1426)}{(z-0.9512)(z-0.8187)(z-0.1353)}$$

将上式进行 w 变换，可得

$$G(w)=G(z)\Big|_{z=\frac{2+Tw}{2-Tw}}=\frac{0.0022535(w-50.54)(w-20)(w+26.65)}{(w+15.23)(w+1.993)(w+0.4999)}$$

根据开环频率特性 $G(w)$ 在对数频率域[0.1,10]rad/s 间隔绘制 Bode 图，如图 5-28 所示。

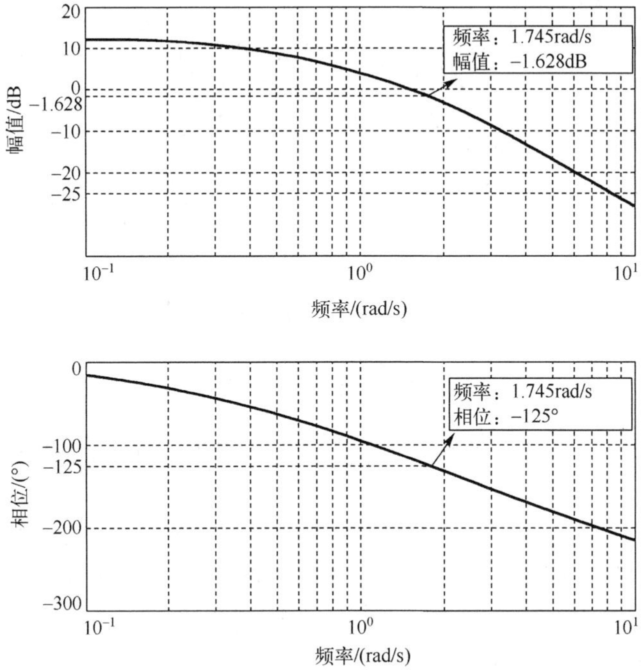

图 5-28　$G(w)$的 Bode 图

假设允许一个 5°的安全相位裕度，可以确定 k_{w} 值使相位裕度为 5°+50°= 55°。通过图 5-28 找出相位值为 55°−180°= −125°，所对应的截止频率为 $\omega_{\mathrm{w}}=1.745$ rad/s；再依据截止频率，从 Bode 图的幅频图中得到对应的幅值为−1.628dB。为了保持系统的稳态精度，则

$$k_{\mathrm{w}}\cdot\left|G(w)\right|_{w=\mathrm{j}\omega_{\mathrm{w}}}=1,\quad 20\lg\left|G(w)\right|_{w=\mathrm{j}\omega_{\mathrm{w}}}=-1.628,\quad k_{\mathrm{w}}=\frac{1}{10^{-1.628/20}}=\frac{1}{0.8291}=1.2061$$

(3) $\alpha=w_{\mathrm{z}}/w_{\mathrm{p}}$ 值计算。

图 5-28 所示被控对象的低频增益为 $G_0(s)\big|_{s=0}=4$。与滞后控制器串联之后，含控制器被

控对象的低频增益为

$$A=\alpha\cdot k_{\mathrm{w}}\cdot G_0(s)\big|_{s=0}=4k_{\mathrm{w}}\cdot\alpha=4.8244\alpha$$

为了满足稳态误差要求，有 $A=K_{\mathrm{p}}$，则零极点比 α 为

$$\alpha=\frac{w_{\mathrm{z}}}{w_{\mathrm{p}}}=\frac{A}{4k_{\mathrm{w}}}=\frac{49}{4.8244}=10.16$$

(4) 确定控制器的零极点幅值。

由图 5-28 可知，其截止频率 $\omega_{\mathrm{w}}=1.745\,\mathrm{rad/s}$，则零点的幅值为

$$\frac{1.745}{15}\mathrm{rad/s}=0.1163\mathrm{rad/s}\leqslant|w_{\mathrm{z}}|\leqslant\frac{1.745}{5}\mathrm{rad/s}=0.349\mathrm{rad/s}$$

最终确定 $w_{\mathrm{z}}=-0.157\mathrm{rad/s}$ 和 $w_{\mathrm{p}}=w_{\mathrm{z}}/10.16=-0.0155\mathrm{rad/s}$，可得到 50.2° 的相位裕度，满足了设计要求。

于是设计的滞后控制器为

$$D(w)=\frac{1.2061(w+0.157)}{w+0.0155}$$

由式(5-100)和式(5-101)，可得到 z 平面的 z_0、p_0、k_{z} 分别为

$$z_0=\frac{2-0.1\times0.157}{2+0.1\times0.157}=0.9844,\quad p_0=\frac{2-0.1\times0.0155}{2+0.1\times0.0155}=0.9985$$

$$k_{\mathrm{z}}=1.2061\times\frac{2+0.1\times0.157}{2+0.1\times0.0155}=1.2146$$

则

$$D(z)=\frac{1.2146(z-0.9844)}{z-0.9985}$$

注意：因为 $D(z)$ 的零极点都在 $z=1$ 附近，非常接近单位圆周，所以控制器中零极点的精确表示是非常重要的。

图 5-29 给出了开环初始系统和设计后系统的幅值和相位图，可知滞后控制器满足了相位裕度与低频增益的设计要求，同时该图也说明控制器的零极点对频率特性的幅值与相位有影响。在低频处，通过 $\alpha=w_{\mathrm{z}}/w_{\mathrm{p}}$ 已增加了幅值，能够满足稳态误差的要求。控制器的相位滞后在 $\omega_{\mathrm{w}}=1.745\,\mathrm{rad/s}$ 处几乎消失，大约比初始系统少了 12°。

含控制器的系统闭环 z 传递函数为

$$W(z)=\frac{D(z)G(z)}{1+D(z)G(z)}=\frac{0.022371\,z^{-1}(1+0.9201z^{-1})(1-0.9843z^{-1})(1-0.1353z^{-1})}{(1-0.986z^{-1})(1-0.1244z^{-1})(1-1.784z^{-1}+0.832z^{-2})}$$

系统的输出响应为

$$Y(z)=W(z)R(z)=\frac{0.022371\,z^{-1}(1+0.9201z^{-1})(1-0.9843z^{-1})(1-0.1353z^{-1})}{(1-0.986z^{-1})(1-0.1244z^{-1})(1-1.784z^{-1}+0.832z^{-2})(1-z^{-1})}$$

$$y^*(t)=0.0224\delta(k-1)+0.0826\delta(k-2)+0.1713\delta(k-3)+0.2794\delta(k-4)+\cdots$$

$$y(\infty)=\lim_{z\to1}(1-z^{-1})Y(z)=0.98$$

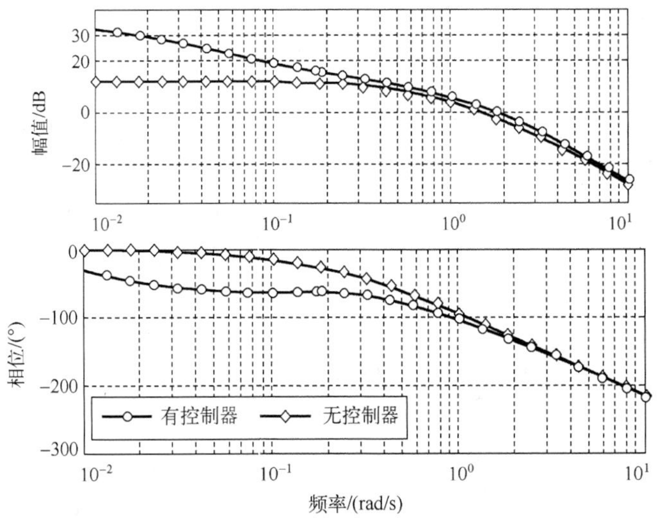

图 5-29　初始系统和设计后系统的 Bode 图

图 5-30 为含控制器的系统阶跃响应曲线。由图 5-30 可以看出，含设计校正控制器的系统阶跃响应的稳态值约为 0.98，稳态误差为 2%。

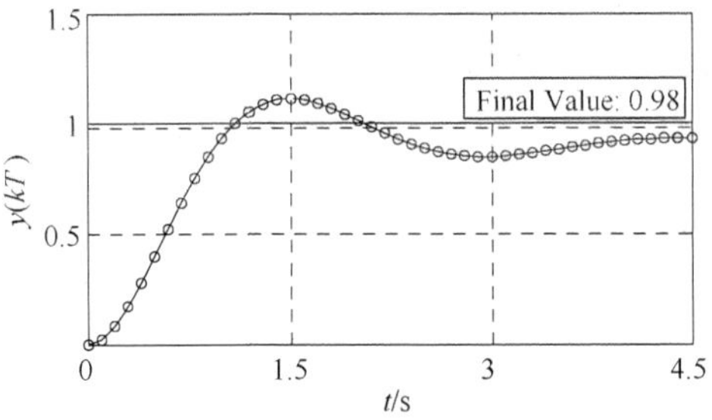

图 5-30　含控制器的系统阶跃响应曲线

5.8　数字控制器的计算机程序实现

前面几节已经讲述了各种数字控制器 $D(z)$ 的设计方法，但 $D(z)$ 求出后设计任务并未结束，还要在控制系统中继续执行。实现 $D(z)$ 的方法有硬件电路和软件程序两种。从 $D(z)$ 算式的复杂性和系统灵活性考虑，采用计算机软件进行程序实现更为经济与便捷。

5.8.1　直接法

设数字控制器 $D(z)$ 的一般表达式为

$$D(z)=\frac{U(z)}{E(z)}=\frac{b_0+b_1z^{-1}+b_2z^{-2}+\dots+b_mz^{-m}}{1+a_1z^{-1}+a_2z^{-2}+\dots+a_nz^{-n}},\quad m\leqslant n \tag{5-103}$$

则

$$U(z)=\sum_{i=0}^{m}b_iz^{-i}E(z)-\sum_{j=1}^{n}a_jz^{-j}U(z) \tag{5-104}$$

对式(5-104)取 z 反变换，可得控制器的差分方程为

$$u(k)=\sum_{i=0}^{m}b_i z^{-i}e(k-i)-\sum_{j=1}^{n}a_j u(k-j) \tag{5-105}$$

由于$D(z)$具有物理可实现性，可对式(5-105)采用直接法进行计算机程序实现，其结构图如图 5-31 所示，其中，符号$\otimes$表示加法运算。

图 5-31 中，z^{-1}为延迟一个采样周期的延时环节，每计算一次$u(k)$值，都需要以前n个输出值、m个输入值及当前$e(k)$，所以必须将上述量进行存储。这样每计算一次$u(k)$，都需要做$m+n+1$次乘法运算、$m+n$次加法运算、$m+n$次数据延时存储。

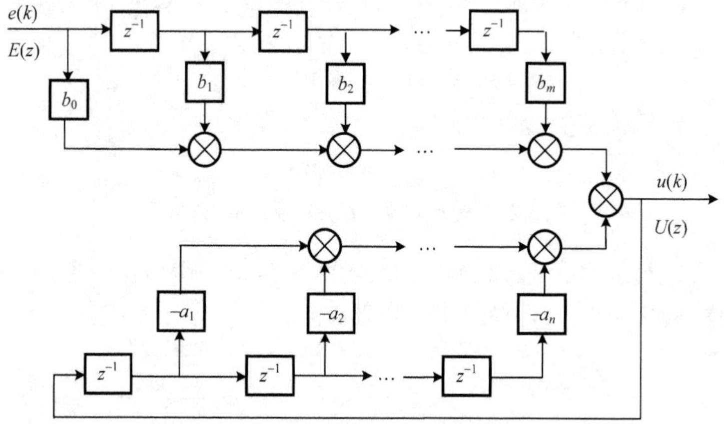

图 5-31 直接法计算结构图

5.8.2 串行法

数字控制器$D(z)$可以采用零极点增益形式表示为

$$D(z)=\frac{U(z)}{E(z)}=\frac{k\prod_{i=1}^{m}(z-z_i)}{\prod_{j=1}^{n}(z-p_j)}=D_1(z)D_2(z)\cdots D_n(z),\quad n\geqslant m \tag{5-106}$$

式中，z_i、p_j分别为控制器的零点和极点；$D_1(z)\sim D_n(z)$为

$$\begin{aligned}
D_1(z)&=\frac{U_1(z)}{E(z)}=\frac{z-z_1}{z-p_1}=\frac{1-z_1z^{-1}}{1-p_1z^{-1}}\\
D_2(z)&=\frac{U_2(z)}{U_1(z)}=\frac{z-z_2}{z-p_2}=\frac{1-z_2z^{-1}}{1-p_2z^{-1}}\\
&\ \ \vdots\\
D_m(z)&=\frac{U_m(z)}{U_{m-1}(z)}=\frac{z-z_m}{z-p_m}=\frac{1-z_mz^{-1}}{1-p_mz^{-1}}\\
D_{m+1}(z)&=\frac{U_{m+1}(z)}{U_m(z)}=\frac{1}{z-p_{m+1}}=\frac{z^{-1}}{1-p_{m+1}z^{-1}}\\
&\ \ \vdots
\end{aligned} \tag{5-107}$$

$$D_n(z)=\frac{U(z)}{U_{n-1}(z)}=\frac{k}{z-p_n}=\frac{kz^{-1}}{1-p_nz^{-1}}$$

通过 z 反变换，将式(5-107)转化为控制器的差分方程：

$$\begin{aligned}
&u_1(k)=e(k)-z_1e(k-1)+p_1u_1(k-1)\\
&u_2(k)=u_1(k)-z_2u_1(k-1)+p_2u_2(k-1)\\
&\quad\vdots\\
&u_m(k)=u_{m-1}(k)-z_mu_{m-1}(k-1)+p_mu_m(k-1)\\
&u_{m+1}(k)=u_m(k-1)+p_{m+1}u_{m+1}(k-1)\\
&\quad\vdots\\
&u(k)=ku_{n-1}(k-1)+p_nu_n(k-1)
\end{aligned}\tag{5-108}$$

式(5-108)的串行法计算结构图如图 5-32 所示。这样，每计算一次 $u(k)$，都需要做 $m+n+1$ 次乘法、$m+n$ 次加法，并做 n 次数据转移存储。

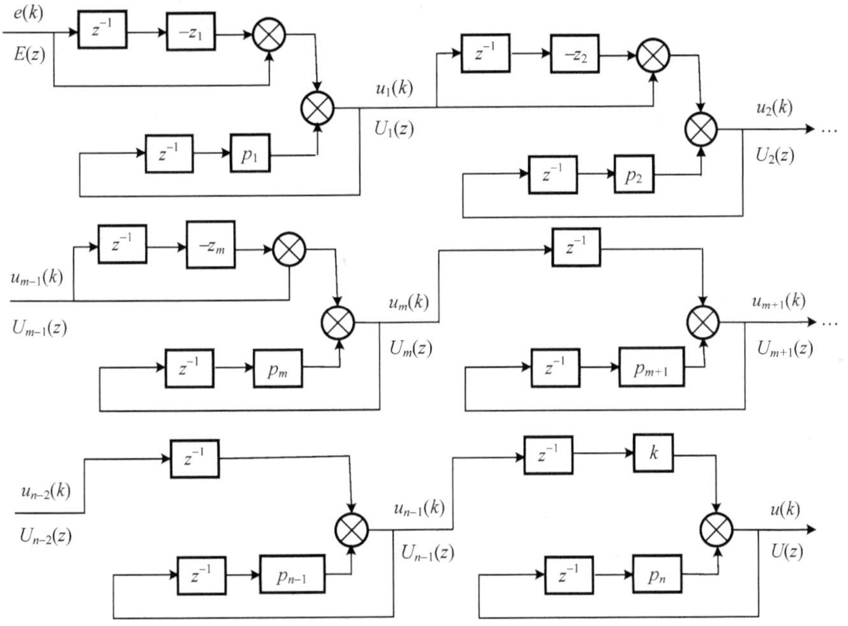

图 5-32　串行法计算结构图

5.8.3　并行法

设 $D(z)$ 的极点为 p_i，写成部分分式形式为

$$D(z)=\frac{U(z)}{E(z)}=\sum_{i=1}^{n}\frac{c_i}{1-p_iz^{-1}}$$

式中，$c_i=\lim\limits_{z\to p_i}(1-p_iz^{-1})D(z)$。

令
$$D_i(z)=\frac{U_i(z)}{E(z)}=\frac{c_i}{1-p_iz^{-1}}$$

则
$$D(z)=\sum_{i=1}^{n}D_i(z)$$

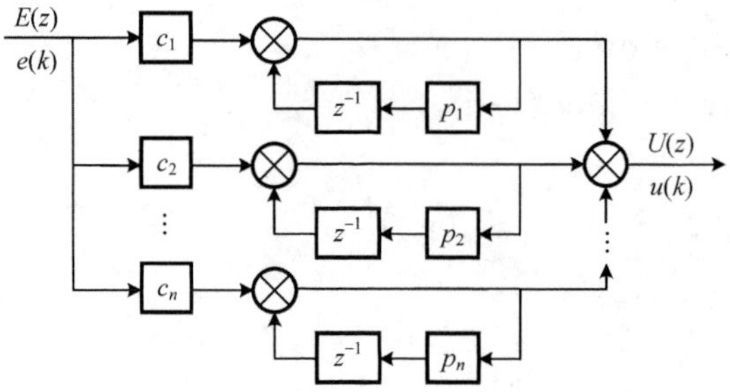

图 5-33　并行法计算结构图

$$U_i(z)=c_iE(z)+p_iz^{-1}U_i(z)$$
$$u_i(k)=c_ie(k)+p_iu_i(k-1)$$

可得到控制器的差分方程为

$$u(k)=\sum_{i=1}^{n}u_i(k)$$

$u(k)$ 的并行法计算结构图如图 5-33 所示。每计算一次 $u(k)$，都需要做 $2n$ 次乘法、$2n-1$ 次加法，并做 $n+1$ 次数据转移存储。

例 5-16　设数字控制器为

$$D(z)=\frac{2(1+0.2z^{-1})}{(1-0.4z^{-1})(1-0.1z^{-1})}$$

试写出其计算机程序实现算法，并绘制出计算结构图。

解：(1)直接法。

$$D(z)=\frac{2+0.4z^{-1}}{1-0.5z^{-1}+0.04z^{-2}}$$

控制器差分程程为　$u(k)=2e(k)+0.4e(k-1)+0.5u(k-1)-0.04u(k-2)$

直接法计算结构图如图 5-34 所示。

(2) 串行法。

$$D(z)=\frac{1+0.2z^{-1}}{1-0.4z^{-1}}\frac{2}{1-0.1z^{-1}}=\frac{U_1(z)}{E(z)}\frac{U(z)}{U_1(z)}$$

控制器差分方程为

$$U_1(z)=E(z)+0.2z^{-1}E(z)+0.4z^{-1}U_1(z)$$
$$u_1(k)=e(k)+0.2e(k-1)+0.4u_1(k-1)$$
$$U(z)=2U_1(z)+0.1z^{-1}U(z)$$
$$u(k)=2u_1(k)+0.1u(k-1)$$

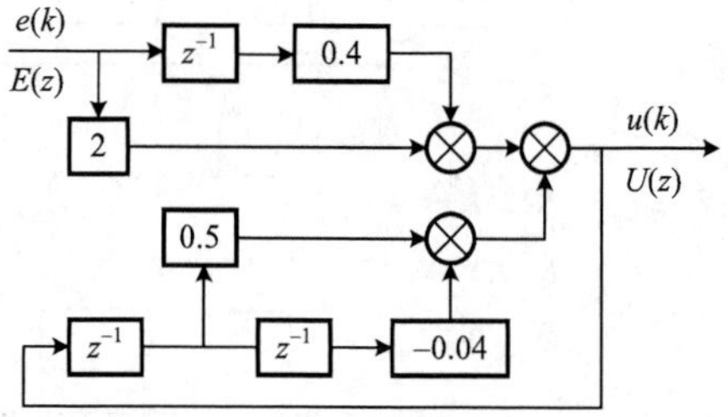

图 5-34　直接法计算结构图

串行法计算结构图如图 5-35 所示。

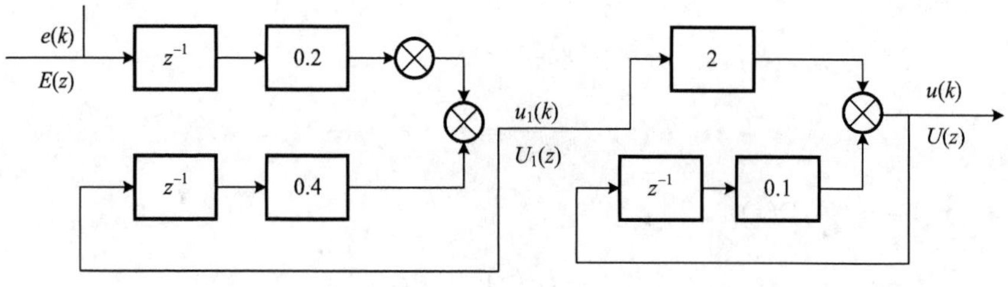

图 5-35　串行法计算结构图

(3) 并行法。

$$D(z)=\frac{U(z)}{E(z)}=\frac{4}{1-0.4z^{-1}}-\frac{2}{1-0.1z^{-1}}=\frac{U_1(z)}{E(z)}+\frac{U_2(z)}{E(z)}$$

$$U(z)=U_1(z)+U_2(z)$$

控制器差分方程为

$$U_1(z)=4E(z)+0.4z^{-1}U_1(z),\quad u_1(k)=4e(k)+0.4u_1(k-1)$$

$$U_2(z)=-2E(z)+0.1z^{-1}U_2(z),\quad u_2(k)=-2e(k)+0.1u_2(k-1)$$

$$u(k)=u_1(k)+u_2(k)$$

并行法计算结构图如图 5-36 所示。

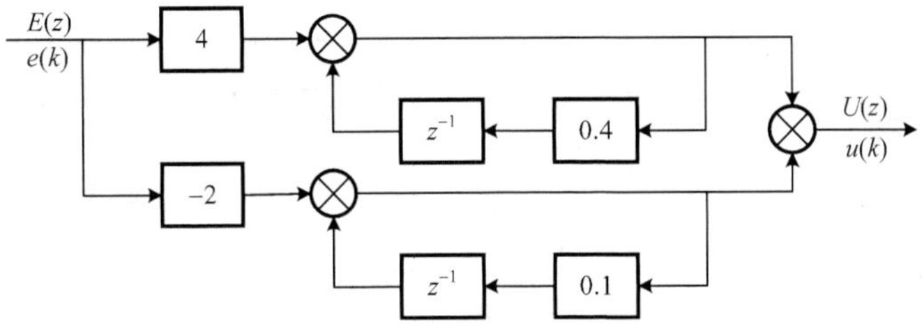

图 5-36　并行法计算结构图

本 章 小 结

本章针对稳定性、准确性、快速性的系统性能指标，阐述了基于 z 传递函数的数字控制器 z 域直接设计方法。

在最少拍控制器设计方面，首先以简单对象为例，阐述了设计的基本原则及基本设计方法，然后针对更具普遍意义的含单位圆外零点、极点并有纯滞后特性的广义被控对象，阐述了其最少拍控制器的设计理念。为了突破最少拍控制器设计对输入信号适应性差的局限性，阐述了以牺牲最少拍调节时间为代价来换取其适应性增强的阻尼因子法和基于误差平方和最小的设计方法；针对纹波问题，深入剖析了纹波现象产生的原因，并提出了有针对性的解决方案，阐述了最少拍无纹波控制器的设计方法；针对最少拍控制器对强干扰抑制弱的问题，介绍了有效抑制干扰作用的最少拍控制器的设计思想；针对最少拍控制器对被控对象参数变化敏感的问题，介绍了非最少拍的有限拍控制器设计理念。上述方法是对最少拍控制器的工程化改进，为控制器的应用提出了解决方案。

大林算法是另一种解决纯滞后对象控制问题的有效方法，本章阐述了大林算法的设计理念，通过分析振铃现象产生的原因提出了消除振铃现象的具体方法，并探讨了大林算法在工程应用中的问题及改进思路。

此外，利用离散闭环控制系统的开环 z 传递函数，阐述了基于根轨迹的稳定性分析与控制器设计方法，并讨论了基于 w 变换和 Bode 图的数字控制器频域设计法，给出了实例分析。

最后，给出了几种数字控制器的计算机程序实现方法。

习题与思考题

5.1　z 域直接设计方法的基本步骤是什么？应考虑哪些系统性能指标？

5.2　什么是最少拍控制系统？试分析最少拍控制系统输出产生纹波的原因。

5.3　进行最少拍无纹波控制器设计时，被控对象 $G(z)$ 中为什么应含有足够的积分环节？对应于阶跃、速度和加速度输入函数，$G(z)$ 中应分别至少包含几个积分环节？

5.4　某控制系统如题 5.4 图所示，已知被控对象的传递函数 $G_0(s)=\dfrac{10}{s+2}$，采样周期 T=0.5s。试分别针对单位阶跃 $r(t)=1$、单位速度 $r(t)=t$ 和加速度 $r(t)=0.5t^2$ 输入设计最少拍数字控制器，并绘出系统的输出和误差序列图。

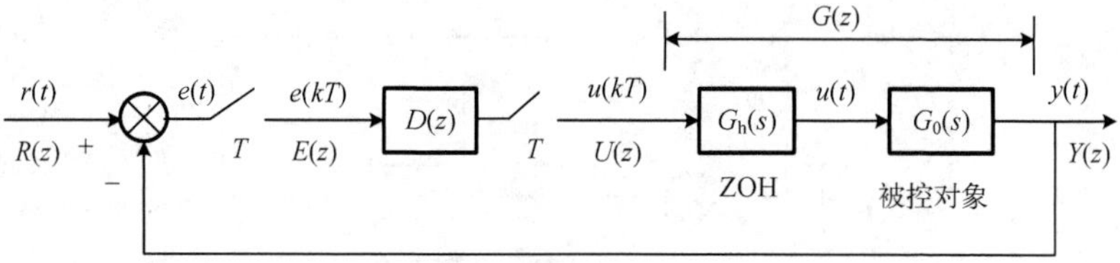

题 5.4 图　计算机控制系统

5.5　某控制系统如题 5.4 图所示，已知被控对象的传递函数为

$$G_0(s)=\frac{5}{s(s+2)}$$

设采样周期 T=0.2s。试采用阻尼因子法设计最少拍数字控制器，使得系统针对单位速度响应在采样点上无稳态误差，同时对单位阶跃响应指标也有所折中，并绘制所选阻尼因子所对应的单位阶跃和单位速度响应曲线。

5.6　某控制系统如题 5.4 图所示，已知被控对象的传递函数为

$$G_0(s)=\frac{1}{s(s+10)}$$

设采样周期 T=0.1s，误差平方和最小的性能指标函数为 $\min=\sum_{k=0}^{+\infty}[e(kT)]^2$。设计最少拍数字控制器 $D(z)$，使系统对于单位速度信号实现无稳态误差的最少拍控制，并考虑对于单位阶跃信号的适应性。

5.7　已知某广义被控对象 $G(z)=\dfrac{0.2z^{-1}(1+0.5z^{-1})}{(1-z^{-1})(1-0.3z^{-1})}$，设采样周期 T=0.5s。

(1) 试针对单位速度输入设计最少拍数字控制器 $D_1(z)$；

(2) 试针对单位速度输入设计最少拍无纹波数字控制器 $D_2(z)$，并比较控制效果。

5.8　某控制系统如题 5.4 图所示，已知被控对象的传递函数为

$$G_0(s)=\frac{100}{s(s+10)}$$

设采样周期 T=0.2s，针对单位速度输入设计最少拍无纹波的数字控制器，并绘制系统输出序

列和控制器输出序列的图形。

5.9　某控制系统如题 5.9 图所示，已知被控对象的传递函数为

$$G_0(s)=\frac{1}{s(s+8)}$$

设采样周期 $T=0.1\text{s}$。首先针对参考输入 $r(t)=1(t)$ 设计最少拍数字控制器 $D(z)$，然后考虑干扰作用 $f(t)=1(t)$ 下是否需要修改原设计。

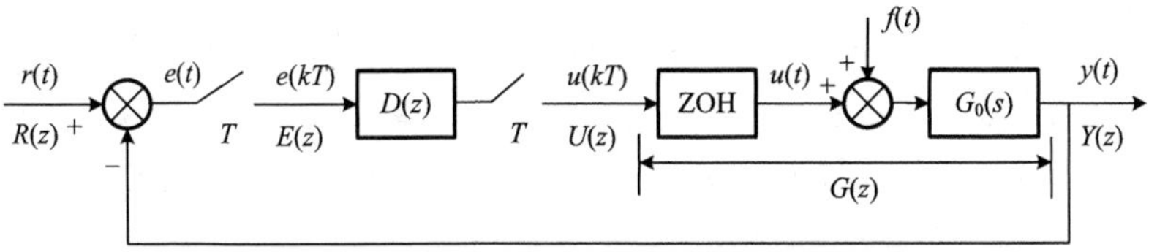

题 5.9 图　干扰作用下的计算机控制系统

5.10　大林算法的设计目标是什么？为什么会产生振铃现象？如何消除？

5.11　已知被控对象 $G_0(s)=\dfrac{5}{(s+1)(10s+1)}\mathrm{e}^{-10s}$，采样周期 $T=1\text{s}$。若期望的闭环系统惯性时间常数为 $T_0=1$，试采用大林算法设计数字控制器 $D(z)$，并绘制出闭环系统方框图。

5.12　已知被控对象 $G_0(s)=\dfrac{1}{(2s+1)(s+1)}\mathrm{e}^{-2s}$，采样周期 $T=0.2\text{s}$。若期望的闭环系统惯性时间常数为 $T_0=1$，试采用大林算法设计数字控制器 $D(z)$，并求其在阶跃输入下的控制序列和输出序列，判断有无振铃现象。若有，请给出改进的控制器 $D(z)$。

5.13　某控制系统如题图 5-1 所示，已知被控对象的传递函数为

$$G_0(s)=\frac{k}{s(0.4s+1)(0.1s+1)}$$

设采样周期 $T=0.2\text{s}$，采用根轨迹法设计数字控制器 $D(z)$，使系统满足 $\zeta=0.707$ 时 $K_\text{v}>1.7$ 的要求。

5.14　在基于 w 变换的数字控制器频域设计方法中，w 域频率 ω_w 与 z 域频率 ω_z 有什么关系？

5.15　针对题 5.13 的被控对象，试设计滞后数字控制器，使系统的相位裕度为 45°，并且在单位阶跃输入下的系统稳态误差满足 3%的要求。

5.16　设离散系统的数字控制器为

$$D(z)=\frac{z-0.2}{z^2+0.4z-0.05}$$

试采用直接法、串行法和并行法，分别写出控制器的计算机程序实现算法，并绘制出其计算结构图。

第 6 章　基于离散状态空间模型的控制系统设计

本章概要　6.1 节介绍本章所要解决的基本问题、相应的研究内容、目标准则以及不同设计方法之间的关系；6.2 节介绍线性离散状态空间模型的建立、求解及稳定性、可控性和可测性等基本概念；6.3 节介绍线性离散系统的输出反馈极点配置设计法和最少拍设计法；6.4 节介绍线性离散系统状态反馈与观测器设计，重点讲述状态可测时的极点配置设计法；6.5 节介绍 Lyapunov 最优状态反馈设计法；6.6 节讨论最小能量控制系统设计；6.7 节从线性二次型调节器(Linear Quadratic Regulator，LQR)设计出发，引出离散动态规划法，讨论有限时间和无限时间最优调节问题。

6.1　引　言

第 4 章和第 5 章阐述的单输入单输出计算机控制系统设计法是以 z 传递函数模型描述为基础的经典设计法。z 传递函数模型是基于系统输入/输出变量的描述，不能反映系统内部的变化。除简单情况外，经典设计法不能用于非线性系统，也不适用于时变和多输入多输出系统。而由贝尔曼(Bellman)等提出的现代控制理论中的状态空间模型可以充分利用系统的状态信息，从而可以直接根据给定的系统性能要求来实现控制系统的设计(综合)。本章将重点介绍基于状态空间模型的计算机控制系统分析与设计方法。

离散状态空间设计法通常是与最优控制和最优状态估计联系在一起的，主要有两大类反馈校正形式，即状态反馈和输出反馈。本章首先引出输出反馈极点配置和时间最优控制(最少拍)设计法，然后在研究系统可控性和可测性的基础上，讨论状态反馈极点配置的有关问题，主要设计参数是闭环极点。采用全状态反馈可以充分利用系统的信息来提高系统的性能，但实际应用时难以全面获得系统的状态信息。实际上，一种可行的方法是利用系统可测的输出，通过构造观测器来估计系统的状态。观测器是一种动态系统，当系统加入观测器后，与原状态反馈控制规律组合起来将形成新的系统，等效为一种典型的控制器。本章将主要针对调节问题($r(k) = 0$ 的情况)讨论观测器和状态反馈组合的一些特性。

另外，针对离散最优控制，如何选择控制规律使控制系统性能及品质在某种意义上最优是其核心问题。因此，本章首先介绍基于状态或控制量性能指标(或称为目标函数泛函)的 Lyapunov 最优状态反馈设计和最小能量控制系统设计。然后，通过构建状态与控制信号的二次型性能准则，研究建立在二次型性能指标最小基础上的状态反馈控制系统设计，以寻求允许的控制信号序列。上述系统用线性离散状态空间描述，所设计的数字控制器是线性的，因此属于线性二次型最优控制问题。

6.2　线性离散状态空间模型及分析

微课视频

6.2.1　线性离散系统的状态空间模型

离散系统可以用差分方程或 z 传递函数来描述，它们都是基于系统输入/输出特性的描述。如何根据上述模型得到它的基于输入-状态-输出的状态空间描述，是本节所要讨论的内容。

1. 离散状态空间模型的基本形式

对应于连续系统的状态空间模型，离散系统的状态空间模型可以表示成如下形式：

$$\begin{cases}\boldsymbol{X}[(k+1)T]=\boldsymbol{A}(kT)\boldsymbol{X}(kT)+\boldsymbol{B}(kT)\boldsymbol{U}(kT)\\ \boldsymbol{Y}(kT)=\boldsymbol{C}(kT)\boldsymbol{X}(kT)+\boldsymbol{D}(kT)\boldsymbol{U}(kT)\end{cases}\tag{6-1}$$

式中，$\boldsymbol{X}(kT)$、$\boldsymbol{U}(kT)$、$\boldsymbol{Y}(kT)$分别为 n 维的状态向量、m 维的输入向量和 p 维的输出向量；$\boldsymbol{A}(kT)$、$\boldsymbol{B}(kT)$、$\boldsymbol{C}(kT)$、$\boldsymbol{D}(kT)$分别为 $n\times n$ 阶的系统矩阵、$n\times m$ 阶的输入矩阵、$p\times n$ 阶的输出矩阵和 $p\times m$ 阶的传递矩阵。

对于线性定常离散系统，若将模型中的 T 省略，式(6-1)状态空间模型可表示为

$$\begin{cases}\boldsymbol{X}(k+1)=\boldsymbol{A}\boldsymbol{X}(k)+\boldsymbol{B}\boldsymbol{U}(k)\\ \boldsymbol{Y}(k)=\boldsymbol{C}\boldsymbol{X}(k)+\boldsymbol{D}\boldsymbol{U}(k)\end{cases}\tag{6-2}$$

式(6-2)所描述离散系统的状态空间模型的含义如下。

(1) n 维状态向量 $\boldsymbol{X}(k)$是表征系统内部状态特性的一组变量，n 个变量说明系统是 n 阶的。

(2) 状态方程为一阶差分方程组，表示了系统在 $k+1$ 时刻的状态与 k 时刻的状态以及输入之间的关系，表征了由输入所引起的系统内部状态的变化，是系统的内部描述。

(3) 输出方程为 p 维方程组，表示了系统在 k 时刻的输出与状态以及输入之间的关系，描述的是输出与系统内部状态变量的关系，是系统的外部描述。

线性定常离散系统的状态空间模型结构如图 6-1 所示。

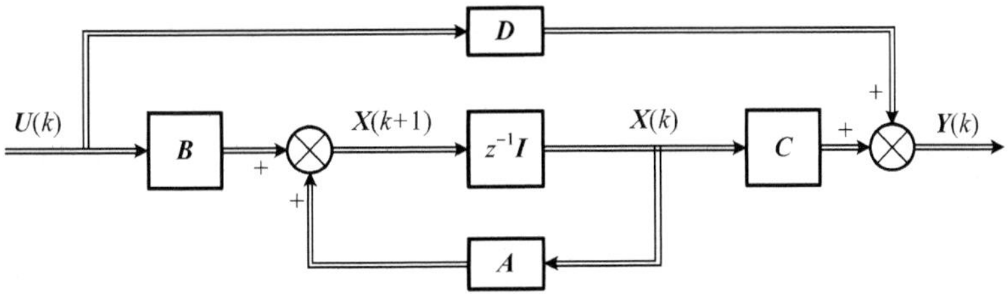

图 6-1　线性定常离散系统的状态空间模型结构

2. 离散状态空间模型的建立

1) 由差分方程建立离散状态空间模型

设单输入单输出 n 阶线性定常差分方程的一般形式为

$$\begin{aligned}&y(k+n)+a_{n-1}y(k+n-1)+\cdots+a_1y(k+1)+a_0y(k)\\&=b_mu(k+m)+b_{m-1}u(k+m-1)+\cdots+b_0u(k)\end{aligned} \tag{6-3}$$

式中，$a_i(i=1,2,\cdots,n)$、$b_j(j=0,1,\cdots,m)$是由系统结构参数决定的常系数，一般有 $n\geqslant m$。

不失一般性，设 $m=n$，此时有

$$\begin{aligned}&y(k+n)+a_{n-1}y(k+n-1)+\cdots+a_1y(k+1)+a_0y(k)\\&=b_nu(k+n)+b_{n-1}u(k+n-1)+\cdots+b_0u(k)\end{aligned} \tag{6-4}$$

若选取状态变量为

$$\begin{cases}x_1(k)=y(k)-h_0u(k)\\x_2(k)=y(k+1)=x_1(k+1)-h_1u(k)\\x_3(k)=y(k+2)=x_2(k+1)-h_2u(k)\\\quad\vdots\\x_n(k)=y(k+n-1)=x_{n-1}(k+1)-h_{n-1}u(k)\end{cases} \tag{6-5}$$

式中，

$$\begin{cases}h_0=b_n\\h_1=b_{n-1}-a_{n-1}h_0\\h_2=b_{n-2}-a_{n-1}h_1-a_{n-2}h_0\\\quad\vdots\\h_n=b_0-a_{n-1}h_{n-1}-\cdots-a_1h_1-a_0h_0\end{cases} \tag{6-6}$$

且有

$$x_n(k+1)=-a_0x_1(k)-a_1x_2(k)-\cdots-a_{n-1}x_n(k)+h_nu(k) \tag{6-7}$$

则离散状态空间模型可表示为

$$\begin{cases}\boldsymbol{X}(k+1)=\boldsymbol{A}\boldsymbol{X}(k)+\boldsymbol{B}u(k)\\\boldsymbol{Y}(k)=\boldsymbol{C}\boldsymbol{X}(k)+\boldsymbol{D}u(k)\end{cases}$$

式中，

$$\boldsymbol{X}(k)=\begin{bmatrix}x_1(k)\\x_2(k)\\\vdots\\x_{n-1}(k)\\x_n(k)\end{bmatrix},\quad \boldsymbol{A}=\begin{bmatrix}0&1&\cdots&0\\0&0&\cdots&0\\\vdots&\vdots&&\vdots\\0&0&\cdots&1\\-a_0&-a_1&\cdots&-a_{n-1}\end{bmatrix},\quad \boldsymbol{B}=\begin{bmatrix}h_1\\h_2\\\vdots\\h_{n-1}\\h_n\end{bmatrix},\quad \boldsymbol{C}=[1\quad 0\quad\cdots\quad 0],\quad \boldsymbol{D}=[h_0]$$

例 6-1 线性定常离散系统的差分方程为

$$y(k+2)+5y(k+1)+6y(k)=u(k+2)+3u(k+1)+2u(k)$$

试求该系统的离散状态空间模型。

解： 已知 $a_1=5$，$a_0=6$，$b_2=1$，$b_1=3$，$b_0=2$。由式(6-6)得

$$\begin{aligned}&h_0=b_2=1\\&h_1=b_1-a_1h_0=-2\\&h_2=b_0-a_1h_1-a_0h_0=6\end{aligned}$$

由式(6-7)可得离散状态空间模型为

$$\begin{cases}\begin{bmatrix}x_1(k+1)\\x_2(k+1)\end{bmatrix}=\begin{bmatrix}0 & 1\\-6 & -5\end{bmatrix}\begin{bmatrix}x_1(k)\\x_2(k)\end{bmatrix}+\begin{bmatrix}-2\\6\end{bmatrix}u(k)\\ y(k)=\begin{bmatrix}1 & 0\end{bmatrix}\begin{bmatrix}x_1(k)\\x_2(k)\end{bmatrix}+u(k)\end{cases}$$

2) 由 z 传递函数建立离散状态空间模型

设离散系统 z 传递函数的一般形式为

$$G(z)=\frac{Y(z)}{U(z)}=\frac{b_m z^m+b_{m-1}z^{m-1}+\cdots+b_1 z+b_0}{z^n+a_{n-1}z^{n-1}+\cdots+a_1 z+a_0} \tag{6-8}$$

式中，$n\geqslant m$；a_i、b_j 为常系数。

通常采用串行法、并行法、直接法和嵌套法建立其离散状态空间模型。

(1) 串行法。

串行法又称为迭代法，当 $G(z)$可表示成零极点形式时，用这种方法比较方便。

例 6-2　设 $G(z)=\dfrac{Y(z)}{U(z)}=\dfrac{z^2+2z+1}{z^2+5z+6}$，试用串行法建立离散状态空间模型。

解：将 $G(z)$表示成零极点形式，即

$$G(z)=\frac{Y(z)}{U(z)}=1+\frac{-3}{z+2}\cdot\frac{z+5/3}{z+3}$$

则

$$Y(z)=U(z)+\frac{-3}{z+2}\cdot\frac{z+5/3}{z+3}U(z)$$

得到对应的框图如图 6-2 所示。

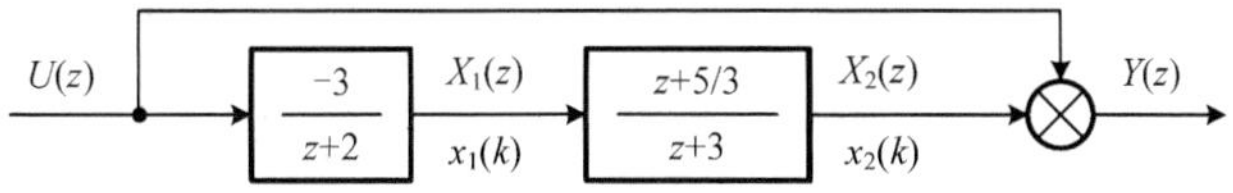

图 6-2　例 6-2 框图

根据图 6-2，可得到状态变量具有如下关系：

$$\begin{cases}X_1(z)=\dfrac{-3}{z+2}U(z)\\ X_2(z)=\dfrac{z+5/3}{z+3}X_1(z)\end{cases}$$

将上式变换为

$$\begin{cases}zX_1(z)=-2X_1(z)-3U(z)\\ zX_2(z)=-3X_2(z)+zX_1(z)+5/3X_1(z)=-1/3X_1(z)-3X_2(z)-3U(z)\end{cases}$$

输出为

$$Y(z)=X_2(z)+U(z)$$

则对应的离散状态空间模型为

$$\begin{cases} \begin{bmatrix} x_1(k+1) \\ x_2(k+1) \end{bmatrix} = \begin{bmatrix} -2 & 0 \\ -\dfrac{1}{3} & -3 \end{bmatrix} \begin{bmatrix} x_1(k) \\ x_2(k) \end{bmatrix} + \begin{bmatrix} -3 \\ -3 \end{bmatrix} u(k) \\ y(k) = \begin{bmatrix} 0 & 1 \end{bmatrix} \begin{bmatrix} x_1(k) \\ x_2(k) \end{bmatrix} + u(k) \end{cases}$$

(2) 并行法。

并行法也称为部分分式法，当 $G(z)$的极点已知，并可将 $G(z)$表示成部分分式和的形式时，用这种方法比较简便。下面分单极点和多重极点两种情况，分别举例说明用这种方法求取离散状态空间模型。

例 6-3　设 $G(z)=\dfrac{Y(z)}{U(z)}=\dfrac{z^2+2z+1}{z^2+5z+6}$，试用并行法求离散状态空间模型。

解：将 $G(z)$表示成部分分式和的形式，即

$$G(z)=\frac{Y(z)}{U(z)}=\frac{z^2+2z+1}{z^2+5z+6}=1+\frac{1}{z+2}-\frac{4}{z+3}$$

于是得到

$$Y(z)=U(z)+\frac{1}{z+2}U(z)-\frac{4}{z+3}U(z)$$

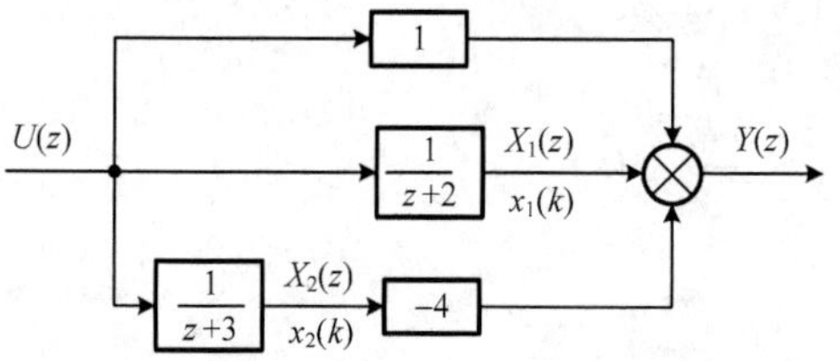

图 6-3　例 6-3 框图

则对应的框图如图 6-3 所示。

选取状态变量为

$$\begin{cases} X_1(z)=\dfrac{1}{z+2}U(z) \\ X_2(z)=\dfrac{1}{z+3}U(z) \end{cases}$$

其对应的差分方程为

$$\begin{cases} x_1(k+1)=-2x_1(k)+u(k) \\ x_2(k+1)=-3x_2(k)+u(k) \end{cases}$$

写成状态方程形式为

$$\begin{bmatrix} x_1(k+1) \\ x_2(k+1) \end{bmatrix} = \begin{bmatrix} -2 & 0 \\ 0 & -3 \end{bmatrix} \begin{bmatrix} x_1(k) \\ x_2(k) \end{bmatrix} + \begin{bmatrix} 1 \\ 1 \end{bmatrix} u(k)$$

可知，系统矩阵 $\boldsymbol{A}$ 对角线上的两个元素即为 $G(z)$的两个极点。

由于

$$Y(z)=U(z)+\frac{1}{z+2}U(z)-\frac{4}{z+3}U(z)=X_1(z)-4X_2(z)+U(z)$$

所以

$$y(k)=x_1(k)-4x_2(k)+u(k)$$

可得输出方程为

$$y(k)=\begin{bmatrix} 1 & -4 \end{bmatrix} \begin{bmatrix} x_1(k) \\ x_2(k) \end{bmatrix} + u(k)$$

例 6-4　设 $G(z)=\dfrac{Y(z)}{U(z)}=\dfrac{z+1}{(z+1)^2(z+2)}$，试用并行法求离散状态空间模型。

解：将 $G(z)$表示成部分分式和的形式，即

$$G(z)=\frac{Y(z)}{U(z)}=\frac{1}{z+2}+\frac{1}{(z+1)^2}-\frac{1}{z+1}$$

则
$$Y(z)=\frac{1}{z+2}U(z)+\frac{1}{(z+1)^2}U(z)-\frac{1}{z+1}U(z)$$

其对应的框图如图 6-4 所示。

选取状态变量为

$$\begin{cases}X_1(z)=\dfrac{1}{z+2}U(z)\\ X_2(z)=\dfrac{1}{z+1}U(z)\\ X_3(z)=\dfrac{1}{z+1}X_2(z)\end{cases}$$

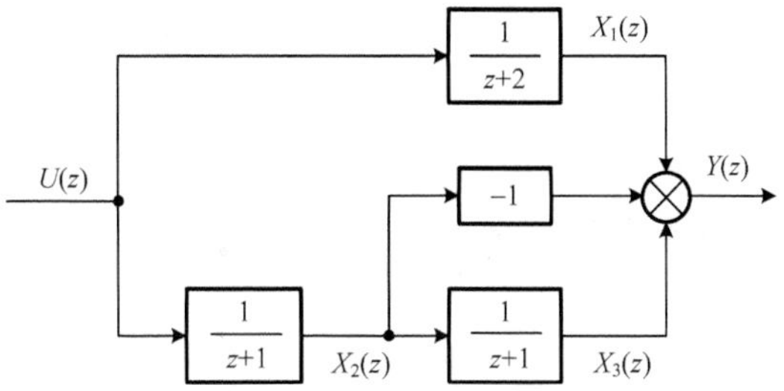

图 6-4　例 6-4 框图

因而有以下关系式：

$$\begin{cases}zX_1(z)=-2X_1(z)+U(z)\\ zX_2(z)=-X_2(z)+U(z)\\ zX_3(z)=-X_3(z)+X_2(z)\end{cases}$$

对应的状态方程为

$$\begin{bmatrix}x_1(k+1)\\x_2(k+1)\\x_3(k+1)\end{bmatrix}=\begin{bmatrix}-2&0&0\\0&-1&0\\0&-1&-1\end{bmatrix}\begin{bmatrix}x_1(k)\\x_2(k)\\x_3(k)\end{bmatrix}+\begin{bmatrix}1\\1\\0\end{bmatrix}u(k)$$

由于
$$Y(z)=\frac{1}{z+2}U(z)-\frac{1}{z+1}U(z)+\frac{1}{(z+1)^2}U(z)=X_1(z)-X_2(z)+X_3(z)$$

所以
$$y(k)=x_1(k)-x_2(k)+x_3(k)$$

于是
$$y(k)=\begin{bmatrix}1&-1&1\end{bmatrix}\begin{bmatrix}x_1(k)\\x_2(k)\\x_3(k)\end{bmatrix}$$

(3) 直接法。

当 $G(z)$以有理分式表示，且零极点不便于求出时，用直接法比较方便。

例 6-5　设 $G(z)=\dfrac{Y(z)}{U(z)}=\dfrac{z+4}{z^2+3z+2}$，试用直接法求离散状态空间模型。

解：将 $G(z)$表示成如下形式，即

$$G(z)=\frac{Y(z)}{U(z)}=\frac{z^{-1}+4z^{-2}}{1+3z^{-1}+2z^{-2}}$$

则
$$\frac{Y(z)}{z^{-1}+4z^{-2}}=\frac{U(z)}{1+3z^{-1}+2z^{-2}}\overset{\text{def}}{=}Q(z)$$

由此得
$$\begin{cases} Q(z) = -3z^{-1}Q(z) - 2z^{-2}Q(z) + U(z) \\ Y(z) = z^{-1}Q(z) + 4z^{-2}Q(z) \end{cases}$$

可得到其对应的框图如图 6-5 所示。

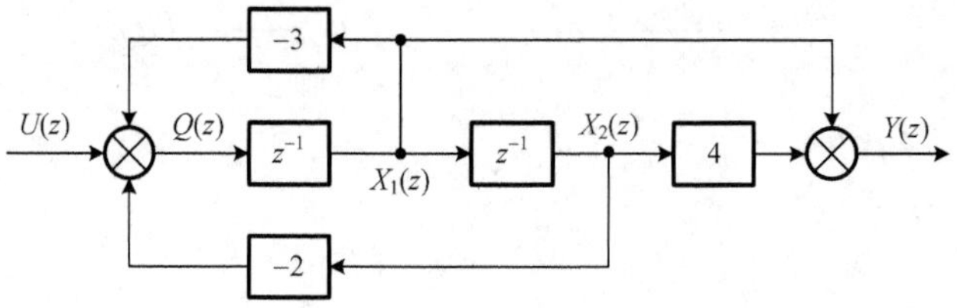

图 6-5　例 6-5 框图

选取状态变量为
$$\begin{cases} X_1(z) = z^{-1}Q(z) \\ X_2(z) = z^{-1}X_1(z) \end{cases}$$

输出为
$$Y(z) = X_1(z) + 4X_2(z)$$

消去中间变量 $Q(z)$，有
$$\begin{cases} zX_1(z) = Q(z) = -3z^{-1}Q(z) - 2z^{-2}Q(z) + U(z) = -3X_1(z) - 2X_2(z) + U(z) \\ zX_2(z) = X_1(z) \end{cases}$$

则对应的离散状态空间模型为
$$\begin{cases} \begin{bmatrix} x_1(k+1) \\ x_2(k+1) \end{bmatrix} = \begin{bmatrix} -3 & -2 \\ 1 & 0 \end{bmatrix} \begin{bmatrix} x_1(k) \\ x_2(k) \end{bmatrix} + \begin{bmatrix} 1 \\ 0 \end{bmatrix} u(k) \\ y(k) = [1 \quad 4] \begin{bmatrix} x_1(k) \\ x_2(k) \end{bmatrix} \end{cases}$$

(4) 嵌套法。

当 $G(z)$以有理分式表示，且零极点不便于求出时，除了可用直接法外，还可以用嵌套法建立离散状态空间模型。

例 6-6　设 $G(z) = \dfrac{Y(z)}{U(z)} = \dfrac{z+4}{z^2+3z+2}$，试用嵌套法求离散状态空间模型。

解：将 $G(z)$表示成如下形式，即
$$G(z) = \frac{Y(z)}{U(z)} = \frac{z^{-1} + 4z^{-2}}{1 + 3z^{-1} + 2z^{-2}}$$

则
$$Y(z) = z^{-1}\{U(z) - 3Y(z) + z^{-1}[4U(z) - 2Y(z)]\}$$

得到对应的框图如图 6-6 所示。

选取状态变量为
$$\begin{cases} X_1(z) = z^{-1}[4U(z) - 2Y(z)] \\ X_2(z) = z^{-1}[U(z) - 3Y(z) + X_1(z)] \end{cases}$$

输出为
$$Y(z) = X_2(z)$$

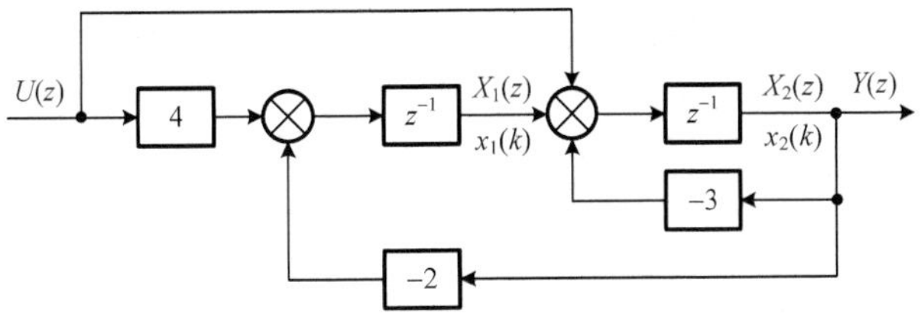

图 6-6　例 6-6 框图

做变换，可得到
$$\begin{cases} zX_1(z)=4U(z)-2Y(z)=-2X_2(z)+4U(z) \\ zX_2(z)=U(z)-3Y(z)+X_1(z)=X_1(z)-3X_2(z)+U(z) \end{cases}$$

则求出对应的离散状态空间模型为
$$\begin{cases} \begin{bmatrix} x_1(k+1) \\ x_2(k+1) \end{bmatrix}=\begin{bmatrix} 0 & -2 \\ 1 & -3 \end{bmatrix}\begin{bmatrix} x_1(k) \\ x_2(k) \end{bmatrix}+\begin{bmatrix} 4 \\ 1 \end{bmatrix}u(k) \\ y(k)=[0 \quad 1]\begin{bmatrix} x_1(k) \\ x_2(k) \end{bmatrix} \end{cases}$$

由例 6-5 和例 6-6 可以看出，直接法和嵌套法的矩阵 $\boldsymbol{A}$ 是互为转置的，且它们之间的系数矩阵 $\boldsymbol{B}$ 和 $\boldsymbol{C}$ 也是互为转置的，也就是说它们是互为对偶的。

将 z 传递函数转化为状态空间模型，除了上述方法外，还有可控标准型、可观标准型等方法，此处不再赘述。

3) 由连续状态空间模型建立离散状态空间模型

计算机控制系统中存在多种信号形式的转换，它是由离散部分和连续部分组成的混合信号系统，如图 6-7 所示。其离散部分是数字控制器 $D(z)$，连续部分由 ZOH 和被控对象 $G_0(s)$ 串联而成。如果将 $G_0(s)$连同它前面的 ZOH 一起离散化，则计算机控制系统即可简化为纯粹的离散系统。

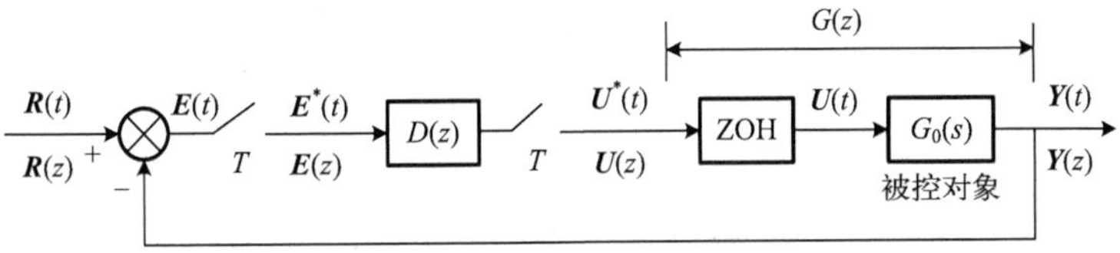

图 6-7　典型的计算机控制系统结构

已知 $G_0(s)$的输入信号 $\boldsymbol{U}(t)$为 ZOH 输出的矩形分段常数连续函数(图 2-12(c))，即 ZOH 将 $D(z)$输出的数值信号 $\boldsymbol{U}(kT)$在一个采样周期 T 内保持不变，直至下一个采样时刻才将其变为新的数值。因此，被控对象连续状态方程的离散化问题就变成其在阶梯信号作用下的求解问题，即将表征连续对象内部状态的一阶微分方程组转换为一阶差分方程组的过程。

(1) 连续部分的离散状态空间模型。

设 $G_0(s)$的连续状态空间模型为
$$\begin{cases} \dot{\boldsymbol{X}}(t)=\boldsymbol{FX}(t)+\boldsymbol{GU}(t) \\ \boldsymbol{Y}(t)=\boldsymbol{CX}(t)+\boldsymbol{DU}(t) \end{cases} \tag{6-9}$$

式中，$\boldsymbol{X}(t)$为 $n\times1$ 维状态向量；$\boldsymbol{U}(t)$为 $m\times1$ 维控制向量；$\boldsymbol{Y}(t)$为 $p\times1$ 维输出向量；$\boldsymbol{F}$、$\boldsymbol{G}$、$\boldsymbol{C}$、$\boldsymbol{D}$ 分别为 $n\times n$、$n\times m$、$p\times n$、$p\times m$ 维系数矩阵。

下面求解式(6-9)状态方程。可将其两边同时乘以 $\mathrm{e}^{-\boldsymbol{F}t}$，得

$$\mathrm{e}^{-\boldsymbol{F}t}\dot{\boldsymbol{X}}(t)=\mathrm{e}^{-\boldsymbol{F}t}\boldsymbol{F}\boldsymbol{X}(t)+\mathrm{e}^{-\boldsymbol{F}t}\boldsymbol{G}\boldsymbol{U}(t)$$

因为

$$\mathrm{e}^{-\boldsymbol{F}t}[\dot{\boldsymbol{X}}(t)-\boldsymbol{F}\boldsymbol{X}(t)]=\frac{\mathrm{d}}{\mathrm{d}t}[\mathrm{e}^{-\boldsymbol{F}t}\boldsymbol{X}(t)]$$

所以

$$\frac{\mathrm{d}}{\mathrm{d}t}[\mathrm{e}^{-\boldsymbol{F}t}\boldsymbol{X}(t)]=\mathrm{e}^{-\boldsymbol{F}t}\boldsymbol{G}\boldsymbol{U}(t)$$

将上式由 t_0 至 t 积分，得

$$\mathrm{e}^{-\boldsymbol{F}t}\boldsymbol{X}(t)-\mathrm{e}^{-\boldsymbol{F}t_0}\boldsymbol{X}(t_0)=\int_{t_0}^{t}\mathrm{e}^{-\boldsymbol{F}\tau}\boldsymbol{G}\boldsymbol{U}(\tau)\mathrm{d}\tau$$

于是，将上式左乘 $\mathrm{e}^{\boldsymbol{F}t}$，即得状态方程的解为

$$\boldsymbol{X}(t)=\mathrm{e}^{\boldsymbol{F}(t-t_0)}\boldsymbol{X}_0+\int_{t_0}^{t}\mathrm{e}^{\boldsymbol{F}(t-\tau)}\boldsymbol{G}\boldsymbol{U}(\tau)\mathrm{d}\tau \tag{6-10}$$

式中，t_0 为初始时刻；$\boldsymbol{X}_0=\boldsymbol{X}(t_0)$ 为初始状态。

设 $t_0=kT$，$t=(k+1)T$，由 ZOH 的性质知，$\boldsymbol{U}(\tau)=\boldsymbol{U}(kT)$，$kT\leqslant\tau<(k+1)T$，则式(6-10)可改写为

$$\begin{aligned}\boldsymbol{X}[(k+1)T]&=\mathrm{e}^{\boldsymbol{F}T}\boldsymbol{X}(kT)+\int_{kT}^{(k+1)T}\mathrm{e}^{\boldsymbol{F}[(k+1)T-\tau]}\boldsymbol{G}\boldsymbol{U}(kT)\mathrm{d}\tau\\&=\mathrm{e}^{\boldsymbol{F}T}\boldsymbol{X}(kT)+\left\{\int_{kT}^{(k+1)T}\mathrm{e}^{\boldsymbol{F}[(k+1)T-\tau]}\boldsymbol{G}\mathrm{d}\tau\right\}\boldsymbol{U}(kT)\end{aligned} \tag{6-11}$$

对式(6-11)右边的积分项做变量置换 $(k+1)T-\tau=t$，则有 $\mathrm{d}t=-\mathrm{d}\tau$。当 $\tau=kT$ 时，$t=T$；$\tau=(k+1)T$ 时，$t=0$，故式(6-11)变为

$$\boldsymbol{X}[(k+1)T]=\mathrm{e}^{\boldsymbol{F}T}\boldsymbol{X}(kT)+\left[\int_0^T\mathrm{e}^{\boldsymbol{F}t}\boldsymbol{G}\mathrm{d}t\right]\boldsymbol{U}(kT)\overset{\text{def}}{=}\boldsymbol{A}(T)\boldsymbol{X}(kT)+\boldsymbol{B}(T)\boldsymbol{U}(kT) \tag{6-12}$$

式中，$\boldsymbol{A}(T)=\mathrm{e}^{\boldsymbol{F}T}$；$\boldsymbol{B}(T)=\int_0^T\mathrm{e}^{\boldsymbol{F}t}\boldsymbol{G}\mathrm{d}t$。

式(6-12)为计算机控制系统的连续部分，即广义被控对象 $G(z)$的离散状态方程。

显然，它们均与采样周期 T 有关，是 T 的函数矩阵。当 T 为恒定值时，$\boldsymbol{A}(T)$和 $\boldsymbol{B}(T)$就是常数矩阵，这时仍然可表示成 $\boldsymbol{A}(T)=\boldsymbol{A}$，$\boldsymbol{B}(T)=\boldsymbol{B}$ 的常数矩阵形式。

广义被控对象 $G(z)$的离散输出方程可由式(6-9)写出：

$$\boldsymbol{Y}(kT)=\boldsymbol{C}\boldsymbol{X}(kT)+\boldsymbol{D}\boldsymbol{U}(kT) \tag{6-13}$$

(2) 系统矩阵 $\boldsymbol{A}(T)$的求解。

系统矩阵 $\boldsymbol{A}(T)=\mathrm{e}^{\boldsymbol{F}T}$ 为指数矩阵，即连续系统的状态转移矩阵，可以利用拉普拉斯变换法、级数展开等方法求解。此处介绍拉普拉斯变换法。

已知

$$(s\boldsymbol{I}-\boldsymbol{F})\left(\frac{\boldsymbol{I}}{s}+\frac{\boldsymbol{F}}{s^2}+\frac{\boldsymbol{F}^2}{s^3}+\cdots\right)=\left(\boldsymbol{I}+\frac{\boldsymbol{F}}{s}+\frac{\boldsymbol{F}^2}{s^2}+\frac{\boldsymbol{F}^3}{s^3}+\cdots\right)-\left(\frac{\boldsymbol{F}}{s}+\frac{\boldsymbol{F}^2}{s^2}+\frac{\boldsymbol{F}^3}{s^3}+\cdots\right)=\boldsymbol{I}$$

因此可得
$$(s\boldsymbol{I}-\boldsymbol{F})^{-1}=\left(\frac{\boldsymbol{I}}{s}+\frac{\boldsymbol{F}}{s^2}+\frac{\boldsymbol{F}^2}{s^3}+\cdots\right)$$

由拉普拉斯逆变换得
$$\mathcal{L}^{-1}[(s\boldsymbol{I}-\boldsymbol{F})^{-1}]=\boldsymbol{I}+\boldsymbol{F}t+\frac{(\boldsymbol{F}t)^2}{2!}+\frac{(\boldsymbol{F}t)^3}{3!}+\cdots=\mathrm{e}^{\boldsymbol{F}t}=\boldsymbol{A}(t)$$

所以
$$\boldsymbol{A}(T)=\boldsymbol{A}(t)\big|_{t=T}=\mathcal{L}^{-1}[(s\boldsymbol{I}-\boldsymbol{F})^{-1}]\big|_{t=T}\tag{6-14}$$

例 6-7　设被控对象的连续状态空间模型为
$$\begin{cases}\dot{\boldsymbol{X}}(t)=\begin{bmatrix}0&1\\-2&-3\end{bmatrix}\boldsymbol{X}(t)+\begin{bmatrix}0\\1\end{bmatrix}u(t)\\ y(t)=\begin{bmatrix}1&0\end{bmatrix}\boldsymbol{X}(t)\end{cases}$$
使用零阶保持器，采样周期 $T=1\mathrm{s}$，试求其离散状态空间模型。

解：由题意知
$$\boldsymbol{F}=\begin{bmatrix}0&1\\-2&-3\end{bmatrix},\ \boldsymbol{G}=\begin{bmatrix}0\\1\end{bmatrix},\ \boldsymbol{C}=\begin{bmatrix}1&0\end{bmatrix}$$
$$[s\boldsymbol{I}-\boldsymbol{F}]^{-1}=\begin{bmatrix}s&-1\\2&s+3\end{bmatrix}^{-1}=\frac{1}{(s+1)(s+2)}\begin{bmatrix}s+3&1\\-2&s\end{bmatrix}$$

上式的拉普拉斯逆变换为
$$\mathrm{e}^{\boldsymbol{F}t}=\mathcal{L}^{-1}\{[s\boldsymbol{I}-\boldsymbol{F}]^{-1}\}=\begin{bmatrix}2\mathrm{e}^{-t}-\mathrm{e}^{-2t}&\mathrm{e}^{-t}-\mathrm{e}^{-2t}\\-2\mathrm{e}^{-t}+2\mathrm{e}^{-2t}&-\mathrm{e}^{-t}+2\mathrm{e}^{-2t}\end{bmatrix}$$

则由式(6-14)可以求出系统矩阵 $\boldsymbol{A}(T)$ 为
$$\boldsymbol{A}(T)=\mathcal{L}^{-1}[(s\boldsymbol{I}-\boldsymbol{F})^{-1}]\big|_{t=T}=\begin{bmatrix}2\mathrm{e}^{-T}-\mathrm{e}^{-2T}&\mathrm{e}^{-T}-\mathrm{e}^{-2T}\\-2\mathrm{e}^{-T}+2\mathrm{e}^{-2T}&-\mathrm{e}^{-T}+\mathrm{e}^{-2T}\end{bmatrix}=\begin{bmatrix}0.6004&0.2325\\-0.4651&-0.0972\end{bmatrix}$$

通过积分可求得
$$\boldsymbol{B}(T)\big|_{T=1}=\int_0^T\mathrm{e}^{\boldsymbol{F}t}\mathrm{d}t\cdot\boldsymbol{G}=\int_0^T\begin{bmatrix}2\mathrm{e}^{-t}-\mathrm{e}^{-2t}&\mathrm{e}^{-t}-\mathrm{e}^{-2t}\\-2\mathrm{e}^{-t}+2\mathrm{e}^{-2t}&-\mathrm{e}^{-t}+2\mathrm{e}^{-2t}\end{bmatrix}\mathrm{d}t\cdot\begin{bmatrix}0\\1\end{bmatrix}$$
$$=\begin{bmatrix}\frac{1}{2}-\mathrm{e}^{-T}+\frac{1}{2}\mathrm{e}^{-2T}\\\mathrm{e}^{-T}-\mathrm{e}^{-2T}\end{bmatrix}=\begin{bmatrix}0.1998\\0.2325\end{bmatrix}$$

于是，离散状态空间模型为
$$\begin{cases}\begin{bmatrix}x_1(k+1)\\x_2(k+1)\end{bmatrix}=\begin{bmatrix}0.6004&0.2325\\-0.4651&-0.0972\end{bmatrix}\begin{bmatrix}x_1(k)\\x_2(k)\end{bmatrix}+\begin{bmatrix}0.1998\\0.2325\end{bmatrix}u(k)\\ y(k)=\begin{bmatrix}1&0\end{bmatrix}\begin{bmatrix}x_1(k)\\x_2(k)\end{bmatrix}\end{cases}$$

例 6-7 中，利用 MATLAB 进行求解的脚本程序如下。

```
F = [0, 1; -2, -3];                  %连续状态空间模型参数
G = [0; 1];                          %连续状态空间模型参数
[A, B] = c2d(F, G, 1);               %以采样周期 T = 1s 进行离散化
```

3. 计算机控制系统的闭环离散状态空间模型

对于图 6-7 所示的计算机控制系统，可通过求取其离散部分(数字控制器 $D(z)$)、连续部分(广义被控对象 $G(z)$)以及反馈部分的离散状态空间模型，然后消去中间变量，得到整个闭环系统的离散状态空间模型。下面以一个计算机控制系统为例，介绍闭环离散状态空间模型的列写。

例 6-8　试列写图 6-8 所示计算机控制系统的闭环离散状态空间模型，设采样周期 $T = 1\text{s}$，对象增益 $k = 1$。

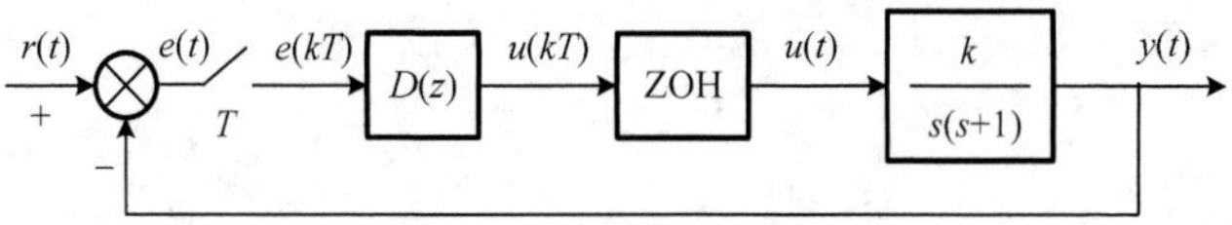

图 6-8　例 6-8 计算机控制系统

解：(1) 数字控制器 $D(z)$的离散状态空间模型。

设数字控制器为

$$D(z)=\frac{U(z)}{E(z)}=\frac{1.58z-0.58}{z+0.419}=1.58-\frac{1.242z^{-1}}{1+0.419z^{-1}}$$

由直接法，令 $Q(z)=\dfrac{E(z)}{1+0.419z^{-1}}$，选取状态变量 $X_3(z)=z^{-1}Q(z)$，可得

$$x_3(k+1)=-0.419x_3(k)+e(k)$$
$$u(k)=-1.242x_3(k)+1.58e(k)$$

(2) 广义被控对象 $G(z)$的离散状态空间模型。

给定 $G_0(s)$所对应的连续状态空间模型为

$$\begin{cases}\begin{bmatrix}\dot{x}_1(t)\\ \dot{x}_2(t)\end{bmatrix}=\begin{bmatrix}0 & 1\\ 0 & -1\end{bmatrix}\begin{bmatrix}x_1(t)\\ x_2(t)\end{bmatrix}+\begin{bmatrix}0\\ k\end{bmatrix}u(t)\\ y(t)=x_1(t)\end{cases}$$

式中，$u(t)$是 ZOH 的输出信号。

可用前面的方法建立广义被控对象 $G(z)$的离散状态方程，求得系数矩阵为

$$\boldsymbol{A}(T)=\mathrm{e}^{\boldsymbol{F}T}=\begin{bmatrix}1 & 1-\mathrm{e}^{-T}\\ 0 & \mathrm{e}^{-T}\end{bmatrix}\Bigg|_{T=1}=\begin{bmatrix}1 & 0.632\\ 0 & 0.368\end{bmatrix}$$

$$\boldsymbol{B}(T)=\int_0^T \mathrm{e}^{\boldsymbol{F}t}\boldsymbol{G}\mathrm{d}t=\int_0^T\begin{bmatrix}1 & 1-\mathrm{e}^{-t}\\ 0 & \mathrm{e}^{-t}\end{bmatrix}\begin{bmatrix}0\\ k\end{bmatrix}\mathrm{d}t=\begin{bmatrix}k(T+\mathrm{e}^{-T}-1)\\ k(1-\mathrm{e}^{-T})\end{bmatrix}\Bigg|_{T=1,k=1}=\begin{bmatrix}0.368\\ 0.632\end{bmatrix}$$

于是，得到其离散状态空间模型为

$$\begin{cases}\begin{bmatrix}x_1(k+1)\\x_2(k+1)\end{bmatrix}=\begin{bmatrix}1&0.632\\0&0.368\end{bmatrix}\begin{bmatrix}x_1(k)\\x_2(k)\end{bmatrix}+\begin{bmatrix}0.368\\0.632\end{bmatrix}u(k)\\ y(k)=[1\quad 0]\begin{bmatrix}x_1(k)\\x_2(k)\end{bmatrix}\end{cases}$$

(3) 反馈部分。

$$e(k)=r(k)-y(k)=r(k)-x_1(k)$$

将上述三部分综合起来，消去中间变量，即可得到闭环系统的离散状态空间模型为

$$\begin{cases}\begin{bmatrix}x_1(k+1)\\x_2(k+1)\\x_3(k+1)\end{bmatrix}=\begin{bmatrix}0.419&0.632&-0.458\\-1&0.368&-0.785\\-1&0&-0.419\end{bmatrix}\begin{bmatrix}x_1(k)\\x_2(k)\\x_3(k)\end{bmatrix}+\begin{bmatrix}0.581\\1\\1\end{bmatrix}r(k)\\ y(k)=[1\quad 0\quad 0]\begin{bmatrix}x_1(k)\\x_2(k)\\x_3(k)\end{bmatrix}\end{cases}$$

4. 离散状态空间模型与 z 传递函数之间的关系

设初始状态 $\boldsymbol{X}(0)=0$，对式(6-2)中的状态方程及输出方程求取 z 变换，可得

$$\begin{cases}z\boldsymbol{X}(z)=\boldsymbol{A}\boldsymbol{X}(z)+\boldsymbol{B}\boldsymbol{U}(z)\\ \boldsymbol{Y}(z)=\boldsymbol{C}\boldsymbol{X}(z)+\boldsymbol{D}\boldsymbol{U}(z)\end{cases}$$

由此得

$$\begin{cases}\boldsymbol{X}(z)=(z\boldsymbol{I}-\boldsymbol{A})^{-1}\boldsymbol{B}\boldsymbol{U}(z)\\ \boldsymbol{Y}(z)=[\boldsymbol{C}(z\boldsymbol{I}-\boldsymbol{A})^{-1}\boldsymbol{B}+\boldsymbol{D}]\boldsymbol{U}(z)\end{cases}$$

则

$$\boldsymbol{G}(z)=\frac{\boldsymbol{Y}(z)}{\boldsymbol{U}(z)}=\boldsymbol{C}(z\boldsymbol{I}-\boldsymbol{A})^{-1}\boldsymbol{B}+\boldsymbol{D} \tag{6-15}$$

$\boldsymbol{G}(z)$ 称为脉冲传递函数矩阵或 z 传递函数矩阵。

假定 det(·)表示求解相应行列式的值，则

$$\det(z\boldsymbol{I}-\boldsymbol{A})=z^n+a_{n-1}z^{n-1}+\cdots+a_1z+a_0=0 \tag{6-16}$$

称为离散控制系统的特征方程。特征方程的根 z_i 即为系统的特征值或极点，与相应系统的稳态和动态性能直接相关。

例 6-9　设已知离散系统的状态空间模型为

$$\begin{cases}\begin{bmatrix}x_1(k+1)\\x_2(k+1)\\x_3(k+1)\end{bmatrix}=\begin{bmatrix}0.2&0&0\\0&0.4&0\\0&0&0.6\end{bmatrix}\begin{bmatrix}x_1(k)\\x_2(k)\\x_3(k)\end{bmatrix}+\begin{bmatrix}1&2\\2&1\\1&2\end{bmatrix}\boldsymbol{U}(k)\\ \boldsymbol{Y}(k)=\begin{bmatrix}1&0&1\\1&2&2\end{bmatrix}\begin{bmatrix}x_1(k)\\x_2(k)\\x_3(k)\end{bmatrix}\end{cases}$$

试求 z 传递函数矩阵。

解：由题意可知

$$A=\begin{bmatrix}0.2 & 0 & 0\\ 0 & 0.4 & 0\\ 0 & 0 & 0.6\end{bmatrix},\quad B=\begin{bmatrix}1 & 2\\ 2 & 1\\ 1 & 2\end{bmatrix},\quad C=\begin{bmatrix}1 & 0 & 1\\ 1 & 2 & 2\end{bmatrix}$$

求得逆矩阵为

$$(zI-A)^{-1}=\begin{bmatrix}z-0.2 & 0 & 0\\ 0 & z-0.4 & 0\\ 0 & 0 & z-0.6\end{bmatrix}^{-1}=\begin{bmatrix}\dfrac{1}{z-0.2} & 0 & 0\\ 0 & \dfrac{1}{z-0.4} & 0\\ 0 & 0 & \dfrac{1}{z-0.6}\end{bmatrix}$$

可得 z 传递函数矩阵为

$$G(z)=C(zI-A)^{-1}B=\begin{bmatrix}\dfrac{2z-0.8}{z^2-0.8z+0.12} & \dfrac{4z-1.6}{z^2-0.8z+0.12}\\ \dfrac{7z^2-5.4z+0.88}{z^2-0.8z+0.12} & \dfrac{8z^2-6z+1.04}{z^2-0.8z+0.12}\end{bmatrix}$$

5. 离散状态空间模型的求解

前面给出了计算机控制系统的离散状态空间描述，因而可以通过求解模型分析系统的运动状态。本部分介绍递推法和 z 变换法。

1) 递推法

设线性定常离散系统的状态空间模型如式(6-2)所示，若已知系统的初始状态 $X(0)$和控制输入向量 $U(j)(j=0,1,2,\cdots,k-1)$，便可根据式(6-2)递推计算出 $X(k)$和 $Y(k)$，即

$$\begin{cases}X(1)=AX(0)+BU(0)\\ X(2)=AX(1)+BU(1)=A^2X(0)+ABU(0)+BU(1)\\ \quad\vdots\\ X(k)=A^kX(0)+A^{k-1}BU(0)+A^{k-2}BU(1)+\cdots+ABU(k-2)+BU(k-1)\end{cases}$$

用矩阵形式可写为

$$X(k)=A^kX(0)+\begin{bmatrix}A^{k-1}B & A^{k-2}B & \cdots & B\end{bmatrix}\begin{bmatrix}U(0)\\ U(1)\\ \vdots\\ U(k-1)\end{bmatrix}\tag{6-17}$$

或表示成卷积和的形式，即

$$X(k)=A^kX(0)+\sum_{j=0}^{k-1}A^{k-j-1}BU(j)\tag{6-18}$$

由式(6-18)可见，状态方程的解由初始状态和控制输入两部分作用所引起的状态转移而

构成，其表达的状态轨迹是离散轨迹。在 k 时刻的状态只由 k 时刻以前的输入决定，而与 k 时刻及其后的输入无关，这正是物理可实现的基本条件。

将式(6-18)结果代入输出方程，可得

$$\boldsymbol{Y}(k)=\boldsymbol{C}\boldsymbol{A}^k\boldsymbol{X}(0)+\sum_{j=0}^{k-1}\boldsymbol{C}\boldsymbol{A}^{k-j-1}\boldsymbol{B}\boldsymbol{U}(j)+\boldsymbol{D}\boldsymbol{U}(k) \tag{6-19}$$

写成矩阵形式，有

$$\boldsymbol{Y}(k)=\boldsymbol{C}\boldsymbol{A}^k\boldsymbol{X}(0)+[\boldsymbol{C}\boldsymbol{A}^{k-1}\boldsymbol{B}\quad \boldsymbol{C}\boldsymbol{A}^{k-2}\boldsymbol{B}\quad\cdots\quad \boldsymbol{C}\boldsymbol{B}\quad \boldsymbol{D}]\begin{bmatrix}\boldsymbol{U}(0)\\ \boldsymbol{U}(1)\\ \vdots\\ \boldsymbol{U}(k-1)\\ \boldsymbol{U}(k)\end{bmatrix} \tag{6-20}$$

若令 $\boldsymbol{\Phi}(k)=\boldsymbol{A}^k$，且有离散状态转移矩阵：

$$\begin{cases}\boldsymbol{\Phi}(k+1)=\boldsymbol{A}\boldsymbol{\Phi}(k)\\ \boldsymbol{\Phi}(0)=\boldsymbol{I}\end{cases}$$

则式(6-18)、式(6-19)可分别表示为

$$\boldsymbol{X}(k)=\boldsymbol{\Phi}(k)\boldsymbol{X}(0)+\sum_{j=0}^{k-1}\boldsymbol{\Phi}(k-j-1)\boldsymbol{B}\boldsymbol{U}(j) \tag{6-21}$$

和

$$\boldsymbol{Y}(k)=\boldsymbol{C}\boldsymbol{\Phi}(k)\boldsymbol{X}(0)+\boldsymbol{C}\sum_{j=0}^{k-1}\boldsymbol{\Phi}(k-j-1)\boldsymbol{B}\boldsymbol{U}(j)+\boldsymbol{D}\boldsymbol{U}(k) \tag{6-22}$$

例 6-10　试用递推法求例 6-8 计算机控制系统闭环离散状态空间模型的解。设对象增益 $k=1$，采样周期 $T=1\text{s}$，$x_1(0)=x_2(0)=x_3(0)=0$，$r(k)=1$。

解：由例 6-8 知该闭环系统的离散状态空间模型为

$$\begin{cases}\begin{bmatrix}x_1(k+1)\\ x_2(k+1)\\ x_3(k+1)\end{bmatrix}=\begin{bmatrix}0.419 & 0.632 & -0.458\\ -1 & 0.368 & -0.785\\ -1 & 0 & -0.419\end{bmatrix}\begin{bmatrix}x_1(k)\\ x_2(k)\\ x_3(k)\end{bmatrix}+\begin{bmatrix}0.581\\ 1\\ 1\end{bmatrix}r(k)\\ y(k)=x_1(k)\end{cases}$$

根据给定条件 $x_1(0)=x_2(0)=x_3(0)=0$ 和 $r(k)=1$，令 $k=0, 1, 2,\cdots$，对状态方程进行迭代求解，则可得到

$$\begin{bmatrix}x_1(1)\\ x_2(1)\\ x_3(1)\end{bmatrix}=\begin{bmatrix}0.419 & 0.632 & -0.458\\ -1 & 0.368 & -0.785\\ -1 & 0 & -0.419\end{bmatrix}\begin{bmatrix}0\\ 0\\ 0\end{bmatrix}+\begin{bmatrix}0.581\\ 1\\ 1\end{bmatrix}=\begin{bmatrix}0.581\\ 1\\ 1\end{bmatrix}$$

$$\begin{bmatrix}x_1(2)\\ x_2(2)\\ x_3(2)\end{bmatrix}=\begin{bmatrix}0.419 & 0.632 & -0.458\\ -1 & 0.368 & -0.785\\ -1 & 0 & -0.419\end{bmatrix}\begin{bmatrix}0.581\\ 1\\ 1\end{bmatrix}+\begin{bmatrix}0.581\\ 1\\ 1\end{bmatrix}=\begin{bmatrix}0.998\\ 0.002\\ 0\end{bmatrix}$$

$$\begin{bmatrix} x_1(3) \\ x_2(3) \\ x_3(3) \end{bmatrix} = \begin{bmatrix} 0.419 & 0.632 & -0.458 \\ -1 & 0.368 & -0.785 \\ -1 & 0 & -0.419 \end{bmatrix} \begin{bmatrix} 0.998 \\ 0.002 \\ 0 \end{bmatrix} + \begin{bmatrix} 0.581 \\ 1 \\ 1 \end{bmatrix} = \begin{bmatrix} 1.0006 \\ 0.0023 \\ 0.0016 \end{bmatrix}$$

$$\begin{bmatrix} x_1(4) \\ x_2(4) \\ x_3(4) \end{bmatrix} = \begin{bmatrix} 0.419 & 0.632 & -0.458 \\ -1 & 0.368 & -0.785 \\ -1 & 0 & -0.419 \end{bmatrix} \begin{bmatrix} 1.0006 \\ 0.0023 \\ 0.0016 \end{bmatrix} + \begin{bmatrix} 0.581 \\ 1 \\ 1 \end{bmatrix} = \begin{bmatrix} 1.0010 \\ -0.00009 \\ -0.0013 \end{bmatrix}$$

$$\vdots$$

于是，根据输出方程 $y(k)=x_1(k)$，可得

$$y(k)=\{0,\ 0.581,\ 0.998,\ 1.0006,\ 1.0010,\ \cdots\}$$

例 6-11　已知离散系统的状态空间模型为

$$\begin{cases} \boldsymbol{X}(k+1)=\begin{bmatrix} 0 & 1 \\ -0.16 & -1 \end{bmatrix}\boldsymbol{X}(k)+\begin{bmatrix} 1 \\ 1 \end{bmatrix}u(k) \\ \boldsymbol{Y}(k)=[1\quad 1]\boldsymbol{X}(k) \end{cases}$$

设初始状态 $\boldsymbol{X}(0)=\begin{bmatrix} 1 \\ -1 \end{bmatrix}$，$T=1\text{s}$。在单位阶跃信号作用下，即 $u(k)=1(k=0,1,2,\cdots)$，试用递推法对其进行求解。

解：根据给定条件 $x_1(0)=1$，$x_2(0)=-1$, $u(k)=1$，可得 $k=0, 1, 2,\cdots$时状态方程的解为

$$\begin{bmatrix} x_1(1) \\ x_2(1) \end{bmatrix} = \boldsymbol{AX}(0)+\boldsymbol{B}u(0)=\begin{bmatrix} 0 & 1 \\ -0.16 & -1 \end{bmatrix}\begin{bmatrix} 1 \\ -1 \end{bmatrix}+\begin{bmatrix} 1 \\ 1 \end{bmatrix}=\begin{bmatrix} 0 \\ 1.84 \end{bmatrix}$$

$$\begin{bmatrix} x_1(2) \\ x_2(2) \end{bmatrix} = \boldsymbol{AX}(1)+\boldsymbol{B}u(1)=\begin{bmatrix} 0 & 1 \\ -0.16 & -1 \end{bmatrix}\begin{bmatrix} 0 \\ 1.84 \end{bmatrix}+\begin{bmatrix} 1 \\ 1 \end{bmatrix}=\begin{bmatrix} 2.84 \\ -0.84 \end{bmatrix}$$

$$\begin{bmatrix} x_1(3) \\ x_2(3) \end{bmatrix} = \boldsymbol{AX}(2)+\boldsymbol{B}u(2)=\begin{bmatrix} 0 & 1 \\ -0.16 & -1 \end{bmatrix}\begin{bmatrix} 2.84 \\ -0.84 \end{bmatrix}+\begin{bmatrix} 1 \\ 1 \end{bmatrix}=\begin{bmatrix} 0.16 \\ 1.39 \end{bmatrix}$$

$$\begin{bmatrix} x_1(4) \\ x_2(4) \end{bmatrix} = \boldsymbol{AX}(3)+\boldsymbol{B}u(3)=\begin{bmatrix} 0 & 1 \\ -0.16 & -1 \end{bmatrix}\begin{bmatrix} 0.16 \\ 1.39 \end{bmatrix}+\begin{bmatrix} 1 \\ 1 \end{bmatrix}=\begin{bmatrix} 2.39 \\ -0.41 \end{bmatrix}$$

$$\vdots$$

同理，可求出以下输出序列：

$$y(0)=\boldsymbol{CX}(0)=[1\quad 1]\begin{bmatrix} 1 \\ -1 \end{bmatrix}=0,\quad y(1)=\boldsymbol{CX}(1)=[1\quad 1]\begin{bmatrix} 0 \\ 1.84 \end{bmatrix}=1.84,\ \cdots$$

为了将上述迭代数值解写成闭合形式，可以应用离散状态转移矩阵 $\boldsymbol{\Phi}(k)=\boldsymbol{A}^k$，利用式(6-21)和式(6-22)进行求解。

由特征方程 $\det(z\boldsymbol{I}-\boldsymbol{A})=0$ 可得 $\boldsymbol{A}$ 的特征值为 0.8 和 0.2，则可求出 $\boldsymbol{A}$ 的对角阵(Diagonal Matrix) $\boldsymbol{P}^{-1}\boldsymbol{AP}$ 为

$$\boldsymbol{P}=\begin{bmatrix} 1 & 1 \\ -0.2 & -0.8 \end{bmatrix},\quad \boldsymbol{P}^{-1}=\frac{1}{3}\begin{bmatrix} 4 & 5 \\ -1 & -5 \end{bmatrix},\quad \boldsymbol{P}^{-1}\boldsymbol{AP}=\begin{bmatrix} -0.2 & 0 \\ 0 & -0.8 \end{bmatrix}$$

于是

$$\boldsymbol{\Phi}(k)=\boldsymbol{A}^k=\begin{bmatrix}0 & 1\\ -0.16 & -1\end{bmatrix}^k=\boldsymbol{P}(\boldsymbol{P}^{-1}\boldsymbol{A}\boldsymbol{P})^k\boldsymbol{P}^{-1}=\frac{1}{3}\begin{bmatrix}4(-0.2)^k-(-0.8)^k & 5[(-0.2)^k-(-0.8)^k]\\ 0.8[(-0.8)^k-(-0.2)^k] & 4(-0.8)^k-(-0.2)^k\end{bmatrix}$$

由题知 $u(k)=1$， $\boldsymbol{X}(0)=\begin{bmatrix}1\\ -1\end{bmatrix}$，则

$$\boldsymbol{\Phi}(k)\boldsymbol{X}(0)=\frac{1}{3}\begin{bmatrix}-(-0.2)^k+4(-0.8)^k\\ 0.2(-0.2)^k-3.2(-0.8)^k\end{bmatrix}$$

$$\begin{aligned}\sum_{j=0}^{k-1}\boldsymbol{\Phi}(k-j-1)\boldsymbol{B}\boldsymbol{U}(j)&=\sum_{i=0}^{k-1}\boldsymbol{\Phi}(i)\boldsymbol{B}\boldsymbol{U}(k-i-1)\\ &=\sum_{i=0}^{k-1}\boldsymbol{P}\begin{bmatrix}(-0.2)^i & 0\\ 0 & (-0.8)^i\end{bmatrix}\boldsymbol{P}^{-1}\boldsymbol{B}\boldsymbol{U}(k-i-1)\\ &=\begin{bmatrix}-\frac{15}{6}(-0.2)^k+\frac{10}{9}(-0.8)^k+\frac{25}{18}\\ \frac{1}{2}(-0.2)^k-\frac{8}{9}(-0.8)^k+\frac{7}{18}\end{bmatrix}\end{aligned}$$

因此，可得到 $\boldsymbol{X}(k)$ 的闭合形式解为

$$\boldsymbol{X}(k)=\boldsymbol{A}^k\boldsymbol{X}(0)+\sum_{i=0}^{k-1}\boldsymbol{A}^k\boldsymbol{B}\boldsymbol{U}(k-i-1)=\begin{bmatrix}-\frac{17}{6}(-0.2)^k+\frac{22}{9}(-0.8)^k+\frac{25}{18}\\ \frac{3.4}{6}(-0.2)^k-\frac{17.6}{9}(-0.8)^k+\frac{7}{18}\end{bmatrix}$$

$$y(k)=\begin{bmatrix}1 & 1\end{bmatrix}\boldsymbol{X}(k)=-\frac{13.6}{6}(-0.2)^k+\frac{4.4}{9}(-0.8)^k+\frac{16}{9}$$

2) z 变换法

设离散状态方程为

$$\boldsymbol{X}(k+1)=\boldsymbol{A}\boldsymbol{X}(k)+\boldsymbol{B}\boldsymbol{U}(k) \tag{6-23}$$

对式(6-23)两边取 z 变换，得

$$z\boldsymbol{X}(z)-z\boldsymbol{X}(0)=\boldsymbol{A}\boldsymbol{X}(z)+\boldsymbol{B}\boldsymbol{U}(z)$$

则

$$\boldsymbol{X}(z)=(z\boldsymbol{I}-\boldsymbol{A})^{-1}z\boldsymbol{X}(0)+(z\boldsymbol{I}-\boldsymbol{A})^{-1}\boldsymbol{B}\boldsymbol{U}(z) \tag{6-24}$$

对式(6-24)两边取 z 反变换，得

$$\boldsymbol{X}(k)=\mathcal{Z}^{-1}[(z\boldsymbol{I}-\boldsymbol{A})^{-1}z]\boldsymbol{X}(0)+\mathcal{Z}^{-1}[(z\boldsymbol{I}-\boldsymbol{A})^{-1}\boldsymbol{B}\boldsymbol{U}(z)] \tag{6-25}$$

参见式(6-18)，则有

$$\begin{aligned}\boldsymbol{A}^k&=\boldsymbol{\Phi}(k)=\mathcal{Z}^{-1}[(z\boldsymbol{I}-\boldsymbol{A})^{-1}z]\\ \sum_{j=0}^{k-1}\boldsymbol{A}^{k-j-1}\boldsymbol{B}\boldsymbol{U}(j)&=\mathcal{Z}^{-1}[(z\boldsymbol{I}-\boldsymbol{A})^{-1}\boldsymbol{B}\boldsymbol{U}(z)]\end{aligned} \tag{6-26}$$

例 6-12　试用 z 变换法求解例 6-11。

解：由式(6-26)可得

$$\boldsymbol{A}^k = \mathcal{Z}^{-1}[(z\boldsymbol{I}-\boldsymbol{A})^{-1}z] = \mathcal{Z}^{-1}\left\{z\begin{bmatrix} z & -1 \\ 0.16 & z+1 \end{bmatrix}^{-1}\right\}$$

$$= \frac{1}{3}\begin{bmatrix} 4(-0.2)^k-(-0.8)^k & 5[(-0.2)^k-(-0.8)^k] \\ 0.8[(-0.8)^k-(-0.2)^k] & 4(-0.8)^k-(-0.2)^k \end{bmatrix}$$

于是可以算出

$$\mathcal{Z}^{-1}[(z\boldsymbol{I}-\boldsymbol{A})^{-1}z]\boldsymbol{X}(0) = \frac{1}{3}\begin{bmatrix} -(-0.2)^k+4(-0.8)^k \\ 0.2(-0.2)^k-3.2(-0.8)^k \end{bmatrix}$$

$$\mathcal{Z}^{-1}[(z\boldsymbol{I}-\boldsymbol{A})^{-1}\boldsymbol{B}\boldsymbol{U}(z)] = \begin{bmatrix} -\frac{15}{6}(-0.2)^k+\frac{10}{9}(-0.8)^k+\frac{25}{18} \\ \frac{1}{2}(-0.2)^k-\frac{8}{9}(-0.8)^k+\frac{7}{18} \end{bmatrix}$$

据式(6-18)，可得

$$\boldsymbol{X}(k) = \begin{bmatrix} -\frac{17}{6}(-0.2)^k+\frac{22}{9}(-0.8)^k+\frac{25}{18} \\ \frac{3.4}{6}(-0.2)^k-\frac{17.6}{9}(-0.8)^k+\frac{7}{18} \end{bmatrix}$$

于是，输出为

$$y(k) = -\frac{13.6}{6}(-0.2)^k+\frac{4.4}{9}(-0.8)^k+\frac{16}{9}$$

当 $k=0,1,2,\cdots$ 时，得到相应的状态序列和输出序列分别为

$$x_1(k)=\{1,\ 0,\ 2.84,\ 0.16,\ 2.39,\ \cdots\},\quad x_2(k)=\{-1,\ 1.84,\ -0.84,\ 1.39,\ -0.41,\ \cdots\}$$

$$y(k)=\{0,\ 1.84,\ 2,\ 1.55,\ 1.98,\ \cdots\}$$

这与例 6-11 得到的结果一致。

6.2.2　离散时间规范化模型

在计算机控制系统的分析和设计中，除了前面介绍的确定性输入/输出模型和状态空间模型以外，还有包含随机干扰的差分方程描述方法，并且其与状态空间模型之间也有一一对应的关系。本节仅介绍在第 7 章自校正和预测控制中要用到的应用最广泛的单输入单输出(SISO)离散时间规范化模型。

1. 确定性离散时间规范化模型

设 SISO 系统的差分方程可表示为

$$y(k)+a_1y(k-1)+\cdots+a_{n_a}y(k-n_a) = b_0u(k-d)+b_1u(k-d-1)+\cdots+b_{n_b}u(k-d-n_b)$$

式中，$u(k)$和 $y(k)$分别为系统的输入和输出；n_b 和 n_a 为其模型阶次；$d(d \geqslant 1)$为纯时延。

其确定性模型可表示为

$$A(z^{-1})y(k) = B(z^{-1})u(k-d) = z^{-d}B(z^{-1})u(k) \tag{6-27}$$

式中，
$$\begin{cases} A(z^{-1}) = 1 + a_1 z^{-1} + \cdots + a_{n_a} z^{-n_a} \\ B(z^{-1}) = b_0 + b_1 z^{-1} + \cdots + b_{n_b} z^{-n_b}, \quad b_0 \neq 0 \end{cases}$$

式(6-27)称为被控对象的离散时间规范化模型，亦称为离散差分算子表达式。

2. 随机干扰离散时间规范化模型

若考虑随机干扰 $x(k)$对 $y(k)$的影响，则式(6-27)可表示为

$$y(k) = \frac{z^{-d} B(z^{-1})}{A(z^{-1})} u(k) + x(k) \tag{6-28}$$

由随机过程分析可知：①对于线性定常系统，当输入是平稳过程时，输出亦为平稳过程；②若输入 $\xi(k)$为单位谱密度白噪声，则必有 z 传递函数(有理函数) $F(z) = C(z)/A(z) = \Phi_{x\xi}$ 存在；③对于互谱密度 $\Phi_{x\xi}$，一定存在线性系统，当 $\xi(k)$为白噪声时，$x(k)$为 $\Phi_{x\xi}$ 的平稳过程。

因此，可通过 $\dfrac{x(k)}{\xi(k)} = \dfrac{C(z^{-1})}{A(z^{-1})}$ 构造干扰模型，其中 $\dfrac{C(z^{-1})}{A(z^{-1})}$ 项为干扰发生器，有

$$x(k) = \frac{C(z^{-1})}{A(z^{-1})} \xi(k) \tag{6-29}$$

据此，可将式(6-28)描写为如下随机干扰模型：

$$y(k) = \frac{z^{-d} B(z^{-1})}{A(z^{-1})} u(k) + \frac{C(z^{-1})}{A(z^{-1})} \xi(k) \tag{6-30}$$

式中，$\xi(k)$为系统的随机干扰。

式(6-30)随机干扰模型结构如图 6-9 所示。

进一步可将式(6-30)写成随机干扰输入/输出规范化模型：

$$A(z^{-1}) y(k) = z^{-d} B(z^{-1}) u(k) + C(z^{-1}) \xi(k) \tag{6-31}$$

式中，$C(z^{-1}) = 1 + c_1 z^{-1} + \cdots + c_{n_c} z^{-n_c}$。

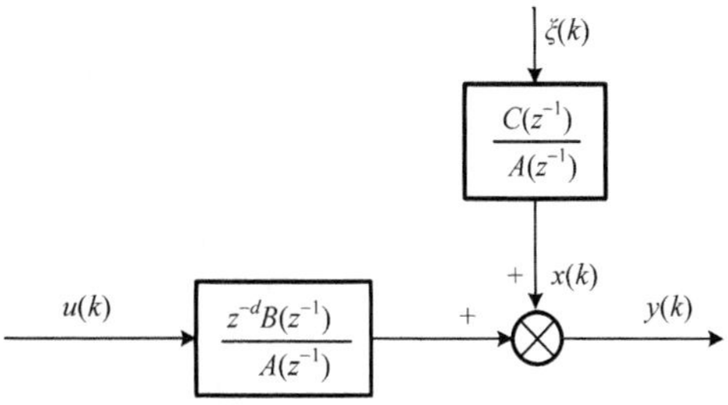

图 6-9　随机干扰模型结构

根据式(6-31)中各元素取值情况的不同，又可将其分为如下几类。

(1) 自回归(Auto-Regressive，AR)模型，即令式(6-31)中的控制量 $u(k) = 0$，$C(z^{-1}) = 1$ 的情况：

$$A(z^{-1}) y(k) = \xi(k) \tag{6-32}$$

(2) 滑动平均(Moving Average，MA)模型，即令式(6-31)中的控制量 $u(k) = 0$，$A(z^{-1}) = 1$ 的情况：

$$y(k) = C(z^{-1}) \xi(k) \tag{6-33}$$

(3) 自回归滑动平均(Auto-Regressive Moving Average，ARMA)模型，即令式(6-31)中的控制量 $u(k) = 0$ 的情况：

$$A(z^{-1})y(k)=C(z^{-1})\xi(k) \tag{6-34}$$

(4)受控自回归(Controlled Auto-Regressive，CAR)模型，即令式(6-31)中 $C(z^{-1})=1$ 的情况：

$$A(z^{-1})y(k)=z^{-d}B(z^{-1})u(k)+\xi(k) \tag{6-35}$$

式(6-35)也称为扩展自回归(Extended Auto-Regressive，ARX)模型。

(5)受控自回归滑动平均(Controlled Auto-Regressive Moving Average，CARMA)模型，即式(6-31)本身描述的情况，是应用最广泛的一类参数模型。式(6-31)也称为扩展自回归滑动平均(Extended Auto-Regressive Moving Average，ARMAX)模型。ARMAX 具有统一形式的广义预测控制规律。

(6)受控自回归积分滑动平均(Controlled Auto-Regressive Integrated Moving Average，CARIMA)模型，即

$$A(z^{-1})y(k)=z^{-d}B(z^{-1})u(k)+C(z^{-1})\xi(k)/\Delta \tag{6-36}$$

式中，$\Delta=1-z^{-1}$ 为差分算子。CARIMA 作为预测模型，是由博克斯(Box)和詹金斯(Jenkins)于 20 世纪 70 年代初提出的著名的时间序列预测方法，所以又称为 Box-Jenkins 模型。在实际系统中，若存在随机阶跃干扰和布朗运动，则采用 CARIMA 比较合适。CARIMA 也可称为扩展自回归积分滑动平均(Extended Auto-Regressive Integrated Moving Average，ARIMAX)模型。

3. CARMA 的状态空间转换

若令 $n=\max[n_a,n_b+d,n_c]$，不足 n 者系数补 0，则更一般的 CARMA 为

$$A(z^{-1})y(k)=z^{-d}B(z^{-1})u(k)+C(z^{-1})\xi(k) \tag{6-37}$$

式中，

$$\begin{cases}A(z^{-1})=1+a_1z^{-1}+\cdots+a_nz^{-n}\\B(z^{-1})=b_0+b_1z^{-1}+\cdots+b_nz^{-n}\\C(z^{-1})=1+c_1z^{-1}+\cdots+c_nz^{-n}\end{cases}$$

其状态空间模型为

$$\begin{cases}\boldsymbol{X}(k+1)=\boldsymbol{A}_0\boldsymbol{X}(k)+\boldsymbol{B}_0\boldsymbol{U}(k)+\boldsymbol{K}_0\boldsymbol{\xi}(k)\\\boldsymbol{Y}(k)=\boldsymbol{C}_0^{\mathrm{T}}\boldsymbol{X}(k)+\boldsymbol{\xi}(k)\end{cases} \tag{6-38}$$

式(6-37)与式(6-38)等价的条件是

$$\begin{cases}\boldsymbol{B}_0=[b_1\quad b_2\quad\cdots\quad b_n]^{\mathrm{T}}\\\boldsymbol{K}_0=[c_1-a_1\quad c_2-a_2\quad\cdots\quad c_n-a_n]^{\mathrm{T}}\\\boldsymbol{C}_0^{\mathrm{T}}=[1\quad 0\quad\cdots\quad 0]\\\boldsymbol{A}_0=\begin{bmatrix}-a_1&1&0&\cdots&0&0\\-a_2&0&1&\cdots&0&0\\\vdots&\vdots&\vdots&&\vdots&\vdots\\-a_{n-2}&0&0&0&1&0\\-a_{n-1}&0&0&\cdots&0&1\\-a_n&0&0&\cdots&0&0\end{bmatrix}\end{cases}$$

6.2.3　线性离散系统的稳定性、可控性与可测性

在自动控制系统中，被控对象是由控制器发出的信息控制的，而这个控制信息又是控制器根据被控对象的输出信息以及所设计的控制规律产生的。显然，要使上述控制过程成为物理上可实现的，就面临着两个基本问题：第一，控制作用是否必然可使系统在有限时间内从起始状态转移到所要求的状态，即可控性问题；第二，系统是否能够通过观测有限时间内输出的观测值来识别其状态，以便形成反馈，即可测性问题。本节就线性定常系统的可控性问题和可测性问题进行讨论。

1. Lyapunov 稳定性定理

第 3 章通过 z 平面及极点分析得到线性离散系统稳定的充要条件是闭环系统的全部特征值 z_i 位于单位圆内，或其模 $|z_i|<1$。Lyapunov 稳定性分析是基于状态空间描述系统稳定性分析的重要方法。1892 年，李雅普诺夫(A. M. Lyapunov)提出了基于能量概念的普遍适用的稳定性理论，即稳定性分析的第一方法和第二方法。第一方法基于线性化原理，通过研究线性化后的微分方程来确定非线性微分方程在平衡点附近的稳定性。这种方法需要求解微分方程的显式解，多变量时变系统限制了该方法的应用；第二方法通过引入具有广义能量属性的 Lyapunov 函数来判断系统的稳定性。自 1960 年被引入控制理论界后，Lyapunov 第二方法很快成为研究系统稳定性的主要工具。以下仅简要介绍 Lyapunov 第二方法稳定性判据及其应用。

设线性或非线性、定常或时变系统状态方程为

$$\dot{\boldsymbol{X}} = \boldsymbol{F}\boldsymbol{f}(\boldsymbol{X},\ t),\quad \boldsymbol{X}(t_0) = \boldsymbol{X}_0,\qquad t \in [t,\ +\infty) \tag{6-39}$$

式中，$\boldsymbol{X}$ 为 n 维状态向量；$\boldsymbol{X}_0$ 为系统初始条件；t_0 为初始时刻。设 $\boldsymbol{f}(\boldsymbol{X}_e,\ t)=\boldsymbol{0}$，即状态空间原点 $\boldsymbol{X}_e=\boldsymbol{0}$ 为其平衡状态。

其离散时间状态方程为

$$\boldsymbol{X}(k+1) = \boldsymbol{A}f(\boldsymbol{X}(k)) = \boldsymbol{A}\boldsymbol{X}(k),\quad \boldsymbol{X}(0) = \boldsymbol{X}_0,\quad k = 0,1,2,\cdots \tag{6-40}$$

定理 6-1(**Lyapunov 意义下的稳定性**)　对于式(6-40)所示系统，若可构造一个相对于离散状态 $\boldsymbol{X}(k)$ 的标量函数(Scalar Function) $\boldsymbol{V}[\boldsymbol{X}(k)]$，使对于状态空间中所有非零状态 $\boldsymbol{X}(k)\in\mathbf{R}^n$，满足：① $\boldsymbol{V}[\boldsymbol{X}(k)]$ 为正定(Positive Definite)的，即 $\boldsymbol{V}[\boldsymbol{X}(k)]>0$；② $\Delta\boldsymbol{V}[\boldsymbol{X}(k)]=\boldsymbol{V}\left[\boldsymbol{X}(k+1)\right]-\boldsymbol{V}\left[\boldsymbol{X}(k)\right]$ 为负定(Negative Definite)的，即 $\Delta\boldsymbol{V}(\boldsymbol{X}(k))<0$；③当 $\|\boldsymbol{X}(k)\|\to+\infty$ 时，有 $\boldsymbol{V}[\boldsymbol{X}(k)]\to+\infty$，则系统平衡状态 $\boldsymbol{X}_e=\boldsymbol{0}$ 为稳定，如图 6-10(a)所示（$\varepsilon>0$ 与 $\delta>0$ 分别为闭球域 $S(\varepsilon)$ 和 $S(\delta)$ 的半径）。此时，初始状态不超出 $S(\delta)$，相应解 $\boldsymbol{X}(k)$ 不超出 $S(\varepsilon)$。

如果上述第②条为负半定的，且对于式(6-40)所有解 $\boldsymbol{X}(k)$ 的轨线，$\Delta\boldsymbol{V}[\boldsymbol{X}(k)]$ 不恒为零，即系统平衡状态不仅具有李雅普诺夫意义下的稳定性，且有 $\lim\limits_{t\to\infty}\|\boldsymbol{X}(t;\ \boldsymbol{X}_0,t_0)-\boldsymbol{X}_e\|=0$，则系统平衡状态 $\boldsymbol{X}_e=\boldsymbol{0}$ 为渐近稳定，如图 6-10(b)所示；否则为不稳定，如图 6-10(c)所示。

定理 6-2(**线性定常连续系统李雅普诺夫稳定性判据**)　对于式(6-39)所示系统，平衡状态 $\boldsymbol{X}_e=\boldsymbol{0}$ 为全局渐近稳定的充要条件是对于任一给定 $n\times n$ 维正定对称矩阵 $\boldsymbol{Q}$，存在唯一的 $n\times n$ 维正定对称矩阵 $\boldsymbol{P}$，使如下李雅普诺夫方程成立：

$$\boldsymbol{F}^{\mathrm{T}}\boldsymbol{P}+\boldsymbol{P}\boldsymbol{F} = -\boldsymbol{Q} \tag{6-41}$$

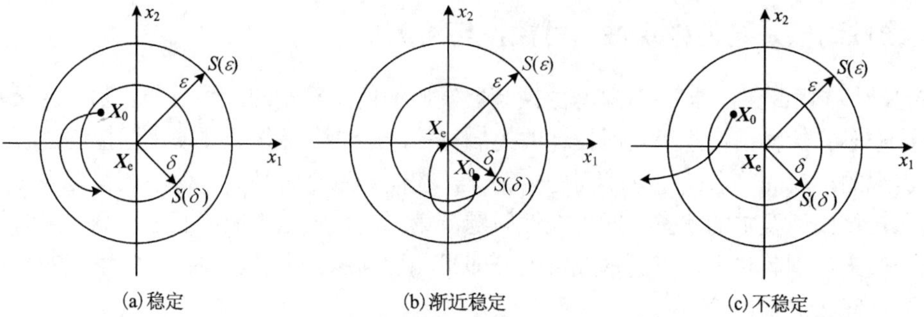

图 6-10　Lyapunov 稳定性的平面几何表示

定理 6-3(离散系统李雅普诺夫稳定性判据)　对于式(6-40)所示 n 维离散时间系统，平衡状态 $\boldsymbol{X}_e=\boldsymbol{0}$ 为全局渐近稳定的充要条件是对于任一给定 $n\times n$ 正定实对称矩阵 $\boldsymbol{Q}$，必存在唯一的 $n\times n$ 正定实对称矩阵 $\boldsymbol{P}$，使如下离散型李雅普诺夫方程成立：

$$\boldsymbol{A}^{\mathrm{T}}\boldsymbol{P}\boldsymbol{A}-\boldsymbol{P}=-\boldsymbol{Q} \tag{6-42}$$

标量函数 $V[\boldsymbol{X}(k)]=\boldsymbol{X}^{\mathrm{T}}(k)\boldsymbol{P}\boldsymbol{X}(k)>0$ 就是系统的 Lyapunov 函数，且

$$\Delta V[\boldsymbol{X}(k)]<0 \tag{6-43}$$

证明：设选定的 Lyapunov 函数为

$$V[\boldsymbol{X}(k)]=\boldsymbol{X}^{\mathrm{T}}(k)\boldsymbol{P}\boldsymbol{X}(k)>0$$

则有

$$\begin{aligned}\Delta V[\boldsymbol{X}(k)]&=V[\boldsymbol{X}(k+1)]-V[\boldsymbol{X}(k)]=\boldsymbol{X}^{\mathrm{T}}(k+1)\boldsymbol{P}\boldsymbol{X}(k+1)-\boldsymbol{X}^{\mathrm{T}}(k)\boldsymbol{P}\boldsymbol{X}(k)\\&=\left[\boldsymbol{A}\boldsymbol{X}(k)\right]^{\mathrm{T}}\boldsymbol{P}\left[\boldsymbol{A}\boldsymbol{X}(k)\right]-\boldsymbol{X}^{\mathrm{T}}(k)\boldsymbol{P}\boldsymbol{X}(k)\\&=\boldsymbol{X}^{\mathrm{T}}(k)\boldsymbol{A}^{\mathrm{T}}\boldsymbol{P}\boldsymbol{A}\boldsymbol{X}(k)-\boldsymbol{X}^{\mathrm{T}}(k)\boldsymbol{P}\boldsymbol{X}(k)\\&=\boldsymbol{X}^{\mathrm{T}}(k)[\boldsymbol{A}^{\mathrm{T}}\boldsymbol{P}\boldsymbol{A}-\boldsymbol{P}]\boldsymbol{X}(k)\overset{\text{def}}{=}-\boldsymbol{X}^{\mathrm{T}}(k)\boldsymbol{Q}\boldsymbol{X}(k)<0\end{aligned} \tag{6-44}$$

由于标量函数 $V[\boldsymbol{X}(k)]$ 是正定的，根据渐近稳定的条件，要求标量函数为

$$\Delta V[\boldsymbol{X}(k)]=V[\boldsymbol{X}(k+1)]-V[\boldsymbol{X}(k)]<0$$

即 $\Delta V[\boldsymbol{X}(k)]$ 应为负定的。因此，$\boldsymbol{A}^{\mathrm{T}}\boldsymbol{P}\boldsymbol{A}-\boldsymbol{P}=-\boldsymbol{Q}$，且 $\boldsymbol{Q}$ 是正定矩阵。
证毕。

例 6-13　试判断以下离散系统在原点平衡状态 $\boldsymbol{X}_e=\boldsymbol{0}$ 处的渐近稳定。

$$\begin{bmatrix}x_1(k+1)\\x_2(k+1)\end{bmatrix}=\begin{bmatrix}0.8&-4\\1.2&0.2\end{bmatrix}\begin{bmatrix}x_1(k)\\x_2(k)\end{bmatrix}$$

解：选 $\boldsymbol{Q}=\boldsymbol{I}$ 为正定对称矩阵，设矩阵 $\boldsymbol{P}$ 可表示为

$$\boldsymbol{P}=\begin{bmatrix}p_{11}&p_{12}\\p_{21}&p_{22}\end{bmatrix}$$

由式(6-42)，可得

$$\begin{bmatrix} 0.8 & -4 \\ 1.2 & 0.2 \end{bmatrix}^{\mathrm{T}} \begin{bmatrix} p_{11} & p_{12} \\ p_{21} & p_{22} \end{bmatrix} \begin{bmatrix} 0.8 & -4 \\ 1.2 & 0.2 \end{bmatrix} - \begin{bmatrix} p_{11} & p_{12} \\ p_{21} & p_{22} \end{bmatrix} = \begin{bmatrix} -1 & 0 \\ 0 & -1 \end{bmatrix}$$

由此得
$$\boldsymbol{P} = \begin{bmatrix} 6.03 & -1.059 \\ -1.059 & 2.226 \end{bmatrix}$$

因为
$$\Delta_1 = p_{11} = 6.03 > 0, \quad \Delta_2 = |\boldsymbol{P}| = 12.302 > 0$$

所以，$\boldsymbol{P}$ 是正定的，且是对称的。由此可判断，该离散系统在原点平衡状态 $\boldsymbol{X}_{\mathrm{e}} = \boldsymbol{0}$ 处是渐近稳定的。

本例通过选定的正定对称矩阵 $\boldsymbol{Q} = \boldsymbol{I}$ 或 $\boldsymbol{Q} = k\boldsymbol{I}$（$k$ 是大于零的任意实数）来确定正定对称矩阵 $\boldsymbol{P}$，以判断线性离散系统的渐近稳定性。当然，也可以选定正定对称矩阵 $\boldsymbol{P} = \boldsymbol{I}$ 或 $\boldsymbol{P} = k\boldsymbol{I}$ 来确定正定对称矩阵 $\boldsymbol{Q}$，以判断线性离散系统的渐近稳定性。

2. 线性离散系统的可控性

设线性定常离散状态空间描述同式(6-2)，即状态方程和输出方程的一般形式为

$$\begin{cases} \boldsymbol{X}(k+1) = \boldsymbol{A}\boldsymbol{X}(k) + \boldsymbol{B}\boldsymbol{U}(k) \\ \boldsymbol{Y}(k) = \boldsymbol{C}\boldsymbol{X}(k) + \boldsymbol{D}\boldsymbol{U}(k) \end{cases} \tag{6-45}$$

式中，$\boldsymbol{X}(k)$为 n 维状态向量；$\boldsymbol{U}(k)$为 m 维输入向量或控制向量；$\boldsymbol{Y}(k)$为 p 维输出向量；$\boldsymbol{A}$、$\boldsymbol{B}$、$\boldsymbol{C}$、$\boldsymbol{D}$ 分别为 $n\times n$、$n\times m$、$p\times n$ 和 $p\times m$ 系数矩阵。

1) 状态可控性

设系统初始状态为 $\boldsymbol{X}(0)$，在控制向量序列 $\boldsymbol{U}(k)(k = 0, 1, 2,\cdots, N-1)$的作用下，由离散状态方程的求解式(6-17)，可得

$$\boldsymbol{X}(N) = \boldsymbol{A}^N\boldsymbol{X}(0) + [\boldsymbol{A}^{N-1}\boldsymbol{B} \quad \boldsymbol{A}^{N-2}\boldsymbol{B} \quad \cdots \quad \boldsymbol{B}] \begin{bmatrix} \boldsymbol{U}(0) \\ \boldsymbol{U}(1) \\ \vdots \\ \boldsymbol{U}(N-1) \end{bmatrix}$$

这是一个线性方程。对于可控性而言，其问题归结为对于任意给定的初始状态 $\boldsymbol{X}(0)$和任意指定的期望状态 $\boldsymbol{X}(N)$，是否有 $\boldsymbol{U}(k)(k = 0, 1, 2,\cdots, N-1)$存在。

状态可控性定义：对于线性离散系统，如果存在着一组无约束的控制向量序列 $\boldsymbol{U}(k)(k = 0, 1, 2,\cdots, N-1)$，在有限时间 NT 内能把系统从任意初始状态 $\boldsymbol{X}(0)$转移到任意指定的终态 $\boldsymbol{X}(N)$，则称该线性离散系统是状态完全可控的。其状态完全可控的充要条件是

$$\operatorname{rank}[\boldsymbol{A}^{n-1}\boldsymbol{B} \quad \boldsymbol{A}^{n-2}\boldsymbol{B} \quad \cdots \quad \boldsymbol{B}] = n$$

由于改变矩阵列的次序不会影响矩阵的秩，所以上式也可写为如下形式：

$$\operatorname{rank}[\boldsymbol{B} \quad \boldsymbol{A}\boldsymbol{B} \quad \cdots \quad \boldsymbol{A}^{n-1}\boldsymbol{B}] = n \tag{6-46}$$

2) 输出可控性

同状态可控性的讨论类似，输出可控性亦可由输出递推求解式(6-20)得到。

输出可控性定义：对于线性离散系统，如果存在着一组无约束的控制向量序列 $\boldsymbol{U}(k)(k = 0,$

1, 2,···, $N-1$)，在有限时间 NT 内能把任意的初始输出值 $\boldsymbol{Y}(0)$转移到任意指定的终值输出值 $\boldsymbol{Y}(N)$，称该系统是输出完全可控的。其输出完全可控的充要条件是

$$\text{rank}[\boldsymbol{CB} \quad \boldsymbol{CAB} \quad \cdots \quad \boldsymbol{CA}^{n-1}\boldsymbol{B} \quad \boldsymbol{D}] = p \tag{6-47}$$

例 6-14　设线性离散系统的状态空间模型为

$$\begin{cases} \begin{bmatrix} x_1(k+1) \\ x_2(k+1) \end{bmatrix} = \begin{bmatrix} -4 & 5 \\ 1 & 0 \end{bmatrix} \begin{bmatrix} x_1(k) \\ x_2(k) \end{bmatrix} + \begin{bmatrix} -5 \\ 1 \end{bmatrix} u(k) \\ y(k) = [1 \quad -1] \begin{bmatrix} x_1(k) \\ x_2(k) \end{bmatrix} + u(k) \end{cases}$$

试确定该系统是否状态完全可控和输出完全可控。

解：由已知条件可知 $n=2$，$p=1$，则

$$\text{rank}[\boldsymbol{CB} \quad \boldsymbol{CAB} \quad \boldsymbol{D}] = \text{rank}[-6 \quad 30 \quad 1] = p = 1$$

因此，该系统是输出完全可控的。但由于

$$\text{rank}[\boldsymbol{B} \quad \boldsymbol{AB}] = \text{rank}\begin{bmatrix} -5 & 25 \\ 1 & -5 \end{bmatrix} = 1 \neq n$$

因此，该系统是状态不完全可控的。

由此可知，系统的状态可控性与输出可控性不是等价的。输出可控，未必状态可控。

3) 可控标准型

离散系统状态向量的选择不是唯一的，状态空间模型的形式也不是唯一的。因此，经常需要进行必要的变换，得到标准形式，以便于系统的分析与设计。

假设可构造如下的 $n \times n$ 维非奇异变换矩阵 $\boldsymbol{P}$:

$$\boldsymbol{P} = [\boldsymbol{A}^{n-1}\boldsymbol{B} \quad \cdots \quad \boldsymbol{AB} \quad \boldsymbol{B}] \begin{bmatrix} 1 & 0 & \cdots & 0 & 0 \\ a_{n-1} & 1 & \cdots & 0 & 0 \\ \vdots & \vdots & & \vdots & \vdots \\ a_2 & a_3 & \cdots & 1 & 0 \\ a_1 & a_2 & \cdots & a_{n-1} & 1 \end{bmatrix} \tag{6-48}$$

式中，$a_i(i=1,2,\cdots,n-1)$为系统矩阵参数，且$|\boldsymbol{P}| \neq 0$。

可以证明，对于状态完全可控的式(6-45)所示的系统，引入如下线性非奇异变换：

$$\boldsymbol{X}(k) = \boldsymbol{P}\bar{\boldsymbol{X}}(k) \tag{6-49}$$

即可导出其可控标准型为

$$\begin{cases} \boldsymbol{P}\bar{\boldsymbol{X}}(k+1) = \boldsymbol{AP}\bar{\boldsymbol{X}}(k) + \boldsymbol{BU}(k) \\ \boldsymbol{Y}(k) = \boldsymbol{CP}\bar{\boldsymbol{X}}(k) + \boldsymbol{DU}(k) \end{cases} \tag{6-50}$$

将式(6-50)中的状态方程左乘 $\boldsymbol{P}^{-1}$，则可得新的状态空间模型为

$$\begin{cases} \bar{\boldsymbol{X}}(k+1) = \bar{\boldsymbol{A}}\bar{\boldsymbol{X}}(k) + \bar{\boldsymbol{B}}\boldsymbol{U}(k) \\ \boldsymbol{Y}(k) = \bar{\boldsymbol{C}}\bar{\boldsymbol{X}}(k) + \boldsymbol{DU}(k) \end{cases} \tag{6-51}$$

式中，

$$\bar{A}=P^{-1}AP=\begin{bmatrix}0 & 1 & 0 & \cdots & 0\\0 & 0 & 1 & \cdots & 0\\\vdots & \vdots & \vdots & & \vdots\\0 & 0 & 0 & \cdots & 0\\-a_0 & -a_1 & -a_2 & \cdots & -a_{n-1}\end{bmatrix},\quad \bar{B}=P^{-1}B=\begin{bmatrix}0\\\vdots\\0\\1\end{bmatrix}$$

$$\bar{C}=CP$$

式(6-51)即为线性离散系统的可控标准型，与式(6-45)具有形式不变性。

设线性定常离散系统的特征方程为

$$\det(zI-A)=z^n+a_{n-1}z^{n-1}+\cdots+a_1z+a_0=0 \tag{6-52}$$

经过线性变换后，系统特征多项式为

$$\begin{aligned}\left|zI-\bar{A}\right|&=\left|zI-P^{-1}AP\right|=\left|zP^{-1}P-P^{-1}AP\right|\\&=\left|P^{-1}\right|\left|(zI-A)\right|\left|P\right|=\left|P^{-1}\right|\left|P\right|\left|(zI-A)\right|=\left|zI-A\right|\end{aligned}$$

可见，线性变换具有系统特征值不变性，即系统特征多项式的特征值不改变。

例 6-15　设线性离散系统的状态空间模型为

$$\begin{cases}\begin{bmatrix}x_1(k+1)\\x_2(k+1)\\x_3(k+1)\end{bmatrix}=\begin{bmatrix}1 & 0 & 2\\2 & 1 & 1\\1 & 0 & -2\end{bmatrix}\begin{bmatrix}x_1(k)\\x_2(k)\\x_3(k)\end{bmatrix}+\begin{bmatrix}1\\2\\1\end{bmatrix}u(k)\\ y(k)=\begin{bmatrix}0 & 1 & 1\end{bmatrix}\begin{bmatrix}x_1(k)\\x_2(k)\\x_3(k)\end{bmatrix}\end{cases}$$

试求该系统的可控标准型。

解：由题意可知该系统的特征方程为

$$\det(zI-A)=z^3-5z+4=0$$

即 $a_2=0$，$a_1=-5$，$a_0=4$。由于

$$\operatorname{rank}[B\quad AB\quad A^2B]=3=n$$

可知系统状态完全可控，因此可通过线性变换将其转换为可控标准型。根据式(6-48)构造非奇异变换矩阵为

$$P=\begin{bmatrix}-4 & 3 & 1\\0 & 5 & 2\\0 & -1 & 1\end{bmatrix},\quad P^{-1}=\begin{bmatrix}-\frac{1}{4} & \frac{1}{7} & -\frac{1}{28}\\0 & \frac{1}{7} & -\frac{2}{7}\\0 & \frac{1}{7} & \frac{5}{7}\end{bmatrix}$$

因而有

$$\bar{A}=P^{-1}AP=\begin{bmatrix}0&1&0\\0&0&1\\-4&5&0\end{bmatrix},\quad \bar{B}=P^{-1}B=\begin{bmatrix}0\\0\\1\end{bmatrix},\quad \bar{C}=CP=[0\quad 4\quad 3]$$

则系统的可控标准型为

$$\begin{cases}\begin{bmatrix}\bar{x}_1(k+1)\\\bar{x}_2(k+1)\\\bar{x}_3(k+1)\end{bmatrix}=\begin{bmatrix}0&1&0\\0&0&1\\-4&5&0\end{bmatrix}\begin{bmatrix}\bar{x}_1(k)\\\bar{x}_2(k)\\\bar{x}_3(k)\end{bmatrix}+\begin{bmatrix}0\\0\\1\end{bmatrix}u(k)\\ y(k)=[0\quad 4\quad 3]\begin{bmatrix}\bar{x}_1(k)\\\bar{x}_2(k)\\\bar{x}_3(k)\end{bmatrix}\end{cases}$$

3. 线性离散系统的可测性

1) 状态完全可测性

对于线性离散系统，若任意初始状态 $\boldsymbol{X}(0)$均可在有限时间 NT 内由系统输出值 $\boldsymbol{Y}(k)$来确定，称该系统是状态完全可测的。线性离散系统状态完全可测的充分条件是

$$\operatorname{rank}\begin{bmatrix}\boldsymbol{C}\\\boldsymbol{CA}\\\vdots\\\boldsymbol{CA}^{n-1}\end{bmatrix}=n \tag{6-53}$$

2) 可测标准型

若系统为完全可测的，则可构造如下变换矩阵：

$$\boldsymbol{Q}=\begin{bmatrix}1&a_{n-1}&\cdots&a_2&a_1\\0&1&\cdots&a_3&a_2\\\vdots&\vdots&&\vdots&\vdots\\0&0&\cdots&1&a_{n-1}\\0&0&\cdots&0&1\end{bmatrix}\begin{bmatrix}\boldsymbol{CA}^{n-1}\\\boldsymbol{CA}^{n-2}\\\vdots\\\boldsymbol{CA}\\\boldsymbol{C}\end{bmatrix} \tag{6-54}$$

引入线性非奇异变换：

$$\bar{\boldsymbol{X}}=\boldsymbol{QX} \tag{6-55}$$

得

$$\begin{cases}\bar{\boldsymbol{X}}(k+1)=\bar{\boldsymbol{A}}\bar{\boldsymbol{X}}(k)+\bar{\boldsymbol{B}}\boldsymbol{U}(k)\\\boldsymbol{Y}(k)=\bar{\boldsymbol{C}}\bar{\boldsymbol{X}}(k)+\boldsymbol{DU}(k)\end{cases} \tag{6-56}$$

式中，

$$\bar{\boldsymbol{A}}=\boldsymbol{QAQ}^{-1}=\begin{bmatrix}0&0&\cdots&0&-a_0\\1&0&\cdots&0&-a_1\\0&1&\cdots&0&-a_2\\\vdots&\vdots&&\vdots&\vdots\\0&0&\cdots&1&-a_{n-1}\end{bmatrix},\quad \bar{\boldsymbol{B}}=\boldsymbol{QB},\quad \bar{\boldsymbol{C}}=\boldsymbol{CQ}^{-1}=[0\quad\cdots\quad 0\quad 1]$$

式(6-56)即为线性离散系统的可测标准型。只有状态完全可测的系统，才能通过线性变换列写状态可测标准型。

例 6-16　设线性离散系统的状态空间模型为

$$\begin{cases}\begin{bmatrix}x_1(k+1)\\x_2(k+1)\\x_3(k+1)\end{bmatrix}=\begin{bmatrix}2&0&3\\-1&-2&0\\0&1&2\end{bmatrix}\begin{bmatrix}x_1(k)\\x_2(k)\\x_3(k)\end{bmatrix}\\ y(k)=\begin{bmatrix}1&0&0\\0&1&0\end{bmatrix}\begin{bmatrix}x_1(k)\\x_2(k)\\x_3(k)\end{bmatrix}\end{cases}$$

试求该系统的可测标准型。

解：由题意可知 $n=3$，则

$$\text{rank}\begin{bmatrix}\boldsymbol{C}\\\boldsymbol{CA}\\\boldsymbol{CA}^2\end{bmatrix}=\text{rank}\begin{bmatrix}1&0&0\\0&1&0\\2&0&3\\-1&-2&0\\4&3&12\\0&4&-3\end{bmatrix}=3$$

可知系统状态完全可测，其变换矩阵为

$$\boldsymbol{Q}=\begin{bmatrix}4&-4&4\\3&1&-1\\0&1&1\end{bmatrix}$$

因而有
$$\bar{\boldsymbol{A}}=\boldsymbol{QAQ}^{-1}=\begin{bmatrix}0&0&-4\\1&0&5\\0&1&0\end{bmatrix},\quad \bar{\boldsymbol{B}}=\boldsymbol{QB}=\begin{bmatrix}0\\4\\3\end{bmatrix},\quad \bar{\boldsymbol{C}}=\boldsymbol{CQ}^{-1}=[0\quad 0\quad 1]$$

则系统的状态可测标准型为

$$\begin{cases}\begin{bmatrix}\bar{x}_1(k+1)\\\bar{x}_2(k+1)\\\bar{x}_3(k+1)\end{bmatrix}=\begin{bmatrix}0&0&-4\\1&0&5\\0&1&0\end{bmatrix}\begin{bmatrix}\bar{x}_1(k)\\\bar{x}_2(k)\\\bar{x}_3(k)\end{bmatrix}+\begin{bmatrix}0\\4\\3\end{bmatrix}u(k)\\ y(k)=[0\quad 0\quad 1]\begin{bmatrix}\bar{x}_1(k)\\\bar{x}_2(k)\\\bar{x}_3(k)\end{bmatrix}\end{cases}$$

值得注意的是，由于对连续系统进行离散化时，其系数矩阵 $\boldsymbol{A}$、$\boldsymbol{B}$ 均与采样周期 T 有关。因此，即使连续系统状态可测可控，采样后的离散系统的可控性和可测性也不一定能保证，其取决于采样周期 T 的选择。

6.3 线性离散系统输出反馈设计

状态反馈和输出反馈是现代控制理论中主要的两大反馈校正形式。当系统状态均可直接测量时，可以用状态反馈进行闭环系统极点的任意配置，但在有些情况下，系统的某些状态可能不可直接测量，直接的状态反馈设计在工程上就不可实现。另外，实际工程中的输出信号总是直观易得的，若仅使用输出反馈就可达到目的当然是所希望的。

线性离散系统输出反馈设计即为依据广义被控对象的离散状态空间模型，通过利用系统的输出反馈信息，设计出满足性能指标要求的数字控制器 $\boldsymbol{D}(z)$，如图 6-11 所示。

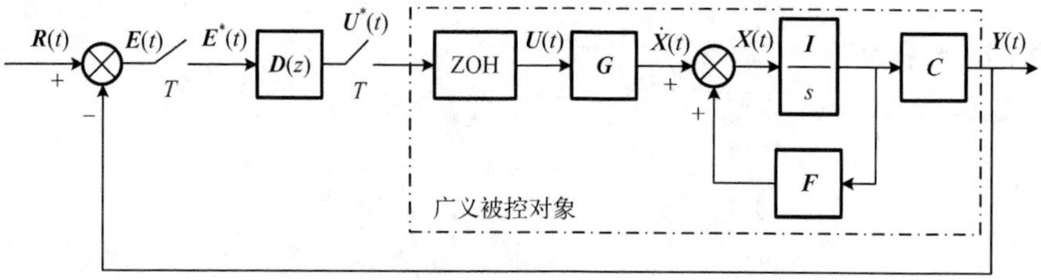

图 6-11　具有输出反馈的多变量计算机控制系统

一般情况下，输出中所包含的信息不一定是系统的全部状态信息，所以输出反馈只相当于部分状态反馈，其效果显然没有状态反馈好。但是，只要被控系统具有足够的线性独立输出，就可由其输出和输入形成其状态，然后反馈，这时的输出反馈就相当于全状态反馈。

控制工程关心的是面向目标(Goal-Oriented)的系统分析与设计。这种面向目标的策略产生了不同层次的面向目标的控制系统。下面介绍两种输出反馈设计法：极点配置设计法和最少拍设计法。

6.3.1 输出反馈极点配置设计法

微课视频

线性离散系统中的极点在 z 平面上的分布与系统特性有着密切的关系。输出反馈极点配置设计法就是将系统的输出量乘以相应的反馈系数并送到输入端与参考输入 $\boldsymbol{R}(k)$进行综合后，将其差作为受控系统的控制输入，然后依据期望的极点位置确定反馈增益，从而将闭环极点配置到期望的极点位置上。输出反馈极点配置设计法系统结构如图 6-12 所示，其中，$\boldsymbol{H}$ 为输出反馈增益矩阵。

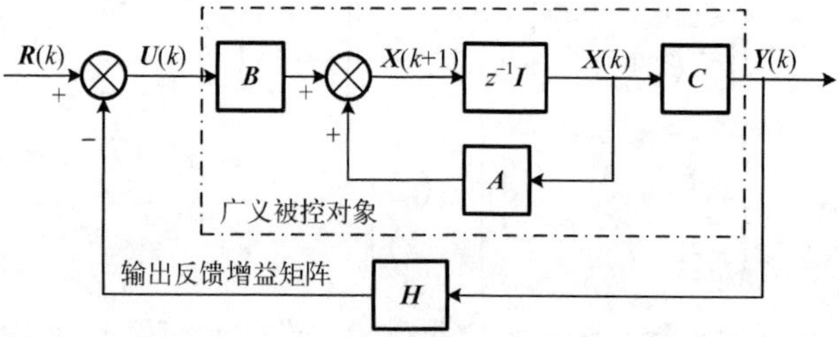

图 6-12　输出反馈极点配置设计法系统结构

设广义被控对象的状态空间模型为

$$\begin{cases} \boldsymbol{X}(k+1) = \boldsymbol{AX}(k) + \boldsymbol{BU}(k) \\ \boldsymbol{Y}(k) = \boldsymbol{CX}(k) \end{cases} \tag{6-57}$$

引入参考输入 $\boldsymbol{R}(k)$，则受控系统的控制输入为

$$\boldsymbol{U}(k) = \boldsymbol{R}(k) - \boldsymbol{HY}(k)$$

式中，$\boldsymbol{H} = [h_1 \quad h_2 \quad \cdots \quad h_n]$ 为 $1\times n$ 维输出反馈增益矩阵。

因此图 6-12 所示闭环系统的状态方程为

$$\boldsymbol{X}(k+1) = \boldsymbol{AX}(k) + \boldsymbol{B}[\boldsymbol{R}(k) - \boldsymbol{HCX}(k)] = (\boldsymbol{A} - \boldsymbol{BHC})\boldsymbol{X}(k) + \boldsymbol{BR}(k) \tag{6-58}$$

闭环系统特征方程为

$$\det[z\boldsymbol{I} - (\boldsymbol{A} - \boldsymbol{BHC})] = |z\boldsymbol{I} - \boldsymbol{A} + \boldsymbol{BHC}| = 0 \tag{6-59}$$

设闭环系统的期望极点(即特征值)为 z_i $(i = 1, 2,\cdots, n)$，则闭环系统的期望闭环特征方程为

$$\begin{aligned} \alpha_{\mathrm{H}}^*(z) &= \prod_{i=1}^{n}(z - z_i) = (z - z_1)(z - z_2)\cdots(z - z_n) \\ &= z^n + (-1)(z_1 + z_2 + \cdots + z_n)z^{n-1} + \cdots + (-1)^n z_1 z_2 \cdots z_n \\ &= z^n + a_{n-1}^* z^{n-1} + \cdots + a_1^* z + a_0^* = 0 \end{aligned} \tag{6-60}$$

根据系数匹配法对比式(6-59)和式(6-60)，并令 z 的各次幂项系数对应相等，即可求得输出反馈增益矩阵 $\boldsymbol{H}$。

值得说明的是，式(6-60)的期望闭环极点往往不是可以任意配置的，这是由于输出信息并不包含系统的全部结构信息，不能任意改变其闭环系统的结构特性。当然，在一定条件下，也可以利用输出反馈实现闭环极点的任意配置。比如，如果原系统是完全可控与完全可测的，并存在足够多的线性独立的输出，那么可通过输出反馈来任意配置闭环极点，且输出反馈的引入不改变系统的可控性。

6.3.2　单变量最少拍设计法

由于离散状态空间设计法难以沿用经典控制理论中现成的设计方法，也没有完整的规则和直观的性能指标，因此，为了便于分析，本节以图 6-13 所示单变量计算机控制系统为例，讨论采用离散状态空间模型进行时间最优输出反馈设计。其目的是确定数字控制器 $D(z)$，使闭环系统在典型输入信号作用下的调节时间(拍数 N)最短，且无稳态偏差和纹波。

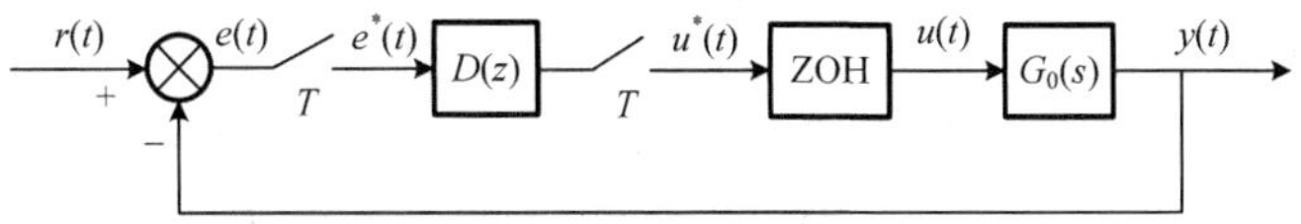

图 6-13　单变量计算机控制系统

设被控对象的传递函数为

$$G_0(s) = \frac{k}{s(s+1)}$$

若采用零阶保持器，当 $T = 1\text{s}$，$k = 1$ 时，例 6-8 已给出其广义被控对象的离散状态空间模型为

$$\begin{cases}\begin{bmatrix}x_1(k+1)\\x_2(k+1)\end{bmatrix}=\begin{bmatrix}1 & 0.632\\0 & 0.368\end{bmatrix}\begin{bmatrix}x_1(k)\\x_2(k)\end{bmatrix}+\begin{bmatrix}0.368\\0.632\end{bmatrix}u(k)\\ y(k)=\begin{bmatrix}1 & 0\end{bmatrix}\begin{bmatrix}x_1(k)\\x_2(k)\end{bmatrix}=x_1(k)\end{cases} \tag{6-61}$$

1. 针对单位阶跃信号作用的设计

假定式(6-61)状态完全可控，最少拍控制系统的设计目标是：在单位阶跃信号 $r(t) = 1(t)$ 作用下，确定 $u(k)$数字控制序列，使被控对象在 $u(k)$的作用下，能从初态 $x_1(0) = x_2(0) = 0$ 经 N 拍后转移到输出 $y(t)$恒等于输入 $r(t) = 1$ 时的终态，写成跟踪条件为

$$\begin{cases}y(t)=r(t)=1(t)=x_1(t)\\ \dot{y}(t)=\dot{x}_1(t)=x_2(t)=0\end{cases},\quad t>t_{\mathrm{f}}=NT>0 \tag{6-62}$$

式中，t_{f}是对应于 N 拍的终态时间。

由式(6-62)知，输出 $y(t)$的导数为 0，说明 $y(t)$跟踪上输入 $r(t)$后，就不再变化了。因此，式(6-62)就是无稳态偏差且无纹波的条件。同时，N 拍采样时刻的状态变量可描述为

$$\begin{cases}x_1(N)=1\\ x_2(N)=0\end{cases} \tag{6-63}$$

式中，正整数 N 是最少拍的拍数（设 $T= 1\text{s}$）。

1) 有纹波设计($N= 1$)

(1) 设计满足跟踪条件的控制序列。

令 $k= 0$，得到第一个采样周期的状态转移方程为

$$\begin{bmatrix}x_1(1)\\x_2(1)\end{bmatrix}=\begin{bmatrix}1 & 0.632\\0 & 0.368\end{bmatrix}\begin{bmatrix}x_1(0)\\x_2(0)\end{bmatrix}+\begin{bmatrix}0.368\\0.632\end{bmatrix}u(0)$$

由于 $x_1(0) = x_2(0) = 0$，故得到

$$\begin{cases}x_1(1)=0.368u(0)\\ x_2(1)=0.632u(0)\end{cases}$$

显然，对于同一个 $u(0)$，要同时满足以上两式是不可能的。因此，如果经过一拍($N = 1$)输出就能够跟踪输入，则可能出现纹波。事实上，若只考虑条件 $x_1(1) = 0.368\,u(0)$和状态条件 $x_1(1) = 1$，则有 $u(0) = 1/0.368 = 2.72$，可求得 $x_2(1) = 0.632\times 2.72 = 1.72 \neq 0$。由式(6-63)知此时的无纹波条件不能得到满足，所以系统是有纹波的。

为了得到有纹波情况下的控制器 $D(z)$，继续求解状态转移方程。令 $k = 1$，得到第二个采样周期的状态转移方程为

$$\begin{bmatrix}x_1(2)\\x_2(2)\end{bmatrix}=\begin{bmatrix}1 & 0.632\\0 & 0.368\end{bmatrix}\begin{bmatrix}x_1(1)\\x_2(1)\end{bmatrix}+\begin{bmatrix}0.368\\0.632\end{bmatrix}u(1)$$

将 $x_1(1) = 1$，$x_2(1) = 1.72$ 代入上式得到

$$\begin{bmatrix} x_1(2) \\ x_2(2) \end{bmatrix} = \begin{bmatrix} 0.368u(1)+1+0.632\times 1.72 \\ 0.632u(1)+0.368\times 1.72 \end{bmatrix}$$

如果只考虑满足 $x_1(2)=y(2)=1$ 的无稳态误差跟踪条件，而不考虑 $x_2(2)=0$ 的无纹波状态条件，则由上式得到

$$u(1)=-0.632\times 1.72/0.368=-2.95$$

于是可得

$$x_2(2)=-2.95\times 0.632+0.368\times 1.72=-1.23\neq 0$$

同理，由 $k=2$ 得到 $x_1(3)=y(3)=1$，即 $e(3)=0$，并有 $u(2)=2.12$。

类似地，取 $k=3,4,\cdots$，相应地求得 $u(3)=-1.52$，$u(4)=1.08,\cdots$，则可得到控制序列

$$u(k)=\{2.72,-2.95,2.12,\cdots\}$$

从而求出 $u(k)$的 z 变换式：

$$U(z)=\sum_{k=0}^{+\infty}u(k)z^{-k}=2.72-2.95z^{-1}+2.12z^{-2}-1.52z^{-3}+1.08z^{-4}-\cdots \tag{6-64}$$

(2) 求取误差序列。

由于 $e(k)=r(k)-y(k)=1-y(k)(k=0,1,2,\cdots)$，当 $k=0$ 时，有 $e(0)=1-y(0)=1-x_1(0)=1$。又根据跟踪条件知 $y(1)=r(1)=1$ 或 $e(1)=0$，这就表明：当 $k>0$ 时，应有 $e(k)=0$。于是，可得 $e(k)$的 z 变换为

$$E(z)=\sum_{k=0}^{+\infty}e(k)z^{-k}=e(0)+0=1 \tag{6-65}$$

(3) 确定数字控制器。

根据式(6-64)及式(6-65)，可求出数字控制器 $D(z)$为

$$\begin{aligned} D(z)&=\frac{U(z)}{E(z)}=2.72-2.95z^{-1}+2.12z^{-2}-1.52z^{-3}+1.08z^{-4}-\cdots \\ &=\frac{2.72(1-0.368z^{-1})}{1+0.718z^{-1}} \end{aligned} \tag{6-66}$$

式(6-66)就是在单位阶跃信号作用下，使系统输出经过一拍就能跟踪输入的数字控制器 $D(z)$。但由于输出 $y(t)$的导数不为 0，所以系统是有纹波的，如图 6-14 所示。

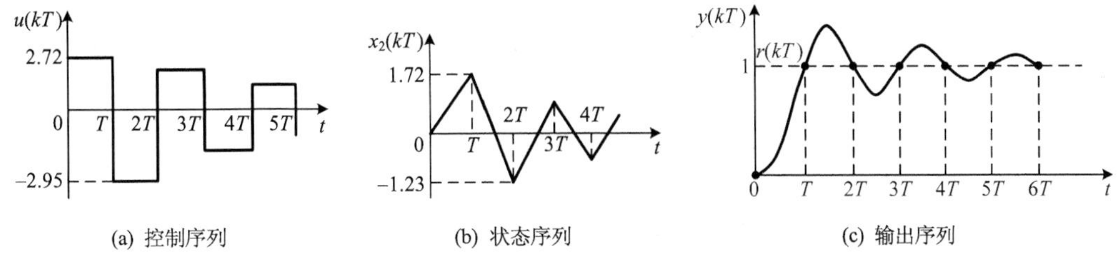

图 6-14　单位阶跃信号输入时有纹波最少拍控制系统的输出特性

2) 无纹波设计($N=2$)

(1) 设计满足跟踪条件的控制序列。

若增加控制的拍数，例如，设 $N=2$，则经过两拍的状态转移方程为

$$\begin{bmatrix} x_1(2) \\ x_2(2) \end{bmatrix} = \begin{bmatrix} 1 & 0.632 \\ 0 & 0.368 \end{bmatrix}^2 \begin{bmatrix} x_1(0) \\ x_2(0) \end{bmatrix} + \begin{bmatrix} 1 & 0.632 \\ 0 & 0.368 \end{bmatrix} \begin{bmatrix} 0.368 \\ 0.632 \end{bmatrix} u(0) + \begin{bmatrix} 0.368 \\ 0.632 \end{bmatrix} u(1) \tag{6-67}$$

由式(6-63)知，$N=2$ 拍时的跟踪条件为

$$\begin{bmatrix} x_1(2) \\ x_2(2) \end{bmatrix} = \begin{bmatrix} 1 \\ 0 \end{bmatrix}$$

且已知零初始条件为

$$\begin{bmatrix} x_1(0) \\ x_2(0) \end{bmatrix} = \begin{bmatrix} 0 \\ 0 \end{bmatrix}$$

将上述条件代入式(6-67)，可得到唯一解为

$$\begin{bmatrix} u(0) \\ u(1) \end{bmatrix} = \begin{bmatrix} 1.58 \\ -0.58 \end{bmatrix}$$

且知，当 $k>2$ 时，$u(k)=0$。由此可知，控制序列 $u(k)=\{1.58,\ -0.58,\ 0,\ \cdots\}$ 可用来驱动系统从初态 $x_1(0)=x_2(0)=0$ 转移到终态 $x_1(2)=1$，$x_2(0)=0$，其控制时间只需要两拍($N=2$)，且无纹波。

因此可得

$$U(z)=1.58-0.58z^{-1} \tag{6-68}$$

(2) 求取误差序列。

根据 $e(k)=r(k)-y(k)=r(k)-x_1(k)$，可得 $e(0)=r(0)-x_1(0)=1-0=1$。根据 $k=0$ 时的状态转移方程，当 $x_1(0)=x_2(0)=0$ 时，可得 $x_1(1)=0.368u(0)$。因此，$e(1)=1-x_1(1)=1-0.368u(0)=1-0.368\times1.58=0.419$。

同理，当 $k>2$ 时，$e(k)=0$，于是

$$E(z)=1+0.419z^{-1} \tag{6-69}$$

(3) 确定数字控制器。

由式(6-68)和式(6-69)可得 $N=2$ 时的数字控制器 $D(z)$ 为

$$D(z)=\frac{U(z)}{E(z)}=\frac{1.58(1-0.368z^{-1})}{1+0.419z^{-1}} \tag{6-70}$$

图 6-15 表示了该系统对单位阶跃信号的响应过程，可见其调节时间为两拍，且无纹波、无稳态误差。

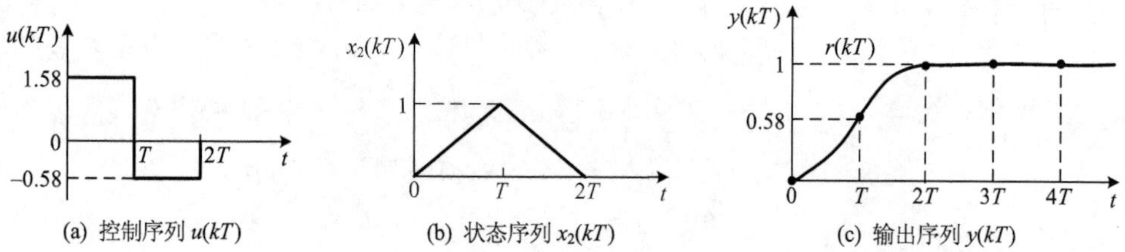

图 6-15　单位阶跃信号输入时无纹波最少拍控制系统的输出特性

应当指出，上述方法是针对单位阶跃信号设计的，其规律为控制拍数 $N=n$（n 为被控对象的阶数）。如果阶跃信号的幅度增大或被控对象含有非线性饱和特性，则其所需要的调节时间或拍数也应相应地增加。

2. 针对单位速度信号作用的设计

对图 6-13 所示系统在单位速度信号作用下的最少拍控制系统设计目标是：确定数字控制器 $D(z)$，使系统调节时间的拍数 N 为最少，且无稳态误差、无纹波。其跟踪条件可表达为

$$\begin{cases} x_1(t)=y(t)=r(t)=t \\ x_2(t)=\dot{y}(t)=\dot{x}_1(t)=\dot{r}(t)=1 \end{cases} \quad t>t_{\mathrm{f}}=NT>0 \tag{6-71}$$

设计方法与单位阶跃信号输入时类似，其设计任务为寻找 N 和确定 $D(z)$。为简便起见，仍假设系统初态 $\boldsymbol{X}(0)=\mathbf{0}$，采样周期 $T=1\mathrm{s}$，则式(6-71)的状态跟踪条件为

$$\begin{cases} x_1(N)=N \\ x_2(N)=1 \end{cases} \tag{6-72}$$

(1) 设计满足跟踪条件的控制序列。

显然 $N=1$ 时是没有意义的。因为 $e(0)=r(0)-y(0)=0$，也就是说，在第一个采样周期内没有任何偏差信息输入到数字控制器，因而也就没有控制作用输出，即 $u(0)=0$。

当 $N=2$ 时，根据 $\boldsymbol{X}(2)=\boldsymbol{A}^2\boldsymbol{X}(0)+\boldsymbol{ABu}(0)+\boldsymbol{Bu}(1)$，并考虑到 $\boldsymbol{X}(0)=\mathbf{0}$，$u(0)=0$，便可求得

$$\begin{bmatrix} x_1(2) \\ x_2(2) \end{bmatrix}=\begin{bmatrix} 0.368u(1) \\ 0.632u(1) \end{bmatrix}=\begin{bmatrix} 2 \\ 1 \end{bmatrix}$$

上式只能满足两拍跟踪的条件 $x_1(2)=2=0.368u(1)$，而不能满足无纹波条件 $x_2(2)=1=0.632u(1)$。因此，在 $N=2$ 时，可实现两拍跟踪，但有纹波存在。由前面讨论可知，必须增加一拍。

当 $N=3$ 时，根据 $\boldsymbol{X}(3)=\boldsymbol{A}^3\boldsymbol{X}(0)+\boldsymbol{ABu}(1)+\boldsymbol{Bu}(2)$，并考虑到 $\boldsymbol{X}(0)=\mathbf{0}$，$u(0)=0$，则有 $\boldsymbol{X}(1)=\mathbf{0}$，便可求得

$$\begin{bmatrix} x_1(3) \\ x_2(3) \end{bmatrix}=\begin{bmatrix} 1 & 0.632 \\ 0 & 0.368 \end{bmatrix}\begin{bmatrix} 0.368 \\ 0.632 \end{bmatrix}u(1)+\begin{bmatrix} 0.368 \\ 0.632 \end{bmatrix}u(2)=\begin{bmatrix} 3 \\ 1 \end{bmatrix}$$

$$\begin{bmatrix} u(1) \\ u(2) \end{bmatrix}=\begin{bmatrix} 3.83 \\ 0.173 \end{bmatrix}$$

这说明设计的控制器可以使系统输出在 $N=3$ 时实现对输入信号 $r(t)=t$ 的完全跟踪且无纹波。

下面进一步求出 $k>2$ 时的 $u(k)$。为此，继续使用单位速度信号作用下的跟踪条件和状态方程解的迭代公式，得到

$$\begin{bmatrix} x_1(4) \\ x_2(4) \end{bmatrix}=\boldsymbol{A}^4\boldsymbol{X}(0)+\boldsymbol{A}^3\boldsymbol{Bu}(0)+\boldsymbol{A}^2\boldsymbol{Bu}(1)+\boldsymbol{ABu}(2)$$

$$=\begin{bmatrix} 1 & 0.632 \\ 0 & 0.368 \end{bmatrix}^2\begin{bmatrix} 0.368 \\ 0.632 \end{bmatrix}\times 3.83+\begin{bmatrix} 1 & 0.632 \\ 0 & 0.368 \end{bmatrix}\begin{bmatrix} 0.368 \\ 0.632 \end{bmatrix}\times 0.173+\begin{bmatrix} 0.368 \\ 0.632 \end{bmatrix}u(3)=\begin{bmatrix} 4 \\ 1 \end{bmatrix}$$

由此解得 $u(3)=1$。同理，可求得 $u(4)=u(5)=\cdots=1$。于是得到控制序列为

$$u(\mathrm{k})=\{0, 3.83, 0.173, 1, 1,\cdots\},\quad k=0,1,2,3,4,\cdots$$

因而有

$$U(z)=3.83z^{-1}+0.173z^{-2}+z^{-3}+z^{-4}+\cdots \tag{6-73}$$

(2) 求取误差序列。

当 $k>2$ 时，$y(k)=r(k)$。由 $e(k)=r(k)-y(k)$，可以求得

$$\begin{aligned}
&e(0)=r(0)-y(0)=0\\
&e(1)=r(1)-y(1)=1-x_1(1)=1-0=1\\
&e(2)=r(2)-y(2)=2-x_1(2)=2-1.41=0.59\\
&e(3)=e(4)=\cdots=0
\end{aligned}$$

其中，$x_1(2)=1.41$，由下式求出：

$$\begin{bmatrix} x_1(2) \\ x_2(2) \end{bmatrix}=\boldsymbol{AX}(1)+\boldsymbol{ABu}(0)+\boldsymbol{Bu}(1)=\boldsymbol{Bu}(1)=\begin{bmatrix} 0.368 \\ 0.632 \end{bmatrix}\times 3.83=\begin{bmatrix} 1.41 \\ 2.42 \end{bmatrix}$$

则相应的误差序列 z 变换为

$$E(z)=z^{-1}+0.59z^{-2} \tag{6-74}$$

(3) 确定数字控制器。

由式(6-73)和式(6-74)可求得数字控制器 $D(z)$ 为

$$\begin{aligned}
D(z)&=\frac{U(z)}{E(z)}=\frac{3.83z^{-1}+0.173z^{-2}+z^{-3}+z^{-4}+\cdots}{z^{-1}+0.59z^{-2}}\\
&=\frac{3.83(1-0.955z^{-1}+0.216z^{-2})}{1-0.4z^{-1}-0.6z^{-2}}
\end{aligned} \tag{6-75}$$

图 6-16 为所设计的最少拍控制系统对单位速度输入的响应过程。可见其调节时间为三拍，且无纹波、无稳态误差。

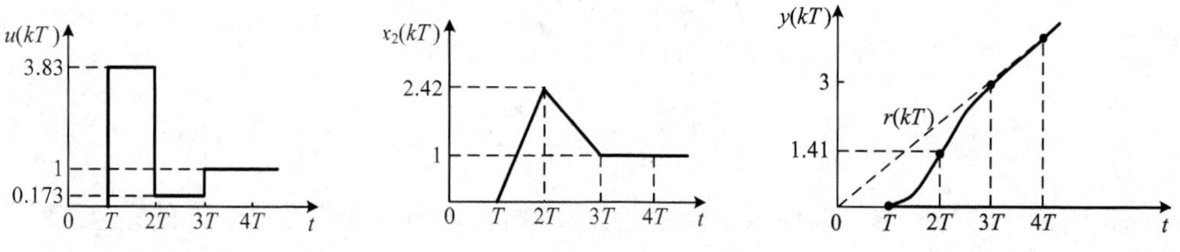

(a) 控制序列　(b) 状态序列　(c) 输出序列

图 6-16　单位速度信号输入时无纹波最少拍控制系统的输出特性

6.3.3　多变量最少拍设计法

微课视频

设多变量控制系统如图 6-11 所示，其中，$\boldsymbol{R}(t)=\boldsymbol{R}_0$ 为 $p\times1$ 维单位阶跃输入向量；$\boldsymbol{E}(t)$ 为 $p\times1$ 维偏差向量；$\boldsymbol{D}(z)$ 为 $m\times p$ 维待设计的数字控制器矩阵。

设被控对象的状态空间模型为

$$\begin{cases}\dot{\boldsymbol{X}}(t)=\boldsymbol{FX}(t)+\boldsymbol{GU}(t)\\ \boldsymbol{Y}(t)=\boldsymbol{CX}(t)\end{cases} \tag{6-76}$$

式中，$\boldsymbol{X}(t)$为 $n\times1$ 维状态向量；$\boldsymbol{U}(t)$为 $m\times1$ 维控制向量；$\boldsymbol{Y}(t)$为 $p\times1$ 维输出向量；$\boldsymbol{F}$、$\boldsymbol{G}$、$\boldsymbol{C}$ 分别为 $n\times n$、$n\times m$、$p\times n$ 维系数矩阵。

假定使用零阶保持器且式(6-76)所示系统是完全可控的，采样周期 $T=1\text{s}$，则由式(6-76)得到的离散状态空间模型为

$$\begin{cases}\boldsymbol{X}(k+1)=\boldsymbol{AX}(k)+\boldsymbol{BU}(k)\\ \boldsymbol{Y}(k)=\boldsymbol{CX}(k)\end{cases} \tag{6-77}$$

式中，$\boldsymbol{A}=\mathrm{e}^{\boldsymbol{F}T}$；$\boldsymbol{B}=\left[\int_0^T \mathrm{e}^{\boldsymbol{F}t}\mathrm{d}t\right]\boldsymbol{G}$。

最少拍控制系统设计的目标是：确定 $m\times p$ 维数字控制器 $\boldsymbol{D}(z)$，使在单位阶跃输入向量 $\boldsymbol{R}(t)=\boldsymbol{R}_0$ 作用下，闭环系统输出向量 $\boldsymbol{Y}(t)$的调节时间为最少拍 N，且无稳态误差和纹波。上述跟踪条件可描述为

$$\begin{cases}\boldsymbol{Y}(t)=\boldsymbol{R}(t)=\boldsymbol{R}_0\\ \dot{\boldsymbol{Y}}(t)=\boldsymbol{0}\end{cases},\quad t\geqslant t_{\mathrm{f}}=NT \tag{6-78}$$

式中，N 为正整数。式(6-78)也可表示为

$$\begin{cases}\boldsymbol{Y}(N)=\boldsymbol{CX}(N)=\boldsymbol{R}_0(N)\\ \dot{\boldsymbol{X}}(N)=\boldsymbol{0}\end{cases} \tag{6-79}$$

与单变量系统类似，确定多变量系统数字控制器 $\boldsymbol{D}(z)$的设计思路是先由式(6-77)被控对象离散状态空间模型确定在 $\boldsymbol{U}(k)$作用下的响应 $\boldsymbol{X}(k)$和 $\boldsymbol{Y}(k)$，进而求出 $\boldsymbol{U}(z)$和 $\boldsymbol{E}(z)$，最后确定数字控制器 $\boldsymbol{D}(z)$。

由式(6-18)可知，$\boldsymbol{X}(k)$在 $\boldsymbol{U}(k)$作用下的响应为

$$\boldsymbol{X}(k)=\boldsymbol{A}^k\boldsymbol{X}(0)+\sum_{j=0}^{k-1}\boldsymbol{A}^{k-j-1}\boldsymbol{BU}(j) \tag{6-80}$$

假定初态 $\boldsymbol{X}(0)=\boldsymbol{0}$，则式(6-80)变为

$$\boldsymbol{X}(k)=\sum_{j=0}^{k-1}\boldsymbol{A}^{k-j-1}\boldsymbol{BU}(j) \tag{6-81}$$

于是

$$\boldsymbol{Y}(k)=\sum_{j=0}^{k-1}\boldsymbol{CA}^{k-j-1}\boldsymbol{BU}(j) \tag{6-82}$$

要想系统在最少拍内满足式(6-79)的无稳态误差约束条件，则由式(6-82)可得

$$\boldsymbol{Y}(N)=\sum_{j=0}^{N-1}\boldsymbol{CA}^{N-j-1}\boldsymbol{BU}(j)=\boldsymbol{R}_0(N) \tag{6-83}$$

或者将式(6-83)写成矩阵形式：

$$[\boldsymbol{CA}^{N-1}\boldsymbol{B} \quad \boldsymbol{CA}^{N-2}\boldsymbol{B} \quad \cdots \quad \boldsymbol{CB}]\begin{bmatrix} \boldsymbol{U}(0) \\ \boldsymbol{U}(1) \\ \vdots \\ \boldsymbol{U}(N-1) \end{bmatrix} = \boldsymbol{R}_0(N) \tag{6-84}$$

式(6-84)就是输出跟踪输入(即系统无稳态误差)的条件。

由式(6-76)、式(6-79)及式(6-81)，可得无纹波的条件为

$$\dot{\boldsymbol{X}}(N) = \boldsymbol{FX}(N) + \boldsymbol{GU}(N) = \sum_{j=0}^{N-1} \boldsymbol{FA}^{N-j-1}\boldsymbol{BU}(j) + \boldsymbol{GU}(N) = \boldsymbol{0} \tag{6-85}$$

或者将式(6-85)写成矩阵的形式：

$$[\boldsymbol{FA}^{N-1}\boldsymbol{B} \quad \boldsymbol{FA}^{N-2}\boldsymbol{B} \quad \cdots \quad \boldsymbol{FB} \quad \boldsymbol{G}]\begin{bmatrix} \boldsymbol{U}(0) \\ \boldsymbol{U}(1) \\ \vdots \\ \boldsymbol{U}(N-1) \\ \boldsymbol{U}(N) \end{bmatrix} = \boldsymbol{0} \tag{6-86}$$

将两个矩阵式(6-84)和式(6-86)联立得以下方程：

$$\begin{bmatrix} \boldsymbol{CA}^{N-1}\boldsymbol{B} & \boldsymbol{CA}^{N-2}\boldsymbol{B} & \cdots & \boldsymbol{CB} & \boldsymbol{0} \\ \boldsymbol{FA}^{N-1}\boldsymbol{B} & \boldsymbol{FA}^{N-2}\boldsymbol{B} & \cdots & \boldsymbol{FB} & \boldsymbol{G} \end{bmatrix}\begin{bmatrix} \boldsymbol{U}(0) \\ \boldsymbol{U}(1) \\ \vdots \\ \boldsymbol{U}(N-1) \\ \boldsymbol{U}(N) \end{bmatrix} = \begin{bmatrix} \boldsymbol{R}_0(N) \\ \boldsymbol{0} \end{bmatrix} \tag{6-87}$$

显然，式(6-87)是能满足无稳态误差、无纹波的最少拍跟踪条件的。因此，如果能从式(6-87)中解出控制向量序列 $\boldsymbol{U}(k)(k=0,1,2,\cdots,N)$，则 $\boldsymbol{U}(z)$就确定了。

对于线性系统，$\boldsymbol{U}(k)$与 $\boldsymbol{R}_0$ 成正比，故可假定式(6-87)有解且设解的形式为 $\boldsymbol{U}(k)=\boldsymbol{P}(k)\boldsymbol{R}_0(k)$ $(k=0,1,2,\cdots,N)$，即当 $k=N$ 时，系统的输出能够完全跟踪输入且无稳态误差、无纹波，则当 $k>N$ 时，有 $\boldsymbol{U}(N)=\boldsymbol{P}(N)\boldsymbol{R}_0(N)=$ 恒定值，此时 $\boldsymbol{P}(N)$应为 $m\times p$ 维常数矩阵，于是得到

$$\begin{aligned} \boldsymbol{U}(z) &= \sum_{k=0}^{+\infty}\boldsymbol{U}(k)z^{-k} = \sum_{k=0}^{N-1}\boldsymbol{U}(k)z^{-k} + \sum_{k=N}^{+\infty}\boldsymbol{U}(k)z^{-k} \\ &= \left[\sum_{k=0}^{N-1}\boldsymbol{P}(k)z^{-k} + \boldsymbol{P}(N)\sum_{k=N}^{+\infty}z^{-k}\right]\boldsymbol{R}_0(N) = \left[\sum_{k=0}^{N-1}\boldsymbol{P}(k)z^{-k} + \frac{\boldsymbol{P}(N)z^{-N}}{1-z^{-1}}\right]\boldsymbol{R}_0(N) \end{aligned} \tag{6-88}$$

下面求 $\boldsymbol{E}(k)$或 $\boldsymbol{E}(z)$，根据式(6-19)，有

$$\boldsymbol{E}(k) = \boldsymbol{R}(k) - \boldsymbol{Y}(k) = \boldsymbol{R}_0(N) - \sum_{j=0}^{k-1}[\boldsymbol{CA}^{k-j-1}\boldsymbol{BU}(j)] \tag{6-89}$$

将 $\boldsymbol{U}(k)=\boldsymbol{P}(k)\boldsymbol{R}_0(N)$代入式(6-89)，得到

$$\boldsymbol{E}(k) = \left[\boldsymbol{I} - \sum_{j=0}^{k-1}\boldsymbol{CA}^{k-j-1}\boldsymbol{BP}(j)\right]\boldsymbol{R}_0(N)$$

当系统输出完全跟踪输入时，应有 $\boldsymbol{E}(k)=0$，于是得到

$$\boldsymbol{E}(z)=\sum_{k=0}^{+\infty}\boldsymbol{E}(k)z^{-k}=\sum_{k=0}^{N-1}\boldsymbol{E}(k)z^{-k}=\sum_{k=0}^{N-1}\left[\boldsymbol{I}-\sum_{j=0}^{k-1}\boldsymbol{C}\boldsymbol{A}^{k-j-1}\boldsymbol{B}\boldsymbol{P}(j)\right]\boldsymbol{R}_0(N)z^{-k} \tag{6-90}$$

由式(6-88)和式(6-90)，可得到多变量最少拍数字控制器 $\boldsymbol{D}(z)$ 为

$$\boldsymbol{D}(z)=\frac{\boldsymbol{U}(z)}{\boldsymbol{E}(z)}=\frac{\left[\sum\limits_{k=0}^{N-1}\boldsymbol{P}(k)z^{-k}+\boldsymbol{P}(N)\dfrac{z^{-N}}{1-z^{-1}}\right]\boldsymbol{R}_0(N)}{\sum\limits_{k=0}^{N-1}\left[\boldsymbol{I}-\sum\limits_{j=0}^{k-1}\boldsymbol{C}\boldsymbol{A}^{k-j-1}\boldsymbol{B}\boldsymbol{P}(j)\right]\boldsymbol{R}_0(N)z^{-k}}=\frac{\sum\limits_{k=0}^{N-1}\boldsymbol{P}(k)z^{-k}+\boldsymbol{P}(N)\dfrac{z^{-N}}{1-z^{-1}}}{\sum\limits_{k=0}^{N-1}\left[\boldsymbol{I}-\sum\limits_{j=0}^{k-1}\boldsymbol{C}\boldsymbol{A}^{k-j-1}\boldsymbol{B}\boldsymbol{P}(j)\right]z^{-k}} \tag{6-91}$$

为了满足式(6-78)或式(6-79)中的 $p+n$ 个跟踪条件，需要解得的 $N+1$ 个 $m\times p$ 维控制向量序列中至少提供 $p+n$ 个控制参数，即最少拍数 N 应取满足式(6-92)的最小整数：

$$(N+1)m\geqslant p+n \tag{6-92}$$

例 6-17　设二阶单输入单输出线性系统的状态方程为

$$\begin{cases}\dot{\boldsymbol{X}}(t)=\begin{bmatrix}0 & 1\\0 & -1\end{bmatrix}\boldsymbol{X}(t)+\begin{bmatrix}0\\1\end{bmatrix}\boldsymbol{U}(t)\\ \boldsymbol{Y}(t)=\begin{bmatrix}1 & 0\end{bmatrix}\boldsymbol{X}(t)\end{cases}$$

试用 6.3.3 节方法确定最少拍无纹波单变量数字控制器 $D(z)$。

解：由题意可知 $n=2$，$m=p=1$，可由式(6-92)得出 $N=2$。

若采用零阶保持器，当 $T=1\text{s}$ 时，例 6-8 已给出被控对象的离散状态空间模型为式 (6-61)，则

$$\boldsymbol{CB}=[1\quad 0]\begin{bmatrix}0.368\\0.632\end{bmatrix}=0.368,\quad \boldsymbol{CAB}=[1\quad 0]\begin{bmatrix}1 & 0.632\\0 & 0.368\end{bmatrix}\begin{bmatrix}0.368\\0.632\end{bmatrix}=0.768$$

$$\boldsymbol{FB}=\begin{bmatrix}0 & 1\\0 & -1\end{bmatrix}\begin{bmatrix}0.368\\0.632\end{bmatrix}=\begin{bmatrix}0.368\\-0.632\end{bmatrix},\quad \boldsymbol{FAB}=\begin{bmatrix}0 & 1\\0 & -1\end{bmatrix}\begin{bmatrix}1 & 0.632\\0 & 0.368\end{bmatrix}\begin{bmatrix}0.368\\0.632\end{bmatrix}=\begin{bmatrix}0.233\\-0.233\end{bmatrix}$$

令式(6-87)中 $N=2$，可得无稳态误差、无纹波的最少拍跟踪条件为

$$\begin{bmatrix}\boldsymbol{CAB} & \boldsymbol{CB} & 0\\ \boldsymbol{FAB} & \boldsymbol{FB} & \boldsymbol{G}\end{bmatrix}\begin{bmatrix}u(0)\\u(1)\\u(2)\end{bmatrix}=\begin{bmatrix}\boldsymbol{R}_0\\0\\0\end{bmatrix}$$

将上述系数矩阵代入上式得

$$\begin{bmatrix}0.768 & 0.368 & 0\\0.233 & 0.368 & 0\\-0.233 & -0.632 & 1\end{bmatrix}\begin{bmatrix}u(0)\\u(1)\\u(2)\end{bmatrix}=\begin{bmatrix}\boldsymbol{R}_0\\0\\0\end{bmatrix}$$

求解上式得到控制向量序列 $\boldsymbol{U}(k)$ 为

$$\boldsymbol{U}(k)=\begin{bmatrix}u(0)\\u(1)\\u(2)\end{bmatrix}=\begin{bmatrix}p(0)\\p(1)\\p(2)\end{bmatrix}\boldsymbol{R}_0=\begin{bmatrix}1.58\\-0.58\\0\end{bmatrix}\boldsymbol{R}_0$$

因此有

$$\begin{bmatrix}p(0)\\p(1)\\p(2)\end{bmatrix}=\begin{bmatrix}1.58\\-0.58\\0\end{bmatrix}$$

可见，该系统经过两拍就能完全消除稳态误差且无纹波，其数字控制器 $D(z)$为

$$D(z)=\frac{p(0)+z^{-1}p(1)+\dfrac{z^{-2}}{1-z^{-1}}p(2)}{1+[1-\boldsymbol{CB}p(0)]z^{-1}}=\frac{1.58(1-0.368z^{-1})}{1+0.419z^{-1}}$$

这与式(6-70)的结果一致。

例 6-18 设四阶两输入两输出被控对象的状态空间模型为

$$\begin{cases}\begin{bmatrix}\dot{x}_1(t)\\\dot{x}_2(t)\\\dot{x}_3(t)\\\dot{x}_4(t)\end{bmatrix}=\begin{bmatrix}1&1&-5&-1\\0&-2&0&0\\2&1&-6&-1\\-2&-1&2&-3\end{bmatrix}\begin{bmatrix}x_1(t)\\x_2(t)\\x_3(t)\\x_4(t)\end{bmatrix}+\begin{bmatrix}1&1\\0&2\\0&2\\0&-1\end{bmatrix}\begin{bmatrix}u_1(t)\\u_2(t)\end{bmatrix}\\ \begin{bmatrix}y_1(t)\\y_2(t)\end{bmatrix}=\begin{bmatrix}3&2&-3&2\\1&2&1&3\end{bmatrix}\begin{bmatrix}x_1(t)\\x_2(t)\\x_3(t)\\x_4(t)\end{bmatrix}\end{cases}$$

设采用零阶保持器，采样周期 $T=1\text{s}$，$\boldsymbol{R}(t)=\boldsymbol{R}_0=[1\ \ 1]^{\mathrm{T}}$，试确定最少拍无纹波多变量数字控制器 $\boldsymbol{D}(z)$。

解：由题意可知 $n=4$，$m=p=2$，可由式(6-92)得出 $N=2$。

由已知对象模型系数 $\boldsymbol{F}$、$\boldsymbol{G}$、$\boldsymbol{C}$ 求得离散状态空间模型各系数矩阵如下：

$$\boldsymbol{A}=\mathrm{e}^{\boldsymbol{F}T}=\begin{bmatrix}1&0.078&-0.398&-0.07\\0&0.819&0&0\\0.164&0.078&0.506&-0.07\\-0.164&-0.078&0.164&0.741\end{bmatrix},\quad \boldsymbol{B}=\left[\int_0^T\mathrm{e}^{\boldsymbol{F}t}\mathrm{d}t\right]\boldsymbol{G}=\begin{bmatrix}0.104&0.073\\0&0.181\\0.164&0.169\\-0.164&-0.086\end{bmatrix}$$

将上述矩阵代入无稳态误差、无纹波的最少拍跟踪条件式(6-87)，可以得到

$$\begin{bmatrix}\boldsymbol{CAB}&\boldsymbol{CB}&\boldsymbol{0}\\\boldsymbol{FAB}&\boldsymbol{FB}&\boldsymbol{G}\end{bmatrix}\begin{bmatrix}\boldsymbol{U}(0)\\\boldsymbol{U}(1)\\\boldsymbol{U}(2)\end{bmatrix}=\begin{bmatrix}\boldsymbol{R}_0\\\boldsymbol{0}\end{bmatrix}$$

即

$$\begin{bmatrix}0.214&-0.086&0.268&-0.095&0&0\\0.064&0.259&0.086&0.346&0&0\\0.019&-0.346&0.068&-0.501&1&1\\0&-0.297&0&-0.362&0&2\\0.106&-0.432&0.164&-0.597&0&2\\-0.106&0.211&-0.164&-0.267&0&-1\end{bmatrix}\begin{bmatrix}u_1(0)\\u_2(0)\\u_1(1)\\u_2(1)\\u_1(2)\\u_2(2)\end{bmatrix}=\begin{bmatrix}r_1\\r_2\\0\\0\\0\\0\end{bmatrix}$$

由于 $m=p=2$，故 $\boldsymbol{R}_0$ 为 2×1 维向量，求解上式可得

$$\boldsymbol{U}(0)=\begin{bmatrix}24.01 & 1.575\\ -1.969 & 9.843\end{bmatrix}\boldsymbol{R}_0=\boldsymbol{P}(0)\boldsymbol{R}_0,\quad \boldsymbol{U}(1)=\begin{bmatrix}-15.75 & 0.195\\ 0.962 & -4.184\end{bmatrix}\boldsymbol{R}_0=\boldsymbol{P}(1)\boldsymbol{R}_0$$

$$\boldsymbol{U}(2)=\begin{bmatrix}0.529 & 0.353\\ -0.118 & 0.588\end{bmatrix}\boldsymbol{R}_0=\boldsymbol{P}(2)\boldsymbol{R}_0$$

所以

$$\boldsymbol{P}(0)=\begin{bmatrix}24.01 & 1.575\\ -1.969 & 9.843\end{bmatrix},\quad \boldsymbol{P}(1)=\begin{bmatrix}-15.75 & 0.195\\ 0.962 & -4.184\end{bmatrix},\quad \boldsymbol{P}(2)=\begin{bmatrix}0.529 & 0.353\\ -0.118 & 0.588\end{bmatrix}$$

由式(6-91)可得数字控制器 $\boldsymbol{D}(z)$ 为

$$\boldsymbol{D}(z)=\frac{\boldsymbol{U}(z)}{\boldsymbol{E}(z)}=\frac{\boldsymbol{P}(0)+z^{-1}\boldsymbol{P}(1)+\dfrac{z^{-2}}{1-z^{-1}}\boldsymbol{P}(2)}{\boldsymbol{I}+[\boldsymbol{I}-\boldsymbol{CBP}(0)]z^{-1}}$$

$$=\begin{bmatrix}\dfrac{24.01-39.76z^{-1}+16.34z^{-2}}{1-6.621z^{-1}-1.08z^{-2}} & \dfrac{1.575-1.38z^{-1}+0.58z^{-2}}{0.513z^{-1}-0.515z^{-2}}\\ \dfrac{-1.969+2.931z^{-1}+1.8z^{-2}}{1.384z^{-1}-1.398z^{-2}} & \dfrac{9.843-3.542z^{-1}+25.402z^{-2}}{1-3.541z^{-1}+2.542z^{-2}}\end{bmatrix}$$

6.4　线性离散系统状态反馈与观测器设计

输出反馈设计法的一个突出优点是获得信息不存在困难，因而工程上易于实现，但是它不能达到任意给定的动态性能指标。与输出反馈相比，状态反馈可以更多地获得和利用系统的信息，可以达到更好的性能指标，因此，现代控制理论中较多地使用了状态反馈进行控制。

采用状态反馈不但可以实现闭环系统的极点任意配置，而且可以实现系统解耦，也是构成线性最优控制器、跟踪器的主要手段。

6.4.1　基于状态反馈的单输入系统极点配置设计

设原广义被控对象系统状态完全可控且可测，基于状态反馈的极点配置就是将系统的每一个状态变量乘以相应的反馈系数并送到输入端与参考输入相综合后，将其差作为受控系统的控制输入，如图 6-17 所示。通过对状态反馈增益矩阵 $\boldsymbol{K}$ 的选择，使闭环系统的极点设置在所希望的位置上。下面主要针对单输入系统介绍三种常用的方法。

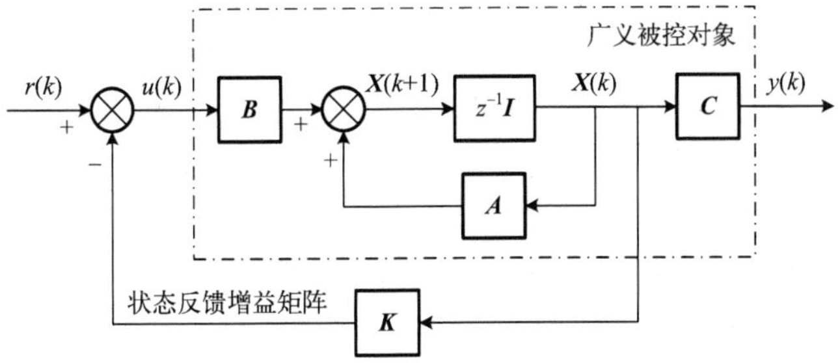

图 6-17　状态反馈闭环系统

1. 系数匹配法

设原广义被控对象(图 6-17 中虚线内的开环系统)的状态方程为

$$\boldsymbol{X}(k+1)=\boldsymbol{AX}(k)+\boldsymbol{B}u(k) \tag{6-93}$$

式中，$\boldsymbol{X}(k)$为 $n\times1$ 维状态向量；$u(k)$为标量控制序列。

控制规律为线性状态反馈，即

$$u(k)=r(k)-\boldsymbol{KX}(k) \tag{6-94}$$

式中，$\boldsymbol{K}=[k_1\quad k_2\quad\cdots\quad k_n]$为 $1\times n$ 维状态反馈增益矩阵；$r(k)$为参考输入。

加入增益矩阵 $\boldsymbol{K}$ 之后构成了状态反馈闭环系统，其闭环状态方程为

$$\boldsymbol{X}(k+1)=(\boldsymbol{A}-\boldsymbol{BK})\boldsymbol{X}(k)+\boldsymbol{B}r(k) \tag{6-95}$$

则闭环系统的特征方程为

$$\det[z\boldsymbol{I}-(\boldsymbol{A}-\boldsymbol{BK})]=|z\boldsymbol{I}-(\boldsymbol{A}-\boldsymbol{BK})|=0 \tag{6-96}$$

设期望的状态反馈闭环极点为 $z_i(i=1,2,\cdots,n)$，则对应的闭环特征方程为

$$\begin{aligned}\alpha_{\mathrm{K}}^*(z)&=\prod_{i=1}^{n}(z-z_i)=(z-z_1)(z-z_2)\cdots(z-z_n)\\&=z^n+a_{n-1}^*z^{n-1}+\cdots+a_1^*z+a_0^*=0\end{aligned} \tag{6-97}$$

由于 $\boldsymbol{A}$、$\boldsymbol{B}$ 均为已知矩阵，$\boldsymbol{K}$ 的 n 个元素值均可根据式(6-96)与式(6-97)的等价方程唯一选定。因此，闭环系统的 n 个极点可以配置在任何所需要的位置上(一般来说，位于 z 平面的单位圆内正实轴附近且靠近原点为宜)。其极点配置基本原理与连续系统是一样的，对多输入多输出系统也同样适用，但要复杂一些。

由于人们对 s 平面中的极点分布与系统性能的关系比较熟悉，因此可根据相应连续系统性能指标的要求来给定 s 平面中的极点，再根据 $z=\mathrm{e}^{Ts_i}\ (i=1,2,\cdots,n)$的关系求得 z 平面中的极点分布。例如，对于二阶系统，可先根据对系统阶跃响应超调量和过渡过程时间的要求确定出阻尼系数 ζ 及无阻尼振荡频率 ω_{n}，得到 s 平面中的两个极点 $s_{1,2}=-\zeta\omega_{\mathrm{n}}\pm\mathrm{j}\sqrt{1-\zeta^2}\,\omega_{\mathrm{n}}$；然后进一步确定出 z 平面中的极点分布(3.2 节已分析 s 平面极点的阻尼系数 ζ 及无阻尼振荡频率 ω_{n} 与 z 平面极点的映射关系)。对于高阶系统，也可根据性能要求首先给出一对主导极点，然后将其余的极点放在离主导极点很远的地方。

如果将闭环极点均配置在原点，即让 $\alpha_{\mathrm{K}}^*(z)=z^n=0$，则按此设计的结果将导致最少拍控制。按照这样的控制方式，所有的状态在经过最多 n 拍后便都能够回到零(平衡状态)。采用这种最少拍控制克服了设计者给定闭环系统极点的困难，但其控制量的幅度取决于采样周期的选取。当选取较小的采样周期时，它要求很大的控制量，这是该控制方式的一个很大的缺点。当然，如果根据各种因素合适地选取了采样周期，而所要求的控制量也在容许的范围内，那么此种最少拍控制的确是较好的控制方式。

需要指出的是，对比式(6-58)与式(6-95)，若取 $\boldsymbol{K}=\boldsymbol{HC}$，则两个系统完全等价，即对于一个输出反馈系统，必然可以找到一个与之等价的状态反馈系统。但这个结论的反命题并不成立，这是由于 $\boldsymbol{HC}=\boldsymbol{K}$ 的解通常可能不存在。

例 6-19 设原广义被控对象的离散状态方程为

$$X(k+1)=\begin{bmatrix}1 & -1\\0 & 1.2\end{bmatrix}X(k)+\begin{bmatrix}1\\1\end{bmatrix}u(k)$$

试确定状态反馈增益矩阵 $\boldsymbol{K}$，使闭环极点为 $z_1=0.4$ 与 $z_2=0.6$。

解： 易知原开环系统是状态完全可控的，但不稳定。下面通过状态反馈进行闭环极点配置。闭环系统的期望特征方程为

$$\alpha_{\mathrm{K}}^*(z)=(z-0.4)(z-0.6)=z^2-z+0.24=0$$

设 $\boldsymbol{K}=[k_1\quad k_2]$，可得状态反馈闭环特征方程为

$$\begin{aligned}\det[z\boldsymbol{I}-(\boldsymbol{A}-\boldsymbol{BK})]&=\begin{vmatrix}z-1+k_1 & 1+k_2\\ k_1 & z-1.2+k_2\end{vmatrix}\\&=z^2+(k_1+k_2-2.2)z+(1.2-2.2k_1-k_2)=0\end{aligned}$$

于是有

$$\begin{cases}k_1+k_2-2.2=-1\\1.2-2.2k_1-k_2=0.24\end{cases}$$

解得 $k_1=-0.2$，$k_2=1.4$，即 $\boldsymbol{K}=[-0.2\quad 1.4]$。因而有

$$u(k)=r(k)-\boldsymbol{KX}(k)=r(k)-[-0.2\quad 1.4]\begin{bmatrix}x_1(k)\\x_2(k)\end{bmatrix}$$

状态反馈闭环系统如图 6-18 所示。

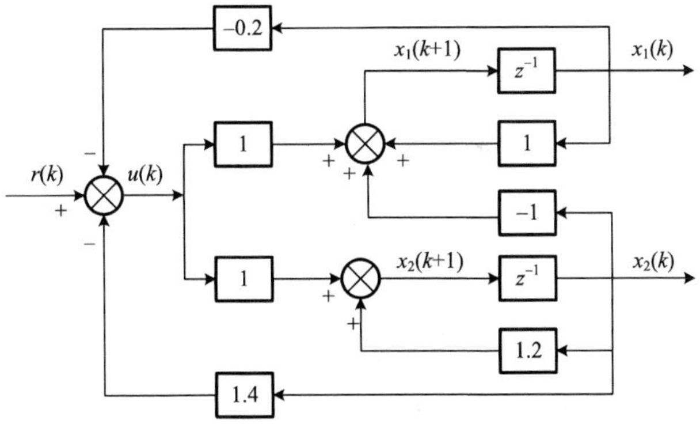

图 6-18　例 6-19 状态反馈闭环系统

2. 可控标准型法

系数匹配法原理简单，但对于高于三阶的系统，计算十分困难。可控标准型法是一种简便的计算状态反馈增益矩阵 $\boldsymbol{K}$ 的方法。

如果原开环系统(式(6-93))是完全可控的，则可通过式(6-49)的线性变换 $\boldsymbol{X}(k)=\boldsymbol{P}\bar{\boldsymbol{X}}(k)$ 将其变为可控标准型，即

$$\bar{\boldsymbol{X}}(k+1)=\bar{\boldsymbol{A}}\bar{\boldsymbol{X}}(k)+\bar{\boldsymbol{B}}u(k) \tag{6-98}$$

式中，

$$\bar{A}=P^{-1}AP=\begin{bmatrix}0 & 1 & 0 & \cdots & 0\\ 0 & 0 & 1 & \cdots & 0\\ \vdots & \vdots & \vdots & & \vdots\\ 0 & 0 & 0 & \cdots & 0\\ -a_0 & -a_1 & -a_2 & \cdots & -a_{n-1}\end{bmatrix},\quad \bar{B}=P^{-1}B=\begin{bmatrix}0\\ \vdots\\ 0\\ 1\end{bmatrix}$$

$$P=[A^{n-1}B \quad \cdots \quad AB \quad B]\begin{bmatrix}1 & 0 & \cdots & 0 & 0\\ a_{n-1} & 1 & \cdots & 0 & 0\\ \vdots & \vdots & & \vdots & \vdots\\ a_2 & a_3 & \cdots & 1 & 0\\ a_1 & a_2 & \cdots & a_{n-1} & 1\end{bmatrix}$$

对式(6-98)所示系统引入状态反馈：

$$u(k)=r(k)-\bar{K}\bar{X}(k) \tag{6-99}$$

式中，$\bar{K}=[\bar{k}_1 \quad \bar{k}_2 \quad \cdots \quad \bar{k}_n]$。

对应于可控标准型的状态反馈闭环系统的状态方程为

$$\bar{X}(k+1)=(\bar{A}-\bar{B}\bar{K})\bar{X}(k)+\bar{B}r(k) \tag{6-100}$$

式中，

$$\bar{B}\bar{K}=\begin{bmatrix}0\\ \vdots\\ 0\\ 1\end{bmatrix}[\bar{k}_1 \quad \bar{k}_2 \quad \cdots \quad \bar{k}_n]=\begin{bmatrix}0 & 1 & \cdots & 0\\ 0 & 0 & \cdots & 0\\ \vdots & \vdots & & \vdots\\ 0 & 0 & \cdots & 1\\ \bar{k}_1 & \bar{k}_2 & \cdots & \bar{k}_n\end{bmatrix}$$

$$\bar{A}-\bar{B}\bar{K}=\begin{bmatrix}0 & 1 & \cdots & 0\\ 0 & 0 & \cdots & 0\\ \vdots & \vdots & & \vdots\\ 0 & 0 & \cdots & 1\\ -(a_0+\bar{k}_1) & -(a_1+\bar{k}_2) & \cdots & -(a_{n-1}+\bar{k}_n)\end{bmatrix}$$

其闭环特征方程为

$$\begin{aligned}\alpha_{\mathrm{K}}(z)&=\det[zI-(\bar{A}-\bar{B}\bar{K})]=\left|zI-(\bar{A}-\bar{B}\bar{K})\right|\\ &=z^n+(a_{n-1}+\bar{k}_n)z^{n-1}+\cdots+(a_1+\bar{k}_2)z+(a_0+\bar{k}_1)=0\end{aligned} \tag{6-101}$$

设期望的状态反馈闭环极点 $z_i(i=1,2,\cdots,n)$所对应的闭环特征方程为

$$\alpha_{\mathrm{K}}^*(z)=(z-z_1)(z-z_2)\cdots(z-z_n)=z^n+\bar{a}_{n-1}z^{n-1}+\cdots+\bar{a}_1z+\bar{a}_0=0 \tag{6-102}$$

比较式(6-101)和式(6-102)，得到

$$\begin{cases}\bar{k}_1=\bar{a}_0-a_0\\ \bar{k}_2=\bar{a}_1-a_1\\ \quad\vdots\\ \bar{k}_n=\bar{a}_{n-1}-a_{n-1}\end{cases} \tag{6-103}$$

对应于原系统的状态反馈增益矩阵 $\boldsymbol{K}$ 为

$$\boldsymbol{K}=\bar{\boldsymbol{K}}\boldsymbol{P}^{-1}=[k_1 \quad k_2 \quad \cdots \quad k_n] \tag{6-104}$$

尽管上述分析过程用到了可控标准型，但具体求解时只需构造变换矩阵 $\boldsymbol{P}$，而不必求解具体的可控标准型。

例 6-20　用可控标准型法求解例 6-19 中的状态反馈增益矩阵 $\boldsymbol{K}$。

解：原系统的系数矩阵为

$$\boldsymbol{A}=\begin{bmatrix}1 & -1\\ 0 & 1.2\end{bmatrix},\ \boldsymbol{B}=\begin{bmatrix}1\\ 1\end{bmatrix}$$

则

$$\text{rank}[\boldsymbol{B}\ \boldsymbol{AB}]=\text{rank}\begin{bmatrix}1 & 0\\ 1 & 1.2\end{bmatrix}=2$$

原系统状态完全可控，故可按可控标准型法来设计状态反馈系统。可求得原系统的特征方程为

$$\det[z\boldsymbol{I}-\boldsymbol{A}]=z^2-2.2z+1.2=0$$

可知，$a_1=-2.2$，$a_2=1.2$，特征根分别为 $z_1=1.2$ 和 $z_2=1$，原系统不稳定。需要加入状态反馈使所得到的闭环系统稳定，且可达到指定的极点。变换矩阵为

$$\boldsymbol{P}=[\boldsymbol{AB} \quad \boldsymbol{B}]\begin{bmatrix}1 & 0\\ a_1 & 1\end{bmatrix}=\begin{bmatrix}0 & 1\\ 1.2 & 1\end{bmatrix}\begin{bmatrix}1 & 0\\ -2.2 & 1\end{bmatrix}=\begin{bmatrix}-2.2 & 1\\ -1 & 1\end{bmatrix}$$

$$\boldsymbol{P}^{-1}=\begin{bmatrix}-2.2 & 1\\ -1 & 1\end{bmatrix}^{-1}=\begin{bmatrix}-\dfrac{5}{6} & \dfrac{5}{6}\\ -\dfrac{5}{6} & \dfrac{11}{6}\end{bmatrix}$$

设反馈增益矩阵为 $\bar{\boldsymbol{K}}=[\bar{k}_1 \quad \bar{k}_2]$，则有

$$\det[z\boldsymbol{I}-(\bar{\boldsymbol{A}}-\bar{\boldsymbol{B}}\bar{\boldsymbol{K}})]=\left|z\boldsymbol{I}-(\bar{\boldsymbol{A}}-\bar{\boldsymbol{B}}\bar{\boldsymbol{K}})\right|=z^2+(-2.2+\bar{k}_2)z+(1.2+\bar{k}_1)=0$$

已知闭环系统的期望闭环特征方程为

$$\alpha_{\mathrm{K}}^*(z)=(z-0.4)(z-0.6)=z^2-z+0.24$$

比较上两式系数，解得 $\bar{k}_1=-0.96$，$\bar{k}_2=1.2$，即 $\bar{\boldsymbol{K}}=[-0.96 \quad 1.2]$。

由此得

$$\boldsymbol{K}=\bar{\boldsymbol{K}}\boldsymbol{P}^{-1}=[-0.96 \quad 1.2]\begin{bmatrix}-\dfrac{5}{6} & \dfrac{5}{6}\\ -\dfrac{5}{6} & \dfrac{11}{6}\end{bmatrix}=[-0.2 \quad 1.4]$$

于是，得到状态反馈控制为

$$u(k)=r(k)-\bar{\boldsymbol{K}}\bar{\boldsymbol{X}}(k)=r(k)-\bar{\boldsymbol{K}}[\boldsymbol{P}^{-1}\boldsymbol{X}(k)]=r(k)-\boldsymbol{K}\boldsymbol{X}(k)=r(k)-[-0.2 \quad 1.4]\begin{bmatrix}x_1(k)\\ x_2(k)\end{bmatrix}$$

与例 6-19 结果一致。

3. 阿克曼公式法

阿克曼(Ackermann)公式也是与可控标准型相关的一种计算状态反馈增益矩阵的方法，适

合高阶系统，方便计算机求解。比如，MATLAB 中就提供了 acker、place 等函数。下面直接给出其计算公式。

如果原单输入系统(式(6-93))是完全可控的，通过状态反馈配置期望闭环极点所对应的特征方程如式(6-97)所示，则相应的状态反馈增益矩阵可通过如下阿克曼公式直接计算求得：

$$\boldsymbol{K}=[1\quad 0\quad\cdots\quad 0][\boldsymbol{A}^{n-1}\boldsymbol{B}\quad\cdots\quad\boldsymbol{AB}\quad\boldsymbol{B}]^{-1}\alpha_{\mathrm{K}}^{*}(\boldsymbol{A}) \tag{6-105}$$

式中，$\alpha_{\mathrm{K}}^{*}(\boldsymbol{A})$ 是式(6-97)中变量 z 用原系统状态矩阵替换后所得的矩阵多项式，即

$$\alpha_{\mathrm{K}}^{*}(\boldsymbol{A})=\boldsymbol{A}^{n}+a_{n-1}^{*}\boldsymbol{A}^{n-1}+\cdots+a_{1}^{*}\boldsymbol{A}+a_{0}^{*}\boldsymbol{I} \tag{6-106}$$

例 6-21　用阿克曼公式求解例 6-19 中的状态反馈增益矩阵 $\boldsymbol{K}$。

解：由原系统状态方程可得

$$[\boldsymbol{AB}\quad\boldsymbol{B}]=\begin{bmatrix}0 & 1\\1.2 & 1\end{bmatrix},\quad [\boldsymbol{AB}\quad\boldsymbol{B}]^{-1}=\begin{bmatrix}0 & 1\\1.2 & 1\end{bmatrix}^{-1}=\begin{bmatrix}-\dfrac{5}{6} & \dfrac{5}{6}\\1 & 0\end{bmatrix}$$

已知闭环系统的期望特征方程为

$$\alpha_{\mathrm{K}}^{*}(z)=(z-0.4)(z-0.6)=z^{2}-z+0.24=0$$

即

$$\alpha_{\mathrm{K}}^{*}(\boldsymbol{A})=\boldsymbol{A}^{2}-\boldsymbol{A}+0.24\boldsymbol{I}=\begin{bmatrix}0.24 & -1.2\\0 & 0.48\end{bmatrix}$$

由阿克曼公式(6-105)，可得

$$\boldsymbol{K}=[1\quad 0][\boldsymbol{AB}\quad\boldsymbol{B}]^{-1}\alpha_{\mathrm{K}}^{*}(\boldsymbol{A})=[1\quad 0]\begin{bmatrix}-\dfrac{5}{6} & \dfrac{5}{6}\\1 & 0\end{bmatrix}\begin{bmatrix}0.24 & -1.2\\0 & 0.48\end{bmatrix}=[-0.2\quad 1.4]$$

可见，所得结果与例 6-19、例 6-20 相同。

例 6-21 中利用 MATLAB 进行求解的脚本程序如下。

```
A = [1 -1; 0 1.2];                    %离散状态空间模型参数
B = [0; 1];                           %离散状态空间模型参数
p = [0.4; 0.6];                       %期望闭环极点
K = acker(A, b, p)                    %状态反馈增益矩阵 K
```

一般情况下，当系统阶次较高时，主要选用可控标准型法和阿克曼公式法，尤其是阿克曼公式法，以便于计算机求解。

6.4.2　多输入系统状态反馈设计法

对于多输入系统，引入状态反馈时，理论上状态反馈增益矩阵 $\boldsymbol{K}$ 为 $p\times m$ 维的，即有 $p\times m$ 个待定元素。然而作为 n 阶系统，最多只能配置 n 个闭环极点，如果仅根据特征多项式来求解 $\boldsymbol{K}$，将不能唯一确定 $\boldsymbol{K}$ 中的元素。因此，需要其他附加条件，或配合其他控制策略或控制系统设计法一起进行设计。多输入系统的状态反馈极点配置总体上要复杂一些，这里仅讨论其中一种简单情况。

对于一个需要进行极点配置的多输入系统，如果其所有输入中有一个输入单独作用，也

能够使系统完全可控，那么可以单独用这个输入实现状态反馈控制。例如，一个两输入三阶系统的状态方程为

$$\begin{bmatrix} x_1(k+1) \\ x_2(k+1) \\ x_3(k+1) \end{bmatrix} = \begin{bmatrix} 0 & 3 & -1 \\ -2 & 0 & 2 \\ 2 & 0 & -3 \end{bmatrix} \begin{bmatrix} x_1(k) \\ x_2(k) \\ x_3(k) \end{bmatrix} + \begin{bmatrix} 4 & 3 \\ 0 & -1 \\ 0 & 1 \end{bmatrix} \begin{bmatrix} u_1(k) \\ u_2(k) \end{bmatrix} \tag{6-107}$$

如果要求通过状态反馈将极点配置为 $z_1 = 0.5$，$z_2 = -0.25$，$z_3 = -1$，则期望特征多项式为

$$\alpha_{\mathrm{K}}^*(z) = (z-0.5)(z+0.25)(z+1) = z^3 + 0.75z^2 - 0.375z - 0.125 = 0$$

可以验证，当 $u_1(k)$ 单独作用于系统时，式(6-107)所示系统仍然能使状态完全可控。因此在进行状态反馈设计时可忽略掉 $u_2(k)$，把系统作为如下单输入系统进行处理：

$$\begin{bmatrix} x_1(k+1) \\ x_2(k+1) \\ x_3(k+1) \end{bmatrix} = \begin{bmatrix} 0 & 3 & -1 \\ -2 & 0 & 2 \\ 2 & 0 & -3 \end{bmatrix} \begin{bmatrix} x_1(k) \\ x_2(k) \\ x_3(k) \end{bmatrix} + \begin{bmatrix} 4 \\ 0 \\ 0 \end{bmatrix} u_1(k)$$

可以采用前面介绍的单输入系统状态反馈设计法，得到相应的状态反馈增益矩阵为

$$\boldsymbol{K} = \begin{bmatrix} \dfrac{9}{16} & -\dfrac{49}{64} & -\dfrac{9}{16} \end{bmatrix}$$

这样，实际状态反馈构成的系统控制量可表示为

$$u_1(k) = r_1(k) - \boldsymbol{KX}(k), \quad u_2(k) = r_2(k)$$

设原系统的输出方程为 $\boldsymbol{Y}(k) = \boldsymbol{CX}(k)$，则整个状态反馈控制系统的结构如图 6-19 所示。

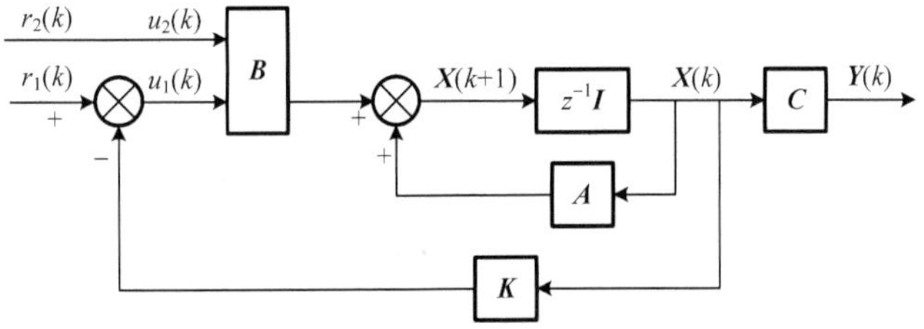

图 6-19 采用单个输入实现状态反馈控制的系统结构

如果原系统的任意一个输入单独作用时均不满足状态完全可控条件，可以考虑将所有输入进行线性组合以构成一个单输入，再按单输入系统进行设计。若系统找不到一个单输入信号来代替多输入信号，则要寻求其他的有效方法。同时，将多输入系统转化为单输入系统进行状态反馈设计也并非唯一选择。事实上，人们也可能希望采用一个以上的输入来实现状态反馈，以提高系统的可靠性和抗干扰能力。

6.4.3 按极点配置设计状态观测器

实际工程中，并不是所有的内部状态变量都可以直接测量，采用全状态反馈是不现实的，尤其对于高阶系统。因此，常用的方法是设计一个状态观测器来重构出全部或部分状态，记 $\hat{\boldsymbol{X}}(k)$ 为实际状态 $\boldsymbol{X}(k)$ 的重构或估计值。状态观测器有很多不同的形式和构造方法，本节只介绍由全阶观测器组成的具有量测输出信息修正功能的状态反馈闭环系统，如图 6-20 所示。

图中，$\boldsymbol{A}$、$\boldsymbol{B}$、$\boldsymbol{C}$ 分别为原系统和状态观测器的 $n\times n$、$n\times m$、$p\times n$ 维系数矩阵；$\boldsymbol{L}$ 为要设计的闭环状态观测器中的误差反馈增益矩阵。它是用观测状态 $\hat{\boldsymbol{X}}(k)$ 通过状态反馈增益矩阵 $\boldsymbol{K}$ 来产生反馈信号而形成的带观测器的状态反馈控制系统。

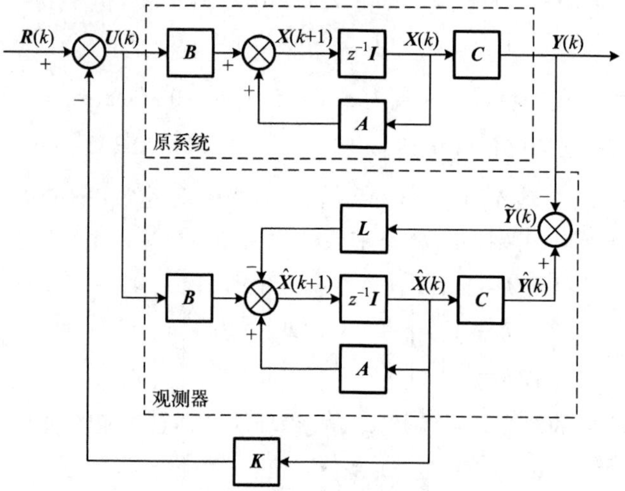

图 6-20　带观测器的状态反馈闭环系统结构图

1. 闭环状态观测器设计

设状态完全可测的原系统的状态空间模型为

$$\begin{cases}\boldsymbol{X}(k+1)=\boldsymbol{A}\boldsymbol{X}(k)+\boldsymbol{B}\boldsymbol{U}(k)\\ \boldsymbol{Y}(k)=\boldsymbol{C}\boldsymbol{X}(k)\end{cases}\tag{6-108}$$

包含误差反馈增益矩阵 $\boldsymbol{L}$ 的状态观测器的状态空间模型为

$$\begin{cases}\hat{\boldsymbol{X}}(k+1)=\boldsymbol{A}\hat{\boldsymbol{X}}(k)-\boldsymbol{L}[\hat{\boldsymbol{Y}}(k)-\boldsymbol{Y}(k)]+\boldsymbol{B}\boldsymbol{U}(k)\\ \qquad\qquad\;=(\boldsymbol{A}-\boldsymbol{L}\boldsymbol{C})\hat{\boldsymbol{X}}(k)+\boldsymbol{B}\boldsymbol{U}(k)+\boldsymbol{L}\boldsymbol{Y}(k)\\ \hat{\boldsymbol{Y}}(k)=\boldsymbol{C}\hat{\boldsymbol{X}}(k)\end{cases}\tag{6-109}$$

式中，$\hat{\boldsymbol{X}}(k)$ 是 $n\times 1$ 维观测状态矩阵；$\boldsymbol{L}$ 是 $n\times m$ 维误差反馈增益矩阵，起到对观测误差修正和补偿的作用；$\boldsymbol{U}(k)$ 是 $m\times 1$ 维控制向量。

由于 $\hat{\boldsymbol{X}}(k+1)$ 是在 k 时刻观测值 $\hat{\boldsymbol{X}}(k)$ 和观测器输入量[$\boldsymbol{U}(k)$, $\boldsymbol{Y}(k)$]的基础上对 $k+1$ 时刻观测值的预报，因此式(6-109)的观测器称为预报观测器，是一种比较常用的观测器。

进一步得到含误差反馈增益矩阵 $\boldsymbol{L}$ 的状态观测器的状态方程为

$$\hat{\boldsymbol{X}}(k+1)=(\boldsymbol{A}-\boldsymbol{L}\boldsymbol{C})\hat{\boldsymbol{X}}(k)+\boldsymbol{L}\boldsymbol{C}\boldsymbol{X}(k)+\boldsymbol{B}\boldsymbol{U}(k)$$

若记 $\tilde{\boldsymbol{X}}(k)=\hat{\boldsymbol{X}}(k)-\boldsymbol{X}(k)$ 为观测误差，则由上式与式(6-108)中的状态方程，可得到状态重构误差方程为

$$\begin{aligned}\tilde{\boldsymbol{X}}(k+1)&=\hat{\boldsymbol{X}}(k+1)-\boldsymbol{X}(k+1)\\ &=\boldsymbol{A}[\hat{\boldsymbol{X}}(k)-\boldsymbol{X}(k)]-\boldsymbol{L}\boldsymbol{C}[\hat{\boldsymbol{X}}(k)-\boldsymbol{X}(k)]=(\boldsymbol{A}-\boldsymbol{L}\boldsymbol{C})\tilde{\boldsymbol{X}}(k)\end{aligned}\tag{6-110}$$

可见，观测误差与输入 $\boldsymbol{U}(k)$ 无关，其动态特性由矩阵 $\boldsymbol{A}-\boldsymbol{LC}$ 决定。误差方程的特征方程可表示为

$$\det[z\boldsymbol{I}-(\boldsymbol{A}-\boldsymbol{LC})]=0 \tag{6-111}$$

由于 $\boldsymbol{L}$ 是闭环观测器的误差反馈增益矩阵，如果适当设计矩阵 $\boldsymbol{L}$，就使矩阵 $\boldsymbol{A}-\boldsymbol{LC}$ 的特征值配置在 z 平面单位圆内的任意需要位置上(如具有快速收敛特性)，进而使得重构的误差状态 $\tilde{\boldsymbol{X}}(k)=\hat{\boldsymbol{X}}(k)-\boldsymbol{X}(k)$ 尽快衰减到零，即 $\hat{\boldsymbol{X}}(k)$ 尽快等于 $\boldsymbol{X}(k)$。这样，观测器的状态估计值 $\hat{\boldsymbol{X}}(k)$ 就可以近似地代表原系统的状态 $\boldsymbol{X}(k)$，并用 $\hat{\boldsymbol{X}}(k)$ 代替 $\boldsymbol{X}(k)$ 作为状态反馈信号。因此，状态观测器设计的基本问题就转化为对误差反馈增益矩阵 $\boldsymbol{L}$ 的设计问题。当然，上述状态重构及反馈要求原系统一定是状态完全可测的。

状态观测器的极点配置问题与前面讨论的状态反馈极点配置问题类似，有系数匹配法、可测标准型法和阿克曼公式法。

设期望的观测器闭环极点为 $z_i(i=1,2,\cdots,n)$，则系数匹配法闭环特征方程为

$$\alpha_{\mathrm{L}}^*(z)=\prod_{i=1}^{n}(z-z_i)=(z-z_1)(z-z_2)\cdots(z-z_n)=0 \tag{6-112}$$

为了获得所需要的状态重构性能，应有

$$\det[z\boldsymbol{I}-(\boldsymbol{A}-\boldsymbol{LC})]=\alpha_{\mathrm{L}}^*(z) \tag{6-113}$$

若将式(6-113)展开并比较两边 z 的同幂次系数，一共可得 n 个代数方程。对于单输入单输出的情况，$\boldsymbol{L}$ 中未知元素的个数与方程的个数相等，可获得 $\boldsymbol{L}$ 的唯一解。因此，下面只讨论单变量系统情况($m=1$)，即 $\boldsymbol{K}$ 是 $1\times n$ 维状态反馈增益矩阵，$\boldsymbol{L}$ 是 $n\times 1$ 维误差反馈增益矩阵。

注意到状态反馈设计与状态观测器设计具有对偶关系，即

$$\boldsymbol{A}\to\boldsymbol{A}^{\mathrm{T}},\ \boldsymbol{B}\to\boldsymbol{C}^{\mathrm{T}},\ \boldsymbol{C}\to\boldsymbol{B}^{\mathrm{T}},\ \boldsymbol{K}\to\boldsymbol{L}^{\mathrm{T}}$$

则利用求状态反馈增益矩阵的阿克曼公式(6-105)，有

$$\boldsymbol{L}^{\mathrm{T}}=[1\quad 0\quad \cdots\quad 0][(\boldsymbol{A}^{n-1})^{\mathrm{T}}\boldsymbol{C}^{\mathrm{T}}\quad \cdots\quad \boldsymbol{A}^{\mathrm{T}}\boldsymbol{C}^{\mathrm{T}}\quad \boldsymbol{C}^{\mathrm{T}}]^{-1}\alpha_{\mathrm{L}}^*(\boldsymbol{A}^{\mathrm{T}}) \tag{6-114}$$

即

$$\boldsymbol{L}=\alpha_{\mathrm{L}}^*(\boldsymbol{A})\begin{bmatrix}\boldsymbol{CA}^{n-1}\\ \vdots\\ \boldsymbol{CA}\\ \boldsymbol{C}\end{bmatrix}^{-1}\begin{bmatrix}1\\0\\ \vdots\\0\end{bmatrix} \tag{6-115}$$

2. 用可测标准型法设计观测器

通常将状态完全可测的原系统变换成可测标准型来设计观测器的误差反馈增益矩阵 $\boldsymbol{L}$。

设原系统如式(6-108)所示，若为状态完全可测的，则可构造如式(6-54)所示的变换矩阵，

$$\boldsymbol{Q}=\begin{bmatrix}1 & a_{n-1} & \cdots & a_2 & a_1\\ 0 & 1 & \cdots & a_3 & a_2\\ \vdots & \vdots & & \vdots & \vdots\\ 0 & 0 & \cdots & 1 & a_{n-1}\\ 0 & 0 & \cdots & 0 & 1\end{bmatrix}\begin{bmatrix}\boldsymbol{CA}^{n-1}\\ \boldsymbol{CA}^{n-2}\\ \vdots\\ \boldsymbol{CA}\\ \boldsymbol{C}\end{bmatrix} \tag{6-116}$$

由此得可测标准型状态空间模型为

$$\begin{cases} \bar{\boldsymbol{X}}(k+1) = \bar{\boldsymbol{A}}\bar{\boldsymbol{X}}(k) + \bar{\boldsymbol{B}}\boldsymbol{U}(k) \\ \boldsymbol{Y}(k) = \bar{\boldsymbol{C}}\bar{\boldsymbol{X}}(k) \end{cases} \tag{6-117}$$

式中，

$$\bar{\boldsymbol{A}} = \boldsymbol{QAQ}^{-1} = \begin{bmatrix} 0 & 0 & \cdots & 0 & -a_0 \\ 1 & 0 & \cdots & 0 & -a_1 \\ 0 & 1 & \cdots & 0 & -a_2 \\ \vdots & \vdots & & \vdots & \vdots \\ 0 & 0 & \cdots & 1 & -a_{n-1} \end{bmatrix}, \quad \bar{\boldsymbol{B}} = \boldsymbol{QB}, \quad \bar{\boldsymbol{C}} = \boldsymbol{CQ}^{-1} = [0 \quad \cdots \quad 0 \quad 1]$$

设对应的可测标准型误差反馈增益矩阵为

$$\bar{\boldsymbol{L}} = \begin{bmatrix} \bar{l}_1 \\ \bar{l}_2 \\ \vdots \\ \bar{l}_n \end{bmatrix} \tag{6-118}$$

因而有

$$\bar{\boldsymbol{L}}\bar{\boldsymbol{C}} = \begin{bmatrix} 0 & 0 & \cdots & \bar{l}_1 \\ 0 & 0 & \cdots & \bar{l}_2 \\ \vdots & \vdots & & \vdots \\ 0 & 0 & \cdots & \bar{l}_n \end{bmatrix} \tag{6-119}$$

$$\bar{\boldsymbol{A}} - \bar{\boldsymbol{L}}\bar{\boldsymbol{C}} = \begin{bmatrix} 0 & 0 & \cdots & -(a_0 + \bar{l}_1) \\ 0 & 0 & \cdots & -(a_1 + \bar{l}_2) \\ \vdots & \vdots & & \vdots \\ 0 & 0 & \cdots & -(a_{n-1} + \bar{l}_n) \end{bmatrix} \tag{6-120}$$

可知其特征方程为

$$\det[z\boldsymbol{I} - (\bar{\boldsymbol{A}} - \bar{\boldsymbol{L}}\bar{\boldsymbol{C}})] = z^n + (a_{n-1} + \bar{l}_n)z^{n-1} + \cdots + (a_1 + \bar{l}_2)z + (a_0 + \bar{l}_1) = 0 \tag{6-121}$$

设所设计观测器的特征值指定为 z_i，则可得到期望观测器的特征方程为

$$\alpha_{\mathrm{L}}^*(z) = \prod_{i=1}^{n}(z - z_i) = z^n + \bar{a}_{n-1}z^{n-1} + \cdots + \bar{a}_1 z + \bar{a}_0 = 0 \tag{6-122}$$

比较式(6-121)和式(6-122)，就可确定对应的可测标准型情况下误差反馈增益矩阵 $\bar{\boldsymbol{L}}$ 的全部元素：

$$\begin{cases} \bar{l}_1 = \bar{a}_0 - a_0 \\ \bar{l}_2 = \bar{a}_1 - a_1 \\ \vdots \\ \bar{l}_n = \bar{a}_{n-1} - a_{n-1} \end{cases} \tag{6-123}$$

对应于原系统观测器的误差反馈增益矩阵 $\boldsymbol{L}$ 为

$$L = Q^{-1}\bar{L} = \begin{bmatrix} l_1 \\ l_2 \\ \vdots \\ l_n \end{bmatrix} \tag{6-124}$$

例 6-22　设离散系统的状态空间模型为

$$\begin{cases} X(k+1) = \begin{bmatrix} 0 & 1 \\ -1 & 1 \end{bmatrix} X(k) + \begin{bmatrix} 0 \\ 1 \end{bmatrix} u(k) \\ y(k) = [2 \quad 0] X(k) \end{cases}$$

试确定状态观测器，要求观测器的极点为 $z_{1,2} = 0.2$ 。

解：由题意知原系统 $n = 2$，则

$$\operatorname{rank}\begin{bmatrix} C \\ CA \end{bmatrix} = \operatorname{rank}\begin{bmatrix} 2 & 0 \\ 0 & 2 \end{bmatrix} = 2$$

可知系原统状态完全可测。

本例为单输入单输出系统，特征方程 $\det[zI - A] = z^2 - z + 1 = 0$ ，故系数 $a_0 = 1$ ， $a_1 = -1$ 。设观测器的误差反馈增益矩阵 $L = [l_1 \quad l_2]^{\mathrm{T}}$ ，观测器的期望特征方程为 $\alpha_{\mathrm{L}}^*(z) = (z - 0.2)^2 = z^2 - 0.4z + 0.04 = 0$ 。下面给出三种求解方法。

(1) 系数匹配法。

观测器的特征矩阵为

$$A - LC = \begin{bmatrix} -2l_1 & 1 \\ -1 - 2l_2 & 1 \end{bmatrix}$$

可得观测器系统的特征方程为

$$\begin{aligned} \det[zI - (A - LC)] &= \det\begin{bmatrix} z + 2l_1 & -1 \\ 1 + 2l_2 & z - 1 \end{bmatrix} \\ &= z^2 + (2l_1 - 1)z + (1 - 2l_1 + 2l_2) \\ &= 0 \end{aligned}$$

对比上式与 $\alpha_{\mathrm{L}}^*(z)$ 的对应系数，有

$$\begin{cases} 2l_1 - 1 = -0.4 \\ 1 - 2l_1 + 2l_2 = 0.04 \end{cases}$$

解得

$$L = [0.3 \quad -0.18]^{\mathrm{T}}$$

(2) 可测标准型法。

将原系统变换成可测标准型的变换矩阵为

$$Q = \begin{bmatrix} C \\ CA \end{bmatrix} \begin{bmatrix} a_1 & 1 \\ 1 & 0 \end{bmatrix} = \begin{bmatrix} 2 & 0 \\ 0 & 2 \end{bmatrix} \begin{bmatrix} -1 & 1 \\ 1 & 0 \end{bmatrix} = \begin{bmatrix} -2 & 2 \\ 2 & 0 \end{bmatrix}, \quad Q^{-1} = \begin{bmatrix} 0 & 0.5 \\ 0.5 & 0.5 \end{bmatrix}$$

设可测标准型情况下误差反馈增益矩阵 $\bar{L} = [\bar{l}_1 \quad \bar{l}_2]^{\mathrm{T}}$ ，由式(6-121)可得其特征方程为

$$\det[z\boldsymbol{I}-(\overline{\boldsymbol{A}}-\overline{\boldsymbol{L}}\overline{\boldsymbol{C}})]=z^n+(a_{n-1}+\overline{l}_n)z^{n-1}+\cdots+(a_1+\overline{l}_2)z+(a_0+\overline{l}_1)=0$$

由期望特征方程 $\alpha_{\mathrm{L}}^*(z)$ 可知，$\overline{a}_0=0.04$，$\overline{a}_1=-0.4$，对比上式则有

$$\begin{cases}\overline{l}_1=\overline{a}_0-a_0=0.04-1=-0.96\\ \overline{l}_2=\overline{a}_1-a_1=-0.4+1=0.6\end{cases}$$

于是

$$\overline{\boldsymbol{L}}=[-0.96\quad 0.6]^{\mathrm{T}}$$

对应于原系统观测器的误差反馈增益矩阵 $\boldsymbol{L}$ 为

$$\boldsymbol{L}=\boldsymbol{Q}^{-1}\overline{\boldsymbol{L}}=\begin{bmatrix}0 & 0.5\\ 0.5 & 0.5\end{bmatrix}\begin{bmatrix}-0.96\\ 0.6\end{bmatrix}=\begin{bmatrix}0.3\\ -0.18\end{bmatrix}$$

(3) 阿克曼公式法。

由 $\alpha_{\mathrm{L}}^*(z)$ 方程知

$$\alpha_{\mathrm{L}}^*(\boldsymbol{A})=\boldsymbol{A}^2-0.4\boldsymbol{A}+0.04=\begin{bmatrix}-0.96 & 0.6\\ -0.6 & -0.36\end{bmatrix}$$

则

$$\boldsymbol{L}=\alpha_{\mathrm{L}}^*(\boldsymbol{A})\begin{bmatrix}\boldsymbol{CA}\\ \boldsymbol{C}\end{bmatrix}^{-1}\begin{bmatrix}1\\ 0\end{bmatrix}=\begin{bmatrix}-0.96 & 0.6\\ -0.6 & -0.36\end{bmatrix}\begin{bmatrix}0 & 2\\ 2 & 0\end{bmatrix}^{-1}\begin{bmatrix}1\\ 0\end{bmatrix}=\begin{bmatrix}-0.96 & 0.6\\ -0.6 & -0.36\end{bmatrix}\begin{bmatrix}0 & 0.5\\ 0.5 & 0\end{bmatrix}\begin{bmatrix}1\\ 0\end{bmatrix}=\begin{bmatrix}0.3\\ -0.18\end{bmatrix}$$

例 6-22 中，利用 MATLAB 进行求解的脚本程序如下。

```
A = [0 1; -1 1];                    %离散状态空间模型参数
C = [2 0];                          %离散状态空间模型参数
p = [0.2; 0.2];                     %期望闭环极点
L = acker(A', C', p)'               %观测器误差反馈增益矩阵 L
```

以上设计的观测器方程为

$$\hat{\boldsymbol{X}}(k+1)=(\boldsymbol{A}-\boldsymbol{LC})\hat{\boldsymbol{X}}(k)+\boldsymbol{B}u(k)+\boldsymbol{L}y(k)=\begin{bmatrix}-0.6 & 1\\ -0.64 & 1\end{bmatrix}\hat{\boldsymbol{X}}(k)+\begin{bmatrix}0\\ 1\end{bmatrix}u(k)+\begin{bmatrix}0.3\\ -0.18\end{bmatrix}y(k)$$

6.4.4 带观测器的状态反馈控制系统设计

微课视频

6.4.1 节介绍了根据系统闭环极点配置状态反馈控制，6.4.3 节给出了根据观测器极点设计状态观测器。如果将两部分结合在一起，如图 6-21 所示，则实际的闭环系统是 2n 阶系统。那么，设计状态反馈的极点配置与观测器的极点配置是否相互影响呢？

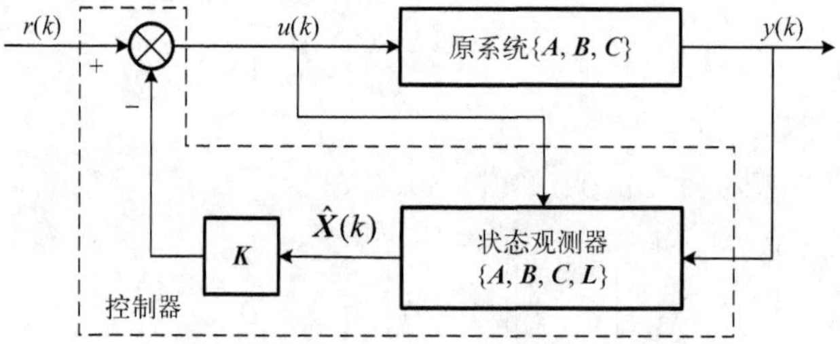

图 6-21　带状态观测器的反馈控制系统

1. 带观测器的状态反馈控制系统设计原则

不失一般性，仍然考虑如式(6-108)所示的被控对象系统，其状态完全可测可控。引入状态反馈为

$$u(k)=r(k)-\boldsymbol{K}\hat{\boldsymbol{X}}(k) \tag{6-125}$$

将式(6-125)代入式(6-108)，得状态反馈控制系统状态方程为

$$\boldsymbol{X}(k+1)=\boldsymbol{AX}(k)+\boldsymbol{B}[r(k)-\boldsymbol{K}\hat{\boldsymbol{X}}(k)]=\boldsymbol{AX}(k)-\boldsymbol{BK}\hat{\boldsymbol{X}}(k)+\boldsymbol{B}r(k) \tag{6-126}$$

设观测器为预报观测器，即

$$\begin{aligned}\hat{\boldsymbol{X}}(k+1)&=(\boldsymbol{A}-\boldsymbol{LC})\hat{\boldsymbol{X}}(k)+\boldsymbol{B}u(k)+\boldsymbol{L}y(k)\\&=(\boldsymbol{A}-\boldsymbol{LC})\hat{\boldsymbol{X}}(k)+\boldsymbol{B}r(k)-\boldsymbol{BK}\hat{\boldsymbol{X}}(k)+\boldsymbol{L}y(k)\end{aligned} \tag{6-127}$$

根据式(6-126)和式(6-127)可得观测器的观测误差方程为

$$\begin{aligned}\tilde{\boldsymbol{X}}(k+1)&=\hat{\boldsymbol{X}}(k+1)-\boldsymbol{X}(k+1)\\&=\boldsymbol{A}[\hat{\boldsymbol{X}}(k)-\boldsymbol{X}(k)]-\boldsymbol{LC}[\hat{\boldsymbol{X}}(k)-\boldsymbol{X}(k)]=(\boldsymbol{A}-\boldsymbol{LC})\tilde{\boldsymbol{X}}(k)\end{aligned} \tag{6-128}$$

将 $\tilde{\boldsymbol{X}}(k)=\hat{\boldsymbol{X}}(k)-\boldsymbol{X}(k)$ 代入式(6-126)得

$$\begin{aligned}\boldsymbol{X}(k+1)&=\boldsymbol{AX}(k)-\boldsymbol{BK}[\tilde{\boldsymbol{X}}(k)+\boldsymbol{X}(k)]+\boldsymbol{B}r(k)\\&=[\boldsymbol{A}-\boldsymbol{BK}]\boldsymbol{X}(k)-\boldsymbol{BK}\tilde{\boldsymbol{X}}(k)+\boldsymbol{B}r(k)\end{aligned} \tag{6-129}$$

将式(6-128)与式(6-129)联立成一个复合系统，即组成带观测器的状态反馈控制系统的整体，其状态空间模型为

$$\begin{cases}\begin{bmatrix}\boldsymbol{X}(k+1)\\\tilde{\boldsymbol{X}}(k+1)\end{bmatrix}=\begin{bmatrix}\boldsymbol{A}-\boldsymbol{BK} & -\boldsymbol{BK}\\0 & \boldsymbol{A}-\boldsymbol{LC}\end{bmatrix}\begin{bmatrix}\boldsymbol{X}(k)\\\tilde{\boldsymbol{X}}(k)\end{bmatrix}+\begin{bmatrix}\boldsymbol{B}\\0\end{bmatrix}r(k)\\y(k)=[\boldsymbol{C}\quad 0]\begin{bmatrix}\boldsymbol{X}(k)\\\tilde{\boldsymbol{X}}(k)\end{bmatrix}\end{cases} \tag{6-130}$$

由于状态方程的状态矩阵是一个分块的三角形矩阵，因此，其特征方程为

$$\begin{aligned}\det\left[z\boldsymbol{I}-\begin{bmatrix}\boldsymbol{A}-\boldsymbol{BK} & -\boldsymbol{BK}\\0 & \boldsymbol{A}-\boldsymbol{LC}\end{bmatrix}\right]&=\det\begin{bmatrix}z\boldsymbol{I}-\boldsymbol{A}+\boldsymbol{BK} & \boldsymbol{BK}\\0 & z\boldsymbol{I}-\boldsymbol{A}+\boldsymbol{LC}\end{bmatrix}\\&=\det[z\boldsymbol{I}-\boldsymbol{A}+\boldsymbol{BK}]\cdot\det[z\boldsymbol{I}-\boldsymbol{A}+\boldsymbol{LC}]\\&=\alpha_{\mathrm{K}}(z)\alpha_{\mathrm{L}}(z)=0\end{aligned} \tag{6-131}$$

由此可见，带观测器的状态反馈控制系统特征方程由两部分组成：一部分是不带观测器的直接状态反馈控制系统特征方程，即

$$\alpha_{\mathrm{K}}(z)=\det[z\boldsymbol{I}-\boldsymbol{A}+\boldsymbol{BK}]=0 \tag{6-132}$$

另一部分是误差反馈增益矩阵 $\boldsymbol{L}$ 的观测器特征方程，即

$$\alpha_{\mathrm{L}}(z)=\det[z\boldsymbol{I}-\boldsymbol{A}+\boldsymbol{LC}]=0 \tag{6-133}$$

由上分析可知，在进行带观测器的状态反馈控制系统设计时，可将状态反馈增益矩阵 $\boldsymbol{K}$ 与误差反馈增益矩阵 $\boldsymbol{L}$ 分开进行设计，两者互不影响。这就说明，状态反馈控制系统的动态性能与观测器的动态性能之间也是互相独立的。这样的特性叫做“分离特性”。在实际工作中

通常要求观测器的衰减速度比状态反馈控制系统的衰减速度略微快一点，即观测器特征值的实部略小于状态反馈控制系统特征值的实部。如果观测器比状态反馈控制系统的衰减速度快很多，就会对干扰作用过于敏感，这也是不希望的。一般地，先根据闭环系统性能指标要求确定相应的控制极点，即系统主导极点，可用极点配置法或最优控制理论的方法对状态反馈增益矩阵 $\boldsymbol{K}$ 进行设计；对误差反馈增益矩阵 $\boldsymbol{L}$ 的设计要根据输出量测噪声的情况，可按观测器状态跟踪速度为控制极点所对应系统响应速度的 2～6 倍来选择观测器极点，有时也需要与控制极点进行综合考虑以及通过仿真研究来进行设计和确定。若对象参数不准或对象通道干扰使观测值与真实值偏差较大，则 $\boldsymbol{L}$ 应取得大些；若输出量测噪声严重，则 $\boldsymbol{L}$ 应取得小些。

2. 带观测器的状态反馈控制器设计

根据“分离特性”原理，按极点配置设计的反馈控制系统可以分为两个独立的部分：一是根据所量测到的输出 $y(k)$ 按极点配置重构出状态 $\hat{\boldsymbol{X}}(k)$，即设计出误差反馈增益矩阵 $\boldsymbol{L}$；二是假设全部重构的状态 $\hat{\boldsymbol{X}}(k)$ 可用于反馈，按极点配置原理设计状态反馈控制规律 $u(k)$。由此构成的数字控制器即为如图 6-21 所示的虚线部分。

不失一般性，引入的状态反馈控制规律为

$$u(k) = r(k) - \boldsymbol{K}\hat{\boldsymbol{X}}(k) \tag{6-134}$$

以式(6-127)预报观测器为例，将式(6-134)代入观测器方程，有

$$\hat{\boldsymbol{X}}(k+1) = [\boldsymbol{A} - \boldsymbol{BK} - \boldsymbol{LC}]\hat{\boldsymbol{X}}(k) + \boldsymbol{B}r(k) + \boldsymbol{L}y(k) \tag{6-135}$$

式(6-134)和式(6-135)就是带观测器的状态反馈控制器的完整状态空间描述。其中，式(6-134)为控制器的输出方程，式(6-135)为控制器的状态方程。可见该数字控制器的特性主要由矩阵 $\boldsymbol{A} - \boldsymbol{BK} - \boldsymbol{LC}$ 确定，其特征方程为

$$\det[\boldsymbol{A} - \boldsymbol{BK} - \boldsymbol{LC}] = 0 \tag{6-136}$$

对于单输入单输出系统，该控制器可视为一个数字滤波器，并可以写出其 z 传递函数形式。

程序分析

例 6-23　如图 6-22(a)所示通信卫星的空间姿态通常是通过其三轴姿态控制系统来完成的。考虑其单轴姿态控制方式如图 6-22(b)所示，设采样周期 $T = 0.1\text{s}$。试设计带观测器的状态反馈控制规律，以保持卫星在该轴上的姿态，并要求：

(1) 闭环系统的性能指标为超调量小于 16%、上升时间小于 0.5s、过渡过程时间小于 2.55s；

(2) 观测器极点所对应的衰减速度比控制极点所对应的衰减速度快约 3 倍。

解：(1) 控制对象模型的建立。

单轴姿态控制的牛顿运动方程可表示为

$$J\ddot{\theta} = F_{\text{C}}d + M_{\text{D}}$$

式中，J 为卫星关于其质心的转动惯量；θ 为卫星姿态的偏移角；M_{D} 为卫星所受微小干扰力矩；$F_{\text{C}} \cdot d = M_{\text{C}}$ 为单轴姿态控制发动机发出喷射气流所产生的控制力矩。

在不考虑系统干扰力矩 M_{D} 的情况下，令 $u = M_{\text{C}} / J$，则 $\ddot{\theta} = u$。将 u 作为该单轴姿态控制中被控对象的控制输入量，$y = \theta$ 为被控参数，可得卫星单轴控制力矩与其姿态的传递函数为

$$G(s) = \frac{\theta(s)}{M_{\text{C}}(s)} = \frac{Y(s)}{U(s)} = \frac{1}{s^2}$$

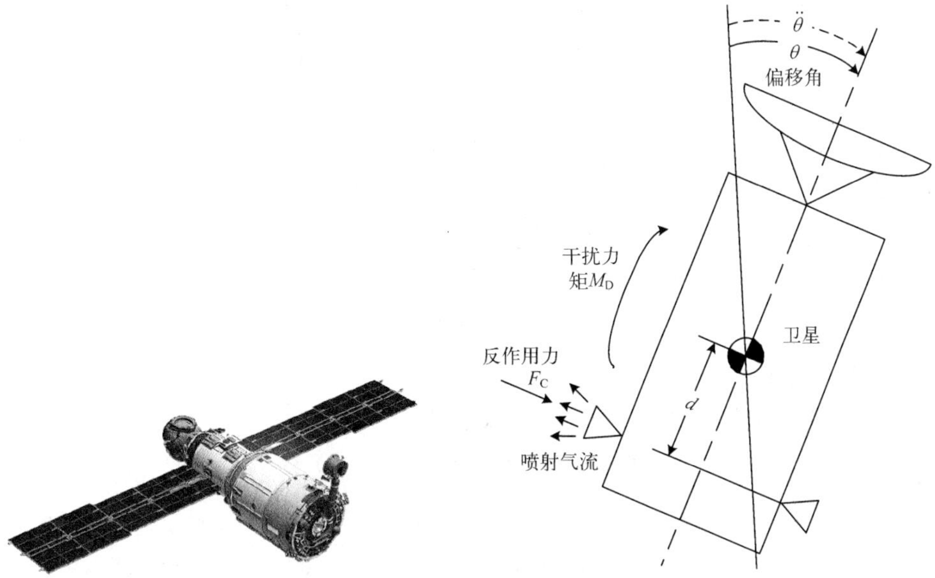

(a) 通信卫星　　(b) 单轴姿态控制

图 6-22　卫星姿态控制系统

可知卫星姿态控制对象为双容积分特性，其结构框图如图 6-23 所示。

选择状态变量

$$x_1(t)=\dot{\theta}(t),\quad x_2(t)=\dot{x}_1(t)=\dot{\theta}(t),\quad \dot{x}_2(t)=u(t)=\ddot{\theta}(t)$$

可得控制对象的连续状态空间模型为

$$\begin{cases}\begin{bmatrix}\dot{x}_1(t)\\ \dot{x}_2(t)\end{bmatrix}=\begin{bmatrix}0 & 1\\ 0 & 0\end{bmatrix}\begin{bmatrix}x_1(t)\\ x_2(t)\end{bmatrix}+\begin{bmatrix}0\\ 1\end{bmatrix}u(t)\\ y(t)=[1\quad 0]\begin{bmatrix}x_1(t)\\ x_2(t)\end{bmatrix}\end{cases}$$

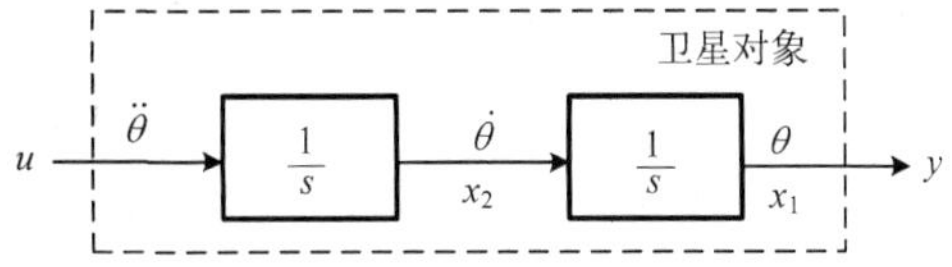

图 6-23　卫星姿态控制对象框图

在 $T=0.1$s 时加零阶保持器将其离散化，可得广义被控对象的离散状态空间模型为

$$\begin{cases}\begin{bmatrix}x_1(k+1)\\ x_2(k+1)\end{bmatrix}=\begin{bmatrix}1 & 0.1\\ 0 & 1\end{bmatrix}\begin{bmatrix}x_1(k)\\ x_2(k)\end{bmatrix}+\begin{bmatrix}0.005\\ 0.1\end{bmatrix}u(k)\\ y(k)=[1\quad 0]\begin{bmatrix}x_1(k)\\ x_2(k)\end{bmatrix}\end{cases}$$

式中，$\boldsymbol{A}=\begin{bmatrix}1 & 0.1\\ 0 & 1\end{bmatrix}$；$\boldsymbol{B}=\begin{bmatrix}0.005\\ 0.1\end{bmatrix}$；$\boldsymbol{C}=[1\quad 0]$。

(2) 设计指标的转换。

据题意给定的时域指标，可求得对应的 s 域指标为

$$\zeta = 0.6(1 - M_{\rm p}) = 0.6(1 - 0.16) \approx 0.5$$

$$\omega_{\rm n} = 1.8 / t_{\rm r} = 1.8 / 0.5 = 3.6({\rm rad/s})$$

$$\sigma = 4.6 / t_{\rm s} = 4.6 / 2.55 \approx 1.8$$

这样，闭环系统的性能相当于阻尼系数$\zeta = 0.5$和无阻尼自然频率$\omega_{\rm n} = 3.6{\rm rad/s}$的二阶连续系统。

(3) 状态反馈规律设计。

由于要求保持卫星的姿态，通过维持控制力矩与当前惯性参考方向一致，来维持角度$\theta = 0$不变。因此，该系统属于调节问题，可考虑$r(k) = 0$，则引入状态反馈控制规律为

$$u(k) = -\boldsymbol{K}\boldsymbol{X}(k)$$

式中，$\boldsymbol{K} = [k_1 \quad k_2]$。

于是得到状态反馈控制系统的离散状态方程为

$$\boldsymbol{X}(k+1) = (\boldsymbol{A} - \boldsymbol{B}\boldsymbol{K})\boldsymbol{X}(k)$$

其闭环特征方程为

$$\det[z\boldsymbol{I} - \boldsymbol{A} + \boldsymbol{B}\boldsymbol{K}] = z^2 + (0.005k_1 + 0.1k_2 - 2)z + (0.005k_1 - 0.1k_2 + 1) = 0$$

根据$\zeta = 0.5$和$\omega_{\rm n} = 3.6{\rm rad/s}$的要求，可求出$s$平面的两个期望控制极点为

$$s_{1,2} = -\zeta\omega_{\rm n} \pm {\rm j}\omega_{\rm n}\sqrt{1-\zeta^2} = -1.8 \pm {\rm j}3.12$$

进一步根据$z = {\rm e}^{sT}$的映射关系可得z平面的两个期望控制极点为

$$z_{1,2} = {\rm e}^{(-1.8 \pm {\rm j}3.12) \times 0.1} = 0.835 \pm {\rm j}0.25$$

从而求得期望的闭环特征方程为

$$\alpha_{\rm K}^*(z) = (z - z_1)(z - z_2) = z^2 - 1.6z + 0.7 = 0$$

与状态反馈特征方程进行比较，可求出

$$\boldsymbol{K} = [k_1 \quad k_2] = [10 \quad 3.5]$$

例 6-23(3)中利用 MATLAB 进行求解的脚本程序如下。

```
A = [1 0.1; 0 1];                    %离散状态空间模型参数
B = [0.005; 0.1];                    %离散状态空间模型参数
p = [0.8+i*0.25; 0.8–i*0.25];        %期望闭环极点
K = acker(A, B, p)                   %状态反馈增益矩阵 K
```

(4) 观测器设计。

由于系统输出量测中不存在较大的噪声，这里根据题意按观测器的极点所对应的衰减速度比控制极点所对应的衰减速度快约 3 倍的要求来设计观测器，故选择观测器的两个期望极点为

$$z_{1,2} = {\rm e}^{-1.8 \times T \times 3} = ({\rm e}^{-1.8 \times 0.1})^3 = {\rm e}^{-0.54} \approx 0.58$$

由此可得观测器的期望特征方程为

$$\alpha_{\rm L}^*(z) = (z - 0.58)^2 = z^2 - 1.16z + 0.336 = 0$$

选择式(6-109)预报观测器形式，即

$$\hat{\boldsymbol{X}}(k+1)=(\boldsymbol{A}-\boldsymbol{L}\boldsymbol{C})\hat{\boldsymbol{X}}(k)+\boldsymbol{B}u(k)+\boldsymbol{L}y(k)$$

式中，$\boldsymbol{L}=[l_1 \quad l_2]^{\mathrm{T}}$。

可得观测器的特征方程为

$$\det[(z\boldsymbol{I}-\boldsymbol{A}+\boldsymbol{L}\boldsymbol{C})=z^2+(l_1-2)z+(0.1l_2-l_1+1)=0$$

与期望特征方程 $\alpha_{\mathrm{L}}^*(z)$ 对比，有

$$l_1-2=-1.16, \qquad 0.1l_2-l_1+1=0.336$$

解之，得

$$\boldsymbol{L}=\begin{bmatrix} l_1 \\ l_2 \end{bmatrix}=\begin{bmatrix} 0.84 \\ 1.76 \end{bmatrix}$$

例 6-23(4)中利用 MATLAB 进行求解的脚本程序如下。

```
A = [1 0.1; 0 1];                  %离散状态空间模型参数
C = [1 0];                         %离散状态空间模型参数
p = [0.58; 0.58];                  %期望闭环极点
L = acker(A', C', p)'              %观测器误差反馈增益矩阵 L
```

(5) 带观测器的状态反馈数字控制器设计。

将上述观测器与状态反馈控制规律综合起来，即得到带观测器的状态反馈数字控制器为

$$\begin{cases} \hat{\boldsymbol{X}}(k+1)=(\boldsymbol{A}-\boldsymbol{L}\boldsymbol{C})\hat{\boldsymbol{X}}(k)+\boldsymbol{B}u(k)+\boldsymbol{L}y(k) \\ \qquad\qquad =\begin{bmatrix} 0.16 & 0.1 \\ -1.76 & 1 \end{bmatrix}\hat{\boldsymbol{X}}(k)+\begin{bmatrix} 0.005 \\ 0.1 \end{bmatrix}\boldsymbol{u}(k)+\boldsymbol{L}\boldsymbol{y}(k) \\ u(k)=-\boldsymbol{K}\hat{\boldsymbol{X}}(k) \end{cases}$$

式中，$\boldsymbol{L}=[0.84 \quad 1.76]^{\mathrm{T}}$；$\boldsymbol{K}=[10 \quad 3.5]$。

其控制器结构可用图 6-24 中虚线部分表示。可以看出，对应于本例数字控制器的这种直接算法从输入到输出存在一步迟延。

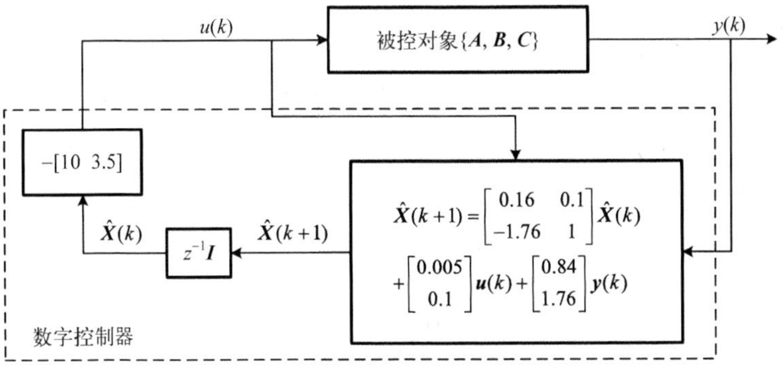

图 6-24　例 6-23 带观测器的数字控制器

对上式取零初始条件下的 z 变换，可得控制器的 z 传递函数形式，即

$$D(z)=\frac{U(z)}{Y(z)}=-\boldsymbol{K}[z\boldsymbol{I}-\boldsymbol{A}+\boldsymbol{B}\boldsymbol{K}+\boldsymbol{L}\boldsymbol{C}]^{-1}\boldsymbol{L}=\frac{-14.56z^{-1}(1-0.8791z^{-1})}{1-0.76z^{-1}+0.2992z^{-2}}$$

本例设计的卫星姿态控制系统在 $\boldsymbol{X}(0)=[0\quad 1]^{\mathrm{T}}$ 干扰下的仿真结果如图 6-25 所示。由图可知，在被控参数初始状态受到某种干扰偏离零期望状态（$\boldsymbol{X}(0)=[0\quad 0]^{\mathrm{T}}$）时，系统输出 $y(k)=x_1(k)$ 在反馈控制规律 $u(k)$ 的作用下，能够较快地将其调节到零状态，并达到期望控制指标的要求。同时，在 $\hat{\boldsymbol{X}}(0)=[0.1\quad 0.8]^{\mathrm{T}}$ 初始条件下，状态观测器的观测值 $\hat{x}_1(k)$ 和 $\hat{x}_2(k)$ 也较好地跟踪了 $x_1(k)$ 与 $x_2(k)$ 的实际状态。

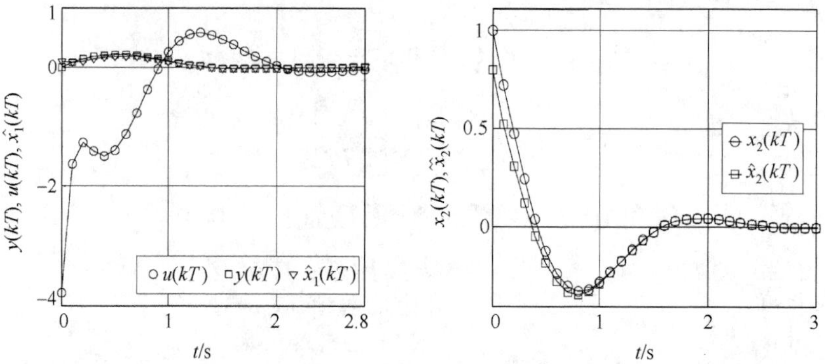

(a) 输出响应 $y(k)$、控制规律 $u(k)$ 与观测值 $\hat{x}_1(k)$　　(b) 实际状态变量 $x_2(k)$ 与观测值 $\hat{x}_2(k)$

图 6-25　例 6-23 的仿真结果

微课视频

6.5　Lyapunov 最优状态反馈设计

本节介绍的 Lyapunov 最优状态反馈闭环系统的结构原理图与采用极点配置设计的状态反馈闭环系统的图 6-17 一样，只不过这里的状态反馈增益矩阵 $\boldsymbol{K}$ 是基于 6.2.3 节介绍的 Lyapunov 稳定性定理来设计的。

设广义被控对象的离散状态方程为

$$\boldsymbol{X}(k+1)=\boldsymbol{A}\boldsymbol{X}(k)+\boldsymbol{B}\boldsymbol{U}(k) \tag{6-137}$$

式中，$\boldsymbol{X}(k)$ 为 $n\times 1$ 维状态向量；$\boldsymbol{U}(k)$ 为 $m\times 1$ 维控制向量；$\boldsymbol{A}$、$\boldsymbol{B}$ 分别为 $n\times n$、$n\times m$ 维矩阵。

控制规律为线性状态反馈，即

$$\boldsymbol{U}(k)=\boldsymbol{R}(k)-\boldsymbol{K}\boldsymbol{X}(k) \tag{6-138}$$

式中，状态反馈增益矩阵 $\boldsymbol{K}$ 为待设计的 $m\times n$ 维矩阵；为方便分析，此时假设系统为参考输入 $\boldsymbol{R}(k)=\boldsymbol{0}$ 的自治系统。

设计的基本假定是原系统（式(6-137)）的自由运动（即 $\boldsymbol{U}(k)=\boldsymbol{0}$ 时）是渐近稳定的，即假定系统矩阵 $\boldsymbol{A}$ 为稳定矩阵，亦即 $\boldsymbol{A}$ 的特征值全部位于 z 平面单位圆内部。

设计的要求是：设计最优状态反馈控制规律 $\boldsymbol{U}(k)$，将系统从任意给定的初态 $\boldsymbol{X}(0)$ 以某种最优意义转移到终态 0（不失一般性，假定终态为状态空间的原点，即系统的平衡位置）。

根据 Lyapunov 稳定性定理 6-3 可知，由于原系统是渐近稳定的，因而可以给定任意一个正定实对称矩阵 $\boldsymbol{Q}$，存在一个正定实对称矩阵 $\boldsymbol{P}$，满足

$$\boldsymbol{A}^{\mathrm{T}}\boldsymbol{P}\boldsymbol{A}-\boldsymbol{P}=-\boldsymbol{Q} \tag{6-139}$$

且 Lyapunov 函数（标量函数）为

$$V[\boldsymbol{X}(k)] = \boldsymbol{X}^{\mathrm{T}}(k)\boldsymbol{P}\boldsymbol{X}(k) \tag{6-140}$$

由式(6-44)知

$$\Delta V[\boldsymbol{X}(k)] = V[\boldsymbol{X}(k+1)] - V[\boldsymbol{X}(k)] = -\boldsymbol{X}^{\mathrm{T}}(k)\boldsymbol{Q}\boldsymbol{X}(k) \tag{6-141}$$

选取性能指标为

$$J = \Delta V[\boldsymbol{X}(k)] = \min \tag{6-142}$$

现在就根据使性能指标式(6-142)最小的最优控制的要求来推导状态反馈增益矩阵 $\boldsymbol{K}$。

由式(6-140)，并考虑到 $\boldsymbol{P}^{\mathrm{T}} = \boldsymbol{P}$，可得

$$\begin{aligned}
\Delta V[\boldsymbol{X}(k)] &= V[\boldsymbol{X}(k+1)] - V[\boldsymbol{X}(k)] = \boldsymbol{X}^{\mathrm{T}}(k+1)\boldsymbol{P}\boldsymbol{X}(k+1) - \boldsymbol{X}^{\mathrm{T}}(k)\boldsymbol{P}\boldsymbol{X}(k) \\
&= \boldsymbol{X}^{\mathrm{T}}(k)(\boldsymbol{A}-\boldsymbol{B}\boldsymbol{K})^{\mathrm{T}}\boldsymbol{P}(\boldsymbol{A}-\boldsymbol{B}\boldsymbol{K})\boldsymbol{X}(k) - \boldsymbol{X}^{\mathrm{T}}(k)\boldsymbol{P}\boldsymbol{X}(k) \\
&= \boldsymbol{X}^{\mathrm{T}}(k)\boldsymbol{A}^{\mathrm{T}}\boldsymbol{P}\boldsymbol{A}\boldsymbol{X}(k) - \boldsymbol{X}^{\mathrm{T}}(k)\boldsymbol{K}^{\mathrm{T}}\boldsymbol{B}^{\mathrm{T}}\boldsymbol{P}\boldsymbol{A}\boldsymbol{X}(k) - \boldsymbol{X}^{\mathrm{T}}(k)\boldsymbol{A}^{\mathrm{T}}\boldsymbol{P}\boldsymbol{B}\boldsymbol{K}\boldsymbol{X}(k) \\
&\quad + \boldsymbol{X}^{\mathrm{T}}(k)\boldsymbol{K}^{\mathrm{T}}\boldsymbol{B}^{\mathrm{T}}\boldsymbol{P}\boldsymbol{B}\boldsymbol{K}\boldsymbol{X}(k) - \boldsymbol{X}^{\mathrm{T}}(k)\boldsymbol{P}\boldsymbol{X}(k) \\
&= \boldsymbol{X}^{\mathrm{T}}(k)\boldsymbol{A}^{\mathrm{T}}\boldsymbol{P}\boldsymbol{A}\boldsymbol{X}(k) + \boldsymbol{U}^{\mathrm{T}}(k)\boldsymbol{B}^{\mathrm{T}}\boldsymbol{P}\boldsymbol{A}\boldsymbol{X}(k) + \boldsymbol{X}^{\mathrm{T}}(k)\boldsymbol{A}^{\mathrm{T}}\boldsymbol{P}\boldsymbol{B}\boldsymbol{U}(k) \\
&\quad + \boldsymbol{U}^{\mathrm{T}}(k)\boldsymbol{B}^{\mathrm{T}}\boldsymbol{P}\boldsymbol{B}\boldsymbol{U}(k) - \boldsymbol{X}^{\mathrm{T}}(k)\boldsymbol{P}\boldsymbol{X}(k)
\end{aligned} \tag{6-143}$$

由于 $V[\boldsymbol{X}(k)]$ 和 $\Delta V[\boldsymbol{X}(k)]$ 是标量函数，式(6-143)右边各项均为标量，所以式(6-143)右边第二项和第三项是相等的。由此，式(6-143)可变为

$$\begin{aligned}
&\Delta V[\boldsymbol{X}(k)] \\
&= \boldsymbol{X}^{\mathrm{T}}(k)\boldsymbol{A}^{\mathrm{T}}\boldsymbol{P}\boldsymbol{A}\boldsymbol{X}(k) + 2\boldsymbol{U}^{\mathrm{T}}(k)\boldsymbol{B}^{\mathrm{T}}\boldsymbol{P}\boldsymbol{A}\boldsymbol{X}(k) + \boldsymbol{U}^{\mathrm{T}}(k)\boldsymbol{B}^{\mathrm{T}}\boldsymbol{P}\boldsymbol{B}\boldsymbol{U}(k) - \boldsymbol{X}^{\mathrm{T}}(k)\boldsymbol{P}\boldsymbol{X}(k)
\end{aligned} \tag{6-144}$$

为了求式(6-142)的最小值，将式(6-144)对 $\boldsymbol{U}(k)$求一阶偏导数，并令其为 0，即

$$\frac{\partial \Delta V[\boldsymbol{X}(k)]}{\partial \boldsymbol{U}(k)} = 0 \tag{6-145}$$

因而有

$$2\boldsymbol{B}^{\mathrm{T}}\boldsymbol{P}\boldsymbol{A}\boldsymbol{X}(k) + 2\boldsymbol{B}^{\mathrm{T}}\boldsymbol{P}\boldsymbol{B}\boldsymbol{U}(k) = 0$$

进一步可得最优状态反馈控制规律表达式为

$$\boldsymbol{U}(k) = -(\boldsymbol{B}^{\mathrm{T}}\boldsymbol{P}\boldsymbol{B})^{-1}\boldsymbol{B}^{\mathrm{T}}\boldsymbol{P}\boldsymbol{A}\boldsymbol{X}(k) = -\boldsymbol{K}\boldsymbol{X}(k) \tag{6-146}$$

于是，可得到基于 Lyapunov 稳定性定理设计的最优状态反馈增益矩阵：

$$\boldsymbol{K} = (\boldsymbol{B}^{\mathrm{T}}\boldsymbol{P}\boldsymbol{B})^{-1}\boldsymbol{B}^{\mathrm{T}}\boldsymbol{P}\boldsymbol{A} \tag{6-147}$$

式中，$\boldsymbol{P}$ 为已知的正定对称矩阵。

由上述推导过程可以看到，系统对平衡位置是渐近稳定的，即从任意给定的初态出发，可以使系统沿着按式(6-142)最小推导出最优状态反馈控制规律 $\boldsymbol{U}(k)$所确定的最优轨迹转移到平衡位置。这里假定 $(\boldsymbol{B}^{\mathrm{T}}\boldsymbol{P}\boldsymbol{B})^{-1}$ 存在，否则就无法找到最优控制。

以上讨论了 $\boldsymbol{R}(k) = 0$ 时控制器的设计问题，相当于具有某一初始状态的系统按照某一规律变化到零的情况，一般称这类系统为调节器类型系统。然而在很多控制系统中，系统的输出 $\boldsymbol{Y}(k)$需要快速地跟随变化着的输入 $\boldsymbol{R}(k)$变化，并有满意的跟踪响应特性，这就是常说的随动系统。这时控制器的设计分两步进行。首先，用前面介绍的几种方法设计出观测器或某种控制规律，以保证系统具有满意的稳定性和调节性能；然后，在控制器内，以适当的方式引入参考输入，使系统具有较好的跟踪性能和较高的稳定精度。参考输入 $\boldsymbol{R}(k)$的引入有不同的

形式，比如，$\boldsymbol{E}(k)=\boldsymbol{R}(k)-\boldsymbol{Y}(k)$是在工业控制中最常见的，也可以采用如下对输入$\boldsymbol{R}(k)$的线性组合方式：

$$\begin{cases}\hat{\boldsymbol{X}}(k+1)=(\boldsymbol{A}-\boldsymbol{LC})\hat{\boldsymbol{X}}(k)+\boldsymbol{LY}(k)+\boldsymbol{MR}(k)\\ \boldsymbol{U}(k)=-\boldsymbol{K}\hat{\boldsymbol{X}}(k)+N\boldsymbol{R}(k)\end{cases} \tag{6-148}$$

式中，对于单输入单输出系统，$\boldsymbol{M}$为$n\times1$维列向量；N为标量。

例 6-24　设广义被控对象的离散状态方程为

$$\boldsymbol{X}(k+1)=\boldsymbol{AX}(k)+\boldsymbol{B}u(k)$$

式中，

$$\boldsymbol{A}=\begin{bmatrix}0.5 & 0\\ 0 & 0.2\end{bmatrix},\quad \boldsymbol{B}=\begin{bmatrix}1\\ 1\end{bmatrix}$$

试用 Lyapunov 法设计最优状态反馈增益矩阵 $\boldsymbol{K}$，构成最优状态反馈控制规律$u(k)=-\boldsymbol{KX}(k)$，使性能指标$J=\Delta V[\boldsymbol{X}(k)]=\min$。

解：由题知，所给控制对象的状态矩阵$\boldsymbol{A}$是稳定矩阵，其特征值为 0.5 和 0.2，故原系统是渐近稳定的。

设给定正定对称矩阵$\boldsymbol{Q}=\boldsymbol{I}$，正定对称矩阵$\boldsymbol{P}$可表示为

$$\boldsymbol{P}=\begin{bmatrix}p_{11} & p_{12}\\ p_{21} & p_{22}\end{bmatrix}$$

则由$\boldsymbol{A}^{\mathrm{T}}\boldsymbol{PA}-\boldsymbol{P}=-\boldsymbol{Q}$，得

$$\begin{bmatrix}0.5 & 0\\ 0 & 0.2\end{bmatrix}^{\mathrm{T}}\begin{bmatrix}p_{11} & p_{12}\\ p_{12} & p_{22}\end{bmatrix}\begin{bmatrix}0.5 & 1\\ 0 & 0.2\end{bmatrix}-\begin{bmatrix}p_{11} & p_{12}\\ p_{12} & p_{22}\end{bmatrix}=\begin{bmatrix}-1 & 0\\ 0 & -1\end{bmatrix}$$

于是得到

$$\boldsymbol{P}=\begin{bmatrix}1.333 & 0\\ 0 & 1.042\end{bmatrix}$$

可知$\boldsymbol{P}$是正定且对称的。由此可判断该系统在原点平衡状态$\boldsymbol{x}_{\mathrm{e}}=\boldsymbol{0}$是渐近稳定的。

由此可得使性能指标$J=\Delta V[\boldsymbol{X}(k)]=\min$的状态反馈增益矩阵为

$$\begin{aligned}\boldsymbol{K}&=(\boldsymbol{B}^{\mathrm{T}}\boldsymbol{PB})^{-1}\boldsymbol{B}^{\mathrm{T}}\boldsymbol{PA}=\left\{[1\quad 1]\begin{bmatrix}1.333 & 0\\ 0 & 1.042\end{bmatrix}\begin{bmatrix}1\\ 1\end{bmatrix}\right\}^{-1}[1\quad 1]\begin{bmatrix}1.333 & 0\\ 0 & 1.042\end{bmatrix}\begin{bmatrix}0.5 & 0\\ 0 & 0.2\end{bmatrix}\\ &=[0.281\quad 0.088]\end{aligned}$$

考虑输入信号$r(k)$后的最优状态反馈控制规律为

$$u(k)=r(k)-\boldsymbol{KX}(k)=r(k)-[0.281\quad 0.088]\begin{bmatrix}x_1(k)\\ x_2(k)\end{bmatrix}=r(k)-0.281x_1(k)-0.088x_2(k)$$

本例基于 Lyapunov 法设计的最优状态反馈闭环系统结构如图 6-26 所示。

由图 6-26 可写出最优状态反馈闭环系统的状态方程为

$$\begin{cases}x_1(k+1)=0.5x_1(k)-0.281x_1(k)-0.088x_2(k)+r(k)=0.219x_1(k)-0.088x_2(k)+r(k)\\ x_2(k+1)=0.2x_2(k)-0.281x_1(k)-0.088x_2(k)+r(k)=0.281x_1(k)-0.112x_2(k)+r(k)\end{cases}$$

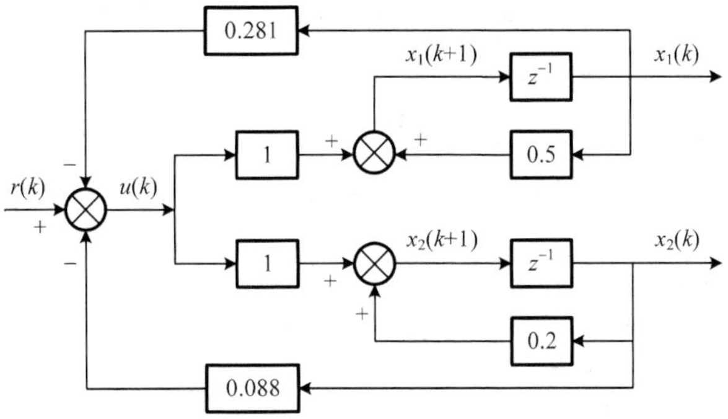

图 6-26　例 6-24 基于 Lyapunov 法设计的最优状态反馈闭环系统结构

或写成向量矩阵形式：

$$\begin{bmatrix} x_1(k+1) \\ x_2(k+1) \end{bmatrix} = \begin{bmatrix} 0.219 & -0.088 \\ -0.281 & 0.112 \end{bmatrix} \begin{bmatrix} x_1(k) \\ x_2(k) \end{bmatrix} + \begin{bmatrix} 1 \\ 1 \end{bmatrix} r(k)$$

由此得闭环系统特征方程为

$$\det[z\boldsymbol{I} - \boldsymbol{A}] = \det \begin{bmatrix} z-0.219 & 0.088 \\ 0.281 & z-0.112 \end{bmatrix} = z(z-0.331) = 0$$

闭环系统的特征根为 0 和 0.331，可见闭环系统是稳定的且衰减速度很快。

6.6　最小能量控制系统设计

微课视频

在许多应用中，要求以最少的必需的控制能量去完成预定的任务，称为最小能量控制。例如，在登月舱的月球软着陆问题中，为了使其到达月球表面时速度为零，要求选择登月舱发动机推力的最优控制规律 $u(t)$，使燃料消耗最少；或者确定一个最优控制方式，使空间飞行器在由一个轨道转换到另一个轨道的过程中的燃料消耗最少。

设广义被控对象的离散状态方程为

$$\boldsymbol{X}(k+1) = \boldsymbol{AX}(k) + \boldsymbol{B}u(k) \tag{6-149}$$

式中，$\boldsymbol{X}(k)$为 $n\times1$ 维状态向量；$u(k)$为控制标量($m = 1$)；$\boldsymbol{A}$、$\boldsymbol{B}$ 分别为 $n\times n$ 维和 $n\times1$ 维矩阵。

构造控制能量为

$$E_N = \sum_{k=0}^{N-1} \boldsymbol{U}^{\mathrm{T}}(k)\boldsymbol{U}(k) \tag{6-150}$$

式中，$\boldsymbol{U}(k)$是 $m\times1$ 维控制向量；N 是控制步数(拍数)，一般有 $N \geqslant n$，$n \geqslant m$；n 是系统的维数；这里假定采样周期 $T = 1$s。

损耗“控制能量”最小的性能指标函数为

$$J = \min E_N = \min\left\{ \sum_{k=0}^{N-1} \boldsymbol{U}^{\mathrm{T}}(k)\boldsymbol{U}(k) \right\} \tag{6-151}$$

最小能量控制器的设计要求是：设计损耗“控制能量”最小的数字控制器 $\boldsymbol{D}(z)$，以产生

控制序列 $\boldsymbol{U}(0), \boldsymbol{U}(1), \cdots, \boldsymbol{U}(N-1)$，使系统能在有限步 N 次迭代内从任意给定初态 $\boldsymbol{X}(0)$转移到终态 $\boldsymbol{X}(NT)$（不失一般性，设 $\boldsymbol{X}(N)=\boldsymbol{0}$），并使性能指标式(6-151)取最小值。

应用递推法很容易求解这个问题。参考式(6-17)，由式(6-149)可得

$$\boldsymbol{X}(N)=\boldsymbol{A}^N\boldsymbol{X}(0)+\boldsymbol{A}^{N-1}\boldsymbol{B}u(0)+\boldsymbol{A}^{N-2}\boldsymbol{B}u(1)+\cdots+\boldsymbol{AB}u(N-2)+\boldsymbol{B}u(N-1) \tag{6-152}$$

式中，$\boldsymbol{A}^k=\boldsymbol{\Phi}(k)$ 为离散状态转移矩阵。

用 $\boldsymbol{A}^{-N}$ 左乘式(6-152)两端，并根据要求 $\boldsymbol{X}(N)=\boldsymbol{0}$，式(6-152)变为

$$\boldsymbol{A}^{-N}\boldsymbol{X}(N)=\boldsymbol{X}(0)+\boldsymbol{A}^{-1}\boldsymbol{B}u(0)+\boldsymbol{A}^{-2}\boldsymbol{B}u(1)+\cdots+\boldsymbol{A}^{-(N-1)}\boldsymbol{B}u(N-2)+\boldsymbol{A}^{-N}\boldsymbol{B}u(N-1)=0$$

可写成如下矩阵形式：

$$[\boldsymbol{A}^{-1}\boldsymbol{B}\quad \boldsymbol{A}^{-2}\boldsymbol{B}\quad \cdots\quad \boldsymbol{A}^{-N}\boldsymbol{B}]\begin{bmatrix}u(0)\\u(1)\\\vdots\\u(N-1)\end{bmatrix}=-\boldsymbol{X}(0) \tag{6-153}$$

简记为

$$\boldsymbol{QU}=-\boldsymbol{X}(0) \tag{6-154}$$

式中，

$$\boldsymbol{Q}=[\boldsymbol{A}^{-1}\boldsymbol{B}\quad \boldsymbol{A}^{-2}\boldsymbol{B}\quad \cdots\quad \boldsymbol{A}^{-N}\boldsymbol{B}]_{n\times N},\quad \boldsymbol{U}=\begin{bmatrix}u(0)\\u(1)\\\vdots\\u(N-1)\end{bmatrix}_{N\times 1}$$

对于状态完全可控系数矩阵 $\boldsymbol{A}$ 和 $\boldsymbol{B}$，矩阵 $\boldsymbol{Q}$ 的秩为 n。因一般 $N\geqslant n$，$\boldsymbol{Q}$ 为行满秩，有广义逆。因此，式(6-154)可看成线性方程组满足“最小控制能量”性能指标的最小二乘求解问题，其最小右逆为

$$\boldsymbol{Q}^{\mathrm{RM}}=\boldsymbol{Q}^{\mathrm{T}}(\boldsymbol{QQ}^{\mathrm{T}})^{-1} \tag{6-155}$$

式中，$\boldsymbol{Q}^{\mathrm{RM}}$ 为 $\boldsymbol{Q}$ 的最小右逆。

于是，由式(6-154)可得到设计的最小控制能量序列为

$$\boldsymbol{U}=-\boldsymbol{Q}^{\mathrm{RM}}\boldsymbol{X}(0)=-\boldsymbol{Q}^{\mathrm{T}}(\boldsymbol{QQ}^{\mathrm{T}})^{-1}\boldsymbol{X}(0) \tag{6-156}$$

式(6-156)与 $\boldsymbol{R}(k)=\boldsymbol{0}$ 时的状态反馈控制规律 $\boldsymbol{U}(k)=-\boldsymbol{KX}(k)$ 具有相同的形式，其中，矩阵 $\boldsymbol{K}$ 即为 $\boldsymbol{Q}^{\mathrm{RM}}$。

下面简单说明式(6-156)在实际控制中的可行性。

设经过 N 次迭代，$\boldsymbol{X}(k)$距离 $\boldsymbol{X}(N)=\boldsymbol{0}$ 的欧几里得距离为

$$\|\boldsymbol{X}(k)-\boldsymbol{X}(N)\|=\{[\boldsymbol{X}(k)-\boldsymbol{X}(N)]^{\mathrm{T}}[\boldsymbol{X}(k)-\boldsymbol{X}(N)]\}^{\frac{1}{2}}=\min \tag{6-157}$$

则式(6-157)的求解就属于线性最小二乘问题。由于 $\boldsymbol{U}$ 是(6-157)方程的最小欧几里得解，所以 $\boldsymbol{U}$ 也是最小能量的解，其控制能量测度为

$$\|\boldsymbol{U}\|=J=\mathrm{Min}\left\{\sum_{i=0}^{N-1}[u(kT)]^2\right\} \tag{6-158}$$

因为 $\boldsymbol{Q}^{\mathrm{RM}}=\boldsymbol{Q}^{\mathrm{T}}(\boldsymbol{Q}\boldsymbol{Q}^{\mathrm{T}})^{-1}$ 为 $n\times N$ 矩阵，用 $\boldsymbol{X}(0)$ 右乘以实现最小能量控制需要做 nN 次乘法。产生第一个采样周期内的控制作用需要做 n 次乘法，即

$$u(0)=\sum_{j=1}^{n}q_{ij}x_j \tag{6-159}$$

式中，q_{ij} 为 $\boldsymbol{Q}^{\mathrm{RM}}$ 的 (i,j) 元素；x_j 为 $\boldsymbol{X}(0)$ 的第 j 个分量。

控制序列在第一个采样周期内应用 $u(0)$ 进行控制，并同时确定其余分量 $u(1), u(2),\cdots, u(N-1)$。从检测出 $\boldsymbol{X}(0)$ 到把 $u(0)$ 施加到被控对象上的时间基本上与完成上述方程做 n 次乘法所需的时间相等，一般比采样周期 T 和对象时间常数小得多，故最小能量控制的决策是可行的。

实际工程中，大部分被控对象是可控的。因此，只要选择 $N\geqslant n$，则式(6-156)总能保证在 n 个采样周期内把任意的初始状态 $\boldsymbol{X}(0)$ 转移到要求的状态。

例 6-25　设控制对象的传递函数为

$$G(s)=\frac{1}{s(s+1)}$$

假设采样周期 $T=1\mathrm{s}$，使用零阶保持器，系统初态 $\boldsymbol{X}(0)=[-40.9067\quad 43.5067]^{\mathrm{T}}$。试求出 $N=4$ 时的最小控制能量序列及最小控制能量。

解：由例 6-8 已知，该广义被控对象的系数矩阵为

$$\boldsymbol{A}=\begin{bmatrix}1 & 1-\mathrm{e}^{-T}\\ 0 & \mathrm{e}^{-T}\end{bmatrix}=\begin{bmatrix}1 & 0.632\\ 0 & 0.368\end{bmatrix},\quad \boldsymbol{B}=\begin{bmatrix}\mathrm{e}^{-T}\\ 1-\mathrm{e}^{-T}\end{bmatrix}=\begin{bmatrix}0.368\\ 0.632\end{bmatrix}$$

当 $N=4$ 时，可以分别求出

$$\boldsymbol{A}^{-1}=\begin{bmatrix}1 & 0.632\\ 0 & 0.368\end{bmatrix}^{-1}=\begin{bmatrix}1 & -1.7183\\ 0 & 2.7183\end{bmatrix}$$

$$\boldsymbol{A}^{-1}\boldsymbol{B}=\begin{bmatrix}-0.7183\\ 1.7183\end{bmatrix},\quad \boldsymbol{A}^{-2}\boldsymbol{B}=\begin{bmatrix}-3.6708\\ 4.6708\end{bmatrix},\quad \boldsymbol{A}^{-3}\boldsymbol{B}=\begin{bmatrix}-11.6965\\ 12.6965\end{bmatrix},\quad \boldsymbol{A}^{-4}\boldsymbol{B}=\begin{bmatrix}-33.5126\\ 34.5126\end{bmatrix}$$

由于矩阵 $\boldsymbol{Q}$ 的秩为 2，因此有最小右逆。由式(6-154)得

$$\boldsymbol{Q}^{\mathrm{T}}=\begin{bmatrix}-0.7183 & 1.7183\\ -3.6708 & 4.6708\\ -11.6965 & 12.6965\\ -33.5126 & 34.5126\end{bmatrix},\quad (\boldsymbol{Q}\boldsymbol{Q}^{\mathrm{T}})^{-1}=\begin{bmatrix}0.5225 & 0.5022\\ 0.5022 & 0.4833\end{bmatrix}$$

$$\boldsymbol{Q}^{\mathrm{RM}}=\boldsymbol{Q}^{\mathrm{T}}(\boldsymbol{Q}\boldsymbol{Q}^{\mathrm{T}})^{-1}=\begin{bmatrix}0.4876 & 0.4698\\ 0.4275 & 0.4143\\ 0.2643 & 0.2632\\ -0.1794 & -0.1473\end{bmatrix}$$

于是，由式(6-156)可求得 $N=4$ 时的最小控制能量序列为

$$[\boldsymbol{U}]_{N=4}=\begin{bmatrix}u(0)\\u(1)\\u(2)\\u(3)\end{bmatrix}=-\begin{bmatrix}0.4876 & 0.4698\\0.4275 & 0.4143\\0.2643 & 0.2632\\-0.1794 & -0.1473\end{bmatrix}\begin{bmatrix}-40.9067\\43.5067\end{bmatrix}=\begin{bmatrix}-0.4963\\-0.5352\\-0.6408\\-0.9277\end{bmatrix}$$

根据式(6-150)，可求得对应的最小控制能量为

$$J_{N=4}=\sum_{k=0}^{3}u^2(k)=1.804$$

同理，可求得 $N=3, 2$ 时的最小控制能量序列及其对应的最小控制能量分别为

$$[\boldsymbol{U}]_{N=3}=\begin{bmatrix}u(0)\\u(1)\\u(2)\end{bmatrix}=\begin{bmatrix}1.0732\\-0.1602\\-3.513\end{bmatrix},\quad J_{N=3}=\sum_{k=0}^{2}u^2(k)=13.5186$$

$$[\boldsymbol{U}]_{N=2}=\begin{bmatrix}u(0)\\u(1)\end{bmatrix}=\begin{bmatrix}10.6225\\-13.2225\end{bmatrix},\quad J_{N=2}=\sum_{k=0}^{1}u^2(k)=287.672$$

可以看出，对于二阶控制系统，不论取 N 为 2、3 还是 4，只要分别选取上述控制序列，就都能把系统从给定初态 $\boldsymbol{X}(0)$转移到终态 $\boldsymbol{X}(N)=0$，且所用的控制能量最小，并且，当控制步数 N 增多时，所需要的控制能量急剧减小。

微课视频

6.7 线性二次型最优控制器设计

6.7.1 概述

对于 6.5 节和 6.6 节设计的控制系统，通过给定的性能指标达到极值来选择控制规律，以使系统性能达到某种意义上的最优，均属于离散最优控制的范畴。假如线性系统的性能指标是以状态和控制作用的二次型积分表示的，则称此类设计问题为线性二次型(Linear Quadratic，LQ)控制问题。虽然这种控制也与前述的几种控制一样属于状态反馈，但其能用于多输入多输出和时变系统，因此得到更广泛的应用。若涉及的是调节系统，则 LQ 控制问题又称为线性二次型调节器(Linear Quadratic Regulator，LQR)设计问题。本节主要讨论基于离散动态规划法(Dynamic Programming)的 LQR 最优控制器设计问题。

6.7.2 LQR 问题的描述

设广义被控对象的离散状态空间模型为

$$\begin{cases}\boldsymbol{X}(k+1)=\boldsymbol{AX}(k)+\boldsymbol{BU}(k)\\\boldsymbol{Y}(k)=\boldsymbol{CX}(k)\end{cases}\tag{6-160}$$

式中，$\boldsymbol{X}(k)$为 n 维状态向量；$\boldsymbol{U}(k)$为 m 维控制向量；$\boldsymbol{Y}(k)$为 p 维输出向量；$\boldsymbol{A}$、$\boldsymbol{B}$、$\boldsymbol{C}$ 分别为 $n\times n$ 维、$n\times m$ 维和 $p\times n$ 维矩阵，且为状态完全可控的。初始条件为 $\boldsymbol{X}(0)=\boldsymbol{X}_0$，终端状态 $\boldsymbol{X}(N)$ 自由，控制向量序列 $\boldsymbol{U}(k)$无约束。

设给定的二次型性能指标函数为

$$J = \boldsymbol{X}^{\mathrm{T}}(N)\boldsymbol{Q}_0\boldsymbol{X}(N) + \sum_{k=0}^{N-1}[\boldsymbol{X}^{\mathrm{T}}(k)\boldsymbol{Q}_1\boldsymbol{X}(k) + \boldsymbol{U}^{\mathrm{T}}(k)\boldsymbol{Q}_2\boldsymbol{U}(k)] \tag{6-161}$$

式中，$\boldsymbol{Q}_0$、$\boldsymbol{Q}_1$、$\boldsymbol{Q}_2$ 为加权矩阵，与状态向量、控制向量相关的物理限制(如上、下限值等)及所研究问题的性质有关，由设计者确定；其中，$\boldsymbol{Q}_0$、$\boldsymbol{Q}_1$ 为非负定阵，$\boldsymbol{Q}_2$ 为正定阵，均为实对称方阵(往往取对角阵)。

可以看出，性能指标函数式(6-161)中的第 1 项 $\boldsymbol{X}^{\mathrm{T}}(N)\boldsymbol{Q}_0\boldsymbol{X}(N)$ 是为限制终端状态 $\boldsymbol{X}(N)$ 而引入的，它表示对终端状态的惩罚；第 2 项中 $\boldsymbol{X}^{\mathrm{T}}(k)\boldsymbol{Q}_1\boldsymbol{X}(k)$ 表示在控制过程中对状态的惩罚与限制，$\boldsymbol{U}^{\mathrm{T}}(k)\boldsymbol{Q}_2\boldsymbol{U}(k)$ 表示对控制作用能量的限制。因此，式(6-161)的表达式既简单又合乎逻辑。

式(6-161)中的终端时刻 N 可以任意选取。若 N 是固定的且为有限值，LQ 控制问题是一种 N 阶段“有限时间”问题；若 N 趋于无限大($N\to+\infty$)，即为“无限时间”问题，此时性能指标函数可简写为

$$J = \sum_{k=0}^{+\infty}[\boldsymbol{X}^{\mathrm{T}}(k)\boldsymbol{Q}_1\boldsymbol{X}(k) + \boldsymbol{U}^{\mathrm{T}}(k)\boldsymbol{Q}_2\boldsymbol{U}(k)] \tag{6-162}$$

在无限时间内，系统已趋于平衡状态，没有必要对终端状态进行惩罚，式(6-161)的第 1 项已无意义。6.6 节的最小能量控制性能指标即是这种形式。

6.7.3 LQR 最优控制器设计

1. 有限时间最优调节问题

LQR 有限时间最优调节问题的描述为：当输入 $\boldsymbol{R}(k)=\boldsymbol{0}$ 时，采样周期 $T=1\mathrm{s}$，在 NT 有限时间内，可寻求到最优控制向量序列 $\boldsymbol{U}(k)(k=0,1,\cdots,N-1)$，使性能指标(式(6-161))最小。此时的 $\{\boldsymbol{X}(k)\}(k=0,1,\cdots,N-1)$ 为最优状态轨迹，$J=J_{\min}$ 为最优性能值。

有多种优化算法，如变分法、极大值原理或动态规划法等，可用来求解上述问题。下面介绍采用离散动态规划法进行求解。

定理 6-4(**离散系统有限时间 LQR 最优控制器定理**)　对于 n 维线性定常时不变离散系统式(6-160)，引入

$$\boldsymbol{S}(k) = [\boldsymbol{A}-\boldsymbol{B}\boldsymbol{K}(k)]^{\mathrm{T}}\boldsymbol{S}(k+1)[\boldsymbol{A}-\boldsymbol{B}\boldsymbol{K}(k)] + \boldsymbol{Q}_1 + \boldsymbol{K}(k)^{\mathrm{T}}\boldsymbol{Q}_2\boldsymbol{K}(k) \tag{6-163}$$

式中，矩阵 $\boldsymbol{K}$ 定义为

$$\boldsymbol{K}(k) = [\boldsymbol{Q}_2 + \boldsymbol{B}^{\mathrm{T}}\boldsymbol{S}(k+1)\boldsymbol{B}]^{-1}\boldsymbol{B}^{\mathrm{T}}\boldsymbol{S}(k+1)\boldsymbol{A} \tag{6-164}$$

并有终端条件 $\boldsymbol{S}(N)=\boldsymbol{Q}_0$。假设 $\boldsymbol{S}(k)$ 有半正定解，$\boldsymbol{Q}_2+\boldsymbol{B}^{\mathrm{T}}\boldsymbol{S}(k+1)\boldsymbol{B}$ 是正定的，则存在最优控制策略：

$$\boldsymbol{U}(k) = -\boldsymbol{K}(k)\boldsymbol{X}(k) \tag{6-165}$$

使性能指标(式(6-161))最小，其最小值为

$$J = J_{\min} = \boldsymbol{X}^{\mathrm{T}}(0)\boldsymbol{S}(0)\boldsymbol{X}(0) \tag{6-166}$$

证明：用离散动态规划法证明定理 6-4。

令

$$\begin{aligned}J_i &= \boldsymbol{X}^{\mathrm{T}}(N)\boldsymbol{Q}_0\boldsymbol{X}(N) + \sum_{k=i}^{N-1}[\boldsymbol{X}^{\mathrm{T}}(k)\boldsymbol{Q}_1\boldsymbol{X}(k) + \boldsymbol{U}^{\mathrm{T}}(k)\boldsymbol{Q}_2\boldsymbol{U}(k)]\\ &= \boldsymbol{X}^{\mathrm{T}}(N)\boldsymbol{Q}_0\boldsymbol{X}(N) + \sum_{k=i+1}^{N-1}[\boldsymbol{X}^{\mathrm{T}}(k)\boldsymbol{Q}_1\boldsymbol{X}(k) + \boldsymbol{U}^{\mathrm{T}}(k)\boldsymbol{Q}_2\boldsymbol{U}(k)] + \boldsymbol{X}^{\mathrm{T}}(i)\boldsymbol{Q}_1\boldsymbol{X}(i) + \boldsymbol{U}^{\mathrm{T}}(i)\boldsymbol{Q}_2\boldsymbol{U}(i)\\ &= J_{i+1} + \boldsymbol{X}^{\mathrm{T}}(i)\boldsymbol{Q}_1\boldsymbol{X}(i) + \boldsymbol{U}^{\mathrm{T}}(i)\boldsymbol{Q}_2\boldsymbol{U}(i)\end{aligned} \tag{6-167}$$

式中，$i = N-1,\ N-2,\ \cdots,\ 0$。

这就是“离散动态规划法”的基本思想，将一个多级决策过程转化为求解多个单级决策的优化过程。这里需要决策的是控制向量$\boldsymbol{U}(k)(k=0,\ 1,\ \cdots,\ N-1)$。下面从最末一级往前逐级求解最优控制序列。

根据式(6-160)和式(6-167)，有

$$J_{N-1} = \boldsymbol{X}^{\mathrm{T}}(N)\boldsymbol{Q}_0\boldsymbol{X}(N) + [\boldsymbol{X}^{\mathrm{T}}(N-1)\boldsymbol{Q}_1\boldsymbol{X}(N-1) + \boldsymbol{U}^{\mathrm{T}}(N-1)\boldsymbol{Q}_2\boldsymbol{U}(N-1)] \tag{6-168}$$

把$\boldsymbol{X}(N) = \boldsymbol{A}\boldsymbol{X}(N-1) + \boldsymbol{B}\boldsymbol{U}(N-1)$代入式(6-168)，得

$$\begin{aligned}J_{N-1} = {}&[\boldsymbol{A}\boldsymbol{X}(N-1) + \boldsymbol{B}\boldsymbol{U}(N-1)]^{\mathrm{T}}\boldsymbol{Q}_0[\boldsymbol{A}\boldsymbol{X}(N-1) + \boldsymbol{B}\boldsymbol{U}(N-1)]\\ &+ [\boldsymbol{X}^{\mathrm{T}}(N-1)\boldsymbol{Q}_1\boldsymbol{X}(N-1) + \boldsymbol{U}^{\mathrm{T}}(N-1)\boldsymbol{Q}_2\boldsymbol{U}(N-1)]\end{aligned} \tag{6-169}$$

首先根据式(6-169)求解 $\boldsymbol{U}(N-1)$，以使 $\boldsymbol{J}_{N-1}$ 最小，即求 $\boldsymbol{J}_{N-1}$ 对 $\boldsymbol{U}(N-1)$的一阶导数并令其等于零，得

$$\frac{\mathrm{d}J_{N-1}}{\mathrm{d}\boldsymbol{U}(N-1)} = 2\boldsymbol{B}^{\mathrm{T}}\boldsymbol{Q}_0\boldsymbol{A}\boldsymbol{X}(N-1) + 2\boldsymbol{B}^{\mathrm{T}}\boldsymbol{Q}_0\boldsymbol{B}\boldsymbol{U}(N-1) + 2\boldsymbol{Q}_2\boldsymbol{U}(N-1) = 0 \tag{6-170}$$

进一步求得最优控制策略为

$$\boldsymbol{U}(N-1) = -\boldsymbol{K}(N-1)\boldsymbol{X}(N-1) \tag{6-171}$$

式中，

$$\boldsymbol{K}(N-1) = [\boldsymbol{Q}_2 + \boldsymbol{B}^{\mathrm{T}}\boldsymbol{S}(N)\boldsymbol{B}]^{-1}\boldsymbol{B}^{\mathrm{T}}\boldsymbol{S}(N)\boldsymbol{A} \tag{6-172}$$

$$\boldsymbol{S}(N) = \boldsymbol{Q}_0 \tag{6-173}$$

将式(6-171)代入式(6-169)，得到最小的 $\boldsymbol{J}_{N-1}$ 为

$$J_{N-1} = \boldsymbol{X}^{\mathrm{T}}(N-1)\boldsymbol{S}(N-1)\boldsymbol{X}(N-1) \tag{6-174}$$

式中，

$$\boldsymbol{S}(N-1) = [\boldsymbol{A} - \boldsymbol{B}\boldsymbol{K}(N-1)]^{\mathrm{T}}\boldsymbol{S}(N)[\boldsymbol{A} - \boldsymbol{B}\boldsymbol{K}(N-1)] + \boldsymbol{Q}_1 + \boldsymbol{K}(N-1)^{\mathrm{T}}\boldsymbol{Q}_2\boldsymbol{K}(N-1) \tag{6-175}$$

重复上述步骤，依次可以逆向递推求得 $\boldsymbol{U}(N-2), \boldsymbol{U}(N-3),\cdots, \boldsymbol{U}(0)$，有

$$\boldsymbol{U}(k) = -\boldsymbol{K}(k)\boldsymbol{X}(k)$$

$$\boldsymbol{K}(k) = [\boldsymbol{Q}_2 + \boldsymbol{B}^{\mathrm{T}}\boldsymbol{S}(k+1)\boldsymbol{B}]^{-1}\boldsymbol{B}^{\mathrm{T}}\boldsymbol{S}(k+1)\boldsymbol{A}$$

$$\boldsymbol{S}(k) = [\boldsymbol{A} - \boldsymbol{B}\boldsymbol{K}(k)]^{\mathrm{T}}\boldsymbol{S}(k+1)[\boldsymbol{A} - \boldsymbol{B}\boldsymbol{K}(k)] + \boldsymbol{Q}_1 + \boldsymbol{K}(k)^{\mathrm{T}}\boldsymbol{Q}_2\boldsymbol{K}(k)$$

$$\boldsymbol{S}(N) = \boldsymbol{Q}_0$$

最优性能指标为
$$J = J_{\min} = \boldsymbol{X}^{\mathrm{T}}(0)\boldsymbol{S}(0)\boldsymbol{X}(0)$$

证毕。

式(6-163))称为离散时间 Riccati 方程，把式(6-164)中的 $\boldsymbol{K}(k)$代入式(6-163)，得

$$\boldsymbol{S}(k) = \boldsymbol{Q}_1 + \boldsymbol{A}^{\mathrm{T}}\boldsymbol{S}(k+1)\boldsymbol{A} - \boldsymbol{A}^{\mathrm{T}}\boldsymbol{S}(k+1)\boldsymbol{B}[\boldsymbol{Q}_2 + \boldsymbol{B}^{\mathrm{T}}\boldsymbol{S}(k+1)\boldsymbol{B}]^{-1}\boldsymbol{B}^{\mathrm{T}}\boldsymbol{S}(k+1)\boldsymbol{A} \tag{6-176}$$

式(6-176)是 Riccati 方程的又一形式。

由上可知，当终点时刻 NT 为有限值时，利用式(6-163)、式(6-164)及式(6-173)可以逆向递推计算出 $\boldsymbol{S}(k)$和 $\boldsymbol{K}(k)$($k = N-1,\ N-2,\cdots,\ 0$)的时变解，因此最优控制规律 $\boldsymbol{U}(k) = -\boldsymbol{K}(k)$，$\boldsymbol{X}(k)$ 一定存在且是唯一的。

下面给出 LQR 有限时间最优控制器设计的迭代计算步骤：

(1) 给定参数 $\boldsymbol{A}$、$\boldsymbol{B}$、$\boldsymbol{Q}_0$、$\boldsymbol{Q}_1$ 和 $\boldsymbol{Q}_2$；

(2) $\boldsymbol{S}(N) = \boldsymbol{Q}_0$；

(3) 按式(6-164)计算 $\boldsymbol{K}(k)$($k = N-1$)；

(4) 按式(6-163)计算 $\boldsymbol{S}(k)$；

(5) 若 $k = 0$，转(7)，否则转(6)；

(6) $k-1 \to k$，转(3)；

(7) 输出 $\boldsymbol{K}(k)$和 $\boldsymbol{S}(k)$ ($k = N-1, N-2, \cdots, 0$)；

(8) 得到控制向量序列 $\boldsymbol{U}(k) = -\boldsymbol{K}(k)\boldsymbol{X}(k)$。

例 6-26　设广义被控对象的离散状态方程为

$$\boldsymbol{X}(k+1) = \boldsymbol{A}\boldsymbol{X}(k) + \boldsymbol{B}u(k) = \begin{bmatrix} -0.2 & 0.1 \\ -5.2 & 1 \end{bmatrix}\boldsymbol{X}(k) + \begin{bmatrix} 0.005 \\ 0.1 \end{bmatrix}u(k)$$

假设二次型性能指标函数为

$$J = \boldsymbol{X}^{\mathrm{T}}(N)\boldsymbol{Q}_0\boldsymbol{X}(N) + \sum_{k=0}^{N-1}[\boldsymbol{X}^{\mathrm{T}}(k)\boldsymbol{Q}_1\boldsymbol{X}(k) + \boldsymbol{U}^{\mathrm{T}}(k)Q_2\boldsymbol{U}(k)]$$

式中，

$$\boldsymbol{Q}_0 = \boldsymbol{Q}_1 = \begin{bmatrix} 1 & 0 \\ 0 & 0 \end{bmatrix},\quad Q_2 = 0.01,\ 0.1,\ 1$$

设 $N = 51$，试设计最优状态反馈控制规律 $\boldsymbol{U}(k)$，并分析 Q_2 取不同值时对控制性能的影响。

解：设 $\boldsymbol{K} = [k_1(k) \quad k_2(k)]$，已知参数 $\boldsymbol{A}$、$\boldsymbol{B}$、$\boldsymbol{Q}_0$、$\boldsymbol{Q}_1$、Q_2 和 N，以及 $\boldsymbol{S}(51) = \boldsymbol{Q}_0$，令 $k = N-1$，代入式(6-164)计算 $\boldsymbol{K}(50)$为

$$\boldsymbol{K}(50) = [\boldsymbol{Q}_2 + \boldsymbol{B}^{\mathrm{T}}\boldsymbol{S}(51)\boldsymbol{B}]^{-1}\boldsymbol{B}^{\mathrm{T}}\boldsymbol{S}(51)\boldsymbol{A}$$

由式(6-163)得 $\boldsymbol{S}(50)$为

$$\boldsymbol{S}(50) = [\boldsymbol{A} - \boldsymbol{B}\boldsymbol{K}(50)]^{\mathrm{T}}\boldsymbol{S}(51)[\boldsymbol{A} - \boldsymbol{B}\boldsymbol{K}(50)] + \boldsymbol{Q}_1 + \boldsymbol{K}(50)^{\mathrm{T}}\boldsymbol{Q}_2\boldsymbol{K}(50)$$

$k-1 \to k$，继续按照前面给出的迭代步骤计算 $\boldsymbol{S}(k)$和 $\boldsymbol{K}(k)$，直到 $k = 0$ 为止。求得当 Q_2 为三个不同参数时的最优状态反馈增益矩阵 $\boldsymbol{K}(k)$，见图 6-27。

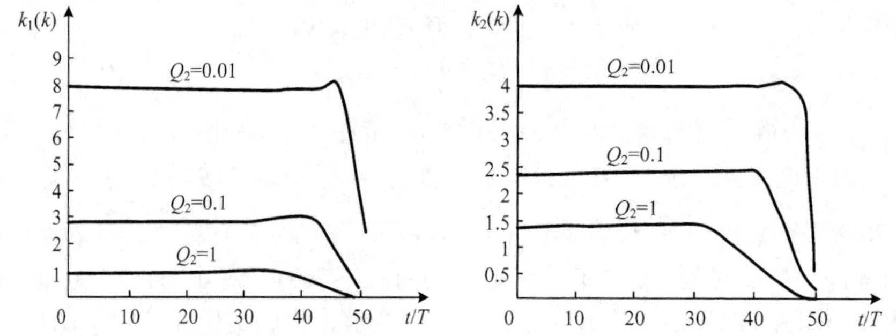

(a) k_1随Q_2的变化规律　(b) k_2随Q_2的变化规律

图 6-27　例 6-26 系统的最优状态反馈控制规律

从图 6-27 可以看出，当迭代步数 N 达到一定数值后，最优的状态反馈增益矩阵 $\boldsymbol{K}(k)=[k_1(k)\quad k_2(k)]$ 都将趋于稳态解(常数)。因此，当 $Q_2=0.01,\ 0.1,\ 1$ 时，得到的最优控制策略分别为

$$u_1(k)=-[8\quad 4]\begin{bmatrix}x_1(k)\\x_2(k)\end{bmatrix},\quad u_2(k)=-[2.8\quad 2.4]\begin{bmatrix}x_1(k)\\x_2(k)\end{bmatrix},\quad u_3(k)=-[1\quad 1.4]\begin{bmatrix}x_1(k)\\x_2(k)\end{bmatrix}$$

同时也可以看到，控制量的加权阵 $\boldsymbol{Q}_2$ 越小，反馈系数 $\boldsymbol{K}$ 越大，从而要求的控制量 $\boldsymbol{U}$ 也越大。由于本例中$[\boldsymbol{A},\boldsymbol{B}]$是完全可控矩阵，因此可找到一个 2×2 维矩阵 $\boldsymbol{C}$ 以满足 $\boldsymbol{C}\boldsymbol{C}^{\mathrm{T}}=\boldsymbol{Q}$，使$[\boldsymbol{A},\boldsymbol{C}]$是可观测的。因此，当 $N\to\infty$时，闭环系统是渐近稳定的。

2. *无限时间最优调节问题*

实际系统中常常需要考虑终端时间无限的情况。由例 6-26 可知，当 $N\to+\infty$时，$\boldsymbol{K}(k)$变成常数增益矩阵，可得最优控制的解为定常解，因此简化了控制器的实现，这正是所希望的。

设线性离散系统及初始条件仍如式(6-160)所示，同时假定 $\boldsymbol{A}$、$\boldsymbol{B}$、$\boldsymbol{Q}_1$ 和 $\boldsymbol{Q}_2$ 都是有界的，且 $\boldsymbol{A}$、$\boldsymbol{B}$、$\boldsymbol{Q}_1$ 是一致非负定对称矩阵，$\boldsymbol{Q}_2$ 是一致正定对称矩阵。要求的性能指标函数为终端时间无限的二次型性能指标函数式(6-162)，即

$$J=\sum_{k=0}^{+\infty}[\boldsymbol{X}^{\mathrm{T}}(k)\boldsymbol{Q}_1\boldsymbol{X}(k)+\boldsymbol{U}^{\mathrm{T}}(k)\boldsymbol{Q}_2\boldsymbol{U}(k)] \tag{6-177}$$

LQR 无限时间最优控制的设计问题为：在满足式(6-160)条件下，寻求最优状态反馈控制规律 $\boldsymbol{U}(k)(k=0,1,\cdots,N,\cdots,+\infty)$，以使式(6-177)所示的性能指标函数的值最小。该设计问题称为离散定常系统无限时间最优调节问题。

假设对于线性离散定常系统(式(6-160))，$[\boldsymbol{A},\boldsymbol{B}]$是稳定的，且设 $\boldsymbol{P}$ 为能使 $\boldsymbol{P}^{\mathrm{T}}\boldsymbol{P}=\boldsymbol{Q}_1$ 成立的任何矩阵，同时假定$[\boldsymbol{A},\ \boldsymbol{P}]$是能量测的。将有限时间最优调节问题的结果加以推广，即可得到如下无限时间最优调节的问题描述及求解步骤。

(1) 式(6-160)具有稳态的反馈控制规律：

$$\begin{cases}\boldsymbol{U}(k)=-\boldsymbol{K}(k)\boldsymbol{X}(k)\\ \boldsymbol{K}=[\boldsymbol{Q}_2+\boldsymbol{B}^{\mathrm{T}}\boldsymbol{S}\boldsymbol{B}]^{-1}\boldsymbol{B}^{\mathrm{T}}\boldsymbol{S}\boldsymbol{A}\\ J_{\min}=\boldsymbol{X}^{\mathrm{T}}(0)\boldsymbol{S}(0)\boldsymbol{X}(0)\end{cases} \tag{6-178}$$

(2) $\boldsymbol{S}$ 是下面离散 Riccati 方程的解：

$$\boldsymbol{S}=[\boldsymbol{A}-\boldsymbol{B}\boldsymbol{K}]^{\mathrm{T}}\boldsymbol{S}[\boldsymbol{A}-\boldsymbol{B}\boldsymbol{K}]+\boldsymbol{Q}_1+\boldsymbol{K}^{\mathrm{T}}\boldsymbol{Q}_2\boldsymbol{K} \tag{6-179}$$

或

$$\boldsymbol{S}=\boldsymbol{Q}_1+\boldsymbol{A}^{\mathrm{T}}\boldsymbol{S}\boldsymbol{A}-\boldsymbol{A}^{\mathrm{T}}\boldsymbol{S}\boldsymbol{B}[\boldsymbol{Q}_2+\boldsymbol{B}^{\mathrm{T}}\boldsymbol{S}\boldsymbol{B}]^{-1}\boldsymbol{B}^{\mathrm{T}}\boldsymbol{S}\boldsymbol{A} \tag{6-180}$$

(3) Riccati 矩阵方程的解同终端条件 $\boldsymbol{S}(N)=\boldsymbol{Q}_0$ 有关，记为 $\boldsymbol{S}(k, N)$，可以证明：

$$\boldsymbol{S}=\lim_{N\to+\infty}\boldsymbol{S}(k,N) \tag{6-181}$$

(4) 闭环系统 $\boldsymbol{X}(k+1)=(\boldsymbol{A}-\boldsymbol{B}\boldsymbol{K})\boldsymbol{X}(k)$ 是渐近稳定的。

例 6-27　已知广义被控对象的离散状态空间模型为

$$\begin{cases}\boldsymbol{X}(k+1)=\begin{bmatrix}0.368 & 0\\ 0.632 & 1\end{bmatrix}\boldsymbol{X}(k)+\begin{bmatrix}0.632\\ 0.368\end{bmatrix}u(k)\\ y(k)=[0\quad 1]\boldsymbol{X}(k)\end{cases}$$

二次型性能指标函数为

$$J=\frac{1}{2}\sum_{k=0}^{+\infty}[k_{\mathrm{k}}\boldsymbol{X}^2(k)+\boldsymbol{U}^2(k)]$$

试绘制出以 k_{k} 为变量的 LQR 最优系统的闭环极点轨迹，并分析 k_{k} 对闭环极点的影响。

解：由于 $\boldsymbol{K}(k)$与 $\boldsymbol{Q}_1$、$\boldsymbol{Q}_2$ 有关，可证明闭环调节系统的极点是如下广义特征方程的 n 个稳定特征根，即

$$\begin{vmatrix} z\boldsymbol{I}-\boldsymbol{A} & \boldsymbol{B}\boldsymbol{B}^{\mathrm{T}}\\ -k_{\mathrm{k}}\boldsymbol{C}\boldsymbol{C}^{\mathrm{T}} & z^{-1}\boldsymbol{I}-\boldsymbol{A}^{\mathrm{T}}\end{vmatrix}=0$$

由行列式的相应性质可知

$$|z\boldsymbol{I}-\boldsymbol{A}||z^{-1}\boldsymbol{I}-\boldsymbol{A}^{\mathrm{T}}||\boldsymbol{I}+k_{\mathrm{k}}\boldsymbol{B}^{\mathrm{T}}(z^{-1}\boldsymbol{I}-\boldsymbol{A}^{\mathrm{T}})^{-1}\boldsymbol{C}^{\mathrm{T}}\boldsymbol{C}(z\boldsymbol{I}-\boldsymbol{A})^{-1}\boldsymbol{B}|=0$$

所以

$$|\boldsymbol{I}+k_{\mathrm{k}}\boldsymbol{B}^{\mathrm{T}}(z^{-1}\boldsymbol{I}-\boldsymbol{A}^{\mathrm{T}})^{-1}\boldsymbol{C}^{\mathrm{T}}\boldsymbol{C}(z\boldsymbol{I}-\boldsymbol{A})^{-1}\boldsymbol{B}|=0 \tag{6-182}$$

又由式(6-16)求得已知 SISO 被控对象的 z 传递函数为

$$\boldsymbol{G}(z)=\boldsymbol{C}(z\boldsymbol{I}-\boldsymbol{A})^{-1}\boldsymbol{B}=\frac{0.368(z+0.718)}{(z-1)(z-0.368)}$$

且由式(6-182)相应项可知

$$\boldsymbol{G}^{\mathrm{T}}(z^{-1})=\boldsymbol{B}^{\mathrm{T}}(z^{-1}\boldsymbol{I}-\boldsymbol{A}^{\mathrm{T}})^{-1}\boldsymbol{C}^{\mathrm{T}}=\frac{0.368(z^{-1}+0.718)}{(z^{-1}-1)(z^{-1}-0.368)}=\frac{0.718z(z+1.393)}{(z-1)(z-2.718)}$$

由此可得 LQ 闭环系统的特征方程为

$$1+k_{\mathrm{k}}\boldsymbol{G}^{\mathrm{T}}(z^{-1})\boldsymbol{G}(z)=1+0.264k_{\mathrm{k}}\frac{z(z+0.718)(z+1.393)}{(z-1)^2(z-0.368)(z-2.718)}=0$$

可见，上式具有“根轨迹”的形式，闭环极点是上式在单位圆内的根。为了说明权值 k_{k} 对闭环极点的影响，绘制出 k_{k} 由 0→+∞的极点轨迹，如图 6-28 所示。图中，根轨迹的起点为 $k_{\mathrm{k}}=0$，由 $z_{1,2}=1$，$z_3=0.368$，$z_4=2.718$ 出发。根轨迹的终点为 $k_{\mathrm{k}}\to+\infty$，终止于 $z_1=0$，$z_2=-0.718$，

$z_3 = -1.393$，$z_4 \to \infty$。由此可见，闭环极点轨迹位于单位圆的内部，系统是稳定的。

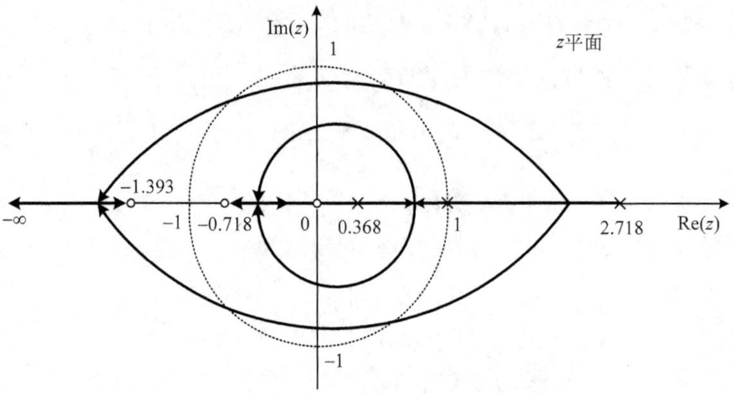

图 6-28　例 6-27 系统的闭环极点根轨迹

例 6-28　已知广义被控对象模型如例 6-27 所示，即

$$\begin{cases}\begin{bmatrix}x_1[(k+1)T]\\x_2[(k+1)T]\end{bmatrix}=\begin{bmatrix}0.368&0\\0.632&1\end{bmatrix}\begin{bmatrix}x_1(kT)\\x_2(kT)\end{bmatrix}+\begin{bmatrix}0.632\\0.368\end{bmatrix}u(kT)\\ y(kT)=[0\quad 1]\begin{bmatrix}x_1(kT)\\x_2(kT)\end{bmatrix}\end{cases}$$

二次型性能指标函数为

$$J=\sum_{k=0}^{N-1}[\boldsymbol{X}^{\mathrm{T}}(kT)\boldsymbol{Q}_1\boldsymbol{X}(kT)+\boldsymbol{U}^{\mathrm{T}}(kT)\boldsymbol{Q}_2\boldsymbol{U}(kT)]$$

式中，

$$N=10,\quad \boldsymbol{Q}_1=\begin{bmatrix}2&0\\0&2\end{bmatrix},\quad Q_2=1$$

设采样周期 $T=1\mathrm{s}$，试设计 LQR 最优状态反馈控制规律。

解：设 Riccati 方程为式(6-180)，其边界值为

$$\boldsymbol{S}(N)=\boldsymbol{Q}_0=\begin{bmatrix}0&0\\0&0\end{bmatrix}$$

按照前面给出的迭代计算步骤，求得设计的 LQR 最优状态反馈控制规律如图 6-29 所示。其中，图(a)为 Riccati 方程的解。可以看出，当 $N=10$ 时，就可以得到 $\boldsymbol{S}(k)$ 的稳态解，即

$$\boldsymbol{S}=\boldsymbol{S}(0)=\begin{bmatrix}2.4371&0.9352\\0.9352&5.1694\end{bmatrix}$$

图(b)为状态反馈控制规律。由 $\boldsymbol{K}(k)=[\boldsymbol{Q}_2+\boldsymbol{B}^{\mathrm{T}}\boldsymbol{S}(k+1)\boldsymbol{B}]^{-1}\boldsymbol{B}^{\mathrm{T}}\boldsymbol{S}(k+1)\boldsymbol{A}$ 可计算出其稳态解为

$$\boldsymbol{K}=[0.5135\quad 0.8021]$$

因此

$$u(kT)=-[0.5135\quad 0.8021]\begin{bmatrix}x_1(kT)\\x_2(kT)\end{bmatrix}$$

设初始状态为 $\boldsymbol{X}(0)=[0\quad 1]^{\mathrm{T}}$，图 6-29(c)为系统输入单位阶跃变化时，输出序列 $y(kT)=x_2(kT)$ 和控制序列 $u(kT)$ 的变化曲线。由于闭环系统的特征根 $z_1=0.2272$，$z_2=0.5212$，接近 z 平面单位圆内正实轴原点附近，可知 $y(kT)$ 为单调收敛序列，系统稳定。由性能指标可见，目标状态 $\boldsymbol{X}(NT)=[0\quad 0]^{\mathrm{T}}$，即该系统可使输出 $x_2(kT)$由−1 转到 0。

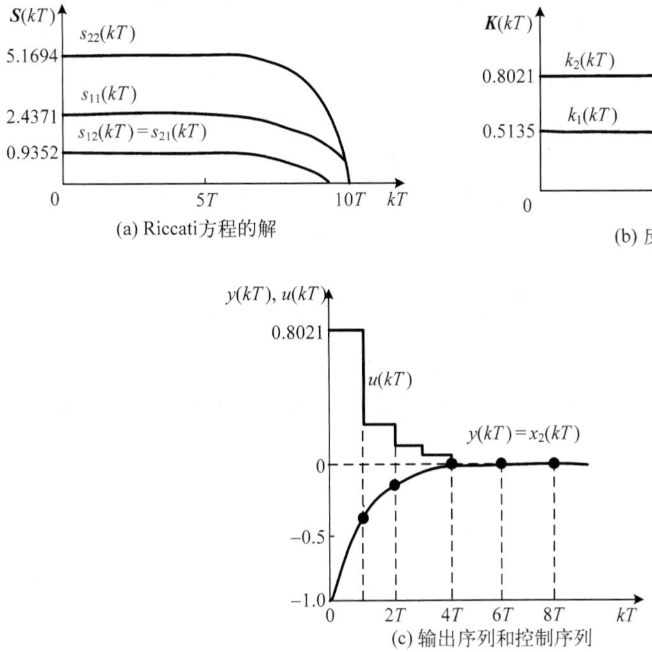

(a) Riccati方程的解　(b) 反馈控制规律　(c) 输出序列和控制序列

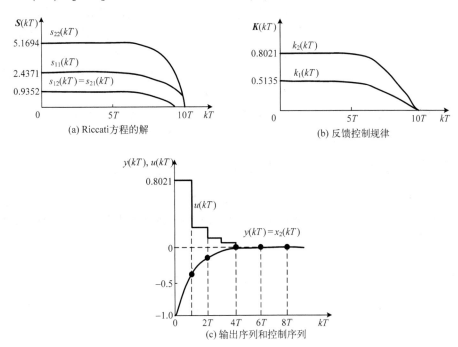

图 6-29　例 6-28 的 LQR 最优状态反馈控制规律

MATLAB 工具箱提供了求解离散稳态线性二次型状态调节器的命令函数 dlqr( )和 dlqry( )。dlqry( )用输出反馈替代状态反馈，用以求解二次型状态调节器的特例，见有关资料。下面给出用命令函数 dlqr( )求解例 6-28 的例子。

例 6-28 中利用 MATLAB 进行求解的脚本程序如下。

```
A = [0.368 0; 0.362 1];              %离散状态空间模型参数
B = [0.632; 0.368];                  %离散状态空间模型参数
Q0 = [0; 0];                         %Riccati 矩阵方程解的终端条件 Q0
Q1 = [2 0; 0 2];                     %加权阵 Q1
Q2 = 1;                              %加权阵 Q2
[K, S, E] = dlqr(A, B, Q0, Q1, Q2)   %K、Riccati 方程的稳态解 S 及闭环特征根 E
```

其输出结果为

```
K =
    0.5135    0.8021
S =
    2.4371    0.9352
    0.9352    5.1694
```

```
    E =
        0.2272
        0.5212
```

需要说明的是，本节在假设所有状态都可量测的条件下给出了 LQR 问题的最优控制规律。如果全部状态是不可测的，就必须进行状态估计。如果考虑系统中随机的过程干扰和量测噪声，且过程干扰和量测噪声均是具有正态分布的白噪声，则这类问题又称为线性二次型高斯(Linear Quadratic Gaussian，LQG)控制问题。对于随机干扰过程，可以求出使估计偏差的方差最小的最优估计器，称为 Kalman(卡尔曼)滤波器，其结构与状态观测器相同，但状态增益矩阵 $\boldsymbol{K}$ 的确定方法不同，而且该矩阵一般是时变的。LQG 控制器由 Kalman 滤波器(最优估计器)和 LQR 最优状态反馈控制规律两部分构成。MATLAB 的 kalman()函数可用于设计 Kalman 滤波器，读者可参考有关资料。

6.7.4 LQR 与 Lyapunov 最优状态反馈控制的关系

1. LQR 与 Lyapunov 最优状态反馈增益矩阵的对比

在应用式(6-177)设计 LQR 无限时间最优控制器时，如果只计算 $\boldsymbol{K}$ 的稳态解，则可令 $\boldsymbol{Q}_2=\boldsymbol{0}$，有

$$J=\sum_{k=0}^{+\infty}[\boldsymbol{X}^{\mathrm{T}}(k)\boldsymbol{Q}_1\boldsymbol{X}(k)] \tag{6-183}$$

则式(6-178)可变为

$$\boldsymbol{K}=[\boldsymbol{B}^{\mathrm{T}}\boldsymbol{S}\boldsymbol{B}]^{-1}\boldsymbol{B}^{\mathrm{T}}\boldsymbol{S}\boldsymbol{A} \tag{6-184}$$

式(6-179)Riccati 方程变为

$$\boldsymbol{S}=[\boldsymbol{A}-\boldsymbol{B}\boldsymbol{K}]^{\mathrm{T}}\boldsymbol{S}[\boldsymbol{A}-\boldsymbol{B}\boldsymbol{K}]+\boldsymbol{Q}_1 \tag{6-185}$$

将式(6-184)代入式(6-185)，可得

$$\boldsymbol{A}^{\mathrm{T}}\boldsymbol{S}\boldsymbol{A}-\boldsymbol{S}=-\boldsymbol{Q}_1 \tag{6-186}$$

式(6-186)即为式(6-42)的 Lyapunov 方程。其中，$\boldsymbol{S}$ 为式(6-42)中的 $\boldsymbol{P}$，$\boldsymbol{Q}_1$ 为式(6-42)中的 $\boldsymbol{Q}$。

可见，LQR 状态反馈增益矩阵 $\boldsymbol{K}$ 与 6.5 节介绍的 Lyapunov 最优状态反馈增益矩阵 $\boldsymbol{K}=(\boldsymbol{B}^{\mathrm{T}}\boldsymbol{P}\boldsymbol{B})^{-1}\boldsymbol{B}^{\mathrm{T}}\boldsymbol{P}\boldsymbol{A}$ 具有相同的控制器结构。

2. LQR 最优控制器设计与极点配置设计的比较

通过上述分析可以看出，LQR 最优控制器设计与 6.4 节的极点配置设计也具有一定的共同点，两者均由观测器(估计器)和反馈控制规律两部分组成，可根据分离原理分别进行设计。

两者的区别点主要如下。

(1) 系统性能指标。极点配置设计采用的是系统期望极点，LQR 最优控制器设计是达到某种二次型性能指标函数最优。

(2) 系统模型。极点配置设计主要用于单变量而且具有确定性的系统，LQR 最优控制器设计适用于多变量和时变系统。

(3) 控制量的限制问题。实际工程中，执行机构所能提供的物理控制量的幅度和总能量都是有限的。极点配置设计难以考虑这个问题(需要反复试凑)，LQR 最优控制器设计则可通过对控制量的加权处理来解决这个问题。

本 章 小 结

本章详细地讨论了基于状态空间模型的计算机控制系统设计法。从内容上可以分为五个部分。

(1) 由于计算机控制系统中控制器处理的信号都是离散信号，因此首先介绍了离散状态空间模型的建立、求解以及其与 z 传递函数之间的转换关系；然后，介绍了离散时间规范化模型；最后，基于系统层面，给出了离散系统稳定性、可控性与可测性的概念及判定条件，并在此基础上给出了可控标准型与可测标准型。用状态空间法设计系统时，可控性与可测性是实现状态反馈与状态重构的前提条件。

(2) 线性离散系统的输出反馈设计。介绍了线性离散系统输出反馈设计的极点配置设计方法，重点介绍了时间最优的最少拍控制的基本思想，并着重讲解了可用于多变量系统的最少拍设计法。需要说明的是，通过输出反馈并不能任意配置闭环极点，即输出反馈增益矩阵参数的变化对应闭环系统一定的根轨迹，而非整个状态空间，其极点只能配置在其根轨迹上。

(3)在状态变量反馈基础上的极点配置设计。对于单输入单输出且具有可控性的 n 阶系统，就可任意配置 n 个极点。通过全状态反馈配置系统期望极点是简单常用的方法，可使系统具有所期望的自身特性。但应注意，只有单输入单输出系统才能获得唯一全状态反馈控制规律，应掌握基于系数匹配法、可控标准型法或阿克曼公式法求取全状态反馈的方法。

对于不是所有状态变量均能直接量测的系统，状态观测器是实现状态反馈所必需的。能够根据输出量来重构系统状态的算法称为观测器，一般有预报观测器、现时观测器和降维观测器等，本章仅以预报观测器为例进行介绍。状态观测器的极点配置问题与状态反馈类似，有系数匹配法、可测标准型法和阿克曼公式法。对于观测器参数的确定，主要需要在快速收敛与对量测偏差的灵敏度之间做折中考虑。全状态反馈控制规律和观测器组成了完整的控制器。分离性原理说明了全状态反馈控制规律和观测器可以独立设计。从例 6-23 可以看出，反馈控制规律和观测器实际上形成了经典设计中控制器的 z 传递函数模型，且应考虑采样周期 T 对其实时性的影响。

(4) 在给定性能指标基础上的状态反馈控制系统设计。讨论了离散最优控制问题，围绕被控对象的状态空间模型、初始条件、初终条件、性能指标及其解析求解等问题逐一展开。首先以较简单的给定性能指标为例，介绍了 Lyapunov 最优状态反馈设计和最小能量控制系统设计，两者均可使系统性能达到某种意义上的最优。然后讨论了基于离散动态规划法求解二次型性能指标的 LQR 状态反馈控制系统设计。该方法能用于多输入多输出和时变系统，因此得到更广泛的应用。需要指出的是，LQR 最优控制器设计问题在某些条件下与极点配置和 Lyapunov 最优状态反馈设计有着内在的联系。

(5) 从系统设计的角度，在一些重要的知识点和部分例题处，给出几个基于 MATLAB 软件的控制系统仿真与程序设计示例。

习题与思考题

6.1　求下列差分方程的离散状态空间模型：

(1) $y(k+3)+5y(k+2)+2y(k+1)+3y(k)=u(k)$；

(2) $y(k+3)+3y(k+2)+3y(k+1)+y(k)=u(k+2)+3u(k+1)+u(k)$。

6.2　设离散系统的 z 传递函数为

$$G(z)=\frac{Y(z)}{U(z)}=\frac{z^2-0.2z-0.5}{z^2-0.7z+0.06}$$

试分别用并行法、串行法、直接法、嵌套法求其离散状态空间模型。

6.3　系统的连续状态空间模型为

$$\begin{cases}\begin{bmatrix}\dot{x}_1(t)\\ \dot{x}_2(t)\end{bmatrix}=\begin{bmatrix}0 & 1\\ -2 & -3\end{bmatrix}\begin{bmatrix}x_1(t)\\ x_2(t)\end{bmatrix}+\begin{bmatrix}0\\ 1\end{bmatrix}u(t)\\ y(t)=[1\quad 0]\begin{bmatrix}x_1(t)\\ x_2(t)\end{bmatrix}\end{cases}$$

设采样周期 $T=1\text{s}$，采用零阶保持器。试求其离散状态空间模型。

6.4　系统的离散状态空间模型为

$$\begin{cases}\begin{bmatrix}x_1(k+1)\\ x_2(k+1)\end{bmatrix}=\begin{bmatrix}0.6 & 0\\ 0.2 & 0.1\end{bmatrix}\begin{bmatrix}x_1(k)\\ x_2(k)\end{bmatrix}+\begin{bmatrix}1\\ 1\end{bmatrix}u(k)\\ y(k)=[0\quad 1]\begin{bmatrix}x_1(k)\\ x_2(k)\end{bmatrix}\end{cases}$$

试求其 z 传递函数和系统的特征值。

6.5　系统的离散状态空间模型为

$$\begin{cases}\begin{bmatrix}x_1(k+1)\\ x_2(k+1)\end{bmatrix}=\begin{bmatrix}0 & 1\\ -0.16 & -1\end{bmatrix}\begin{bmatrix}x_1(k)\\ x_2(k)\end{bmatrix}+\begin{bmatrix}1\\ 1\end{bmatrix}u(k)\\ y(k)=[1\quad 1]\begin{bmatrix}x_1(k)\\ x_2(k)\end{bmatrix}\end{cases}$$

设控制信号 $u(k)=1(k\geqslant 0)$，初始状态 $\boldsymbol{X}(0)=[1\quad -1]^{\mathrm{T}}$。试用 z 变换法求解系统的状态序列 $x(k)$ 和输出序列 $y(k)$。

6.6　设离散系统的状态方程为

$$\boldsymbol{X}(k+1)=\begin{bmatrix}0 & 1\\ -0.5 & -1\end{bmatrix}\boldsymbol{X}(k)$$

试根据 Lyapunov 法确定系统在原点平衡状态 $\boldsymbol{x}_{\mathrm{e}}=\boldsymbol{0}$ 处的稳定性。

6.7　试分别判别如下系统的状态可控性与可测性：

(1) $\begin{cases}\boldsymbol{X}(k+1)=\begin{bmatrix}0.5 & -0.5\\ 0 & 0.25\end{bmatrix}\boldsymbol{X}(k)+\begin{bmatrix}6\\ 4\end{bmatrix}u(k)\\ y(k)=[2\quad -4]\boldsymbol{X}(k)\end{cases}$；

(2) $\begin{cases} \boldsymbol{X}(k+1)=\begin{bmatrix} 2 & 0 & 0 \\ 0 & 2 & 0 \\ 0 & 0 & 1 \end{bmatrix}\boldsymbol{X}(k)+\begin{bmatrix} 2 \\ 3 \\ -4 \end{bmatrix}u(k) \\ y(k)=\begin{bmatrix} 1 & 3 & 1 \\ -1 & -3 & 5 \\ 2 & 6 & 4 \end{bmatrix}\boldsymbol{X}(k) \end{cases}$。

6.8　系统的离散状态空间模型为

$$\begin{cases} \boldsymbol{X}(k+1)=\begin{bmatrix} a & 0 \\ -1 & b \end{bmatrix}\boldsymbol{X}(k)+\begin{bmatrix} 1 \\ 1 \end{bmatrix}u(k) \\ y(k)=[-1 \quad 1]\boldsymbol{X}(k) \end{cases}$$

试确定在什么条件下，系统状态是完全可控且完全可测的。

6.9　设单输入单输出被控对象的状态空间模型为

$$\begin{cases} \dot{\boldsymbol{X}}(t)=\begin{bmatrix} 0 & 1 \\ -2 & -3 \end{bmatrix}\boldsymbol{X}(t)+\begin{bmatrix} 0 \\ 1 \end{bmatrix}u(t) \\ y(t)=[1 \quad 0]\boldsymbol{X}(t) \end{cases}$$

设采用零阶保持器，采样周期 $T=1\text{s}$。试按多变量最少拍设计法设计数字控制器 $\boldsymbol{D}(z)$，使系统在单位阶跃输入下的输出响应无稳态偏差且无纹波。

6.10　设两输入两输出被控对象状态空间模型为

$$\begin{cases} \begin{bmatrix} \dot{x}_1(t) \\ \dot{x}_2(t) \\ \dot{x}_3(t) \\ \dot{x}_4(t) \end{bmatrix}=\begin{bmatrix} 0 & 1 & 0 & 2 \\ 0 & -1 & 0 & 0 \\ 0 & 1 & 0 & 1 \\ 0 & 0 & 0 & -1 \end{bmatrix}\begin{bmatrix} x_1(t) \\ x_2(t) \\ x_3(t) \\ x_4(t) \end{bmatrix}+\begin{bmatrix} 0 & 0 \\ 1 & 0 \\ 0 & 0 \\ 0 & 1 \end{bmatrix}\begin{bmatrix} u_1(t) \\ u_2(t) \end{bmatrix} \\ \begin{bmatrix} y_1(t) \\ y_2(t) \end{bmatrix}=\begin{bmatrix} 1 & 0 & 0 & 0 \\ 0 & 0 & 1 & 0 \end{bmatrix}\begin{bmatrix} x_1(t) \\ x_2(t) \\ x_3(t) \\ x_4(t) \end{bmatrix} \end{cases}$$

设采用零阶保持器，采样周期 $T=1\text{s}$。试设计最少拍数字控制器 $\boldsymbol{D}(z)$，使系统在单位阶跃输入下的输出响应无稳态偏差且无纹波。

6.11　已知广义被控对象的离散状态空间模型为

$$\begin{cases} \boldsymbol{X}(k+1)=\begin{bmatrix} 1 & 0.1 \\ 0.5 & 0.1 \end{bmatrix}\boldsymbol{X}(k)+\begin{bmatrix} 1 \\ 0 \end{bmatrix}u(k) \\ y(k)=[1 \quad 1]\boldsymbol{X}(k) \end{cases}$$

引入状态反馈控制规律 $u(k)=\boldsymbol{K}\boldsymbol{X}(k)$，试用系数匹配法确定其状态反馈增益矩阵 $\boldsymbol{K}$，使闭环极点位于 0.1 与 0.25，并绘制出闭环系统结构图。

6.12　已知广义被控对象的离散状态方程为

$$X(k+1)=\begin{bmatrix}1 & -1\\0 & 1.2\end{bmatrix}X(k)+\begin{bmatrix}1\\1\end{bmatrix}u(k)$$

试用可控标准型法确定状态反馈增益矩阵 $\boldsymbol{K}$，使闭环极点为 $z_1=0.4$ 和 $z_2=0.6$。

6.13 已知广义被控对象的离散状态方程为

$$X(k+1)=\begin{bmatrix}0.16 & 2.16\\-0.16 & -0.16\end{bmatrix}X(k)+\begin{bmatrix}-1\\1\end{bmatrix}u(k)$$

引入状态反馈控制规律 $u(k)=r(k)-\boldsymbol{K}X(k)$，试用阿克曼公式法确定其状态反馈增益矩阵 $\boldsymbol{K}$，使系统具有闭环极点 $z_{1,2}=0.5\pm \mathrm{j}0.4$，并绘制出闭环系统结构图。

6.14 已知广义被控对象的离散状态空间模型为

$$\begin{cases}X(k+1)=\begin{bmatrix}0 & 1\\-1 & 1\end{bmatrix}X(k)+\begin{bmatrix}0\\1\end{bmatrix}u(k)\\ y(k)=[2 \quad 0]X(k)\end{cases}$$

试设计状态观测器，要求观测器的极点为 $z_{1,2}=0.2$。

6.15 已知广义被控对象的离散状态空间模型为

$$\begin{cases}X(k+1)=\begin{bmatrix}-1 & 0\\1 & 2\end{bmatrix}X(k)+\begin{bmatrix}1\\1\end{bmatrix}u(k)\\ y(k)=[1 \quad 1]X(k)\end{cases}$$

(1) 试设计带观测器的状态反馈数字控制器，要求反馈系统具有闭环极点 $z_1=0.25$ 和 $z_2=0.5$，观测器的特征值均为 0。

(2) 求该控制器的 z 传递函数。

6.16 已知广义被控对象的离散状态方程为

$$X(k+1)=\begin{bmatrix}0.7 & -1\\0 & 0.9\end{bmatrix}X(k)+\begin{bmatrix}1\\1\end{bmatrix}u(k)$$

给定的系统性能指标为 $J=\Delta V[X(k)]=\min$

试用 Lyapunov 法求最优状态反馈增益矩阵 $\boldsymbol{K}$，并绘制出状态反馈系统的方框图。

6.17 已知广义被控对象的离散状态空间模型为

$$\begin{cases}X(k+1)=\begin{bmatrix}0.607 & 0\\0.393 & 0.5\end{bmatrix}X(k)+\begin{bmatrix}0.393\\0.107\end{bmatrix}u(k)\\ y(k)=[0 \quad 1]X(k)\end{cases}$$

采样周期 $T=1\mathrm{s}$，使用零阶保持器，系统初态 $X(0)=[-1 \quad 1]^{\mathrm{T}}$。试求 $N=3$ 时的最小控制能量序列。

6.18 已知广义被控对象的离散状态方程为

$$x(k+1)=0.3679x(k)+0.6321u(k),\quad x(0)=1$$

二次型性能指标为 $J=\dfrac{1}{2}x^2(10)+\dfrac{1}{2}\sum_{k=0}^{9}[x^2(k)+u^2(k)]$

试设计 LQR 最优状态反馈控制器，并用计算机编程给出设计参数 $\boldsymbol{S}(k)$、$\boldsymbol{K}(k)$以及系统状态和控制器的输出曲线。

6.19　已知广义被控对象的离散状态空间模型为

$$\begin{cases} \boldsymbol{X}(k+1)=\begin{bmatrix}1 & 1\\ 1 & 0\end{bmatrix}\boldsymbol{X}(k)+\begin{bmatrix}1\\ 0\end{bmatrix}\boldsymbol{U}(k) \\ Y(k)=[0\quad 1]\boldsymbol{X}(k) \end{cases}$$

二次型性能指标为

$$J=\frac{1}{2}\boldsymbol{X}^{\mathrm{T}}(N)\boldsymbol{Q}_0\boldsymbol{X}(N)+\frac{1}{2}\sum_{k=0}^{N-1}[\boldsymbol{X}^{\mathrm{T}}(k)\boldsymbol{Q}_1\boldsymbol{X}(k)+\boldsymbol{U}^{\mathrm{T}}(k)\boldsymbol{Q}_2\boldsymbol{U}(k)]$$

式中，

$$N=8,\quad \boldsymbol{Q}_0=\begin{bmatrix}1 & 0\\ 0 & 1\end{bmatrix},\quad \boldsymbol{Q}_1=\begin{bmatrix}1 & 0\\ 0 & 1\end{bmatrix},\quad Q_2=1$$

设采样周期 $T=1\mathrm{s}$，$\boldsymbol{X}(0)=[1\quad 0]^{\mathrm{T}}$。试设计 LQR 最优状态反馈控制器，并用计算机编程给出控制和输出序列曲线。

第 7 章　计算机先进控制规律设计

本章概要　7.1 节介绍本章的研究背景和研究内容；7.2 节针对大滞后对象特性，给出具有一定鲁棒性的内模控制设计方法；7.3 节介绍系统辨识的基本原理和最有代表性的最小二乘法，重点介绍模型参考自适应控制算法和具有在线辨识能力的广义最小方差自校正控制器的设计；7.4 节介绍广义预测控制器的设计思想；7.5 节介绍模糊控制的基本原理，在此基础上给出几种模糊控制器的改进方法；7.6 节以 BP、RBF、Hopfield 和模糊神经网络为例，介绍神经网络的基本学习机理，探讨基于上述算法的神经网络控制系统的设计问题。

7.1　引　言

随着生产过程对控制系统要求的不断提高，需要解决控制对象动态特性未知的问题：①精确模型无法建立。②对象特性在运行过程中变化，比如，导弹飞行过程中，质量和质心位置随燃料的消耗而变化；化学反应速度随催化剂活性的衰减而变慢；机械手的动态特性随臂的伸曲而变化等。③对象特性受环境条件影响，比如，导弹或飞机的气动参数随飞行速度、高度和大气条件的变化而变化；化学反应过程参数随环境温度和湿度的变化而变化；船舶的动态特性随负载情况、水域状态、气候状况的变化而变化等。

针对上述复杂工业过程可能具有的非线性、大滞后、强干扰、参数时变、变量耦合、部分变量不可测、被控变量与控制变量存在着各种约束等问题，先进控制技术和方法应运而生，包括自适应控制、预测控制、多变量控制、智能控制、混沌控制及量子控制等相关内容。因此，先进控制中的“先进”具有时代的特征，其任务是处理那些采用常规控制无法实现良好效果的复杂工业过程控制问题。通过采用先进控制，可以改善系统的动态控制性能，减小过程变量的波动幅度，使之能更接近其优化目标值，从而使生产装置在更接近其约束边界的条件下运行，最终达到增强系统运行稳定性和安全性、保证产品质量的均匀性、提高目标产品收益率、增加装置处理量、降低运行成本、减少环境污染等目的。

先进控制的主要特征如下。

(1) 先进控制是一种基于“广义”模型的控制策略。“广义”模型既包括传统的解析模型(如基于精确数学模型的最优控制、内模控制和基于不精确辨识模型的自校正控制、模型预测控制)，也涵盖基于知识的模型，用于处理与知识基有关的推理机制，实现数值数据到符号数据的映射，如基于此类模型的模糊、神经网络等智能控制。

(2) 先进控制通常具有随环境变化的适应能力。先进控制是建立在常规单回路控制之上的动态协调约束控制，可使控制系统自动适应实际工业生产过程中参数不确定或未知以及干扰特性的影响，达到所要求的动态特性和操作要求。

(3) 先进控制具有较复杂的算法结构，由计算机的软件实现。这些先进控制算法由于本身的复杂性，依靠常规的控制仪表难以实现，一般都是由具有足够计算能力的计算机来实现的，从这个意义上讲，这些算法都可以归结到计算机控制的范畴。

作为计算机控制基本方法的扩展，并与前述内容有效衔接与过渡，本章将对现阶段在工业领域有较多应用并具代表性的先进控制规律进行简要介绍。首先从较简单的内模控制入手，然后分别阐述应用广泛的自适应控制、广义预测控制、模糊控制和神经网络控制。在进行各部分内容设计方法介绍时，主要从技术发展和设计思想出发，再以典型算法为例，进行数学推导、控制器设计与仿真研究。比如，在自适应控制中，从局部参数最优化的模型参考自适应控制算法出发，引出基于 Lyapunov 稳定性理论的模型参考自适应控制和最小方差自校正控制算法设计；预测控制中，主要讲解广义预测控制(GPC)；神经网络控制中，以 BP 算法的控制实现为主要内容。最后，为方便读者学习和掌握，在重要知识点处，以二维码扫描的方式给出其仿真验证的程序例程。

7.2 内 模 控 制

1982 年，Garcia 和 Morari 完整地提出并发展了内模控制(Internal Model Control，IMC)。内模控制是工业过程控制领域中实用性很强的鲁棒控制方法之一，是一种基于对象模型进行控制器设计的控制策略。内模控制在结构上与史密斯预估补偿控制很相似，它有一个称为内部模型的对象模型，控制器可由被控对象模型直接进行设计。由于其设计简单，在线调整容易，且对鲁棒性及抗扰性的改善效果和对大滞后对象的控制效果尤为显著，不仅是一种实用的先进控制算法，而且是研究预测控制等模型控制策略的重要理论基础。

自 1989 年 Morari 透彻研究了内模控制的鲁棒性和稳定性并由其他学者将其推广到非线性系统后，内模控制与其他控制方式相结合，如模糊控制、自适应控制、最优控制、预测控制、神经网络等，不断得到改进并广泛应用于工程实践中，取得了良好的效果。

7.2.1 内模控制的原理

1. 内模控制的基本结构

内模控制器的设计为跟踪问题。图 7-1 为其结构图，其中，$D_{\text{IMC}}(s)$为内模控制器，其控制目标为系统输出 $Y(s)$完全跟踪系统的给定输入 $R(s)$，即 $Y(s)=R(s)$；$G_0(s)$为实际被控对象，$\hat{G}_0(s)$为其模型；$Y_{\text{m}}(s)$为对象模型输出；$U(s)$为控制器输出；$V(s)$为在控制对象上叠加的外界干扰；$\hat{V}(s)$为反馈信号。图 7-1 中虚线框内包围的部分是整个控制环节的内部结构，需要用计算机硬件或软件来实现。由于该结构中除了控制器 $D_{\text{IMC}}(s)$之外，还包含对象的模型 $\hat{G}_0(s)$，所以称为内模控制。

2. 理想内模控制器的设计

内模控制器的设计思路是从理想控制器出发，在考虑了某些实际存在的约束后，再回到实际控制器设计中。

理想假设条件：图 7-1 中的对象模型 $\hat{G}_0(s)$准确，与实际对象 $G_0(s)$没有偏差，即

$$\hat{G}_0(s)=G_0(s) \tag{7-1}$$

且其倒数 $1/\hat{G}_0(s)$可实现。

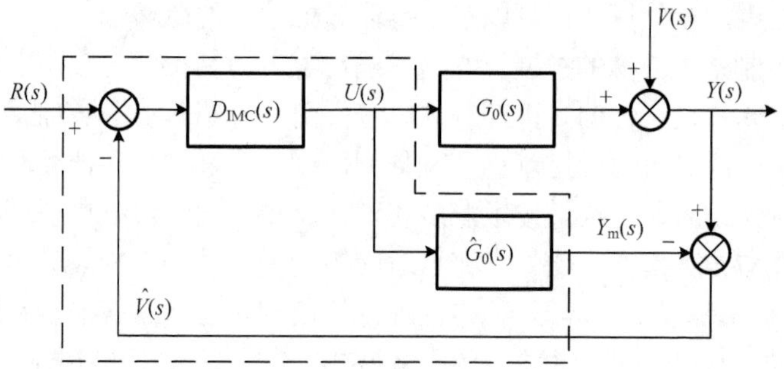

图 7-1　内模控制结构图

下面利用叠加原理，分别讨论外界干扰$V(s)$和给定值$R(s)$输入对系统输出性能的影响。

(1) 外界干扰输入，即$R(s)=0$，$V(s)\neq 0$。

由图 7-1 可知，当$\hat{G}_0(s)=G_0(s)$时，$\hat{V}(s)=V(s)$，则

$$Y(s)=V(s)-\hat{V}(s)D_{\mathrm{IMC}}(s)G_0(s)=V(s)[1-D_{\mathrm{IMC}}(s)\hat{G}_0(s)] \tag{7-2}$$

若令

$$D_{\mathrm{IMC}}(s)=\frac{1}{\hat{G}_0(s)} \tag{7-3}$$

则式(7-2)变为

$$Y(s)=0 \tag{7-4}$$

由式(7-4)可知，不管$V(s)$如何变化，其对$Y(s)$的影响为零，表明此时的控制器$D_{\mathrm{IMC}}(s)$是能抑制外界干扰的理想控制器。

(2) 给定值输入，即$V(s)=0$，$R(s)\neq 0$。

因为此时$\hat{V}(s)=V(s)=0$，由图 7-1 及式(7-3)可知

$$Y(s)=D_{\mathrm{IMC}}(s)G_0(s)R(s)=\frac{1}{\hat{G}_0(s)}G_0(s)R(s)=R(s) \tag{7-5}$$

式(7-5)表明此时的控制器$D_{\mathrm{IMC}}(s)$是$Y(s)$完全跟踪$R(s)$变化的理想控制器。

综合式(7-2)和式(7-5)，通过叠加原理可知，当模型没有偏差且其倒数存在（可倒）时，内模控制器（式(7-3)）是能抑制外界干扰的理想反馈控制器。

此时，内模控制系统的输出为

$$Y(s)=[1-D_{\mathrm{IMC}}(s)G_0(s)]V(s)+D_{\mathrm{IMC}}(s)G_0(s)R(s) \tag{7-6}$$

其反馈信号为

$$\hat{V}(s)=[G_0(s)-\hat{G}_0(s)]U(s)+V(s) \tag{7-7}$$

可以看出，如果模型精确且没有外界干扰，则反馈信号$\hat{V}(s)$为零，表明内模控制系统具有开环结构。因此，对开环稳定的被控对象而言，反馈的目的是克服模型不确定性。也就是说，如果被控对象及其输入信息都已知，只需要前馈（开环）控制即可，而不需要反馈（闭环）控制。事实上，在实际的工业过程控制中，抑制干扰是控制系统的主要任务，而模型不确定性也是难免的。图 7-1 所示 IMC 结构中的反馈信号$\hat{V}(s)$就反映了被控对象模型的不确定性及干扰的影响，从而构成了闭环控制系统的结构。

由上可知，内模控制器具有如下性质。

(1) 内模控制器是在“模型没有偏差且模型可倒”假设条件下的理想反馈控制器，其输出可以完全跟踪给定输入的变化，并能完全抑制干扰的影响。

(2) 内模控制器具有对偶稳定性。若模型是准确的，则 IMC 系统内部稳定的充要条件是对象与控制器都是稳定的。因此，对于开环不稳定系统，在使用 IMC 之前要将其前向通道各环节变为稳定的。

(3) 实际应用中假设条件可能不成立，尤其是对模型精确性的要求可能不满足，需要对内模控制器的结构进行调整。

7.2.2　内模控制器的设计

实际工作中几乎没有完全理想的情况，“非理想”情况主要涉及两点：模型与各不同工况下的对象特性之间总会存在偏差；$\hat{G}_0(s)$ 的倒数有时不存在，具体如下。

(1) 当 $\hat{G}_0(s)$ 中包含非最小相位环节(即零点在右半平面)时，其倒数会成为不稳定环节。

(2) 当 $\hat{G}_0(s)$ 中包含纯滞后环节时，其倒数为纯超前特性，这在物理上是不可实现的。

因此，内模控制器的结构可按如下步骤进行调整。

(1) 将被控对象模型进行因式分解，即

$$\hat{G}_0(s)=\hat{G}_{0+}(s)\hat{G}_{0-}(s) \tag{7-8}$$

式中，$\hat{G}_{0+}(s)$ 包含了所有的纯滞后环节和右半平面的零点，并规定其静态增益为 1；$\hat{G}_{0-}(s)$ 为对象模型的最小相位部分。

(2) 构造带滤波器的 IMC 控制器：

$$D_{\mathrm{IMC}}(s)=\frac{1}{\hat{G}_{0-}(s)}F(s) \tag{7-9}$$

式中，$F(s)$为 IMC 滤波器，其具体结构与系统的输入信号形式有关。

对于单位阶跃信号，可选择 Ⅰ 型 IMC 滤波器为

$$F(s)=\frac{1}{(T_{\mathrm{f}}s+1)^r} \tag{7-10}$$

对于单位速度信号，可选择 Ⅱ 型 IMC 滤波器为

$$F(s)=\frac{rT_{\mathrm{f}}s+1}{(T_{\mathrm{f}}s+1)^r} \tag{7-11}$$

式中，T_{f} 为滤波器的时间常数。对于最小相位系统，在没有模型偏差的情况下，T_{f} 就是闭环系统的时间常数；对于非最小相位系统，当 T_{f} 足够大时，它就成为系统的主要时间常数。r 为设计参数，一般取整数，其选择原则主要是使 $D_{\mathrm{IMC}}(s)$成为有理传递函数，即其分母阶次至少应等于分子的阶次。

可以看出，式(7-9)的 $D_{\mathrm{IMC}}(s)$ 结构仅包含了 $\hat{G}_{0-}(s)$ 的倒数而不是整个被控对象模型 $\hat{G}_0(s)$ 的倒数，否则，就有可能包含超前环节 $\mathrm{e}^{\tau s}$(假如 $\hat{G}_{0+}(s)$ 中含有纯滞后环节 $\mathrm{e}^{-\tau s}$)和不稳定的极点(假如 $\hat{G}_{0+}(s)$ 中有右半平面的零点)。而利用因式分解(式(7-8))，并添加了如式(7-10)或式(7-11)所示的滤波器 $F(s)$后，则可保证 $D_{\mathrm{IMC}}(s)$是物理可实现的，且是稳定的。另外，式(7-9)是基于零极点相消的原理来设计的，因而这种形式的 IMC 算法不能应用于开环不稳定的被控对象。

(3) 根据系统的动态/静态特性要求整定滤波器参数 T_f。

假设模型没有偏差，$\hat{G}_0(s)=G_0(s)$，将式(7-8)、式(7-9)代入式(7-4)，可得

$$Y(s)=[1-\hat{G}_{0+}(s)F(s)]V(s)+\hat{G}_{0+}(s)F(s)R(s) \tag{7-12}$$

设 $V(s)=0$，则系统的闭环传递函数为

$$\frac{Y(s)}{R(s)}=\hat{G}_{0+}(s)F(s) \tag{7-13}$$

式(7-13)表明，滤波器 $F(s)$与系统的闭环性能有非常直接的关系。滤波器中的时间常数 T_f 是个可调整的参数。T_f 越小，$Y(s)$对 $R(s)$的跟踪滞后越小，即 T_f 直接影响闭环系统的响应速度。仅从这个角度看，似乎 T_f 越小越好。事实上，滤波器在内模控制中还有可以调整系统鲁棒性的重要作用，即对模型偏差不敏感。T_f 越大，系统鲁棒性越好，见例 7-1。因此，T_f 的选择应兼顾闭环系统控制精度和鲁棒性的要求。

由于滤波器的参数 T_f 可以调整系统的鲁棒性，使内模控制比史密斯预估补偿控制的性能更优越，因而更具实用性。

另外，为了使系统对常数干扰无稳态偏差，$F(s)$应该满足：

$$\hat{G}_{0+}(0)F(0)=1 \tag{7-14}$$

程序分析

例 7-1 设图 7-1 所示系统的被控对象传递函数为

$$G_0(s)=\frac{k\mathrm{e}^{-\tau s}}{T_0 s+1}$$

式中，k、T_0、τ 分别为被控对象的增益、惯性时间常数和纯滞后时间。试设计 IMC 控制器。

解： 设被控对象无模型失配且无外部干扰，有

$$\hat{G}_0(s)=G_0(s)=\frac{k\mathrm{e}^{-\tau s}}{T_0 s+1},\quad \hat{V}(s)=0 \tag{7-15}$$

则对象的逆为

$$\hat{G}_0^{-1}(s)=\frac{T_0 s+1}{k}\mathrm{e}^{\tau s},\quad \hat{G}_{0-}^{-1}(s)=\frac{T_0 s+1}{k} \tag{7-16}$$

在单位阶跃信号作用下，选取Ⅰ型 IMC 滤波器 $F(s)=\dfrac{1}{T_f s+1}$，其中，$r=1$。则设计的 IMC 控制器为

$$D_{\mathrm{IMC}}(s)=\hat{G}_{0-}^{-1}(s)F(s)=\frac{T_0 s+1}{k(T_f s+1)} \tag{7-17}$$

下面分两种情况讨论 T_f 对系统输出的影响。

(1) $k=1$，$T_0=2$，$\tau=1\mathrm{s}$。

T_f 取 0.1、0.5、1.2、2.5 时系统的输出响应 $y(t)$如图 7-2(a)曲线所示。可以看出，T_f 越小，输出曲线越陡，系统响应速度越快；T_f 越大，输出曲线越平缓，系统响应速度越慢。

(2) $k=1$，$T_0=2$，$G_0(s)$中的 τ 因受干扰影响由 1s 变为 1.1s。

T_f 取 0.1、0.5、1.2、2.5 时系统的输出响应 $y(t)$如图 7-2(b)曲线所示。显然，在有外界干扰的情况下，T_f 越小，系统的鲁棒性越差；反之，系统的鲁棒性越强。

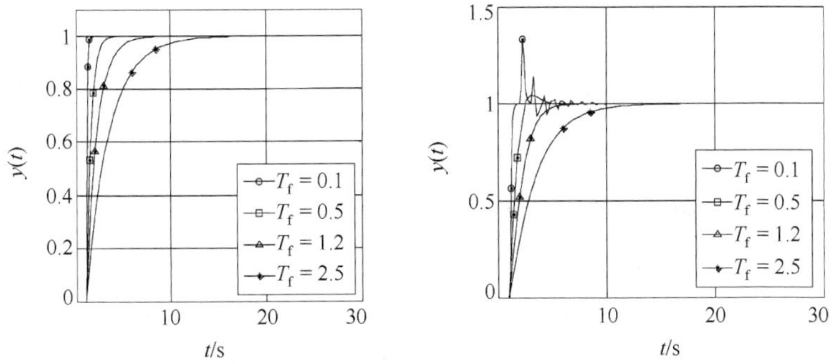

(a) 无扰动时的输出响应　　(b) 扰动影响下的输出响应

图 7-2　T_f对系统输出响应的影响

由 4.5 节知，史密斯预估补偿器 $D_B(s)$能有效解决含大纯滞后被控对象的控制问题，但其控制品质对模型偏差(主要是纯滞后时间和增益偏差)是很敏感的。由于内模控制器包含了一个 IMC 滤波器，可通过调整其参数来改善系统的鲁棒性，这正是内模控制相对于史密斯预估补偿控制的优势所在。下面通过例 7-2 做进一步说明。

程序分析

例 7-2　设被控对象传递函数为

$$G_0(s)=\frac{1}{10s+1}\mathrm{e}^{-10s}$$

已知被控对象模型在纯滞后环节中存在偏差，即

$$\hat{G}_0(s)=\frac{1}{10s+1}\mathrm{e}^{-8s} \tag{7-18}$$

试设计 IMC 控制器，并将其与史密斯预估补偿控制的效果进行对比。

解：由式(7-18)知，显然被控对象模型(即内部模型)不精确。

假设 $V(s)=0$，在单位阶跃信号作用下，设计出 IMC 和 Smith 预估补偿控制的系统结构，如图 7-3 所示。其中，$D_{\mathrm{IMC}}(s)$中的 $T_f=5$；Smith 预估补偿控制的控制器 $D(s)$为 PI 控制器，$K_p=10$，$T_i=2$。

图 7-4 为通过 MATLAB 软件进行仿真的输出响应曲线。可以看出，在不存在模型偏差的情况下，IMC 与 Smith 预估补偿两种控制策略都能使系统输出 $y(t)$具有较好的控制质量，如图 7-4(a)所示。当模型的滞后时间因干扰影响变化 20%时，内模控制仍然能使系统有较稳定的输出，表现出对时滞干扰的较强鲁棒性，如图 7-4(b)所示；而 Smith 预估补偿控制无法抑制干扰，系统已处于振荡发散状态，如图 7-4(c)所示。

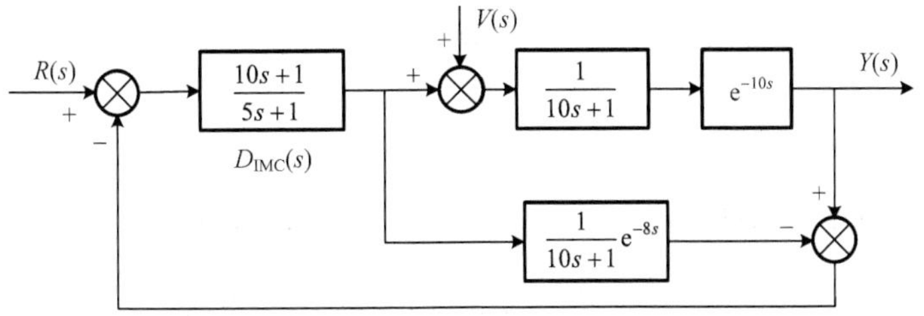

(a) IMC 结构

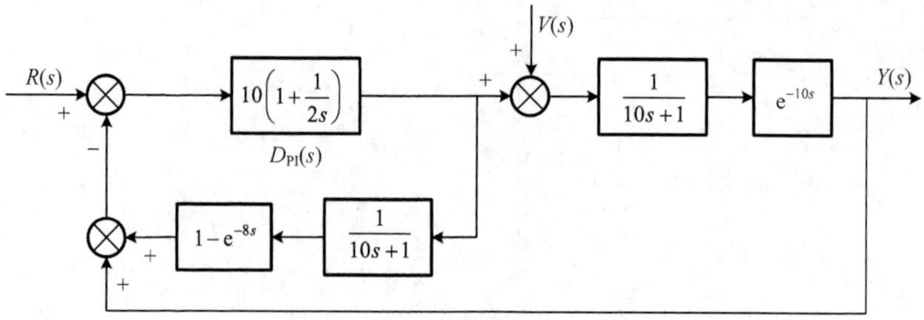

(b) Smith 预估补偿控制结构

图 7-3　存在模型偏差时的控制系统结构图

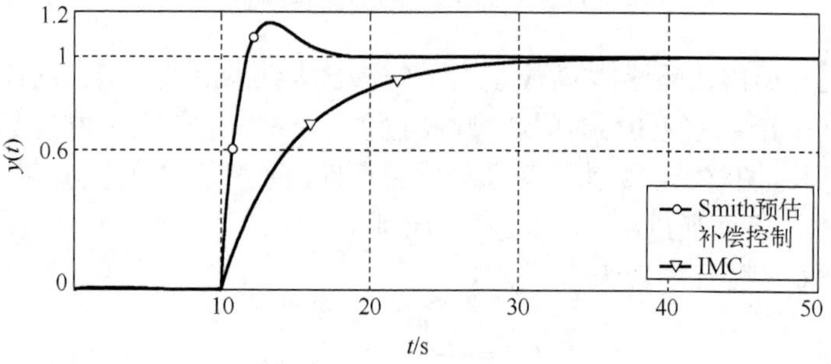

(a) 不存在模型误差时的输出响应曲线

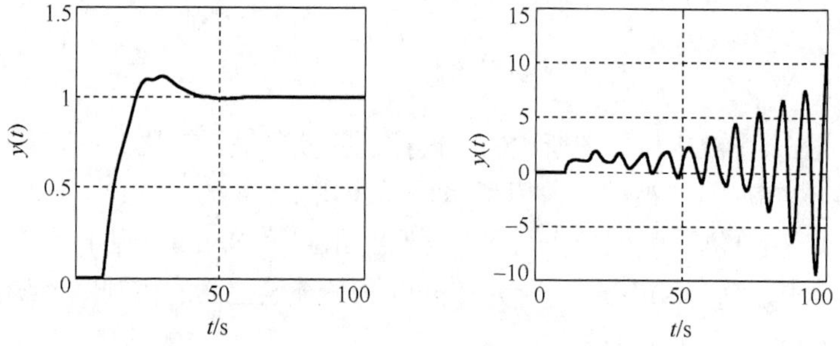

(b) 存在模型误差时的IMC　　(c) 存在模型误差时的Smith预估补偿控制

图 7-4　IMC 与 Smith 预估补偿控制的输出响应曲线

例 7-2 表明，IMC 与 Smith 预估补偿控制相比具有以下优点：

(1) 无须精确的被控对象模型；

(2) 在引入滤波器后，系统有可能获得较好的鲁棒性；

(3) 仅有一个整定参数 T_f，与系统动态品质和鲁棒性的关系比较明确。

7.2.3　内模-PID 控制

已知简单的 PID 控制器可以解决约 90%的工业控制问题，然而，对于强耦合多变、强非线性和大时滞被控对象，经典 PID 控制需要借助各种优化设计和参数整定手段才能获得满意的控制效果。

通过对图 7-1 的内模控制结构做等效变换可以得到图 7-5，其中虚线框内为等效的反馈控制器结构 $D_C(s)$。这就给了人们一个启发，内模控制虽然有设计过程简单、控制性能好和鲁棒性强等优点，但它不能直接控制不稳定的系统，而经典 PID 控制则适用于这种情况。因此，可以基于 $D_{IMC}(s)$模型获得 PID 控制器参数的整定方法，构成内模-PID 控制器。

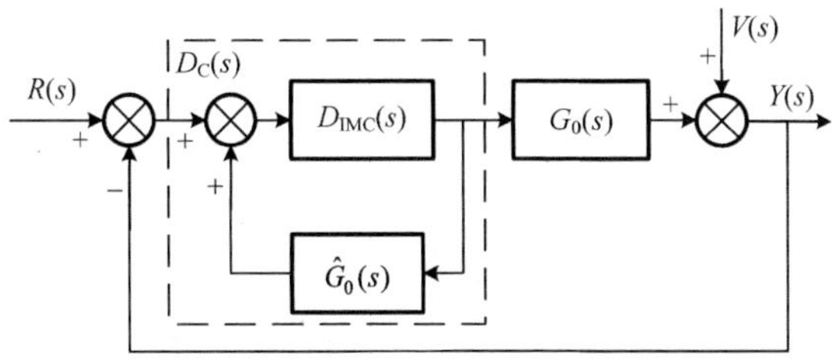

图 7-5　内模控制的等效变换

由图 7-5 可知，闭环反馈系统的等效控制器为

$$D_{\mathrm{C}}(s)=\frac{D_{\mathrm{IMC}}(s)}{1-D_{\mathrm{IMC}}(s)\hat{G}_0(s)} \tag{7-19}$$

将式(7-8)代入式(7-19)，可得

$$D_{\mathrm{C}}(s)=\frac{\dfrac{1}{\hat{G}_{0-}(s)}F(s)}{1-\dfrac{\hat{G}_0(s)}{\hat{G}_{0-}(s)}F(s)} \tag{7-20}$$

因为在 $s=0$ 时，有

$$\begin{cases} F(s)=1 \\ \hat{G}_{0-}(s)=\hat{G}_0(s) \end{cases} \tag{7-21}$$

将式(7-21)代入式(7-20)，可知其分母为零，即

$$D_{\mathrm{C}}(s)\big|_{s=0}=+\infty \tag{7-22}$$

式(7-22)表明，控制器 $D_C(s)$的零频增益为无穷大。由控制理论可知，零频增益为无穷大的反馈控制器可以消除由外界阶跃干扰引起的余差。这表明尽管 IMC 控制器 $D_{IMC}(s)$本身没有积分功能，但由于内模控制的结构，可保证其等效控制器 $D_C(s)$能消除余差。由式(7-19)可知，若要消除余差，只需保证 $D_{IMC}(s)$控制器的静态增益与模型 $\hat{G}_0(s)$ 的静态增益互为倒数，这一点是很容易做到的。

对于具有时间滞后的被控过程，为了得到一个 PID 等效形式的控制器，必须对纯滞后时间做某种近似，例如，可以使用帕德(Padé)近似或泰勒近似。

例 7-3　设含有纯滞后一阶惯性环节的被控对象为 $G_0(s)=\dfrac{k}{T_0s+1}\mathrm{e}^{-\tau s}$，试设计内模-PID 控制器。

解：(1) 对纯滞后时间使用一阶帕德近似，有

$$\mathrm{e}^{-\tau s}\approx\frac{-0.5\tau s+1}{0.5\tau s+1} \tag{7-23}$$

若对象模型精确，且其倒数可实现，则有

$$\hat{G}_0(s)=\frac{k}{T_0s+1}\mathrm{e}^{-\tau s}\approx\frac{k(-0.5\tau s+1)}{(T_0s+1)(0.5\tau s+1)} \tag{7-24}$$

(2) 将对象模型分解成可逆和不可逆部分，即

$$\hat{G}_{0-}(s)=\frac{k}{(T_0 s+1)(0.5\tau s+1)} \tag{7-25}$$

$$\hat{G}_{0+}(s)=-0.5\tau s+1 \tag{7-26}$$

(3) 构成理想内模控制器：

$$\hat{D}_{\mathrm{IMC}}(s)=\frac{1}{\hat{G}_{0-}(s)}=\frac{(T_0 s+1)(0.5\tau s+1)}{k} \tag{7-27}$$

(4) 设滤波器 $F(s)=\dfrac{1}{T_{\mathrm{f}}s+1}$，这时不需要使 $D_{\mathrm{IMC}}(s)$为有理的，因为 PID 控制器还没有得到，容许 $D_{\mathrm{IMC}}(s)$的分子比分母多项式的阶数高一阶，所以

$$D_{\mathrm{IMC}}(s)=\hat{D}_{\mathrm{IMC}}(s)F(s)=\hat{G}_{0-}^{-1}(s)F(s)=\frac{(T_0 s+1)(0.5\tau s+1)}{k}\cdot\frac{1}{T_{\mathrm{f}}s+1} \tag{7-28}$$

则由图 7-5 可得到内模控制器的等效控制器为

$$\begin{aligned}D_{\mathrm{C}}(s)&=\frac{D_{\mathrm{IMC}}(s)}{1-\hat{G}_0(s)D_{\mathrm{IMC}}(s)}=\frac{\hat{D}_{\mathrm{IMC}}(s)F(s)}{1-\hat{G}_0(s)\hat{D}_{\mathrm{IMC}}(s)F(s)}\\&\xlongequal{\hat{G}_0=\hat{G}_{0-}\hat{G}_{0+}}\frac{\hat{D}_{\mathrm{IMC}}(s)F(s)}{1-\hat{G}_{0-}(s)\hat{G}_{0+}(s)\hat{G}_{0-}^{-1}(s)F(s)}=\frac{1}{k}\cdot\frac{(T_0 s+1)(0.5\tau s+1)}{(T_{\mathrm{f}}+0.5\tau)s}\end{aligned} \tag{7-29}$$

展开其分子项，有

$$D_{\mathrm{C}}(s)=\frac{1}{k}\cdot\frac{0.5T_0\tau s^2+(T_0+0.5\tau)s+1}{(T_{\mathrm{f}}+0.5\tau)s} \tag{7-30}$$

选择 PID 控制器的传递函数形式为

$$D(s)=K_{\mathrm{p}}\left(1+\frac{1}{T_{\mathrm{i}}s}+T_{\mathrm{d}}s\right) \tag{7-31}$$

令 $D_{\mathrm{C}}(s)=D(s)$，通过比较式(7-30)与式(7-31)，并用 $(T_0+0.5\tau)/(T_0+0.5\tau)$ 乘以式(7-30)，即可得到 PID 控制器的参数为

$$\begin{cases}K_{\mathrm{p}}=\dfrac{T_0+0.5\tau}{k(T_{\mathrm{f}}+0.5\tau)}\\T_{\mathrm{i}}=T_0+0.5\tau\\T_{\mathrm{d}}=\dfrac{T_0\tau}{2T_0+\tau}\end{cases} \tag{7-32}$$

式(7-32)即构成内模-PID 控制器的参数整定公式，其中，T_{i} 和 T_{d} 仅与对象参数有关。与常规 PID 控制器的参数整定相比，内模-PID 控制器的参数整定仅需要调整式(7-32)的比例增益 K_{p}，其与 T_{f} 成反比。此例中使用了帕德近似，意味着滤波器的时间常数 T_{f} 不能取任意小。为避免帕德近似引起模型的不确定性，建议取 $T_{\mathrm{f}}>0.8\tau$。

根据上述方法，也可以设计不稳定对象的内模-PID 控制器，但要增加一个约束条件，即在 $s=p_j$（p_j 是不稳定极点）时，$F(s)$的值必须是 1。这时需要修改内模控制的设计步骤，采用较复杂的 IMC 滤波器结构。

7.2.4 内模控制的离散算式

内模控制思想也适用于离散系统。当被控对象模型采用 z 传递函数形式时，内模控制系统的性质仍然成立。图 7-6 为离散形式的内模控制系统，其中，$\hat{G}(z)$ 为广义被控对象的 z 传递函数，$D_{\mathrm{IMC}}(z)$为内模控制器，偏差 $e_1(k)=y(k)-y_{\mathrm{m}}(k)$。其设计也可以分为两步进行。

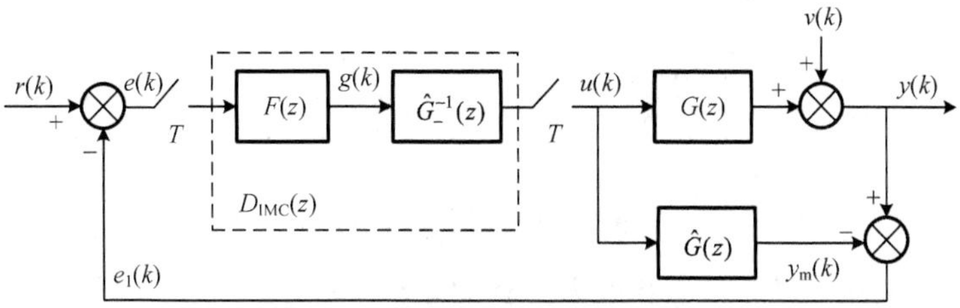

图 7-6　离散形式的内模控制系统

(1) 将被控对象模型进行因式分解：

$$\hat{G}(z)=\hat{G}_{+1}(z)\hat{G}_{+}(z)\hat{G}_{-}(z) \tag{7-33}$$

式中，$\hat{G}_{-}(z)$ 为对象模型的最小相位部分；$\hat{G}_{+}(z)=z^{-d}$，d 为时延阶数，$d\geqslant 1$；$\hat{G}_{+1}(z)$ 包含单位圆外的零点；$\hat{G}_{+}(z)$ 和 $\hat{G}_{+1}(z)$ 的静态增益均为 1。

如果对象包含 N 个采样周期的纯滞后环节，则 $\hat{G}_{+}(z)$ 应为

$$\hat{G}_{+}(z)=z^{-(N+1)} \tag{7-34}$$

在对象没有纯滞后环节的情况下　$\hat{G}_{+}(z)=z^{-1}$　(7-35)

式中，z^{-1} 反映的是采样过程的固有迟延。

如果 $G(z)$模型中包含单位圆外的零点，则 $\hat{G}_{+1}(z)$ 可按式(7-36)确定：

$$\hat{G}_{+1}(z)=\prod\left(\frac{z-z_i}{z-\overline{z}_i}\right)\left(\frac{1-\overline{z}_i}{1-z_i}\right) \tag{7-36}$$

式中，z_i 为 $\hat{G}(z)$ 的零点，且当 $|z_i|\leqslant 1$（稳定零点）时，$\overline{z}_i=z_i$；当 $|z_i|>1$（不稳定零点）时，$\overline{z}_i=\dfrac{1}{z_i}$。

如果其只含有一个单位圆外的不稳定零点，则式(7-36)可简化为

$$\hat{G}_{+1}(z)=\frac{z-z_i}{1-z_i z} \tag{7-37}$$

如果没有零点，则　$\hat{G}_{+1}(z)=1$　(7-38)

(2) 设计 IMC 控制器：　$D_{\mathrm{IMC}}(z)=\dfrac{1}{\hat{G}_{-}(z)}F(z)$　(7-39)

滤波器 $F(z)$的作用主要是调整系统的鲁棒性。一般推荐 $F(z)$为

$$F(z)=\frac{1-\alpha_{\mathrm{f}}}{1-\alpha_{\mathrm{f}}z^{-1}} \tag{7-40}$$

式中，$0 \leqslant \alpha_f \leqslant 1$。在对象与模型不一致的情况下，通过调整 α_f 可使闭环系统稳定。可调参数 α_f 的初值可由式(7-41)决定：

$$\alpha_f = e^{-T/T_f} \tag{7-41}$$

式中，T 为采样周期；T_f 为滤波器的时间常数。

图 7-6 所示内模控制系统的输出为

$$Y(z) = \frac{F(z)\hat{G}_-^{-1}(z)G(z)}{1+F(z)\hat{G}_-^{-1}(z)[G(z)-\hat{G}(z)]}R(z) + \frac{1-F(z)\hat{G}_-^{-1}(z)\hat{G}(z)}{1+F(z)\hat{G}_-^{-1}(z)[G(z)-\hat{G}(z)]}V(z) \tag{7-42}$$

闭环特征方程为

$$1+F(z)\hat{G}_-^{-1}(z)[G(z)-\hat{G}(z)] = 0 \tag{7-43}$$

若全部特征根都在 z 平面单位圆以内，则闭环系统稳定。

通过式(7-43)可以看出，适当地选取 α_f 值，可增强系统的稳定性和鲁棒性，但须兼顾鲁棒性和快速性。当 α_f 取值很小时，能改善系统的闭环性能，但其对模型的偏差变得敏感；而当 α_f 取值较大时，控制系统克服模型失配与参数波动的能力提高，但其输出响应变慢，并且，在某些特殊的场合中，推荐采用高阶滤波器。

程序分析

例 7-4 已知图 7-6 所示系统的广义被控对象为二阶 SISO 线性离散系统，其差分方程为

$$y(k)-1.5y(k-1)+0.7y(k-2) = u(k-1)+0.5u(k-2)$$

设给定输入为阶跃信号 $r(k)=1(k)$，干扰为 $v(k)=0.1(k)(k \geqslant 50)$。试设计内模控制器 $D_{\mathrm{IMC}}(z)$。

解：(1) 求被控对象的逆模型。

$$\hat{G}(z) = \frac{1+0.5z^{-1}}{1-1.5z^{-1}+0.7z^{-2}}z^{-1} = \frac{1+0.5z^{-1}}{[1-(0.75-\mathrm{j}0.37)z^{-1}][1-(0.75+\mathrm{j}0.37)z^{-1}]}z^{-1}$$

由于 $\hat{G}(z)$ 的零点 $z_i=-0.5$，极点 $s_{1,2}=0.75\pm\mathrm{j}0.37$ 均在 z 平面单位圆内，因此 $\hat{G}(z)=\hat{G}_+(z)\hat{G}_-(z)$ 稳定且具有一阶时延特性，$\hat{G}_+(z)=z^{-1}$，其逆模型为

$$\hat{G}_-^{-1}(z) = \frac{1}{\hat{G}_-(z)} = \frac{1-1.5z^{-1}+0.7z^{-2}}{1+0.5z^{-1}}$$

可知，$\hat{G}_-^{-1}(z)$ 的极点在 z 平面单位圆内，故 $\hat{G}_-^{-1}(z)$ 也是稳定的。

(2) 滤波器设计。

由于对象模型中不含 $\hat{G}_{+1}(z)$ 部分，故取滤波器为

$$F(z) = \frac{1-\alpha_f}{1-\alpha_f z^{-1}}$$

(3) 内模控制器设计。

设模型精确，$\hat{G}_-(z)=G_-(z)$，则设计的内模控制器为

$$D_{\mathrm{IMC}}(z) = \frac{1}{\hat{G}_-(z)}F(z) = \frac{U(z)}{E(z)} = \frac{1-1.5z^{-1}+0.7z^{-2}}{1+0.5z^{-1}} \cdot \frac{1-\alpha_f}{1-\alpha_f z^{-1}}$$

(4) 系统检验。

图 7-7 为采样周期 $T=0.1\mathrm{s}$ 的仿真结果。其中，图 7-7(a)为输入 $r(k)=1(k)$以及干扰 $v(k)=$

$0.1(k)(k \geqslant 50)$和$\alpha_f = 0.75$时的系统输出 $y(k)$。可以看出 $y(k)$在阶跃输入和干扰作用下具有无静差特性。图 7-7(b)为模型输出 $y_m(k)$和内模控制器的输出 $u(k)$；图 7-7(c)为偏差 $e(k)$、$e_1(k)$和滤波器的输出 $g(k)$。

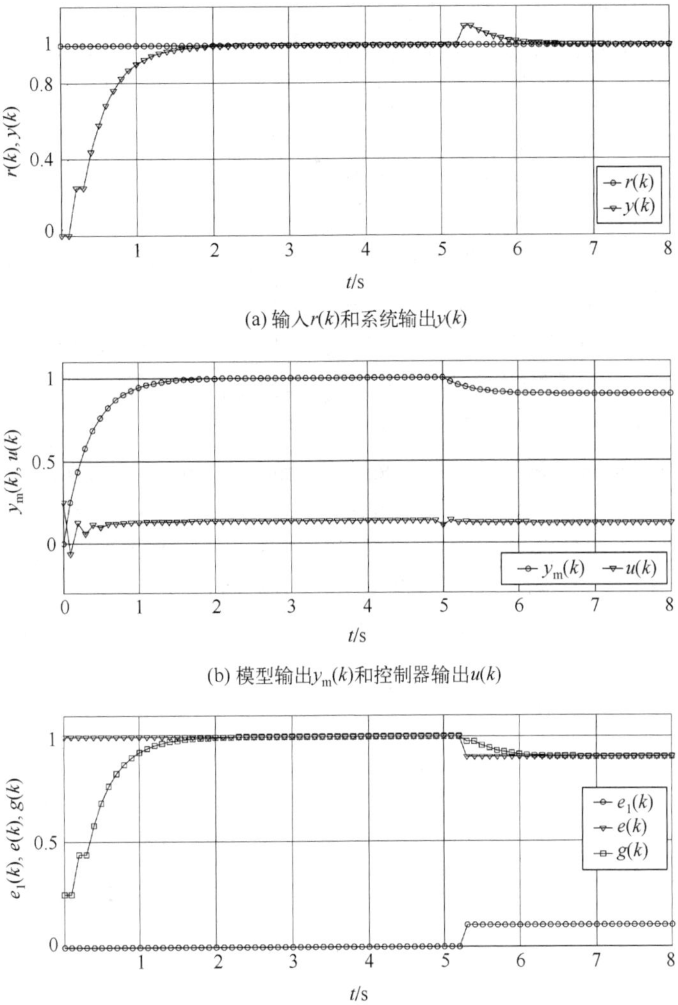

(a) 输入$r(k)$和系统输出$y(k)$

(b) 模型输出$y_m(k)$和控制器输出$u(k)$

(c) 偏差$e_1(k)$、$e(k)$和滤波器输出$g(k)$

图 7-7　例 7-4 的仿真结果

7.3　自适应控制

“适应性”(Adaptive)通常指生物改变自身的习性以适应新环境的一种特征。自适应控制即为通过测量输入输出信息，实时地掌握被控对象和系统偏差的动态特性及其变化，并据此及时调节控制器参数，使其具备学习功能，以使系统的控制性能维持某种指标的最优，或满足预定要求。

7.3.1 概述

人们对自适应控制的兴趣最初起源于航空航天问题。虽然在20世纪50年代初期就有人提出了自适应控制的概念，但是真正对自适应控制诞生有重要影响的人物是美国麻省理工学院(Massachusetts Institute of Technology，MIT)的Whitaker教授。1958年，Whitaker教授和其实验室的同事为设计一种自动适应飞机飞行的控制系统，提出著名的MIT方案。由于该方案并不能保证系统总是稳定的，后来，布查特(Butchart)和德国学者帕克斯(Parks)在1966年相继提出用李雅普诺夫稳定性理论(Lyapunov Stability Theory)，以及法国学者Landau于1969年提出用波波夫(Popov)超稳定性(Hyperstability)理论设计自适应控制规律。1973年，瑞典学者K.J. Åström和B. Wittenmark提出了最小方差自校正调节器(Minimum Variance Self-tuning Regulators，MVSTR)。之后，学者将自校正控制引入到多输入多输出系统。

截至目前，尽管自适应控制的研究日臻完善，但从理论研究成果和实际应用效果来看，首推模型参考自适应控制系统、自校正控制系统和智能自适应控制系统。

1. 模型参考自适应控制系统

顾名思义，模型参考自适应控制(Model Reference Adaptive Control，MRAC)系统即为采用确定性等价方法，通过构造一个描述闭环系统期望输入、输出动态响应的参考模型(理想模型)而构成的反馈系统。其设计任务是寻求一种反馈控制律，使被控对象闭环系统的性能与参考模型的性能完全相同。因此，MRAC一般由参考模型、被控对象、反馈控制器(可调控制器)和自适应机构等部分组成，如图7-8所示。其中，r为系统输入，u为控制器输出，y_{m}为参考模型输出，即期望输出，y为被控对象输出，$e = y_{\mathrm{m}} - y$为广义输出偏差。

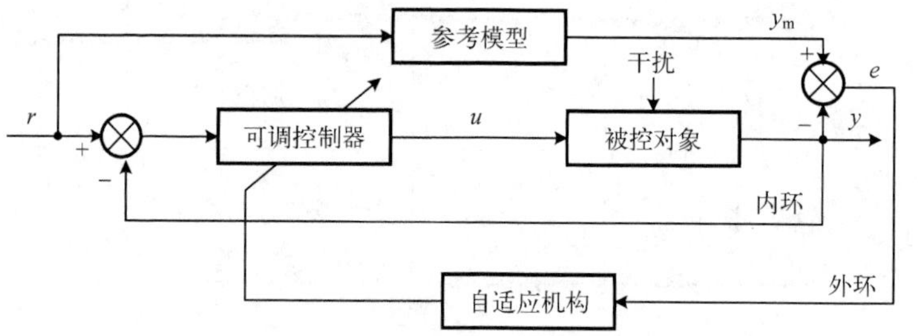

图7-8　模型参考自适应控制系统结构图

由图7-8可知，MRAC系统由两个回路组成：内环和外环。内环与常规反馈系统类似，由被控对象和可调控制器组成，称为可调系统；外环是用于调整可调控制器参数的自适应回路，其中的参考模型与可调系统并联。由于可调系统的参考输入信号同时是参考模型的输入，所以参考模型的输出或状态可用来规定期望的性能指标。因此，MRAC的基本工作原理为：根据被控对象特性和具体控制性能要求，设计参考模型，使其输出y_{m}表达可调系统对参考输入r的期望响应。由于对象特性的不确定性，一般有$y \neq y_{\mathrm{m}}$，从而有$e = y_{\mathrm{m}} - y \neq 0$，于是驱动自适应机构发挥作用，通过修改可调控制器参数来产生一个自适应控制律u，使e趋向于零，也就是使对象的实际输出向参考模型的输出靠近，最终达到完全一致。

由此可见，模型参考自适应控制系统的核心问题是如何确定自适应控制律，以便得到一个使广义输出偏差e趋向于0的稳定系统。设计自适应机构调节规律的方法一般有以下几个。

(1) 局部参数最优化设计方法。其主要有梯度法(Gradient Method)、牛顿-拉夫逊法(Newton-Raphson Method)、变尺度法(Variable Metric Method)等。利用某优化计算方法求解一组控制器参数，使性能指标最小。局部参数最优化设计方法的缺陷是不能保证系统总是稳定的。

(2) 基于稳定性理论的设计方法。例如，采用 Lyapunov 第二方法，将设计自适应控制律的问题转化为稳定性问题，以保证系统具有全局渐近稳定性，并具有更好的动态特性。但 Lyapunov 函数的选取较困难，且其不是唯一的。Popov 超稳定性理论改善了这种状况。

2. 自校正控制系统

自校正控制(Self-Tuning Control，STC)系统也由两个回路组成。内环与常规反馈系统类似，由被控对象和可调控制器组成；外环具有一个被控对象模型的在线辨识环节，依系统结构的不同，可由控制器参数计算器和/或可调控制器组成，因此将自校正控制算法分为两类。

1) 间接自校正控制

间接自校正控制(Indirect Self-Tuning Control)系统由被控对象、对象参数估计器(Parameter Estimator，又称为辨识器)、控制器参数计算器和可调控制器组成，如图 7-9 所示。利用对象参数的历史输入/输出数据递推估计出其未知参数，然后通过与对象参数有一定函数关系的控制器参数计算器在线获得控制器参数，而不是直接设计控制器参数，因此称为间接算法(或显式算法)。当对象参数变化时，辨识器能在线估计出其变化，并分别由控制器参数计算器和可调控制器计算出控制器参数和控制量 u。由于控制器是按照一定的控制准则设计的，所以系统能够达到并维持预期的闭环性能指标。于是，对象的部分未建模和参数变化能通过辨识器来估计和察觉，并能通过及时调整控制量加以克服，对系统的干扰也能通过控制策略予以抵抗。

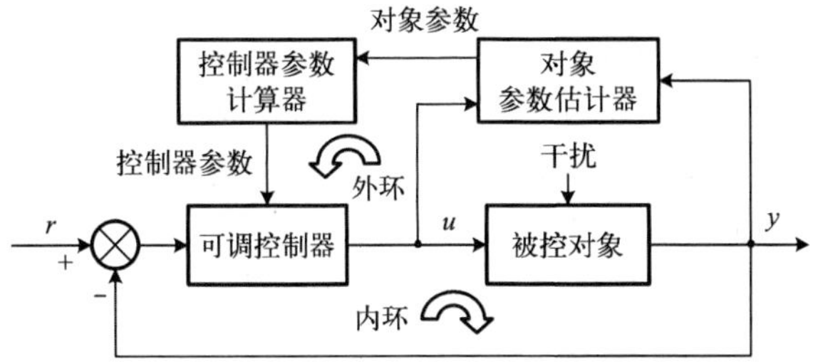

图 7-9　间接自校正控制系统结构图

由此可见，自校正控制器是对象参数在线估计和控制器参数在线设计的有机结合。众所周知，有多种参数在线估计方法，如最小二乘法、随机逼近法、极大似然法等，也有经常采用的极点配置、PID、最小方差等控制策略。不同的辨识方法与不同的控制策略相互搭配，又可组成多种形式的自校正控制系统。

2) 直接自校正控制

直接自校正控制(Direct Self-Tuning Control)系统省略了控制器参数计算器，并将对象参数估计器改为控制器参数估计器，估计的结果直接送到可调控制器，进行控制量 u 的在线求解，如图 7-10 所示。由于其直接利用被控对象历史输入/输出数据来在线估计控制器的参数，因此称为直接算法(或隐式算法)。直接自校正控制算法的计算量比间接自校正控制算法小，但需要将控制器重新参数化，以建立一个与控制器参数直接关联的对象参数估计模型，且系统的稳定性和参数的收敛性是值得关注的问题。

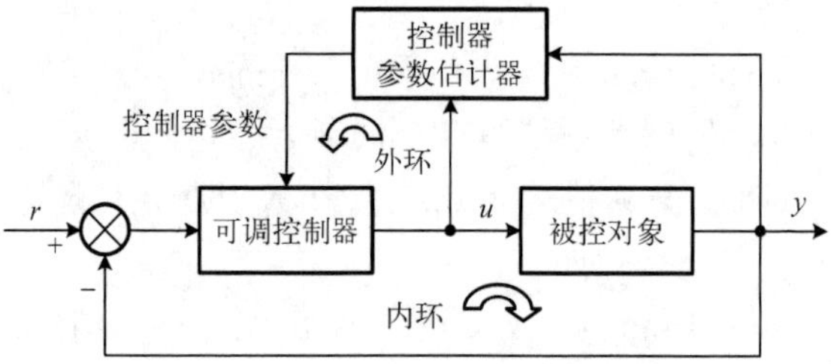

图 7-10　直接自校正控制系统结构图

Edgar(1979—1980 年)和 Landau(1981 年)研究了 MRAC 与 STC 之间的关系。理论研究结果表明，二者在设计思想上没有本质的区别。实际上，MRAC 可视为 STC 的一种特殊情况。首先，从历史发展上看，MRAC 源于针对连续时间对象的确定性伺服问题，而 STC 源于针对随机环境下的离散时间对象的随机调节问题，一般采用离散模型和离散极小值原理进行分析；其次，两种控制系统的内环设计方法和外环调整内环可调控制器参数所用的方法不同，在参数更新机理上的差别是非本质的。二者在一定条件下可以相互转化。

3. 智能自适应控制系统

智能控制自 20 世纪 60 年代产生以来，发展十分迅速，特别是近 20 多年来，神经网络、模糊数学、专家系统、遗传算法等学科的发展，给智能控制注入了巨大活力，由此产生了各种智能控制方法，如专家控制、模糊控制、神经网络控制、遗传算法及上述多种方法的组合等。将上述智能控制方法引入自适应控制中，则形成多种智能自适应控制，如专家自适应控制、模糊自适应控制、神经网络自适应控制、模糊神经网络自适应控制等。

4. 其他形式的自适应控制系统

其他形式的自适应控制系统还有很多，如变结构(Variable Structure)自适应控制、非线性自适应控制(Nonlinear Adaptive Control)、无模型自适应控制(Model-Free Adaptive Control)、鲁棒自适应控制、自适应逆控制(Adaptive Inverse Control)、自激振荡系统(Self-Oscillating Systems)、双重控制(也称对偶控制)(Dual Control)等系统。

7.3.2 最小二乘法

最小二乘法(Least Square，LS)大约是在 1795 年由高斯(C.F.Gauss)在其著名的星体运动轨迹轨道预报研究工作中提出来的。后来，最小二乘法成为系统辨识和估计理论的奠基石。最小二乘法原理明了、算法简捷、收敛较快、易于理解和编程实现，所以被广泛采用。本节主要介绍批处理最小二乘法、递推最小二乘法和遗忘因子递推最小二乘法。

1. 系统辨识的基本原理

本节以 6.2.2 节介绍的 SISO 系统的 CAR 模型为例，阐述系统参数辨识的基本原理。

考虑 CAR 模型：
$$A(z^{-1})y(k)=z^{-d}B(z^{-1})u(k)+\xi(k) \tag{7-44}$$

式中，$A(z^{-1})=1+a_1z^{-1}+a_2z^{-2}+\cdots+a_{n_a}z^{-n_a}$；$B(z^{-1})=b_0+b_1z^{-1}+b_2z^{-2}+\cdots+b_{n_b}z^{-n_b}$；$\xi(k)$ 为

白噪声序列。

由式(7-44)得

$$\begin{aligned} y(k) = & -a_1 y(k-1) - a_2 y(k-2) - \cdots - a_{n_a} y(k-n_a) \\ & + b_0 u(k-d) + b_1 u(k-d-1) + \cdots + b_{n_b} u(k-d-n_b) + \xi(k) \end{aligned} \tag{7-45}$$

令
$$\boldsymbol{\varphi}(k) = [-y(k-1), \cdots, -y(k-n_a), u(k-d), \cdots, u(k-d-n_b)]^{\mathrm{T}} \in \mathbf{R}^{(n_a+n_b+1)\times 1}$$

为观测向量(Observation Vector)；

$$\boldsymbol{\theta} = [a_1, a_2, \cdots, a_{n_a}, b_0, b_1, \cdots, b_{n_b}]^{\mathrm{T}} \in \mathbf{R}^{(n_a+n_b+1)\times 1}$$

为模型待估参数向量(Parameter Vector Estimated)，则式(7-45)可以转化为式(7-46)的最小二乘模型(Least Square Models)：

$$y(k) = \boldsymbol{\varphi}^{\mathrm{T}}(k)\boldsymbol{\theta} + \xi(k) \tag{7-46}$$

设已知 n_a、n_b 和 d，系统辨识的目的是根据系统可量测的当前、历史输入/输出数据观测向量 $\boldsymbol{\varphi}(k)$，在某种准则意义下，估计出对象模型的待估参数向量 $\hat{\boldsymbol{\theta}}$，即确定出对象参数 a_1，$a_2, \cdots, a_{n_a}$ 和 $b_0, b_1, \cdots, b_{n_b}$。其基本原理如图 7-11 所示。

由于对象的真实参数向量 $\boldsymbol{\theta}$ 并不知道，不妨用 $\hat{\boldsymbol{\theta}}$ 来表示其估计向量。通常采用逐步逼近的方法进行辨识，具体为：在 k 时刻，根据 $k-1$ 时刻的模型参数向量估计值 $\hat{\boldsymbol{\theta}}(k-1)$ 与当前及历史输入/输出数据 $\boldsymbol{\varphi}(k)$，来计算当前时刻的系统输出预报值：

$$\hat{y}(k) = \boldsymbol{\varphi}^{\mathrm{T}}(k)\hat{\boldsymbol{\theta}}(k) \tag{7-47}$$

式中，$\hat{\boldsymbol{\theta}} = [\hat{a}_1, \hat{a}_2, \cdots, \hat{a}_{n_a}, \hat{b}_0, \hat{b}_1, \cdots, \hat{b}_{n_b}]^{\mathrm{T}}$。

同时，计算出输出估计误差，也称为残差 $\varepsilon(k)$：

$$\varepsilon(k) = y(k) - \hat{y}(k) = y(k) - \boldsymbol{\varphi}^{\mathrm{T}}(k)\hat{\boldsymbol{\theta}}(k-1) \tag{7-48}$$

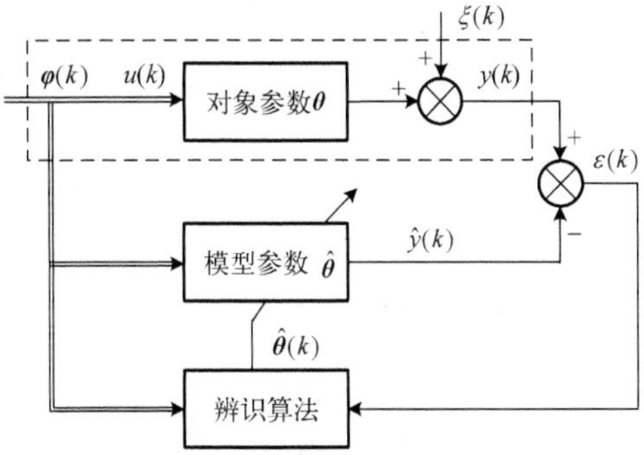

图 7-11　系统辨识基本原理

式中，$y(k)$为系统实际输出，见式(7-46)。然后将输出估计误差 $\varepsilon(k)$ 反馈到辨识算法中。在某种准则条件下，计算出 k 时刻的模型参数估计值 $\hat{\boldsymbol{\theta}}(k)$，并以此更新模型参数。如此循环迭代下去，直至对应的准则函数取最小值。这时模型的输出 $\hat{y}(\infty)$ 也在该准则下最好地逼近系统的输出值 $y(\infty)$，于是便获得了所需要的模型参数估计值 $\hat{\boldsymbol{\theta}}(\infty)$。

2. 批处理最小二乘法

考虑最小二乘模型(式(7-46))，设有 N 组输入/输出观测数据 $\{y(k), u(k), k = 1, 2, \cdots, N\}$，且 $N \gg n_a + n_b + 1$。根据式(7-45)，利用批处理最小二乘法有

$$\begin{aligned} y(1) &= -a_1 y(0) - a_2 y(-1) - \cdots - a_{n_a} y(1-n_a) + b_0 u(1-d) + \cdots + b_{n_b} u(1-d-n_b) + \xi(1) \\ y(2) &= -a_1 y(1) - a_2 y(0) - \cdots - a_{n_a} y(2-n_a) + b_0 u(2-d) + \cdots + b_{n_b} u(2-d-n_b) + \xi(2) \\ &\vdots \\ y(N) &= -a_1 y(N-1) - a_2 y(N-2) \cdots - a_{n_a} y(N-n_a) + b_0 u(N-d) + \cdots + b_{n_b} u(N-d-n_b) + \xi(N) \end{aligned}$$

引入下列符号：

$$\boldsymbol{Y}=\begin{bmatrix} y(1) \\ y(2) \\ \vdots \\ y(N) \end{bmatrix} \in \mathbf{R}^{N\times 1},\quad \boldsymbol{\Phi}=\begin{bmatrix} \boldsymbol{\varphi}^{\mathrm{T}}(1) \\ \boldsymbol{\varphi}^{\mathrm{T}}(2) \\ \vdots \\ \boldsymbol{\varphi}^{\mathrm{T}}(N) \end{bmatrix} \in \mathbf{R}^{N\times(n_{\mathrm{a}}+n_{\mathrm{b}}+1)},\quad \boldsymbol{\Xi}=\begin{bmatrix} \xi(1) \\ \xi(2) \\ \vdots \\ \xi(N) \end{bmatrix} \in \mathbf{R}^{N\times 1}$$

则式(7-46)有下列矩阵形式：

$$\boldsymbol{Y}=\boldsymbol{\Phi}\boldsymbol{\theta}+\boldsymbol{\Xi}$$

且由式(7-48)可知

$$\boldsymbol{E}=\boldsymbol{Y}-\boldsymbol{\Phi}\hat{\boldsymbol{\theta}}$$

其中，$\boldsymbol{E}=[\varepsilon(1),\varepsilon(2),\cdots,\varepsilon(N)]^{\mathrm{T}} \in \mathbf{R}^{N\times 1}$。

对于 N 次观测，取如下二次型性能指标为目标函数：

$$\begin{aligned} J &= \sum_{k=1}^{N}\varepsilon^2(k)=\sum_{k=1}^{N}[y(k)-\boldsymbol{\varphi}^{\mathrm{T}}(k)\hat{\boldsymbol{\theta}}]^2=\boldsymbol{E}^{\mathrm{T}}\boldsymbol{E}=(\boldsymbol{Y}-\boldsymbol{\Phi}\hat{\boldsymbol{\theta}})^{\mathrm{T}}(\boldsymbol{Y}-\boldsymbol{\Phi}\hat{\boldsymbol{\theta}}) \\ &= \boldsymbol{Y}^{\mathrm{T}}\boldsymbol{Y}-2(\boldsymbol{\Phi}^{\mathrm{T}}\boldsymbol{Y})^{\mathrm{T}}\hat{\boldsymbol{\theta}}+\hat{\boldsymbol{\theta}}^{\mathrm{T}}\boldsymbol{\Phi}^{\mathrm{T}}\boldsymbol{\Phi}\hat{\boldsymbol{\theta}} \end{aligned} \tag{7-49}$$

参数最小二乘估计的任务是根据已知的 n_{a}、n_{b} 和 d 以及可量测的输入/输出数据，求取使目标函数式(7-49)为最小值的参数 $\hat{\boldsymbol{\theta}}$（记为 $\hat{\boldsymbol{\theta}}_{\mathrm{LS}}$），即确定 $n_{\mathrm{a}}+n_{\mathrm{b}}+1$ 个参数 $a_1,a_2,\cdots,a_{n_{\mathrm{a}}}$ 和 b_0，$b_1,b_2,\cdots,b_{n_{\mathrm{b}}}$。为使 J 达到最小值，对 J 求 $\hat{\boldsymbol{\theta}}$ 的一阶导数，并令其为零，有

$$\frac{\partial J}{\partial \hat{\boldsymbol{\theta}}}=-2\boldsymbol{\Phi}^{\mathrm{T}}\boldsymbol{Y}+2\boldsymbol{\Phi}^{\mathrm{T}}\boldsymbol{\Phi}\hat{\boldsymbol{\theta}}=0$$

从而有

$$\hat{\boldsymbol{\theta}}=\hat{\boldsymbol{\theta}}_{\mathrm{LS}}=(\boldsymbol{\Phi}^{\mathrm{T}}\boldsymbol{\Phi})^{-1}\boldsymbol{\Phi}^{\mathrm{T}}\boldsymbol{Y} \tag{7-50}$$

此外，由于其二阶导数为

$$\frac{\partial^2 J}{\partial \hat{\boldsymbol{\theta}}^2}=2\boldsymbol{\Phi}^{\mathrm{T}}\boldsymbol{\Phi}>0$$

例题

所以，满足式(7-50)的 $\hat{\boldsymbol{\theta}}_{\mathrm{LS}}$ 为极小值。式(7-50)即为批处理最小二乘法的最小二乘估计算式。

拓展实验：例题及程序见二维码。

程序分析

3. 递推最小二乘法

随着 N 增大，批处理最小二乘法需要大量的计算机内存，而且当 $\hat{\boldsymbol{\theta}}$ 变化时，$\hat{\boldsymbol{\theta}}_{\mathrm{LS}}$ 不能自动跟踪其变化，实时性不好。而递推最小二乘(Recursive Least Square，RLS)法则能解决这一问题。其基本思想为新的估计值 $\hat{\boldsymbol{\theta}}(k)=$ 旧的估计值 $\hat{\boldsymbol{\theta}}(k-1)+$ 修正项。

程序分析

下面介绍将式(7-50)改写为递推形式的 RLS 算法。

设 k 时刻的批处理最小二乘法的最小二乘估计算式为

$$\hat{\boldsymbol{\theta}}(k)=(\boldsymbol{\Phi}_k^{\mathrm{T}}\boldsymbol{\Phi}_k)^{-1}\boldsymbol{\Phi}_k^{\mathrm{T}}\boldsymbol{Y}_k \tag{7-51}$$

式中，

$$\boldsymbol{\Phi}_k=\begin{bmatrix} \boldsymbol{\Phi}_{k-1} \\ \boldsymbol{\varphi}^{\mathrm{T}}(k) \end{bmatrix} \in \mathbf{R}^{k\times(n_{\mathrm{a}}+n_{\mathrm{b}}+1)},\quad \boldsymbol{Y}_k=\begin{bmatrix} \boldsymbol{Y}_{k-1} \\ y(k) \end{bmatrix} \in \mathbf{R}^{k\times 1}$$

令

$$\boldsymbol{P}(k)=(\boldsymbol{\Phi}_k^{\mathrm{T}}\boldsymbol{\Phi}_k)^{-1}=[\boldsymbol{\Phi}_{k-1}^{\mathrm{T}}\boldsymbol{\Phi}_{k-1}+\boldsymbol{\varphi}(k)\boldsymbol{\varphi}^{\mathrm{T}}(k)]^{-1}=[\boldsymbol{P}^{-1}(k-1)+\boldsymbol{\varphi}(k)\boldsymbol{\varphi}^{\mathrm{T}}(k)]^{-1} \tag{7-52}$$

则

$$\boldsymbol{P}^{-1}(k)=\boldsymbol{P}^{-1}(k-1)+\boldsymbol{\varphi}(k)\boldsymbol{\varphi}^{\mathrm{T}}(k)$$

由式(7-51)得
$$\hat{\theta}(k-1)=(\boldsymbol{\Phi}_{k-1}^{\mathrm{T}}\boldsymbol{\Phi}_{k-1})^{-1}\boldsymbol{\Phi}_{k-1}^{\mathrm{T}}\boldsymbol{Y}_{k-1}=\boldsymbol{P}(k-1)\boldsymbol{\Phi}_{k-1}^{\mathrm{T}}\boldsymbol{Y}_{k-1} \tag{7-53}$$

因此
$$\boldsymbol{\Phi}_{k-1}^{\mathrm{T}}\boldsymbol{Y}_{k-1}=\boldsymbol{P}^{-1}(k-1)\hat{\theta}(k-1)=[\boldsymbol{P}^{-1}(k)-\varphi(k)\varphi^{\mathrm{T}}(k)]\hat{\theta}(k-1) \tag{7-54}$$

于是，k 时刻的最小二乘估计可表示为

$$\begin{aligned}\hat{\theta}(k)&=\boldsymbol{P}(k)\boldsymbol{\Phi}_k^{\mathrm{T}}\boldsymbol{Y}_k=\boldsymbol{P}(k)[\boldsymbol{\Phi}_{k-1}^{\mathrm{T}}\boldsymbol{Y}_{k-1}+\varphi(k)y(k)]\\&=\boldsymbol{P}(k)\{[\boldsymbol{P}^{-1}(k)-\varphi(k)\varphi^{\mathrm{T}}(k)]\hat{\theta}(k-1)+\varphi(k)y(k)\}\\&=\hat{\theta}(k-1)-\boldsymbol{P}(k)\varphi(k)\varphi^{\mathrm{T}}(k)\hat{\theta}(k-1)+\boldsymbol{P}(k)\varphi(k)y(k)\\&=\hat{\theta}(k-1)+\boldsymbol{P}(k)\varphi(k)[y(k)-\varphi^{\mathrm{T}}(k)\hat{\theta}(k-1)]\\&=\hat{\theta}(k-1)+\boldsymbol{K}(k)[y(k)-\varphi^{\mathrm{T}}(k)\hat{\theta}(k-1)]\end{aligned} \tag{7-55}$$

式中，
$$\boldsymbol{K}(k)=\boldsymbol{P}(k)\varphi(k) \tag{7-56}$$

对照矩阵求逆公式：
$$(\boldsymbol{A}+\boldsymbol{B}\boldsymbol{C})^{-1}=\boldsymbol{A}^{-1}-\boldsymbol{A}^{-1}\boldsymbol{B}(\boldsymbol{I}+\boldsymbol{C}\boldsymbol{A}^{-1}\boldsymbol{B})^{-1}\boldsymbol{C}\boldsymbol{A}^{-1} \tag{7-57}$$

并令 $\boldsymbol{A}=\boldsymbol{P}^{-1}(k-1)$， $\boldsymbol{B}=\varphi(k)$， $\boldsymbol{C}=\varphi^{\mathrm{T}}(k)$， 由式(7-52)得
$$\boldsymbol{P}(k)=\boldsymbol{P}(k-1)-\boldsymbol{P}(k-1)\varphi(k)[1+\varphi^{\mathrm{T}}(k)\boldsymbol{P}(k-1)\varphi(k)]^{-1}\varphi^{\mathrm{T}}(k)\boldsymbol{P}(k-1) \tag{7-58}$$

将式(7-58)代入式(7-56)，得

$$\begin{aligned}\boldsymbol{K}(k)&=\boldsymbol{P}(k-1)\varphi(k)-\frac{\boldsymbol{P}(k-1)\varphi(k)\varphi^{\mathrm{T}}(k)\boldsymbol{P}(k-1)\varphi(k)}{1+\varphi^{\mathrm{T}}(k)\boldsymbol{P}(k-1)\varphi(k)}\\&=\frac{\boldsymbol{P}(k-1)\varphi(k)[1+\varphi^{\mathrm{T}}(k)\boldsymbol{P}(k-1)\varphi(k)]-\boldsymbol{P}(k-1)\varphi(k)\varphi^{\mathrm{T}}(k)\boldsymbol{P}(k-1)\varphi(k)}{1+\varphi^{\mathrm{T}}(k)\boldsymbol{P}(k-1)\varphi(k)}\\&=\frac{\boldsymbol{P}(k-1)\varphi(k)}{1+\varphi^{\mathrm{T}}(k)\boldsymbol{P}(k-1)\varphi(k)}\end{aligned} \tag{7-59}$$

由式(7-58)和式(7-59)得
$$\boldsymbol{P}(k)=[\boldsymbol{I}-\boldsymbol{K}(k)\varphi^{\mathrm{T}}(k)]\boldsymbol{P}(k-1) \tag{7-60}$$

总结式(7-55)、式(7-59)和式(7-60)，则递推最小二乘估计公式为

$$\begin{cases}\hat{\theta}(k)=\hat{\theta}(k-1)+\boldsymbol{K}(k)[y(k)-\varphi^{\mathrm{T}}(k)\hat{\theta}(k-1)]\\ \boldsymbol{K}(k)=\dfrac{\boldsymbol{P}(k-1)\varphi(k)}{1+\varphi^{\mathrm{T}}(k)\boldsymbol{P}(k-1)\varphi(k)}\\ \boldsymbol{P}(k)=[\boldsymbol{I}-\boldsymbol{K}(k)\varphi^{\mathrm{T}}(k)]\boldsymbol{P}(k-1)\end{cases} \tag{7-61}$$

递推最小二乘算法的说明如下。

(1) 从式(7-61)可以看出，新参数向量估计值 $\hat{\theta}(k)$ 的修正项为 $\boldsymbol{K}(k)[y(k)-\varphi^{\mathrm{T}}(k)\hat{\theta}(k-1)]$。

(2) $\boldsymbol{K}(k)$ 为增益向量，$\boldsymbol{P}(k)$ 为偏差的协方差阵，一般 $\boldsymbol{K}(k)$ 与 $\boldsymbol{P}(k)$ 成正比。协方差越大，说明估计值与真值相差越大，增益向量也会越大，所产生的校正作用也越大。

(3) 初值 $\hat{\theta}(0)$ 和 $\boldsymbol{P}(0)$ 的确定。

方法 1：若已取得 $N>n_{\mathrm{a}}+n_{\mathrm{b}}+1$ 组数据，则可利用批处理最小二乘法进行计算，并将结果作为初值，即 $\hat{\theta}(0)=(\boldsymbol{\Phi}^{\mathrm{T}}\boldsymbol{\Phi})^{-1}\boldsymbol{\Phi}^{\mathrm{T}}\boldsymbol{Y}$， $\boldsymbol{P}(0)=(\boldsymbol{\Phi}^{\mathrm{T}}\boldsymbol{\Phi})^{-1}$。

方法 2：直接令 $\hat{\theta}(0)=\boldsymbol{0}$， $\boldsymbol{P}(0)=\alpha\boldsymbol{I}$，其中 $\alpha=10^6$～10^{10} 的正实数。

递推最小二乘(RLS)法的计算步骤如下。

已知：n_a、n_b和 d。

Step1：设置初值 $\hat{\boldsymbol{\theta}}(0)$ 和 $\boldsymbol{P}(0)$，输入初始数据。

Step2：采样当前输出 $y(k)$和输入 $u(k)$。

Step3：利用式(7-61)计算 $\boldsymbol{K}(k)$、$\hat{\boldsymbol{\theta}}(k)$ 和 $\boldsymbol{P}(k)$。

Step4：$k \to k+1$，返回 Step2，继续循环。

例题

拓展实验：例题及程序见二维码。

程序分析

4．遗忘因子递推最小二乘法

递推最小二乘法有一个缺点：常常出现“数据饱和”。随着 k 的增加，$\boldsymbol{K}(k)$ 和 $\boldsymbol{P}(k)$ 变得越来越小，式(7-61)中的修正项对 $\hat{\boldsymbol{\theta}}(k)$ 的修正能力变得越来越弱，即新近加入的输入/输出数据对参数向量估计值的更新作用不大。这样导致的结果是：参数估计值难以接近真值；当参数真值时变时，该方法无法跟踪这种变化，从而使实时参数估计失败。

解决该问题的方法之一是用遗忘因子递推最小二乘(Forgetting Factor Recursive Least Square，FFRLS)法。

取性能指标函数为

$$J = \sum_{k=1}^{N} \lambda^{N-k}[y(k) - \boldsymbol{\varphi}^{\mathrm{T}}(k)\hat{\boldsymbol{\theta}}]^2 = (\boldsymbol{Y} - \boldsymbol{\Phi}\hat{\boldsymbol{\theta}})^{\mathrm{T}}\boldsymbol{W}(\boldsymbol{Y} - \boldsymbol{\Phi}\hat{\boldsymbol{\theta}}) \tag{7-62}$$

式中，N 为观测数据组数；λ 为遗忘因子（$0<\lambda \leqslant 1$）；$\boldsymbol{W}$ 为加权对角阵：

$$\boldsymbol{W} = \begin{bmatrix} \lambda^{N-1} & 0 & 0 & 0 & 0 \\ 0 & \lambda^{N-2} & 0 & 0 & 0 \\ 0 & 0 & \ddots & 0 & 0 \\ 0 & 0 & 0 & \lambda & 0 \\ 0 & 0 & 0 & 0 & 1 \end{bmatrix}$$

式(7-62)意味着对数据施加了时变加权函数 λ^n ($n = 0, 1,\cdots, N-1$)，因此这种方法又称为指数遗忘法。

按照与前面相同的思路，可推出具有遗忘因子的递推最小二乘估计公式为

$$\begin{cases} \hat{\boldsymbol{\theta}}(k) = \hat{\boldsymbol{\theta}}(k-1) + \boldsymbol{K}(k)[y(k) - \boldsymbol{\varphi}^{\mathrm{T}}(k)\hat{\boldsymbol{\theta}}(k-1)] \\ \boldsymbol{K}(k) = \dfrac{\boldsymbol{P}(k-1)\boldsymbol{\varphi}(k)}{\lambda + \boldsymbol{\varphi}^{\mathrm{T}}(k)\boldsymbol{P}(k-1)\boldsymbol{\varphi}(k)} \\ \boldsymbol{P}(k) = \dfrac{1}{\lambda}[\boldsymbol{I} - \boldsymbol{K}(k)\boldsymbol{\varphi}^{\mathrm{T}}(k)]\boldsymbol{P}(k-1) \end{cases} \tag{7-63}$$

式中，$\boldsymbol{P}(k) = (\boldsymbol{\Phi}_k^{\mathrm{T}}\boldsymbol{W}\boldsymbol{\Phi}_k)^{-1}$。

有以下几点说明。

(1) 初值的选取与递推最小二乘法相同。

(2) λ 的选取范围一般为 $0.95 \leqslant \lambda \leqslant 0.99$。参数变化快时，$\lambda$ 取较小的值；变化慢时，取较大的值。

(3) 当 $\lambda = 1$ 时，FFRLS 法退化为普通的递推最小二乘法。

遗忘因子递推最小二乘(FFRLS)法的计算步骤如下。

已知：n_a、n_b和 d。

Step1：设置初值$\hat{\boldsymbol{\theta}}(0)$、$\boldsymbol{P}(0)$及遗忘因子$\lambda$，输入初始数据。

Step2：采样当前输出 $y(k)$和输入 $u(k)$。

Step3：利用式(7-63)计算$\boldsymbol{K}(k)$、$\hat{\boldsymbol{\theta}}(k)$和$\boldsymbol{P}(k)$。

Step4：$k \to k+1$，返回 Step2，继续循环。

7.3.3　模型参考自适应控制算法

本节将介绍一种最早用梯度法设计且后来被大量使用的 MIT 自适应控制律和基于 Lyapunov 第二方法(直接法)的 MRAC 自适应控制律。

1. 基于梯度法的模型参考自适应控制

1) MIT 自适应控制律

设参考模型输出 y_m和系统实际输出 y 之差为$e = y_m - y$（广义偏差），被控对象未知或参数为慢时变。控制目标为：调整控制器参数，使得$e(\infty)=0$。引入性能指标函数为

$$J = J(\boldsymbol{\theta}) = \frac{1}{2}e^2 \tag{7-64}$$

式中，$J(\boldsymbol{\theta})$表示 J 关于$\boldsymbol{\theta}$的函数。

为了使 J 取极小值，比较合理的做法是沿 J 的负梯度方向(Negative Gradient Direction)变更参数，即

$$\dot{\boldsymbol{\theta}} = \frac{\mathrm{d}\boldsymbol{\theta}}{\mathrm{d}t} = -\gamma'\frac{\partial J}{\partial \boldsymbol{\theta}} = -\gamma'\frac{\partial J}{\partial e}\frac{\partial e}{\partial \boldsymbol{\theta}} = -\gamma' e\frac{\partial e}{\partial \boldsymbol{\theta}} \tag{7-65}$$

式中，$\partial e / \partial \boldsymbol{\theta}$为系统的灵敏度导数；$\gamma'$为下降速率。

形如式(7-65)所示的含有灵敏度导数$\partial e / \partial \boldsymbol{\theta}$的参数调节规律通常称为 MIT 自适应控制律。

2) 基于 MIT 自适应控制律的可调增益 MRAC

MIT 自适应控制律可用于单个可调参数的情况，也可用于多个可调参数的情况，因此此处的$\boldsymbol{\theta}$既可为标量，也可为向量。下面将介绍具有单个可调参数的可调增益 MRAC。

设被控对象为

$$kG_0(s) \tag{7-66}$$

式中，k 为增益，未知或慢时变；$G_0(s)$为已知的传递函数，且是稳定和最小相位的。

参考模型可取为

$$k_m G_0(s) \tag{7-67}$$

式中，k_m为已知的参考模型增益。

根据被控对象与参考模型结构相匹配的原则进行控制器设计，其结构如图 7-12 所示。图中，$k_c(t)$为可调增益，$y_r(t)$为参考输入信号。

由图 7-12 知

$$E(s) = (k_m - k_c k)G_0(s)Y_r(s)$$

相应的时域表达式为

$$e(t) = y_m(t) - y(t) = [k_m - k_c(t)k]G_0(p)y_r(t) \tag{7-68}$$

式中，$G_0(p)$中的$p = \dfrac{\mathrm{d}}{\mathrm{d}t}$为微分算子。

灵敏度导数为
$$\frac{\partial e(t)}{\partial k_{\mathrm{c}}(t)}=-kG_0(p)y_{\mathrm{r}}(t)=-\frac{k}{k_{\mathrm{m}}}k_{\mathrm{m}}G_0(p)y_{\mathrm{r}}(t)=-\frac{k}{k_{\mathrm{m}}}y_{\mathrm{m}}(t) \tag{7-69}$$

将式(7-69)代入式(7-65)，得可调增益自适应控制律为

$$\dot{k}_{\mathrm{c}}(t)=\frac{\mathrm{d}k_{\mathrm{c}}(t)}{\mathrm{d}t}=\gamma'\frac{k}{k_{\mathrm{m}}}y_{\mathrm{m}}(t)e(t)=\gamma y_{\mathrm{m}}(t)e(t) \tag{7-70}$$

式中，$\gamma=\gamma'\dfrac{k}{k_{\mathrm{m}}}$ 为自适应增益（$\gamma>0$）。

由图 7-12 知，系统的 MIT 自适应控制律为

$$u(t)=k_{\mathrm{c}}(t)y_{\mathrm{r}}(t) \tag{7-71}$$

因此，可调增益 MIT-MRAC 系统的实现结构如图 7-13 所示，其中，长方形框中有×的块为乘法器。

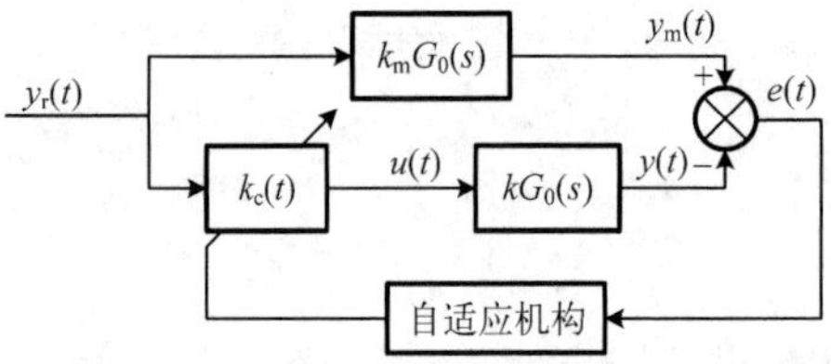

图 7-12　可调增益 MIT-MRAC 系统结构

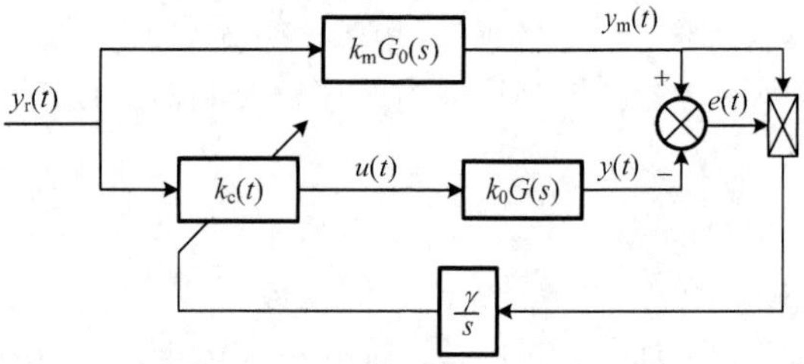

图 7-13　可调增益 MIT-MRAC 系统的实现结构

以上控制规律的推演过程并没有考虑系统的稳定性问题。由于设计人员的随意性和控制要求及输入信号的多样性，设计出来的自适应控制系统还必须进行稳定性校验。

3) 可调增益 MIT-MRAC 算法的计算步骤

已知：$G_0(s)$。

Stepl：选择参考模型，即 $k_{\mathrm{m}}G_0(s)$。

Step2：选择参考输入信号 $y_{\mathrm{r}}(t)$ 和自适应增益 γ。

Step3：采样当前参考模型输出 $y_{\mathrm{m}}(t)$ 和系统实际输出 $y(t)$。

Step4：利用式(7-70)和式(7-71)计算 $u(t)$。

Step5：$t\rightarrow t+h$（h 为数值积分步长），返回 Step3，继续循环。

2. 基于 Lyapunov 稳定性理论的模型参考自适应控制

为了弥补采用局部参数最优化方法设计的 MRAC 无法保证系统稳定性的缺陷，德国学者帕克斯于 1966 年提出了采用 Lyapunov 第二方法推导的 MRAC 自适应控制律，以保证系统具有全局渐近稳定性。

响应运动稳定性可分为基于输入/输出描述的外部稳定性和基于状态空间描述的内部稳定性。外部稳定性是一种零初始条件下的有界输入/有界输出(Bounded-Input/Bounded-Output)稳定性。内部稳定性是零输入条件下自治系统状态运动的稳定性，它等同于李雅普诺夫意义下的渐近稳定性。外部稳定性与内部稳定性之间有十分紧密的联系。一般说来，内部稳定性决定外部稳定性。MRAC 系统本质上是一种复杂的非线性系统，所以在设计这种系统时，很难利用现有的线性系统稳定性理论，如 Routh 判据、Hurwitz 判据、Nyquist 判据、根轨迹等；

而非线性系统稳定性理论，如描述函数法，要求系统的线性部分具有良好的滤除谐波性能；相平面法只适用于一阶、二阶非线性系统。因此，这里仅简要介绍基于 Lyapunov 第二方法设计的具有可调增益的 MRAC 系统。

该方法与图 7-12 中用梯度法设计 MRAC 是类似的，但该方法可保证系统稳定性。

设图 7-12 可调增益 MIT-MRAC 系统结构中，对象模型和参考模型的传递函数分别为

$$G_0(s)=k\frac{N(s)}{D(s)}=k\frac{b_{n-1}s^{n-1}+b_{n-2}s^{n-2}+\cdots+b_0}{s^n+a_{n-1}s^{n-1}+a_{n-2}s^{n-2}+\cdots+a_0},\quad k>0$$

$$G_{\mathrm{m}}(s)=k_{\mathrm{m}}\frac{N(s)}{D(s)}=k_{\mathrm{m}}\frac{b_{n-1}s^{n-1}+b_{n-2}s^{n-2}+\cdots+b_0}{s^n+a_{n-1}s^{n-1}+a_{n-2}s^{n-2}+\cdots+a_0},\quad k_{\mathrm{m}}>0$$

式中，k 为被控对象增益，未知或慢时变；k_{m}、n、a_i、$b_i(i=0, 1,\cdots, n-1)$均已知。

控制器增益 $k_{\mathrm{c}}(t)$是用来补偿对象参数 $k(t)$的，则 MRAC 系统的设计任务是根据 6.2.3 节介绍的 Lyapunov 第二方法寻求可调增益 $k_{\mathrm{c}}(t)$的调节规律，使参考模型输出和系统实际输出之差 e 趋向于零。

$$e(t)=y_{\mathrm{m}}(t)-y(t)=k_{\mathrm{e}}\frac{N(p)}{D(p)}y_{\mathrm{r}}(t) \tag{7-72}$$

式中，

$$k_{\mathrm{e}}=k_{\mathrm{m}}-k_{\mathrm{c}}(t)k \tag{7-73}$$

将式(7-72)转化为可测规范化状态空间模型：

$$\begin{cases}\dot{\boldsymbol{X}}=\boldsymbol{FX}+k_{\mathrm{e}}\boldsymbol{B}\boldsymbol{y}_{\mathrm{r}}\\ e=\boldsymbol{CX}\end{cases} \tag{7-74}$$

由定理 6-2 可知，若式(7-74)系统中的齐次系统 $\dot{\boldsymbol{X}}=\boldsymbol{FX}$ 渐近稳定，则能够构建出标量 Lyapunov 函数$V[\boldsymbol{X}(k)]>0$，且$\Delta V[\boldsymbol{X}(k)]<0$，对于任一给定正定实对称矩阵 $\boldsymbol{Q}$，必存在一正定实对称矩阵 $\boldsymbol{P}$，使如下李雅普诺夫方程成立：

$$\boldsymbol{F}^{\mathrm{T}}\boldsymbol{P}+\boldsymbol{PF}=-\boldsymbol{Q} \tag{7-75}$$

选择 Lyapunov 函数为

$$V=\gamma'\boldsymbol{X}^{\mathrm{T}}\boldsymbol{PX}+k_{\mathrm{e}}^2,\quad \gamma'>0 \tag{7-76}$$

则

$$\dot{V}=\frac{\mathrm{d}V}{\mathrm{d}t}=\gamma'\left(\frac{\mathrm{d}\boldsymbol{X}^{\mathrm{T}}}{\mathrm{d}t}\boldsymbol{PX}+\boldsymbol{X}^{\mathrm{T}}\boldsymbol{P}\frac{\mathrm{d}\boldsymbol{X}}{\mathrm{d}t}\right)+2k_{\mathrm{e}}\frac{\mathrm{d}k_{\mathrm{e}}}{\mathrm{d}t} \tag{7-77}$$

利用式(7-74)和式(7-75)得

$$\dot{V}=-\gamma'\boldsymbol{X}^{\mathrm{T}}\boldsymbol{QX}+2k_{\mathrm{e}}(\dot{k}_{\mathrm{e}}+\gamma' y_{\mathrm{r}}\boldsymbol{B}^{\mathrm{T}}\boldsymbol{PX}) \tag{7-78}$$

因此，为使$\dot{V}<0$，取参数调节规律为

$$\dot{k}_{\mathrm{e}}=-\gamma' y_{\mathrm{r}}\boldsymbol{B}^{\mathrm{T}}\boldsymbol{PX} \tag{7-79}$$

由于 k 未知或慢时变，则可近似当作常数，由式(7-73)得可调增益自适应控制律(Adaptive Updating Control Rule)为

$$\dot{k}_{\mathrm{c}}\approx-\frac{\dot{k}_{\mathrm{e}}}{k}=\frac{\gamma'}{k}y_{\mathrm{r}}\boldsymbol{B}^{\mathrm{T}}\boldsymbol{PX} \tag{7-80}$$

设式(7-74)所示系统是完全能控和完全能观测的，运用 Kalman-Yakubovich 引理(可参阅有关文献，此处省略)中的公式 $\boldsymbol{B}^{\mathrm{T}}\boldsymbol{P}=\boldsymbol{C}$ 及式(7-75)中 $\boldsymbol{P}$ 和 $\boldsymbol{Q}$ 的关系，由式(7-74)和式(7-80)可导出如下可调增益 Lyapunov-MRAC 自适应控制规律：

$$\dot{k}_{\mathrm{c}}(t)=\gamma e(t)y_{\mathrm{r}}(t) \tag{7-81}$$

式中，$\gamma=\gamma'/k$ 为自适应增益，$\gamma>0$。

因此，基于 Lyapunov 稳定性理论设计的 MRAC 系统结构图如图 7-14 所示。

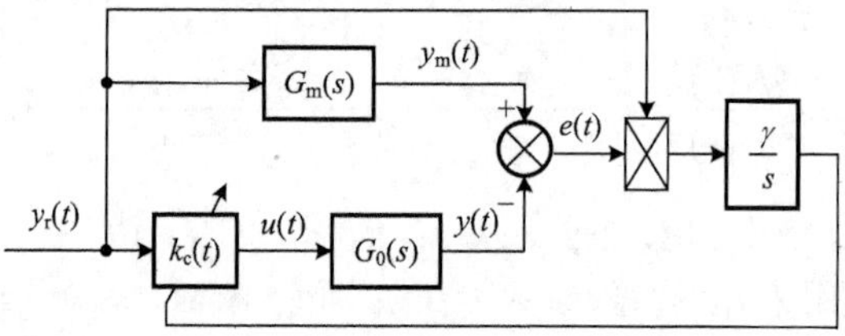

图 7-14　可调增益 Lyapunov-MRAC 系统结构

由图 7-14 知，系统的控制律为

$$u(t)=k_{\mathrm{c}}(t)y_{\mathrm{r}}(t) \tag{7-82}$$

可调增益 Lyapunov-MRAC 算法的计算步骤如下。

已知：$N(s)/D(s)$。

Step1：选择参考模型，即 $G_{\mathrm{m}}(s)$。

例题

Step2：选择参考输入信号 $y_{\mathrm{r}}(t)$ 和自适应增益 γ。

Step3：采样当前参考模型输出 $y_{\mathrm{m}}(t)$ 和系统实际输出 $y(t)$。

Step4：利用式(7-81)和式(7-82)计算 $u(t)$。

Step5：$t\to t+h$，返回 Step3，继续循环。

程序分析

拓展实验：例题及程序见二维码。

7.3.4　自校正控制器设计

自校正控制的基本思想是：设计者在掌握模型结构的基础上，将模型参数估计与控制器设计结合起来，通过对模型参数的辨识，确定与其有关的控制器参数，并由控制器算出控制量。如果模型参数发生变化，则系统通过自动修改控制器参数，实现控制量的相应变化，从而维持原有的良好控制性能。因此这是一类具有较强鲁棒性的控制系统。

自校正控制分为不考虑干扰 $\xi(k)$ 对系统作用时的确定性自校正控制(Deterministic Self-Tuning Control)(如极点配置间接自校正控制和自校正 PID 控制)和基于某一性能指标最优化而设计的随机性自校正控制(Stochastic Self-Tuning Control)两大类。后来在随机性自校正控制的基础上，又衍生出预测性自校正控制(Predictive Self-Tuning Control)，即通常所说的广义预测控制。

下面主要讨论基于预测未来第 d 步输出的最小方差自校正控制(Minimum Variance Self-Tuning Control)、广义最小方差自校正控制(Generalized Minimum Variance Self-Tuning Control)和估计未来多步输出的多步预测自校正控制(Multi-Step Predictive Self-Tuning Control)。最后

一部分内容实际上属于预测控制，将在第 7.4 节具体讨论。在实施控制算法时，需要在线求解单步或多步 Diophantine(丢番图)方程，因此，本节首先介绍两种 Diophantine 方程的递推求解方法。

1. Diophantine 方程的求解

1) 单步 Diophantine 方程

如式(7-83)所示的方程称为 Diophantine 方程：

$$\begin{cases} C(z^{-1}) = A(z^{-1})E(z^{-1}) + z^{-d}G(z^{-1}) \\ F(z^{-1}) = B(z^{-1})E(z^{-1}) \end{cases} \tag{7-83}$$

式中，

$$\begin{cases} A(z^{-1}) = 1 + a_1 z^{-1} + \cdots + a_{n_a} z^{-n_a} \\ B(z^{-1}) = b_0 + b_1 z^{-1} + \cdots + b_{n_b} z^{-n_b} \\ C(z^{-1}) = 1 + c_1 z^{-1} + \cdots + c_{n_c} z^{-n_c} \\ E(z^{-1}) = 1 + e_1 z^{-1} + \cdots + e_{n_e} z^{-n_e}, \quad n_e = d - 1 \\ G(z^{-1}) = g_0 + g_1 z^{-1} + \cdots + g_{n_g} z^{-n_g}, \quad n_g = n_a - 1 \\ F(z^{-1}) = f_0 + f_1 z^{-1} + \cdots + f_{n_f} z^{-n_f}, \quad n_f = n_b + d - 1 \end{cases}$$

严格来说，式(7-83)中的第一个方程为 Diophantine 方程，而本书中这两个方程每次都是同时使用的，因此将其统称为 Diophantine 方程。对于多步 Diophantine 方程亦是如此处理。

由式(7-83)得

$$\begin{aligned} & 1 + c_1 z^{-1} + \cdots + c_{n_c} z^{-n_c} \\ & = (1 + a_1 z^{-1} + \cdots + a_{n_a} z^{-n_a})(1 + e_1 z^{-1} + \cdots + e_{n_e} z^{-n_e}) + g_0 z^{-d} + g_1 z^{-d-1} + \cdots + g_{n_g} z^{-d-n_g} \end{aligned} \tag{7-84}$$

令式(7-84)等号两边关于 z^{-1} 的各次幂项系数对应相等，得单步 Diophantine 方程 $E(z^{-1})$、$G(z^{-1})$、$F(z^{-1})$ 参数的递推公式为

$$\begin{cases} e_i = c_i - \sum_{j=1}^{i} e_{i-j} a_j, & i = 1, 2, \cdots, n_e \\ g_i = c_{i+d} - \sum_{j=0}^{n_e} e_{n_e - j} a_{i+j+1}, & i = 0, 1, \cdots, n_g \\ f_i = \sum_{j=0}^{i} b_{i-j} e_j, & i = 0, 1, \cdots, n_f \end{cases} \tag{7-85}$$

在计算过程中，如果 a_i、b_i、c_i 和 e_i 实际不存在，可用 0 代替；当 $i > n_a$ 时，令 $a_i = 0$。

2) 多步 Diophantine 方程

多步 Diophantine 方程如式(7-86)所示：

$$\begin{cases} C(z^{-1}) = A(z^{-1})E_j(z^{-1}) + z^{-j}G_j(z^{-1}) \\ F_j(z^{-1}) = B(z^{-1})E_j(z^{-1}) \end{cases}, \quad j = 1, 2, \cdots, N \tag{7-86}$$

式中，N 为预测长度；$A(z^{-1})$、$B(z^{-1})$、$C(z^{-1})$ 与式(7-83)含义相同，且

$$\begin{cases} E_j(z^{-1}) = 1 + e_{j,1}z^{-1} + \cdots + e_{j,n_{ej}}z^{-n_{ej}} \\ G_j(z^{-1}) = g_{j,0} + g_{j,1}z^{-1} + \cdots + g_{j,n_{gj}}z^{-n_{gj}} \\ F_j(z^{-1}) = f_{j,0} + f_{j,1}z^{-1} + \cdots + f_{j,n_{fj}}z^{-n_{fj}} \\ \deg E_j = j-1, \quad \deg G_j = n_a - 1, \quad \deg F_j = n_b + j - 1 \end{cases}, \quad j = 1, 2, \cdots, N$$

由式(7-86)得

$$C(z^{-1}) = A(z^{-1})E_{j+1}(z^{-1}) + z^{-(j+1)}G_{j+1}(z^{-1})$$

将之与式(7-86)的第一项相减得

$$A(E_{j+1} - E_j) = z^{-j}(G_j - z^{-1}G_{j+1}) \tag{7-87}$$

由式(7-87)知，等式右边到 $j-1$ 次为止的所有低幂项系数均为 0。因此，E_{j+1} 与 E_j 的前 $j-1$ 项的系数必相等，即

$$e_{j+1,i} = e_{j,i}, \quad i = 0, 1, \cdots, j-1 \tag{7-88}$$

因而有

$$E_{j+1} = E_j + e_{j+1,j}z^{-j} \tag{7-89}$$

将式(7-89)代入式(7-87)，得

$$z^{-1}G_{j+1} = G_j - e_{j+1,j}A \tag{7-90}$$

将式(7-90)展开后，得

$$\begin{aligned} & g_{j+1,0}z^{-1} + g_{j+1,1}z^{-2} + \cdots + g_{j+1,n_a-1}z^{-n_a} \\ = & (g_{j,0} - e_{j+1,j}) + (g_{j,1} - e_{j+1,j}a_1)z^{-1} + (g_{j,2} - e_{j+1,j}a_2)z^{-2} \\ & + \cdots + (g_{j,n_a-1} - e_{j+1,j}a_{n_a-1})z^{-(n_a-1)} - e_{j+1,j}a_{n_a}z^{-n_a} \end{aligned}$$

令上式等号两边关于 z^{-1} 的各次幂项系数对应相等，得多步 Diophantine 方程 $E_j(z^{-1})$、$G_j(z^{-1})$、$F_j(z^{-1})$参数的递推公式为

$$\begin{cases} e_{j+1,j} = g_{j,0} \\ g_{j+1,i-1} = g_{j,i} - e_{j+1,j}a_i, \quad i = 1, 2, \cdots, n_a - 1 \\ f_{j+1,n_a-1} = -e_{j+1,j}a_{n_a} \end{cases} \tag{7-91}$$

当 $j=1$ 时，由式(7-86)得

$$C(z^{-1}) = A(z^{-1})E_1(z^{-1}) + z^{-1}G_1(z^{-1})$$

令上式等号两边同幂项系数相等，得

$$\begin{cases} e_{1,0} = 1 \\ G_1(z^{-1}) = z[C(z^{-1}) - A(z^{-1})] \end{cases} \tag{7-92}$$

式(7-92)即为递推公式(7-91)的初值。

同理，当 $j = 2, 3, \cdots, N$ 时，可得 $E_j(z^{-1})$、$G_j(z^{-1})$、$F_j(z^{-1})$ 系数的递推公式为

$$\begin{cases} e_{j,i} = e_{j-1,i}, \quad i = 0, 1, \cdots, j-2 \\ e_{j,j-1} = g_{j-1,0} \end{cases} \tag{7-93}$$

$$\begin{cases} g_{j,i-1} = g_{j-1,i} - g_{j-1,0}a_i, & i = 1,2,\cdots,n_a - 1 \\ g_{j,n_a-1} = -g_{j-1,0}a_{n_a} \end{cases} \tag{7-94}$$

例题

$$f_{j,i} = \sum_{k=0}^{i} b_{i-k}e_{j,k}, \quad j = 1,2,\cdots,N, \quad i = 0,1,\cdots,n_{fj} \tag{7-95}$$

程序分析

拓展实验：例题及程序见二维码。

2. 最小方差自校正控制

程序分析

最小方差自校正控制是指针对参数定常但未知的 SISO 离散系统，以最小输出方差为目标设计自校正控制律，用递推最小二乘法估计对象参数，或者直接估计控制器参数，是一种最简单的自校正控制。当考虑干扰 $\xi(k)$对系统的作用时，控制器的设计就是要最大限度地减少干扰对系统的影响。

鉴于一般工业对象或过程都存在不同程度的纯时延 d，当前的控制规律 $u(k)$作用要到 $k+d$ 时刻才对系统有响应。在这段纯滞后时间内，干扰仍然会作用于系统。因此，最小方差控制(Minimum Variance Control，MVC)的基本思想是：为使输出方差最小，就必须在 k 时刻提前 d 步对 $k+d$ 时刻的输出量做出预测，然后根据所得的预测值来设计所需的控制规律 $u(k)$。通过连续不断地预测和控制，就能保证稳态输出方差最小。由此可见，实现最小方差控制的关键在于输出预测。

1) 单步输出预测

设被控对象可用式(6-31)CARMA 描述：

$$A(z^{-1})y(k) = z^{-d}B(z^{-1})u(k) + C(z^{-1})\xi(k) \tag{7-96}$$

式中，$u(k)$和 $y(k)$分别表示被控对象的输入和输出；$d \geqslant 1$ 为纯时延；$\xi(k)$为方差是 σ^2 的白噪声，$E\{\xi(k)\} = 0$，$E\{\xi(i)\xi(j)\} = \begin{cases} \sigma^2, & i = j \\ 0, & i \neq j \end{cases}$；$C(z^{-1})$为 Hurwitz 多项式，即其零点完全位于 z 平面的单位圆内，且

$$\begin{cases} A(z^{-1}) = 1 + a_1 z^{-1} + \cdots + a_{n_a} z^{-n_a} \\ B(z^{-1}) = b_0 + b_1 z^{-1} + \cdots + b_{n_b} z^{-n_b}, \quad b_0 \neq 0 \\ C(z^{-1}) = 1 + c_1 z^{-1} + \cdots + c_{n_c} z^{-n_c} \end{cases}$$

式(7-96)在 k 及以前时刻的输入/输出数据 $\{u(i),\ y(i),\ i \leqslant k\}$ 记作

$$\{\boldsymbol{Y}^k, \boldsymbol{U}^k\} = \{y(k), y(k-1), \cdots, u(k), u(k-1), \cdots\}$$

那么，可将基于 $\{\boldsymbol{Y}^k, \boldsymbol{U}^k\}$ 数据对未来 $k+d$ 时刻预测模型输出的最优预测(或估计)，称为最优预测(Optimal Forecast Estimate) $y^*(k+d \mid k)$，也可记作 $\hat{y}(k+d \mid k)$。

定义输出预测误差(Forecast Error)为

$$\tilde{y}(k+d \mid k) = y(k+d) - \hat{y}(k+d \mid k)$$

式中，$y(k+d)$ 为 $k+d$ 时刻系统的输出。

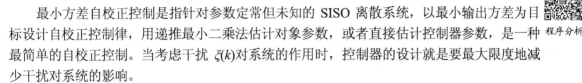

关于提前 d 步对 $k+d$ 时刻的最小方差输出预测可由如下定理给出。

定理 7-1（**最优 d 步输出预测**）　使如下性能指标（即预测误差的方差）

$$E\{\tilde{y}^2(k+d\mid k)\}$$

为最小的 d 步输出最优预测为

$$y^*(k+d\mid k)=\frac{G(z^{-1})}{C(z^{-1})}y(k)+\frac{F(z^{-1})}{C(z^{-1})}u(k) \tag{7-97}$$

式中，

$$C(z^{-1})=A(z^{-1})E(z^{-1})+z^{-d}G(z^{-1}) \tag{7-98a}$$

$$F(z^{-1})=B(z^{-1})E(z^{-1}) \tag{7-98b}$$

且

$$\begin{cases}E(z^{-1})=1+e_1z^{-1}+\cdots+e_{n_e}z^{-n_e}, & n_e=d-1\\ G(z^{-1})=g_0+g_1z^{-1}+\cdots+g_{n_g}z^{-n_g}, & n_g=n_a-1\\ F(z^{-1})=f_0+f_1z^{-1}+\cdots+f_{n_f}z^{-n_f}, & n_f=n_b+d-1\end{cases}$$

此时，最优预测误差的方差(Variance)为

$$E\{[\tilde{y}^*(k+d\mid k)]^2\}=E\{[E(z^{-1})\xi(k+d)]^2\}=\left(1+\sum_{i=1}^{d-1}e_i^2\right)\sigma^2 \tag{7-99}$$

证明： 由式(7-97)和式(7-98a)可得

$$y(k)=z^{-d}\frac{B(z^{-1})}{A(z^{-1})}u(k)+\frac{C(z^{-1})}{A(z^{-1})}\xi(k),\quad \xi(k)=\frac{A(z^{-1})}{C(z^{-1})}y(k)-\frac{q^{-d}B(z^{-1})}{C(z^{-1})}u(k)$$

则系统输出

$$\begin{aligned}y(k+d)&=z^{-d}\frac{B(z^{-1})}{A(z^{-1})}u(k+d)+\frac{C(z^{-1})}{A(z^{-1})}\xi(k+d)\\&=z^{-d}\frac{B(z^{-1})z^d}{A(z^{-1})}u(k)+\frac{A(z^{-1})E(z^{-1})+z^{-d}G(z^{-1})}{A(z^{-1})}\xi(k+d)\\&=E(z^{-1})\xi(k+d)+\frac{B(z^{-1})}{A(z^{-1})}u(k)+\frac{G(z^{-1})}{A(z^{-1})}\xi(k)\\&=E(z^{-1})\xi(k+d)+\frac{F(z^{-1})}{C(z^{-1})}u(k)+\frac{G(z^{-1})}{C(z^{-1})}y(k)\end{aligned} \tag{7-100}$$

由性能指标可得

$$\begin{aligned}J&=E\{\tilde{y}^2(k+d\mid k)\}=E\{[y(k+d)-y^*(k+d\mid k)]^2\}\\&=E\left\{\left[E(z^{-1})\xi(k+d)+\frac{F(z^{-1})}{C(z^{-1})}u(k)+\frac{G(z^{-1})}{C(z^{-1})}y(k)-y^*(k+d\mid k)\right]^2\right\}\\&=E\{[E(z^{-1})\xi(k+d)]^2\}+E\left\{2E(z^{-1})\xi(k+d)\left[\frac{F(z^{-1})}{C(z^{-1})}u(k)+\frac{G(z^{-1})}{C(z^{-1})}y(k)-y^*(k+d\mid k)\right]\right\}\\&\quad+E\left\{\left[\frac{F(z^{-1})}{C(z^{-1})}u(k)+\frac{G(z^{-1})}{C(z^{-1})}y(k)-y^*(k+d\mid k)\right]^2\right\}\end{aligned}$$

(7-101)

由于 $E(z^{-1})\xi(k+d)$与 $u(k)$、$y(k)$和 $\hat{y}(k+d\mid k)$ 相互独立，由式(7-101)知，其右边第二项为零，第一项不可测且与控制序列无关，所以，欲使 J 最小，考虑第三项为零，即

$$y^*(k+d\mid k)=\frac{F(z^{-1})}{C(z^{-1})}u(k)+\frac{G(z^{-1})}{C(z^{-1})}y(k) \tag{7-102}$$

也就是式(7-97)成立。根据白噪声序列的统计特性，取性能指标函数最小值，也就是预测偏差的最小方差为

$$\begin{aligned}J_{\min}&=E\{[E(z^{-1})\xi(k+d)]^2\}=E\{\xi^2(k+d)+e_1^2\xi^2(k+d-1)+\cdots+e_{n_e}^2\xi^2(k+1)\}\\&=(1+e_1^2+\cdots+e_{n_e}^2)\sigma^2=\left(1+\sum_{i=1}^{n_e}e_i^2\right)\sigma^2\end{aligned}$$

式中，$n_e=d-1$。

因此式(7-99)成立，定理 7-1 得证。

式(7-100)为输出预测模型，式(7-97)为最优输出预测方程，式(7-98)为单步 Diophantine 方程。由定理 7-1 可知，求解最小方差预测输出的关键是求解 Diophantine 方程，具体方法已在 7.3.4 节第 1 部分中介绍。

2) 最小方差控制

若控制的目的是使输出 $y(k+d)$跟踪期望输出 $y_r(k+d)$，则是最小方差控制器问题；若使 $y_r(k+d)=0$，则是最小方差调节器问题。关于最小方差控制有下面的定理。

定理 7-2(最小方差控制)　对于式(7-96)涉及的系统，设 $B(z^{-1})$为 Hurwitz 多项式，即被控对象是最小相位或逆稳的，则使性能指标

$$J=E\{[y(k+d)-y_r(k+d)]^2\} \tag{7-103}$$

为最小的最优控制(跟踪型)为

$$F(z^{-1})u(k)=C(z^{-1})y_r(k+d)-G(z^{-1})y(k) \tag{7-104}$$

若 $y_r(k+d)=0$，则最优控制(调节器型)为

$$F(z^{-1})u(k)=-G(z^{-1})y(k) \tag{7-105}$$

证明： 由定理 7-1 可得

$$y(k+d)=y^*(k+d\mid k)+E(z^{-1})\xi(k+d) \tag{7-106}$$

将式(7-106)代入式(7-103)性能指标函数中，得

$$\begin{aligned}J&=E\{[E(z^{-1})\xi(k+d)+y^*(k+d\mid k)-y_r(k+d)]^2\}\\&=E\{[E(z^{-1})\xi(k+d)]^2\}+E\{2E(z^{-1})\xi(k+d)[y^*(k+d\mid k)-y_r(k+d)]\}\\&\quad+E\{[y^*(k+d\mid k)-y_r(k+d)]^2\}\end{aligned}$$

上式右边第一项不可测，第二项因 $E(z^{-1})\xi(k+d)$与 $y^*(k+d\mid k)$ 和 $y_r(k+d)$ 两量不相关而为零，若第三项为零，即

$$y^*(k+d\mid k)=y_r(k+d) \tag{7-107}$$

则可实现最小方差控制。将式(7-97)代入式(7-107)有

$$\frac{G(z^{-1})}{C(z^{-1})}y(k)+\frac{F(z^{-1})}{C(z^{-1})}u(k)=y_{\rm r}(k+d)$$

从而得到
$$F(z^{-1})u(k)=C(z^{-1})y_{\rm r}(k+d)-G(z^{-1})y(k)$$

若 $y_{\rm r}(k+d)=0$，问题转变为调节器型，则上式变为

$$F(z^{-1})u(k)=-G(z^{-1})y(k)$$

定理 7-2 得证。

由式(7-96)和式(7-104)可得出最小方差控制的系统结构，如图 7-15 所示。

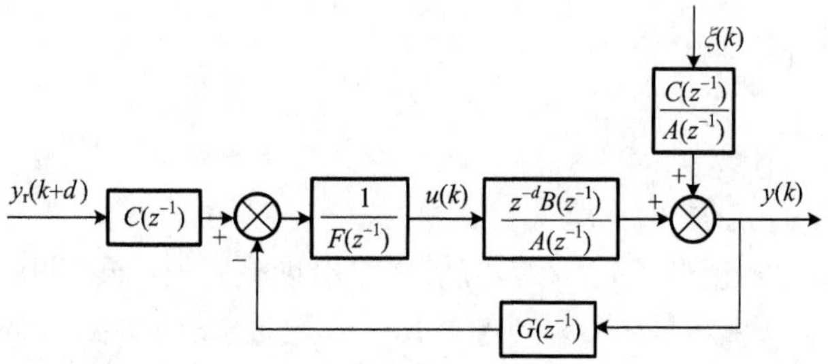

图 7-15　最小方差控制系统结构

由图 7-15 和式(7-98a) 可推导出

$$\begin{aligned}y(k)&=\frac{\dfrac{C(z^{-1})}{F(z^{-1})}\dfrac{z^{-d}B(z^{-1})}{A(z^{-1})}}{1+\dfrac{z^{-d}B(z^{-1})}{A(z^{-1})}\dfrac{G(z^{-1})}{F(z^{-1})}}y_{\rm r}(k+d)+\frac{\dfrac{C(z^{-1})}{A(z^{-1})}}{1+\dfrac{z^{-d}B(z^{-1})}{A(z^{-1})}\dfrac{G(z^{-1})}{F(z^{-1})}}\xi(k)\\&=\frac{B(z^{-1})C(z^{-1})z^{-d}y_{\rm r}(k+d)+C(z^{-1})F(z^{-1})\xi(k)}{A(z^{-1})F(z^{-1})+z^{-d}B(z^{-1})G(z^{-1})}\\&=\frac{B(z^{-1})C(z^{-1})[y_{\rm r}(k)+E(z^{-1})\xi(k)]}{B(z^{-1})C(z^{-1})}=y_{\rm r}(k)+E(z^{-1})\xi(k)\end{aligned}\tag{7-108}$$

$$\begin{aligned}u(k)&=\frac{\dfrac{C(z^{-1})}{F(z^{-1})}}{1+\dfrac{z^{-d}B(z^{-1})}{A(z^{-1})}\dfrac{C(z^{-1})}{F(z^{-1})}}y_{\rm r}(k+d)-\frac{\dfrac{C(z^{-1})}{A(z^{-1})}\dfrac{G(z^{-1})}{F(z^{-1})}}{1+\dfrac{z^{-d}B(z^{-1})}{A(z^{-1})}\dfrac{G(z^{-1})}{F(z^{-1})}}\xi(k)\\&=\frac{A(z^{-1})C(z^{-1})y_{\rm r}(k+d)-C(z^{-1})G(z^{-1})\xi(k)}{A(z^{-1})F(z^{-1})+z^{-d}B(z^{-1})G(z^{-1})}\\&=\frac{C(z^{-1})[A(z^{-1})y_{\rm r}(k+d)-G(z^{-1})\xi(k)]}{B(z^{-1})C(z^{-1})}=\frac{A(z^{-1})y_{\rm r}(k+d)-G(z^{-1})\xi(k)}{B(z^{-1})}\end{aligned}\tag{7-109}$$

从图 7-15 可以看出，最小方差控制的实质就是将控制器的极点($F(z^{-1})$ 的零点)与被控对象的零点($B(z^{-1})$ 的零点)抵消。但是，如果 $B(z^{-1})$ 多项式中有不稳定的零点，由式(7-108)知，虽然可使输出 $y(k)$有界，这种不稳定零点产生的指数分量使控制量增大至饱和，并导致

整个控制过程无法工作。另外，由于误差和参数变化，系统可能会出现被控对象的零点与控制器的极点不完全抵消。由系统特征方程 $B(z^{-1})C(z^{-1})=0$ 可知，$B(z^{-1})$ 和 $C(z^{-1})$ 的不稳定零点将使系统不稳定。因此，最小方差控制不能用于非最小相位系统，$C(z^{-1})$ 的零点也应稳定，这是最小方差控制的一大缺陷。

3) 最小方差间接自校正控制

当式(7-96)的对象参数未知时，可首先利用递推最小二乘法在线实时估计其参数，然后通过 Diophantine 方程解出 $E(z^{-1})$、$G(z^{-1})$ 及 $F(z^{-1})$，再设计最小方差控制律，即可将对象参数估计器和控制器的设计分开进行，从而形成最小方差间接自校正控制算法。该算法简单易懂，但计算量较大，具体步骤如下。

已知：模型阶次 n_a、n_b、n_c 及纯时延 d。

Step1：设置初值 $\hat{\boldsymbol{\theta}}(0)$ 和 $\boldsymbol{P}(0)$，输入初始数据。

Step2：采样当前实际输出 $y(k)$和期望输出 $y_r(k+d)$。

Step3：利用式(7-61)在线实时估计被控对象参数 $\hat{\boldsymbol{\theta}}$，即 $\hat{A}$、$\hat{B}$、$\hat{C}$。

Step4：求解 Diophantine 方程(7-98)，得到多项式 $E(z^{-1})$、$G(z^{-1})$和 $F(z^{-1})$的系数；

Step5：对跟踪问题，利用式(7-104)计算并实施 $u(k)$；对调节问题，由式(7-105)确定最优调节规律。

Step6：返回 Step2($k\to k+1$)，继续循环。

4) 最小方差直接自校正控制

也可以利用递推最小二乘法直接估计最小方差控制器的参数，即构成最小方差直接自校正控制算法。该算法计算量小，但估计参数的物理意义不明确，需要建立一个新的估计模型。

由式(7-97)可得

$$y^*(k+d\mid k)=G(z^{-1})y(k)+F(z^{-1})u(k)-[C(z^{-1})-1]y^*(k+d\mid k)=\boldsymbol{\varphi}^{\mathrm{T}}(k)\boldsymbol{\theta} \tag{7-110}$$

式中，

$$\begin{cases}\boldsymbol{\varphi}(k)=[y(k),\cdots,y(k-n_g),u(k),\cdots,u(k-n_f),-y^*(k+d-1\mid k-1),\\ \qquad\cdots,-y^*(k+d-n_c\mid k-n_c)]^{\mathrm{T}}\\ \boldsymbol{\theta}=[g_0,\cdots,g_{n_g},f_0,\cdots,f_{n_f},c_1,\cdots,c_{n_c}]^{\mathrm{T}}\end{cases}$$

又由式(7-106)得到估计模型为

$$y(k+d)=\boldsymbol{\varphi}^{\mathrm{T}}(k)\boldsymbol{\theta}+E(z^{-1})\xi(k+d) \tag{7-111}$$

后退 d 步，将估计模型式(7-111)改写为

$$y(k)=\boldsymbol{\varphi}^{\mathrm{T}}(k-d)\boldsymbol{\theta}+\varepsilon(k) \tag{7-112}$$

式中，

$$\begin{cases}\boldsymbol{\varphi}(k-d)=[y(k-d),\cdots,y(k-d-n_g),u(k-d),\cdots,u(k-d-n_f),-y^*(k-1\mid k-d-1),\\ \qquad\cdots,-y^*(k-n_c\mid k-d-n_c)]^{\mathrm{T}}\in\mathbf{R}^{(n_g+n_f+2+n_c)\times 1}\\ \varepsilon(k)=E(k)\xi(k)=\xi(k)+e_1\xi(k-1)+\cdots+e_{n_e}\xi(k-n_e)\\ \qquad=\xi(k)+e_1\xi(k-1)+\cdots+e_{d-1}\xi(k-d+1)\end{cases}$$

由于对象参数未知，观测向量 $\boldsymbol{\varphi}(k-d)$ 中的最优预测输出实际上也难以获得，故可用从

前的最优预测估计代替，即用 $\hat{y}^*(k)$ 代替 $y^*(k|k-d)$ 。由式(7-110)知

$$\hat{y}^*(k)=\hat{\boldsymbol{\varphi}}^{\mathrm{T}}(k-d)\hat{\boldsymbol{\theta}}(k-d) \tag{7-113}$$

式中，

$$\begin{aligned}\hat{\boldsymbol{\varphi}}(k-d)=[&y(k-d),\cdots,y(k-d-n_{\mathrm{g}}),u(k-d),\cdots,u(k-d-n_{\mathrm{f}}),\\&-\hat{y}^*(k-1),\cdots,-\hat{y}^*(k-n_{\mathrm{c}})]^{\mathrm{T}}\end{aligned} \tag{7-114}$$

则对于估计模型式(7-112)，参数估计递推公式为

$$\begin{cases}\hat{\boldsymbol{\theta}}(k)=\hat{\boldsymbol{\theta}}(k-1)+\boldsymbol{K}(k)[y(k)-\boldsymbol{\varphi}^{\mathrm{T}}(k-d)\hat{\boldsymbol{\theta}}(k-1)]\\\boldsymbol{K}(k)=\boldsymbol{P}(k-1)\hat{\boldsymbol{\varphi}}(k-d)[1+\hat{\boldsymbol{\varphi}}^{\mathrm{T}}(k-d)\boldsymbol{P}(k-1)\hat{\boldsymbol{\varphi}}(k-d)]^{-1}\\\boldsymbol{P}(k)=[\boldsymbol{I}-\boldsymbol{K}(k)\hat{\boldsymbol{\varphi}}^{\mathrm{T}}(k-d)]\boldsymbol{P}(k-1)\end{cases} \tag{7-115}$$

由式(7-104)得最小方差控制律(跟踪型)为

$$u(k)=\frac{1}{\hat{f}_0}\left[\sum_{i=1}^{n_{\mathrm{c}}}\hat{c}_i y_{\mathrm{r}}(k+d-i)+y_{\mathrm{r}}(k+d)-\sum_{i=0}^{n_{\mathrm{g}}}\hat{g}_i y(k-i)-\sum_{i=1}^{n_{\mathrm{f}}}\hat{f}_i u(k-i)\right] \tag{7-116}$$

式中，$\hat{f}_0$ 是对象参数的估计值，收敛于真值 f_0。

当 $\hat{f}_0$ 很小时，$u(k)$可能很大，以至于超过执行器的限幅值，使系统不能正常工作。可见控制没有约束，这是最小方差控制存在的又一问题。

已知 n_{a}、n_{b}、n_{c} 及纯延时 d，最小方差自校正控制算法流程图如图 7-16 所示。

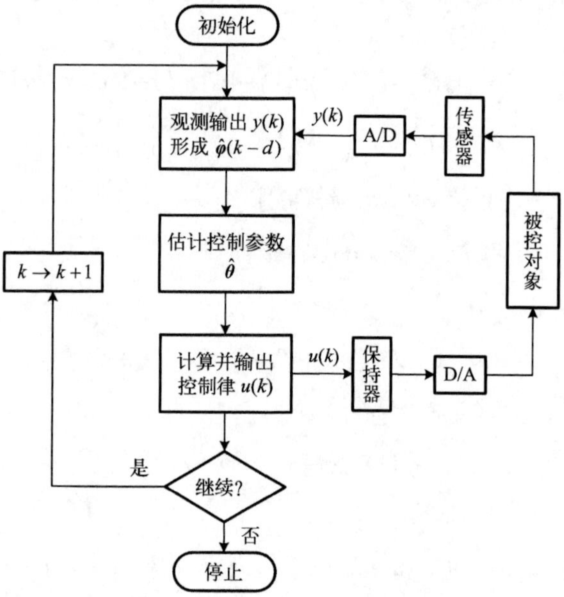

图 7-16　最小方差自校正控制算法流程图

3. 广义最小方差自校正控制

针对最小方差存在的不适应非最小相位系统和控制量无约束问题，1975 年 D. W. Clarke 和 P. J. Gawthrop 提出了广义最小方差控制(Generalized Minimum Variance Control，GMVC)器

的概念。具体来说，其就是在性能指标函数中引入加权多项式。实践证明，只要加权多项式选择得当，上述两个问题将迎刃而解。

1) 广义最小方差控制

设被控对象仍用式(7-96)所示的受控自回归滑动平均模型描述。

选择性能指标函数为

$$J=E\{[P(z^{-1})y(k+d)-R(z^{-1})y_{\mathrm{r}}(k+d)]^2+[Q(z^{-1})u(k)]^2\} \tag{7-117}$$

式中，$y(k+d)$和$y_{\mathrm{r}}(k+d)$分别为$k+d$时刻的系统实际输出和期望输出；$u(k)$为k时刻的控制规律；$P(z^{-1})$、$R(z^{-1})$和$Q(z^{-1})$分别为实际输出、期望输出和控制量的加权多项式(Weighted Polynomial)。它们分别具有改善闭环系统性能、柔化期望输出和约束控制量的作用，并且

$$\begin{cases}P(z^{-1})=1+p_1z^{-1}+p_2z^{-2}+\cdots+p_{n_{\mathrm{p}}}z^{-n_{\mathrm{p}}}\\ R(z^{-1})=r_0+r_1z^{-1}+r_2z^{-2}+\cdots+r_{n_{\mathrm{r}}}z^{-n_{\mathrm{r}}}\\ Q(z^{-1})=q_0+q_1z^{-1}+q_2z^{-2}+\cdots+q_{n_{\mathrm{q}}}z^{-n_{\mathrm{q}}}\end{cases}$$

其中，多项式参数和阶次n_{p}、n_{r}、n_{q}根据实际需要在设计时确定。

定理 7-3(**广义最小方差控制**)　对于式(7-96)涉及的被控过程，如果选式(7-117)作为性能指标函数，其最优控制，即广义最小方差控制的控制律为

$$u(k)=\frac{R(z^{-1})y_{\mathrm{r}}(k+d)-P(z^{-1})y^*(k+d|k)}{(q_0/b_0)Q(z^{-1})} \tag{7-118}$$

或将式(7-97)代入式(7-118)，可得控制律的另一种形式

$$u(k)=\frac{C(z^{-1})R(z^{-1})y_{\mathrm{r}}(k+d)-G(z^{-1})P(z^{-1})y(k)}{(q_0/b_0)C(z^{-1})Q(z^{-1})+F(z^{-1})P(z^{-1})} \tag{7-119}$$

证明：略(请参见其他参考资料)。

由定理 7-3 知，广义最小方差控制有两种控制律，分别为式(7-118)和式(7-119)。前者利用最优输出$y^*(k+d|k)$作为反馈构成控制作用，称为隐式控制律；后者直接利用被控对象的输出作为反馈构成控制作用，称为显式控制律。

由式(7-119)可得广义最小方差控制系统结构图，如图 7-17 所示。

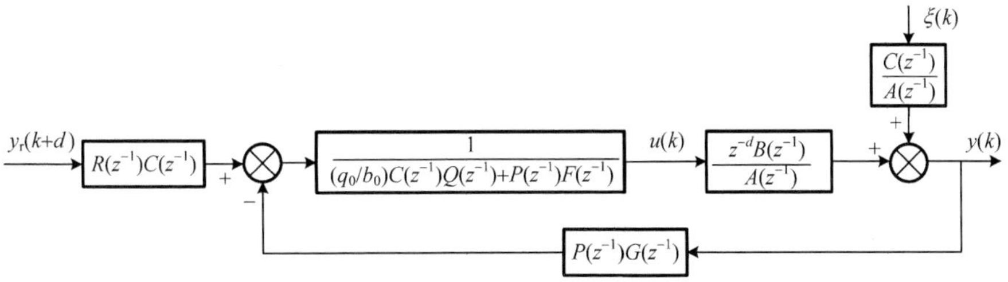

图 7-17　广义最小方差控制系统结构图

2) 广义最小方差间接自校正控制

当式(7-96)被控对象的参数未知时，可采用间接自校正控制算法。即首先辨识被控对象参数$\hat{\theta}$，再用估计参数$\hat{\theta}$设计控制律$u(k)$中$E(z^{-1})$、$F(z^{-1})$和$G(z^{-1})$的系数。具体算法步骤如下。

已知：模型阶次 n_a、n_b、n_c 及纯时延 d。

Step1：设置初值 $\hat{\boldsymbol{\theta}}(0)$ 和 $\boldsymbol{P}(0)$，输入初始数据，并设置加权多项式 $P(z^{-1})$、$R(z^{-1})$ 和 $Q(z^{-1})$。

Step2：采样当前实际输出 $y(k)$和期望输出 $y_r(k+d)$。

Step3：利用参数估计递推公式在线实时估计被控对象参数 $\hat{\boldsymbol{\theta}}$，即 $\hat{A}$、$\hat{B}$、$\hat{C}$。

Step4：求解 Diophantine 方程(式(7-98))，得到多项式 $E(z^{-1})$、$F(z^{-1})$ 和 $G(z^{-1})$ 的系数。

Step5：利用式(7-119)计算并实施 $u(k)$。

Step6：返回 Step2($k \to k+1$)，继续循环。

3) 广义最小方差直接自校正控制

由式(7-119)知，在选定加权多项式 $P(z^{-1})$、$R(z^{-1})$ 和 $Q(z^{-1})$ 后，只须再确定 $G(z^{-1})$、$F(z^{-1})$ 和 $C(z^{-1})$，即可确定广义最小方差直接自校正控制律。控制器参数的估计模型和递推公式与最小方差直接自校正控制完全相同，在此不再赘述。

由式(7-119)得广义最小方差直接自校正控制律为

$$u(k)=\frac{1}{\dfrac{q_0^2}{\hat{f}_0}+\hat{f}_0}\left\{\left[\frac{q_0}{\hat{f}_0}(q_0-\hat{C}Q)+(\hat{f}_0-\hat{F}P)\right]u(k)+\hat{C}Ry_r(k+d)-\hat{G}Py(k)\right\} \tag{7-120}$$

由式(7-120)知，如果 $\hat{f}_0$ 趋于零，则会出现分母为零的情况。为此，应对 $\hat{f}_0$ 的最小值加以约束，这就需要事先知道 $\hat{f}_0$ 的值。

广义最小方差直接自校正控制算法的步骤如下。

已知：模型阶次 n_a、n_b、n_c 及纯时延 d。

Step1：设置初值 $\hat{\boldsymbol{\theta}}(0)$ 和 $\boldsymbol{P}(0)$，输入初始数据，并设置加权多项式 $P(z^{-1})$、$R(z^{-1})$ 和 $Q(z^{-1})$。

Step2：采样当前实际输出 $y(k)$和期望输出 $y_r(k+d)$。

Step3：根据式(7-114)构造观测向量 $\hat{\boldsymbol{\varphi}}(k-d)$，利用参数估计递推公式(式(7-115))在线实时估计控制器参数 $\hat{\boldsymbol{\theta}}$，即 $\hat{G}$、$\hat{F}$、$\hat{C}$。

Step4：利用式(7-120)计算并实施 $u(k)$。

Step5：返回 Step2($k \to k+1$)，继续循环。

例题

拓展实验：例题及程序见二维码。

程序分析

7.4　广义预测控制

虽然自校正控制有不少优点，但是它对数学模型的精确性有较高的要求。例如，如果对纯时延的估计不准，最小方差控制精度会大打折扣；如果模型阶数不准，具有极点配置的自校正控制则难以进行。于是，保留自校正控制的模型预测、最小方差和在线辨识等策略，采纳模型算法控制(Model Algorithm Control，MAC)和动态矩阵控制(Dynamic Matrix Control，DMC)中的多步预测和滚动优化等控制方法，形成了具有自校正机制的预测控制。其中最具影响力和代表性的是 1987 年 D.W. Clarke 提出的广义预测控制(Generalized Predictive Control，GPC)。广义预测控制也称为多步预测自校正控制。它是在最小方差自校正控制和广义最小方差自校正控制的基础上发展起来的，可以说是自校正控制的一种先进形式。GPC 保留了最小方差自校正控制的模型预测、优化控制和在线辨识等优点，同时增加了多步预测、多步控制、实施一步、循环滚动等措施。通过引入不相等的预测长度和控制长度，使系统设计更加灵活方便，其不仅适用于稳定的开环系统，而且还适用于纯滞后和开环不稳定的非最小相位系统，以及非线性系统。

7.4.1　预测控制的基本结构

预测控制是一种基于模型的先进控制技术，有参数模型(如 CARIMA)和非参数模型之分，亦称为模型预测控制(Model Predictive Control，MPC)。获得离散参数模型用得最多的是最小二乘法，典型控制方法有基于差分方程模型的广义预测控制(GPC)、广义预测极点配置控制(GPP)等。而非参数模型主要涉及时域法，如脉冲响应法和阶跃响应法等，与之对应的有基于脉冲响应的模型算法控制(MAC)、基于阶跃响应的动态矩阵控制(DMC)等。

虽然 MPC 的类型和算法众多，但这里仅以 GPC 为例进行介绍，其核心都是基于滚动时域原理，包含了预测模型、滚动优化和反馈校正三个基本原理，即：

(1) 在当前时刻，基于被控对象的动态模型，对未来某段时域内的输出序列做出预测，这些预测值构成了当前和未来的控制作用；

(2) 按照某个目标函数确定当前和未来控制作用的大小，这些控制作用将使未来的输出预测序列沿某个参考轨迹“最优地”达到期望的输出设定值，但只实施当前控制量；

(3) 在下一时刻根据最新实测数据对前一时刻的对象输出预测序列做出校正，并重复(1)、(2)。

因此，预测控制算法主要概括为四点：参考轨迹、滚动优化、预测模型和反馈校正，其基本结构如图 7-18 所示。其中，$y_r(k+j)$、$y_m(k+j)$ 和 $y(k+j)$ 分别为未来 $k+j$ 时刻的期望输出、预测模型输出和反馈校正后的预测模型输出；$y(k)$为对象实际输出；$e_m(k)$为预测模型偏差；$e_r(k+j)$ 为 $k+j$ 时刻的期望输出与反馈校正后预测模型输出之差；$u(k)$为最优控制信号。

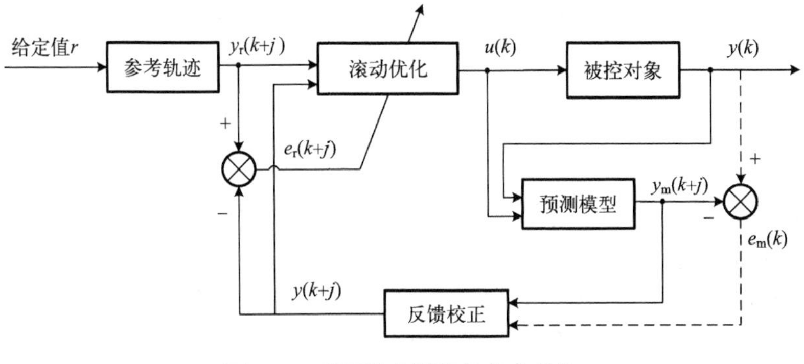

图 7-18　预测控制算法的基本结构

预测控制可以预测未来多步模型的输出，并且在多步预测时段内，控制也可以有多步作用。优化总是以从该时刻起未来一段时域的性能为指标，同时以从该时刻起的若干控制增量为优化变量，但实施时只取最近一步(当前时刻)的控制作用。图 7-18 中的算法可分两步来理解：在当前时刻，系统首先基于当前的被控对象输入/输出数据预测未来有限时域的输出 $y_m(k+j)$，通过最小化预测模型输出值与期望输出轨迹的偏差来确定未来有限控制时域的控制增量，在所得到的控制增量中，只执行当前的控制增量；在每一个控制周期内，若检测到的对象实际输出与预测模型输出之间的偏差为 $e_m(k)=y(k)-y_m(k)$，则经过反馈校正后模型的预测输出为 $y(k+j)=y_m(k+j)+\beta e_m(k)$（$\beta$ 为偏差修正系数）。控制算法采用在线滚动进行优化且在优化过程中不断通过对象实际输出与预测模型输出之差来进行反馈校正。因此，从整个系统的控制过程看，虽然每个周期的控制不是全局最优(Global Optimum)的，但它是该周期中最好的。因此，对于系统时刻可能受到的模型失配(Model Mismatch)、参数变化、随机干扰(Random Disturbance)等影响，系统都能及时有效地加以处理，从而增强控制系统的鲁棒性。

7.4.2　广义预测控制的基本机理

下面以图 7-19 阐述广义预测控制(GPC)的基本机理。图中，N_1 为优化时域实际输出与期望输出偏差的起点，也称为最小输出长度，一般 N_1 应大于对象的纯时延 d 或 $N_1\geqslant 1$；N_2 为最大预测长度，应足够大，以使对象动态特性能充分表现出来，一般应大于 $B(z^{-1})$的阶数 n_b；N_u 为控制长度($N_u\leqslant N_2$)。

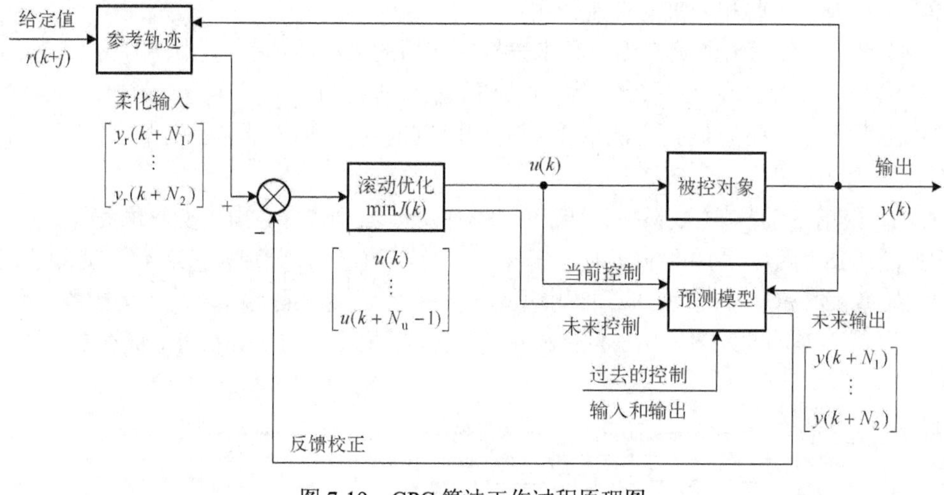

图 7-19　GPC 算法工作过程原理图

1. 预测模型

预测控制对模型的要求不同于其他传统的控制算法，它强调的是模型的功能而不是模型的结构，只要模型可利用过去已知数据信息来预测系统未来的输出行为，就可以作为预测模型。因此，不仅状态方程、传递函数这类传统的模型可作为预测模型，而且在实际工业过程中较易获得的脉冲响应模型或阶跃响应模型，以及易于在线辨识并能描述不稳定系统的 CARMA 和 CARIMA 都可以作为预测模型。此外，非线性神经网络系统、分布参数系统的模型只要具备上述功能，也可以作为预测模型使用。由此看来，预测控制打破了传统控制中对模型结构的严格要求，更着眼于在信息的基础上，根据功能的需求按最方便的途径建立模型。这是它优于其他控制算法的原因之一，也是它在工业实际中能广泛应用的前提。

由 7.3 节知最小方差控制和广义最小方差控制的最优预测是单步输出预测（向前一步预测），跨距为时延 d，它大于等于一个采样周期，即 $d\geqslant T$。而此时的 GPC 在每个“当前采样

时刻 k”，基于对象的某种预测模型，利用过去、当前和将来的控制输入以及过去和当前的系统输出，对系统未来某段时间内的输出序列进行多步预测，即预测为向前 N_2 步，每步跨距为 T，预测长度为 N_2T，所以称它为多步输出预测，如图 7-19 中的$[y(k+N_1),\cdots, y(k+N_2)]^{\mathrm{T}}$。如果把预测模型输出 $y_{\mathrm{m}}(k+j)$ 当作预测输出，即多步输出预测 $y(k+j)=y_{\mathrm{m}}(k+j)$，那么图 7-18 中将不含虚线部分，称其为开环预测。

2. 滚动优化

预测控制是一种优化控制算法，通过某一性能指标的最优来确定未来的控制作用。滚动优化性能指标涉及系统未来的行为，例如，可取对象输出跟踪某一期望轨迹的方差最小；又如，要求控制能量最小，而同时保持输出在某一给定范围内等。设 GPC 中 k 时刻的性能指标函数如式(7-121)所示：

$$J=E\left\{\sum_{j=N_1}^{N_2} h_j[y(k+j)-y_{\mathrm{r}}(k+j)]^2+\sum_{j=1}^{N_{\mathrm{u}}}[\gamma_j \Delta u(k+j-1)]^2\right\} \tag{7-121}$$

式中，E 为数学期望；$y(k+j)$和 $y_{\mathrm{r}}(k+j)$为系统未来时刻 $k+j$ 的实际输出和期望输出；$h_j(j=N_1,\cdots,N_2)$ 为输出预测误差加权系数(Weighting Coefficient)，对输出预测误差起限制作用；$\gamma_j(j=1,2,\cdots,N_{\mathrm{u}})$ 为控制权值系数(Weighting Coefficient)，一般取为常值。

性能指标函数（式(7-121)）采用了长时段预测的概念。它把所要优化的方差从一个时间点扩展到一段时域$[N_1, N_2]$。由于以多步优化代替了一步优化，即使对纯时延 d 估计不当和时延发生变化，仍能从整体优化中得到合理的控制，这是 GPC 对模型不精确性具有鲁棒性的重要原因。

优化时段性能指标（式(7-121)）也可表示为矩阵(Matrix)形式，即

$$\min J=E\{[\boldsymbol{Y}-\boldsymbol{Y}_{\mathrm{r}}]^{\mathrm{T}}\boldsymbol{H}[\boldsymbol{Y}-\boldsymbol{Y}_{\mathrm{r}}]+\Delta\boldsymbol{U}^{\mathrm{T}}\boldsymbol{\varGamma}\Delta\boldsymbol{U}\} \tag{7-122}$$

式中，$\boldsymbol{Y}=[y(k+N_1),y(k+N_1+1),\cdots,y(k+N_2)]^{\mathrm{T}}$ 为未来的预测模型输出向量；$\boldsymbol{Y}_{\mathrm{r}}=[y_{\mathrm{r}}(k+N_1),y_{\mathrm{r}}(k+N_1+1),\cdots,y_{\mathrm{r}}(k+N_2)]^{\mathrm{T}}$ 为未来的期望输出向量；$\Delta\boldsymbol{U}=[\Delta u(k),\Delta u(k+1),\cdots,\Delta u(k+N_{\mathrm{u}}-1)]^{\mathrm{T}}$ 为当前和未来的控制增量向量；$\boldsymbol{H}=\mathrm{diag}(h_{N_1},\cdots,h_{N_2})$ 为输出误差加权矩阵；$\boldsymbol{\varGamma}=\mathrm{diag}(\gamma_1,\gamma_2,\cdots,\gamma_{N_{\mathrm{u}}})$ 为控制加权矩阵。

未来的控制向量序列 $u(k),\cdots, u(k+N_{\mathrm{u}}-1)$是通过极小化式(7-122)所示目标函数得到的。为了减小过量的控制作用，缓解执行器输入量的饱和，使未来输出预测序列 $y(k+j)$按一定响应速度平滑地过渡到给定值，对象输出的期望值 $y_{\mathrm{r}}(k+j)$一般采用从当前输出 $y(k)$到给定值 r“柔化”过渡的参考轨迹模型：

$$\begin{cases} y_{\mathrm{r}}(k)=y(k) \\ y_{\mathrm{r}}(k+j)=\alpha^j y_{\mathrm{r}}(k+j-1)+(1-\alpha^j)r, \quad j=N_1,\cdots, N_2 \end{cases} \tag{7-123}$$

式中，$\alpha\in[0, 1)$为输出柔化系数；$j=1$ 时为一阶滞后（一阶平滑）模型。当需要缓慢过渡时，可选择α 接近于 1。当然，参考轨迹的思想也可以应用于其他控制算法中。

参考轨迹 $y_{\mathrm{r}}(k+j)$ 与 k 时刻及未来时段的输出序列$[y(k+j),\ j=N_1,\cdots, N_2]$和控制序列$[u(k+j-1), j=1,\cdots,N_{\mathrm{u}}]$的关系曲线示意图如图 7-20 所示。其中，$\hat{y}(k+j)$ 为系统的输出预测值。

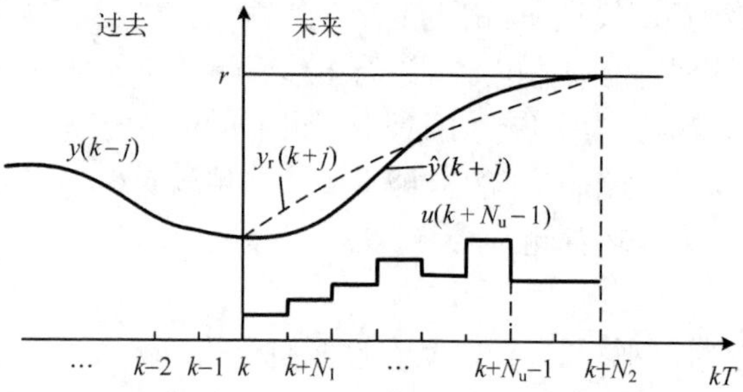

图 7-20　参考轨迹与输出序列和控制序列的关系曲线示意

3. 反馈校正

实际系统中存在着非线性、不确定性等因素的影响，在预测控制算法中，基于不变模型的预测输出不可能与对象实际输出完全一致。而在滚动优化过程中又要求预测模型输出与实际系统输出保持一致，因此，模型预测控制采用对象实际输出与预测模型输出之间的误差作为附加的预测手段进行反馈校正来弥补这一缺陷。

反馈校正的形式多样，可以在保持预测模型不变的基础上对未来的误差做出预测并加以补偿，如图 7-18 中虚线所示；也可以根据在线辨识的原理直接修正预测模型。无论采取何种校正形式，预测控制都把优化建立在对象实际输出的基础上，并力图对系统未来的动态行为做出较准确的预测。因此，预测控制中的优化不仅基于模型，而且利用了反馈信息，因而构成了闭环优化。

预测控制在每个控制周期内，通过优化性能指标（式(7-122)）来确定一组（N_u 个）未来的控制作用$[u(k),\cdots,u(k+N_u-1)]$。为了防止模型失配或环境干扰引起控制对理想状态的偏离，并不是将这些控制作用逐一全部实施，而是只实施当前时刻的控制作用 $u(k)$，即在$[N_u,N_2]$时长内，不再有控制增量作用产生，$u(k+j-1)=u(k+N_u-1)(N_u\leqslant j\leqslant N_2)$。到下一采样时刻，则首先检测对象的实际输出，并利用这一实时信息对基于模型的预测进行修正，然后进行新的优化。重复上述过程，以便根据最新的实测数据更新未来的控制序列，即实现反馈校正和滚动优化。

上述三个特征体现了预测控制更符合复杂系统控制的不确定性与时变性的实际情况，是预测控制在复杂控制系统领域得到重视和使用的根本原因。

各种预测控制算法虽然在模型、约束条件和性能指标上存在着一些差异，但基本上都具有上述三个特征，且工作过程也类似。

7.4.3　广义预测控制基本算法

1. 最优 j 步输出预测

GPC 采用如下 CARIMA：

$$A(z^{-1})y(k)=z^{-d}B(z^{-1})u(k)+C(z^{-1})\xi(k)/\Delta \tag{7-124}$$

式中，$y(k)$、$u(k)$、$\xi(k)$分别为系统的输出、输入和白噪声；$\Delta=1-z^{-1}$ 为差分算子，且

$$\begin{cases}A(z^{-1})=1+a_1z^{-1}+\cdots+a_{n_a}z^{-n_a}\\B(z^{-1})=b_0+b_1z^{-1}+\cdots+b_{n_b}z^{-n_b}\\C(z^{-1})=1+c_1z^{-1}+\cdots+c_{n_c}z^{-n_c}\end{cases}$$

这里，假定被控对象的纯时延 $d=1$，即

$$A(z^{-1})y(k)=B(z^{-1})u(k-1)+C(z^{-1})\xi(k)/\Delta \tag{7-125}$$

若 $d>1$，只需要多项式 $B(z^{-1})$前 $d-1$ 项系数为零即可，即

$$b_0=b_1=\cdots=b_{d-2}=0$$

式(7-125)可简化为

$$\overline{A}(z^{-1})y(k)=B(z^{-1})\Delta u(k-1)+C(z^{-1})\xi(k) \tag{7-126}$$

$$\Delta u(k)=(1-z^{-1})u(k)=u(k)-u(k-1)$$

式中，

$$\overline{A}(z^{-1})=A(z^{-1})\Delta=A(z^{-1})(1-z^{-1})=1+\overline{a}_1z^{-1}+\cdots+\overline{a}_{n_{\overline{a}}}z^{-n_{\overline{a}}}$$

$$n_{\overline{a}}=n_a+1,\quad \overline{a}_0=1,\ \overline{a}_{n_{\overline{a}}}=-a_{n_a},\quad \overline{a}_i=a_i-a_{i-1},\quad 1\leqslant i\leqslant n_a$$

在进行 GPC 设计时，与最小方差控制类似，需要提前对系统输出量进行预测，根据所得的最优预测值计算所需的控制作用。

定理 7-4（CARIMA 最优 j 步输出预测）　对于被控对象（式(7-126)），将 $k+j$ 时刻的输出预测误差记为

$$\tilde{y}(k+j\,|\,k)=y(k+j)-y^*(k+j\,|\,k),\quad j\geqslant 1$$

则使预测误差的方差

$$J=E\{\tilde{y}^2(k+j\,|\,k)\} \tag{7-127}$$

最小的 j 步最优多步预测或估计 $y^*(k+j\,|\,k)$ 方程由下列差分方程给出：

$$y^*(k+j\,|\,k)=\frac{G_j(z^{-1})}{C(z^{-1})}y(k)+\frac{F_j(z^{-1})}{C(z^{-1})}\Delta u(k+j-1) \tag{7-128}$$

其中，$F_j(z^{-1})$和 $G_j(z^{-1})$满足如下多步 Diophantine 方程：

$$\begin{cases}C(z^{-1})=\overline{A}(z^{-1})E_j(z^{-1})+z^{-j}G_j(z^{-1})\\ F_j(z^{-1})=B(z^{-1})E_j(z^{-1})\end{cases} \tag{7-129a}$$

式中，

$$\begin{cases}E_j(z^{-1})=1+e_{j,1}z^{-1}+\cdots+e_{j,n_{ej}}z^{-n_{ej}}\\ G_j(z^{-1})=g_{j,0}+g_{j,1}z^{-1}+\cdots+g_{j,n_{ej}}z^{-n_{ej}}\\ F_j(z^{-1})=f_{j,0}+f_{j,1}z^{-1}+\cdots+f_{j,n_{ej}}z^{-n_{ej}}\\ \deg E_j=j-1,\quad \deg G_j=n_{\overline{a}}-1=n_a,\quad \deg F_j=n_b+j-1\end{cases} \tag{7-129b}$$

这时，最优预测误差为

$$\tilde{y}^*(k+j\,|\,k)=E_j(z^{-1})\xi(k+j) \tag{7-130}$$

证明与定理 7-1 类似，此处略。对于 GPC 算法，需要在线求解多步 Diophantine 方程（式(7-129)），可采用递推算法，详见 7.3.4 节。

由式(7-126)和式(7-129a)可得未来 $k+j$ 时刻系统的输出：

$$y(k+j)=E_j\xi(k+j)+\frac{B}{\overline{A}}\Delta u(k+j-1)+\frac{G_j}{\overline{A}}\xi(k) \tag{7-131}$$

又由式(7-126)知

$$\xi(k)=\frac{\overline{A}}{C}y(k)-\frac{B}{C}\Delta u(k-1)$$

将上式代入式(7-131)，再利用式(7-129a)简化后，可得到输出预测模型：

$$y(k+j)=E_j\xi(k+j)+\frac{F_j}{C}\Delta u(k+j-1)+\frac{G_j}{C}y(k) \tag{7-132}$$

2. $C(z^{-1})=1$ 时的 Clark 广义预测控制

1) 预测模型

当 $C(z^{-1})=1$ 时，被控对象的 j 步最优输出预测模型(式(7-132))将简化为

$$y(k+j)=F_j\Delta u(k+j-1)+G_j y(k)+E_j\xi(k+j) \tag{7-133}$$

当取 $N_1=1$，$N_2=N_{\mathrm{u}}=N$ 时，由式(7-133)及式(7-129b)得

$$\begin{aligned}
y(k+1)&=F_1\Delta u(k)+G_1 y(k)+E_1\xi(k+1)\\
&=f_{1,0}\Delta u(k)+f_{1,1}\Delta u(k-1)+\cdots+f_{1,n_{\mathrm{b}}}\Delta u(k-n_{\mathrm{b}})+G_1 y(k)+\xi(k+1)\\
y(k+2)&=F_2\Delta u(k+1)+G_2 y(k)+E_2\xi(k+2)\\
&=f_{2,0}\Delta u(k+1)+f_{2,1}\Delta u(k)+f_{2,2}\Delta u(k-1)+\cdots+f_{1,n_{\mathrm{b}}+1}\Delta u(k-n_{\mathrm{b}})\\
&\quad+G_2 y(k)+\xi(k+2)+e_{2,1}\xi(k+1)\\
&\ \ \vdots\\
y(k+N)&=F_N\Delta u(k+N-1)+G_N y(k)+E_N\xi(k+N)\\
&=f_{N,0}\Delta u(k+N-1)+\cdots+f_{N,N-1}\Delta u(k)+f_{N,N}\Delta u(k-1)+\cdots\\
&\quad+f_{N,n_{\mathrm{b}}+N-1}\Delta u(k-n_{\mathrm{b}})+G_N y(k)+\xi(k+N)+e_{N,1}\xi(k+N-1)+\cdots\\
&\quad+e_{N,N-1}\xi(k+1)
\end{aligned}$$

将上述公式写成矩阵形式为

$$\hat{\boldsymbol{Y}}=\boldsymbol{F}_1\Delta\boldsymbol{U}+\boldsymbol{F}_2\Delta\boldsymbol{U}(k-j)+\boldsymbol{G}\boldsymbol{Y}(k)+\boldsymbol{E}\boldsymbol{\xi}=\boldsymbol{F}_1\Delta\boldsymbol{U}+\boldsymbol{Y}_1+\boldsymbol{E}\boldsymbol{\xi} \tag{7-134}$$

式中，$\boldsymbol{Y}_1=\boldsymbol{F}_2\Delta\boldsymbol{U}(k-j)+\boldsymbol{G}\boldsymbol{Y}(k)$，为基于过去输入/输出的输出预测向量；

$\hat{\boldsymbol{Y}}=[y(k+1)\quad y(k+2)\quad\cdots\quad y(k+N)]^{\mathrm{T}}$，为未来的输出预测向量；

$\Delta\boldsymbol{U}=[\Delta u(k)\quad \Delta u(k+1)\quad\cdots\quad \Delta u(k+N-1)]^{\mathrm{T}}$，为当前和未来的控制增量向量；

$\Delta\boldsymbol{U}(k-j)=[\Delta u(k-1)\quad \Delta u(k-2)\quad\cdots\quad \Delta u(k-n_{\mathrm{b}})]^{\mathrm{T}}$，为过去的控制增量向量；

$\boldsymbol{Y}(k)=[y(k)\quad y(k-1)\quad\cdots\quad y(k-n_{\mathrm{a}})]^{\mathrm{T}}$，为当前及过去的实际输出向量；

$\boldsymbol{\xi}=[\xi(k+1)\quad \xi(k+2)\quad\cdots\quad \xi(k+N)]^{\mathrm{T}}$，为未来的白噪声向量；

$$\boldsymbol{F}_1=\begin{bmatrix} f_{1,0} & 0 & \cdots & 0\\ f_{2,1} & f_{2,0} & \cdots & 0\\ \vdots & \vdots & & \vdots\\ f_{N,N-1} & f_{N,N-2} & \cdots & f_{N,0}\end{bmatrix}_{N\times N};\quad \boldsymbol{F}_2=\begin{bmatrix} f_{1,1} & f_{1,2} & \cdots & f_{1,n_{\mathrm{b}}}\\ f_{2,2} & f_{2,3} & \cdots & f_{2,n_{\mathrm{b}}+1}\\ \vdots & \vdots & & \vdots\\ f_{N,N} & f_{N,N+1} & \cdots & f_{N,n_{\mathrm{b}}+N-1}\end{bmatrix}_{N\times n_{\mathrm{b}}};$$

$$\boldsymbol{G}=\begin{bmatrix} g_{1,0} & g_{1,1} & \cdots & g_{1,n_{\mathrm{a}}}\\ g_{2,0} & g_{2,1} & \cdots & g_{2,n_{\mathrm{a}}}\\ \vdots & \vdots & & \vdots\\ g_{N,0} & g_{N,1} & \cdots & g_{N,n_{\mathrm{a}}}\end{bmatrix}_{N\times(n_{\mathrm{a}}+1)};\quad \boldsymbol{E}=\begin{bmatrix} 1 & 0 & \cdots & 0\\ e_{2,1} & 1 & \cdots & 0\\ \vdots & \vdots & & \vdots\\ e_{N,N-1} & e_{N,N-2} & \cdots & 1\end{bmatrix}_{N\times N}。$$

可以看出，式(7-134)将未来时刻的输出预测序列分解为两个分量：$\boldsymbol{F}_1\Delta\boldsymbol{U}$ 取决于当前和未来的控制量；$\boldsymbol{Y}_1$ 取决于过去的控制量和输出。

2) 滚动优化

将式(7-134)代入式(7-122)中，不考虑输出误差加权影响时，得

$$J = E\{[\boldsymbol{F}_1\Delta\boldsymbol{U} + \boldsymbol{Y}_1 + \boldsymbol{E\xi} - \boldsymbol{Y}_{\mathrm{r}}]^{\mathrm{T}}[\boldsymbol{F}_1\Delta\boldsymbol{U} + \boldsymbol{Y}_1 + \boldsymbol{E\xi} - \boldsymbol{Y}_{\mathrm{r}}] + \Delta\boldsymbol{U}^{\mathrm{T}}\boldsymbol{\Gamma}\Delta\boldsymbol{U}\}$$

由 $\dfrac{\partial J}{\partial \Delta\boldsymbol{U}} = 0$，得 GPC 的控制增量向量为

$$\begin{aligned}\Delta\boldsymbol{U}(k) &= (\boldsymbol{F}_1^{\mathrm{T}}\boldsymbol{F}_1 + \boldsymbol{\Gamma})^{-1}\boldsymbol{F}_1^{\mathrm{T}}[\boldsymbol{Y}_{\mathrm{r}} - \boldsymbol{F}_2\Delta\boldsymbol{U}(k-j) - \boldsymbol{GY}(k)]\\ &= (\boldsymbol{F}_1^{\mathrm{T}}\boldsymbol{F}_1 + \boldsymbol{\Gamma})^{-1}\boldsymbol{F}_1^{\mathrm{T}}[\boldsymbol{Y}_{\mathrm{r}} - \boldsymbol{Y}_1]\end{aligned} \tag{7-135}$$

实际控制时，每次仅将第一个控制分量加入系统，则当前时刻的控制量为

$$\begin{aligned}u(k) &= u(k-1) + \Delta u(k) = u(k-1) + [1,0,\cdots,0](\boldsymbol{F}_1^{\mathrm{T}}\boldsymbol{F}_1 + \boldsymbol{\Gamma})^{-1}\boldsymbol{F}_1^{\mathrm{T}}[\boldsymbol{Y}_{\mathrm{r}} - \boldsymbol{Y}_1]\\ &= u(k-1) + \boldsymbol{f}^{\mathrm{T}}[\boldsymbol{Y}_{\mathrm{r}} - \boldsymbol{Y}_1]\end{aligned} \tag{7-136}$$

式中，$\boldsymbol{f}^{\mathrm{T}}$ 为 $(\boldsymbol{F}_1^{\mathrm{T}}\boldsymbol{F}_1 + \boldsymbol{\Gamma})^{-1}\boldsymbol{F}_1^{\mathrm{T}}$ 的第一行。

在实际的 GPC 算法中，常取 $N_1 = d$，$N_2 = N$，$N_{\mathrm{u}} \leqslant N_2$，则控制量中的各项元素为：

$\Delta\boldsymbol{U} = [\Delta u(k), \Delta u(k+1), \cdots, \Delta u(k+N_{\mathrm{u}}-1)]^{\mathrm{T}}$，为当前和未来的控制增量向量；

$\boldsymbol{Y}_{\mathrm{r}} = [y_{\mathrm{r}}(k+N_1), y_{\mathrm{r}}(k+N_1+1), \cdots, y_{\mathrm{r}}(k+N)]^{\mathrm{T}}$，为未来的参考轨迹向量；

$\Delta\boldsymbol{U}(k-j) = [\Delta u(k-1), \Delta u(k-2), \cdots, \Delta u(k-n_{\mathrm{b}})]^{\mathrm{T}}$，为过去的控制增量向量；

$\boldsymbol{Y}(k) = [y(k), y(k-1), \cdots, y(k-n_{\mathrm{a}})]^{\mathrm{T}}$，为当前及过去的对象输出向量。

$$\boldsymbol{F}_1 = \begin{bmatrix} f_{N_1,N_1-1} & f_{N_1,N_1-2} & \cdots & f_{N_1,0} & 0 & \cdots & 0 \\ f_{N_1+1,N_1} & f_{N_1+1,N_1-1} & \cdots & f_{N_1+1,1} & f_{N_1+1,0} & \cdots & 0 \\ \vdots & \vdots & \vdots & \vdots & \vdots & & \vdots \\ & & \cdots & & & & f_{N_{\mathrm{u}},0} \\ \vdots & \vdots & \vdots & \vdots & \vdots & \vdots & \vdots \\ f_{N,N-1} & f_{N,N-2} & \cdots & \cdots & \cdots & \cdots & f_{N,N-N_{\mathrm{u}}} \end{bmatrix}_{(N-N_1+1)\times N_{\mathrm{u}}} \quad (\text{假设 } N_{\mathrm{u}} \geqslant N_1);$$

$$\boldsymbol{F}_2 = \begin{bmatrix} f_{N_1,N_1} & f_{N_1,N_1+1} & \cdots & f_{N_1,n_{\mathrm{b}}+N_1-1} \\ f_{N_1+1,N_1+1} & f_{N_1+1,N_1+2} & \cdots & f_{N_1+1,n_{\mathrm{b}}+N_1} \\ \vdots & \vdots & & \vdots \\ f_{N,N} & f_{N,N+1} & \cdots & f_{N,n_{\mathrm{b}}+N-1} \end{bmatrix}_{(N-N_1+1)\times n_{\mathrm{b}}};$$

$$\boldsymbol{G} = \begin{bmatrix} g_{N_1,0} & g_{N_1,1} & \cdots & g_{N_1,n_{\mathrm{a}}} \\ g_{N_1+1,0} & g_{N_1+1,1} & \cdots & g_{N_1+1,n_{\mathrm{a}}} \\ \vdots & \vdots & & \vdots \\ g_{N,0} & g_{N,1} & \cdots & g_{N,n_{\mathrm{a}}} \end{bmatrix}_{(N-N_1+1)\times(n_{\mathrm{a}}+1)}。$$

3) 在线辨识与校正

若对象参数未知，则需在线估计对象参数，实施自适应 GPC 算法。由于$C(z^{-1})=1$，由式(7-124)得

$$\Delta y(k)=[A(z^{-1})-1][-\Delta y(k)]+B(z^{-1})\Delta u(k-1)+\xi(k)=\boldsymbol{\varphi}^{\mathrm{T}}(k)\hat{\boldsymbol{\theta}}+\xi(k) \tag{7-137}$$

式中，

$$\begin{cases}\boldsymbol{\varphi}(k)=[-\Delta y(k-1),-\Delta y(k-2),\cdots,\Delta y(k-n_{\mathrm{a}}),\Delta u(k-1),-\Delta u(k-2),\cdots,\Delta u(k-n_{\mathrm{b}}-1)]^{\mathrm{T}}\\ \hat{\boldsymbol{\theta}}=[\hat{a}_1,\cdots,\hat{a}_{n_{\mathrm{a}}},\hat{b}_0,\cdots,\hat{b}_{n_{\mathrm{b}}}]^{\mathrm{T}}\\ \Delta y(k)=y(k)-y(k-1),\quad \Delta=1-z^{-1}\end{cases}$$

采用带遗忘因子的递推最小二乘法(式(7-63))估计对象参数，即

$$\begin{cases}\hat{\boldsymbol{\theta}}(k)=\hat{\boldsymbol{\theta}}(k-1)+\boldsymbol{K}(k)[\Delta y(k)-\hat{\boldsymbol{\varphi}}^{\mathrm{T}}(k)\hat{\boldsymbol{\theta}}(k-1)]\\ \boldsymbol{K}(k)=\dfrac{\boldsymbol{P}(k-1)\boldsymbol{\varphi}(k)}{\lambda+\boldsymbol{\varphi}^{\mathrm{T}}(k)\boldsymbol{P}(k-1)\boldsymbol{\varphi}(k)}\\ \boldsymbol{P}(k)=\dfrac{1}{\lambda}[\boldsymbol{I}-\boldsymbol{K}(k)\boldsymbol{\varphi}^{\mathrm{T}}(k)]\boldsymbol{P}(k-1)\end{cases} \tag{7-138}$$

3. $C(z^{-1})=1$ 时的 GPC 算法实施步骤

已知：模型阶次 n_{a}、n_{b} 和纯时延 d。

Step1：设置初值 $\hat{\boldsymbol{\theta}}(0)$ 和 $\boldsymbol{P}(0)$，输入初始数据，并设置控制参数，如 N_1、N_2 和 N_{u}，以及控制加权矩阵 $\boldsymbol{\Gamma}$、输出柔化系数 α、遗忘因子 λ 等。

例题

Step2：采样当前实际输出 $y(k)$ 和期望输出 $y_{\mathrm{r}}(k+j)$。

Step3：利用遗忘因子递推最小二乘法(式(7-138))在线实时估计被控对象参数 $\hat{\boldsymbol{\theta}}$，即 $\hat{A}$、$\hat{B}$。

Step4：求解多步 Diophantine 方程(式(7-129))，解出多项式 E_j、G_j 和 F_j。

程序分析

Step5：构造向量 $\boldsymbol{Y}_{\mathrm{r}}$、$\Delta\boldsymbol{U}(k-j)$、$\boldsymbol{Y}(k)$ 及矩阵 $\boldsymbol{G}$、$\boldsymbol{F}_1$ 和 $\boldsymbol{F}_2$。

Step6：利用式(7-136)计算并实施 $u(k)$。

Step7：返回 Step2($k\rightarrow k+1$)，继续循环。

拓展实验：例题及程序见二维码。

程序分析

4. GPC 性能分析及设计参数 $\boldsymbol{\Gamma}$、N_2 和 N_{u} 的讨论

下面针对 $C(z^{-1})=1$ 时的 GPC 算法进行控制系统闭环性能分析，以便对设计参数 $\boldsymbol{\Gamma}$、N_2 和 N_{u} 的选择给出建议。首先将 GPC 算法部分的公式稍加整理，总结如下。

(1) 预测模型：

$$y(k)=\frac{z^{-1}B(z^{-1})}{A(z^{-1})}u(k)+\frac{C(z^{-1})}{A(z^{-1})\Delta}\xi(k) \tag{7-139}$$

(2) 预测向量 $\boldsymbol{Y}_1$：

$$\boldsymbol{Y}_1=\boldsymbol{F}_2\Delta\boldsymbol{U}(k-j)+\boldsymbol{G}\boldsymbol{Y}(k) \tag{7-140}$$

(3) 参考轨迹：

$$\boldsymbol{Y}_{\mathrm{r}}=\boldsymbol{Q}y(k)+\boldsymbol{M}r(k) \tag{7-141}$$

式中，$\boldsymbol{Y}_{\mathrm{r}}=[y_{\mathrm{r}}(k+N_1),y_{\mathrm{r}}(k+N_1+1),\cdots,y_{\mathrm{r}}(k+N)]^{\mathrm{T}}$；$\boldsymbol{Q}=[\alpha^{N_1},\alpha^{N_1+1},\cdots,\alpha^{N}]^{\mathrm{T}}$，$N_2=N$；$\boldsymbol{M}=[1-\alpha^{N_1},1-\alpha^{N_1+1},\cdots,1-\alpha^{N}]^{\mathrm{T}}$。

(4) 最优控制律增量 $\Delta u(k)$：

$$\Delta u(k) = \boldsymbol{f}^{\mathrm{T}}[\boldsymbol{Y}_{\mathrm{r}} - \boldsymbol{Y}_1] \tag{7-142}$$

由式(7-139)～式(7-142)可得 GPC 闭环控制系统结构图，如图 7-21 所示。

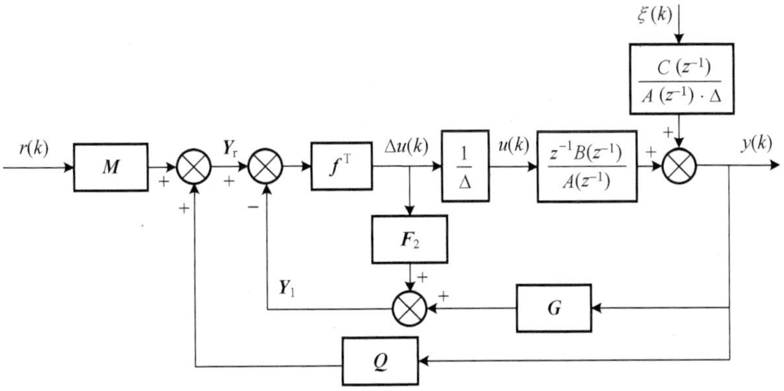

图 7-21　GPC 闭环控制系统结构图

图 7-21 经等效变换并整理后，可得出相应的 GPC 内模控制结构示意图，如图 7-22 所示。这里 $v(k) = \xi(k) / \overline{A}(z^{-1})$ 为干扰量，$\hat{v}(k)$ 为模型偏差信号，$G(z^{-1})$ 为广义被控对象，$\hat{G}(z^{-1})$ 为被控对象模型，$F(z^{-1})$为滤波器。其中，

$$G(z^{-1}) = z^{-1}B(z^{-1}) / A(z^{-1}),\ \ \hat{G}(z^{-1}) = z^{-1}\hat{B}(z^{-1}) / \hat{A}(z^{-1})$$

$$D(z^{-1}) = \frac{A(z^{-1})}{(1+\boldsymbol{f}^{\mathrm{T}}\boldsymbol{F}_2)A(z^{-1})\varDelta + z^{-1}\boldsymbol{f}^{\mathrm{T}}(\boldsymbol{G}-\boldsymbol{Q})B(z^{-1})}$$

$$F(z^{-1}) = \boldsymbol{f}^{\mathrm{T}}(\boldsymbol{G}-\boldsymbol{Q}) = \sum_{j=1}^{N} f_j(G_j - \alpha^j)$$

$$R(z^{-1}) = \boldsymbol{f}^{\mathrm{T}}\boldsymbol{M} = \sum_{j=1}^{n} d_j(1-\alpha^j),\quad \boldsymbol{f}^{\mathrm{T}} = [f_{N_1} \ \ \cdots \ \ f_N]$$

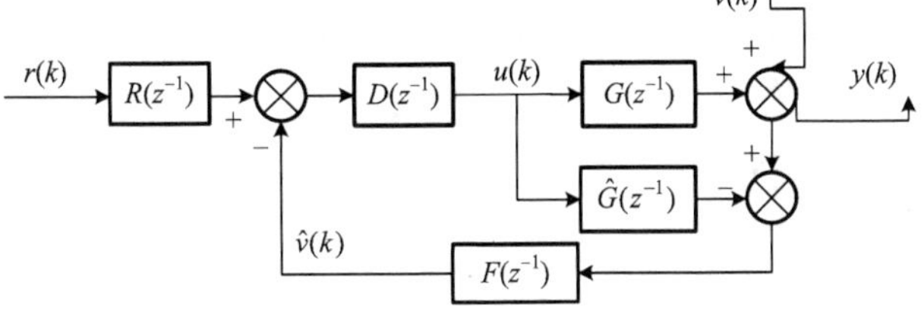

图 7-22　GPC 的内模控制结构

由图 7-22，可推导出输出表达式：

$$y(k) = \frac{G(z^{-1})D(z^{-1})}{1 + D(z^{-1})F(z^{-1})[G(z^{-1}) - \hat{G}(z^{-1})]}[R(z^{-1})r(k) - F(z^{-1})v(k)] + v(k)$$

控制量表达式为

$$u(k)=\frac{D(z^{-1})}{1+D(z^{-1})F(z^{-1})[G(z^{-1})-\hat{G}(z^{-1})]}[R(z^{-1})r(k)-F(z^{-1})v(k)]$$

系统的性能由下列特征方程(式(7-143)和式(7-144))决定：

$$\frac{1}{G(z^{-1})D(z^{-1})}+\frac{F(z^{-1})}{G(z^{-1})}[G(z^{-1})-\hat{G}(z^{-1})]=0 \tag{7-143}$$

$$\frac{1}{D(z^{-1})}+F(z^{-1})[G(z^{-1})-\hat{G}(z^{-1})]=0 \tag{7-144}$$

当模型匹配 $G(z^{-1})=\hat{G}(z^{-1})$ 时，可得

$$\frac{1}{G(z^{-1})D(z^{-1})}=0 \tag{7-145}$$

$$\frac{1}{D(z^{-1})}=0 \tag{7-146}$$

通过上述闭环动态性能理论分析，可得如下结论。

(1) 如果对象 $G(z^{-1})$稳定，控制器 $D(z^{-1})$稳定，特征方程有稳定根，则闭环系统稳定。

(2) 尽管控制器 $D(z^{-1})$ 具有非线性特性，但只要保证输入/输出的稳定性，对于稳定的受控对象，一定能得到稳定的闭环响应，也就是说，当系统输入 $u(k)$受到约束时，不会影响整个系统的稳定性，这一点深受广大工程人员的喜爱。

(3) 性能指标函数(式(7-122))中的矩阵 $\boldsymbol{\Gamma}$ 对控制幅度直接起限制作用，而控制幅度的大小影响系统的快速性和超调量，甚至稳定性。但是在设计系统时，不能依靠用 $\boldsymbol{\Gamma}$ 中的 γ_j 来稳定系统，而应考虑改变 N_2 和 N_{u} 来实现系统稳定。

一般将 $\boldsymbol{\Gamma}$ 中的 γ_j 取为同一值。γ_j 越大，相应的控制在性能指标中受重视的程度越大。γ_j 较小幅度地增加，将引起 J 大幅度地增加，为使 J 极小，必须让Δu 的幅度减小，从而响应变慢；相反，减小 γ_j，Δu 的幅度将增加，响应也加快，但容易引起超调。

(4) 预测时域长度 N_2 应在稳定性和快速性之间进行选择。对于开环不稳定的系统，N_2 不能选得过小，应选得超过对象的纯时延，或非最小相位特性引起的反向部分，并覆盖大部分对象动态响应。除非有准确的极点对消，否则不能得到稳定解。

(5) 控制时域长度 N_u 的选择除了前面所述的原则外，还应取对象不稳定的极点和欠阻尼极点之和。例如，如果 $A(z^{-1})=0$ 有一个不稳定零点(对被控对象来说是不稳定极点)，取 $N_{\mathrm{u}}=1$ 是合理的。N_{u} 过大虽然可增加控制的机动性，但对稳定性和鲁棒性不利，且增加了计算量。

7.5　模 糊 控 制

7.5.1　概述

“模糊”比“清晰”拥有更大的信息容量，内涵更丰富，更符合客观世界。模糊集合的概念是由美国加利福尼亚大学教授扎德(L.A.Zadeh)于 1965 年首先提出来的。1974 年，英国

伦敦大学曼达尼(E.H.Mamdani)成功研制用于锅炉和蒸汽机的第一个模糊控制器。1975 年，丹麦首先在工业上建立了模糊控制水泥窑。

模糊控制(Fuzzy Control)是以模糊集合论、模糊语言变量和模糊逻辑推理为基础的一种智能方法。它从行为上模仿人的推理和决策过程，其实质是将相关领域的专家知识和熟练操作人员的经验转换成模糊化后的语言规则，通过模糊推理与模糊决策，实现对复杂系统的控制。因此，模糊控制是由模糊数学、人工智能、知识工程等多学科进行融合渗透，并经计算机实现的智能控制技术。

截至目前，模糊控制理论的研究大致有以下几方面。

(1) 自学习、自适应模糊规则研究。由于复杂受控系统往往具有非线性、大时滞、不确定性和时变性，单纯依靠基于人为信息的有限多条模糊规则很难完善地描述和适应复杂受控对象的多变性。如何在控制过程中自动地修改、调整和完善模糊规则，以提高模糊系统的控制性能，已成为模糊控制理论研究的主要内容。

(2) 模糊推理策略研究。目前所采用的模糊推理策略主要有由相应作者名命名的 Mamdani 推理、Tsukamoto 推理、Larsen 推理和 Takagi 推理。这些推理策略的共同点是模糊性均取决于模糊规则的前提条件和结论部分的语言描述；不同点是模糊模型与(或)推理合成算子的选择。

(3) 模糊模型辨识研究。模糊模型是指描述受控系统动态性能的一组模糊规则，属于非线性模型。常用的模糊模型辨识方法有基于参考模糊集概念的模糊辨识(Hirota 和 Pedrycz)、基于概率统计方法确定模糊关系矩阵的模糊辨识(Pedrycz)、基于局域线性多项式表达的模糊辨识(Takagi 和 Sugeno，简称 T-S 模型)。T-S 模型可用来拟合受控对象的非线性时变特性，具有逼近能力强和结构简单等特点，目前在模糊辨识中被广为采用。

(4) 模糊系统稳定性研究。由于模糊控制器是一种基于规则的“语言型”控制器，难以用数学公式来描述，因此对其进行性能分析相当困难。尽管目前已有很多关于模糊控制系统稳定性的理论研究，但至今还没有统一和完善的模糊系统稳定性分析方法。

本节简要介绍模糊逻辑与模糊推理的基础内容，在此基础上论述模糊控制的基本原理。

7.5.2　模糊控制的数学基础

微课视频

1. 模糊集合

1) 隶属度的定义

在人类的思维中，有许多模糊的概念，如大、小、冷、热等。这类没有明确内涵和外延的集合称为模糊集合；而普通集合(或经典集合)只能表达“非此即彼”的概念，不能表达“亦此亦彼”的现象。为此，扎德教授通过量化中间过渡的方式对经典集合予以推广，创立了模糊集合论，提出用模糊集合来刻画模糊概念。

定义 7-1 隶属度(Degree of Membership)　若论域用 U 表示，U 中的元素用 x 表示，模糊集合 $\underset{\sim}{A}$ 的特征函数记作 $\mu_{\underset{\sim}{A}}(x)$，则 $\mu_{\underset{\sim}{A}}(x)$ 表示 x 属于 $\underset{\sim}{A}$ 的隶属度函数，简称隶属函数(Membership Function)。隶属函数值反映了元素 x 对于模糊集合 $\underset{\sim}{A}$ 的隶属程度，可在[0, 1]连续变化。若 $\mu_{\underset{\sim}{A}}(x)$ 的值接近 1，表示 x 属于 $\underset{\sim}{A}$ 的程度高；$\mu_{\underset{\sim}{A}}(x)$ 的值接近 0，表示 x 属于 $\underset{\sim}{A}$ 的程度低。

下面以实例讨论模糊集合的划分情况。假设人的年龄论域 $\boldsymbol{U}$ 为[1, 100]，论域中的元素 $x \in \boldsymbol{U}$。假设模糊集合{年轻}($\underset{\sim}{\boldsymbol{A}}$)、{中年}($\underset{\sim}{\boldsymbol{B}}$)和{老年}($\underset{\sim}{\boldsymbol{C}}$)的隶属函数 $\mu_{\underset{\sim}{A}}(x)$、$\mu_{\underset{\sim}{B}}(x)$、$\mu_{\underset{\sim}{C}}(x)$ 如图 7-23 所示。当 $x = 30$ 时，x 对 $\underset{\sim}{\boldsymbol{A}}$ 的隶属度 $\mu_{\underset{\sim}{A}}(x) = 0.75$，意味着 30 岁的人属于{年轻}的程度是 0.75；当 $x = 40$ 时，x 既属于集合 $\underset{\sim}{\boldsymbol{A}}$ 又属于集合 $\underset{\sim}{\boldsymbol{B}}$，$\mu_{\underset{\sim}{A}}(x) = 0.25$，$\mu_{\underset{\sim}{B}}(x) = 0.5$，说明 40 岁的人已不太年轻，但属于{中年}的程度还不太高，只有 0.5；当 $x = 50$ 时，$\mu_{\underset{\sim}{B}}(x) = 1$，说明 50 岁正值中年，但即将走向老年。图 7-23 中，$u_{\underset{\sim}{C}}(x)$ 也可表示成 $u_{\underset{\sim}{C}}(x) = 1\Big/\left[1+\left(\dfrac{5}{x-50}\right)^2\right]$，式中，$x$ 表示 50 岁以上的年龄。可知，$u_{\underset{\sim}{C}}(55) = 0.5$，$u_{\underset{\sim}{C}}(60) = 0.8$，$u_{\underset{\sim}{C}}(70) = 0.94$，表明 55 岁只能是半老，而 70 岁的人属于{老年}的程度为 0.94。对比普通集合用阈值来划分三个年龄段的方法，显然模糊集合能更加真实地描述人们头脑中的原有概念。

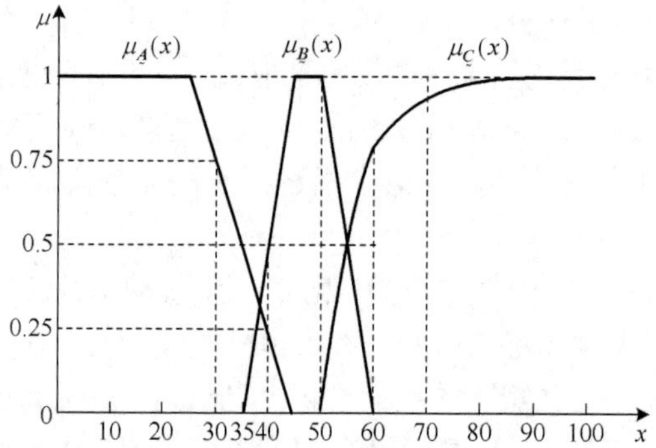

图 7-23　{年轻}、{中年}和{老年}的隶属函数

2) 语言变量

语言变量实际上是一种模糊变量，是用模糊语言表示的模糊集合。在模糊控制中，关于偏差的模糊语言有正大(Positive Large，PL)(或(Positive Big，PB)、正中(Positive Medium，PM)、正小(Positive Small，PS)、零(Zero，ZE)、负小(Negative Small，NS)、负中(Negative Medium，NM)、负大(Negative Large，NL)(或(Negative Big，NB)等)。

L.A. Zadeh 为语言变量做出了如下的定义。

定义 7-2 语言变量(Linguistic Variable)　语言变量由一个五元体(x, $\boldsymbol{T}(x)$, $\boldsymbol{U}$, G, M)来表征。其中，x 是变量的名称，如年龄、颜色、速度、偏差等；$T(x)$是语言值，每个语言值是定义在论域 $\boldsymbol{U}$ 上的一个模糊集合(模糊子集)；$\boldsymbol{U}$ 是 x 的论域；G 是语法规则，用以产生 x 的语义内涵；M 是语义规则，是与 x 相联系的算法规则，用于产生模糊集合的隶属函数。

例如，若以控制系统的“偏差”为语言变量 x，设论域 $\boldsymbol{U} = [-6\quad +6]$，则 $\boldsymbol{T}(x)$可表示为

$\boldsymbol{T}(x) = \boldsymbol{T}$(偏差) = {负很大，负大，负中，负小，零，正小，正中，正大，正很大}

上述每个模糊语言是定义在论域 $\boldsymbol{U}$ 上的一个模糊集合。在模糊语言中加上“很”或“非常”等语气算子，就可以构成多个语言值名称，隶属函数也要相应地改变。图 7-24 给出了以偏差为论域的模糊语言五元体 $\boldsymbol{T}(x)$的示意图。

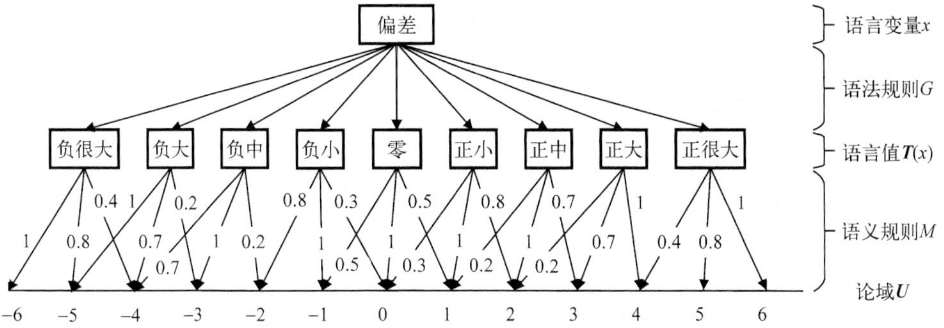

图 7-24　以偏差为论域的模糊语言五元体示意图

2. 模糊集合的表示方法

对于论域 $\boldsymbol{U}$ 中的模糊集合 $\underset{\sim}{A}$，有多种表示方式，其目的为找到模糊合集所包含的元素及与之相应的隶属度。

1) Zadeh 表示法

当论域 $\boldsymbol{U}$ 为离散有限域 $\boldsymbol{U}=\{u_1,u_2,\cdots,u_n\}$ 时，模糊集合可表达为

$$\underset{\sim}{A}=\sum_{i=1}^{n}\frac{\mu_{\underset{\sim}{A}}(u_i)}{u_i}=\frac{\mu_{\underset{\sim}{A}}(u_1)}{u_1}+\frac{\mu_{\underset{\sim}{A}}(u_2)}{u_2}+\cdots+\frac{\mu_{\underset{\sim}{A}}(u_n)}{u_n} \tag{7-147}$$

式中，$\mu_{\underset{\sim}{A}}(u_i)/u_i$ $(i=1,2,\cdots,n)$ 不表示“分式”，表示论域中的元素 u_i 本身与其隶属度 $\mu_{\underset{\sim}{A}}(u_i)$ 之间的对应关系；+符号不表示加法运算，表示论域 $\boldsymbol{U}$ 中组成模糊集合 $\underset{\sim}{A}$ 的全体元素 u_i 之间的排序与整体的关系。

当论域 $\boldsymbol{U}$ 为连续有限域时，模糊集合可表达为

$$\underset{\sim}{A}=\int_{U}\frac{\mu_{\underset{\sim}{A}}(u_i)}{u_i} \tag{7-148}$$

式中，积分符号 $\int$ 也不表示积分运算，而是表示连续域 $\boldsymbol{U}$ 中的元素 u_i 与隶属度 $\mu_{\underset{\sim}{A}}(u_i)$ 一一对应关系的总体集合。

2) 矢量表示法

$$\underset{\sim}{A}=\{\mu_{\underset{\sim}{A}}(u_1),\mu_{\underset{\sim}{A}}(u_2),\cdots,\mu_{\underset{\sim}{A}}(u_n)\} \tag{7-149}$$

注意，在矢量表示法中，矢量的顺序不能颠倒，隶属度为 0 的项也不能省略。

3) 序偶表示法

将论域 $\boldsymbol{U}$ 中的元素 u_i 与其对应的隶属度 $\mu_{\underset{\sim}{A}}(u_i)$ 组成序偶 $<u_i,\mu_{\underset{\sim}{A}}(u_i)>$，则 $\underset{\sim}{A}$ 可表示为

$$\begin{aligned}\underset{\sim}{A}&=\{<u_i,\mu_{\underset{\sim}{A}}(u_i)>\mid u_i\in \boldsymbol{U}\}\\&=\{<u_1,\mu_{\underset{\sim}{A}}(u_1)>,<u_2,\mu_{\underset{\sim}{A}}(u_2)>,\cdots,<u_n,\mu_{\underset{\sim}{A}}(u_n)>\}\end{aligned} \tag{7-150}$$

4) 函数表示法

用隶属函数曲线或表格形式的隶属函数来表示一个模糊子集。

例 7-5　在整数论域 $\boldsymbol{U}=\{1,2,3,4,5,6,7,8,9,10\}$ 中，试讨论“几个”这一模糊概念。

解： 根据经验，模糊子集“几个”可用 Zadeh 表示法表示为

$$\underset{\sim}{A}=\frac{0}{1}+\frac{0}{2}+\frac{0.3}{3}+\frac{0.7}{4}+\frac{1}{5}+\frac{1}{6}+\frac{0.7}{7}+\frac{0.3}{8}+\frac{0}{9}+\frac{0}{10}$$

或者用矢量表示法表示为

$$\underset{\sim}{A}=\{0,0,0.3,0.7,1,1,0.7,0.3,0,0\}$$

由 $\underset{\sim}{A}$ 表达式可知，用“几个”表示 5 个、6 个的可能性最大。

3. 隶属函数的确定

1) 隶属函数的确定原则

隶属函数的确定实质上是人们对客观事物中介过渡的定性描述，这种描述本质上是客观的。但由于模糊理论研究的对象具有模糊性和经验性，存在着对同一模糊概念的认识和理解的差异，因此，隶属函数的确定又含有一定的主观因素，需要遵守一些基本原则。

定义 7-3 凸模糊集合　设实数论域中模糊集合 $\underset{\sim}{A}$ 在任意区间$[u_1, u_2]$上，对于所有的实数 $u\in[u_1, u_2]$，都满足：

$$\mu_{\underset{\sim}{A}}(u)\geqslant\min\{\mu_{\underset{\sim}{A}}(u_1),\mu_{\underset{\sim}{A}}(u_2)\}\tag{7-151}$$

则称 $\underset{\sim}{A}$ 为凸模糊集合，否则为非凸模糊集合，如图 7-25 所示。由此可见，凸模糊集合的隶属函数是一个单峰凸函数。

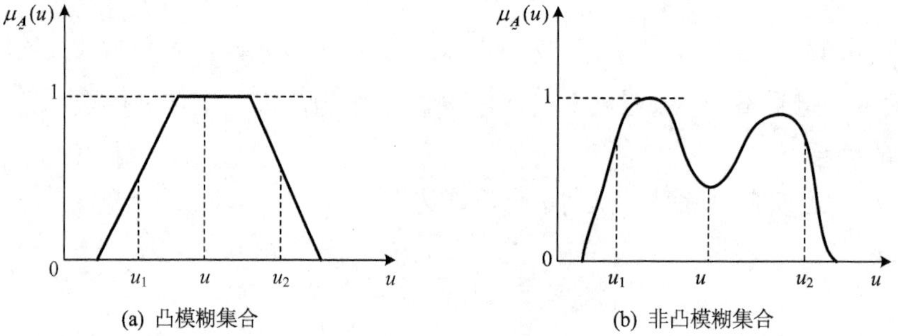

图 7-25　凸模糊集合与非凸模糊集合

(1) 隶属函数所表示的模糊集合必须是凸模糊集合。

下面以主观性最强的专家经验法为例来确定“舒适温度”的隶属函数。

某专家根据其本身的经验对“舒适温度”的隶属函数定义如下：

$$\text{舒适温度}=\frac{0}{0℃}+\frac{0.5}{10℃}+\frac{1}{20℃}+\frac{0.5}{30℃}+\frac{0}{40℃}$$

这里隶属度为 1 的温度为 20℃，即在 20℃左右是最舒适的温度。越偏离这个温度，其隶属度越小，舒适的程度越小，这与大多数人的经验是吻合的。通常，某一模糊概念隶属函数的确定应首先从最适合这一模糊概念的点开始，即确定该模糊概念的最大隶属函数中心点或区域，然后向两边延伸。隶属函数的值必须是单调递减的，而不允许有波浪形(图 7-25(b))，否则会产生明显不合逻辑的状态。

(2) 变量所取隶属函数通常是对称和平衡的。

一般情况下，描述变量的模糊集合越多，模糊控制系统的分辨率就越高，其系统响应的结果就越平滑，但模糊规则会明显增多，计算时间增加，设计困难加大；否则，系统的响应会不敏感。实践表明，一般取 3～9 个模糊集合为宜，并且通常取为奇数。在“零”、“适中”或“正常”集合的两边，模糊集合通常是对称的。

(3) 隶属函数要遵从语意顺序，避免不恰当的重叠。

对于在相同论域中使用的具有语意顺序关系的若干模糊子集，其中心值位置必须按常识和经验顺序进行排列，如“冷”、凉”、“适中”、“暖”和“热”等。隶属函数由中心值向两边模糊延伸的范围也有一定的限制，间隔的两个模糊集合的隶属函数尽量不重叠。

(4) 论域中的每个点应至少属于一个和至多属于两个隶属函数区域。

(5) 对于同一个点，没有两个隶属函数会同时取最大值。

(6) 当两个隶属函数重叠时，重叠部分中任何点的隶属度的和应该小于等于 1。

2) 隶属函数的确定方法

这里仅介绍最常用的模糊统计法。

模糊统计法的基本思想是：对论域 $\boldsymbol{U}$ 上的一个确定元素 u_0 是否属于该论域上一个边界可变的普通集合 $\boldsymbol{A}$，针对不同的对象进行 n 次调查统计。若元素 u_0 属于 $\boldsymbol{A}$ 的次数为 m，则 m 与 n 的比值就是元素 u_0 对模糊集合 $\underset{\sim}{\boldsymbol{A}}$ 的隶属度：

$$\mu_{\underset{\sim}{A}}(u_0)=\lim_{n\to+\infty}\frac{m}{n} \tag{7-152}$$

式中，m 表示 $u_0\in\boldsymbol{A}$ 的次数。

例如，对于{青年人}这一模糊集合，27 岁的人对{青年人}的隶属度是多少？通过对 n = 129 人进行调查，其中 m = 101 人认为 27 岁完全属于青年人，因此，27 岁的人对{青年人}模糊集合的隶属度是 $\mu_{\underset{\sim}{A}}(27)=101/129=0.78$ 。

3) 常用隶属函数的图形

如果按照定义，模糊集合的隶属函数可取无穷多个值，这在实际使用中是难以确定的，所以一般可进行如下简化：把最大适合区间的隶属度定为 1，中等适合区间的隶属度定为 0.5，最小隶属度(即不隶属)定为 0。再对一些常用的基本隶属函数图形进行定义，一般可分为三类：下降型 Z 函数(图 7-26(a))、对称型正态函数(通常称作Π函数，如图 7-26(b)所示)和上升型 S 函数(图 7-26(c))。图 7-26 中各函数经直线型简化后如图 7-27 所示。

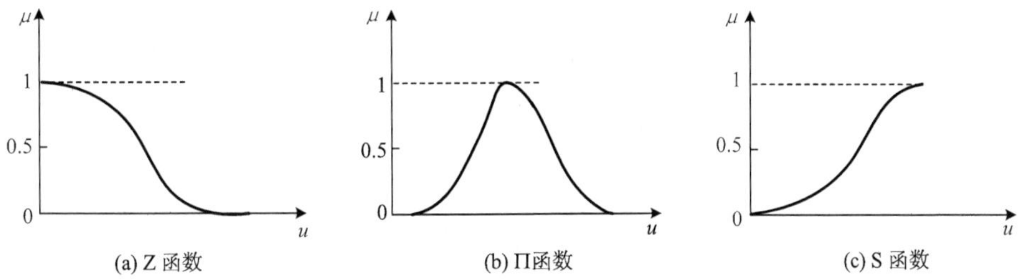

图 7-26　基本隶属函数图形

4. 模糊集合的基本运算

对于给定论域 $\boldsymbol{U}$ 上的模糊集合 $\underset{\sim}{\boldsymbol{A}}$ 、 $\underset{\sim}{\boldsymbol{B}}$ 、 $\underset{\sim}{\boldsymbol{C}}$ ，借助隶属函数定义它们之间的运算关系如下。

(1) 相等：$\forall x\in\boldsymbol{U}$ ，有 $\mu_{\underset{\sim}{A}}(x)=\mu_{\underset{\sim}{B}}(x)$ ，则称 $\underset{\sim}{\boldsymbol{A}}$ 与 $\underset{\sim}{\boldsymbol{B}}$ 相等，记为 $\underset{\sim}{\boldsymbol{A}}=\underset{\sim}{\boldsymbol{B}}$ 。

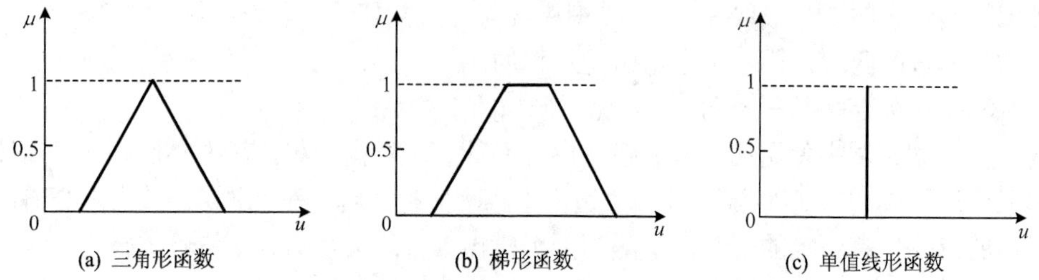

(a) 三角形函数　(b) 梯形函数　(c) 单值线形函数

图 7-27　直线型隶属函数

(2) 补集：$\forall x \in \boldsymbol{U}$，有 $\mu_{\underset{\sim}{B}}(x)=1-\mu_{\underset{\sim}{A}}(x)$，则称 $\underset{\sim}{\boldsymbol{B}}$ 是 $\underset{\sim}{\boldsymbol{A}}$ 的补集，记为 $\underset{\sim}{\boldsymbol{B}}=\overline{\underset{\sim}{\boldsymbol{A}}}$。

(3) 子集：$\forall x \in \boldsymbol{U}$，有 $\mu_{\underset{\sim}{B}}(x)\leqslant \mu_{\underset{\sim}{A}}(x)$，则称 $\underset{\sim}{\boldsymbol{B}}$ 是 $\underset{\sim}{\boldsymbol{A}}$ 的子集，记为 $\underset{\sim}{\boldsymbol{B}}\subseteq \underset{\sim}{\boldsymbol{A}}$。

(4) 并集：$\forall x \in \boldsymbol{U}$，有 $\mu_{\underset{\sim}{C}}(x)=\max\{\mu_{\underset{\sim}{A}}(x),\mu_{\underset{\sim}{B}}(x)\}=\mu_{\underset{\sim}{A}}(x)\vee\mu_{\underset{\sim}{B}}(x)$，则称 $\underset{\sim}{\boldsymbol{C}}$ 是 $\underset{\sim}{\boldsymbol{A}}$ 与 $\underset{\sim}{\boldsymbol{B}}$ 的并集，记为 $\underset{\sim}{\boldsymbol{C}}=\underset{\sim}{\boldsymbol{A}}\cup\underset{\sim}{\boldsymbol{B}}$。其中，max 和 $\vee$ 表示取大运算，即取两个隶属函数值中较大的值作为运算结果。

(5) 交集：$\forall x \in \boldsymbol{U}$，有 $\mu_{\underset{\sim}{C}}(x)=\min\{\mu_{\underset{\sim}{A}}(x),\mu_{\underset{\sim}{B}}(x)\}=\mu_{\underset{\sim}{A}}(x)\wedge\mu_{\underset{\sim}{B}}(x)$，则称 $\underset{\sim}{\boldsymbol{C}}$ 是 $\underset{\sim}{\boldsymbol{A}}$ 与 $\underset{\sim}{\boldsymbol{B}}$ 的交集，记为 $\underset{\sim}{\boldsymbol{C}}=\underset{\sim}{\boldsymbol{A}}\cap\underset{\sim}{\boldsymbol{B}}$。其中，min 和 $\wedge$ 表示取小运算，即取两个隶属函数值中较小的值作为运算结果。两个模糊集合的交集，其隶属函数还有以下运算：$\mu_{\underset{\sim}{C}}(x)=\mu_{\underset{\sim}{A}}(x)\times\mu_{\underset{\sim}{B}}(x)$。

另外，普通集合中的交换律、结合律、幂等律、分配律、吸收律和摩根定律也同样适用于模糊集合的运算。

例 7-6　在水的温度论域 $\boldsymbol{U}=\{0, 10, 20, 30, 40, 50, 60, 70, 80, 90, 100\}$(℃)中，有两个模糊集合，即“水温中等” $\underset{\sim}{\boldsymbol{M}}$ 及“水温高” $\underset{\sim}{\boldsymbol{H}}$，分别定义为

$$\underset{\sim}{\boldsymbol{M}}=\frac{0}{0}+\frac{0.25}{10}+\frac{0.5}{20}+\frac{0.75}{30}+\frac{1}{40}+\frac{0.75}{50}+\frac{0.5}{60}+\frac{0.25}{70}+\frac{0}{80}+\frac{0}{90}+\frac{0}{100}$$

$$\underset{\sim}{\boldsymbol{H}}=\frac{0}{0}+\frac{0}{10}+\frac{0}{20}+\frac{0}{30}+\frac{0}{40}+\frac{0.25}{50}+\frac{0.5}{60}+\frac{0.75}{70}+\frac{1}{80}+\frac{1}{90}+\frac{1}{100}$$

试计算 $\underset{\sim}{\boldsymbol{M}}\cup\underset{\sim}{\boldsymbol{H}}$、$\underset{\sim}{\boldsymbol{M}}\cap\underset{\sim}{\boldsymbol{H}}$ 及 $\overline{\underset{\sim}{\boldsymbol{M}}}$。

解：根据模糊集合并、交及补运算规则，模糊集合逐点隶属度的计算如下：

$$\begin{aligned}\underset{\sim}{\boldsymbol{M}}\cup\underset{\sim}{\boldsymbol{H}}&=\frac{0\vee 0}{0}+\frac{0.25\vee 0}{10}+\frac{0.5\vee 0}{20}+\frac{0.75\vee 0}{30}+\frac{1\vee 0}{40}+\frac{0.75\vee 0.25}{50}\\&\quad+\frac{0.5\vee 0.5}{60}+\frac{0.25\vee 0.75}{70}+\frac{0\vee 1}{80}+\frac{0\vee 1}{90}+\frac{0\vee 1}{100}\\&=\frac{0}{0}+\frac{0.25}{10}+\frac{0.5}{20}+\frac{0.75}{30}+\frac{1}{40}+\frac{0.75}{50}+\frac{0.5}{60}+\frac{0.75}{70}+\frac{1}{80}+\frac{1}{90}+\frac{1}{100}\end{aligned}$$

$$\begin{aligned}\underset{\sim}{\boldsymbol{M}}\cap\underset{\sim}{\boldsymbol{H}}&=\frac{0\wedge 0}{0}+\frac{0.25\wedge 0}{10}+\frac{0.5\wedge 0}{20}+\frac{0.75\wedge 0}{30}+\frac{1\wedge 0}{40}+\frac{0.75\wedge 0.25}{50}\\&\quad+\frac{0.5\wedge 0.5}{60}+\frac{0.25\wedge 0.75}{70}+\frac{0\wedge 1}{80}+\frac{0\wedge 1}{90}+\frac{0\wedge 1}{100}\\&=\frac{0}{0}+\frac{0}{10}+\frac{0}{20}+\frac{0}{30}+\frac{0}{40}+\frac{0.25}{50}+\frac{0.5}{60}+\frac{0.25}{70}+\frac{0}{80}+\frac{0}{90}+\frac{0}{100}\end{aligned}$$

$$
\begin{aligned}
\bar{\underset{\sim}{\boldsymbol{M}}} &= \frac{1-0}{0}+\frac{1-0.25}{10}+\frac{1-0.5}{20}+\frac{1-0.75}{30}+\frac{1-1}{40}+\frac{1-0.75}{50}+\\
&\quad+\frac{1-0.5}{60}+\frac{1-0.25}{70}+\frac{1-0}{80}+\frac{1-0}{90}+\frac{1-0}{100}\\
&=\frac{1}{0}+\frac{0.75}{10}+\frac{0.5}{20}+\frac{0.25}{30}+\frac{0}{40}+\frac{0.25}{50}+\frac{0.5}{60}+\frac{0.75}{70}+\frac{1}{80}+\frac{1}{90}+\frac{1}{100}
\end{aligned}
$$

以上两个模糊集合的并、交及补运算用图形表示，见图 7-28 阴影部分。

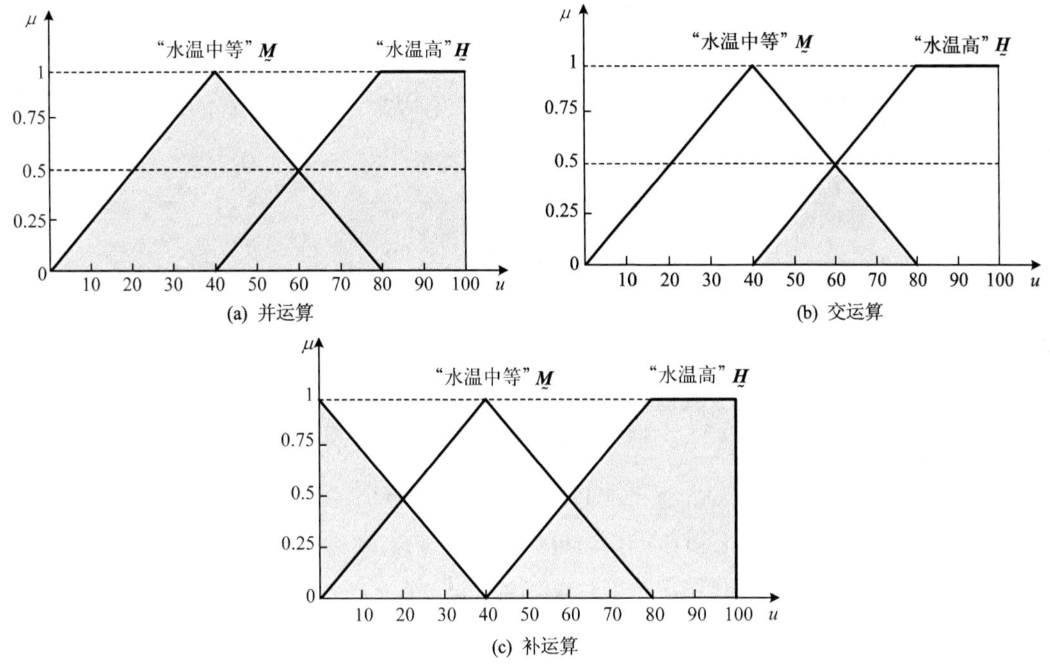

图 7-28　模糊集合的并、交及补运算

5. 模糊关系及基本运算

1) 模糊关系

模糊关系描述元素之间关联程度的大小。

定义 7-4(模糊关系)　由集合 $\underset{\sim}{\boldsymbol{A}}$ 与 $\underset{\sim}{\boldsymbol{B}}$ 各自的元素 x 与 y 组成的序偶(x, y)的全体称为 $\underset{\sim}{\boldsymbol{A}}$ 与 $\underset{\sim}{\boldsymbol{B}}$ 的直积集(又称为笛卡尔乘积集、叉积)，记为 $\underset{\sim}{\boldsymbol{A}}\times\underset{\sim}{\boldsymbol{B}}=\{(x,y)\,|\,x\in\underset{\sim}{\boldsymbol{A}}, y\in\underset{\sim}{\boldsymbol{B}}\}$。设 $\underset{\sim}{\boldsymbol{R}}$ 是 $\underset{\sim}{\boldsymbol{A}}\times\underset{\sim}{\boldsymbol{B}}$ 的一个模糊子集，即 $\underset{\sim}{\boldsymbol{R}}\subset\underset{\sim}{\boldsymbol{A}}\times\underset{\sim}{\boldsymbol{B}}$，它的隶属函数为 $\mu_{\underset{\sim}{\boldsymbol{R}}}(x,y)(x\in\underset{\sim}{\boldsymbol{A}}, y\in\underset{\sim}{\boldsymbol{B}})$。这样就确定了一个模糊关系 $\underset{\sim}{\boldsymbol{R}}$，由其隶属函数 $\mu_{\underset{\sim}{\boldsymbol{R}}}(x,y)$ 完全刻画，函数值代表序偶 (x,y) 具有关系 $\underset{\sim}{\boldsymbol{R}}$ 的程度。模糊关系也是模糊集合，可用模糊集合的表示方法来表达。

一般来说，只要给出直积空间 $\underset{\sim}{\boldsymbol{A}}\times\underset{\sim}{\boldsymbol{B}}$ 中模糊关系 $\underset{\sim}{\boldsymbol{R}}$ 的隶属函数 $\mu_{\underset{\sim}{\boldsymbol{R}}}(x,y)$，集合 $\underset{\sim}{\boldsymbol{A}}$ 到 $\underset{\sim}{\boldsymbol{B}}$ 的模糊关系 $\underset{\sim}{\boldsymbol{R}}$ 就确定了。若 $\underset{\sim}{\boldsymbol{A}}$ 与 $\underset{\sim}{\boldsymbol{B}}$ 之间有模糊关系，记作 $\underset{\sim}{\boldsymbol{A}}\to\underset{\sim}{\boldsymbol{B}}$。这里主要介绍比较常用的扎德和曼达尼对模糊关系的定义及其隶属度的计算方法。

(1) Zadeh 模糊关系 $\underset{\sim}{\boldsymbol{R}}$ 的定义：

$$
\underset{\sim}{\boldsymbol{R}}=\underset{\sim}{\boldsymbol{A}}\to\underset{\sim}{\boldsymbol{B}}\overset{\text{def}}{=}(\underset{\sim}{\boldsymbol{A}}\times\underset{\sim}{\boldsymbol{B}})\cup(\overline{\underset{\sim}{\boldsymbol{A}}}\times\underset{\sim}{\boldsymbol{C}}) \tag{7-153}
$$

式中，$\underset{\sim}{C}$ 为模糊决策的输出量模糊集。隶属函数为

$$\mu_{\underset{\sim}{A}\to\underset{\sim}{B}}(x,y)\overset{\text{def}}{=}[\mu_{\underset{\sim}{A}}(x)\wedge\mu_{\underset{\sim}{B}}(y)]\vee[1-\mu_{\underset{\sim}{A}}(x)] \tag{7-154}$$

(2) Mamdani 模糊关系 $\underset{\sim}{R}$ 的定义：

$$\underset{\sim}{R}=\underset{\sim}{A}\to\underset{\sim}{B}\overset{\text{def}}{=}\underset{\sim}{A}\times\underset{\sim}{B} \tag{7-155}$$

隶属函数为

$$\mu_{\underset{\sim}{A}\to\underset{\sim}{B}}(x,y)\overset{\text{def}}{=}\mu_{\underset{\sim}{A}}(x)\wedge\mu_{\underset{\sim}{B}}(y) \tag{7-156}$$

2) 模糊矩阵

设 $\underset{\sim}{A}=\{x_i\,|\,i=1,2,\cdots,m\}$，$\underset{\sim}{B}=\{y_j\,|\,j=1,2,\cdots,n\}$ 是有限集合，则 $\underset{\sim}{A}\times\underset{\sim}{B}$ 的模糊关系 $\underset{\sim}{R}$ 可用下列 $m\times n$ 阶矩阵表示为

$$\underset{\sim}{R}=[r_{ij}]_{m\times n}=\begin{bmatrix} r_{11} & r_{12} & \cdots & r_{1n} \\ r_{21} & r_{22} & \cdots & r_{2n} \\ \vdots & \vdots & & \vdots \\ r_{m1} & r_{m2} & \cdots & r_{mn} \end{bmatrix} \tag{7-157}$$

式中，$r_{ij}=\mu_{\underset{\sim}{R}}(x_i,y_j)$ 在[0, 1]中取值。该矩阵称为模糊矩阵。

3) 模糊矩阵的基本计算

对于 $\underset{\sim}{A}=[a_{ij}]_{m\times n}$，$\underset{\sim}{B}=[b_{ij}]_{m\times n}$，$\underset{\sim}{C}=[c_{ij}]_{m\times n}$，模糊矩阵的交、并、补及乘法运算如下。

(1) 模糊矩阵的交：$\underset{\sim}{C}=\underset{\sim}{A}\cap\underset{\sim}{B}$，$c_{ij}=\min[a_{ij},b_{ij}]=a_{ij}\wedge b_{ij}$。

(2) 模糊矩阵的并：$\underset{\sim}{C}=\underset{\sim}{A}\cup\underset{\sim}{B}$，$c_{ij}=\max[a_{ij},b_{ij}]=a_{ij}\vee b_{ij}$。

(3) 模糊矩阵的补：$\overline{\underset{\sim}{A}}=[1-a_{ij}]_{m\times n}$。

(4) 模糊矩阵的乘法运算也称为最大-最小合成(Max-Min Composition)，在模糊控制中有很重要的应用。用合成算子∘代表两个模糊矩阵的相乘，则 $\underset{\sim}{C}=\underset{\sim}{A}\circ\underset{\sim}{B}$，$c_{ij}=\max\{\min[a_{ik},b_{kj}]\}=\vee[a_{ik}\wedge b_{kj}]$。

需要注意的是，模糊矩阵的乘法与普通矩阵不同，其并非两项相乘后再相加，而是先取小(min)，再取大(max)。

例 7-7　设论域 X 为家庭中的儿子和女儿，Y 为家庭中的父亲和母亲。对于“子女与父母长得相似”的模糊关系，可用模糊矩阵 $\underset{\sim}{A}$ 表示。若已知父母与祖父母相似关系的模糊矩阵为 $\underset{\sim}{B}$，求子女与祖父母的相似关系模糊矩阵 $\underset{\sim}{S}=\underset{\sim}{A}\circ\underset{\sim}{B}$。

$$\begin{array}{cc} & \text{父}\quad\text{母} \\ \underset{\sim}{A}= \begin{array}{c}\text{子}\\ \text{女}\end{array} \!\!\!\!& \begin{bmatrix} 0.8 & 0.3 \\ 0.3 & 0.6 \end{bmatrix}\end{array},\quad \begin{array}{cc} & \text{祖父}\ \text{祖母} \\ \underset{\sim}{B}= \begin{array}{c}\text{父}\\ \text{母}\end{array} \!\!\!\!& \begin{bmatrix} 0.7 & 0.5 \\ 0.1 & 0.1 \end{bmatrix}\end{array}$$

解：

$$\underset{\sim}{S}=\begin{bmatrix} 0.8 & 0.3 \\ 0.3 & 0.6 \end{bmatrix}\circ\begin{bmatrix} 0.7 & 0.5 \\ 0.1 & 0.1 \end{bmatrix}=\begin{bmatrix} (0.8\wedge0.7)\vee(0.3\wedge0.1) & (0.8\wedge0.5)\vee(0.3\wedge0.1) \\ (0.3\wedge0.7)\vee(0.6\wedge0.1) & (0.3\wedge0.5)\vee(0.6\wedge0.1) \end{bmatrix}$$

$$
=\begin{bmatrix} 0.7\vee 0.1 & 0.5\vee 0.1 \\ 0.3\vee 0.1 & 0.3\vee 0.1 \end{bmatrix} = \begin{matrix} \\ \text{子} \\ \text{女} \end{matrix} \begin{matrix} \text{祖父} & \text{祖母} \\ \begin{bmatrix} 0.7 & 0.5 \\ 0.3 & 0.3 \end{bmatrix} \end{matrix}
$$

6. 模糊逻辑与推理规则

1) 模糊推理规则

在模糊控制中，模糊控制规则实质上是模糊蕴含关系，简称模糊关系。

在模糊逻辑与推理中，有两种重要的模糊推理规则：广义取式(Generalize Modus Ponens，GMP)推理(肯定前提)；广义拒式(Generalize Modus Tollens，GMT)推理(肯定结论)。两者都是通常所说的"三段论"。

GMP 推理规则：

前提 1：如果 x 是 $\underset{\sim}{A}$，则 y 是 $\underset{\sim}{B}$ (知识)

前提 2：x 是 $\underset{\sim}{A}_1$　　(事实)

结论：y 是 $\underset{\sim}{B}_1$

GMT 推理规则：

前提 1：如果 x 是 $\underset{\sim}{A}$，则 y 是 $\underset{\sim}{B}$ (知识)

前提 2：y 是 $\underset{\sim}{B}_1$　　(事实)

结论：x 是 $\underset{\sim}{A}_1$

其中，x 是论域 $\boldsymbol{X}$ 中的语言变量，表征 $\boldsymbol{X}$ 中的模糊集合 $\underset{\sim}{A}$、$\underset{\sim}{A}_1$；而 y 是论域 $\boldsymbol{Y}$ 中的语言变量，表征 $\boldsymbol{Y}$ 中的模糊集合 $\underset{\sim}{B}$、$\underset{\sim}{B}_1$。若已知规则的前提求结论，就是 GMP 推理；若已知规则的结论求前提，则是 GMT 推理。

根据推理前提语句的连接关系，模糊关系也可表达成不同形式的逻辑运算：①连词"和(and)"：若在前提 1 中有多个"and"将所有模糊命题连接在一起，则"x 是 $\underset{\sim}{A}$ and y 是 $\underset{\sim}{B}$"可以看成直积空间 $\boldsymbol{X}\times\boldsymbol{Y}$ 上的模糊集合，记为 $\underset{\sim}{A}\times\underset{\sim}{B}\to\underset{\sim}{C}$；②连词"否则(else)"：命题"如果 x 是 $\underset{\sim}{A}$，则 y 是 $\underset{\sim}{B}$，else y 是 $\underset{\sim}{C}$"等价为"如果 x 是 $\underset{\sim}{A}$，则 y 是 $\underset{\sim}{B}$，如果 x 是非 $\underset{\sim}{A}$，则 y 是 $\underset{\sim}{C}$"，这时的模糊关系可记作 $(\underset{\sim}{A}\to\underset{\sim}{B})\cup(\bar{\underset{\sim}{A}}\to\underset{\sim}{C})$；③连词"也(also)"：若连接多个相同形式模糊子句的连词是"also"，表示没有先后次序并能任意交换和结合，因此求并和求交均能满足这样的要求，例如，命题"如果 x 是 $\underset{\sim}{A}$ also $\underset{\sim}{B}$，则 y 是 $\underset{\sim}{C}$"的模糊关系可记作 $(\underset{\sim}{A}\cup\underset{\sim}{B})\to\underset{\sim}{C}=(\underset{\sim}{A}\cup\underset{\sim}{B})\times\underset{\sim}{C}$ 或 $(\underset{\sim}{A}\cap\underset{\sim}{B})\to\underset{\sim}{C}=(\underset{\sim}{A}\cap\underset{\sim}{B})\times\underset{\sim}{C}$。

2) 假言推理

把根据前提 1 和前提 2 得到结论的推理方法称为假言推理或似然推理。模糊关系的合成运算实质上就是采用最大-最小合成方法进行推理。

(1) Zadeh 方法。GMP 推理规则可表达为

$$
\underset{\sim}{B}_1=\underset{\sim}{A}_1\circ\underset{\sim}{R} \tag{7-158}
$$

其中，$\underset{\sim}{R}$ 相当于模糊变换器。式(7-158)隶属函数运算式为

$$
\begin{aligned}
\mu_{\underset{\sim}{B}_1}(x,y)&=\sup_{x\in X}\{\mu_{\underset{\sim}{A}_1}(x)\wedge[(\mu_{\underset{\sim}{A}}(x)\wedge\mu_{\underset{\sim}{B}}(y))\vee(1-\mu_{\underset{\sim}{A}}(x))]\}\\
&=\bigvee_{x\in X}\{\mu_{\underset{\sim}{A}_1}(x)\wedge[(\mu_{\underset{\sim}{A}}(x)\wedge\mu_{\underset{\sim}{B}}(y))\vee(1-\mu_{\underset{\sim}{A}}(x))]\}
\end{aligned} \tag{7-159}
$$

式中，sup 表示于对后面算式结果，当 x 在 $\boldsymbol{X}$ 中变化时，取其上确界。若 $\boldsymbol{X}$ 为有限论域，sup 就是取大运算 $\vee$。

GMT 推理规则可表达为

$$
\underset{\sim}{A}_1=\underset{\sim}{R}\circ\underset{\sim}{B}_1 \tag{7-160}
$$

其隶属函数运算式为

$$\mu_{\underset{\sim}{A}_1}(x,y)=\bigvee_{x\in X}\{[(\mu_{\underset{\sim}{A}}(x)\wedge\mu_{\underset{\sim}{B}}(y))\vee(1-\mu_{\underset{\sim}{A}}(x))]\wedge\mu_{\underset{\sim}{B}_1}(x)\} \tag{7-161}$$

例 7-8 设论域$\boldsymbol{X}=\boldsymbol{Y}=\{1,2,3,4,5\}$，$\boldsymbol{X}$、$\boldsymbol{Y}$ 上的模糊子集{小}、{大}和{较小}分别给定如下：

$$\underset{\sim}{A}=\{小\}=\frac{1}{1}+\frac{0.5}{2}+\frac{0}{3}+\frac{0}{4}+\frac{0}{5},\quad \underset{\sim}{B}=\{大\}=\frac{0}{1}+\frac{0}{2}+\frac{0}{3}+\frac{0.5}{4}+\frac{1}{5}$$

$$\underset{\sim}{A}_1=\{较小\}=\frac{1}{1}+\frac{0.5}{2}+\frac{0.2}{3}+\frac{0}{4}+\frac{0}{5}$$

若 x 小，则 y 大。如果 x 较小，试确定 y 的大小。

解：由 Zadeh 模糊关系的定义(式(7-153))，得

$$\underset{\sim}{R}=\underset{\sim}{A}\to\underset{\sim}{B}=\{若x小，则y大\}(x,y)=\begin{bmatrix}0&0&0&0.5&1\\0.5&0.5&0.5&0.5&0.5\\1&1&1&1&1\\1&1&1&1&1\\1&1&1&1&1\end{bmatrix}$$

矩阵中各元素的值是按隶属函数(式(7-154))算出来的。例如，计算第二行第四列中的元素(0.5)时，$x=2$，$y=4$，$\mu_{小(2)}=\underset{\sim}{A}(2)=0.5$，$\mu_{大(4)}=\underset{\sim}{B}(4)=0.5$，$\mu_{小\to大(2,4)}=[\mu_{小(2)}\wedge\mu_{大(4)}]\vee[1-\mu_{小(2)}]=[0.5\wedge0.5]\vee[1-0.5]=0.5$。

由给定的小前提{x 较小}，按 Zadeh 方法(式(7-158)和式(7-159))，可以合成运算出 y 的大小为

$$\begin{aligned}\underset{\sim}{B}_1(y)&=\{x较小\}\circ\{若x小，则y大\}(x,y)=\underset{\sim}{A}_1(x)\circ\underset{\sim}{R}\\&=\{1,0.5,0.2,0,0\}\circ\begin{bmatrix}0&0&0&0.5&1\\0.5&0.5&0.5&0.5&0.5\\1&1&1&1&1\\1&1&1&1&1\\1&1&1&1&1\end{bmatrix}\\&=\{0.5,0.5,0.5,0.5,1\}=\frac{0.5}{1}+\frac{0.5}{2}+\frac{0.5}{3}+\frac{0.5}{4}+\frac{1}{5}\end{aligned}$$

因此，与$\underset{\sim}{B}=\{大\}$相比，显然 y 比较大(比 $\underset{\sim}{B}$ 大)。

(2) Mamdani 方法。模糊控制中用得最多的是 Mamdani 方法，此时的 GMP 推理规则表达同式(7-158)，其隶属函数运算式为

$$\mu_{\underset{\sim}{B}_1}(x,y)=\sup_{x\in X}\{\mu_{\underset{\sim}{A}_1}(x)\wedge[\mu_{\underset{\sim}{A}}(x)\wedge\mu_{\underset{\sim}{B}}(y)]\}=\bigvee_{x\in X}\{\mu_{\underset{\sim}{A}_1}(x)\wedge\mu_{\underset{\sim}{A}}(x)\}\wedge\mu_{\underset{\sim}{B}}(y) \tag{7-162}$$

GMT 推理规则表达同式(7-160)，其隶属函数运算式为

$$\mu_{\underset{\sim}{A}_1}(x,y)=\sup_{x\in X}\{[\mu_{\underset{\sim}{A}}(x)\wedge\mu_{\underset{\sim}{B}}(y)]\wedge\mu_{\underset{\sim}{B}_1}(x)\}=\bigvee_{x\in X}\{\mu_{\underset{\sim}{A}}(x)\wedge\mu_{\underset{\sim}{A}}(x)\}\wedge\mu_{\underset{\sim}{B}_1}(y) \tag{7-163}$$

例 7-9　设论域 $\boldsymbol{T}$(温度) = {0, 20, 40, 60, 80, 100}(℃)和 $\boldsymbol{P}$(压力) = {1, 2, 3, 4, 5, 6, 7}(Pa)，它们的模糊子集分别为

$$\underset{\sim}{A}=\{温度高\}=\frac{0}{0}+\frac{0.1}{20}+\frac{0.3}{40}+\frac{0.6}{60}+\frac{0.85}{80}+\frac{1}{100}$$

$$\underset{\sim}{B}=\{压力大\}=\frac{0}{1}+\frac{0.1}{2}+\frac{0.3}{3}+\frac{0.5}{4}+\frac{0.7}{5}+\frac{0.85}{6}+\frac{1}{7}$$

$$\underset{\sim}{A}_1=\{温度较高\}=\frac{0.1}{0}+\frac{0.15}{20}+\frac{0.4}{40}+\frac{0.75}{60}+\frac{1}{80}+\frac{0.85}{100}$$

现在的条件是“若温度(x)高，则压力(y)大”。已知“温度(x)较高”，试问压力(y)如何？请通过 Mamdani 方法得出结论。

解：由 Mamdani 模糊关系隶属函数的定义(式(7-156))，得

$$\boldsymbol{\mu}_{\underset{\sim}{A}\to\underset{\sim}{B}}(x,y)\overset{\text{def}}{=}\boldsymbol{\mu}_{\underset{\sim}{A}}(x)\wedge\boldsymbol{\mu}_{\underset{\sim}{B}}(y)$$

$$=\begin{bmatrix}0\wedge0 & 0\wedge0.1 & 0\wedge0.3 & 0\wedge0.5 & 0\wedge0.7 & 0\wedge0.85 & 0\wedge1\\0.1\wedge0 & 0.1\wedge0.1 & 0.1\wedge0.3 & 0.1\wedge0.5 & 0.1\wedge0.7 & 0.1\wedge0.85 & 0.1\wedge1\\0.3\wedge0 & 0.3\wedge0.1 & 0.3\wedge0.3 & 0.3\wedge0.5 & 0.3\wedge0.7 & 0.3\wedge0.85 & 0.3\wedge1\\0.6\wedge0 & 0.6\wedge0.1 & 0.6\wedge0.3 & 0.6\wedge0.5 & 0.6\wedge0.7 & 0.6\wedge0.85 & 0.6\wedge1\\0.85\wedge0 & 0.85\wedge0.1 & 0.85\wedge0.3 & 0.85\wedge0.5 & 0.85\wedge0.7 & 0.85\wedge0.85 & 0.85\wedge1\\1\wedge0 & 1\wedge0.1 & 1\wedge0.3 & 1\wedge0.5 & 1\wedge0.7 & 1\wedge0.85 & 1\wedge1\end{bmatrix}$$

$$=\begin{bmatrix}0&0&0&0&0&0&0\\0&0.1&0.1&0.1&0.1&0.1&0.1\\0&0.1&0.3&0.3&0.3&0.3&0.3\\0&0.1&0.3&0.5&0.6&0.6&0.6\\0&0.1&0.3&0.5&0.7&0.85&0.85\\0&0.1&0.3&0.5&0.7&0.85&1\end{bmatrix}$$

再根据 Mamdani 的 GMP 推理算式(7-158)，得

$$\underset{\sim}{B}_1(y)=\underset{\sim}{A}_1(x)\circ\underset{\sim}{R}$$

$$=\{0.1,0.15,0.4,0.75,1,0.85\}\circ\begin{bmatrix}0&0&0&0&0&0&0\\0&0.1&0.1&0.1&0.1&0.1&0.1\\0&0.1&0.3&0.3&0.3&0.3&0.3\\0&0.1&0.3&0.5&0.6&0.6&0.6\\0&0.1&0.3&0.5&0.7&0.85&0.85\\0&0.1&0.3&0.5&0.7&0.85&1\end{bmatrix}$$

$$=\{0,0.1,0.3,0.5,0.7,0.85,0.85\}=\frac{0}{1}+\frac{0.1}{2}+\frac{0.3}{3}+\frac{0.5}{4}+\frac{0.7}{5}+\frac{0.85}{6}+\frac{0.85}{7}$$

对比“压力大”的模糊集合 $\underset{\sim}{B}$，可看出 $\underset{\sim}{B}_1$ 相当于“压力较大”。用模糊语言变量 y 来表达，推理结论就是“压力较大”。

3) 模糊条件推理

一般称“若 $\underset{\sim}{A}$ 则 $\underset{\sim}{B}$ ，否则 $\underset{\sim}{C}$ (If $\underset{\sim}{A}$ then $\underset{\sim}{B}$ else $\underset{\sim}{C}$)”语句为模糊条件语句，其逻辑推理结构可以用图 7-29 表示。图 7-29 中，$\underset{\sim}{A}$ 是论域 X 上的子集，$\underset{\sim}{B}$ 、$\underset{\sim}{C}$ 是论域 Y 上的子集，阴影部分就表示为 $(\underset{\sim}{A}\to\underset{\sim}{B})\cup(\overline{\underset{\sim}{A}}\to\underset{\sim}{C})$ 。

设模糊关系 $\underset{\sim}{R}$ 是 $X\times Y$ 的子集，则采用 Mandani 方法的 GMP 推理规则可以表达为

$$\underset{\sim}{B}_1=\underset{\sim}{A}_1\circ\underset{\sim}{R}=\underset{\sim}{A}_1\circ[(\underset{\sim}{A}\to\underset{\sim}{B})\vee(\overline{\underset{\sim}{A}}\to\underset{\sim}{C})] \tag{7-164}$$

或

$$\underset{\sim}{B}_1=\underset{\sim}{A}_1\circ\underset{\sim}{R}=\underset{\sim}{A}_1\circ(\underset{\sim}{A}\times\underset{\sim}{B})\cup(\overline{\underset{\sim}{A}}\times\underset{\sim}{C}) \tag{7-165}$$

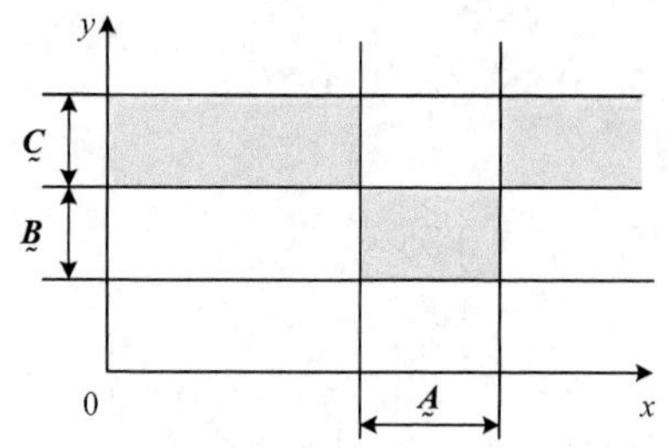

图 7-29　模糊条件语句的逻辑推理结构

式(7-164)中模糊关系 $\underset{\sim}{R}$ 表达式中的各元素可通过如下隶属函数求出：

$$\mu_{\underset{\sim}{A}\to\underset{\sim}{B}}(x,y)\overset{\text{def}}{=}\mu[(\underset{\sim}{A}\to\underset{\sim}{B})\vee(\overline{\underset{\sim}{A}}\to\underset{\sim}{C})](x,y)=[\mu_{\underset{\sim}{A}}(x)\wedge\mu_{\underset{\sim}{B}}(y)]\vee[(1-\mu_{\underset{\sim}{A}}(x))\wedge\mu_{\underset{\sim}{C}}(y)] \tag{7-166}$$

同理，GMT 推理规则可以这样来表达：

$$\underset{\sim}{A}_1=(\underset{\sim}{A}\times\underset{\sim}{B})\cup(\overline{\underset{\sim}{A}}\times\underset{\sim}{C})\circ\underset{\sim}{B}_1 \tag{7-167}$$

例 7-10　某电热烘干炉依靠人工连续调节外电压，以克服各种干扰来达到恒温烘干的目的。操作工人的经验是“如果炉温低，则外加电压高，否则电压不太高”。如果炉温很低，试确定外加电压应该如何调节？

假设论域 $\boldsymbol{T}$(温度) = $\boldsymbol{P}$(压力) = {1,2,3,4,5} 上给出的模糊子集分别为

$$\underset{\sim}{A}=[\text{低}]=\frac{1}{1}+\frac{0.8}{2}+\frac{0.6}{3}+\frac{0.4}{4}+\frac{0.2}{5}$$

$$\underset{\sim}{B}=[\text{高}]=\frac{0.2}{1}+\frac{0.4}{2}+\frac{0.6}{3}+\frac{0.8}{4}+\frac{1}{5}$$

$$\underset{\sim}{C}=[\text{不很高}]=\frac{0.96}{1}+\frac{0.84}{2}+\frac{0.64}{3}+\frac{0.36}{4}+\frac{0}{5}$$

$$\underset{\sim}{A}_1=[\text{很低}]=\frac{1}{1}+\frac{0.64}{2}+\frac{0.36}{3}+\frac{0.16}{4}+\frac{0.04}{5}$$

设 x 表示炉温，y 表示电压。上述问题可描述为“若 x 低则 y 高，否则不很高”。试问：如果 x 很低，y 如何？

解：为了便于计算，将模糊子集写成向量形式。根据式(7-166)，模糊条件语句的模糊矩阵可写为

$$\begin{aligned}\underset{\sim}{R}&=\underset{\sim}{A}\to\underset{\sim}{B}(x,y)=[\text{若}x\text{低，则}y\text{高，否则}y\text{不太高}]\\&=(\underset{\sim}{A}\times\underset{\sim}{B})\cup(\overline{\underset{\sim}{A}}\times\underset{\sim}{C})=\{1,0.8,0.6,0.4,0.2\}\times\{0.2,0.4,0.6,0.8,1\}\\&\quad+\{0,0.2,0.4,0.6,0.8\}\times\{0.96,0.84,0.64,0.36,0\}\\&=\{1,0.8,0.6,0.4,0.2\}^{\mathrm{T}}\circ\{0.2,0.4,0.6,0.8,1\}\\&\quad+\{0,0.2,0.4,0.6,0.8\}^{\mathrm{T}}\circ\{0.96,0.84,0.64,0.36,0\}\end{aligned}$$

$$
=\begin{bmatrix} 0.2 & 0.4 & 0.6 & 0.8 & 1 \\ 0.2 & 0.4 & 0.6 & 0.8 & 0.8 \\ 0.2 & 0.4 & 0.6 & 0.6 & 0.6 \\ 0.2 & 0.4 & 0.4 & 0.4 & 0.4 \\ 0.2 & 0.2 & 0.2 & 0.2 & 0.2 \end{bmatrix} + \begin{bmatrix} 0 & 0 & 0 & 0 & 0 \\ 0.2 & 0.2 & 0.2 & 0.2 & 0 \\ 0.4 & 0.4 & 0.4 & 0.36 & 0 \\ 0.6 & 0.6 & 0.6 & 0.36 & 0 \\ 0.8 & 0.8 & 0.64 & 0.36 & 0 \end{bmatrix}
$$

$$
=\begin{bmatrix} 0.2 & 0.4 & 0.6 & 0.8 & 1 \\ 0.2 & 0.4 & 0.6 & 0.8 & 0.8 \\ 0.4 & 0.4 & 0.6 & 0.6 & 0.6 \\ 0.6 & 0.6 & 0.6 & 0.4 & 0.4 \\ 0.8 & 0.8 & 0.64 & 0.36 & 0.2 \end{bmatrix}
$$

根据模糊条件推理的合成规则(式(7-165))，得

$$
\underset{\sim}{\boldsymbol{B}}_1(y) = \underset{\sim}{\boldsymbol{A}}_1(x) \circ \underset{\sim}{\boldsymbol{R}} = \{1, 0.64, 0.36, 0.16, 0.04\} \circ \begin{bmatrix} 0.2 & 0.4 & 0.6 & 0.8 & 1 \\ 0.2 & 0.4 & 0.6 & 0.8 & 0.8 \\ 0.4 & 0.4 & 0.6 & 0.6 & 0.6 \\ 0.6 & 0.6 & 0.6 & 0.4 & 0.4 \\ 0.8 & 0.8 & 0.64 & 0.36 & 0.2 \end{bmatrix}
$$

$$
= \{0.36, 0.4, 0.6, 0.8, 1\} = \frac{0.36}{1} + \frac{0.4}{2} + \frac{0.6}{3} + \frac{0.8}{4} + \frac{1}{5}
$$

计算结果表明：y 和高的模糊子集差不多，因此可以说“近似于高”。

模糊推理的输出结果是一个模糊集合，还需要精确化为一个确定的数值才能作用到被控对象上，将在后续章节详细介绍，这里不做赘述。

7.5.3　模糊控制的原理

微课视频

1. 模糊控制系统的组成

模糊逻辑控制(Fuzzy Logic Control，FLC)简称模糊控制，具有计算机控制系统的一般结构形式，如图 7-30 所示。它由五个部分组成，即模糊控制器、A/D 和 D/A 模块、执行机构、测量装置以及被控对象。

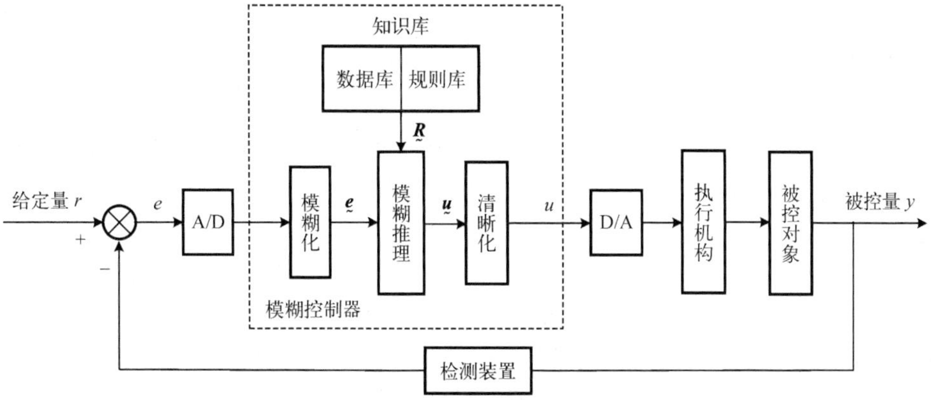

图 7-30　模糊控制系统的组成

图 7-30 中，模糊控制器主要包括模糊化、知识库(含数据库和规则库)、模糊推理、清晰化四个模块。

模糊控制系统的主要工作步骤如下。

(1) 根据当前采样得到被控参数与给定量的偏差 e，并将其经 A/D 模块处理后作为模糊控制器的输入；

(2) 将输入变量 e 的精确量转化为模糊量 $\underset{\sim}{\boldsymbol{e}}$；

(3) 根据模糊量 $\underset{\sim}{\boldsymbol{e}}$ 及知识库输出的模糊关系 $\underset{\sim}{\boldsymbol{R}}$，按模糊推理规则合成计算出控制量 $\underset{\sim}{u}$ (模糊量)；

(4) 将经清晰化得到的精确控制量 u 通过 D/A 模块输出到执行机构上。

2. 模糊控制器的组成

1) 模糊化

把输入通道采样得到的精确量变成模糊推理需要的模糊量的工作由模糊化模块完成，具体可按模糊化等级进行模糊化。

一般将模糊控制器的输入和输出参数的实际变化范围称为基本论域，显然基本论域内的量为精确量。若模糊控制器基本论域为[a, b]，模糊子集论域为[−6, 6]，则从基本论域到模糊子集论域的变换可采用如下公式：

$$y = \text{int}\left[\frac{12}{b-a}\left(x-\frac{a+b}{2}\right)\right] \tag{7-168}$$

式中，x 为基本论域的连续量；y 为模糊子集论域的离散量；int 表示经过运算对 y 值取整。

取模糊化为 7 级，即将[a, b]内连续变化的量按式(7-168)离散化并“取整”处理后，相应的模糊变量用模糊语言表示如下：

在−6 附近称为负大，记为 NL；

在−4 附近称为负中，记为 NM；

在−2 附近称为负小，记为 NS；

在 0 附近称为适中，记为 ZE；

在 2 附近称为正小，记为 PS；

在 4 附近称为正中，记为 PM；

在 6 附近称为正大，记为 PL。

因此，对于模糊变量 y，其模糊子集为 $\boldsymbol{T}(y)$ = {NL, NM, NS, ZE, PS, PM, PL}。模糊子集各个语言变量与论域中不同等级数值间的隶属关系可用表 7-1 表示。

2) 知识库

知识库由数据库和规则库两部分组成。模糊控制器的输入、输出变量经模糊化处理后，其全部模糊子集的隶属度矢量值或隶属度函数(若论域为连续域)存放于数据库中，如表 7-1 所示的数据。

规则库为模糊推理提供基于专家知识或手动操作经验的控制规则。模糊规则通常由一系列关系词连接而成，如 if-then、else、also、and、or 等，关系词必须经过“翻译”才能将模糊规则数值化。例如，某模糊控制器的输入变量为偏差 e 和偏差变化 ec，输出变量为 u，其相应的语言变量为 $\boldsymbol{E}$、$\boldsymbol{EC}$ 和 $\boldsymbol{U}$。对于控制变量 $\boldsymbol{U}$，给出下述一组模糊规则：

R_1：if $\boldsymbol{E}$ is NL or NM and $\boldsymbol{EC}$ is NL or NM then $\boldsymbol{U}$ is PL

R_2：if $\boldsymbol{E}$ is NL or NM and $\boldsymbol{EC}$ is NM or NS then $\boldsymbol{U}$ is PL

R_3：if $\boldsymbol{E}$ is NL or NM and $\boldsymbol{EC}$ is NS then $\boldsymbol{U}$ is PM

R_4：if $\boldsymbol{E}$ is NL or NM and $\boldsymbol{EC}$ is ZE then $\boldsymbol{U}$ is PM

R_5：if $\boldsymbol{E}$ is NM and $\boldsymbol{EC}$ is NL then $\boldsymbol{U}$ is PL

R_6：if $\boldsymbol{E}$ is NM and $\boldsymbol{EC}$ is NM then $\boldsymbol{U}$ is PL

R_7：if $\boldsymbol{E}$ is NM and $\boldsymbol{EC}$ is NS then $\boldsymbol{U}$ is PM

R_8：if $\boldsymbol{E}$ is NM and $\boldsymbol{EC}$ is ZE then $\boldsymbol{U}$ is PM

R_9：if $\boldsymbol{E}$ is NS and $\boldsymbol{EC}$ is NL or NM then $\boldsymbol{U}$ is PL

R_{10}：if $\boldsymbol{E}$ is NS and $\boldsymbol{EC}$ is NM then $\boldsymbol{U}$ is PL

R_{11}：if $\boldsymbol{E}$ is NS and $\boldsymbol{EC}$ is NS or ZE then $\boldsymbol{U}$ is PM

R_{12}：if $\boldsymbol{E}$ is NS and $\boldsymbol{EC}$ is ZE then U is PS

R_{13}：if $\boldsymbol{E}$ is ZE and $\boldsymbol{EC}$ is NL or NM then $\boldsymbol{U}$ is PM

R_{14}：if $\boldsymbol{E}$ is ZE and $\boldsymbol{EC}$ is NM then $\boldsymbol{U}$ is PM

R_{15}：if $\boldsymbol{E}$ is ZE and $\boldsymbol{EC}$ is NS then $\boldsymbol{U}$ is PS

R_{16}：if $\boldsymbol{E}$ is ZE and $\boldsymbol{EC}$ is ZE then $\boldsymbol{U}$ is ZE

“if…or/and…then…”形式的模糊规则正是 7.5.2 节提到的 GMP 推理规则。该规则基本总结了众多被控对象手动操作过程中可能出现的情况和相应的控制策略，如锅炉压力与加热的关系、汽轮机转速与阀门开度的关系、飞机和轮船的航向与舵的关系、卫星的姿态与作用力的关系等。

表 7-1　模糊变量 y 不同等级的隶属度

模糊子集	等级												
	−6	−5	−4	−3	−2	−1	0	1	2	3	4	5	6
PL	0	0	0	0	0	0	0	0	0.2	0.4	0.7	0.8	1
PM	0	0	0	0	0	0	0	0	0.2	0.7	1	0.7	0.2
PS	0	0	0	0	0	0	0.3	0.8	1	0.7	0.5	0.2	0
ZE	0	0	0	0	0.1	0.6	1	0.6	0.1	0	0	0	0
NS	0	0.2	0.5	0.7	1	0.8	0.3	0	0	0	0	0	0
NM	0.2	0.7	1	0.7	0.2	0	0	0	0	0	0	0	0
NL	1	0.8	0.7	0.4	0.2	0	0	0	0	0	0	0	0

3) 模糊推理

在模糊控制器中，根据输入模糊量和知识库(数据库、规则库)完成模糊推理，并求解模糊关系方程，从而获得模糊控制量的功能部分。比如，在图 7-30 中，模糊推理的输入/输出关系为 $\underset{\sim}{\boldsymbol{u}}=\underset{\sim}{\boldsymbol{e}}\circ\underset{\sim}{\boldsymbol{R}}$。由此可见，确定一个控制系统的模糊规则需要首先求得模糊关系 $\underset{\sim}{R}$，而模糊关系 $\underset{\sim}{\boldsymbol{R}}$ 的求得又取决于控制的模糊语言。因此，模糊规则的模糊推理(决策)过程也就是模糊关系的合成运算过程，来源于人们在控制生产过程中的经验总结。

模糊控制中用得最多的是曼达尼模糊关系表达式(7-155)及 Mamdani 方法的假言推理和模糊条件推理方法。

对于单输入单输出控制系统的控制决策，一般可用“若 $\underset{\sim}{\boldsymbol{A}}$ 则 $\underset{\sim}{\boldsymbol{B}}$ (If $\underset{\sim}{\boldsymbol{A}}$ then $\underset{\sim}{\boldsymbol{B}}$)”语言来描述，如“若水位偏低，则开大阀门”。若输入为 $\underset{\sim}{\boldsymbol{A}}_1$，根据式(7-162)GMP 假言推理，可得输出为

$$\underset{\sim}{\boldsymbol{B}}_1=\underset{\sim}{\boldsymbol{A}}_1\circ\underset{\sim}{\boldsymbol{R}}=\underset{\sim}{\boldsymbol{A}}_1\circ(\underset{\sim}{\boldsymbol{A}}\times\underset{\sim}{\boldsymbol{B}})$$

若模糊条件语句为“若 $\underset{\sim}{\boldsymbol{A}}$，则 $\underset{\sim}{\boldsymbol{B}}$，否则 $\underset{\sim}{\boldsymbol{C}}$ (If $\underset{\sim}{\boldsymbol{A}}$ then $\underset{\sim}{\boldsymbol{B}}$ else $\underset{\sim}{\boldsymbol{C}}$)”，则根据式(7-165)的 GMP 模糊条件推理，输出为

$$\underset{\sim}{\boldsymbol{B}}_1=\underset{\sim}{\boldsymbol{A}}_1\circ\underset{\sim}{\boldsymbol{R}}=\underset{\sim}{\boldsymbol{A}}_1\circ(\underset{\sim}{\boldsymbol{A}}\times\underset{\sim}{\boldsymbol{B}})\cup(\overline{\underset{\sim}{\boldsymbol{A}}}\times\underset{\sim}{\boldsymbol{C}})$$

同理，对于两输入单输出控制系统的控制决策，一般可用“若 $\underset{\sim}{\boldsymbol{A}}$ 且 $\underset{\sim}{\boldsymbol{B}}$，则 $\underset{\sim}{\boldsymbol{C}}$ (If $\underset{\sim}{\boldsymbol{A}}$ and $\underset{\sim}{\boldsymbol{B}}$ then $\underset{\sim}{\boldsymbol{C}}$)”型控制语言来描述，对应的控制策略如“若水位偏低且继续快速下降，则将阀门开到最大”。若输入为 $\underset{\sim}{\boldsymbol{A}}_1$、$\underset{\sim}{\boldsymbol{B}}_1$，输出为

$$\underset{\sim}{\boldsymbol{C}}_1=(\underset{\sim}{\boldsymbol{A}}_1\times\underset{\sim}{\boldsymbol{B}}_1)\circ\underset{\sim}{\boldsymbol{R}}=(\underset{\sim}{\boldsymbol{A}}_1\times\underset{\sim}{\boldsymbol{B}}_1)\circ(\underset{\sim}{\boldsymbol{A}}\times\underset{\sim}{\boldsymbol{B}}\times\underset{\sim}{\boldsymbol{C}})$$

在模糊控制中，模糊条件语句的条件对应于模糊控制器的输入，语句则对应于输出。每一条模糊条件语句对应一种控制策略。

4) 清晰化

由于被控对象只能接收精确的控制量，因此必须将模糊推理输出的模糊量经过清晰化求得最能反映控制量的真实分布，即转换成精确量，才能用于控制。这一过程称为模糊判决或去模糊化。

7.5.4　模糊控制器的设计

微课视频

模糊控制器的控制规则是模拟人脑的思维决策方式，它是以模糊条件语句描述的语言控制规则为基础的。一般来说，模糊控制器设计主要包括以下几项内容：

(1) 选择模糊控制器的结构，确定模糊控制器的输入变量和输出变量；

(2) 选取模糊控制器的控制规则，进行模糊推理；

(3) 确定清晰化方法；

(4) 确定模糊控制器的控制量论域和量化参数；

(5) 合理选择模糊控制算法的采样周期，编写模糊控制算法的应用程序。

1. 模糊控制器的结构设计

模糊控制器的结构设计是指确定模糊控制器的输入变量和输出变量。确定性自动控制系统根据输入变量和输出变量的个数可分为单变量系统和多变量控制系统。模糊控制系统也可类似地划分为单变量模糊控制系统和多变量模糊控制系统。所不同的是模糊控制系统往往把一个被控参数(通常是系统输出量)的偏差、偏差变化及偏差变化率作为模糊控制器的输入，因此，从形式上看，这时输入量应该是 3 个，但是人们也习惯称它为单变量模糊控制系统。

1) 单变量模糊控制器

常规的模糊控制器为单变量模糊控制(Single Variable Fuzzy Control，SVFC)器，它有一个

独立的外部输入变量和一个输出变量，而单变量模糊控制器输入变量的个数称为模糊控制器的维数，如图 7-31 所示。受人类控制过程的启发，一般可设计成一维或二维模糊控制器，在极少情况下才有设计成三维模糊控制器的要求。

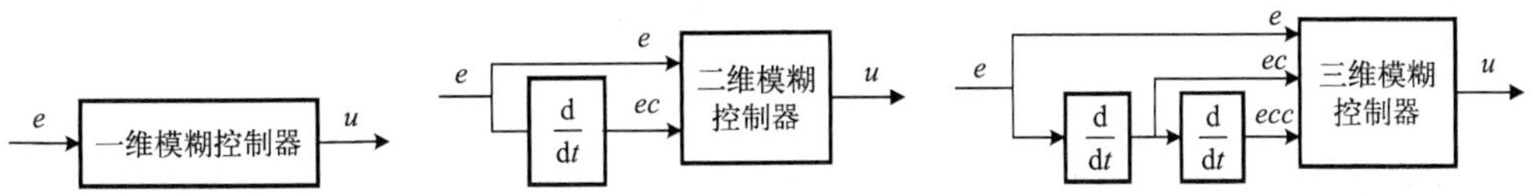

(a) 一维模糊控制器　(b) 二维模糊控制器　(c) 三维模糊控制器

图 7-31　单变量模糊控制器

(1) 一维模糊控制器。

如图 7-31(a)所示，这是一种最为简单的模糊控制器，其输入和输出变量均只有一个。假设模糊控制器输入变量为控制偏差 e，输出变量为控制量 u，此时的模糊控制规则为

R_1: if x is $\underset{\sim}{A}_1$ then y is $\underset{\sim}{B}_1$　or　…　R_n: if x is $\underset{\sim}{A}_n$ then y is $\underset{\sim}{B}_n$

这里，$\underset{\sim}{A}_1,\cdots,\underset{\sim}{A}_n$ 和 $\underset{\sim}{B}_1,\cdots,\underset{\sim}{B}_n$ 均为输入/输出论域上的模糊子集。这类模糊规则的模糊关系为

$$\underset{\sim}{R}=\overset{n}{\underset{i=1}{U}}\underset{\sim}{A}_i\times\underset{\sim}{B}_i=(\underset{\sim}{A}_1\times\underset{\sim}{B}_1)+(\underset{\sim}{A}_2\times\underset{\sim}{B}_2)+\cdots+(\underset{\sim}{A}_n\times\underset{\sim}{B}_n) \tag{7-169}$$

(2) 二维模糊控制器。

如图 7-31(b)所示，模糊控制器的输入变量有两个，而控制器的输出只有一个。这类模糊规则的一般形式为

R_i: if x_1 is $\underset{\sim}{A}_i^1$ and x_2 is $\underset{\sim}{A}_i^2$ then y is $\underset{\sim}{B}_i$

这里，$\underset{\sim}{A}_i^1$、$\underset{\sim}{A}_i^2$ 和 $\underset{\sim}{B}_i$ 均为论域上的模糊子集。这类模糊规则的模糊关系为

$$\underset{\sim}{R}=\overset{n}{\underset{i=1}{U}}(\underset{\sim}{A}_i^1\times\underset{\sim}{A}_i^2)\times\underset{\sim}{B}_i \tag{7-170}$$

在实际系统中，x_1 一般取为偏差，x_2 一般取为偏差变化，y 一般取为控制量。Mamdani 型模糊控制器就是这种结构。

由于二维模糊控制器的输出量是输入量偏差和偏差变化的非线性函数(非线性映射)，因此可以将它看作非线性 PD 控制器。但由于 PD 控制器无法消除系统的静态偏差，不能获得无差控制，这就有必要将积分作用引入模糊控制器中(将在后续介绍)。

(3) 三维模糊控制器。

如图 7-31(c)所示，模糊控制器的输入变量有三个，分别为偏差 e、偏差变化 ec 和偏差的变化率 ecc。三维模糊控制器能得到更好的控制性能，但是结构复杂、运算量大、推理时间长，尤其是完备的控制规则库难以建立，故一般较少选用。

2) 多变量模糊控制器

工业过程中的许多被控对象比较复杂，往往具有一个以上的输入和输出变量。因此，多变量模糊控制(Multiple Variable Fuzzy Control，MVFC)器一般具有多变量结构或变结构。以两输入三输出为例，则有

R_i: if (x_1 is $\underset{\sim}{A}_i^1$ and x_2 is $\underset{\sim}{A}_i^2$) then (y_1 is $\underset{\sim}{B}_i^1$ and y_2 is $\underset{\sim}{B}_i^2$; and y_3 is $\underset{\sim}{B}_i^3$)

由于人对具体事物的逻辑思维一般不超过三维，因而很难对多输入多输出系统直接提取控制规则。例如，已有样本数据$(x_1, x_2, y_1, y_2, y_3)$，则可将之变换为$(x_1, x_2, y_1)$、$(x_1, x_2, y_2)$、$(x_1, x_2, y_3)$。这样，首先把多输入多输出系统化为多输入单输出的结构形式，然后用单输入单输出系统的设计方法进行模糊控制器设计。这样做不仅设计简单，而且经人们的长期实践检验，也是可行的，这就是多变量控制系统的模糊解耦问题。

2. 模糊控制规则设计与模糊推理

控制规则是设计模糊控制器的关键，一般包括 3 部分设计内容：确定描述输入/输出变量的语言变量、定义语言变量的模糊子集及建立模糊控制器的控制规则。

1) 确定描述输入/输出变量的语言变量

模糊控制器的控制规则表现为一组模糊条件语句，在条件语句中描述输入/输出变量状态的一些模糊变量词汇(如“正大”“负小”等)的集合称为语言变量。每个模糊词汇对应一个模糊集合，具有相同的论域。

确定每个语言变量包含模糊词汇个数的过程称为模糊分割。模糊分割的个数决定了模糊控制精细化的程度。图 7-32 表示了两个模糊分割的例子，论域均为[−6, 6]，隶属度函数的形状为三角形或梯形。图(a)所示为模糊分割较粗的情况，图(b)为模糊分割较细的情况。图中所示的论域为规范化(Normalization)的情况，即 $x\in[-6, 6]$，且模糊分割是完全对称的。

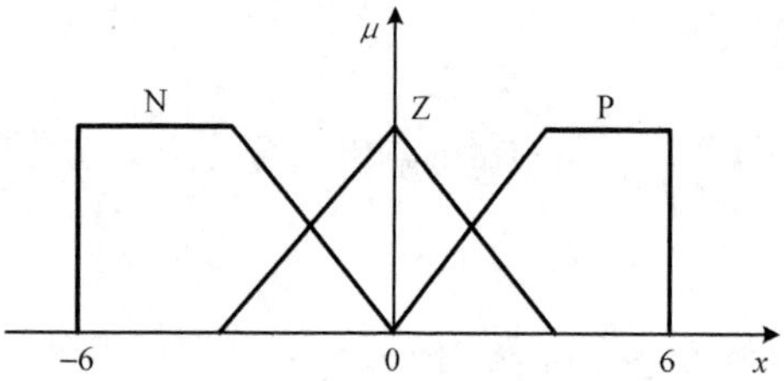

(a) 粗分割

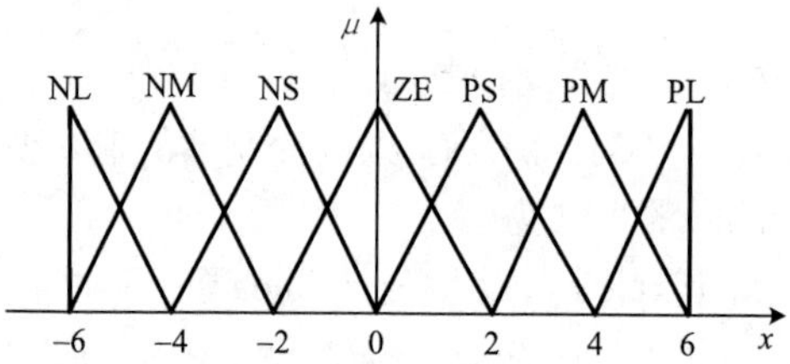

(b) 细分割

图 7-32 模糊分割的图形表示

模糊分割的个数还决定最大可能的模糊规则个数。例如，对于两输入单输出的模糊控制系统，若输入 x 和 y 的模糊分割数分别为 3 和 7，则最大可能的规则数为 $3\times7 = 21$。模糊分割数越多，模糊规则越多，可提高控制精度，但受到计算机字长的限制，难以实时控制；模糊分割也不可太粗(分割数少)，否则难以达到控制精度的要求。

一般情况下，选择七个语言变量，即{负大，负中，负小，零，正小，正中，正大}。对偏差变化的输入变量，有时将“零”分为“正零”和“负零”，以表示偏差的变化在当前是“增加”趋势还是“减少”趋势。于是有时隶属度赋值表中的语言变量又可增加“负零”(NZ)和“正零”(PZ)。

2) 定义语言变量的模糊子集

描述输入/输出变量的模糊语言都具有模糊特性，可用模糊集合来表示。而定义一个模糊子集，实际上就是要确定模糊子集隶属函数曲线的形状。由 7.5.2 节知，将确定的隶属函数曲线离散化，就得到了有限个点上的隶属度，便构成了一个相应模糊变量的子集。设图 7-33 所示的隶属函数曲线表示论域 $\boldsymbol{X}$ 中的元素 x 对模糊变量 $\underset{\sim}{A}$ 的隶属程度，其中，$\boldsymbol{X} = \{-6, -5, -4, -3, -2, -1, 0, 1, 2, 3, 4, 5, 6\}$。

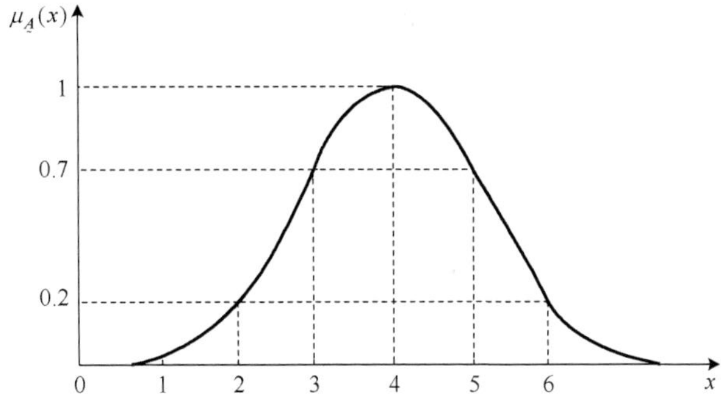

图 7-33　隶属函数曲线

因此有　　$\mu_{\underset{\sim}{A}}(2)=\mu_{\underset{\sim}{A}}(6)=0.2,\quad \mu_{\underset{\sim}{A}}(3)=\mu_{\underset{\sim}{A}}(5)=0.7,\quad \mu_{\underset{\sim}{A}}(4)=1$

论域 $\boldsymbol{X}$ 内除了 $x=2, 3, 4, 5, 6$ 以外，各点的隶属度均为 0，则模糊变量 $\underset{\sim}{A}$ 的模糊子集为

$$\underset{\sim}{A}=\frac{0.2}{2}+\frac{0.7}{3}+\frac{1}{4}+\frac{0.7}{5}+\frac{0.2}{6}$$

不难看出，确定了隶属函数曲线后，就很容易定义出模糊变量的模糊子集。

实验研究结果表明，用图 7-26(b)所示的∏函数和图 7-27(b)所示的梯形函数来描述人进行控制活动时的模糊概念是适宜的，并且隶属函数曲线形状不同会导致不同的控制特性。隶属函数曲线形状较尖的模糊子集的分辨率较高，控制灵敏度也较高；反之，隶属函数曲线形状较缓，控制特性也较平缓，系统稳定性较好。因此，在选择模糊变量模糊子集的隶属函数时，在偏差较大的区域采用低分辨率的模糊子集，在偏差较小的区域采用较高分辨率的模糊子集，当偏差接近于零时，选用高分辨率的模糊子集。

下面对同一模糊变量(如偏差或偏差的变化)的各个模糊子集(如负大、负中、…、零、…、正中、正大)之间的相互关系及其对控制性能影响问题做进一步分析。

从自动控制的角度，希望每一个控制系统在要求的范围内都能够很好地实现控制。模糊控制系统设计时也要考虑这个问题。因此，在选择描述某一模糊变量的各个模糊子集时，要使它们在论域上的分布合理，即它们应该较好地覆盖整个论域。在定义这些模糊子集时，要注意论域中任何一点对这些模糊子集的隶属度的最大值不能太小，否则会在这样的点附近出现不灵敏区，以至于造成失控，使模糊控制系统控制性能变差。

适当地增加各模糊变量模糊子集论域中的元素个数，例如，一般论域中元素的个数不低于 13 个，而模糊子集总数通常选 7 个，当论域中元素总数为模糊子集总数的 2～3 倍时，模糊子集对论域的覆盖程度较好。

此外，当两个隶属函数曲线有重叠和相交时，各模糊子集之间相互也有影响。两者交叉程度越小，控制灵敏度越高；但交叉程度较大时，模糊控制器鲁棒性较好。

例如，表 7-2 为偏差 e、偏差变化 ec 和控制量 u 的模糊子集语言变量集合。表 7-3 给出了一个离散论域偏差 $\boldsymbol{E}$ 的隶属度赋值表，它表示：

$$\mathrm{PL}=\frac{0.1}{3}+\frac{0.4}{4}+\frac{0.8}{5}+\frac{1}{6}$$

$$\text{PM}=\frac{0.2}{2}+\frac{0.7}{3}+\frac{1.0}{4}+\frac{0.7}{5}+\frac{0.2}{6}$$

$$\vdots$$

$$\text{NL}=\frac{1.0}{-6}+\frac{0.8}{-5}+\frac{0.4}{-4}+\frac{0.1}{-3}$$

表 7-2　模糊子集语言变量集合

变量	集合	模糊子集								论域
e_i	$\underset{\sim}{A}_i$	NL	NM	NS	NZ	PZ	PS	PM	PL	$e_i \in \boldsymbol{E}$
ec_i	$\underset{\sim}{B}_i$	NL	NM	NS	ZE		PS	PM	PL	$ec_i \in \boldsymbol{EC}$
u_i	$\underset{\sim}{C}_i$	NL	NM	NS	ZE		PS	PM	PL	$u_i \in \boldsymbol{U}$

表 7-3　偏差 E 的隶属度赋值表

$\underset{\sim}{A}_i$ 隶属度 e_i	−6	−5	−4	−3	−2	−1	−0	0	1	2	3	4	5	6
PL											0.1	0.4	0.8	1
PM										0.2	0.7	1	0.7	0.2
PS								0.3	0.8	1	0.5	0.1		
PZ								1	0.6	0.1				
NZ					0.1	0.6	1							
NS			0.1	0.5	1	0.8	0.3							
NM	0.2	0.7	1	0.7	0.2									
NL	1	0.8	0.4	0.1										

3) 建立模糊控制器的控制规则

模糊控制器的控制规则是基于手动控制策略的。手动控制过程一般是操作者通过对被控对象(过程)的一些观测，再根据长期积累的经验和技术知识进行综合分析并做出控制决策，调整加到被控对象上的控制作用以使系统实现预期的目标。模糊控制器的作用与手动控制策略相同，它能利用模糊集合论和语言变量的概念，把用语言归纳的手动控制策略上升为数值运算，并采用计算机来完成这个任务，从而代替人的手动控制实现自动控制。

要建立模糊控制器的控制规则，就要利用语言来归纳手动控制过程中所使用的控制策略。手动控制策略一般都可以用“if…then…”形式的条件语句来加以描述，模糊条件推理及模糊合成规则见 7.5.2 节。

例 7-11　设有水槽水位控制系统，其液位的偏差为 e，液位偏差的变化为 ec，进水门的开度变化为 u。假设模糊控制器为标准二维模糊控制器，ec 和 u 的语言变量 $\boldsymbol{EC}$ 和 $\boldsymbol{U}$ 均为(NL, NM, NS, ZE, PS, PM, PL)，并选取 e 的语言变量 $\boldsymbol{E}$ 为(NL, NM, NS, NZ, PZ, PS, PM, PL)。模糊控制器输入 e 和 ec、输出 u 的隶属函数如图 7-34 所示均匀分布，模糊子集论域均为[−6, 6]。试确定模糊控制规则表。

解：模糊控制的基本思想为设控制系统的偏差为 $e(t)=r(t)-y(t)$，当偏差大或较大时，选择控制量以尽快消除偏差为主；当偏差较小时，选择控制量应注意防止超调，以稳定性为主要出发点。

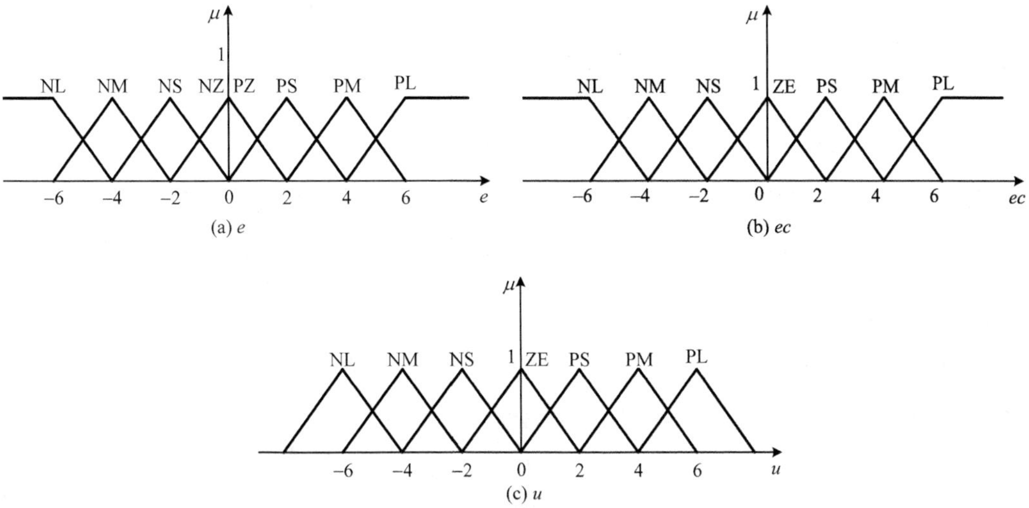

图 7-34　模糊控制器输入 e 和 ec、输出 u 的隶属函数

对于两输入单输出的模糊控制系统，一般都采用“If $\underset{\sim}{\boldsymbol{A}}$ and $\underset{\sim}{\boldsymbol{B}}$ then $\underset{\sim}{\boldsymbol{C}}$ ”来描述。模糊关系为 $\underset{\sim}{\boldsymbol{R}} = \underset{\sim}{\boldsymbol{A}} \times \underset{\sim}{\boldsymbol{B}} \times \underset{\sim}{\boldsymbol{C}}$ ，模糊控制器在某一时刻的模糊推理输出为 $\underset{\sim}{\boldsymbol{U}}(k) = [\underset{\sim}{\boldsymbol{E}}(k) \times \boldsymbol{E}\underset{\sim}{\boldsymbol{C}}(k)] \circ \underset{\sim}{\boldsymbol{R}}$ 。

因此，由图 7-34 所示的输入、输出隶属函数，可得到如表 7-4 所示的模糊控制规则表。该表中共包含 56 条规则。一般情况下，规则数可以少于 56，这时表中的相应栏内可以为空。

表 7-4　模糊控制规则表

E	***EC***						
	NL	NM	NS	ZE	PS	PM	PL
NL	PL	PL	PL	PL	PM	ZE	ZE
NM	PL	PL	PL	PL	PM	ZE	ZE
NS	PM	PM	PM	PS	ZE	NS	NS
NZ	PM	PM	PS	ZE	NS	NM	NM
PZ	PM	PM	PS	ZE	NS	NM	NM
PS	PS	PS	ZE	NS	NM	NL	NL
PM	ZE	ZE	NM	NL	NL	NL	NL
PL	ZE	ZE	NM	NL	NL	NL	NL

从表 7-4 中可以发现，当“偏差为负大而偏差变化为正”时，系统输出已有减少偏差的趋势，为了尽快消除偏差且又不出现超调现象，应取较小的控制量；而“偏差为负大且偏差变化为正小”时，控制量的变化应取正中。同理，当“偏差为负大且偏差变化为正大或正中时”，控制量不宜再增加，控制量的变化应取零，以免出现超调。

3. 确定清晰化方法

设通过模糊决策所得的输出量为

$$\underset{\sim}{B}_1 = \left\{ \frac{\mu_{\underset{\sim}{C}}(u_1)}{u_1}, \frac{\mu_{\underset{\sim}{C}}(u_2)}{u_2}, \cdots, \frac{\mu_{\underset{\sim}{C}}(u_n)}{u_n} \right\} \tag{7-171}$$

式中，$\underset{\sim}{C}$ 为模糊决策的输出量模糊集合；元素 $u_i \in \boldsymbol{U}(i=1,2,\cdots,n)$。

通常采用下面 3 种方法，将其转换成精确的执行量。

1) 选择隶属度最大法

若元素 $u^* \in \underset{\sim}{\boldsymbol{U}}$ 满足：

$$\mu_{\underset{\sim}{C}}(u^*) \geqslant \mu_{\underset{\sim}{C}}(u) \tag{7-172}$$

则取 u^* 作为控制量的精确值。

如果这样的隶属度最大点 u^* 不唯一，就取它们的平均值作为输出执行量。这种方法简单易行、实时性好，但它概括的信息量少。

2) 加权平均法

加权平均法是模糊控制中应用最广泛的方法，主要有两种形式：普通加权平均法(式(7-173))和权值系数加权平均法(式(7-174))。

$$u^* = \frac{\sum_i \mu_{\underset{\sim}{C}}(u_i) \cdot u_i}{\sum_i \mu_{\underset{\sim}{C}}(u_i)} \tag{7-173}$$

$$u^* = \frac{\sum_i k_i u_i}{\sum_i k_i} \tag{7-174}$$

式中，k_i 为权值系数，根据实际情况确定。当 $k_i = \mu_{\underset{\sim}{C}}(u_i)$ 时，即为普通加权平均法。通过修改权值系数，以改善系统的响应特性。

3) 中位数判决法

在选择隶属度最大法中，只考虑了最大隶属度，而忽略了其他信息的影响。中位数判决法是将隶属函数曲线与横坐标所围成的面积平均分成两部分，在两部分相等的条件下，将分界点所对应的论域元素作为判决结果，即

$$\sum_{u_{\min}}^{u^*} u_i \cdot \mu_{\underset{\sim}{C}}(u_i) = \sum_{u^*}^{u_{\max}} u_i \cdot \mu_{\underset{\sim}{C}}(u_i) \tag{7-175}$$

这种方法可以充分利用输出模糊集合所包含的信息。但是它的计算过程较为麻烦，而且缺乏对隶属度较大元素提供主导信息的充分重视，这是这种方法的不足之处。因此，中位数判决法虽然是比较全面的清晰化方法，但在实际的控制系统中应用并不普遍。

4. 模糊控制器论域及量化参数确定

1) 模糊子集论域及基本论域

众所周知，任何系统的信号都是有界的。在模糊控制系统中，这个有限界一般称为该变量的基本论域或物理论域，它是实际系统的变化范围。以两输入单输出的模糊控制系统为例，设偏差 e 的基本论域为 $[-|e_{\max}|,|e_{\max}|]$，偏差变化 $ec = \mathrm{d}e/\mathrm{d}t$ 的基本论域为 $[-|ec_{\max}|,|ec_{\max}|]$，控制量 u 的基本论域为 $[-|u_{\max}|,|u_{\max}|]$。对应地，设偏差的模糊子集论域为 $\boldsymbol{E} = \{-k,-(k-1),$

$\cdots,0,1,2,\cdots,k\}$，偏差变化的模糊子集论域为 $\boldsymbol{EC}=\{-m,-(m-1),\cdots,0,1,2,\cdots,m\}$，控制量的模糊子集论域为 $\boldsymbol{U}=\{-n,-(n-1),\cdots,0,1,2,\cdots,n\}$。

根据前述模糊分割原则和工程经验，对于模糊控制规则子集论域分割个数的选择，一般选取偏差 $k\geqslant 6$，偏差变化 $m\geqslant 6$，控制量 $n\geqslant 6$。这样能保障模糊控制规则子集论域中所含元素个数为模糊子集语言值的 2 倍以上，确保模糊控制规则子集能较好地覆盖论域，避免出现失控现象。

2) 量化因子和比例因子

量化因子和比例因子都是为了对模糊控制器输入或输出清晰量进行比例变换而设置的，其作用是使变量按一定比例进行放大或缩小，以便与其他参数很好地匹配。通常把清晰量从基本论域到模糊子集论域的变换系数称为量化因子(或称量化系数)，而把模糊子集论域到基本论域的变换系数称为比例因子。

若用 α_{e}、α_{c} 分别表示偏差、偏差变化的量化因子，用 α_{u} 表示控制量的比例因子，则有

$$\begin{aligned}\alpha_{\mathrm{e}}&=k/|e_{\max}|\\ \alpha_{\mathrm{c}}&=m/|ec_{\max}|\\ \alpha_{\mathrm{u}}&=|u_{\max}|/n\end{aligned}\tag{7-176}$$

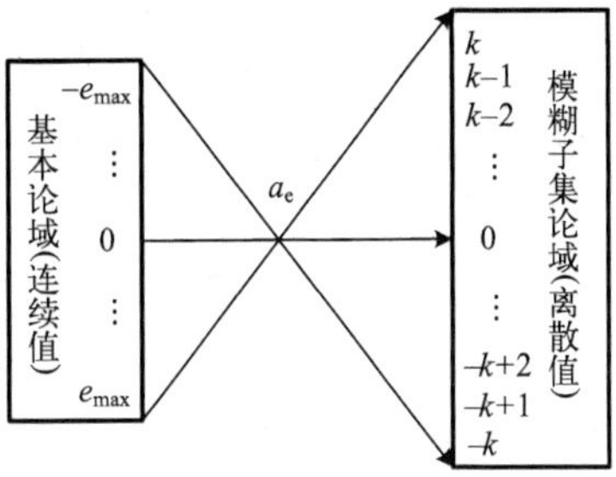

图 7-35　偏差论域变换

图 7-35 描述了偏差 e 由基本论域到模糊子集论域的尺度变换过程，这种变换也是一种映射，即由基本论域中任意一点映射到模糊子集论域中相近的整数点。

在模糊控制器中，量化因子和比例因子的位置及其变换关系如图 7-36 所示。该图也表示出模糊控制器的整个工作流程。可以看出，量化因子模块和比例因子模块不是模糊控制器的组成部分，仅仅是其联系外部设备的接口。

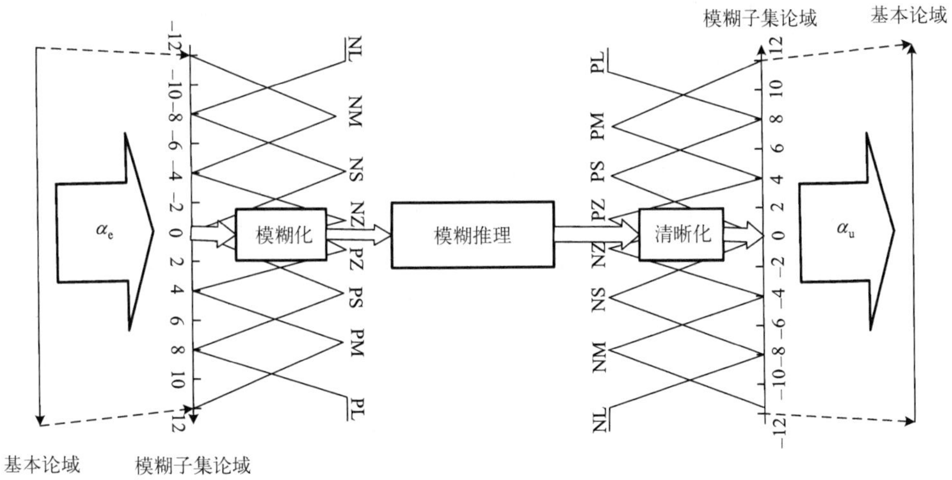

图 7-36　量化因子和比例因子的位置及其变换关系

当基本论域不对称时，假如偏差输入量的基本论域为 $[a,b]$，且 $a\neq b$，模糊子集论域为 $[-n,n]$，则量化因子的计算公式为

$$\alpha_{\mathrm{e}}=\frac{2n}{|b-a|} \tag{7-177}$$

式中，$n=\operatorname{int}[\alpha_{\mathrm{e}}y]$。其中，$y=x-(a+b)/2$ 为模糊子集论域的离散量($x\in[a+b]$)，int 表示对 n 值取整计算。

量化因子和比例因子除了进行论域变换，还对控制系统有一定的调节作用。一般来说，α_{e} 越大，系统的超调越大，过渡过程就越长；α_{e} 越小，系统变化越慢，稳态精度降低。α_{c} 越大，系统输出变化率越小，系统变化越慢；α_{c} 越小，系统反应越加快，但超调增大。比例因子 α_{u} 相当于系统的总放大倍数，α_{u} 增大会加快系统的响应速度，但 α_{u} 过大将导致系统输出上升速率过快，易引起超调或振荡发散；α_{u} 过小会导致系统稳态精度降低。

5. 合理选择采样周期，编写模糊控制算法应用程序

以二维模糊控制器为例，一般可按下列步骤编写算法程序。

Step1：分别设置输入变量、输出变量及控制量的基本论域，即 $e\in[-|e_{\max}|,|e_{\max}|]$，$ec\in[-|ec_{\max}|,|ec_{\max}|]$，$u\in[-|u_{\max}|,|u_{\max}|]$，预置量化常数 α_{e}、α_{c}、α_{u}，采样周期 T。

Step2：判断采样时间到否，若时间已到，则转 Step3，否则继续进行判断。

Step3：启动 A/D 转换器，进行数据采集和数字滤波等。

Step4：计算 e 和 ec，并判断它们是否已超过上(下)限值。若已超过，则将其设定为上(下)限值。

Step5：按给定的输入量化因子 α_{e}、α_{c} 模糊化，并由此查询模糊控制表(由模糊推理生成)。

Step6：查得控制量的量化值清晰化后，乘上适当的比例因子 α_{u}。若 u 已超过上(下)限值，则设置为上(下)限值。

Step7：启动 D/A 转换器，作为模糊控制器实际模拟量输出。

Step8：判断控制时间是否已到，若是则停止；否则，转 Step2。

模糊控制器在控制系统中的实现可分成离线与在线两部分。上述设计的 Step4～Step6 可以离线计算，所得结果归结为一张表，称为模糊控制表，或模糊控制查询表(Look-Up Table)，存入计算机。模糊规则控制表的制定，比如，对于表 7-3 偏差 E 的隶属度赋值表，可以得出不同的组合。设当某一时刻输入偏差 e 及偏差变化 ec 的模糊语言值发生变化，可由表 7-4 控制规则表激活了四条规则。

其中，u 的模糊语言值隶属度是根据规则前件及规则蕴涵采用“取小”操作运算得到的。

也可以在线实现实际控制，即在每个采样周期将实际测量的输入 e、ec 量化，通过在线查表形式得到输出值的量化值，乘上适当的比例因子 α_{u}，即为最后输出的实际控制量 u。

程序分析

例 7-12 当某一时刻输入偏差 $e=-1.7$ 和偏差变化 $ec=0.4$ 时，试分析例 7-11 中输出变量 u 的清晰化过程。

(1) 根据图 7-34，求出输入和输出变量对应模糊子集的隶属度函数和隶属度。

当 $e=-1.7$ 时，输入变量 e 的模糊子集为 NS 和 NZ，对应的隶属度函数分别为

$$\mathrm{NS}(e)=\begin{cases}0, & e<-4\\ 0.5e+2, & -4\leqslant e<-2\\ -0.5e, & -2\leqslant e\leqslant 0\\ 0, & e>0\end{cases},\quad \mathrm{NZ}(e)=\begin{cases}0, & e<-2\\ 0.5e+1, & -2\leqslant e\leqslant 0\\ 0, & e>-2\end{cases}$$

则 $\mathrm{NS}(e=-1.7)=-0.5\times(-1.7)=0.85$ ， $\mathrm{NZ}(e=-1.7)=0.5\times(-1.7)+1=0.15$ 。

同理，当 $ec=0.4$ 时，对应输入变量 ec 的模糊子集隶属度函数分别为

$$\mathrm{ZE}(ec)=\begin{cases}0, & ec<-2\\ 0.5ec+1, & -2\leqslant ec<0\\ -0.5ec+1, & 0\leqslant ec\leqslant 2\\ 0, & ec>2\end{cases},\quad \mathrm{PS}(ec)=\begin{cases}0, & ec<0\\ 0.5ec, & 0\leqslant ec<2\\ -0.5ec+2, & 2\leqslant ec\leqslant 4\\ 0, & ec>4\end{cases}$$

则 $\mathrm{ZE}(ec=0.4)=-0.5\times0.4+1=0.80$ ， $\mathrm{PS}(ec=0.4)=0.5\times0.4=0.20$ 。

输出变量 u 的模糊子集隶属度函数分别为

$$\mathrm{NS}(u)=\begin{cases}0, & u<-4\\ 0.5u+2, & -4\leqslant u<-2\\ -0.5u, & -2\leqslant u\leqslant 0\\ 0, & u>0\end{cases},\quad \mathrm{ZE}(u)=\begin{cases}0, & u<-2\\ 0.5u+1, & -2\leqslant u<0\\ -0.5u+1, & 0\leqslant u\leqslant 2\\ 0, & u>2\end{cases}$$

$$\mathrm{PS}(u)=\begin{cases}0, & u<0\\ 0.5u, & 0\leqslant u<2\\ -0.5u+2, & 2\leqslant u\leqslant 4\\ 0, & u>4\end{cases}$$

(2) 根据 Mamdani 模糊推理方法，求出输出量 u 的模糊子集论域 $\boldsymbol{U}$ 。

由表 7-4 模糊控制规则，上述输入变量激活了四条规则，各激活规则对应的输出变量 u 的模糊子集论域分别如下。

① If $e=-1.7$ is NS and $ec=0.4$ is ZE then u is PS，则

$$\boldsymbol{U}_1=\mathrm{NS}(e)\wedge\mathrm{ZE}(ec)\wedge\mathrm{PS}(u)=0.85\wedge0.80\wedge\mathrm{PS}(u)=0.8\wedge\mathrm{PS}(u)$$

② If $e=-1.7$ is NS and $ec=0.4$ is PS then u is ZE，则

$$\boldsymbol{U}_2=\mathrm{NS}(e)\wedge\mathrm{PS}(ec)\wedge\mathrm{ZE}(u)=0.85\wedge0.20\wedge\mathrm{PS}(u)=0.20\wedge\mathrm{ZE}(u)$$

③ If $e=-1.7$ is NZ and $ec=0.4$ is ZE then u is ZE，则

$$\boldsymbol{U}_3=\mathrm{NZ}(e)\wedge\mathrm{ZE}(ec)\wedge\mathrm{ZE}(u)=0.15\wedge0.80\wedge\mathrm{PS}(u)=0.15\wedge\mathrm{ZE}(u)$$

④ If $e=-1.7$ is NZ and $ec=0.4$ is PS then u is NS，则

$$\boldsymbol{U}_4=\mathrm{NZ}(e)\wedge\mathrm{PS}(ec)\wedge\mathrm{NS}(u)=0.15\wedge0.20\wedge\mathrm{PS}(u)=0.15\wedge\mathrm{NS}(u)$$

由 Mamdani 模糊推理，可得输出量 u 的模糊子集论域为

$$\begin{aligned}\boldsymbol{U}&=\boldsymbol{U}_1\cup\boldsymbol{U}_2\cup\boldsymbol{U}_3\cup\boldsymbol{U}_4=[0.8\wedge\mathrm{PS}(u)]\cup[0.20\wedge\mathrm{ZE}(u)]\cup[0.15\wedge\mathrm{ZE}(u)]\cup[0.15\wedge\mathrm{NS}(u)]\\&=[u_{\min},u_{\max}]=[-4,4]\end{aligned}$$

(3) u 的模糊子集论域 $\boldsymbol{U}$ 清晰化计算。

模糊子集论域的清晰化方法有多种，这里选择隶属度最大法。模糊子集论域 $\boldsymbol{U}$ 的最大隶属度对应于激活规则的第一条规则，即 $\boldsymbol{U}_1=0.8\wedge\mathrm{PS}(u)$ ，其中

$$\mathrm{PS}(u)=\begin{cases}0.5u, & 0\leqslant u<2\\ -0.5u+2, & 2\leqslant u\leqslant 4\end{cases}$$

当 $PS(u_{min})=0.8$ 时，$0.5u_{min}=0.8$，$u_{min}=1.6$；当 $PS(u_{max})=0.8$ 时，$-0.5u_{max}+2=0.8$，$u_{max}=2.4$。可见，由于 u 的隶属度最大点不唯一，分别为 $u=u_{max}=2.4$ 和 $u=u_{min}=1.6$，因此，取它们的平均值作为 u 的输出清晰化执行量，即 $u=(u_{max}+u_{min})/2=2$。模糊子集论域 $\boldsymbol{U}$ 的清晰化及 $u_i\in\boldsymbol{U}(i=1,2,\cdots,n)$ 的隶属度求解过程如图 7-37 所示。

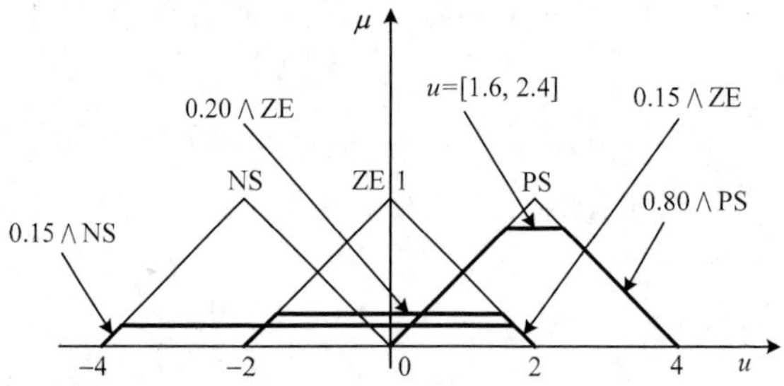

图 7-37　输出变量 u 的模糊子集论域清晰化计算

7.5.5　模糊控制器的改进

经典模糊控制系统具有存在余差、比例因子不能改变和控制精度不够高等缺点，可通过引入模糊积分的方法，采用模糊-积分混合的模糊 PI 或 PID 控制系统结构，或采用具有自适应调整比例因子的模糊控制器来弥补。

引入模糊积分的方法，可以采用模糊 PI 控制系统结构，如图 7-38(a)所示。模糊 PI 控制系统中，模糊控制器的两个输入量为偏差 $e(t)$及偏差积分$\int e(t)\mathrm{d}t$，因此该系统具有常规 PI 控制器的特性。对于给定恒值，系统能实现无差控制。也可以采用常规 PI 控制器和模糊控制相结合的系统结构，如图 7-38(b)所示。常规 PI 控制器输出 $u_i(t)$与二维模糊控制器输出 $u_f(t)$相叠加，作为混合型模糊 PID 控制器的总输出，即 $u(t)=u_i(t)+u_f(t)$。

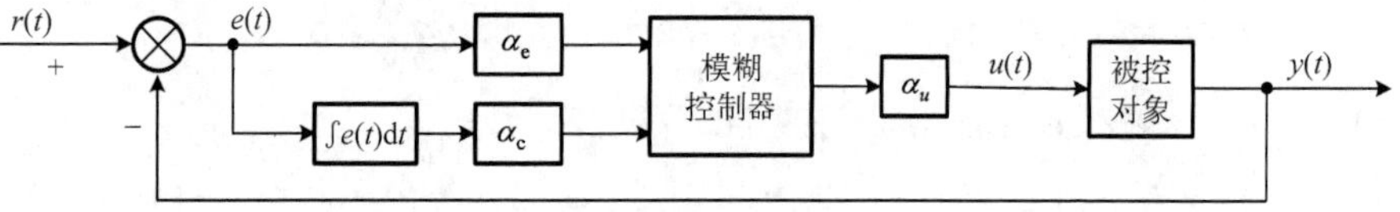

(a) PI 模糊控制系统

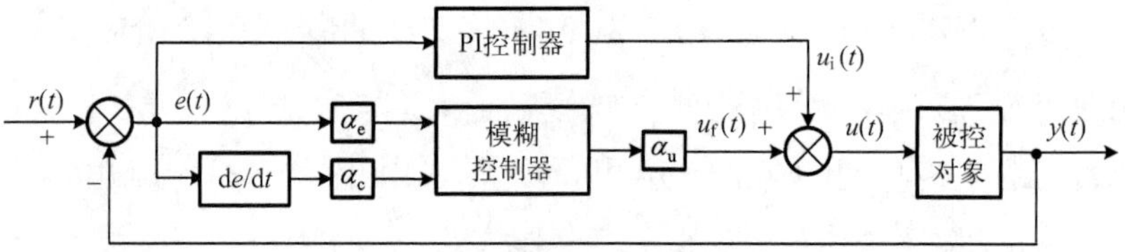

(b) 混合型模糊 PID 控制系统

图 7-38　PI 模糊控制系统结构

当然，也可以采用对偏差 $e(t)$进行积分的模糊 PID 控制系统结构，如图 7-39 所示。在这种模糊 PID 控制系统结构中，设置一个单独的传统积分器，对偏差 $e(t)$进行积分，其输出 $u_i(t)$与二维模糊控制器的输出 $u_f(t)$相叠加，即 $u(t)=u_i(t)+u_f(t)$。

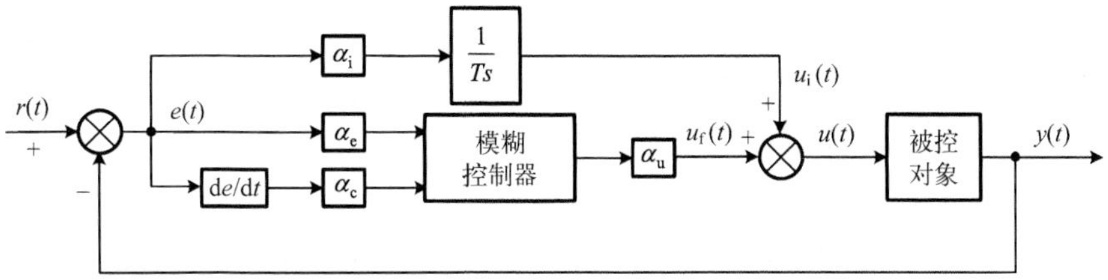

图 7-39　对偏差 $e(t)$积分的模糊 PID 控制系统

7.6　神经网络控制

神经网络控制的研究始于 20 世纪 60 年代。1960 年，Widrow 和 Hoff 首先把人工神经网络(Artificial Neural Networks，ANN)用于控制系统。Kilmer 和 McCulloch 提出了 KMB 神经网络模型，并将其应用于在阿波罗计划中，取得了良好的效果。1964 年，Widrow 等用神经网络对小车倒立摆的控制取得了成功。目前，神经网络控制已成为智能控制的一个重要分支，为解决复杂的非线性、不确定、不确知系统在不确定、不确知环境中的控制问题开辟了一条新的途径。

7.6.1　概述

人类的大脑是自然界中最有智慧的系统。人工神经网络(简称神经网络)是由人工神经元互联组成的网络模型，从微观结构和功能上对人脑进行抽象和简化，以模拟人脑功能和人类智能的若干基本特征。因此，决定神经网络整体性能的三大要素可以归结为：①神经元的特性；②神经元间相互连接的形式(拓扑结构)；③为适应环境而改善性能的学习规则。

1. 神经网络应用于控制领域的特点

(1) 具有很强的鲁棒性和容错性；

(2) 信息的并行分布式处理与存储；

(3) 可以充分逼近任意复杂的非线性关系；

(4) 具有学习能力，以适应环境的变化；

(5) 具有很强的信息综合能力，便于计算机实现。

2. 神经网络控制取得的进展

由于神经网络具有学习能力，对环境的变化具有自适应性，所以神经网络控制成为基本上不依赖于模型的一类控制方式，取得了如下进展。

(1) 基于神经网络的系统辨识。

可在已知常规模型结构的情况下，估计模型的参数或建立非线性系统的动态模型。

(2) 神经网络控制器。

神经网络控制器作为实时控制系统的控制器，对不确定、不确知系统及干扰进行有效的控制，使控制系统达到所要求的特性。

(3) 神经网络与其他算法结合。

神经网络与专家系统、模糊逻辑、遗传算法等相结合用于控制系统，可为系统提供非参数模型、控制器模型。

(4) 优化计算。

在控制系统的设计中，求解约束优化问题。

(5) 控制系统的故障检测与诊断。

3. 神经网络控制待解决的问题

截至目前，神经网络在理论与实践上，有如下问题有待于进一步研究与探讨：

(1) 神经网络的稳定性与收敛性问题；

(2) 神经网络在逼近非线性函数问题上的理论研究——存在性问题、鲁棒性问题；

(3) 如何提高学习速率，满足实时控制的问题；

(4) 对于控制器及辨识器，如何选择合适的神经网络模型及确定模型的结构；

(5) 稳定性、收敛性的数学表达及分析问题。

7.6.2 神经网络理论基础

1. 神经网络原理与特性

神经网络是在生物功能启示下建立起来的一种数据处理技术。神经网络不是人造大脑，但其作用、反应、学习、遗忘、自组织等行为实际上反映了真实大脑的一些功能，而不是像普通计算机一样只执行程序。因此，神经网络具有一般非线性系统的特性。

如同大脑一样，神经网络的基本单元也称为神经元或处理单元。虽然单个神经元的组成和功能极其有限，但大量神经元构成的网络系统所能实现的功能是丰富多彩的。处理单元可看作一种近似的生物神经元，能完成最基本的工作过程。

(1) 评价输入信号，决定每个输入信号的强度。

神经元可以有许多输入，其是否被激发，取决于神经元间的连接权值和阈值。权值是一个可调节的参数，其初值可以根据网络对不同输入的响应以及网络本身的规则来确定。阈值则一般由非线性或线性函数来表征。

(2) 计算所有输入信号的权值之和，并与神经元的阈值进行比较。

若将输入量及其权值和看成矢量，则总的输入信号是每个输入量与其权值之积的和，即这两个矢量的内积。权值内积和与神经元的阈值一起来决定输出。如果输入值的权值内积和大于阈值，则神经元被激发产生输出信号；否则，则没有输出信号产生。

(3) 决定神经元的输出。

如果把神经元的结果赋予储存单元，并在进一步训练时根据当前值与实际输出的差值修改之前的权值，将使网络的输出与实际输出更接近。这种通过改变权值来使处理单元修改其对输出响应的能力就是学习。其效果取决于各神经元连接权值的动态演化规律或过程。

通常将神经元排成一列，形成一层。若将几个这样的层连接在一起，则称接收输入信号的层为输入层，给出输出信号的层为输出层，其他层为中间层或隐含层。虽然隐含层不能直接可见(类似于黑箱)，但层中各神经元所包含的内容是可识别的。因此，神经网络的数理模型主要包含了积与和、权值学习、阈值处理和非线性函数处理等基本运算。在没有特别规定的情况下，所有神经元的动作或运算无论在时间上还是空间上都是同步的。其工作方式可由学习期和工作期两个阶段组成，即学习期的神经元间的连接权值由学习规则进行调整，以使目标(准则)函数达到最小；工作期的连接权值不变，由网络输入直接得到相应的输出。

大脑神经网络往往具有层状结构，如大脑皮层的 6 层结构和小脑的 3 层结构。人工神经网络的拓扑结构也与学习规则一起构成了一个网络的主要特征。如果前一层的每一个处理单元都与后一层中的每个处理单元相连，则这种网络称为全连接的网络；否则为部分连接的网络。若没有一个处理单元的输出与本层或前一层的处理单元相连接，则这种网络称为正反馈网络；反之，则称为负反馈网络。具有闭环的负反馈网络又称为循环系统。如果正反馈网络前一层处理单元的权重是由输出来调节的，就称这种网络为反向传播神经网络。这是一个重要的概念，因为目前反向传播网络的应用非常广泛。

编制神经网络程序，主要是确定学习规则(即设置初始权重及修改权重的规则)、网络的拓扑结构(即神经元个数、网络层数及连接形式)以及阈值传递函数(即激活函数)。此外，还应确定何时及用何种方法来刷新神经元模型。需要了解统计学以便选择训练数据组并适当地评价输出结果。由此可见，编制神经网络的程序与编制普通计算机程序是不同的。同时，神经网络中的信息也不像普通计算机储存在单一的内存区，而是储存在整个系统中，这种结构使网络更具有适应性。

2. 神经网络的学习机理

1) 神经网络的组成

与生物神经网络的进化学习类似，人工神经网络必须具有一套完整和巧妙的学习规则与之配合才能具有智能特性。神经网络的学习规则就是网络连接权值的调整规则。

神经网络是由许多相互连接的神经元组成的。1943 年，美国心理学家 Mcculloch 和数学家 Pits 共同提出一种简单的人工神经元模型，称为 MP 模型，其模型结构如图 7-40(a)所示。

设神经元的一组输入用向量表示为 $\boldsymbol{X} = [x_1, x_2,\cdots, x_n]$，其相应的权值为 $\boldsymbol{W} = [w_1, w_2,\cdots, w_n]$，则输入可表示为 $\text{net} = w_1x_1+ w_2x_2+\cdots+w_nx_n$，神经元的阈值为 θ，输出 y 为

$$y = f\left(\sum_{i=1}^{n} w_i x_i - \theta\right) \tag{7-178}$$

式中，$f(\cdot)$ 是一个阶跃型激活函数(Activation Function)，也称为作用函数。每一个神经元的输出或“0”或“1”，分别代表“抑制”或“兴奋”，如图 7-40(b)所示，则

$$f(x) = \begin{cases} 1, & x \geqslant 0 \\ 0, & x < 0 \end{cases} \tag{7-179}$$

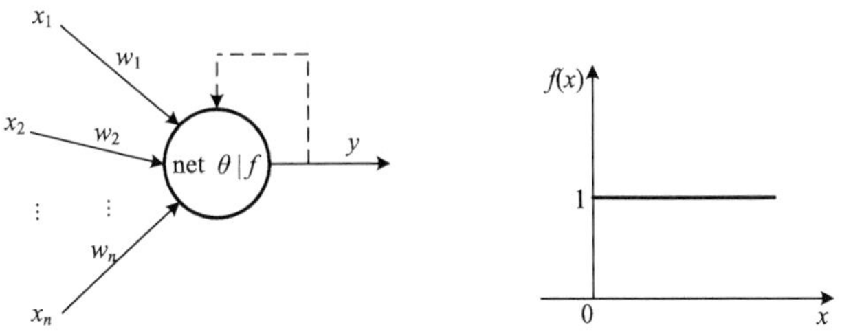

(a) 模型结构　　(b) 激活函数

图 7-40　MP 神经元模型

MP 模型虽然非常简单，在工作过程中具有固定的结构和权值，但它完全刻画了生物神

经元的主要特性，是神经网络理论的基础。

当利用神经网络逼近非线性系统特性时，与神经元输入量相关联的权重 w_i 即为变量，神经元可以采用与图 7-40(a)相似的模型结构，但增加了权重反馈调整过程，如虚线所示。对于每一个输入量 $x_i\ (i = 1, 2, \cdots, n)$，神经元将所有具有权重的输入量相加 $\text{net} = w_1x_1 + w_2x_2 + \cdots + w_nx_n$，计算出唯一的输出量 $y = f(\text{net} - \theta)$，此时的激活函数 $f(\cdot)$是满足网络模型运算要求的非线性函数。对于大多数神经网络，当网络运行的时候，激活函数 $f(\cdot)$一旦选定，就保持不变。然而，权重 w_i 可以根据模型产生的输出 y 经反馈后按照某种优化目标进行动态的调整和修正，以达到期望的输出。这正是神经网络模型的学习机理和训练过程。对于单个神经元来说，调整权重很简单，但对于大量组合起来的神经元，权重的调整则类似于“智能过程”。网络最重要的信息存在于调整后的权重之中。

2) 常用的激活函数

除了前面介绍的阶跃型激活函数外，还有下面几种常用的激活函数。

(1) 分段线性(Ramp function)函数：

$$f(x) = \begin{cases} 1, & x \geqslant 1 \\ \dfrac{1}{2}(1+x), & -1 < x < 1 \\ -1, & x \leqslant -1 \end{cases} \tag{7-180}$$

(2) 非对称型 Sigmoid 函数，又称为 Squashing 函数和 Logistic 函数：

$$f(x) = \frac{1}{1+\mathrm{e}^{-ax}} \tag{7-181}$$

(3) 对称型 Sigmoid 函数：

$$f(x) = \frac{1-\mathrm{e}^{-ax}}{1+\mathrm{e}^{-ax}} \tag{7-182}$$

3) 学习方式

(1) 有监督学习。

有监督学习又称为有指导学习。有监督学习需要“教师”，“教师”即是训练数据本身，已知输入/输出数据作为训练样本集。在这种学习方式中，网络将期望输出与实际输出进行比较，经过一些训练数据组的计算后，通过将最初随机设置的权值进行调整，使得网络输出更接近实际的输出结果，所以学习过程的目的在于减小网络期望输出与实际输出之间的误差，这是靠不断调整权值来实现的，如图 7-41 所示。

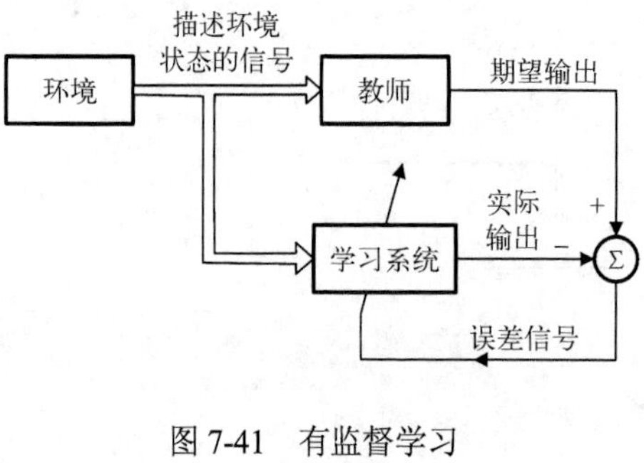

图 7-41　有监督学习

对于有监督学习的网络，在可以实际应用之前必须进行训练。网络经过训练后，若认为网络的实际输出与期望输出间的误差达到了允许范围，权值就不再改动了。这时的网络可用新的数据去检验。

(2) 无监督学习。

无监督学习又称为无指导学习。无监督学习方式下，网络不靠外部的影响来调整权值。也就是说在网络训练过程中，只根据网络的输入调整网络的权值和阈值，没有目标输出。学习系统完全按照所提供数据的某些统计规律来调节自身参数或结构，并不需要告诉网络这种调整是好是坏。这种方式强调一组组神经元间的协作。如果输入信号使神经元组的所有单元激活，则整个神经元组的活性就增强，然后将信号传送给下一层神经元。无监督学习也是一个自组织过程，以表示外部输入的某种固有特性，如聚类特性、分布特性。

目前人们对有监督学习的训练机理还不够了解，其还是一个待继续研究的课题。在现实生活中，有许多问题无法在事先有充分的例子让网络进行学习，因此没有指导学习的网络也是十分重要的。

(3) 强化学习。

强化学习也称为再励学习。强化学习只对学习系统的输出结果给出评价(奖罚、分级等)，使学习系统通过强化受奖励的动作来改善自身性能。

3. *神经网络的学习规则*

神经网络中有很多学习规则，研究仍在继续，许多新的想法也在不断尝试。有些研究者将生物学习的模型作为主要研究方向，而有些在修改现有的学习规则，使其更接近自然界中的学习规律。但是在生物系统中，学习到底是如何发生的，目前知道的还不多，也不容易得到实验的证实。下面仅简介最常用的几种学习规则。

1) Delta 学习规则

Delta 学习规则也称为误差纠正规则或 Widrow-Hoff 学习规则，是最常用的学习规则。其要点是改变神经元间的连接权值来减小系统实际输出与期望输出间的误差。

设网络输出层的第 j 个神经元的输入记为 $\text{net}_j = x_1w_{1j} + x_2w_{2j} + \cdots + x_nw_{nj}(1 \leqslant j \leqslant m)$，则 $\mathbf{NET} = [\text{net}_1, \text{net}_2,\cdots, \text{net}_m] = \boldsymbol{XW}$，其中，$\boldsymbol{X}$ 为输入模式向量，$\boldsymbol{W}$ 为连接权值向量。因此，输出 $\boldsymbol{O} = f(\mathbf{NET}) = f(\boldsymbol{XW})$。若 $o_i(k)$为输入 $x_i(k)$时在 k 时刻的实际输出，$y_i(k)$表示相应的期望输出(目标值)，则误差可写为 $e_i(k) = y_i(k) - o_i(k)$。Delta 学习规则的学习目标是：使某一基于 $e_i(k)$的目标函数值达到最小，以使网络中每一输出单元的实际输出在某种统计意义上最逼近于期望输出。通常，目标函数采用如下均方误差准则：

$$J\{w(k)\} = E\left\{\frac{1}{2}\sum_{i=1}^{N}[e_i(k)]^2\right\} = E\left\{\frac{1}{2}\sum_{i=1}^{N}[y_i(k) - o_i(k)]^2\right\} \tag{7-183}$$

式中，N 为统计的次数；E 为均方误差的期望。

若被学习的过程是宽而平稳的，则可采用最速下降(Steepest Descent)法求解 $J(k)$对权值 w_{ij} 的极小值问题，可得

$$\Delta w_{ij}(k) = -\eta \cdot \frac{\partial J}{\partial w_{ij}} = \eta \cdot \delta_i(k) \cdot x_i(k) \tag{7-184}$$

式中，η 为学习速率或步长$(0 < \eta \leqslant 1)$；$\delta_i(k) = f'(\text{net}_j) \cdot e_i(k)$，其中，$f(\cdot)$为激活函数，$f'(\text{net}_j)$为输出 $o_i(k)$关于 net_j 的导数，$e_i(k)$为期望输出与实际输出的误差；$x_i(k)$为网络输入。

式(7-184)即为权值误差修正的 Delta 学习规则。在网络学习时，应尽可能摆脱误差的局部极小值，而达到真正的全局最小值。

2) Hebb 学习规则

Hebb 学习规则由神经心理学家 Donald Hebb 于 1949 年提出。该规则调整权值 w_{ij} 的原则是：若第 i 个与第 j 个神经元状态同步(同为激活或同为抑制)，它们之间的连接强度应加强；

反之则应减弱。其权值误差修正学习规则为

$$\Delta w_{ij}(k)=\eta\cdot o_i(k)\cdot x_j(k) \tag{7-185}$$

式中，$o_i(k)$、$x_j(k)$分别为 w_{ij} 两端神经元的状态；η 为学习速率。

这和“条件反射”学说一致，并已得到证实。Hebb 学习规则的相关假设是许多学习规则的基础。

3) 竞争学习规则

竞争学习的主要特征是最强者被激活，并抑制其他单元。代表性的算法有 Kohonen 学习规则、Instar 学习规则和 Outstar 学习规则。Kohonen 学习规则是由 Teuvo Kohonen 在研究生物系统学习的基础上提出的，只适用于无监督训练网络。在学习过程中，处理单元竞争学习的机会，输出单元为高的是胜利者，有能力阻止它的竞争者并激发相邻的单元。只有胜利者才能有输出，也只有胜利者与其相邻单元可以调节权值。在训练周期内，相邻单元的规模是可变的，一般是从定义较大的相邻单元开始，在训练过程中不断减小相邻的范围。胜利单元可定义为与输入模式最为接近的单元。

7.6.3 神经网络模型与算法

最早应用的神经网络模型是罗森布拉特(Rosenblatt)模拟人脑感知特征提出的感知器(Perceptron)模型。后来人们发现其只适用于线性模式的识别，甚至不能解决“异或”的非线性运算问题。虽然当时人们已发现造成感知器这种缺陷的主要原因是网络无隐含层作为输入模式的“内部表示”，并做了在输入层和输出层之间增加一层或多层隐单元的尝试，但还找不到一个适用于多层网络的行之有效的学习规则，甚至对是否存在这样一条规则抱有怀疑。因此，人们一时对神经网络的发展前途产生了动摇。尽管如此，神经网络本身的魅力仍然吸引着一些致力于这一领域的研究者。“有志者事竟成”，一些研究者另辟蹊径，撇开“阶层”概念，创造出无阶层的全连接型神经网络，并提出可识别非线性模式的学习规则，其中最著名的就是 Hopfield 神经网络。而另一些研究者通过艰苦的探索和努力，终于在阶层型神经网络的研究中打开了一条希望的通路，这就是 1986 年 D.E.Rumelhart 和 J.L.McClelland 提出的目前应用最广、基本思想最直观的多阶层神经网络及误差反向传播学习算法，简称 BP(Back Propagation)算法。

本节将介绍在控制领域应用较多的多层前馈网络与 BP 学习算法、RBF 神经网络、Hopfield 神经网络和模糊神经网络。

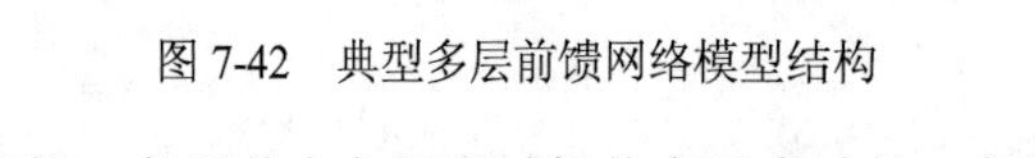

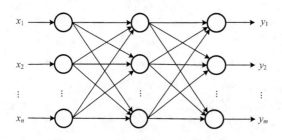

图 7-42　典型多层前馈网络模型结构

1. 多层前馈网络与 BP 学习算法

1) 网络结构

典型的多层前馈网络模型结构如图 7-42 所示，$\boldsymbol{X}=[x_i, i=1,2,\cdots,n]$和 $\boldsymbol{Y}=[y_j, j=1,2,\cdots,m]$是网络的输入、输出向量。每个神经元用一个节点表示。网络由输入层、隐含层和输出层节点组成。隐含层可以是单层，也可以是多层。图 7-42 是单隐含层网络。各层节点之间通过权值实现全连接，每层各神经元之间无连接，即拓扑结构为有向无环图的阶层型前馈网络。由于采用 BP 学习算法进行训练，因此称之为 BP 神经网络。

网络按有监督方式进行学习，利用输出层的误差来估计输出层直接前导层的误差，再用这个误差估计更前一层的误差，由此获得所有其他各层的误差估计，从而将输出端的误差沿着与输入信号传送相反的方向逐级向网络的输入端传递，故得名“误差反向传播算法”。由此可知，BP 神经网络的学习和训练过程由如下四个步骤组成。

(1) 模式顺传播：输入模式由输入层经隐含层向输出层传播的过程。

(2) 误差逆传播：网络期望输出与实际输出的误差由输出层经隐含层向输入层逐层修正连接权值的传播过程。

(3) 记忆训练：由模式顺传播与误差逆传播的反复交替进行的网络训练过程。

(4) 学习收敛：网络趋向收敛(即网络的全局偏差趋向极小值)的过程。

上述过程可归结为：模式顺传播→误差逆传播→记忆训练→学习收敛。由于误差反向传播网络及其算法增加了中间隐含层并有相应学习规则可循，因此，其具有对非线性模式的识别能力。特别是其数学意义明确、步骤分明的学习算法，更使其具有广泛的应用前景。

2) BP 算法学习过程

开始训练前的初始化工作：确定样本集为$(\boldsymbol{X}, \boldsymbol{Y})$，其中$\boldsymbol{X}$为$n$个输入向量(设$i = 1, 2,\cdots, n$)，$\boldsymbol{Y}$为$m$个理想输出向量(设$j = 1, 2,\cdots, m$)。设置初始权值系数$\boldsymbol{W} = [w_{ij}]$，一般为较小的随机非零值。

(1) 前向传播阶段。

① 从样本集中取第p组样本$(\boldsymbol{X}_p, \boldsymbol{Y}_p)$，将$\boldsymbol{X}_p$输入网络。

② 计算相应的实际输出$\boldsymbol{O}_p$：

$$\boldsymbol{O}_p = f_n(\cdots(f_2(f_1(\boldsymbol{X}_p\boldsymbol{W}^{(1)})\boldsymbol{W}^{(2)})\cdots)\boldsymbol{W}^{(n)}) \tag{7-186}$$

(2) 反向传播阶段。

① 计算实际输出与相应期望输出的差$y_p(k) - o_p(k)$。

② 按极小化误差的方式调整权值矩阵，如采用 Delta 或 Hebb 学习规则。

(3) 反复学习训练过程。

上述两个阶段的工作应受到精度要求的控制。网络关于第p个样本的误差测度为

$$J_p\{w(k)\} = E_p = \frac{1}{2}\sum_{j=1}^{N}(y_{pj} - o_{pj})^2 \tag{7-187}$$

式中，$o_{pj}(k)$为神经元j在k时刻的实际输出；$y_{pj}(k)$表示相应的期望输出。

网络关于整个样本集的误差测度定义为$E = \sum E_p$。

(4) 误差传播分析。

①输出层权值w_{pq}的调整。

设AN_q表示第n层输出层的第q个神经元，w_{pq}为从其前导层的第p个神经元AN_p到AN_q的连接权值，如图 7-43 所示，则输出层权值调整公式为

$$w_{pq} = w_{pq} + \Delta w_{pq} \tag{7-188}$$

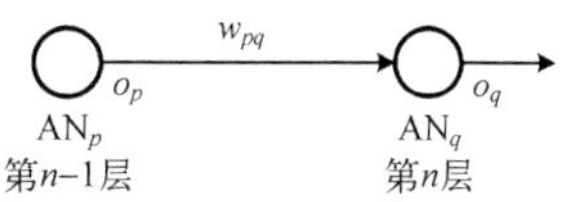

图 7-43　输出层权值的调整

若采用 Delta 学习规则(式(7-184))进行权值误差修正，有

$$\Delta w_{pq} = \eta \delta_q o_p \tag{7-189}$$

式中，η 为学习速率；o_p 为神经元 AN_q 的输入(也即 AN_p 的实际输出)；$\delta_q = f'(net_q)(y_q - o_q)$，$o_q$ 为输出层神经元 AN_q 的实际输出，y_q 为输出层神经元 AN_q 的期望输出。

若BP算法的激活函数是如式(7-181)所示的S型函数，取网络的输入为 $\text{net}_q = x_1 w_{1q} + x_2 w_{2q} + \cdots + x_n w_{nq}$，则该神经元的输出为

$$o_q = f(\text{net}_q) = \frac{1}{1+\mathrm{e}^{-\text{net}_q}} \tag{7-190}$$

输出 o_q 关于 net_q 的导数为

$$\begin{aligned} f'(\text{net}_q) &= \frac{\mathrm{e}^{-\text{net}_q}}{(1+\mathrm{e}^{-\text{net}_q})^2} \\ &= \frac{1}{1+\mathrm{e}^{-\text{net}_q}} - \frac{1}{(1+\mathrm{e}^{-\text{net}_q})^2} = o_q(1-o_q) \end{aligned} \tag{7-191}$$

因此，式(7-189)输出层权值的调整公式变为

$$\Delta w_{pq} = \eta o_q (1-o_q)(y_q - o_q) o_p \tag{7-192}$$

②隐含层权值 v_{hp} 的调整。

设 $w_{p1}, w_{p2}, \cdots, w_{pm}$ 为已知第 k 层输出层的权值，如图7-44所示。假定 $w_{p1}, w_{p2}, \cdots, w_{pm}$ 的调整已经完成，则 $\delta_{1k}, \delta_{2k}, \cdots, \delta_{mk}$ 的值已知。要想调整第 $k-1$ 层隐含层权值 v_{hp}，就必须知道 $\delta_{p(k-1)}$。

从图7-44可以看出，$\delta_{p(k-1)}$ 的值应该是与 $\delta_{1k}, \delta_{2k}, \cdots, \delta_{mk}$ 有关的。不妨认为 $\delta_{p(k-1)}$ 通过权值 w_{p1} 对 δ_{1k} 做出贡献，通过权值 w_{p2} 对 δ_{2k} 做出贡献，…，通过权值 w_{pm} 对 δ_{mk} 做出贡献。从而，AN_p 的输出误差是与 $w_{p1}\delta_{1k}+w_{p2}\delta_{2k}+\cdots+w_{pm}\delta_{mk}$ 相关的。

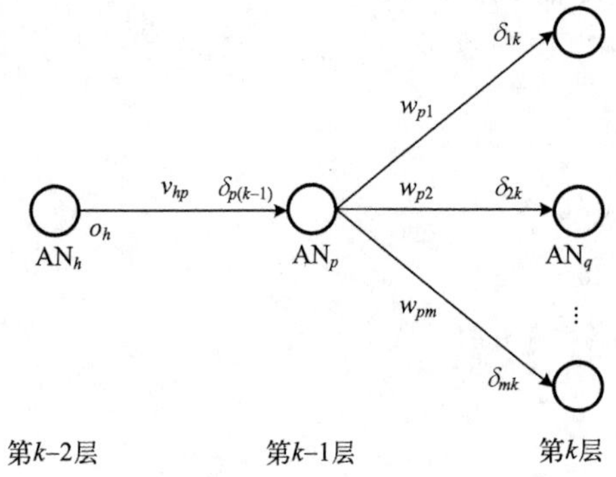

图 7-44　隐含层权值的调整

因此，可令

$$\delta_{p(k-1)} = f'_{k-1}(\text{net}_p)(w_{p1}\delta_{1k} + w_{p2}\delta_{2k} + \cdots + w_{pm}\delta_{mk}) \tag{7-193}$$

从而有

$$\begin{aligned} \Delta v_{hp} &= \eta \delta_{p(k-1)} o_{h(k-2)} = \eta f'_{k-1}(\text{net}_p)(w_{p1}\delta_{1k} + w_{p2}\delta_{2k} + \cdots + w_{pm}\delta_{mk}) o_{h(k-2)} \\ &= \eta o_{p(k-1)}(1-o_{p(k-1)})(w_{p1}\delta_{1k} + w_{p2}\delta_{2k} + \cdots + w_{pm}\delta_{mk}) o_{h(k-2)} \end{aligned} \tag{7-194}$$

式中，o_h 为神经元 AN_p 的输入(即 AN_h 的实际输出)。

可得隐含层权值的调整公式为

$$v_{hp} = v_{hp} + \Delta v_{hp} \tag{7-195}$$

3) 有关的问题

(1) BP算法可实现 n 维至 m 维输入/输出欧几里得空间的非线性映射，通过若干简单非线性处理单元的复合映射，可获得复杂的非线性处理能力。

(2) BP算法使用了优化算法中的梯度下降法，把一组样本的I/O问题变为非线性优化问

题，隐含层使优化问题的可调参数增加，使解变得更精确。

(3) 全局逼近网络的收敛问题。

BP 神经网络是全局逼近网络，因而具有较好的泛化能力。但由于 BP 学习规则按误差函数梯度下降的方向进行收敛，非常依赖于学习模式的初始位置，所以其收敛速度慢，易于陷入局部极值。适当改变 BP 神经网络中间层的神经元个数，或给每个连接权值加上一个很小的随机数，都有可能使收敛过程避开局部极小点。学习速率η越大，权值调整越快，在不导致振荡的情况下，η可稍大一些。但是保证网络收敛于全局最小值的有效办法是随机学习算法，或者采用变步长法、引入动量项等加快收敛速度的方法来弥补其不足。

2. RBF 神经网络

径向基函数(Radial Basis Function，RBF)神经网络是由 J. Moody 和 Clarke 于 20 世纪 80 年代末提出的一种神经网络。它是具有单隐含层的三层前馈网络，结构见图 7-45。RBF 模拟了人脑中局部调整、相互覆盖接收域(Receptive Field)的神经网络结构，是一种局部逼近网络(部分数据有输出值，其余为零)。已证明 RBF 能以任意精度逼近任一连续函数。

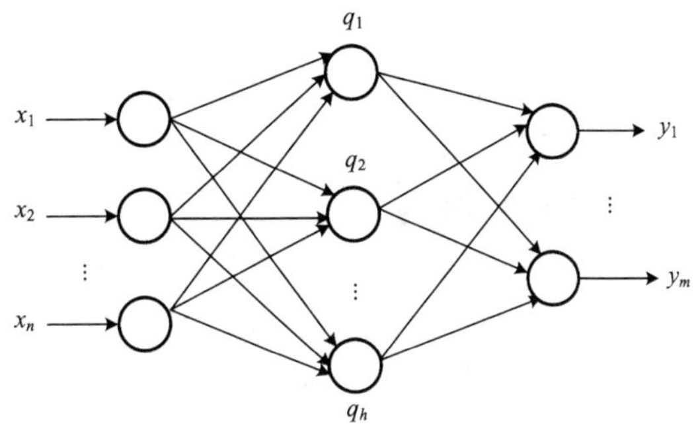

图 7-45　RBF 神经网络结构

构成 RBF 神经网络的基本思想是：用 RBF 作为隐单元的“基”来构成隐空间，这样就可将输入矢量直接(即不通过权连接)映射到隐空间。当 RBF 的中心点确定以后，这种映射关系也就确定了。输入层到隐含层的映射是非线性的，而隐含层到输出层的映射是线性的。一般来讲，隐含层节点由像高斯函数那样的辐射状激活函数构成，输出层节点通常采用简单的线性函数，因此网络输出为隐单元输出的线性加权和，其对可调参数权值而言又是线性的。这样，网络的权值就可由线性方程组直接解出，这大大加快了学习速度并避免了局部极小问题。

1) 网络输出计算

设网络的输入 $\boldsymbol{X}$ 为 n 维向量，输出 $\boldsymbol{Y}$ 为 m 维向量，隐含层节点(简称隐节点，也称为 RBF 节点)的输出为 $q_i(i=1,2,\cdots,h)$。

RBF 神经网络隐含层第 i 个节点的输出为

$$q_i = R[\|\boldsymbol{X}-\boldsymbol{C}_i\|] \tag{7-196}$$

式中，$\boldsymbol{X}$ 为 n 维输入向量；$\boldsymbol{C}_i$ 为第 i 个隐节点的中心向量；$\|\cdot\|$ 为欧几里得范数；$R[\cdot]$为 RBF 输入层到隐含层实现 $x\to q_i(x)$ 非线性映射的激活函数。

RBF 激活函数有多种形式，体现了 RBF 神经网络的非线性映射能力，一般取为径向对称的形式，如非线性高斯基函数：

$$R[\cdot]_i = \exp\left[-\frac{1}{2}\cdot\frac{(\boldsymbol{X}-\boldsymbol{C}_i)^{\mathrm{T}}(\boldsymbol{X}-\boldsymbol{C}_i)}{\sigma_i^{\ 2}}\right] \tag{7-197}$$

式中，σ_i 为第 i 个隐节点的标准化参数$(i=1,2,\cdots,h)$。

对于一维高斯 RBF，自变量 $\boldsymbol{X}$ 和中心向量 $\boldsymbol{C}$ 是一维的，式(7-197)可简化为

$$R[\cdot]=\exp\left[-\frac{1}{2}\cdot\frac{(x-c)^2}{\sigma^2}\right] \tag{7-198}$$

或选用如下函数：

$$R[\cdot]_i=\frac{1}{({\sigma_i}^2+\boldsymbol{X}^{\mathrm{T}}\boldsymbol{X})^a},\quad a>0 \tag{7-199}$$

网络隐含层到输出层实现 $R[\cdot]_i\to y_k$ 的线性映射，即

$$y_k=\sum_{i=1}^{h}w_{ki}q_i-\theta_k,\quad k=1,2,\cdots,m \tag{7-200}$$

式中，q_i 是隐含层第 i 个节点的输出；y_k 是输出层第 k 个节点的输出；w_{ki} 为 $q_i\to y_k$ 的连接权值；θ_k 为第 k 个输出节点的阈值。

2) 网络的学习算法

设有 N 组输入/输出样本 $\boldsymbol{X}_p/\boldsymbol{O}_p(p=1,2,\cdots,N)$。定义目标函数为

$$J\{w(k)\}=E\left\{\frac{1}{2}\sum_{i=1}^{N}[e_i(k)]^2\right\}=\frac{1}{2}\sum_{p=1}^{N}\left\|\boldsymbol{Y}_p-\boldsymbol{O}_p\right\|^2=\frac{1}{2}\sum_{p=1}^{N}\sum_{k=1}^{m}(y_{kp}-o_{kp})^2 \tag{7-201}$$

式中，N 为输入/输出样本对长度；$\boldsymbol{Y}_p$ 为在 $\boldsymbol{X}_p$ 输入下网络的期望输出向量(目标值)；$\boldsymbol{O}_p$ 为在 $\boldsymbol{X}_p$ 输入下网络的实际输出向量；y_{kp} 为在样本 p 作用下的第 k 个神经元的期望输出；o_{kp} 为在样本 p 作用下的第 k 个神经元的实际输出；m 为网络输出节点数。

学习的目的是使

$$J\{w(k)\}\leqslant\varepsilon$$

RBF 神经网络的学习算法由无监督学习和有监督学习两部分组成。

(1) 无监督学习。

无监督学习是对所有样本的输入进行聚类，求得各隐含层节点的 RBF 中心向量 $\boldsymbol{C}_i$。这里介绍用 k-均值聚类算法。此算法将训练样本集中的输入向量分为若干族，在每一个数据族内找出一个径向基函数中心向量 $\boldsymbol{C}_i$，使得该族内各样本向量距该族中心的距离最小。算法步骤如下：

① 给定各隐节点的初始中心向量 $\boldsymbol{C}_i(0)$（$i=1,2,\cdots,h$）。

② 计算欧几里得距离并求出最小距离的节点：

$$\begin{aligned}d_i(k)&=\left\|\boldsymbol{X}(k)-\boldsymbol{C}_i(k-1)\right\|,\quad 1\leqslant i\leqslant h\\ d_{\min}(k)&=\min d_i(k)=d_r(k)\end{aligned} \tag{7-202}$$

式中，k 为样本序号；d_r 为中心向量 $\boldsymbol{C}_i(k-1)$ 与输入样本 $\boldsymbol{X}(k)$ 距离最近的隐节点 r 的欧几里得距离。

③ 调整中心：

$$\begin{aligned}\boldsymbol{C}_i(k)&=\boldsymbol{C}_i(k-1),\quad 1\leqslant i\leqslant h,\quad i\neq r\\ \boldsymbol{C}_r(k)&=\boldsymbol{C}_r(k-1)+\beta[\boldsymbol{X}(k)-\boldsymbol{C}_r(k-1)]\end{aligned} \tag{7-203}$$

式中，β 是学习速率，$0<\beta<1$。

④判断聚类的质量。

对于全体样本 $k\ (k=1,2,\cdots,N)$，反复进行②、③步，直至满足以下条件，聚类结束：

$$J_e=\frac{1}{2}\sum_{i=1}^{h}\|x(k)-c_i(k)\|^2\leqslant\varepsilon \tag{7-204}$$

(2) 有监督学习。

当 $\boldsymbol{C}_i$ 确定后，训练由隐含层至输出层之间的权值。由式(7-200)可知，它是一个线性方程组，则求取权值就成为线性优化问题，可利用各种线性优化算法，如 LMS(Least Mean Square)算法(最速下降法，即 Delta 学习规则)、递推最小二乘(RLS)法等求得。下面仅给出采用 RLS 法的计算结果。为简单起见，讨论单输出的情况。

定义目标函数：

$$J(k)=\sum_{p=1}^{N}E_p(k)=\frac{1}{2}\sum_{p=1}^{N}\sum_{k=1}^{m}\Lambda(p)(y_{kp}-o_{kp})^2 \tag{7-205}$$

式中，$\Lambda(p)$ 为加权因子。若第 p 个样本比第 k 个($p>k$，$k>1$)可靠，则 p 的加权因子较大，可取

$$\Lambda(p)=\lambda^{N-p},\quad 0<\lambda<1,\quad p=1,2,\cdots,N \tag{7-206}$$

参见式(7-61)，求使 J 值最小的 $\boldsymbol{W}$，即

$$\frac{\partial J(k)}{\partial W}=0 \tag{7-207}$$

可得递推最小二乘(RLS)法为

$$\begin{cases}\boldsymbol{W}_p(k)=\boldsymbol{W}_p(k-1)+\boldsymbol{K}(k)[\boldsymbol{d}_p-\boldsymbol{q}_p^{\mathrm{T}}(k)\boldsymbol{W}_p(k-1)]\\ \boldsymbol{K}(k)=\boldsymbol{P}(k-1)\boldsymbol{q}_p(k)\left[\dfrac{1}{\Lambda(p)}+\boldsymbol{q}_p^{\mathrm{T}}(k)\boldsymbol{P}(k-1)\boldsymbol{q}_p(k)\right]^{-1}\\ \boldsymbol{P}(k)=[\boldsymbol{I}-\boldsymbol{K}(k)\boldsymbol{q}_p^{\mathrm{T}}(k)]\boldsymbol{P}(k-1)\end{cases} \tag{7-208}$$

式中，$\boldsymbol{q}_p(k)=[q_{1p}(k),q_{2p}(k),\cdots,q_{hp}(k)]^{\mathrm{T}}$，$h$ 为隐节点数。

3) 有关的问题

(1) RBF 与 BP 神经网络的主要不同点是非线性激活函数：RBF 神经网络的激活函数是局部的，如高斯基函数；而 BP 神经网络采用的 S 型函数(Sigmoid)是全局的。

(2) 已证明 RBF 神经网络具有唯一最佳逼近的特性，学习速度很快，适用于在线实时控制，且无局部极小值。

(3) 径向对称的径向基函数有很多种。对于一组样本，如何选择合适的径向基函数以及隐节点数以使网络学习达到要求的精度，是尚未解决的问题。当前，先用计算机进行选择、设计，再进行检验是一种通用的手段。

(4) RBF 神经网络隐节点的中心难求，没有固定的方法，已成为该网络难以广泛推广的原因。可以将所有输入样本设为径向基函数的中心，宽度按公式估算(规范化 RBF 神经网络)；也可以从样本中或自组织选取(广义 RBF 神经网络，即当样本数 N 很大时，为减少计算量，隐节点个数大于样本维数，但小于样本个数的网络)数据中心。自组织选取除聚类算法外，还有梯度训练方法等。

3. Hopfield 神经网络

1) Hopfield 神经网络的基本思想

Hopfield 神经网络作为一种全连接型神经网络，曾经在人工神经网络研究发展历程中起过唤起希望的作用。它采用与阶层型神经网络不同的结构特征和学习方法模拟生物神经网络的记忆机理，获得了令人满意的结果。这一网络及学习算法最初由美国物理学家 J.J.Hopfield 于 1982 年提出，故称为 Hopfield 神经网络。1985 年 D.W.Tank 用这种网络模型成功地求解了优化组合问题中具有典型意义的旅行商(TSP)问题，在所有随机选择的路径中找到了十万分之一的最优路径，这在当时是神经网络研究工作中所取得的突破性进展。

J. J. Hopfield 是从物理学磁场理论中受到启发，结合生物神经网络的思维机理而提出网络模型的。众所周知，磁场也是一种具有记忆功能的物质。人们很早就利用磁场的记忆功能创造出许多很有价值的产品，如计算机磁盘。由物理学知识可知，在磁性材料中游动着大量的磁旋。正是由于方向磁旋的相互作用才产生了磁场本身所具有的各种性质，如永久磁铁的 N/S 两极特性。Hopfield 神经网络的基本思想就是用人工神经元模拟磁旋，用神经元之间的连接权值模拟磁场中磁旋的相互作用；用神经元的“激活”和“抑制”状态模拟磁场中磁旋的上、下两个方向，从而构成一个具有记忆功能的神经网络系统。同时，引用物理学中有关能量的概念，用“计算能量函数”来评价和指导整个网络的记忆功能。

Hopfield 神经网络的各个神经元都是相互连接的，即每一个神经元都有自己的输出，通过连接权值送给所有其他神经元，同时每个神经元又都接收所有其他神经元传递过来的信息。不同于前面讨论的 BP 神经网络，Hopfield 神经网络采用反馈型连接，并考虑输出与输入间在时间上的动态传输延迟，因此，需要用差分方程或微分方程来描述，其稳定状态的分析比 BP 神经网络要复杂得多。此外，二者在网络的学习训练，即权值系数的调整方面也不同，Hopfield 神经网络采用有监督的 Hebb 学习规则。在一般情况下，计算的收敛速度很快。

根据网络的输出是离散量还是连续量，Hopfield 神经网络分为离散的和连续的两种。本书仅介绍离散型 Hopfield 神经网络。

2) 离散型 Hopfield 神经网络的结构与算法

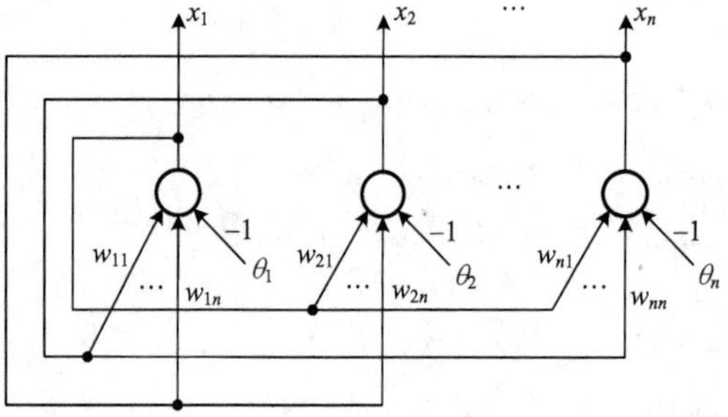

图 7-46 离散型 Hopfield 神经网络结构

离散型 Hopfield 神经网络的结构如图 7-46 所示。

设网络有 n 个神经元，每个神经元只能取“1”或“0”两种状态。各个神经元的状态可用向量 $\boldsymbol{X}$ 表示，即

$$\boldsymbol{X}=[x_1,x_2,\cdots,x_n] \tag{7-209}$$

式中，$x_i=1$ 或 0 ($i=1,2,\cdots,n$)。

对于每一个神经元节点，其工作方式可表示为

$$\begin{cases} s_i(k)=\sum\limits_{j=1}^{n} w_{ij}x_j(k)-\theta_i \\ x_i(k+1)=f(s_i(k)) \end{cases} \tag{7-210}$$

式中，θ_i 为神经元 i 的阈值($i=1,2,\cdots,n$)；w_{ij} 为权值。

对于离散型 Hopfield 神经网络，$f(\cdot)$通常取为二值函数，即

$$f(s)=\begin{cases}1, & s\geqslant 0\\ -1, & s<0\end{cases} \quad 或 \quad f(s)=\begin{cases}1, & s\geqslant 0\\ 0, & s<0\end{cases} \tag{7-211}$$

已有定理证明，当网络满足以下两个条件时，Hopfield 学习算法总是收敛的。

(1) 主连接权值矩阵无连接且具有对称性，即

$$\begin{aligned} w_{ii}&=0,\ i=1,2,\cdots,n\\ w_{ij}&=w_{ji},\ i,j=1,2,\cdots,n \end{aligned} \tag{7-212}$$

这一假设条件虽然不符合生物神经网络的实际情况(生物神经网络之间的连接强度通常是不对称的)，但是与磁场中各磁旋的相互作用情况一致。

(2) 网络中各神经元以非同步或串行的随机选取方式，依据运行规则改变状态，且当某个神经元改变状态时，其他所有神经元保持原状态不变，这一点符合生物神经网络的情况。

3) 网络计算能量函数与网络收敛

从 Hopfield 神经网络运行规则可以看出，网络中某个神经元 k 时刻的输出状态通过其他神经元间接地与自己的 $k-1$ 时刻的输出状态发生联系。从数学的观点看，网络的状态变化可用差分方程表征；从系统动力学的观点看，此时的网络已不像“偏差逆传播”那样只是非线性映射的网络，而是一个反馈动力学系统。准确地说，它是一个多输入、多输出、带阈值的二态非线性动力学系统。众所周知，一个抽象的动力学系统与一个具有实际物理意义的动力学系统比较，抽象系统的动态过程必定是使某个与实际系统形式上一致的能量函数的值减小的过程。Hopfield 神经网络也同样如此。在满足一定的参数条件下，某种能量函数的值在网络运行过程中不断地减小，最后趋于稳定的平衡状态。设 k 时刻网络的状态用 n 个神经元的输出向量 $\boldsymbol{X}(k)$表示为

$$\boldsymbol{X}(k)=[x_1(k),x_2(k),\cdots,x_n(k)] \tag{7-213}$$

而每个神经元只有“1”或“0”两种状态，所以 n 个神经元共有 2^n 种状态。从几何学的角度看，这 2^n 种状态正好对应一个 n 维超立方体的各个顶点。网络的能量函数可定义为网络状态的二次型函数，即

$$E(k)=-\frac{1}{2}\sum_{i=1}^{N}\sum_{j=1}^{N}w_{ij}x_j(k)x_i(k)+\sum_{i=1}^{N}\theta_i x_i(k)=-\frac{1}{2}\boldsymbol{X}^{\mathrm{T}}(k)\boldsymbol{W}\boldsymbol{X}(k)+\boldsymbol{X}^{\mathrm{T}}(k)\boldsymbol{\theta} \tag{7-214}$$

由于神经元节点只能取“1”和“−1”(或“1”和“0”)两种状态，因此上述定义的能量函数 $E(k)$是有界的，可能存在着一个或多个极小点(或称为平衡点)使网络收敛。可以证明，按照 Hopfield 运行工作规则，改变网络状态将使能量函数的值单调减小，但网络不见得一定收敛到全局最小点，这是 Hopfield 神经网络的一个缺陷。尽管如此，由以上分析可知，Hopfield 神经网络已具有寻找能量函数极小点的功能，这就为网络的模式记忆奠定了基础。

4) 联想记忆

在 Hopfield 模型中，通过引入能量函数来描述网络系统的稳定性，其记忆样本模式以向量形式分布存储于神经元之间的连接权值上，并对应网络能量函数的局部极小值。每个神经元的输入/输出特性为一有界的非线性作用函数，各个神经元以随机等概率异步方式进行计

算。这种网络由初始状态(初始输出模式矢量)向稳定状态演化的过程就是寻找记忆的过程，即一个不完整的模式向完整的模式演化的过程。这种记忆方式称为内容寻址记忆，与实际神经系统的记忆方式十分相似。

Hopfield 神经网络是一个非线性动力学系统。当某时刻各神经元的初始状态确定之后，网络的状态将按 Hopfield 运行工作规则向能量递减的方向变化，最后接近或达到网络的平衡状态。Hopfield 神经网络的这一特性提示，如果设法把所需记忆模式设计成某个已确定网络状态的一个稳定平衡点(极小值)，则当网络从与记忆模式较靠近的某个初始状态(即发生某些变形或含有某些噪声的记忆模式)出发后，网络将按 Hopfield 运行工作规则进行状态更新，最后将稳定在能量函数的极小点，即记忆模式所对应的状态。这样就完成了由含有噪声的记忆模式到全部信息记忆模式的联想过程。

4. 模糊神经网络

模糊系统和神经网络均属于无模型的估计器和非线性动力学系统，是处理不确定性、非线性和其他不适定问题(Ill-Posed Problem)的有力工具。截至目前，模糊神经网络已然成为控制领域里的一个研究热点，其原因就在于两者之间的互补性质。

模糊系统对知识的抽取和描述比较方便，适用于表达模糊或定性的知识，其推理方式类似于人的思维模式，但较缺乏自学习和自适应控制的能力；而神经网络则可直接从样本中进行有效的学习，具有并行计算、分布式信息存储、自适应学习以及容错能力强等一系列优点，但其不适用于表达基于规则的知识。因此，在对神经网络进行训练时，由于不能很好地利用已有的经验知识，常常只能将初始权值取为零或随机数，从而增加了网络的训练时间或者陷入非要求的局部极值。

可以想见，两者若适当地结合起来，取长补短，必将组成比单独的神经网络或模糊系统性能更好的系统。将神经网络的学习能力引到模糊系统中，将模糊系统的模糊化处理、模糊推理、精确化计算通过分布式的神经网络来表示，是实现模糊系统自组织、自学习的重要途径。在模糊神经网络中，神经网络的输入、输出节点用来表示模糊系统的输入、输出信号，神经网络的隐节点用来表示隶属函数和模糊规则，神经网络的并行处理能力使得模糊系统的推理能力大大提高。

模糊神经网络本质上是将常规的神经网络赋予模糊输入信号和模糊权值，其学习算法通常是神经网络的学习算法或其推广算法。在模糊系统中，经常使用两类输出量不同的模糊模型：一类是模糊集合，如 Mamdani 模型；另一类是输入变量的线性组合，如 Takagi-Sugeno(T-S)模型。这里仅介绍神经网络与上述两种模糊模型结合的原理和结构。由于具体的系统个性很强，网络的学习算法需要进行特殊的设计和繁杂的调试，在此不做赘述。

1) 基于 Mamdani 模型的模糊神经网络结构

由 7.5 节可知，Mamdani 型模糊控制器是一种典型的二维模糊控制器，其核心部分由模糊化模块、模糊推理模块和清晰化模块组成，如图 7-30 所示。其功能都可以用人工神经网络完成。

例如，如果向某个神经元输入清晰量 x，它的激活函数设定为某个可微的函数，如高斯函数 $y=\exp[-(x-c)^2/(2\sigma^2)]$或普适激活函数 $\exp(-|ax-b|^r)$，则输出量 $y\in[0,1]$。y 可以表示为 x 属于某个模糊子集(隶属函数)的隶属度，从而该神经元就完成了模糊化模块的功能，使清晰量转化成了模糊量。改变激活函数中的常数 c、σ 或 a、b 和 r，就可以变换隶属函数的

类型和形状。用这样的神经元完全可以实现模糊化模块的功能。

又如，设某个神经元有多个输入和一个输出，可将它的激活函数定义成对输入量的“取大”、“取小”或其他运算，就能完成模糊推理、综合或清晰化等不同的功能。如果把功能不同的许多神经元连成网络，就可以构成一个神经模糊系统，完成前面介绍过的模糊系统所具有的功能。

图 7-47 为一个基于 Mamdani 模型的两输入单输出模糊神经网络结构，其中输入模糊子集为 $\boldsymbol{T}(e) = \boldsymbol{T}(ec) = \{NL, ZE, PL\}$，输出模糊子集为 $\boldsymbol{T}(u) = \{NL, NS, ZE, PS, PL\}$。它采用多层前馈神经网络，每层完成一个特定的任务，然后把信息传到下一层。

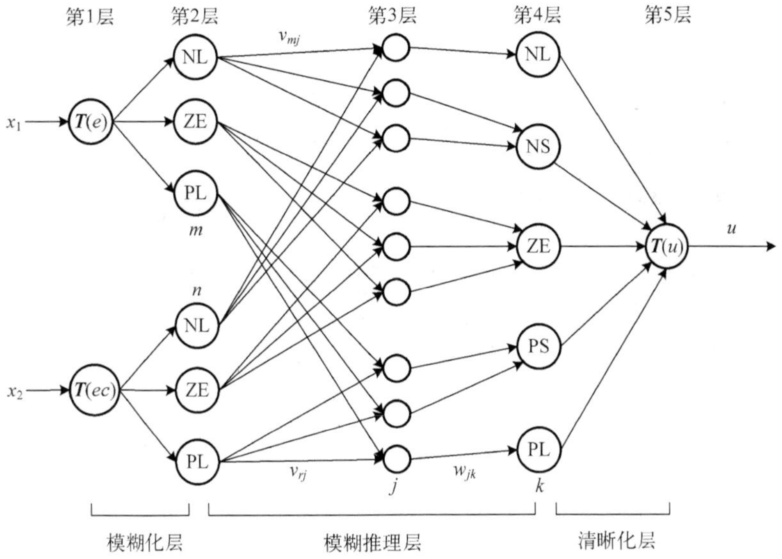

图 7-47　基于 Mamdani 模型的模糊神经网络结构

第 1 层输入层为精确值，节点个数为输入变量的个数，主要完成接收偏差 e 和偏差变化 ec 的任务。

第 2 层为输入变量的隶属函数层，实现输入变量的模糊化任务，把输入的数值量转换成属于某个模糊子集的隶属度模糊量，故从第 1 层到第 2 层为模糊化层。

第 3 层、第 4 层共同完成模糊推理过程，为模糊推理层。第 3 层也称为“与”层，该层的节点个数为模糊规则数，即每个节点只与第 2 层中 m 节点中的一个和 n 节点中的一个相连，共有 $m \times n$ 个节点，也就是有 $m \times n$ 条规则。第 4 层为“或”层，节点数为输出变量模糊分割个数 q。该层与第 3 层的连接为全互连，连接权值为 $\boldsymbol{W}_{kj}$，其中 $k = 1, 2, \cdots, q, j = 1,2,\cdots, m \times n$。

第 5 层为清晰化层，节点数为输出变量的个数。该层与第 4 层的连接为全互连，将第 4 层各个节点的输出转换为输出变量的精确值，输出控制量。

2) 基于 T-S 模型的模糊神经网络结构

基于 T-S 模型的模糊神经网络与基于 Mamdani 模型的模糊神经网络具有相似的结构，只是由于 Mamdani 模糊推理的规则形式更符合人们的思维和语言表达习惯，基于 Mamdani 模型的模糊神经网络更早应用于表达人类的知识，但存在计算复杂、不利于数学分析的缺点。

而 T-S 模糊推理具有计算简单、有利于数学分析的优点，且易于和 PID 控制方法以及优化、自适应方法结合，所以基于 T-S 模型的模糊神经网络更方便用于实现具有优化与自适应能力的控制器或模糊建模工具。1993 年 Jyh-Shing Roger Jang 将其与神经网络结合，用于构造具有自适应学习能力的神经模糊推理系统(Adaptive Network-Based Fuzzy Inference System，ANFIS)。

可以从另一角度来认识基于 T-S 模型的模糊神经网络的输入/输出映射关系。若各输入分量的分割是精确的，即相当于隶属度函数为互相拼接的超矩形函数，则网络的输出相当于对原光滑函数的分段线性近似，即相当于用许多块超平面来拟合一个光滑曲面。这种先验认识可以帮助选取网络参数的初值，避免陷入不希望的局部极值并大大提高收敛的速度。这对实时控制是尤为重要的。

ANFIS 具有便捷高效的特点，因而已被收入了 MATLAB 的模糊逻辑工具箱，并已在多个领域得到了成功应用。

7.6.4 神经网络控制系统的设计

神经网络控制属于“智能控制”的分支，可用于解决复杂的非线性、不确定、不确知系统在不确定、不确知环境中的控制问题。

在智能控制系统中，最重要的有两点：一是与知识基有关的推理机制；二是随环境变化的适应能力。神经网络的多目标学习能力和自适应性使其可以有效地用于智能控制系统，成为基本上不依赖于模型的一类控制。因此，神经网络用于控制系统是“物尽其用”的必然结果。

1. 神经网络控制的基本原理

控制系统的目的在于通过确定适当的控制量输入，使得系统获得期望的输出特性。控制系统的设计或综合属于控制的逆问题求解，即根据被控对象的特性和要求，选择不同的控制结构，确定不同的准则函数。一般来讲，神经网络在相应的控制系统结构中可以当作控制器(Neural Network Control，NNC)或辨识器(Neural Network Identification，NNI)。假设用神经网络替代一般反馈控制系统中的控制器，则其控制系统结构如图 7-48 所示。为了完成同样的控制任务，下面分析神经网络是如何工作的。

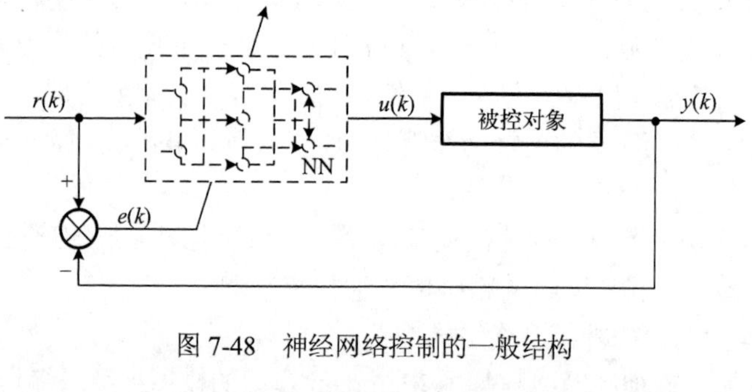

图 7-48　神经网络控制的一般结构

设被控对象的输入 u 和系统输出 y 之间满足如下非线性函数关系：

$$y = g(u) \tag{7-215}$$

控制的目的是确定最佳的控制量输入 u，使系统的实际输出 y 等于其期望输出 y_d，一般来讲，y_d 为控制系统的给定值 r，即 $y_d = r$。在该系统中，可把神经网络的控制器功能看作其输入 r 与输出 u 的某种映射，或称为函数变换，并设它的函数关系为

$$u = f(y_d) \tag{7-216}$$

为了满足系统输出 y 等于其期望输出 y_d，将式(7-216)代入式(7-215)，可得

$$y = g[f(y_d)] \tag{7-217}$$

显然，当 $f(\cdot) = g^{-1}(\cdot)$ 时，可满足 $y = r = y_d$ 的要求。

由于要采用神经网络控制的被控对象一般是复杂的且多具有不确定性，因此非线性函数 $g(\cdot)$ 是难以建立的，可以利用具有逼近非线性函数能力的神经网络作为辨识器来模拟 $g^{-1}(\cdot)$。尽管 $g(\cdot)$ 的形式未知，但可以通过系统的实际输出 y 与期望输出 y_d 之间的误差来调整神经网络中的连接权值，即让神经网络学习，直至误差 $e = y_d - y = 0$。这就是采用神经网络模拟 $f(\cdot) = g^{-1}(\cdot)$ 并实现控制目标的过程，它实际上是对被控对象的一种求逆过程。由神经网络的学习算法实现这一求逆过程就是神经网络实现直接控制的基本思想。

2. 神经网络在控制中的主要作用

基于神经网络的控制(简称神经控制)是指在控制系统中采用神经网络这一工具，对难以精确描述的复杂非线性对象进行辨识建模，或充当控制器，或优化计算，或进行推理，或诊断故障等，以及使系统同时兼有上述某些功能。将这样的系统统称为基于神经网络的控制系统，称这种控制方式为神经网络控制。

因此，神经网络在控制中的作用可分为以下几种。

(1) 在各种控制结构中作为辨识器(NNI)。根据系统所提供的测量信息，在某种准则意义下在线估计出对象模型的结构和参数，并可随着对象、环境的变化而自适应地改变。

(2) 在反馈控制系统中作为控制器(NNC)，其性能随着对象、环境的变化根据辨识器的结果而自适应地进行调整。

(3) 在传统控制系统中进行优化计算。

(4) 在与其他算法(如模糊控制、遗传算法等)的融合应用中，提供非参数模型、优化参数、推理模型及故障诊断等手段。

神经网络控制主要是为了解决复杂非线性、不确定、不确知系统在不确定、不确知环境中的控制问题，使其稳定性好、鲁棒性强，具有满意的动静态特性。为了达到要求的性能指标，处在不确定、不确知环境中的控制系统设计问题就成为研究的核心问题。因此，可以在系统结构中设置两个神经网络，如图 7-49 所示，使之在高维空间搜索中寻优。其神经辨识器、控制器结构的选择可能需要经过多次试探，以准则函数式(7-218)为目标，在最小方差意义下对权值系数进行优化学习与训练。

$$J(k) = \begin{cases} \dfrac{1}{2}[y(k) - \hat{y}(k)]^2 = \dfrac{1}{2}e_1^2(k) \leqslant \varepsilon_1, & \text{NNI} \\ \dfrac{1}{2}[r(k) - \hat{y}(k)]^2 = \dfrac{1}{2}e_2^2(k) \leqslant \varepsilon_2, & \text{NNC} \end{cases} \tag{7-218}$$

式中，$\hat{y}(k)$ 为神经网络的输出估计值；$e_1(k)$、$e_2(k)$ 分别为神经网络辨识器(NNI)和控制器(NNC)的误差。

图 7-49 所示系统训练时需调整的权值系数值较多，且收敛速度与所选的学习算法、初始权值系数均有关。

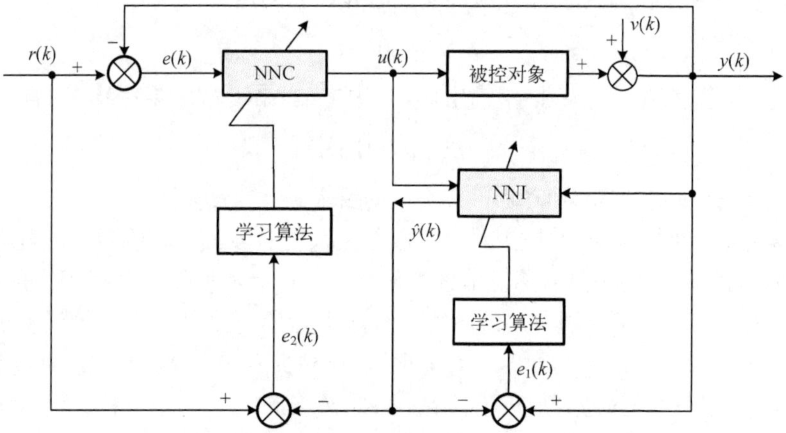

图 7-49　神经网络控制结构

3. 神经网络控制系统设计

迄今为止，神经网络已在多种控制结构中得到应用，如基于传统控制理论的神经直接逆动态控制、神经自校正控制、神经模型参考自适应控制、神经自适应 PID 控制、神经非线性内模控制、神经预测控制等，以及基于神经网络的智能控制，如神经滑模控制、神经专家系统控制、神经模糊逻辑控制等。本节仅介绍神经自校正控制和神经非线性内模控制的基本设计方法。

1) 神经自校正控制

在 7.3.4 节介绍的自校正控制中，被控对象采用线性或线性化的模型进行辨识，这对于时变线性或复杂的非线性系统，难以实现有效的控制。

神经自校正控制系统基本结构如图 7-50 所示，其由两个回路组成：①自校正控制器与被控对象构成的反馈回路；②神经网络辨识器与控制器设计规则构成的控制器参数整定回路。神经网络辨识器与自校正控制器的在线设计是神经自校正控制实现的关键。

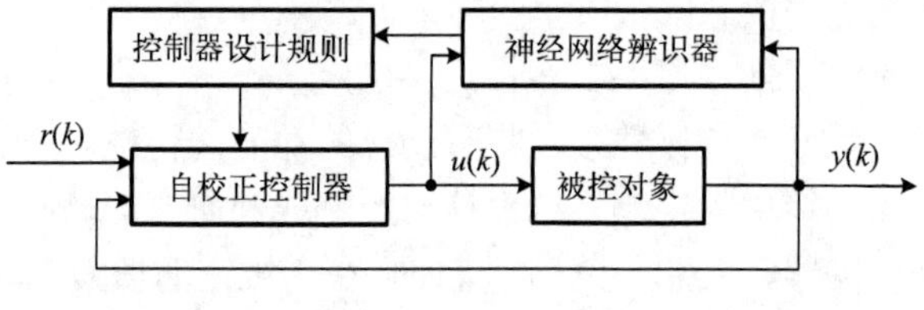

图 7-50　神经自校正控制系统基本结构

(1) 神经自校正控制器。

设被控对象为

$$\begin{aligned} y(k+1) &= g[y(k),\cdots,y(k-n+1);u(k),\cdots,u(k-m+1)] \\ &\quad + \varphi[y(k),\cdots,y(k-n+1);u(k),\cdots,u(k-m+1)]u(k), \quad n \geqslant m \end{aligned} \tag{7-219}$$

式中，$u(k)$、$y(k)$为被控对象的输入和输出序列；$g[\cdot]$、$\varphi[\cdot]$为非零函数。

若 $g[\cdot]$、$\varphi[\cdot]$已知，根据确定性等价原则，此处 $y(k+1) = r(k+1)$，则控制器的控制律为

$$u(k)=\frac{r(k+1)-g[\cdot]}{\varphi[\cdot]} \tag{7-220}$$

此时，控制系统的输出 $y(k)$能精确地跟踪输入 $r(k)$，即系统的期望输出。

若 $g[\cdot]$、$\varphi[\cdot]$未知，则可通过在线训练神经网络辨识器，使其逐渐逼近被控对象。此时，由神经网络辨识器 $Ng[\cdot]$、$N\varphi[\cdot]$代替 $g[\cdot]$、$\varphi[\cdot]$，则控制器的输出为

$$u(k)=\frac{r(k+1)-Ng[\cdot]}{N\varphi[\cdot]} \tag{7-221}$$

式中，$Ng[\cdot]$、$N\varphi[\cdot]$为 $g[\cdot]$、$\varphi[\cdot]$的估计值，由非线性动态神经网络组成。

(2) 神经网络辨识器。

为使问题简化，考虑如下一阶非线性仿射型被控对象模型：

$$y(k+1)=g[\boldsymbol{y}(k)]+\varphi[\boldsymbol{y}(k)]u(k) \tag{7-222}$$

其神经网络辨识器结构如图 7-51 所示，由两个三层非线性时延神经网络(Delayed- Time Neural Networks，DTNN)实现。其中，$Ng[\cdot]$、$N\varphi[\cdot]$的阶次分别与式(7-222)中 $g[\cdot]$、$\varphi[\cdot]$的阶次相对应，L 为线性节点，H 为隐含层非线性节点，两个网络各有 p 个隐含层节点。

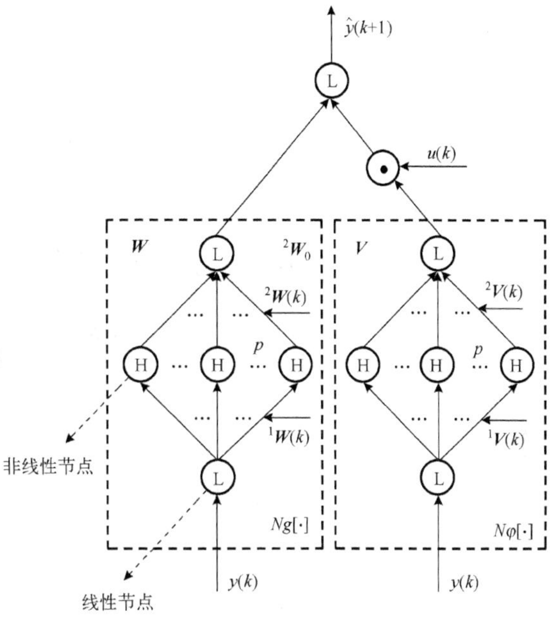

图 7-51　神经网络辨识

网络输入为$\{u(k), y(k)\}$，输出为

$$\begin{aligned}\hat{y}(k+1)=&Ng[\boldsymbol{y}(k);\boldsymbol{W}(k)]\\&+N\varphi[\boldsymbol{y}(k);\boldsymbol{V}(k)]u(k)\end{aligned} \tag{7-223}$$

式中，$\boldsymbol{W}$、$\boldsymbol{V}$为两个网络的权值系数向量。

$$\begin{aligned}\boldsymbol{W}(k)&=[{}^1\boldsymbol{W}(k);{}^2\boldsymbol{W}(k)]=[w_1(k),\cdots,w_p(k);w_{p+1}(k),\cdots,w_{2p}(k)]\\\boldsymbol{V}(k)&=[{}^1\boldsymbol{V}(k);{}^2\boldsymbol{V}(k)]=[v_1(k),\cdots,v_p(k);v_{p+1}(k),\cdots,v_{2p}(k)]\end{aligned} \tag{7-224}$$

式中，p 为隐层非线性节点数；${}^1\boldsymbol{W}(k)$、${}^2\boldsymbol{W}(k)$分别为 $Ng[\cdot]$网络输入层至隐层、隐层至输出层的连接权；${}^1\boldsymbol{V}(k)$、${}^2\boldsymbol{V}(k)$分别为 $N\varphi[\cdot]$网络输入层至隐层、隐层至输出层的连接权。

图 7-51 中所用非线性激活函数为

$$f(x)=\frac{\mathrm{e}^x-\mathrm{e}^{-x}}{\mathrm{e}^x+\mathrm{e}^{-x}} \tag{7-225}$$

将式(7-221)代入式(7-222)，则控制系统的输出为

$$\hat{y}(k+1)=g[\boldsymbol{y}(k)]+\varphi[\boldsymbol{y}(k)]\left\{\frac{r(k+1)-Ng[\cdot]}{N\varphi[\cdot]}\right\} \tag{7-226}$$

可见，只有当 $Ng[\cdot]\to g[\cdot]$，$N\varphi[\cdot]\to\varphi[\cdot]$时，才能使 $y(k)$精确地跟踪输入 $r(k)$。

设准则函数为

$$E(k)=\frac{1}{2}[y(k+1)-\hat{y}(k+1)]^2=\frac{1}{2}e_1^2(k+1) \tag{7-227}$$

神经网络辨识器的训练过程(即权值系数调整过程)为

$$\begin{aligned}\boldsymbol{W}(k+1)&=\boldsymbol{W}(k)+\Delta\boldsymbol{W}(k)\\ \boldsymbol{V}(k+1)&=\boldsymbol{V}(k)+\Delta\boldsymbol{V}(k)\end{aligned} \tag{7-228}$$

根据 BP 学习算法，有

$$\begin{aligned}\Delta w_i(k)&=-\eta_w\frac{\partial E(k)}{\partial w_i(k)}\\ \Delta v_i(k)&=-\eta_v\frac{\partial E(k)}{\partial v_i(k)}\end{aligned} \tag{7-229}$$

将式(7-226)、式(7-227)代入式(7-229)，得

$$\begin{aligned}\Delta w_i(k)&=-\eta_w\frac{\varphi[\boldsymbol{y}(k)]}{N\varphi[\boldsymbol{y}(k)]}\left\{\frac{\partial Ng[\boldsymbol{y}(k);\boldsymbol{W}(k)]}{\partial w_i(k)}\right\}e_1(k+1)\\ \Delta v_i(k)&=-\eta_v\frac{\varphi[\boldsymbol{y}(k)]}{N\varphi[\boldsymbol{y}(k)]}\left\{\frac{\partial N\varphi[\boldsymbol{y}(k);\boldsymbol{V}(k)]}{\partial v_i(k)}\right\}e_1(k+1)u(k)\end{aligned} \tag{7-230}$$

$\boldsymbol{\varphi}[\boldsymbol{y}(k)]$未知，设其符号已知，记为 $\mathrm{sgn}\{\boldsymbol{\varphi}[\boldsymbol{y}(k)]\}$，将其代入式(7-230)，有

$$\begin{aligned}w_i(k+1)&=w_i(k)-\eta_w\frac{|\varphi[\boldsymbol{y}(k)]|\mathrm{sgn}\{\varphi[\boldsymbol{y}(k)]\}}{N\varphi[\boldsymbol{y}(k)]}\left\{\frac{\partial Ng[\boldsymbol{y}(k);\boldsymbol{W}(k)]}{\partial w_i(k)}\right\}e_1(k+1)\\ v_i(k+1)&=v_i(k)-\eta_v\frac{|\varphi[\boldsymbol{y}(k)]|\mathrm{sgn}\{\varphi[\boldsymbol{y}(k)]\}}{N\varphi[\boldsymbol{y}(k)]}\left\{\frac{\partial N\varphi[\boldsymbol{y}(k);\boldsymbol{V}(k)]}{\partial v_i(k)}\right\}e_1(k+1)u(k)\end{aligned} \tag{7-231}$$

式中，$\eta_w>0$；$\eta_v>0$。它们决定着神经网络辨识器收敛于被控对象的速度。

此时的自校正控制器为

$$u(k)=\frac{r(k+1)-Ng[\boldsymbol{y}(k)]}{N\varphi[\boldsymbol{y}(k)]} \tag{7-232}$$

由此，基于非线性被控对象(式(7-222))构成的神经自校正控制系统算法结构如图 7-52 所示。

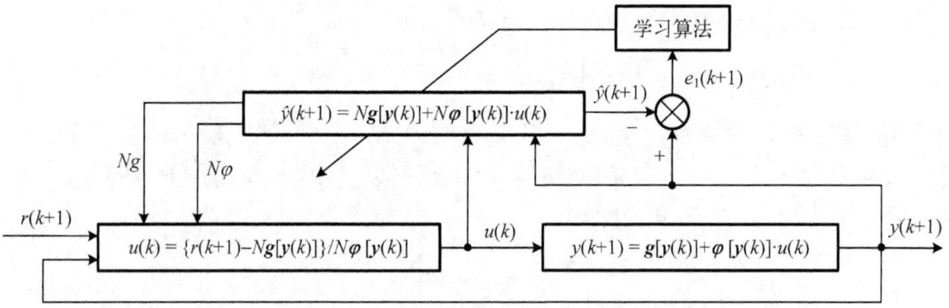

图 7-52　神经自校正控制系统算法结构

程序分析

例 7-13　被控对象具有非线性时变特性，其模型为

$$\begin{cases}y(k+1)=0.8\sin y(k)+1.2u(k), & 0<k<40\\ y(k+1)=0.8\sin y(k)+y(k)/7+1.2u(k), & k\geqslant 40\end{cases}$$

系统输入为
$$\begin{cases} r(k)=1(k), & 0<k<20 \text{ 或 } k\geqslant 60 \\ r(k)=-1(k), & 20\leqslant k<60 \end{cases}$$

作用于被控对象的干扰为
$$\begin{cases} v(k)=0.5, & k=10 \\ v(k)=0, & k\neq 10 \end{cases}$$

试设计神经自校正控制器。

解：根据图 7-51 构造神经网络辨识器的模型为

$$\hat{y}(k+1)=N\boldsymbol{g}[\boldsymbol{y}(k);\boldsymbol{W}(k)]+N\varphi[\boldsymbol{y}(k);\boldsymbol{V}(k)]u(k)$$

选 $N\boldsymbol{g}[\cdot]$网络结构为 $N_{1.10.1}$，即输入层节点 1 个，隐含层节点 10 个，输出层节点 1 个。选择非线性激活函数如式(7-182)所示，为

$$f(x)=\frac{1-\mathrm{e}^{-x}}{1+\mathrm{e}^{-x}}$$

具有阻尼项的权值调整算法为

$$\boldsymbol{W}(k+1)=\boldsymbol{W}(k)-\eta\frac{\partial E(k)}{\partial \boldsymbol{W}(k)}+\beta[\boldsymbol{W}(k)-\boldsymbol{W}(k-1)]$$

式中，$0<\beta<1$ 为阻尼系数，或称为平滑因子。

设隐含层节点的输入为 $o_i(k)={}^1w_i(k-1)y(k)$，输入层至隐含层、隐含层至输出层的连接权值分别为 ${}^1\boldsymbol{W}$、${}^2\boldsymbol{W}$，则有

$${}^1w_i(k+1)={}^1w_i(k)+\eta e_1(k+1)f'[{}^1w_i(k-1)y(k)][{}^2w_i(k-1)]y(k)+\beta[{}^1w_i(k)-{}^1w_i(k-1)]$$
$${}^2w_i(k+1)={}^2w_i(k)+\eta e_1(k+1)f[{}^1w_i(k-1)y(k)]+\beta[{}^2w_i(k)-{}^2w_i(k-1)]$$

如图 7-52 所示，自校正控制器为 $u(k)=\dfrac{r(k+1)-N\boldsymbol{g}[\boldsymbol{y}(k)]}{N\varphi[\boldsymbol{y}(k)]}$

同理可得 $N\varphi[\cdot]$网络权值 ${}^1\boldsymbol{V}$、${}^2\boldsymbol{V}$。

经反复设计和仿真检验，最终选取参数为$-0.03\leqslant {}^1w_i(0)$，${}^2w_i(0)\leqslant 0.03$ 的随机数，$w_i(0)=0$，$\eta=0.5$，$\beta=0.01$。

仿真结果如图 7-53 所示。图(a)反映出 $T=1\text{s}$ 时，系统在输入 $r(k)$单位阶跃变化($k=20$，$k=60$)、干扰 $v(k)$阶跃作用($k=10$)以及对象特性变化($k=40$)时的输出响应 $y(k)$，说明神经自校正控制器具有自适应性和鲁棒性；图(b)为控制器输出 $u(k)$的变化过程，说明神经自校正控制器能对非线性、不确定、不确知系统实现有效的控制。

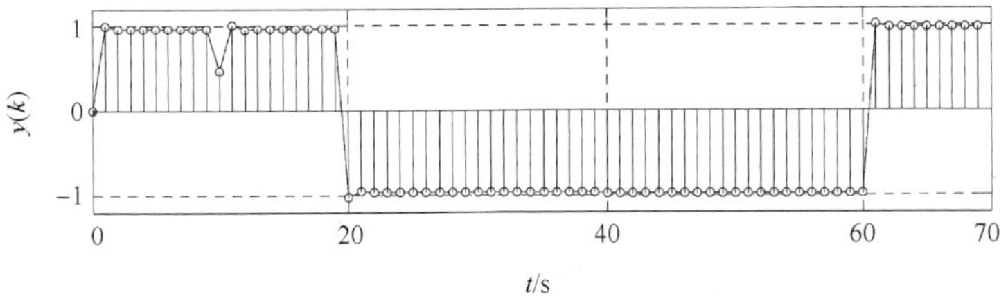

(a) 系统输出响应$y(k)$

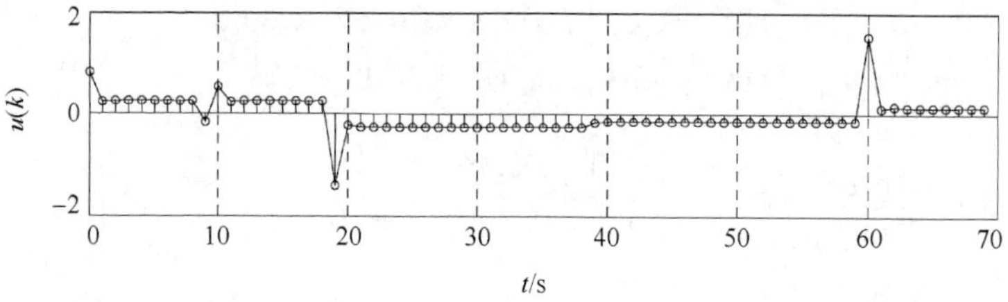

(b) 控制器输出$u(k)$

图 7-53　自校正控制系统与控制器输出

2) 神经非线性内模控制

非线性内模控制系统结构如图 7-6 所示，其中，广义被控对象 $G(z)$ 是非线性的。已证明，非线性内模控制原理、性能与线性系统相同。神经非线性内模控制是指其内部模型 $\hat{G}(z)$、内模控制器 $G_{IMC}(z)$均由神经网络实现。

设 $G(z)$ 为 SISO 稳定可逆且具有 d 阶时延的非线性系统：

$$y(k)=g[y(k-1),\cdots,y(k-n);\ u(k-d),\cdots,u(k-(d+m))] \tag{7-233}$$

或

$$y(k+d)=g[y(k+d-1),\cdots,y(k+d-n);\ \ u(k),\cdots,u(k-m)] \tag{7-234}$$

式中，$u(k)$、$y(k)$分别为被控对象的 m 维输入和 n 维输出序列。

(1) $\hat{G}(z)$ 模型的神经网络辨识器(NNI)。

$G(z)$ 的模型 $\hat{G}(z)$ 由串-并联结构神经网络辨识器采用按拍延迟线(Tapped Delay Line，TDL)和多层 BP 前馈网络实现，如图 7-54 所示。其中，按拍延迟线可由一步时延环节 z^{-1} 组成。

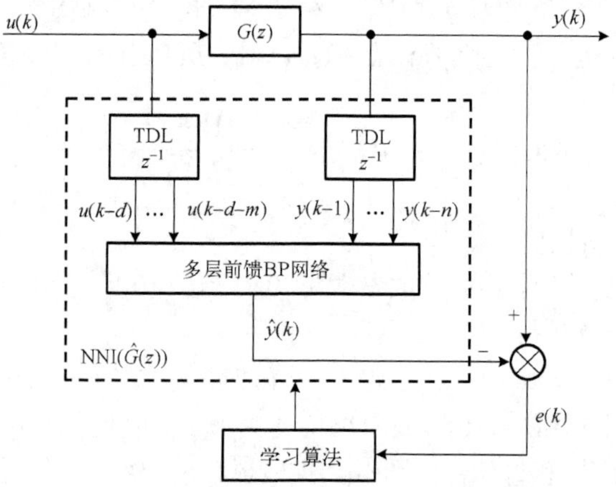

图 7-54　神经网络辨识器的串-并联结构

其相应的 $Ng[\cdot]$网络结构表达式为

$$\hat{y}(k)=Ng[y(k-1),\cdots,y(k-n);u(k-d),\cdots,u(k-d-m);\boldsymbol{W}] \tag{7-235}$$

式中，$\boldsymbol{W}$ 为 NNI 辨识网络的权值系数，如式(7-224)所示；$\hat{y}(k)$ 为 NNI 辨识网络的输出。

用串-并联结构进行非线性动态系统辨识时，非线性动态部分可由非线性时延神经网络(DTNN)实现，线性动态部分可由线性 DTNN 实现。由于辨识系统的输入是辨识系统的输入/输出，因此有利于保证辨识模型的稳定性，这种结构在系统辨识中应用较多。可以看出，式(7-235)等效于一个非线性 FIR 滤波器。

(2) 神经内模控制器(NNC)设计。

可逆且具有 d 阶时延的非线性对象 $G(z)$ 具有 d 阶时延逆模型 $\hat{G}^{-1}(z)$。对应于式(7-233)或式(7-234)，$\hat{G}^{-1}(z)$ 也由串-并联结构神经网络实现，如式(7-236)或式(7-237)所示。

$$\hat{u}(k-d)=Ng^{-1}[y(k),y(k-1),\cdots,y(k-n);u(k-d-1),\cdots,u(k-d-m);V] \tag{7-236}$$

或

$$\hat{u}(k)=Ng^{-1}[y(k+d),y(k+d-1),\cdots,y(k+d-n);u(k-1),\cdots,u(k-m);V] \tag{7-237}$$

式中，V 为 NNC 网络的权值系数，如式(7-224)所示。

由图 7-6 知，内模控制器 $G_{\mathrm{IMC}}(z)=F(z)\hat{G}_{-}^{-1}(z)$，其逆模型 $\hat{G}_{-}^{-1}(z)$ 的输入是滤波器 $F(z)$的输出 $g(k)$，则将

$$g(k)=\hat{y}(k+d) \tag{7-238}$$

代入内模控制器 $G_{\mathrm{IMC}}(z)$，可得其输出 $u(k)$为

$$u(k)=N[g(k),g(k-1),\cdots,g(k-n);u(k-1),\cdots,u(k-m);V] \tag{7-239}$$

(3) 滤波器设计。

滤波器 $F(z)$为

$$F(z)=\frac{\mathcal{Z}[g(k)]}{E(z)}=\frac{1-\alpha_{\mathrm{f}}}{1-\alpha_{\mathrm{f}}z^{-1}} \tag{7-240}$$

(4) 系统分析。

对于 d 阶时延逆模型 $\hat{G}^{-1}(z)$ 与 d 阶时延非线性对象 $G(z)$ 串联的系统，有

$$\hat{G}^{-1}(z)\cdot G(z)=z^{-d} \tag{7-241}$$

设在理想情况下，$G(z)=\hat{G}(z)$，$\hat{G}^{-1}(z)=G^{-1}(z)$，且 $v(k)=0$，则图 7-6 所示非线性内模控制结构的闭环 z 传递函数为

$$\frac{Y(z)}{R(z)}=F(z)z^{-d}=\frac{1-\alpha_{\mathrm{f}}}{1-\alpha_{\mathrm{f}}z^{-1}}z^{-d} \tag{7-242}$$

此时，系统相当于开环。

滤波器 $F(z)$的输出为

$$\begin{aligned}g(k)&=\alpha_{\mathrm{f}}g(k-1)+(1-\alpha_{\mathrm{f}})e(k)=\alpha_{\mathrm{f}}g(k-1)+(1-\alpha_{\mathrm{f}})[r(k)-e_1(k)]\\&=g(k-1)+(1-\alpha_{\mathrm{f}})\{[r(k)-e_1(k)]-g(k-1)\}\end{aligned} \tag{7-243}$$

将式(7-238)代入式(7-242)，得

$$g(k)=g(k-1)+(1-\alpha_{\mathrm{f}})\{[r(k)-e_1(k)]-\hat{y}(k+d-1)\} \tag{7-244}$$

因此，滤波器 $F(z)$输出 $g(k)$的 z 变换为

$$\mathcal{Z}[g(k)]=\frac{1-\alpha_{\mathrm{f}}}{1-z^{-1}}\{[R(z)-E_1(z)]-z^{d-1}\hat{Y}(z)\} \tag{7-245}$$

式中，$z^{d-1}\hat{Y}(z)$ 表示 $d-1$ 步前的对象输出预报值，从而实现了对对象时延的补偿。

例 7-14 设被控对象为具有非线性时变特性的仿真模型：

$$y(k+1)=0.8\sin y(k)+1.2u(k)$$

系统输入为 $r(k)=1(k)$，干扰 $v(k)=0.1(k),\ k\geqslant 50$。试设计神经非线性内模控制器。

解：神经非线性内模控制采用如图 7-6 所示结构。

神经模型辨识器(NNI)可采用如图 7-54 所示的串-并联结构，采用两个 z^{-1} 与 $N_{2,3,1}$ 结构 BP 网络来实现对 $G(z)$ 的估计 $\hat{G}(z)$，取 $\eta_1 = \eta_2 = 0.7$。$f(x)$为对称型 S 函数。辨识器的输出为 $\hat{y}(k+1)=Ng[\boldsymbol{y}(k),\boldsymbol{u}(k);\boldsymbol{W}]$。

由题知，被控对象的逆模型 $\hat{G}^{-1}(z)$ 是一阶时延逆系统

$$u(k)=\frac{1}{1.2}y(k+1)-\frac{0.8}{1.2}\sin y(k)$$

因此，非线性逆模型辨识器(NNC)可采用 $N_{2,3,1}$ 结构 BP 网络实现，辨识器结构如图 7-55 所示。取 $\boldsymbol{V}(0)$为随机小数，$\eta_1=0.5$，$\eta_2=1/k$。$f(x)$为对称型 S 函数。滤波器 $\alpha_f=0.5$。辨识器 $\hat{G}^{-1}(z)$ 的输出为 $\hat{u}(k)=Ng^{-1}[\boldsymbol{y}(k+1),\boldsymbol{y}(k);\boldsymbol{V}]$。通过调整逆模型辨识器的权系数 $\boldsymbol{V}$ 保证逆模型辨识器的输出 $\hat{u}(k)$ 与控制器输出 $u(k)$ 之差 $e(k)$以二次型优化准则函数 $E(\boldsymbol{V}(k),k)=1/2e^2(k)$收敛到最小。

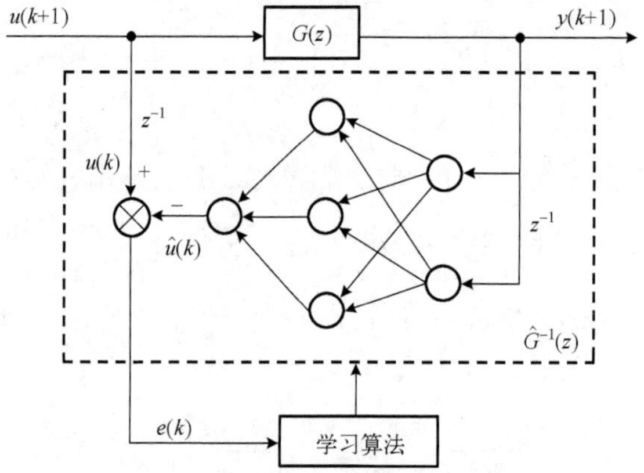

图 7-55　例 7-14 非线性逆模型辨识结构

下面以 NNC 逆模型辨识器中的 BP 神经网络为例，给出其结构及算法描述。

第一层节点的输入与输出相同：

$$\boldsymbol{I}(k)=[I_1(k),I_2(k)]=[y(k+1),y(k)]$$

第二层节点 $i(i=1,2,3)$的输出为

$$o_i(k)=f[x_i(k)-v_{io}]$$

式中，$x_i(k)=\sum_{j=0}^{2}v_{ij}(k)I_j(k),\ I_0(k)=1$；$f(x)=\dfrac{1-\mathrm{e}^{-x}}{1+\mathrm{e}^{-x}}$。

输出层节点的输出为

$$\hat{u}(k)=\sum_{i=1}^{3}v_i(k)o_i(k)$$

式中，v_{ij} 为节点 j 到节点 i 的权值(第一层至第二层节点)；v_{io} 为第二层节点 i 的阈值；v_i 为第二层节点 i 到输出节点的权值。

设网络权值向量为 $\boldsymbol{V}$，采用 BP 学习算法训练网络的权值为

$$\boldsymbol{V}(k+1)=\boldsymbol{V}(k)+\Delta\boldsymbol{V}(k)=\boldsymbol{V}(k)-\eta\frac{\partial E(k)}{\partial\boldsymbol{V}(k)}$$

其中，优化求解的目标准则为

$$E[\boldsymbol{V}(k),k]=\frac{1}{2}[y(k)-\hat{y}(k)]^2=\frac{1}{2}e^2(k)$$

或

$$E_1[\boldsymbol{V}(k),k]=\frac{1}{2}[u(k)-\hat{u}(k)]^2=\frac{1}{2}{e_1}^2(k)$$

则有

$$\Delta v_i(k)=-\eta_2 e(k)o_i(k)$$
$$\Delta v_{ij}(k)=-\eta_1 e(k)f'[x_i(k)]w_i(k)I_j(k)$$

按上述算法设计的神经内模控制系统的仿真结果如图 7-56 所示。图(a)反映出输出 $y(k)$ 对阶跃输入 $r(k)$与阶跃干扰 $v(k)$的无静差特性；图(b)为内模控制输出的控制量 $u(k)$的变化过程；图(c)为模型辨识器 $\hat{G}(z)$ 权值 w_{11}(控制器输出的输入样本 1 至隐含层权值)、w_{12}(被控对象输出的输入样本 2 至隐含层权值)、w_2(隐含层至输出层权值)和内模控制器中 $\hat{G}^{-1}(z)$ 权值 v_{11}、v_{12} 及 v_2 的变化过程；图(d)为优化准则 $E(k)$的收敛情况。

由此可见，在控制的初始阶段及干扰作用的初始阶段，$\hat{G}(z)$ 与 $\hat{G}^{-1}(z)$ 中的权值不断调整，使系统具有自适应性。

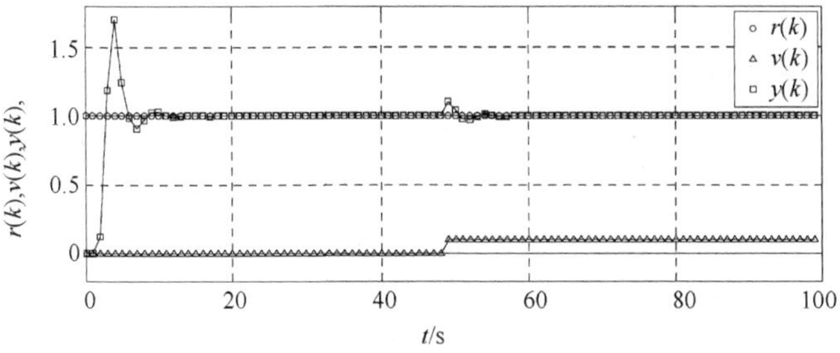

(a) 在扰动 $v(k)$ 作用下的系统输出响应 $y(k)$

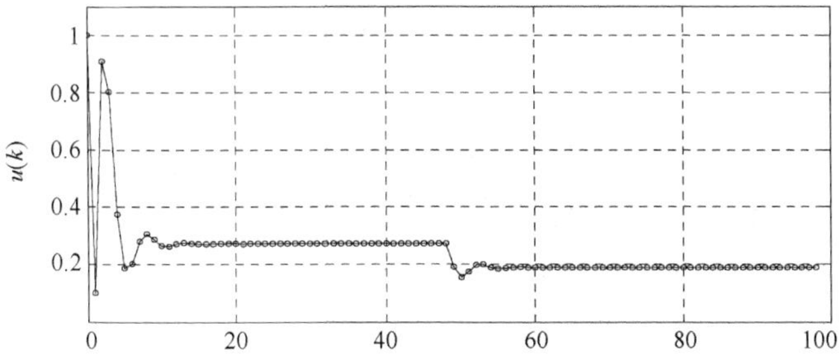

(b) 控制器输出 $u(k)$

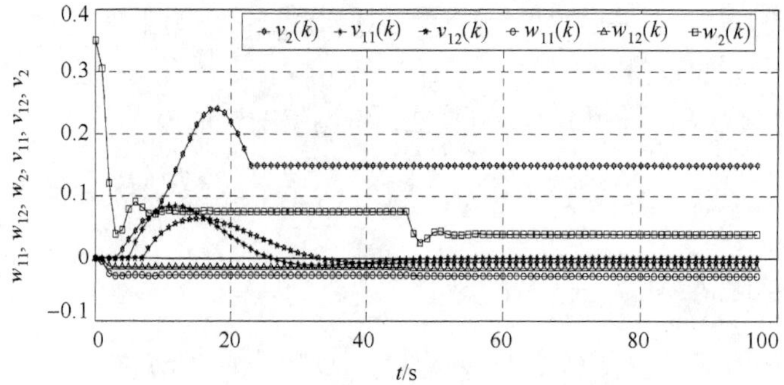

(c) 权值$w_{11}(k)$、$w_{12}(k)$、$w_2(k)$与$v_{11}(k)$、$v_{12}(k)$、$w_2(k)$的调整过程

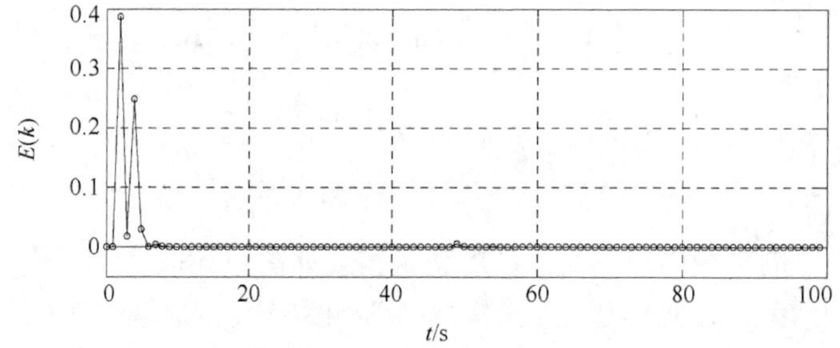

(d) 优化准则$E(k)$

图 7-56　例 7-14 神经内模控制仿真结果

本 章 小 结

本章从自动化技术的实用性和先进性出发，重点介绍了内模控制、自适应控制、广义预测控制、模糊控制和神经网络控制的设计方法。这些控制方法基于“广义”模型进行设计，具有随环境变化的适应能力和较复杂的算法结构，均可以归结到计算机先进控制的范畴。尤其是模糊控制和神经网络控制，属于智能控制，模拟了人的学习能力，成为基本不依赖于模型的一类控制。

需要强调的是，线性/非线性系统的特性多种多样，故对于某系统的控制问题，模型的选择、控制策略和结构的选择、求解方法的选择都需在满足优化性能的前提下进行，亦可在多维空间进行非线性搜索和寻优。因此，先验知识对提高控制实时性、控制精度与辨识搜索效率等非常有益。

习题与思考题

7.1　内模控制的内部模型是如何构成的？有什么特点？试给出内模控制器的设计步骤。

7.2　内模控制与 Smith 预估补偿控制在结构和性能上有什么差异？

7.3　内模-PID 与普通 PID 相比有什么优越性？

7.4　试述递推最小二乘法与批处理最小二乘法相比较之优越性。

7.5　什么是自适应控制？画图分析两类典型自适应控制系统的组成特点，对比其优缺点。

7.6　什么是最小方差自校正控制器？简述广义最小方差自校正控制的基本思想。

7.7　广义预测控制由哪几部分组成？各部分有什么作用？试写出各部分基本算法。

7.8　什么是模糊逻辑？模糊控制的理论基础是什么？模糊控制器与 PID 控制器的根本区别是什么？

7.9　什么是模糊集合和隶属函数？模糊集合有哪些基本运算？

7.10 在论域$\boldsymbol{U}=\{a,b,c,d,e\}$上有两个模糊子集：

$$\underset{\sim}{\boldsymbol{A}}=\frac{0.6}{a}+\frac{0.1}{b}+\frac{0.2}{c}+\frac{0.9}{d}+\frac{0.7}{e}, \quad \underset{\sim}{\boldsymbol{B}}=\frac{0.2}{a}+\frac{0.4}{b}+\frac{0.5}{c}+\frac{0.6}{d}+\frac{0.9}{e}$$

求$\underset{\sim}{\boldsymbol{A}}\cap\underset{\sim}{\boldsymbol{B}}$、$\underset{\sim}{\boldsymbol{A}}\cup\underset{\sim}{\boldsymbol{B}}$、$\underset{\sim}{\boldsymbol{A}}\cap\overline{\underset{\sim}{\boldsymbol{B}}}$、$\underset{\sim}{\boldsymbol{A}}\cup\overline{\underset{\sim}{\boldsymbol{A}}}$。

7.11　设 x 表示转速，y 表示控制电压。转速和控制电压的论域分别是$\boldsymbol{X}=\{100,200,300,400,500\}$和$\boldsymbol{Y}=\{1,2,3,4,5\}$。已知在$\boldsymbol{X}$、$\boldsymbol{Y}$上的模糊子集为

$$\underset{\sim}{\boldsymbol{A}}=[\text{转速低}]=\frac{1}{100}+\frac{0.8}{200}+\frac{0.6}{300}+\frac{0.4}{400}+\frac{0.2}{500}$$

$$\underset{\sim}{\boldsymbol{B}}=[\text{控制电压高}]=\frac{0.2}{1}+\frac{0.4}{2}+\frac{0.6}{3}+\frac{0.8}{4}+\frac{1}{5}$$

$$\underset{\sim}{\boldsymbol{C}}=[\text{控制电压不很高}]=\frac{0.8}{1}+\frac{0.6}{2}+\frac{0.4}{3}+\frac{0.2}{4}+\frac{0}{5}$$

$$\underset{\sim}{\boldsymbol{A}}_1=[\text{转速很低}]=\frac{1}{100}+\frac{0.9}{200}+\frac{0.5}{300}+\frac{0.1}{400}+\frac{0}{500}$$

模糊关系$\underset{\sim}{\boldsymbol{R}}=\boldsymbol{X}\times\boldsymbol{Y}$表示“若转速低，则控制电压高；否则控制电压不太高”。现在转速很低，试利用 Mamdani 推理确定相应的控制电压$\underset{\sim}{\boldsymbol{B}}_1$及其精确量值(采用加权平均法)。

7.12　什么是模糊推理？有哪些推理方法？

7.13　某时刻输入模糊控制器的变量$e\in[100,350]$℃，其模糊子集论域$\boldsymbol{P}=\{-2,-1,0,1,2\}$，求量化因子。经过量化因子变换后的量是清晰值还是模糊值？

7.14　模糊控制器由哪几部分组成？每部分有何作用？

7.15　量化因子和比例因子在模糊控制系统中的作用是什么？

7.16　模糊控制有什么缺点？应该怎样改进？

7.17　什么是 BP 算法？有什么特点？如何改进？

7.18　试简述 Delta 学习规则。

7.19　设 BP 算法的激活函数是 S 型函数，试根据 Delta 学习规则，给出 BP 算法输出层权的调整公式。

7.20　简述 RBF 神经网络、Hopfield 神经网络与 BP 神经网络的联系和区别。

7.21　简述 Mamdani 模糊神经网络的工作原理。怎样利用神经网络模型实现模糊系统所具有的功能？

7.22　神经网络在控制系统设计中一般可以起什么作用？

7.23　简述神经网络控制的基本原理。为什么说神经网络控制属于智能控制，并可称为基本不依赖于模型的一类控制？

第 8 章　计算机控制系统的应用技术

本章概要　8.1 节介绍本章所要研究的基本内容；8.2 节介绍计算机控制系统工程设计的基本原则与步骤；8.3 节介绍计算机控制系统的软件设计，包括数字控制器在实现中要注意的问题以及与之相关的数据处理技术、信号的数字滤波技术等，并介绍计算机控制系统的组态软件，包括组态软件的特点、结构及功能；8.4 节介绍计算机网络控制技术，并对网络控制系统的稳定性进行分析；8.6 节介绍实时仿真的基本概念和方法，并以硬件在环仿真为例，介绍其典型结构、工作原理及比较成熟的仿真平台，为控制器的测试提供实时仿真应用环境。

8.1　引　　言

计算机控制系统的应用是将理论与实际相结合，涉及的技术领域比较广泛，需要控制技术、电子技术、计算机技术、传感与测试技术及执行机构等方面的相关知识，还需要运维人员具备生产工艺知识、系统的综合调试能力等。计算机控制系统又随其应用环境、控制对象、控制方式、规模大小等不同有很大的差别。因此，本章将从工程实际出发，介绍计算机控制系统的基本设计原则、软件设计、网络控制以及实时仿真等应用技术，为数字控制器的实际应用、功能测试和性能评估提供支持。

8.2　计算机控制系统的基本设计原则与步骤

针对不同的被控对象，计算机控制系统的控制方案及控制功能千差万别，其设计的具体要求与实现过程也不尽相同，但设计原则与步骤是大致相同的。

8.2.1　设计原则

从工业现场的实际应用角度来讲，计算机控制系统设计应遵循以下原则。

1. 安全可靠

安全可靠是系统设计时必须考虑的性能指标。计算机控制系统的设计应该把安全可靠放在首位。因为工业现场的环境比较恶劣，周围存在着各种干扰，一旦控制系统出现故障，将造成整个生产过程的混乱，引起严重后果。因此，首先要选用高性能的控制计算机；其次要设计可靠的控制方案，并具有各种安全保护措施，如报警、事故预测、事故处理、不间断电源等。为了预防计算机故障，还常设计后备装置。一旦计算机出现故障，就把后备装置切换到控制回路中，以维持生产过程的正常运行。对于特殊的控制对象，设计两台计算机，互为冗余备用，构成双机系统。

2. 实时性强

针对工业控制的实时要求，所选择的控制计算机应能对内部和外部事件及时地响应，并做出相应的处理。计算机处理的事件一般分为两类：一类是定时事件，如数据的定时采集、运算控制等；另一类是随机事件，如事故、报警等。对于定时事件，系统设置时钟，保证定时处理。对于随机事件，系统设置中断，并根据故障的轻重缓急，预先分配中断级别，一旦故障发生，保证优先处理紧急故障。

3. 操作维护方便

操作方便表现在系统的操作使用简单、直观，符合操作者的操作习惯。例如，在硬件配置方面应考虑系统的控制开关不能太多，操作顺序要简单、便捷；在人机界面设计上要便于用户掌握。维护方便体现在易于查找和排除故障，应采用标准的功能模块式结构和配置查错或诊断程序等。

4. 通用性好、便于扩充

计算机控制系统可以控制多个设备和不同的被控参数，系统设计时应采用硬件、软件标准化和模块化的积木式结构，按照控制要求灵活构成系统，并对各设计指标留有充分的裕量，使系统在必要时，能灵活地进行扩充。

5. 开放性好

开放性好体现在硬件和软件两个方面。硬件要提供各类标准的通信接口，如 RS-232、RS-422、RS-485 和以太网接口等。软件要能支持各类数据交换技术，如动态数据交换(Dynamic Data Exchange，DDE)、对象链接嵌入(Object Link Embedding，OLE)、用于过程控制的 OLE(OLE for Process Control，OPC)和开放的数据库连接(Open Data Base Connectivity，ODBC)等。这样构成的开放式系统既可以从外部获取信息，也可以向外部提供信息，实现信息共享和集成。

6. 系统具有高性价比

计算机及其应用技术的特点是发展变化快，各种新技术和新产品不断出现，这就要求在进行计算机控制系统设计时，系统设计的性价比要尽可能高，投入产出比要尽可能低。

8.2.2　设计步骤

计算机控制系统的设计步骤一般包括以下几个方面。

1. 需求分析

首先对系统需求进行分析，熟悉被控对象，了解生产过程的流程，明确具体的控制要求，确定所设计的控制系统应该具有的功能及性能指标。

通过对系统需求进行分析形成设计任务说明书，采用工艺图、时序图或控制流程图等形式对系统的功能和性能要求进行适当描述，并对系统成本、可靠性、可维护性等方面的安排和考虑进行说明。设计任务说明书是整个控制系统的总体要求和依据。

2. 可行性研究

根据生产工艺和设备的控制要求，统计输入/输出信号和控制回路数量，进行市场询价或估算投资，写出可行性研究报告。方案设计时应把握三大关键问题：技术难点、经费概算和工期。

3. 系统总体方案设计

详细统计传感器、变送器和执行器等现场仪表的输入/输出信号的种类和数量、控制回路数量和控制功能。在此基础上，确定控制计算机的配置。根据控制对象的不同特性和要求，选择合适的控制算法，确定系统输入/输出通道数、操作方式以及通道字长的位数等。

4. 硬件和软件的细化设计

细化设计就是将框图中的方框画到最底层，然后对子系统或功能模块进行结构细化设计。

对于硬件设计来说，需要配合工艺、设备、电气等专业完成设计图样文件，主要内容包括设计说明书，管道仪表设备图，现场仪表数据表，输入/输出信号分类设计表，控制回路原理图，控制室布置图、供电图，现场仪表供电图、位置图，电缆布置图，安装材料表等。而对于软件设计来说，就是根据详细设计图样文件和控制回路功能，将一个个模块编成一个个计算机可执行的程序。

硬件和软件的设计是互相有机联系的。有些用硬件完成的功能也可以用软件来完成。一般来讲，多用硬件完成一些功能，可以改善性能，加快工作速度，但增加了成本。若用软件代替硬件，虽可减少元件数，但系统工作速度相应降低。因此在设计一个新的控制系统时，必须在硬件和软件之间进行权衡。

5. 系统调试

系统调试通常是自下而上按模块进行的，所有模块单独调试好后，再进行软件和硬件联合调试。这样做可使问题局限在一个模块内，便于及时发现和解决问题。硬件、软件单独调试通过后，在现场总装前还应在实验室再进行一次系统的硬件、软件结合仿真联合调试。

6. 现场安装、投运

根据设计图样文件，首先进行现场仪表安装和信号电缆布置，再进行控制室计算机及其设备安装。硬件安装完毕并能正常通电后，安装系统软件和应用软件，然后调试输入/输出点、控制回路、操作显示画面和打印报表等。检查正确后，即可进行系统的投运和参数的整定。投运时应先切入手动，待系统运行接近于给定值时再切入自动，使控制计算机在线运行，并通过调试逐步完善各项功能，最终达到设计要求，保证生产装置长期稳定运行。

根据上述步骤，给出控制系统设计的流程图，如图 8-1 所示。

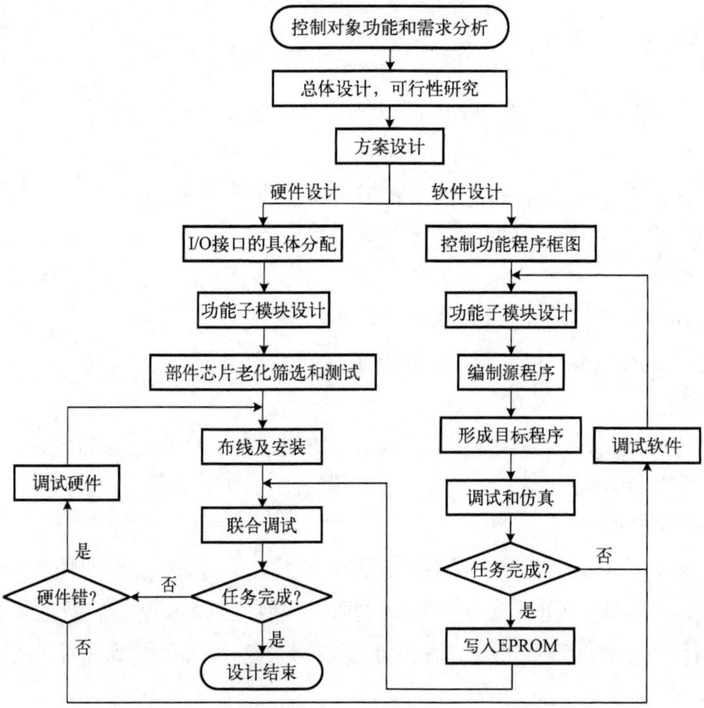

图 8-1　控制系统设计流程图

8.2.3　硬件选型设计

计算机控制系统的硬件选型设计主要包括主机、外部设备、系统总线、输入/输出通道以及各种检测变送单元、执行机构、操作台和网络设备等。在控制系统中，变送器、控制器等现场装置往往采用国际标准 4～20mA 的模拟信号进行通信联系。下面主要对检测变送单元、执行机构的选型进行介绍。

1. 检测变送单元

检测变送单元主要包括传感器、变送器两部分。传感器是能够感受规定的被测量并按照一定规律将其转换成可用输出信号的器件和装置，通常由敏感元件和转换元件组成，其中，敏感元件直接感受和响应传感器中被测量；转换元件将被测量转换成适于传输和测量的电信号。传感器的共性就是利用物理定律或物质的物理、化学、生物特性，将非电量(如温度、位移、速度、加速度、力等)输入转换成电量(电压、电流、电容、电阻等)输出。变送器是将传感器测量的被测量转换为可远距离传输的统一标准信号。常用的变送器有温度变送器、压力变送器、液位变送器、差压变送器、流量变送器等。设计人员需根据被测参数的种类、量程、被测对象的介质类型和环境来选择变送器的具体型号。

2. 执行机构

执行机构在某种控制信号作用下工作，是一种利用某种驱动能源并提供直线或旋转运动的驱动装置。执行机构的作用是接收计算机发出的控制信号，并由它执行对调整机构的动作，使得生产过程按预定的要求正常运行。例如，用于控制阀的执行机构可把阀门精确地控制在任何位置。

执行机构分为气动、液动和电动三种类型。气动执行机构结构简单、价格便宜、防火防爆；液动执行机构推力大、精度高；电动执行机构体积小、种类多、使用方便。另外，还有各种有触点和无触点开关及电磁阀。若要实现连续、精确的控制，必须选用气动或电动执行机构，对要求不高的系统可选用电磁阀。

8.3　计算机控制系统的软件设计

计算机控制系统的软件是指完成各种控制功能的计算机程序的总和，如操作、管理、控制、计算和自诊断等。计算机控制系统的软件设计一般是设计系统的应用软件，包括监控软件、控制软件和信息管理软件等。应用软件由用户自己根据实际需要进行开发，与具体控制对象的性能要求和工作特点密切相关。应用软件的优劣将给控制系统的功能、精度和效率带来很大影响。在此重点讨论控制软件中数字控制器的设计与实现、数据处理技术等。

8.3.1　数字控制器的设计与实现

1. 数字控制器的设计

数字控制器的设计是计算机控制系统软件设计的关键所在，它包括数字控制器的理论设计与实现两部分。数字控制器的理论设计就是根据被控对象和控制系统的性能指标要求，设计出数字控制器输入和输出信号之间的差分方程表达式。这种设计理论和方法在前述章节中进行了充分的分析和论述，在此不再赘述。

2. 数字控制器的实现

在此重点对数字控制器实现中出现的问题进行探讨。

实际上，在进行数字控制器的理论设计时，主要对连续时间信号的数字离散化技术进行考虑，一般并未涉及连续信号的幅值量化所带来的量化偏差问题。计算机控制系统的 A/D 转换器的字宽有限，且计算机的运算字宽也不是无限的，因此，在数字控制器的实现过程中，幅值量化所形成的偏差对计算机控制系统造成的影响是设计者所必须面对的问题。另外，计算机控制系统大多都有实时性要求，数字控制器从输入到输出的一次循环运算必须在一定的时间内完成，而计算机的运算速度受其主频限制，因此，简化计算、提高数字控制器程序的执行速度是数字控制器实现过程中的又一个重要问题。

提高数字控制器的计算精度与程序的执行速度是数字控制器实现所追求的目标。在计算机 CPU 确定的条件下，这两个指标是矛盾的。因为提高数字控制器的计算精度可通过提高运算字位来实现，而提高运算字位，一般来讲，会增加计算的复杂程度，降低程序的执行速度。因此，在数字控制器的实现过程中，对其计算精度和程序执行速度不可片面强调其一，需以实现计算机控制系统的目标为依据，进行折中考虑。

判断数字控制器是否满足预先制定的设计要求需要通过实验对其程序模块进行全面的检验。采用模拟化设计时，就是检验其与模拟控制器的模拟符合程度，这是数字控制器实现中的重要一环。利用计算机仿真软件工具进行数字仿真研究，可大大降低这一实验环节的技术难度，提高检验效率，避免对数字控制器程序模块检验的疏漏。在数字控制器设计过程加入检验环节，实际上是实现了数字控制器设计流程结构的闭环化，这样可大大提高所设计的数字控制器的可靠性。

8.3.2 数据处理技术

计算机控制系统中的数据处理从一般意义上说应包括三方面内容：一是对传感器输出的信号进行放大、滤波、I/V 转换等处理，通常称为信号调理；二是对采集到的计算机中的信号数据进行一些处理，如进行系统偏差校正、数字滤波、逻辑判断、标度变换等处理，通常称为一次处理；三是对经过前两步得到的测量数据进行分析，寻找规律，判断事物性质，生成所需要的控制信号，称为二次处理。信号调理都是由硬件完成的，而一次和二次处理一般由软件实现。通常所说的数据处理多指上述的一次处理。一次处理的主要任务是提高检测数据的可靠性，并使数据格式化、标准化，以便运算、显示、打印或记录。

1. 系统偏差的校正

系统偏差是指在相同条件下经过多次测量得到的数值(包括大小和符号)保持恒定，或按某种已知的规律变化的偏差。这种偏差的特点是在一定的测量条件下，其变化规律是可以掌握的，产生偏差的原因一般也是知道的。因此，原则上讲，系统偏差是可以通过适当的技术途径确定并加以校正的。

在系统的测量输入通道中，一般均存在零点偏移和漂移，从而产生放大电路的增益偏差和器件参数的不稳定等现象。这些偏差都属于系统偏差，会影响系统数据的准确性，必须对系统偏差进行校正。

1) 零位电压校正

在计算机控制系统中，普遍采用的校正系统偏差的方法是先测量短路时的零位电压 x_0，并将测得的数据存储起来。正式测量时，从每次测量结果 x 中减去零位电压 x_0，即可得到零位电压校正后的测量结果。

2) 零点漂移自动校正

控制系统中由于温度及放大器等的变化，往往会产生零点漂移。为消除零点漂移，可采用如图 8-2 所示的电路进行自动校正。图 8-2 中，输入部分采用了一个多路开关，在开机时或每隔一定的时间，系统进行一次自动校正，即先输入一通道号到多路开关，使其接地，经输入及放大电路和 A/D 转换器，得到数字量 x_0；再使多路开关接参考电压 V_{REF}，得到数字量 x_R。将 x_0 和 x_R 存储起来。测量时，若测得的被测量 V 对应的数字量为 x，则按式(8-1)进行修正，即可得到准确值：

$$V = \frac{x - x_0}{x_R - x_0} V_{REF} \tag{8-1}$$

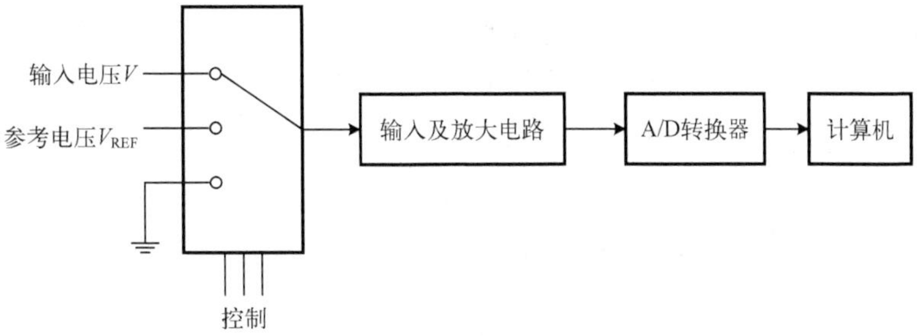

图 8-2　零点漂移自动校正电路

采用这种方法计算出的 V 与零点漂移及增益的变化无关，从而大大提高了测量精度。

2. 信号的数字滤波技术

在计算机控制系统中，被采样的信号常常带有某些谐波干扰分量，在传输中又会引进一些干扰信号。这样的失真信号若不经处理就恢复原信号，则会影响系统的性能指标，严重时甚至使系统无法正常工作。在模拟系统中，信号的处理采用不同形式的有源或无源滤波器，如低通、高通、带通和带阻滤波器等。而在计算机控制系统中则采用数字滤波器，它是由软件编程来实现的。数字滤波器有许多优点，如不需要硬件设备、多个输入通道使用同样的滤波程序、使用灵活、只要改变滤波器程序即可实现不同的滤波效果等。现介绍几种常见的数字滤波技术。

1) 均值滤波

在一个采样周期内连续采样几个值，取其平均值作为实际测量值。均值滤波的数学表达式为

$$y = \frac{1}{N}\sum_{i=1}^{N} x_i \tag{8-2}$$

式中，y 为数字滤波器输出；x_i 为第 i 次采样值；N 为采样次数。

均值滤波的实质是对信号的平滑处理，其平滑程度取决于采样次数 N。N 越大，计算结果越准确，但灵敏度降低。因此，对 N 的取值应视具体情况进行折中处理。

2) 中值滤波

连续采样三次得到 x_1、x_2、x_3，去掉最大值和最小值，取中间值作为本次采样值，即如

果 $x_1 \leqslant x_2 \leqslant x_3$，则中值滤波器输出为 $y = x_2$。

中值滤波对去掉脉动性的干扰比较有效，但不宜用于快速变化变量的处理。

3) 抗干扰中值滤波

对于外界的脉冲型干扰信号，其幅值时小时大。为了消除这种瞬间的干扰信号，常采用抗干扰中值滤波措施。具体做法为：连续采样 N 次，得到 N 次采样值 $x_1, x_2, \cdots, x_N$。将 N 次采样值按由小到大排列为 $x_1 \leqslant x_2 \leqslant \cdots \leqslant x_N$，去掉其中的最小值 x_1 和最大值 x_N，然后对剩余的采样值进行均值运算。滤波器输出 y 的计算结果为

$$y = \frac{1}{N-2}\sum_{i=2}^{N-1} x_i \tag{8-3}$$

4) 限幅滤波

对于在控制通道中随机干扰或者采样电路不稳定使得采样数据明显偏离实际值的情况，需要利用限幅滤波。其基本思路是：根据被滤波信号的实际变化范围及变化频率，确定滤波器的参数，即上、下极限幅度 $Y_{\rm U}$、$Y_{\rm L}$ 及变化极限 $\Delta Y_{\rm M}$。

对于一个采样值 $x(k)$，限幅滤波器的输出 $y(k)$ 为

$$y(k) = \begin{cases} x(k), & Y_{\rm L} \leqslant x(k) \leqslant Y_{\rm U}，\left| x(k) - y(k-1) \right| \leqslant \Delta Y_{\rm M} \\ y(k-1) + \Delta Y_{\rm M}, & x(k) - y(k-1) > \Delta Y_{\rm M} \\ y(k-1) - \Delta Y_{\rm M}, & x(k) - y(k-1) < -\Delta Y_{\rm M} \\ Y_{\rm U}, & x(k) > Y_{\rm U} \\ Y_{\rm L}, & x(k) < Y_{\rm L} \end{cases} \tag{8-4}$$

式中，$Y_{\rm U}$ 和 $Y_{\rm L}$ 为被滤波信号的最大和最小允许值，它们与被测信号的变化范围有关：$\Delta Y_{\rm M}$ 与采样周期及被测信号的变化频率有关。

这种限幅滤波器是针对特定的被测信号而设计的，它加入了较多的人工干预成分。如果设计者对被测信号的特性理解深刻，实现滤波器的参数与被测信号良好的匹配，可达到极佳的滤波效果；否则，非但不能得到理想的滤波效果，还会影响到系统的性能。

5) 惯性滤波

惯性滤波是由连续域中的一阶惯性滤波器经离散化处理后得到的。惯性滤波的数学表达式为

$$y(k) = \alpha y(k-1) + (1-\alpha)x(k),\ 0 < \alpha < 1 \tag{8-5}$$

式中，α 为 $y(k-1)$的权值，称为滤波系数。

式(8-5)表明，滤波器当前时刻的输出值 $y(k)$是上一采样时刻的输出值 $y(k-1)$与本次输入采样值 $x(k)$的加权平均值。α 越大，表示上次滤波器输出值在本次滤波器输出值中所占比重越大，即惯性越大。数字惯性滤波器与模拟滤波器的用法和作用相同，只是不需要硬件。

3. 非线性处理

实际应用中，许多传感器具有非线性转换特性。例如，用热电偶测温度，热电动势与温度不呈线性关系；在流量测量中，流体的压力差信号与流量呈平方根关系。因此，所测量的模拟信号与被测参数不呈线性关系。许多传感器测量关系的转换特性是通过实验测得的数据

经过处理后得到的。描述这些非线性特性的转换关系的方法通常有查表法、拟合函数法、折线近似与线性插值法。

1) 查表法

查表法是一种较精确的非线性处理方法。设有非线性关系的两个参数 A 和 B，现要根据参数 A 求取参数 B 的数值，可以通过以下步骤实现。

(1) 造表。根据需要确定参数 A 的起始值 A_0 和等差变化值 N，则有

$$A_i = A_0 \pm N \times i, \quad i = 1, 2, \cdots, n \tag{8-6}$$

确定一块连续存储区，设其地址为 AD_0，AD_1，…，AD_i 与 AD_{i+1} 的关系可按某些规律算法确定。为方便程序设计，通常采用按顺序递增或递减的关系，即 $\mathrm{AD}_{i+1} = \mathrm{AD}_i M$，$M$ 是参数 B 在计算机中存储值的字节数。

(2) 查表。设有待查参数 A_m，根据 $i = (A_m - A_0) / N$，有

$$T_i = A_0 \pm M_i \tag{8-7}$$

从存储地址 T_i 处连续取 M 字节数据，即为由参数 A_m 求 B_m 的数值。

查表法的优点是迅速准确，但如果参数变化较大或变化剧烈，要求的参数 A_i 的数量将会很大，表会变得很大，表的生成和维护将会变得困难。

2) 拟合函数法

若非线性参数关系可用数学表达式表示，则适合用拟合函数法。

设各种热电偶的温度与电动势的生成关系都可用线性多项式描述：

$$T = a_0 + a_1 E + a_2 E^2 + \cdots + a_n E^n \tag{8-8}$$

式中，T 为温度；E 为热电偶的测量热电动势；a_0、a_1、…、a_n 为系数。

实际应用中，方程所取项数和系数取决于热电偶的类型和测量范围，一般取 $n \leqslant 4$。以 $n = 4$ 为例，对式(8-8)可做如下处理：

$$T = \{[(a_4 E + a_3)E + a_2]E + a_1\}E + a_0 \tag{8-9}$$

按式(8-9)计算多项式，可有利于程序的设计。

3) 折线近似与线性插值法

在工程实际中还有许多非线性参数是经过数理统计分析后得到的，对于这种很难用公式来表示的各种非线性参数，常采用折线近似与线性插值法来处理。

以温度-热电动势函数曲线为例。图 8-3 是某热电偶温度(T)与热电动势(E)的关系曲线。折线近似与线性插值法的原理是将该曲线按一定要求分成若干段，然后把相邻分段点用折线连接起来，用此折线拟合该段曲线。在此折线内的关系用直线方程来表示

$$T_x = T_{n-1} + (E_x - E_{n-1}) \frac{T_n - T_{n-1}}{E_n - E_{n-1}} \tag{8-10}$$

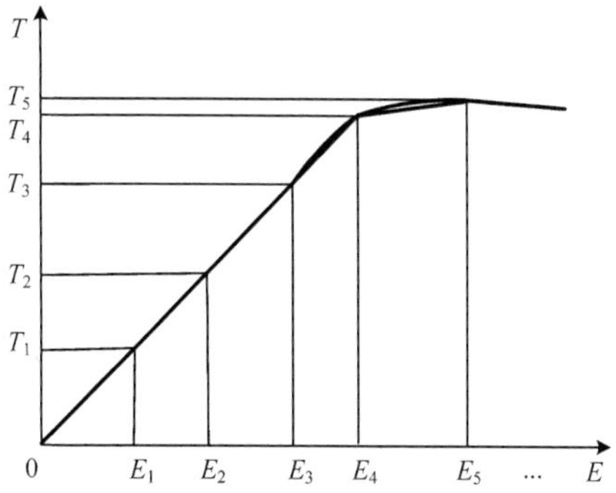

图 8-3　热电偶 T-E 关系曲线图

式中，E 为测量的热电动势；T 为由 E 换算所得的温度；E_{n-1}、E_n 为 E_x 所在的折线段两端的

热电动势；T_{n-1}、T_n 为 E_x 所在的折线段两端的温度。

实际应用中，根据测量值 E_x 的大小选择折线段，即可由式(8-10)计算出相应的温度 T_x。

4. 标度变换法

不同的过程参数有不同的量纲，但所有的过程参数经模拟量输入通道输入后均为无量纲的数字量。这些数字量仅反映过程参数值的大小，并不一定等于原来带有量纲的参数值。为了运算、显示或打印输出，必须把这些数字量转换成操作人员所熟悉的工程量，即转换为带有原工程量纲的数值。这种转换称为工程量转换，也称为标度变换。

1) 线性标度变换

线性标度变换的前提条件是被测参数值与 A/D 转换结果之间呈线性关系。线性标度变换公式为

$$A_x = A_L + (A_U - A_L)\frac{N_x - N_L}{N_U - N_L} \tag{8-11}$$

式中，A_L、A_U 为一次测量仪表的下限值、上限值；A_x 为实际测量值(工程量)；N_L、N_U 为仪表下限值、上限值所对应的数字量；N_x 为测量值所对应的数字量。

A_L、A_U、N_L 和 N_U 对于某一固定的被测参数而言是常数，对于不同的参数则有不同的值。为使程序设计简单，一般把一次测量仪表的下限值 A_L 所对应的 A/D 转换值置为 0，即 $N_L = 0$，则式(8-11)可简化为

$$A_x = A_L + (A_U - A_L)\frac{N_x}{N_U} \tag{8-12}$$

2) 非线性标度变换

当过程参数信号与该信号所代表的物理量不呈线性关系时，标度变换应根据具体情况具体分析。

以差压变送器测量流量为例，由于压力差与流量的二次方成正比，故有

$$Q = k\sqrt{\Delta P} \tag{8-13}$$

式中，Q 为流量；k 为比例系数；ΔP 为节流装置的压力差。

可见，流体的流量与被测流体流过节流装置前后产生的压力差的平方根成正比，于是可得测量流量的标度变换公式为

$$\frac{Q_x - Q_L}{Q_U - Q_L} = \frac{k\sqrt{N_x} - k\sqrt{N_L}}{k\sqrt{N_U} - k\sqrt{N_L}} \tag{8-14}$$

由式(8-14)可得

$$Q_x = Q_L + (Q_U - Q_L)\frac{\sqrt{N_x} - \sqrt{N_L}}{\sqrt{N_U} - \sqrt{N_L}} \tag{8-15}$$

式中，Q_L、Q_U 为流量仪表的下限值、上限值；Q_x 为差压变送器所测得的差压值；N_L、N_U 为差压变送器上限值、下限值所对应的数字量；N_x 为差压变送器所测得差压值对应的数字量。

对于流量测量仪表，一般下限值 $Q_L = 0$，则 $N_L = 0$，式(8-15)可简化为

$$Q_x = Q_U\frac{\sqrt{N_x}}{\sqrt{N_U}} \tag{8-16}$$

3) 其他标度变换法

许多非线性传感器不易得到解析表达式，或者虽然能够写出，但计算相当困难。这时可采用多项式插值法，也可以用线性插值法或查表法进行标度变换。

5. 越限报警处理

由采样读入的数据或经计算机处理后的数据是否超出工艺参数范围需要通过计算机加以判别。如果超出了范围，就需要通知操作人员采取相应的措施，确保生产的安全。

越限报警是工业控制过程常见而又实用的一种报警形式。如果需要判断的报警参数是 x_n，该参数的上、下限约束分别是 x_{max} 和 x_{min}，则越限报警可进行如下设置：

(1) 若 $x_n > x_{max}$，则进行上限报警，否则继续执行原定操作；

(2) 若 $x_n < x_{min}$，则进行下限报警，否则继续执行原定操作；

(3) 当需要进行上、下限报警时，首先进行上限报警判别，然后进行下限报警判别，否则继续执行原定操作。

根据上述设置，程序可以自动实现对被控参数、偏差以及控制量的上、下限检查。

8.3.3 组态软件技术

随着种类纷繁的控制设备和仪表越来越多地应用于工业计算机控制系统，传统的工业控制软件由于开发效率低下、维护困难、移植成本高等已无法满足系统设计及开发的各种需求。通用工业自动化组态软件能够使用户根据控制目标快速地进行参数配置、操作界面设计、控制算法选择等，为解决上述问题提供了一种崭新的方法。本节主要介绍一般工业组态软件的特点、结构及其基本功能。

1. 组态软件及其特点

组态软件又称为人机界面/监视控制和数据采集(Human Machine Interface/Supervisory Control and Data Acquisition，HMI SCADA)软件，简称组态监控软件。组态监控软件是面向自动化系统的通用数据采集和监控专用软件，属于监控层的软件平台和开发环境，以灵活多样的组态方式提供良好的用户开发界面和简捷的使用方法，非常容易实现监控层的各项功能。

组态的概念来自英文 Configure，组态的过程也称为二次开发，因此组态软件称为二次开发平台。组态就是使用软件工具对计算机及其软件资源进行模块化组合配置，使计算机系统按照预先的设定自动地执行特定的任务。利用组态软件，工程设计人员可通过类似搭积木的配置方式高效地构建一个满足用户需求的控制系统，而不需要编写大量计算机程序，即组态软件允许使用者在生成满足自己需要的应用系统时，不必修改软件程序的源代码。

组态软件采用实时数据库和开放的数据接口，广泛支持各种 I/O 设备和通信网络，因此形成了实时多任务(包括数据采集与输出、数据处理与算法实现、图形显示及人机对话、实时数据的存储、检索管理、实时通信)、接口开放、使用灵活、功能多样以及运行可靠等特点。

2. 组态软件的组成结构

从软件使用的工作环境角度看，组态软件是由系统开发环境和系统运行环境两部分组成的。它们相互独立，又密切相关。

系统开发环境也可以说是组态软件的编程环境，相当于一套完整的工具软件。系统开发环境由若干个组态程序组成，如图形界面组态程序、实时数据库组态程序等。在该环境下，工程设计人员可以：①开发应用系统，设计整个软件系统的架构；②建立一系列用户数据文件，生成图形目标应用系统；③设计控制系统人机交互界面；④编制系统检测、控制功能程序以及完成设备的驱动链接。

系统运行环境是目标应用程序被装入工业控制计算机内存并将软件系统投入实时运行的环境。它是一个独立的运行系统，由若干个运行程序组成，如界面运行程序、实时数据库运行程序等。在系统运行环境下，工程人员可以通过具有逼真模拟动画显示功能的人机交互界面监控现场数据，并进行控制指令的手动、自动输出。此外，还可以进行数据报表输出以及报警提示等。

组态软件结构还可以按组件功能进行划分，具体包括如下 6 部分。

(1) 工程管理器：用于工程的创建与管理。

(2) 开发系统：创建工程界面，进行系统参数的配置以及调用程序组件。

(3) 运行系统：用于运行开发的软件系统。

(4) 实时数据库：工业组态软件系统数据处理的核心，负责实时数据处理、历史数据处理以及报警等数据服务请求处理。

(5) I/O 驱动程序：用于 I/O 设备通信，进行数据交换。通用的标准驱动程序可以支持 DDE 标准和 OPC 标准的 I/O 设备。

(6) 控制策略编辑器：采用标准的图形化编程方式，包括变量数学运算、逻辑控制、程序编写、数字点处理等基本运算，并且内置常规 PID 控制、比例控制、开关控制等丰富的算法。对于标度变换、线性化处理等功能以及更复杂的控制策略开发，提供开放的算法开发平台。用户可以根据需要进行脚本的二次开发，将自己的控制程序嵌入系统中。

3．组态软件的功能

工业组态软件的每一个功能都具有一定的独立性，其组成形式是一个集成的软件平台。

1) 数据采集、处理及控制

组态软件可以实时地监测各种被测量，包括现场设备、仪表的输入/输出开关量及模拟量，并对数据进行实时处理和计算。

2) 数据库管理

通用工业组态软件以分布式实时数据库为整个软件的核心，负责将采集的实时数据进行处理、发布和存储。数据库通常具备强大的数据处理功能，有丰富的参数类型，可实现累计、统计、线性化和多种运算等功能。用户可根据实际需要，将采集到的数据加入数据库中，以方便对采集的数据进行管理。

3) 过程监控

组态软件根据用户环境和需求配置所连接的各硬件设备参数，利用各种功能模块完成实时监控，产生功能报表，显示历史曲线、实时曲线，实现报警等功能。组态软件支持对下位机和上位机的过程监控。下位机通常具有一定的控制功能，如可编程逻辑控制器(PLC)；上位机多用于监控下位机的运行和各种命令的执行情况。

4) 人机交互

组态软件提供面向工程开发和操作人员的人机交互界面。前者为工程开发人员配置组态参数、设计控制脚本、设计操作界面提供必要的工具和良好的开发环境。后者在控制系统运行时为操作人员提供直观的监控功能。

利用组态软件开发通用型人机界面，可大大提高控制质量和降低开发成本，缩短开发周期。这也要求组态软件本身具有一定的开放性、可扩展性及易用性，能够支持流行的软件结构和浏览器界面，以及网络环境的应用。

5) 远程监控、诊断与调试

组态软件不仅为应用软件提供数据，还可以接收来自其他应用软件的数据。承担不同角色的多计算机可以通过组态软件有效互联，并通过因特网(Internet)发布监控系统的数据，实现远程监控、管理、协同、部署、诊断和调试。

8.4 计算机网络控制技术

随着计算机、通信、网络、控制等学科领域的发展，网络控制技术日益为人们所关注。在工业界和军事、机器人、航空航天等领域，对远程、分布式实时控制有了越来越多的需求。网络控制基于计算机控制系统，在控制器和被控对象之间加入通信网络(有线或无线网络)，使传感器到控制器的反馈通道信息传输和控制器到执行器的前向通道信息传输通过通信网络进行，从而实现了对被控对象的计算机远程控制。

8.4.1 网络控制系统概述

1. 网络控制系统的组成

网络控制系统(Networked Control System，NCS)是指传感器、控制器和执行器通过通信网络形成的闭环控制系统，其结构如图 8-4 所示。

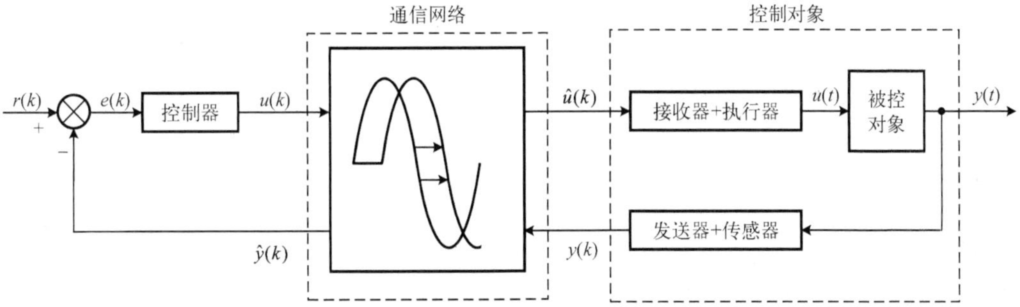

图 8-4　计算机网络控制系统结构图

通信网络所表现出来的复杂性和不确定性相当于在控制器与控制对象之间增加了一个不确定的动态环节。反馈通道的信息 $y(k)$经过通信网络传输到达控制器时变成了 $\hat{y}(k)$，而前向通道的信息 $u(k)$经过通信网络传输到达执行器时变成了 $\hat{u}(k)$。网络的加入也使控制对象的结构发生了变化，增加了接收器和发送器。接收器包括通信网络接口和 D/A 转换器，通过网络接口接收数字控制信号，将其进行 D/A 转换后作用于执行器；发送器包括 A/D 转换器和通信网络接口，将检测信号进行 A/D 转换后变成数字信号，通过网络接口将数字信号打包发送到网络上。

因此，将通信网络引入计算机控制系统，在实现现场设备控制的分布化和网络化的同时，也增加了自动控制系统的复杂性。与传统的点对点控制模式相比，这种网络化的控制模式具有信息资源共享、连接线减少、易于扩展、易于维护、高效、可靠和灵活等优点。

2. 将通信网络引入闭环控制系统所带来的问题

将通信网络引入闭环控制系统会带来以下几方面问题：

(1) 大大增加系统分析和设计的复杂性；

(2) 网络传输存在传输延迟且其是时变的；

(3) 网络传输中有数据包丢失等现象发生。

传统的控制理论有很多假设，如等周期采样、同步控制、从传感器获得数据和从执行器获得控制数据都没有延迟等。而在网络控制系统中，由于传输间隔是时变的，因此网络传输中存在传输时延且其是时变的，传输中有数据包丢失等问题发生。

传输间隔时变的含义是：由于网络传输为非确定性的，即使希望进行固定间隔采样和传输，实际上传输也不能等周期地进行。例如，如果两个节点同时都要发送数据，那么一个节点需要等待另一个节点发送完后才能发送。

数据包丢失的含义是：当节点出现信息冲突或碰撞时，网络控制系统有时会发生数据包丢失的情况。尽管多数网络协议都有发送-重发机制，但它们只能在有限的时间内重发，当超过这段时间后，包就被丢弃了。对于实时反馈控制数据，丢弃旧的、未传输的数据包而传送一个新的、有效的数据包则可能是有益的。一般反馈控制设备允许一定数量的数据包丢失，但必须保证在以一定的速率传送数据包时，系统是稳定的。

8.4.2 网络控制系统特性分析

由于网络通信带宽、承载能力和服务能力的限制，数据的传输不可避免地存在时延、丢包、多包传输及抖动等诸多问题，使得现有的控制理论不能直接应用于闭环网络控制系统的设计和分析。怎样在时延特别是时变时延存在的情况下设计网络控制器就成为一个十分关键的问题。下面主要对网络的传输延迟进行分析，并进一步分析网络时延特性对网络控制系统稳定性的影响。

1. 传输时延分析

将传输网络引入到控制系统中，必然会对闭环系统控制产生一定的影响。影响网络性能的因素有很多种，从控制的角度来看，传输时延是主要的因素。对闭环网络控制系统进行控制时，不论采用何种方法，都要求对传输时延的分布情况有较好的了解，这样才能使设计出来的控制规律符合系统的实际情况，从而得到良好的控制效果。

时延指节点之间传输 1 位数据所需要花费的时间。传输时间(或平均报文时延)指一帧信息准备就绪，通过执行协议与控制成功地完成传输所占用的时间。

传输过程中的时变时延会大大降低控制系统的性能甚至引起系统不稳定，因此时变的传输时延对于控制系统是一个重要的挑战。

在交换网络中，数据传输过程如图 8-5 所示。

从图 8-5 可以看出，传输时延描述的是数据包从源站开始产生，直至最后被成功地传送到目的站所需要的时间。因此传输时延又可细分为处理时延、排队时延、传送时延和传播时延。

处理时延指对数据包进行一致性检测、报头检测以决定发送到目的站所耗费的时间。

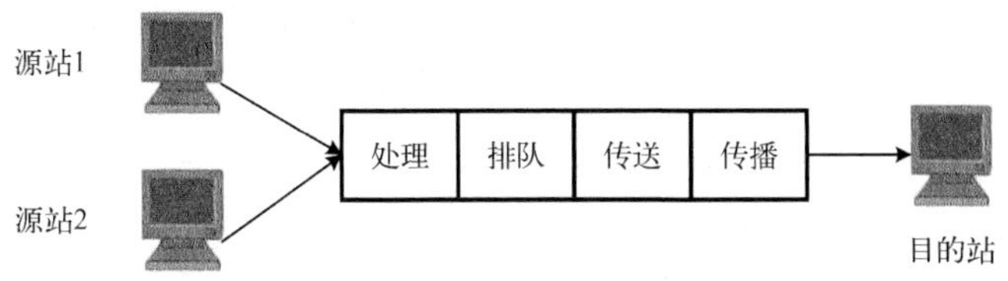

图 8-5　交换网络中的数据传输过程

排队时延指设备从收到数据包到开始传输数据包之间的时间间隔，也就是数据包在队列中等待发送的时间。

传送时延指设备发送一个数据包所需要的时间，即从开始发送数据包的第一个位与发送完该数据包的最后一个位的时间间隔。

传播时延为 1 位数据从发送方到接收方所需要的时间。

从一个源站节点向目的站节点传送一个数据包的总时间 = 处理时延 + 排队时延 + 传送时延 + 传播时延。

2. 网络控制系统稳定性分析

在网络化环境下，由于控制系统的前馈通道和反馈通道都引入了通信网络环节，所以不可避免地会在控制回路中产生前馈时延和反馈时延，如图 8-6 所示。

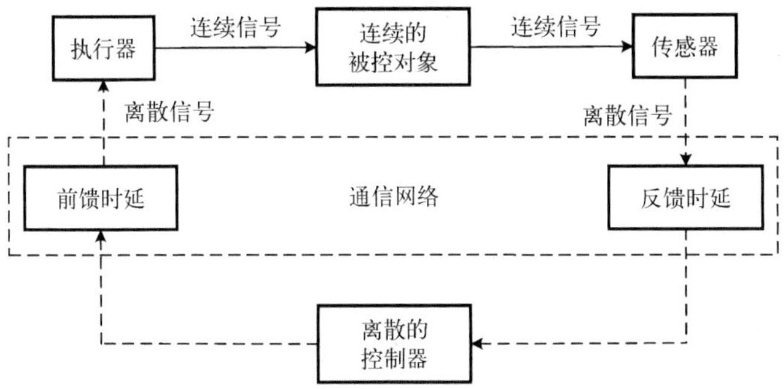

图 8-6　具有时延的网络控制系统模型结构

由于时延的存在，系统的前馈通道和反馈通道就不能保证系统正常、稳定地工作。前馈通道的时延相当于被控设备在这段时间内没有接收到任何的控制信息，而反馈通道的时延则相当于在这段时间内系统没有负反馈，所以就和开环系统一样，容易导致系统发散。而且，由于系统中有时延，控制信息不能实时地传递给被控设备，输出信息也不能实时地反馈给控制器，这些使整个控制系统的稳定性和过渡过程性能变差，信息传递的连续性遭到破坏，系统的输出响应严重变形。网络的引入必然会造成网络传输时延的产生，而传输时延的不确定性是造成数据时序错乱和数据包丢失的主要因素。另外，网络传输时延会降低系统的性能，使系统的稳定范围变窄，甚至使系统变得不稳定。

1) 定长时延

一般来说，网络所引起的时延是时变的，可以看作某种随机过程。因此，从控制的角度来看，这种具有变化时延的系统不再是时不变系统，它会使得系统的分析与设计变得困难。当然，也可以通过某些措施使得变化的时延成为恒定的时延，如在控制器端和执行器端引入缓冲区。

当网络时延 τ 恒定时，可以把网络控制系统的稳定性问题转化为检验矩阵的 Schur 稳定性问题。假设被控对象状态空间模型和状态反馈控制分别为

$$\begin{cases}\dot{\boldsymbol{X}}(t)=\boldsymbol{F}\boldsymbol{X}(t)+\boldsymbol{G}\boldsymbol{U}(t), & t\in[kT+\tau,\ (k+1)T+\tau];\ \ \tau<T\\ \boldsymbol{Y}(t)=\boldsymbol{C}\boldsymbol{X}(t)+\boldsymbol{D}\boldsymbol{U}(t) & \\ \boldsymbol{U}(t)=-\boldsymbol{K}\boldsymbol{X}(t-\tau), & t\in kT+\tau,\ k=0,\ 1,\ 2,\ \cdots\end{cases} \tag{8-17}$$

定理 8-1 假设系统模型如式(8-17)所示，具有恒定时延的网络控制系统的稳定性问题可归结为检验矩阵

$$\boldsymbol{H}=\begin{bmatrix}\mathrm{e}^{\boldsymbol{F}T} & -\boldsymbol{E}(T)\boldsymbol{G}\boldsymbol{K}\\ \mathrm{e}^{\boldsymbol{F}(T-\tau)} & -\mathrm{e}^{-\boldsymbol{F}\tau}[\boldsymbol{E}(T)-\boldsymbol{E}(\tau)]\boldsymbol{G}\boldsymbol{K}\end{bmatrix} \tag{8-18}$$

的 Schur 稳定性问题，其中，$\boldsymbol{E}(T)\boldsymbol{G}\equiv\int_0^T \mathrm{e}^{\boldsymbol{F}(T-t)}\boldsymbol{G}\mathrm{d}t$，$T$ 为采样周期。

2) 随机时延

假设被控对象的连续状态空间模型为

$$\begin{cases}\dot{\boldsymbol{X}}_{\mathrm{p}}(t)=\boldsymbol{F}_{\mathrm{p}}\boldsymbol{X}_{\mathrm{p}}(t)+\boldsymbol{G}_{\mathrm{p}}\hat{\boldsymbol{U}}(t)\\ \boldsymbol{Y}(t)=\boldsymbol{C}_{\mathrm{p}}\boldsymbol{X}_{\mathrm{p}}(t)\end{cases} \tag{8-19}$$

式中，$\boldsymbol{X}_{\mathrm{p}}$ 为 n_{p} 维状态向量；$\hat{\boldsymbol{U}}$ 为由通信网络输出到控制对象执行器和接收器的 n_{u} 维控制向量；$\boldsymbol{Y}(t)$ 为 n_{y} 维输出向量；$\boldsymbol{F}_{\mathrm{p}}$、$\boldsymbol{G}_{\mathrm{p}}$、$\boldsymbol{C}_{\mathrm{p}}$ 分别为相应维数的矩阵，且为状态完全可控的。

控制器的状态空间模型为

$$\begin{cases}\dot{\boldsymbol{X}}_{\mathrm{c}}(t)=\boldsymbol{F}_{\mathrm{c}}\boldsymbol{X}_{\mathrm{c}}(t)+\boldsymbol{G}_{\mathrm{c}}\hat{\boldsymbol{Y}}(t)\\ \boldsymbol{U}(t)=\boldsymbol{C}_{\mathrm{c}}\boldsymbol{X}_{\mathrm{c}}(t)+\boldsymbol{D}_{\mathrm{c}}\hat{\boldsymbol{Y}}(t)\end{cases} \tag{8-20}$$

式中，$\boldsymbol{X}_{\mathrm{c}}$ 为 n_{c} 维状态向量；控制器输出 $\boldsymbol{U}$ 为 n_{u} 维控制向量；$\hat{\boldsymbol{Y}}(t)$ 为控制器接收到的传感器的输出信号；$\boldsymbol{F}_{\mathrm{c}}$、$\boldsymbol{G}_{\mathrm{c}}$、$\boldsymbol{C}_{\mathrm{c}}$、$\boldsymbol{D}_{\mathrm{c}}$ 分别为相应维数的矩阵。

设网络状态为 $\hat{\boldsymbol{N}}(t)=[\hat{\boldsymbol{Y}}(t)\quad \hat{\boldsymbol{U}}(t)]^{\mathrm{T}}$。网络诱导偏差表示为

$$\boldsymbol{E}(t)=\hat{\boldsymbol{N}}(t)-[\boldsymbol{Y}(t)\quad \boldsymbol{U}(t)]^{\mathrm{T}} \tag{8-21}$$

控制器与对象的状态可组合为 $\boldsymbol{X}(t)=\begin{bmatrix}\boldsymbol{X}_{\mathrm{p}}(t)\\ \boldsymbol{X}_{\mathrm{c}}(t)\end{bmatrix}$，令状态变量 $\boldsymbol{Z}(t)=\begin{bmatrix}\boldsymbol{X}(t)\\ \boldsymbol{E}(t)\end{bmatrix}$，联立式(8-19)～式(8-21)可得

$$\dot{\boldsymbol{Z}}(t)=\boldsymbol{F}\boldsymbol{Z}(t) \tag{8-22}$$

式中，

$$\boldsymbol{F}=\begin{bmatrix}\boldsymbol{F}_{11} & \boldsymbol{F}_{12}\\ \boldsymbol{F}_{21} & \boldsymbol{F}_{22}\end{bmatrix},\quad \boldsymbol{F}_{11}=\begin{bmatrix}\boldsymbol{F}_{\mathrm{p}}+\boldsymbol{G}_{\mathrm{p}}\boldsymbol{D}_{\mathrm{c}}\boldsymbol{C}_{\mathrm{p}} & \boldsymbol{G}_{\mathrm{p}}\boldsymbol{C}_{\mathrm{c}}\\ \boldsymbol{G}_{\mathrm{c}}\boldsymbol{C}_{\mathrm{p}} & \boldsymbol{F}_{\mathrm{c}}\end{bmatrix},\quad \boldsymbol{F}_{12}=\begin{bmatrix}\boldsymbol{G}_{\mathrm{p}}\boldsymbol{D}_{\mathrm{c}} & \boldsymbol{G}_{\mathrm{p}}\\ \boldsymbol{G}_{\mathrm{c}} & 0\end{bmatrix}$$

$$\boldsymbol{F}_{21}=-\begin{bmatrix}\boldsymbol{C}_{\mathrm{p}} & 0\\ 0 & \boldsymbol{C}_{\mathrm{c}}\end{bmatrix}\boldsymbol{F}_{11},\quad \boldsymbol{F}_{22}=-\begin{bmatrix}\boldsymbol{C}_{\mathrm{p}} & 0\\ 0 & \boldsymbol{C}_{\mathrm{c}}\end{bmatrix}\boldsymbol{F}_{12}$$

假设已经在忽略网络诱导偏差的情况下设计了控制器，即 $\boldsymbol{E}(t)=\boldsymbol{0}$，式(8-22)变为 $\dot{\boldsymbol{X}}(t)=$

$\boldsymbol{F}_{11}\boldsymbol{X}(t)$。那么为了保持系统的稳定性，$\boldsymbol{F}_{11}$ 一定是 Hurwitz 的，因此必然存在一个正定对称矩阵 $\boldsymbol{P}$，使得

$$\boldsymbol{F}_{11}^{\mathrm{T}}\boldsymbol{P}+\boldsymbol{P}\boldsymbol{F}_{11}=-\boldsymbol{I} \tag{8-23}$$

下面基于稳定性的条件，引入最大允许传输间隔(Maximum Allowable Transfer Interval，MATI)的概念，即执行器接收到相邻两个控制信号的最大允许时间间隔，也就是网络至多 τ_{m} 秒就要进行一次成功的消息传递，以使闭环网络控制系统在某一控制策略下保持稳定。再引入 TOD(Try Once Discard)调度协议，即对于实时控制系统，最新的数据是最好的数据；如果能够得到新的采样数据，则旧的尚未传输的数据将被抛弃。那么，如果网络控制系统的一个数据包在一次竞争网络带宽的过程中失败，则这个数据包将会被抛弃；下一次竞争使用新的采样数据。因此，基于随机时延的网络控制系统的稳定性判据见定理 8-2。

定理 8-2　假设网络控制系统的连续动态模型如式(8-22)所示，网络中有 p 个节点在 TOD 调度方式下运行，那么最大允许传输间隔 τ_{m} 如果满足：

$$\tau_{\mathrm{m}}<\min\left\{\frac{\ln(2)}{\boldsymbol{P}\|\boldsymbol{F}\|},\ \frac{1}{8\|\boldsymbol{F}\|(\sqrt{\lambda_2/\lambda_1}+1)\sum_{i=1}^{p}i},\ \frac{1}{16\lambda_2\sqrt{\lambda_2/\lambda_1}\|\boldsymbol{F}\|^2(\sqrt{\lambda_2/\lambda_1}+1)\sum_{i=1}^{p}i}\right\} \tag{8-24}$$

则网络控制系统是全局指数稳定的。式中，λ 为矩阵 $\boldsymbol{P}$ 的特征值；$\|\boldsymbol{F}\|$ 为式(8-22)闭环控制系统的系统矩阵；$\lambda_1=\lambda_{\min}(\boldsymbol{P})$；$\lambda_2=\lambda_{\max}(\boldsymbol{P})$。

推论 8-1　如果未引入网络通道的闭环控制系统的李雅普诺夫函数 $V(\boldsymbol{X})=\boldsymbol{X}^{\mathrm{T}}\boldsymbol{P}\boldsymbol{X}$ 满足：

$$\boldsymbol{F}_{11}^{\mathrm{T}}\boldsymbol{P}+\boldsymbol{P}\boldsymbol{F}_{11}=-\boldsymbol{Q}$$

则最大允许传输间隔 τ_{m} 的判定界变为

$$\tau_{\mathrm{m}}<\min\left\{\frac{\ln(2)}{\boldsymbol{P}\|\boldsymbol{F}\|},\ \frac{1}{8\|\boldsymbol{F}\|(\sqrt{\lambda_2/\lambda_1}+1)\sum_{i=1}^{p}i},\ \frac{\lambda_{\min}(\boldsymbol{Q})}{16\lambda_2\sqrt{\lambda_2/\lambda_1}\|\boldsymbol{F}\|^2(\sqrt{\lambda_2/\lambda_1}+1)\sum_{i=1}^{p}i}\right\} \tag{8-25}$$

能保证闭环系统的全局指数稳定性。式中，$\boldsymbol{P}$ 和 $\boldsymbol{Q}$ 为正定对称矩阵。

由于式(8-25)中第三项是最小的，故最大允许传输间隔为

$$\tau_{\mathrm{m}}<\frac{\lambda_{\min}(\boldsymbol{Q})}{16\lambda_2\sqrt{\lambda_2/\lambda_1}\|\boldsymbol{F}\|^2(\sqrt{\lambda_2/\lambda_1}+1)\sum_{i=1}^{p}i} \tag{8-26}$$

例如，某被控对象的状态方程为

$$\begin{bmatrix}\dot{x}_1(t)\\ \dot{x}_2(t)\end{bmatrix}=\begin{bmatrix}0 & 1\\ 0 & -0.1\end{bmatrix}\begin{bmatrix}x_1(t)\\ x_2(t)\end{bmatrix}+\begin{bmatrix}0\\ 0.1\end{bmatrix}u(t),\quad y(t)=\begin{bmatrix}1 & 0\end{bmatrix}\begin{bmatrix}x_1(t)\\ x_2(t)\end{bmatrix}$$

其连续状态反馈控制矩阵 $\boldsymbol{U}=-\boldsymbol{K}\boldsymbol{X}$，式中 $\boldsymbol{K}=[3.75\quad 115]$(闭环极点为−1/2，−3/4)。

运用定理 8-2，对于 $p=1$ 能够得到 $\tau_{\mathrm{m}}=2.7\times10^{-4}\mathrm{s}$，随机选择 $\boldsymbol{Q}$，并由此得出 $\boldsymbol{P}$。可以运用推论 8-1 得出 $\tau_{\mathrm{m}}=4.5\times10^{-4}\mathrm{s}$。该定理和推论是比较保守的，但是它们能够充分保证原来系统的稳定性。

8.4.3 PID 网络控制器的设计

常规 PID 控制器应用于网络控制环境时，由于网络特性的影响，所控制的广义被控对象（包括网络与控制对象）实际上相当于一个时变系统，因此需要对 PID 控制器的参数 K_p、K_i 和 K_d 根据选定的目标函数进行在线修正，以适应网络控制系统的控制要求。这种方法称为直接参数修正(Direct Parameters Tuning)法。

为简单起见，选择 PI 控制器进行分析。将式(4-26)所示 PID 控制器传递函数经双线性变换法离散化后，得到增量式数字 PI 控制器算出为

$$u(k)=u(k-1)+\left(K_p+\frac{K_iT}{2}\right)e(k)+\left(-K_p+\frac{K_iT}{2}\right)e(k-1) \tag{8-27}$$

以控制器输入的系统偏差 $e(k)$ 构造网络控制系统二次型性能指标函数为

$$J(k)=\sum_{k=1}^{N}\frac{1}{2}e^2(k) \tag{8-28}$$

式中，$e(k)=r(k)-y(k)$；N 为观测次数。

通过对式(8-28)所示函数求取极值，即可对 PI 控制系统的反应时间和收敛速度进行综合评价，从而得到在线修正控制器参数 K_p 和 K_i 的 PI 网络控制器的递推算法。

下面以梯度法，亦称最速下降法为例，介绍算法的推导过程。

根据梯度法（式(7-65)）可知

$$\Delta K_p=K_p(k+1)-K_p(k)=-\lambda\nabla J(K_p) \tag{8-29}$$

$$\Delta K_i=K_i(k+1)-K_i(k)=-\lambda\nabla J(K_i) \tag{8-30}$$

式中，λ 是下降速率。

于是

$$\nabla J(K_p)=\frac{\partial J(k)}{\partial e(k)}\cdot\frac{\partial e(k)}{\partial u(k)}\cdot\frac{\partial u(k)}{\partial K_p(k)} \tag{8-31}$$

$$\nabla J(K_i)=\frac{\partial J(k)}{\partial e(k)}\cdot\frac{\partial e(k)}{\partial u(k)}\cdot\frac{\partial u(k)}{\partial K_i(k)} \tag{8-32}$$

由式(8-27)和式(8-28)得

$$\frac{\partial J(k)}{\partial e(k)}=e(k) \tag{8-33}$$

$$\frac{\partial e(k)}{\partial u(k)}=\frac{1}{K_p(k)+\dfrac{K_i(k)T}{2}} \tag{8-34}$$

$$\frac{\partial u(k)}{\partial K_p(k)}=e(k)-e(k-1) \tag{8-35}$$

$$\frac{\partial u(k)}{\partial K_i(k)}=\frac{T}{2}\left[e(k)+e(k-1)\right] \tag{8-36}$$

整理可得

$$K_p(k+1)=K_p(k)-2\lambda\frac{e^2(k)-e(k)e(k-1)}{2K_p(k)+K_i(k)T} \tag{8-37}$$

$$K_i(k+1)=K_i(k)-T\lambda\frac{e^2(k)+e(k)e(k-1)}{2K_p(k)+K_i(k)T} \tag{8-38}$$

例 8-1　直流电机网络控制系统如图 8-7 所示，包括远程控制系统、中央控制器和通信网络。试分析采用常规 PI 网络控制器和采用直接参数修正法修正的 PI 网络控制器的控制效果。

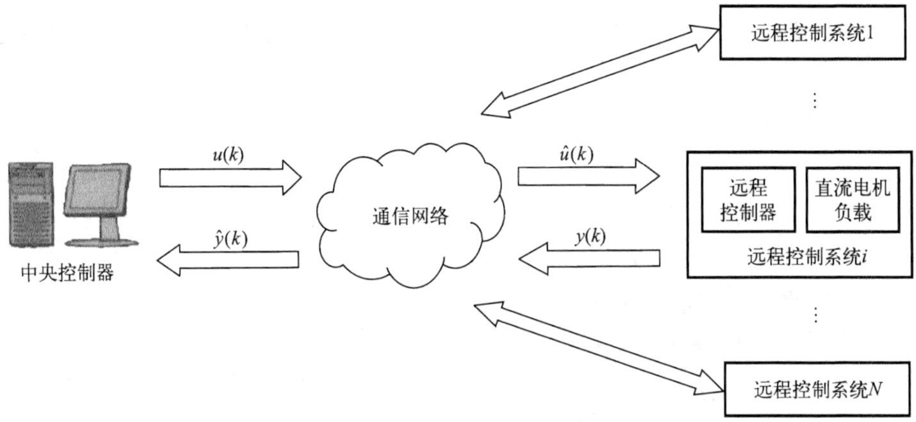

图 8-7　直流电机网络控制系统

解：(1) 远程控制系统。

每个分布式远程控制器都具有较强的计算能力，可以进行相对简单的程序控制，例如，将网络传递来的中央控制器控制信号 $\hat{u}(k)$ 转换成脉宽调制(PWM)信号来驱动直流电机；同时每个远程控制器能把局部的检测信号 $y(k)$ 经由网络发送给中央控制器。

远程控制对象为一台直流电动机驱动的负载，可以是机器人手臂或者无人操作的电器工具。直流电机被控对象的数学模型为

$$G(s)=\frac{2029.8}{(s+26.3)(s+2.3)} \tag{8-39}$$

(2) 中央控制器。

中央控制器通过远程控制器发送来的输出信号 $\hat{y}(k)$ 监视远程网络的控制质量，从而为远程系统提供合适的控制信号 $u(k)$。系统输出 $y(k)=\omega$ 为电机转速，控制器输出 $u(k)$为直流电机的控制输入电压。

(3) 网络数据连接的服务质量。

定义点到点(从中央控制器到远程控制器)用户情况的网络服务质量有许多种方法，常用的有两种：

QoS_1 表示点到点网络吞吐量，用来表示信号的采样速度和网络传输数据包的速度；

QoS_2 表示点到点最大数据包的最大时延，用来表述数据包从中央控制器传递到远程控制器的时间。

因此，网络控制系统的采样周期 T 应满足：

$$T>\tau_{sc}+\tau_{ca}+\tau_{PC}+\tau_{PR} \tag{8-40}$$

式中，τ_{sc} 是信号从远程控制器传送到中央控制器的时延；τ_{ca} 是信号从中央控制器传送到远程

控制器的时延；τ_{PC}、τ_{PR}分别为中央控制器和远程控制器的数据计算处理时延。

式(8-40)规则用于确保数据包在中央控制器和远程控制器之间的传输能在一个采样周期内完成，否则，中央控制器就没有测量信号进行处理。因此，QoS_1 和 QoS_2 是决定采样周期 T 的关键因素，τ_{sc} 和 τ_{ca} 能够根据给定的 QoS_1、QoS_2 通过计算进行估计。

在给定控制器参数下，闭环控制系统对不同网络服务质量的响应会有不同。本例中假设 QoS_2 = 最大数据包长度(比特，bit)/QoS_1，τ_{PC} 和 τ_{PR} 的总和估计为 0.1ms。应用式(8-40)，采样周期 T 可估计为

$$T > 2QoS_2 + 0.1ms \tag{8-41}$$

设最大数据包的长度为 6 字节(Byte，简写 B，1B = 8bit)，$QoS_1 = \{4800, 9600, 19200, 38400\}$ bit/s，网络时延为满足均匀分布的随机量，其取值范围为最大时延的 90%～100%，则考虑网络时延影响的采样周期 T 可设定为{24, 12, 6, 3}ms。

(4) 常规 PI 网络控制器性能分析。假设中央控制器采用常规 PI 网络控制器，选取控制器参数为 $K_p = 1$，$K_i = 0.7$，考察远程控制系统对偏差 $e(k)$的跟踪情况。图 8-8 给出在采样周期为 $T = \{24, 12, 6, 3\}$ms 时被控参数电机转速信号 $y(k)$ 的阶跃响应曲线。图 8-8 表明，$y(k)$ 的超调量较大，调节时间也较长，不同网络时延影响下的采样周期对控制系统性能均有较大影响；当 $T = 12$ms 和 $T = 24$ms 时，系统出现了不稳定的情况。

(5) 采用直接参数修正法修正的 PI 网络控制器性能分析。采用基于偏差 $e(k)$的直接参数修正方法对常规 PI 控制器的参数进行在线修正，其初始参数为 $K_p = 1$，$K_i = 0.7$，得到电机转速信号 $y(k)$ 的阶跃响应仿真结果如图 8-9 所示。从图 8-9 可以看出，电机转速较未进行参数修正的 PI 网络控制器得到了较好的控制效果。

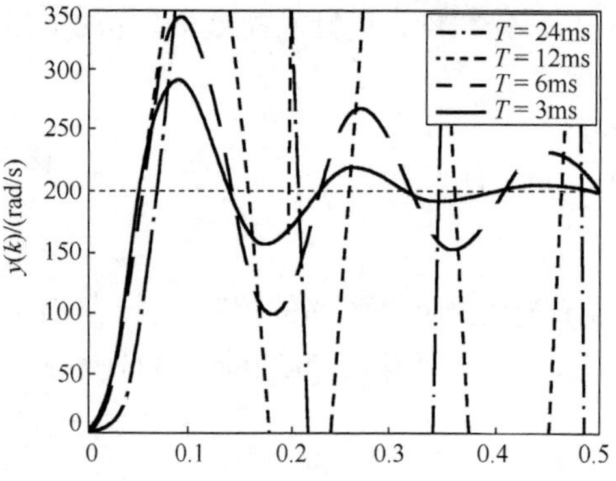

图 8-8　常规 PI 网络控制

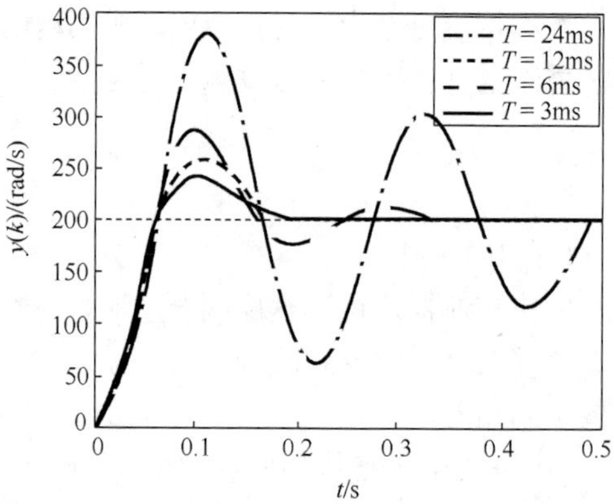

图 8-9　采用直接参数修正法修正的 PI 网络控制

8.5　计算机实时仿真技术

8.5.1　概述

仿真技术是一门多学科的综合性技术，它以系统论、控制论、相似原理和信息技术为基础，以计算机和专用设备为工具，使用数学模型或物理模型代替真实系统进行动态实验。随

着计算机技术与科学技术的高速发展，仿真测试在现代工程中起着非常重要的作用。根据实现仿真方式的不同，可以将仿真分为物理仿真、数学仿真和半物理仿真三种。

(1) 物理仿真：建立物理实体模型，使所建模型与原有系统具有一致性。早期仿真大多属于物理仿真，但存在开发周期长、经济和灵活性差、模型参数不易改变等缺点。

(2) 数学仿真：使用数学语言描述一个系统，即建立一个数学模型，并在计算机上编制程序对所建模型进行研究的过程。数学仿真具有精确度高、速度快、易于重复等特点，但有些系统很难建立精确的数学模型，或者模型无法求解，甚至一些复杂的系统很难用数学模型来描述。

(3) 半物理仿真：在系统研究中把物理模型、数学模型以及实体结合起来，由三者组成一个复杂的仿真系统。

半物理仿真结合了物理仿真与数学仿真，将计算机与实际系统中的部分对象相连接，由计算机对其中不便于实验或难于建模的环节进行仿真，以保证整个系统的运行。

半物理仿真具有较高的逼真度，具有建模简单、成本低、参数修改方便、使用灵活等特点，一般用于验证控制系统方案的可行性与正确性，也可以对产品进行故障模式仿真、对控制系统进行闭环实验的动态仿真等。半物理仿真系统一般有以下两种形式：

(1) 虚拟控制器 + 实际对象 = 快速控制原型(Rapid Control Prototyping，RCP)；

(2) 实际控制器 + 虚拟对象 = 硬件在环(Hardware-in-the-Loop，HIL)仿真。

下面以硬件在环仿真为例进行分析。其主要优势有以下几点。

(1) 安全性。由于使用虚拟的被控对象取代了真实的被控对象，开发者可以通过程序或者模块设计来模拟被控对象的各种运行状态，因此可以轻松地进行极限或者危险测试。

(2) 效率高。在控制器的开发早期，就可以利用硬件在环仿真来进行控制器测试。大部分的硬件在环仿真平台都采用自动代码生成技术，因此，设计人员使用起来十分方便，这样就可以很快地发现控制器在设计初期的一些缺陷，以及时修正设计开发阶段的错误。

(3) 成本低。由于硬件在环仿真测试可以模拟出被控对象的多种工况，不需要测试实物，极大地降低了成本。

(4) 全面性。硬件在环仿真中，因为测试场景和被控对象都是虚拟的，所以可以创建一些在现实世界中较难实现的测试示例来对控制器进行测试。比如，车速达到 180km/h 时，电机的超负荷运行，等等(如果对这些工况进行实车测试，会很危险)。硬件在环仿真允许创建全面的测试示例以评估控制器的性能。

从以上不难看出，硬件在环仿真是对实物测试的一种有效补充。在实物测试之前，通过硬件在环仿真对控制器进行充分、全面的测试，提前暴露和解决控制器的问题。因此，硬件在环仿真技术已经被广泛地应用于各个领域，如过程控制、航空航天、汽车制造、电力电子等。

8.5.2 硬件在环仿真的基本原理

硬件在环仿真系统需要软件和硬件相互配合来进行工作，其中，硬件主要包括机箱、电源、处理器、信号 I/O 模块等，软件主要是实验监控管理软件，用于进行实验台的配置和实验条件的设置。硬件在环仿真平台通常都可以根据用户需求灵活选择搭配硬件，然后选用对应的管理软件来搭建 HIL 仿真系统。

一般来讲，HIL 仿真测试的前提是控制器已经开发完成，需要在理想或安全的环境下测试控制器的功能是否正常。在该应用场景中，实时仿真硬件充当被控对象，以实时的方式运行被控对象模型，并模拟各类故障等。实时仿真硬件从本质上来说，就是要尽可能逼真地模拟真实被控对象，以全面地观察控制器在真实物理条件下的控制性能。

一个典型的硬件在环仿真系统结构框架如图 8-10 所示。

图 8-10 中各模块的功能如下。

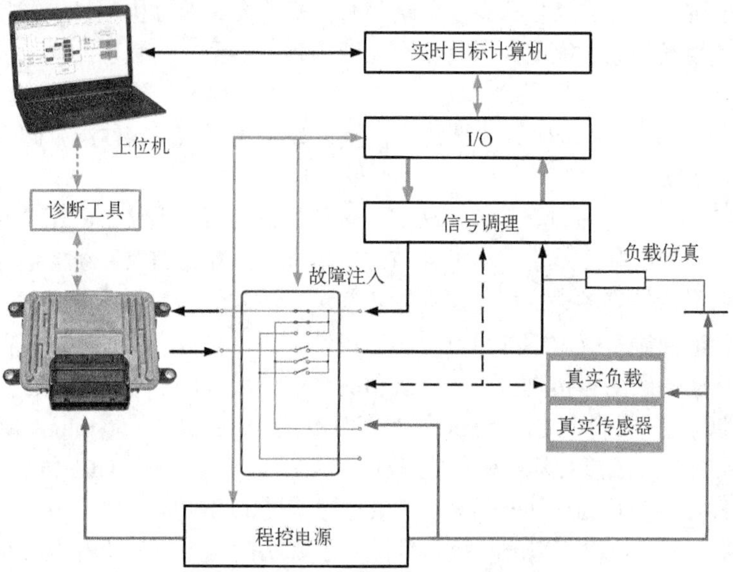

图 8-10　硬件在环仿真系统结构框架

实时目标计算机(含 I/O)：实时仿真系统的核心部分是实时处理器以及外围 I/O 板卡。这里的 I/O 通道一般根据被测控制器的接口信息进行调整。比如，当被测控制器为模拟输入时，HIL 仿真系统一般配模拟输出，以此类推。在配置系统时需注意要预留一定的 I/O 通道。

信号调理：由于控制器接口和实时仿真系统的 I/O 可能不一致，所以需要信号调理模块将实时仿真系统的 I/O 规格转换成控制器所需要的规格。比如，控制器的数字输入信号是 12V 的，而实时仿真系统的模拟输出是 5V 的，那么就需要一个 5V 转 12V 的信号调理模块。

故障注入：可通过串接在控制器和实时仿真系统 I/O 线束上的开关矩阵进行模拟控制器引出线束上的故障注入，如短路、断路等。故障注入是 HIL 仿真测试的一个重要环节，可以测试控制器在发生故障的情况下的反应。

负载仿真：当控制器工作时，部分通道需要输出电流来控制某些继电器、阀体等。如果将这些通道直接连接到实时仿真系统的 I/O 上，由于实时仿真系统 I/O 的阻抗很高，不能产生足够的电流，需要在通道上连接一些负载，让控制器可以正常工作，从而不会被诊断为存在问题。

真实负载/真实传感器：当有一些负载/传感器无法有效模拟时，可以连接真实的负载或传感器。真实负载的驱动信号需要由实时仿真系统进行读取，然后参与模型运算。真实传感器的信号也需要由实时仿真系统进行控制或读取。

程控电源：由实时仿真系统控制的供电模块来模拟负载低压电池的供电，同时该供电模块也作为故障注入单元和负载仿真的参考点等。

上位机/诊断工具：用于搭建控制器模型、进行编译下载并监控控制器模型的运算。同时，通过标定诊断工具、读取控制器中的变量来运行自动控制算法的测试软件。

8.5.3 硬件在环仿真平台简介

鉴于硬件在环仿真技术对控制器测试的重要性，有很多成熟的硬件在环仿真平台被开发出来，如 dSPACE、PXI、RT-LAB 以及 Speedgoat 等。下面对这几种平台的结构和特点进行简要介绍。

1) dSPACE

dSPACE是由德国dSPACE公司开发的一套基于MATLAB/Simulink的控制系统开发及半实物仿真软硬件工作平台，实现了与 MATLAB/Simulink/RTW 的无缝连接。dSPACE 系统拥有实时性强、可靠性高、可扩展性好等优点。

dSPACE 中，处理器的运算功能强大，I/O 接口十分丰富，用户可根据需要自行组合。软件环境提供了自动生成代码、调试及下载等一系列的功能。在快速原型控制仿真方面，dSPACE 允许反复修改模型设计，进行离线及实时仿真，可在设计之初就将错误修正，节省设计费用。使用 RCP 技术，可以在费用和性能之间进行折中。通过将快速原型硬件系统和所要控制的实际设备相连接，可以反复研究使用不同传感器及驱动机构时系统的性能特征。而且，利用旁路技术将原型控制单元或控制器集成于开发过程中，从而逐步完成了从原型控制器到产品型控制器的顺利转换。

在硬件在环仿真方面，dSPACE 平台可以实现对控制器的极限和失效测试。

2) PXI

美国 National Instrument(NI)公司具有开放的 LabVIEW 开发环境和面向仪器系统的 PCI 扩展技术，提供了 PXI 实时控制器的硬件在环仿真架构，其是一种高性能、低成本的虚拟仪器测试方案。

仿真模型建立在 PXI 实时控制器之中，提供 FPGA 模块以适应更高动态性能和更高精度的模型应用需求。在支持第三方硬件和软件建模工具的同时，NI 还提供一系列高性能模拟和数字 I/O 设备，如 CAN、LIN 和 FlexRay 总线接口以及故障注入硬件等，以便于用户的高效实现和应用。PXI 基于开放的工业标准，使用户方便将最新的 PC 技术应用于开发的 HIL 仿真系统中。同时，HIL 的可扩展性也可应对新技术发展所带来的测试挑战。

3) RT-LAB

RT-LAB 是加拿大 Opal-RT 公司推出的一款工业级系统实时仿真平台。该平台能在短时间内以较低的成本建立实时仿真系统的动态模型，并简化工程系统的设计过程，具有灵活、高效、可测量等优势。

RT-LAB 完全集成 MATLAB/Simulink 和 MATRIXx/SystemBuild 软件，采用分布式处理的专业化块设计，使用户能方便地将目标模型分割为几个子系统，便于并行处理和集成丰富的第三方代码库。RT-LAB 有丰富的应用程序编程接口，便于用户开发自定义应用，比如，可以使用 LabVIEW 等工具创建定制的功能和测试界面，支持 1000 余种 I/O 设备，并提供高度优化的硬件实时调度程序。

4) Speedgoat

Speedgoat 是由瑞士 Speedgoat 公司开发的一套基于 Simulink/RTW、自动化测试、

MonkeyProof 测试的全过程管理工具箱的半实物仿真与软硬件测试工作平台。该平台可以应用于快速控制原型和硬件在环仿真开发，提供五款实时目标机(内嵌 Simulink Real-Time 实时操作系统)和上百种 I/O 及通信板卡，可以针对不同的测试需求和预算进行灵活选择和应用。此外，Speedgoat 提供了多款高性能的 FPGA 板卡和高效便捷的 FPGA 编程方案。用户以 MATLAB/Simulink 建模方式搭建控制算法后，可通过调用 MathWorks 的 HDL Coder 将 Simulink 模型生成 VHDL/Verilog 代码，然后综合映射到 FPGA 板卡上，在整个仿真流程中无须编写代码。

Speedgoat 平台的所有工作流程均可通过 Simulink 实现，支持 Simulink 模型一键编译下载到 Speedgoat 实时仿真系统，以及实时在线调整参数和实时查看信号变化。其模块驱动库没有 License 限制和硬件加密狗限制，不限计算机使用，并可根据用户需求灵活配置硬件。

下面，以 Simulink Real-Time 工具箱为例，简介其在 Speedgoat 硬件在环仿真平台的使用过程。

Simulink Real-Time 工具箱可用于实时仿真和测试任务，包括快速控制原型(RCP)、DSP 和视觉系统原型以及硬件在环(HIL)仿真。可以从 Simulink 模型创建实时应用程序，该程序在连接到实际物理系统的 Speedgoat 目标计算机上运行。

使用 Simulink Real-Time 工具箱时，可以通过 Speedgoat I/O 模块集扩展 Simulink 模型，并自动构建实时应用程序，该程序在配有实时内核、多核 CPU、I/O 和协议接口以及 FPGA 的 Speedgoat 目标计算机上以自动或交互方式运行。Simulink Real-Time 和 Speedgoat 目标计算机旨在协同工作，以创建用于台式机、实验室和现场环境的实时仿真系统。

Simulink 对实时应用程序的控制仅限于通过外部模式将 Simulink 模型连接到实时应用程序，然后启动实时应用程序。Simulink 的外部模式是一种调整参数的有效方法。在 Real-Time 选项卡上的 Simulink 编辑器中选择需要的目标计算机，将实时应用程序构建并下载到目标计算机后，即可运行该实时应用程序。

本 章 小 结

本章从计算机控制系统的应用出发，首先介绍了计算机控制系统的基本设计原则与步骤，指出计算机控制系统设计需要遵循安全可靠、实时性强、操作维护方便以及通用性好、便于扩充、开放性好等一般原则，并对硬件选型进行了简要说明。此外，计算机控制系统离不开良好的软件设计，本章探讨了数字控制器实现中出现的问题，并重点阐述了与数字控制器性能密切相关的数据处理技术。

本章还简要介绍了组态软件技术和计算机网络控制技术。通过对组态软件特点、结构及功能的介绍，力求提升读者对组态软件技术的认知。对于计算机网络控制技术，除了阐述一般概念外，本章还对网络控制系统的特性进行了深入的分析，并以 PID 控制算法为例，详细介绍了网络控制器的设计过程。

最后，为了保证所设计的计算机控制系统的实用性，本章对实时仿真的一般原理和当前比较成熟的仿真平台进行了介绍。通过实时仿真平台，可实现硬件在环仿真设计，以完成对所设计控制器的综合测试任务。

习题与思考题

8.1　计算机控制系统的设计应遵循哪些原则?

8.2　计算机控制系统的设计有哪些基本步骤?

8.3　简述计算机控制系统硬件选型设计的主要工作。

8.4　计算机控制系统主要考虑哪几方面的软件设计? 其数据处理主要工作是什么?

8.5　什么是组态? 组态软件有哪些基本功能?

8.6　什么是网络控制系统? 将通信网络引入闭环控制系统会带来哪些问题?

8.7　硬件在环仿真与数学仿真相比优势有哪些?

8.8　在开展硬件在环仿真测试前，选择硬件在环仿真平台的依据是什么?

参 考 文 献

丁宝苍, 2017. 预测控制的理论与方法[M]. 2 版. 北京: 机械工业出版社.

范立南, 李雪飞, 范志斌, 2022. 计算机控制技术[M]. 3 版. 北京: 机械工业出版社.

菲利普斯, 内格尔, 查克拉博蒂, 2017. 数字控制系统分析与设计[M]. 4 版. 王萍, 等译. 北京: 机械工业出版社.

付华, 任志玲, 顾德英, 2018. 计算机控制技术[M]. 北京: 电子工业出版社.

高金源, 夏洁, 2007. 计算机控制系统[M]. 北京: 清华大学出版社.

古德温, 孙贵生, 1992. 自适应滤波、预测与控制[M]. 张永光, 等译. 北京: 科学出版社.

韩曾晋, 1995. 自适应控制[M]. 北京: 清华大学出版社.

何克忠, 李伟, 1998. 计算机控制系统[M]. 北京: 清华大学出版社.

姜学军, 2020. 计算机控制技术[M]. 3 版. 北京: 清华大学出版社.

康波, 李云霞, 2015. 计算机控制系统[M]. 2 版. 北京: 电子工业出版社.

李国勇, 杨丽娟, 2018. 神经·模糊·预测控制及其 MATLAB 实现[M]. 4 版. 北京: 电子工业出版社.

李华, 侯涛, 2016. 计算机控制系统[M]. 2 版. 北京: 机械工业出版社.

李擎, 2011. 计算机控制系统[M]. 北京: 机械工业出版社.

李正军, 李潇然, 2022. 计算机控制技术[M]. 北京: 机械工业出版社.

刘建昌, 关守平, 谭树彬, 等, 2022. 计算机控制系统[M]. 3 版. 北京: 科学出版社.

庞中华, 崔红, 2017. 系统辨识与自适应控制 MATLAB 仿真[M]. 3 版. 北京: 北京航空航天大学出版社.

石辛民, 郝整清, 2018. 模糊控制及其 MATLAB 仿真[M]. 2 版. 北京: 清华大学出版社.

王锦标, 2018. 计算机控制系统[M]. 3 版. 北京: 清华大学出版社.

王雪, 2008. 测试智能信息处理[M]. 北京: 清华大学出版社.

席裕庚, 2013. 预测控制[M]. 2 版. 北京: 国防工业出版社.

徐丽娜, 2003. 神经网络控制[M]. 北京: 电子工业出版社.

徐丽娜, 2006. 数字控制——建模与分析、设计与实现[M]. 2 版. 北京: 科学出版社.

徐湘元, 2017. 自适应控制与预测控制[M]. 北京: 清华大学出版社.

杨国安, 2008. 数字控制系统——分析、设计与实现[M]. 西安: 西安交通大学出版社.

于海生, 2023. 计算机控制技术[M]. 3 版. 北京: 机械工业出版社.

朱晓青, 2018. 数字控制系统分析与设计[M]. 2 版. 北京: 清华大学出版社.

ÅSTRÖM K J, WITTENMARK B. Computer-controlled systems: theory and design[M]. Prentice Hall, 1997. 北京: 清华大学出版社, 2002.

FRANKLIN G F, POWELL J D. Digital control of dynamic systems[M]. Addison Wesley Longman, Inc. 1998. 北京: 清华大学出版社, 2001.

KUO B C, 1995. Digital control systems[M]. 2nd ed. New York: Oxford University Press.

OGATA K, 2005. Discrete-time control design[M]. 2nd ed. Prentice Hall. 北京: 机械工业出版社.